# 회 로 이 론

이윤희 저

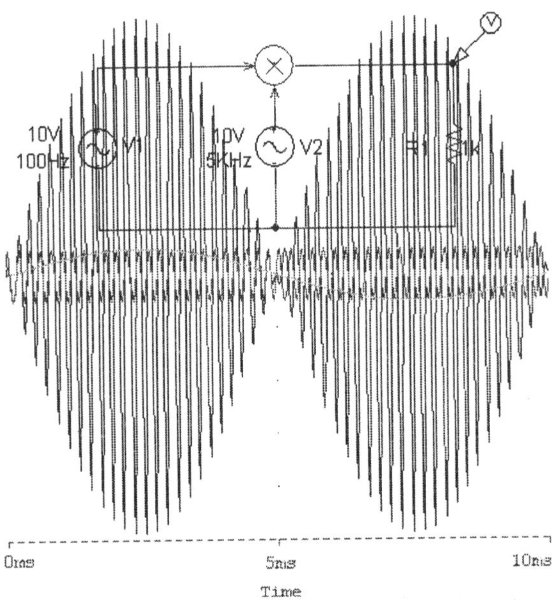


*PSpice를 이용한 변조회로*

도서출판 상 학 당

# 이 책의 머리말

회로이론은 전기 · 전자 · 통신 분야를 전공하는 데 기초가 되는 중요한 과목 중의 하나이다. 그러나 학생들이 어렵다면서 상의해오는 경우가 의외로 많다.

이것은 대부분의 교재들이 높은 수준의 수식과 학문적 이론을 이용하여 서술되었기 때문에 전기기초에 대한 지식이 충분하지 않는 학생들에게는 그러한 내용이 다소 어렵게 느껴지며, 경우에 따라서는 전공학문에 대한 흥미마저 잃게 된다고 생각되었다.

이 책은 이러한 문제점을 고려하여 전문대학생을 위한 교재로 1997년도에 초판이 발행되어 사용되어 오다가 1차 개정에 이어 2차 개정을 하게 되었다. 기존에 포함되었든 3상회로, 2단자망, 분포정수회로, 과도현상 등은 초보자에게 너무 난해한 내용인 것 같아 개정 내용에는 제외시켰다.

이 책은 다음과 같은 특징을 두어 서술하였다.

1. 간단한 수식을 이해하는 정도의 예비지식을 가지면 관련공식을 이해할 수 있도록 하였다.
2. 단원의 전개는 기본개념, 교류의 성질과 현상, 회로해석, 망해석, 비정현파, 분포정수회로 등의 순으로 배열함으로써 점진적으로 회로이론을 이해하게 하였다.
3. 각 주요 이론마다 예제를 삽입하여 이해를 도울 수 있도록 하였다.
4. 각 장마다 PSpice를 사용하여 시뮬레이션을 해봄으로써 회로동작의 이해를 돕게 하였다.

5. 산업현장에서 많이 이용되고 있는 OP Amp를 추가하였고 회로해석의 이해능력을 높이기 위해 보다 많은 예제를 추가하였다.

강의한 내용들을 책으로 엮다보니 미비한 점이 많을 것으로 사료되나, 계속해서 보완할 것을 약속하며 아울러 이 분야를 공부하는 모든 분들에게 많은 도움이 되기를 바라는 바이다.

2011년 2월
저자 씀

이 책의

# 차 례

## 3장 정현파 교류회로 111



## 4장 정현파 교류의 복소수 표시 147



## 5장 공진현상 189

## 6장 교류전력 213



## 7장 유도결합회로 243



## 8장 회로망 해석 및 정리 277

## 9장 4 단자 회로망 383



## 10장 비정현파 451



## 부록

# 0장

# 서 론

1. 전기란 무엇인가
2. 전기의 역사
3. 단 위
4. 벡 터

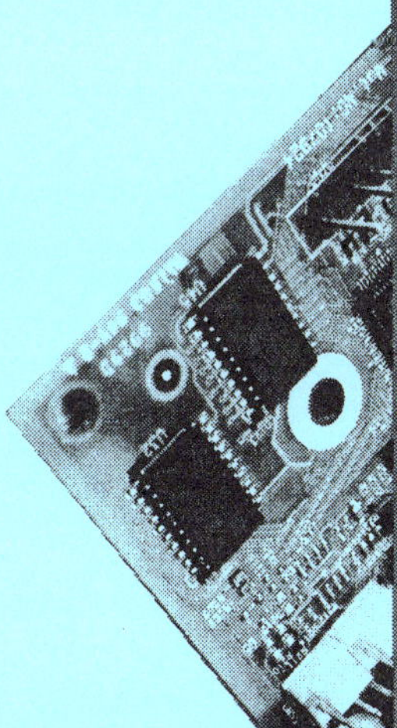

# 0장 서 론

## 1 전기란 무엇인가

[그림 1](a)와 같이 전구에 건전지(배터리)를 연결하면 불이 켜지면서 빛을 발하게 된다. 또한 그림 (b)와 같이 가정용 콘센트에 헤어드라이어를 연결하면 내부 모터가 돌아가는 소리가 나면서 열이 발생한다.

(a) 건전지에 의한 전구의 점등 (b) 헤어드라이어의 열 발생

[그림 1] 전기의 응용 예

여기서 램프와 헤어드라이가 있다고 해도 건전지나 가정용 전원이 연결되지 않는다면 불이 들어오지 않고 열이 발생하지 않는다는 사실이다. 일반적으로 건전지나 가정용 공급 전원을 전압원(voltage source)이라고 말한다. 또는 간단히 전원이라고 부르기도 한다. 실은 전압원은 바로 전압을 말한다. 따라서 빛이나 열을 발생하자면 필히 전압이 있어야 하므로 결국 전기를 만드는 근원은 전압이라고 말할 수 있다.

[그림 1]에서 램프나 헤어드라이어를 전원에 연결하여 빛과 열이 발생하는 현상을 '전류가 흐른다'라는 말로도 표현한다. 흔히 가정에서 많이 사용하는 말 가운데 전기를 절약하자는 표현이 있다. 이것은 우리 가정마다 적산전력계라고 하는 계량기가 있다.
적산전력이란 일정 전압에서 전기를 연결해서 쓸 때에 전류를 얼마만큼의 시간 동안 흘렸느냐를 말하는 것으로 전압×전류×시간을 말한다. 예를 들면 220[V]전원에 10[A]의 전류를 10시간 사용했다면 220×10×10=22,000[W/h] 또는 22[kW/h], 즉 간단히 '22킬로와트 사용했다'라고 말한다.

또한 전원에 연결한 램프 또는 헤어드라이어를 부하(load)라고 부른다. 따라서 전원에 부하를 연결했을 때 전류가 흐른다. 여기서 부하의 크기에 따라 전류가 정해지는데 전류의 흐름을 방해하는 정도가 크면 다시 말해서 저항(registance)이 크면 전류는 적게 흐르고 방해하는 정도가 적으면, 즉 저항이 적으면 전류는 많이 흐른다. 이와 같은 내용들을 정리해서 전기회로의 세 가지 구성요소를 정리해 보면 전압, 전류, 저항이라고 정의를 내릴 수 있다. 즉, 전기회로란 전류가 계속 흐를 수 있도록 여러 가지 전기요소를 폐회로(closed circuits)로 연결하여 놓은 것을 말한다. 이들 세 가지 구성요소로 나타낸 간단한 전기회로는 [그림 2]와 같다.

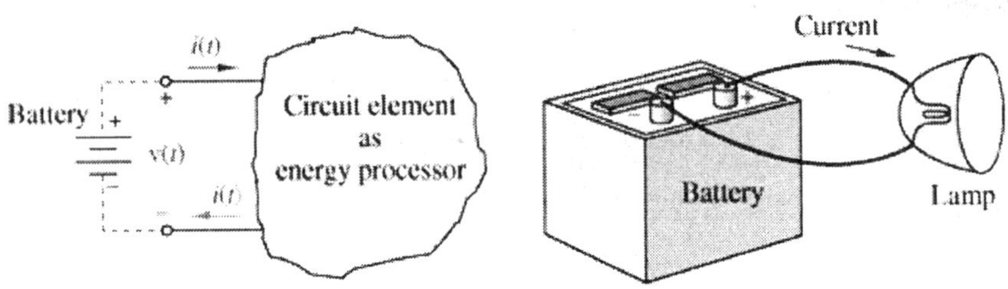


(a) 회로　　　　(b) 실제 예

[그림 2] 전기회로

**예제 1** 당신의 자동차가 시동이 걸리지 않는다. 원인은 미등을 켜 놓은 채 주차를 한 관계로 배터리가 방전이 되고 말았다. 친구의 차를 이용해서 배터리를 충전하고자 한다. 어떻게 연결을 해야 할까?

**해** 배터리 충전은 우측 그림과 같이 같은 극끼리 연결해서 충전시킨다.

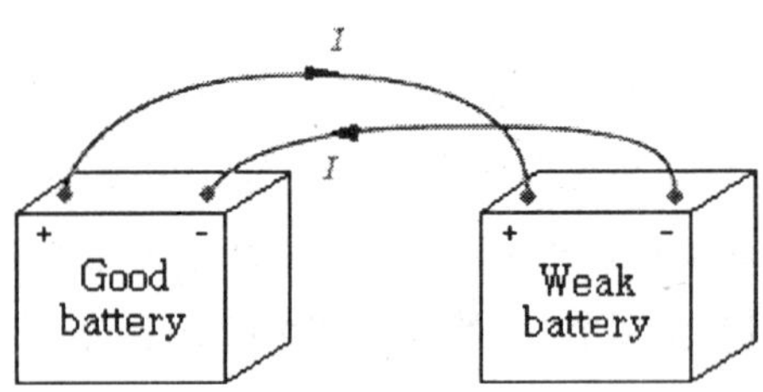


## 2 전기의 역사

전기가 우리들의 일상생활 및 산업발전에 있어서 중요한 위치를 차지하고 있는 것에 대하여는 새삼스레 설명할 필요가 없다. 즉 정전시에 일어나는 일상생활면의 불편은 물론, 컴퓨터와 각종 기기의 가동이 정지되는 것을 경험해 볼 때 충분히 이해할 수가 있다. 이와같이 전기가 우리들에게 절대로 필요하게 된 것은 많은 선배 학자들의 부단한 노력과 연구의 결과이다.

그러므로 전기공학의 기초가 되는 회로이론을 공부함에 있어서 선배들의 업적을 잠시 살펴보는 것도 다소 의의가 있다고 생각된다.

전기에 관한 여러 현상 중 중요한 것을 발견, 발명된 연대순으로 들면 〈표 1〉과 같다.

〈표 1〉

| 인 명 | 국 적 | 년 대 | 업 적 |
|---|---|---|---|
| Thales | 그리스 | B.C. 600 | 마찰전기 (B.C. 600) |
| W. Gilbert | 영국 | 1540～1603 | 자기 연구 (1600) |
| I. Newton | 영국 | 1642～1727 | 만유인력 (1665) |
| L. Galvani | 이탈리아 | 1737～1798 | 전류 발견 (1780) |
| C. A. Coulomb | 프랑스 | 1736～1806 | 쿨롱의 법칙 (1785) |
| A. Volt | 이탈리아 | 1745～1827 | 전지 발명 (1799) |
| H. C. Oersted | 덴마크 | 1777～1851 | 전류의 자기작용 (1820) |
| A. M. Ampere | 프랑스 | 1775～1836 | 전류의 자기이론 (1822) |
| G. S. Ohm | 독일 | 1787～1854 | 옴의 법칙 (1827) |
| J. Henry | 미국 | 1797～1878 | 자기유도작용 (1830) |
| R. F. Gauss | 독일 | 1777～1855 | 지자기 이론 (1832) |
| J. R. Joules | 영국 | 1818～1889 | 주울의 법칙 (1840) |
| M. Faraday | 영국 | 1791～1867 | 전자유도작용 (1831) |
| J. C. Maxwell | 영국 | 1831～1879 | 빛의 전자파설 (1873) |
| A. G. Bell | 미국 | 1847～1922 | 전화기 발명 (1876) |
| T. A. Edison | 미국 | 1847～1931 | 백열전등 발명 (1879) |
| H. R. Hertz | 독일 | 1857～1894 | 전자파 발견 (1887) |
| E. W. Siemens | 독일 | 1856～1940 | 선기기관자 발명 (1888) |
| J. J. Thomson | 이탈리아 | 1874～1937 | 전자 발견 (1890) |
| M. Curie | 프랑스 | 1867～1934 | 라듐 발견 (1898) |
| H. Plank | 독일 | 1853～1947 | 양자론 (1900) |
| G. Marconi | 이탈리아 | 1874～1937 | 무선전신 개발 (1909) |
| A. Einstein | 독일 | 1879～1955 | 상대성 이론 (1905) |
| N. Bohr | 덴마크 | 1885～1962 | 원자모형 (1913) |
| J. Chadwick | 영국 | 1891～1974 | 중성자 발견 (1932) |
| C. Anderson | 미국 | 1905～1991 | 양성자 발견 (1932) |

이상을 대별하여 보면 전기의 이론이 대략 50년을 주기로 발전되고 있으며, 응용은 이보다 50년 뒤떨어져 발전하여 왔다. 그러나 이 시간적 차이는 최근 극히 단축되어 2～3년 또는 5년 이내 관련된 이론들이 실용화되고 있다.

〈표 2〉

| 년 대 | 이 론 | 응 용 |
|---|---|---|
| 1750～1800 | 정전기 | |
| 1800～1850 | 전류 | 정전기 |
| 1850～1900 | 전자파 | 전류 |
| 1900～1950 | 원자 | 전자파 |

이 표로부터 추찰하면 현 시대는 원자력과 전자공학의 응용시대 또는 컴퓨터 응용시대로 생각할 수 있다. 이상의 관계를 표로 나타내어 보면 〈표 2〉와 같다.

이상에서 볼 수 있는 바와 같이 전기 및 자기현상을 과학적으로 현구하기 시작한 것은 18세기에서 19세기초이며, 19세기부터 20세기에 걸쳐 발전한 원자구조분야에서 급진전되고 있다.

일반적으로 전기공학은 비교적 이해하기 어려운 학문으로 생각된다. 그 까닭은 전기 및 자기는 우리 감각으로 직접 느낄 수 없으므로 추상적인 고찰을 하여야 하며, 수식에 의존하게 되는 데 원인이 있다고 본다. 그러므로 이의 해득은 먼저 극히 간단한 현상을 취급하여 명확한 개념을 얻은 후, 보다 더 복잡한 문제를 취급하도록 하는 방향으로 나아가는 것이 이상적인 방법이라 할 것이다. 따라서 우리들은 가장 간단한 정전기에서 시작하여 그 결과를 종합하여 하도록 하며, 이에 대한 대책으로서 실험을 행하는 것이 가장 좋으나, 이것에는 한계가 있으므로 PSpice를 이용한 모의실험(시뮬레이션)과 연습문제를 풀어 확고한 자신을 갖도록 하는 것이 유효한 방법이 될 것이다.

[그림 3]은 주어진 회로를 PSpice를 이용해서 시뮬레이션을 한 결과를 나타낸 그림이다.

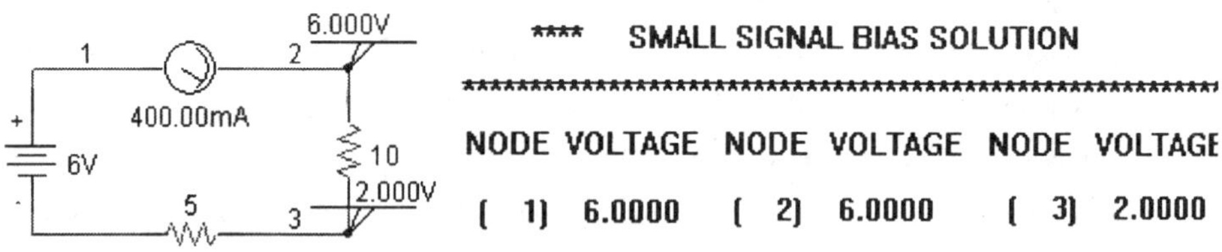


[그림 3] 시뮬레이션 결과

## 3 단 위

자연현상의 과학적 연구는 양적인 취급, 즉 측정에 토대를 두고 있다. 정량적 측정에는 반드시 측정량과 동종의 기준을 정하고 이것과 비교하여야 한다. 이 기준량을 우리들은 단위(unit)라고 부른다. 우리가 취급하는 물리적량은 그 종류가 매우 많으며, 따라서 단위의 종류도 많으나 이들 양(量)상호간의 관계를 고찰하여 보면 3개의 기준량, 즉 길이

(length), 질량(mass) 및 시간(time)으로 구성되어 있음을 알 수 있다. 이 구성요소를 그 단위의 차원(dimension)이라 한다.

현재 우리의 일상생활과 좀 더 가까운 단위는 길이, 질량, 시간의 단위로서 1[m], [kg], 1[s]를 취한 MKS 단위계가 채택되어 널리 사용되고 있다.

MKS 단위계에서는 속도, 가속도가 각각 $1[m \cdot s^{-1}]$, $1[m \cdot s^{-2}]$이고, 힘의 단위는 $1[kg \cdot m \cdot s^{-2}]$로 이것을 1Newton[N]이라고 정하였다.

에너지(energy)인 일은 MKS 단위계에서 1[Newton]×1[[m]]로 이것은 곧 1Joule [J]이 된다. 즉

$$1[J] = 1[N] \times 1[m]$$

공학사에서는 일 자체보다는 일이 행하여지는 속도, 즉 단위시간에 행한 일로서 여러 가지 경우의 능력을 비교한다. 이 일의 속도를 일반적으로 공률(power)이라 하며, 전기에서는 특히 전력(electric power)이라 한다. 단위는 MKS 단위계로 $1[J \cdot s^{-1}]$, 즉 1Watt[W]이다. 전기자계에서 많이 사용되는 공률의 단위인 마력(HP : Horse Power)은 746[W]에 해당된다.

열량은 MKS 단위계에서는 1[kg]의 순수를 온도 1[℃] 상승시키는 열량을 취하여 1킬로 칼로리(Calorie 혹은 kilogram calorie)라 한다.

열량은 에너지이므로 일과 등가인데, 그 사이에는

$$1[Calorie] = 4,200[J]$$

인 관계가 있다.

전기에너지의 단위로 광범하게 사용되는 것으로는 1[kiloWatt]시, [kWh]가 있다. 즉 1[kW]의 전력이 1시간 연속적으로 행한 에너지이다.

$$1[kWh] = 1,000[W] \times 3,600[s] = 3.6 \times 10^6[J]$$

이것을 킬로칼로리 [Cal]로 표시하면

$$1[kWh] = \frac{1}{4,200} \times 3.6 \times 10^6 = 860[Cal]$$

가 된다.

## 4 벡 터

[그림 4]와 같이 물리적량을 표현함에 크기만으로 그 상태를 충분히 표현할 수 있는 양을 스칼라(scalar)라 하며, 크기와 동시에 방향을 표시하여야 그 상태를 완전히 표현할 수 있는 량을 벡터(vector)라 한다. 전자에는 길이, 속력, 질량, 각도, 공률, 온도 등이 속하며, 후자에는 변위, 속도, 가속도, 힘 등이 속한다.

(a) 스칼라 (b) 벡터

[그림 4] 스칼라와 벡터

벡터의 표시법에는 [그림 5]와 같이 선분의 길이와 화살표로 크기와 방향을 가리키도록 하며, 문자로는 A, B 또는 $\dot{A}$, $\dot{B}$ 등과 같이 쓴다.

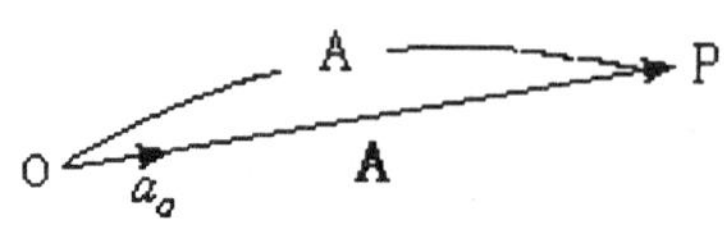


[그림 5] 벡터의 표시

### (1) 벡터의 가감법

2개의 벡터 **A**, **B**의 합은 [그림 6]과 같이 2벡터의 시점을 원점 0에 일치시킨 후 **A**, **B**를 두 변으로 하는 평행사변형을 그렸을 때 대각선 C로 주어진다.

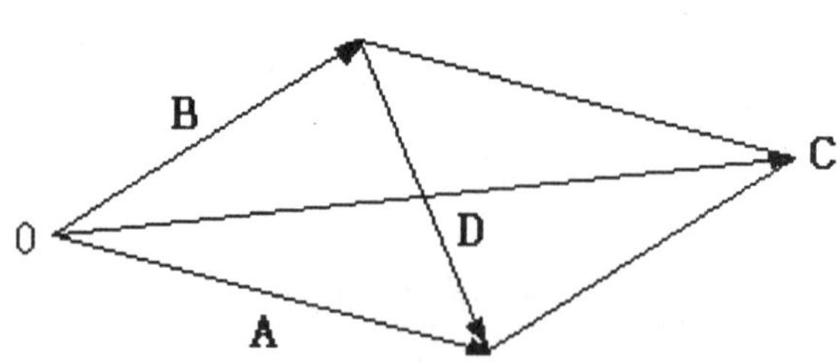


[그림 6] 벡터의 합성

A에서 B를 감한 것은 A에 －B벡터를 가하면 되므로 **A**, **B**의 종점을 연결하는 대각선에 점 **A**로 향하는 화살을 붙인 벡터 D로 주어진다.

$$A - B = A + (-B) = D$$

이러한 도식적 방법을 평행사변형의 법칙이라 한다.

### (2) 단위 벡터

절대값이 1인 벡터를 단위(unit) 벡터라 하며, 주로 방향표시에 이용된다. 지금 벡터 A 방향의 단위 벡터를 $a_o$라 하면, A는 그 크기 A와 $a_o$와의 적으로 주어질 것이므로

$$A = Aa_o$$

가 되며, $A$를 벡터 A의 $a_o$방향의 성분(component)이라 한다.

### (3) 기본 벡터

직각좌표축 $x$, $y$, $z$를 이용하여 벡터를 표시하면 편리한 점이 많다. [그림 7]과 같이 벡터 A의 시점을 좌표의 원점으로 취하고, 각 축의 성분을 $A_x$, $A_y$, $A_z$ 및 $x$, $y$, $z$축방향을 가리키며 크기가 1이 되는 단위 벡터를 $i$, $j$, $k$[이것을 특히 기본 벡터(fundamental vector)라 한다]라 하면

$$A = iA_x + jA_y + kA$$

로 주어지며, A의 크기는

$$A = |A| = \sqrt{(A_x)^2 + (A_y)^2 + (A_z)^2}$$

이고, $A$의 방향여현(方向餘弦) $l$, $m$, $n$은

$$l = \cos\alpha = \frac{A_x}{A}, \quad m = \cos\beta = \frac{A_y}{A}, \quad n = \cos\gamma = \frac{A_z}{A}$$

로 주어진다. 여기서 $\alpha$, $\beta$, $\gamma$는 벡터 A가 $x$, $y$, $z$의 각 축과 짓는 각이다. 따라서 2벡터 A, B의 가·감은 각각을 해석적으로 취급하면

$$A = iA_x + jA_y + kA_z$$

$$B = iB_x + jB_y + kB_z$$

$$A \pm B = i(A_x \pm B_x) + j(A_y \pm B_y) + k(A_z \pm B_z)$$

가 되어 계산이 간편해진다.

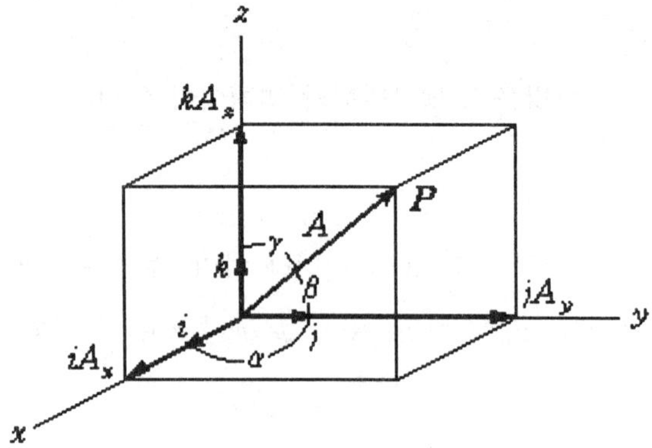


[그림 7] 기본 벡터

**예제 2** 벡터 $\dot{a}=6i-2j+4k$, $\dot{b}=3i+4j-2k$일 때 다음을 구하라.

(a) $\dot{a}+\dot{b}$의 기본 벡터 표시

(b) $\dot{a}-\dot{b}$의 크기

**해** (a) $\dot{a}+\dot{b}=(6i-2j+4k)+(3i+4j-2k)$

$=(6+3)i+(-2+4)j+(4-2)k$

$=9i+2j+2k$

(b) $\dot{a}-\dot{b}=(6i-2j+4k)-(3i+4j-2k)$

$=(6-3)i+(-2-4)j+(4-(-2))k$

$=3i-6j+6k$

$\therefore |\dot{a}-\dot{b}| = \sqrt{3^2+(-6)^2+6^2}=\sqrt{81}=9$

# 1장

# 기초개념



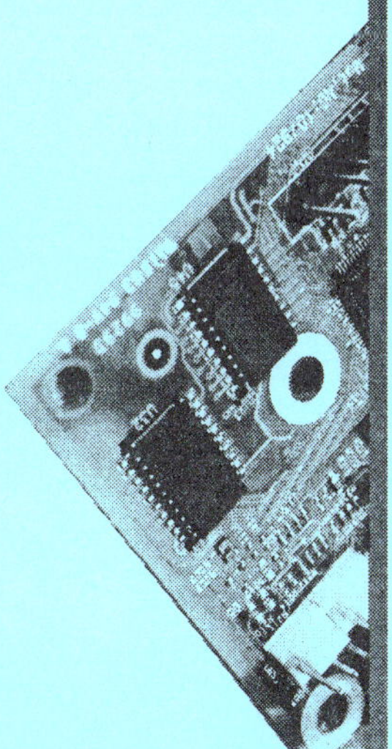

# 1장 기초개념

모든 물질은 궁극적으로 원자(atom)로 구성되어 있으며, 원자는 핵과 그 주위를 회전하는 전자(electron)로 이루어져 있다. 물질은 대체로 전기가 잘 통할 수 있는 도체(conductor)와 유리, 에보나이트와 같이 자유전자의 수가 적거나 거의 없어서 전기가 잘 통할수 없는 부도체(non-conductor), 그리고 Ge, Si 등과 같이 도체와 부도체의 중간정도의 전기적 성질을 갖는 반도체(semi-conductor) 등으로 구분할 수 있다.

물체는 원자로 이루어져 있고 이 원자는 다시 기본입자들로 구성된다. 이들 입자 중 가장 중요한 것은 원자의 핵 속에서 발견되는 양자(proton : 양전하)와 중성자(neutron), 그리고 원자핵 주위의 궤도를 따라 움직이는 전자(음전하)이다.

전하(electric charge)의 기초단위는 전자가 갖는 전하로 쿨롬[C]을 쓰는데, 이것은 프랑스 과학자 C. A. de Coulomb의 이름을 딴 것이다. 전자 1개의 전하량 $e$와 질량 $m$은 각각 다음과 같다.

$$e = -1.6021 \times 10^{-19} [C], \quad m = 9.109 \times 10^{-31} [kg] \qquad (1.1)$$

도체 내 전자의 수가 $N$개일 때 전하량 $Q$[C]는 다음과 같다.

$$Q = eN [C] \qquad (1.2)$$

[그림 1.1]은 실리콘(Si)원자의 원자모형이다. 헬륨원자의 경우에는 양자가 들어있는 원자핵 둘레의 첫 번째 궤도를 단지 2개의 전자가 돌고 있지만 실리콘은 내부 원자핵에 14개의 양자가 들어있고 그 외곽 첫 번째 궤도에 2개, 두 번째 궤도에 8개의 전자가 돌고 있으며 바깥 세 번째 궤도에 4개해서 모두 14개의 전자가 원자핵을 중심으로 돌고 있다.

원자의 전자는 각 궤도가 수용할 수 있는 전자의 수가 제한되어 있는데 보어(Bohr)는 그 수가 $2n^2$($n = 1, 2, 3, \cdots$ 궤도 수)개라고 했다. 첫 번째 궤도를 K셀(shell), 두 번째 궤도를 L셀, 세 번째 궤도를 M셀이라 하며, K셀에 들어갈 수 있는 전자의 수는 2개, L셀에 들어갈 수 있는 전자의 수는 8개, M셀에 들어갈 수 있는 전자의 수는 18개이다.

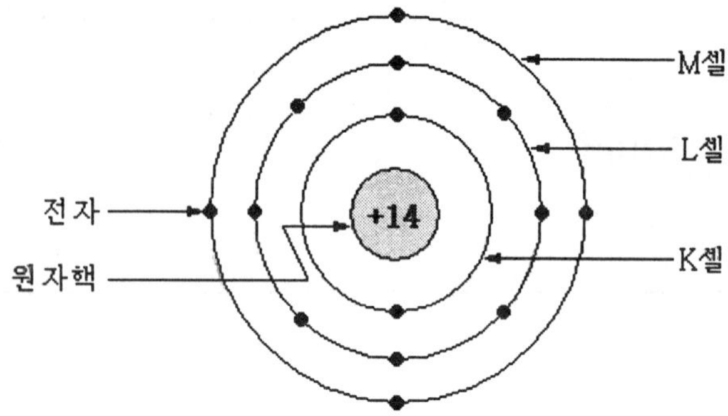


[그림 1.1] 실리콘의 원자모형

실리콘은 K셸(2개), L셸(8개)에 전자를 모두 채우고 M셸은 다 채우지 못하고 4개의 전자가 돌고 있다. 이때 M셸을 돌고 있는 4개의 전자를 자유전자(free electron) 또는 가전자(electron valence)라고 하며, 이 자유전자는 외부로부터 에너지(열, 빛, 전압)가 가해지면 M셸에서 떨어져 나가게 된다. 따라서 평소 중성을 유지하고 있던 원자는 －전하인 4개의 전자를 잃게 되므로 그 빈자리에 4개의 ＋전하가 자리하고 있다고 생각할 수 있으며 이 빈자리를 정공(hole)이라고 부른다.

## 1.1 전하와 전류

전기회로의 역할은 제한된 경로를 따라 전하를 전달시키거나 이동시키는 것으로, 이같이 회로(circuit)의 한 점에서 다른 점으로 전하를 전달하는 현상을 전류(current)라 한다. 전류 $i(t)$는 [그림 1.2]와 같이 도체의 한 단면을 지나는 전하량의 시간변화율로 정의한다. 즉,

$$i(t) = \frac{dq}{dt}\,[\mathrm{A}] \tag{1.3}$$

또한 시간 $t$[sec] 동안에 도체에 유입되는 전하는 식 (1.3)으로부터 다음과 같다.

$$q = \int_0^t i(t)dt\,[\mathrm{C}] \tag{1.4}$$

전하를 $q$[C], 이동한 시간을 $t$[sec]로 할 때 전류 $i(t)$의 단위는 암페어 [A]라고 하는데, 이것은 프랑스의 물리학자인 A.M.Ampere의 이름을 딴 것이다.

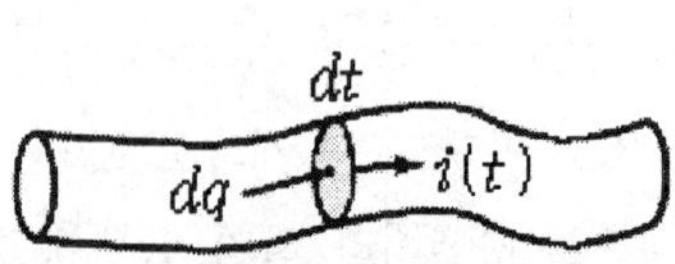


[그림 1.2] 도체의 전류

1[A]의 전류는 도체의 단면을 1[sec] 동안

$$\frac{1}{1.6021\times10^{-19}}=6.24\times10^{18}[\text{개}] \quad (1.5)$$

의 전자가 통과하는 것에 해당한다. 일정한 율로 $t$[sec] 동안에 $Q$[C]의 전하가 이동한다면 전류 $I$와 전하 $Q$ 사이에는 다음의 관계가 성립한다.

$$I=\frac{Q}{t}\ [\text{A}],\quad Q=It[\text{C}] \quad (1.6)$$

회로이론에서 전류는 일반적으로 양(+)전하 운동으로 생각한다. 이 규정은 전기가 양(+)에서 음(−)으로 이동한다고 한 B.Franklin으로부터 나왔다.

## 1.2 전압과 에너지

자유전자와 같은 전하는 도체안에서 아무렇게나 움직인다. 만약 전하들이 특정한 방향으로 움직이길 원한다면 회로에 전기적인 힘을 가해야 한다. 소자 양단에 걸리는 전압(Voltage)[V]은 단위전하 1[C]이 소자의 한 단자에서 다른 단자로 이동할 때의 일로 정의한다. [그림 1.3]과 같이 도체에서 전하의 이동은 도체의 a점과 b점간의 전위차(electric potential difference)가 형성될 때 이루어진다.

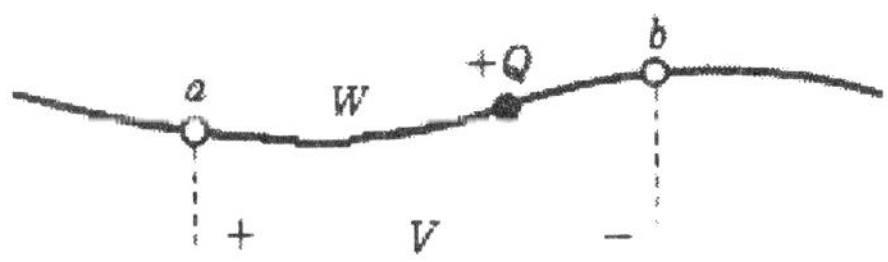


[그림 1.3] 전위차와 에너지

따라서 도체에서 두 접점간의 전위차 $V$[V]에 의하여 $Q$[C]의 전하가 두 점 사이를 이동해서 얻거나 잃은 에너지가 $W$[J]일 때 다음의 관계식이 성립한다.

$$V=\frac{W}{Q}[\text{V}] \quad (1.7)$$

도체에서 전위차 또는 전압 $v(t)$에 의해 미소전하 $dq$[C]가 이동할 때 수반되는 에너지의 변화를 $dw$[J]이라면 다음 식이 성립한다.

$$v(t)=\frac{dw}{dq}[\text{V}] \quad (1.8)$$

또한 에너지는 식 (1.8)로부터 다음과 같이 얻을 수 있다.

$$w(t) = \int v(t)dq \tag{1.9}$$

전압의 단위는 볼트(Volt)[V]로 표시한다. 이것은 이탈리아의 물리학자 A.Volta의 이름을 딴 것이다. 전압은 1[C]의 전하가 한 일이므로 1[V]는 1[J/C]이 된다.

## 1.3 전원의 종류

회로를 구성하는 소자는 회로에 에너지를 공급해 주는 역할을 하는 능동소자(active element)와 능동소자인 전원으로부터 에너지를 공급받아서 전기적인 기능을 갖게 되는 수동소자(passive element)로 대별된다.

[그림 1.4]의 소자는 능동소자이며 전류 $i$가 음(−)의 극성인 $b$점에서 양(+)의 극성인 $a$점으로 유입된다. 이때 소자는 외부회로에 에너지를 공급하고 $b$점에서 $a$점으로 전압상승(voltage rise)이 일어난다.

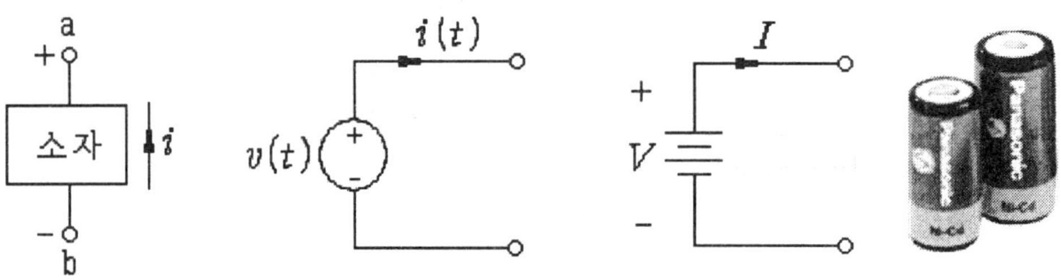


[그림 1.4] 능동소자

[그림 1.5]는 수동소자의 그림이다. 전류 $i$가 양의 극성인 $a$점에서 음의 극성인 $b$점으로 유입된다. 이때 소자는 외부의 힘에 의해서 에너지를 공급받는다. 즉, 에너지를 소비하게 되고 전압강하(voltage drop)가 일어난다.

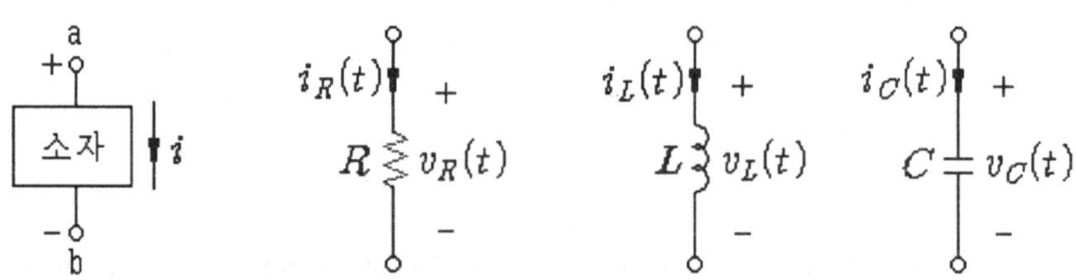


(a) (b) (c) (d)

[그림 1.5] 수동소자

회로 내에서 전원의 전압 및 전류가 소자들이나 다른 전원에 의해 변하지 않는 전원들을 독립전원(indentment source)이라 한다. 독립전압원은 발전기나 건전지와 같은 2단자 소자로서 [그림 1.6](a), (b), (c)와 같은 기호로 표시하고, 독립전류원은 그림 (d), (e)이다.

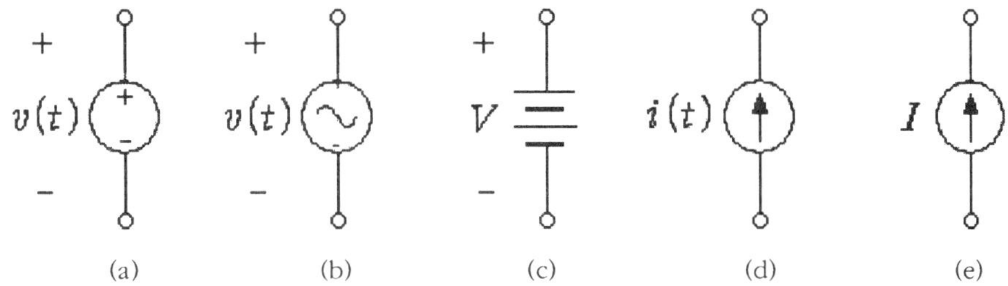


[그림 1.6] 독립전원의 기호

독립전원의 직 · 병렬 전압 및 전류원의 등가회로는 [그림 1.7]과 같다.

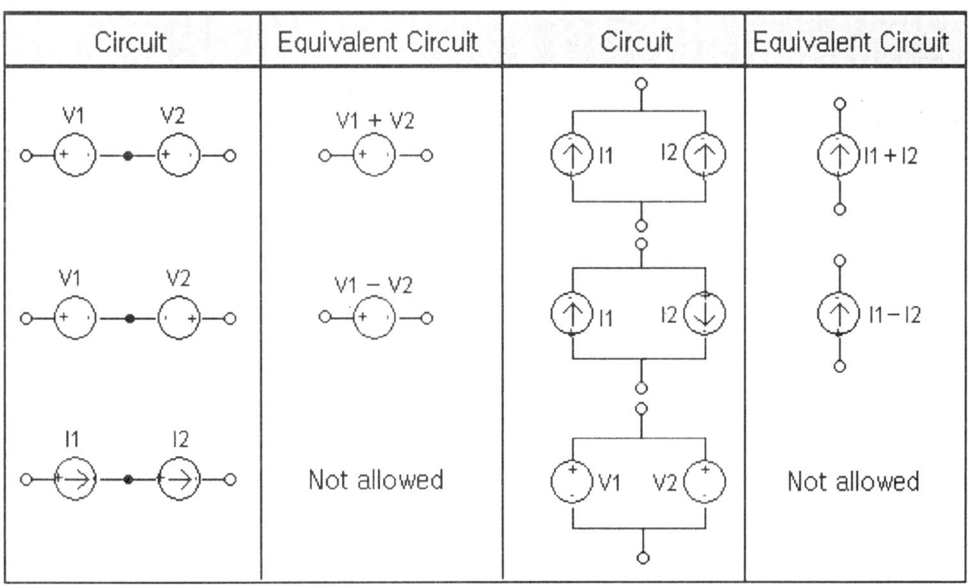


[그림 1.7] 직 · 병렬 전압 및 전류원의 등가회로

반면에 전원의 전압, 전류가 회로의 다른 부분의 전압 또는 전류에 따라 변하는 전원을 종속전원(dependent source) 또는 제어전원이라 하며, 제어전원이 포함된 회로를 능동회로(active circuit)라 한다.

독립전원과는 달리 종속전원은 회로에서 규정된 위치의 전압 또는 전류에 의해서 결정되는 전압, 전류를 말한다. 이러한 전원은 많은 전자회로 소자의 동작을 묘사하는 수학적 모델에서 필수적인 부분이므로 매우 중요하다.

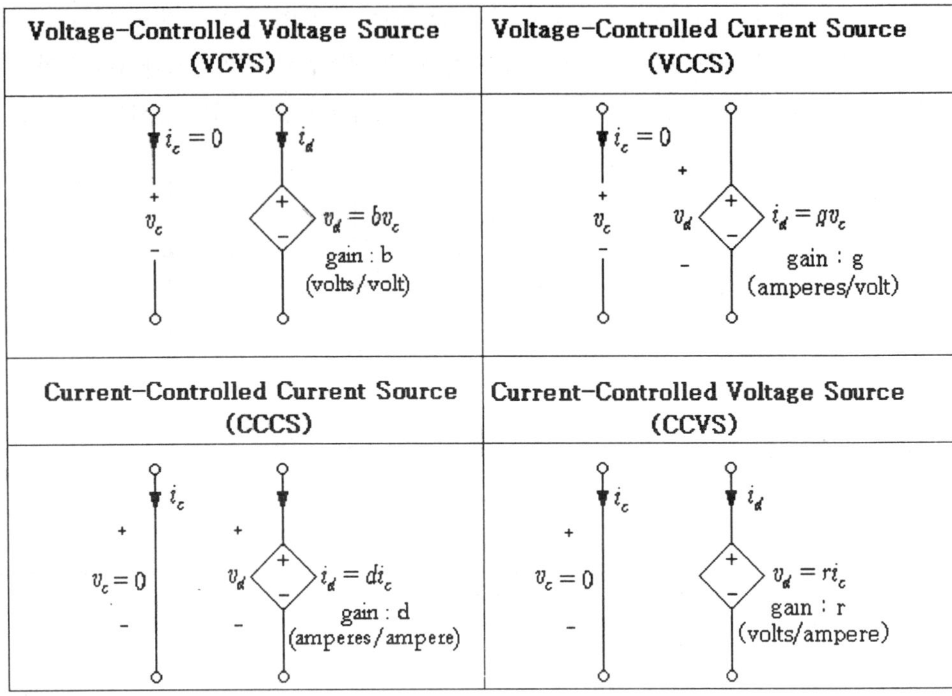


[그림 1.8] 종속전원의 기호

[그림 1.8]은 종속전원을 나타내는 기호이다.
종속전원은 다음과 같이 네 가지로 분류할 수 있다.

- 전압제어전압원(VCVS : Voltage Controlled Voltage Source)
- 전압제어전류원(VCCS : Voltage Controlled Current Source)
- 전류제어전류원(CCCS : Current Controlled Current Source)
- 전류제어전압원(CCVS : Current Controlled Voltage Source)

**예제 1** [그림 1.9]에서 출력 $V_o$와 $I_o$를 각각 구하라.

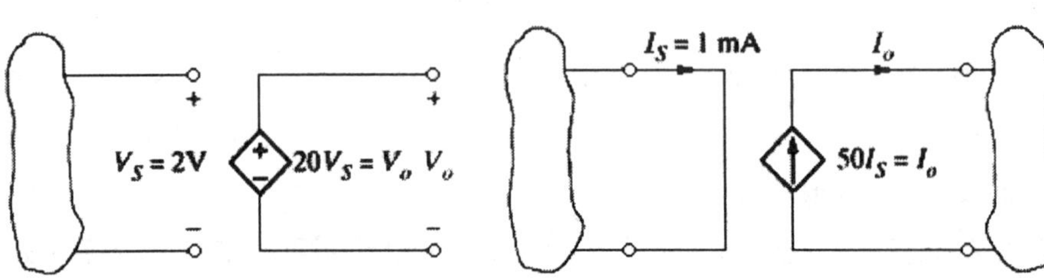


(a) (b)

[그림 1.9] 종속전원의 예

**해** [그림 1.9](a)에서 $V_o = \mu V_s = 20V_s = (20)(2[\text{V}]) = 40[\text{V}]$ ⇐VCVS

즉, 출력전압이 입력단자에서 2[V]이던 것이 40[V]로 증폭되었으며, 이 회로는 증폭도가 20인 증폭회로이다.

그림 (b)에서 $I_o = \beta I_s = 50I_s = (50)(1[\text{mA}]) = 50[\text{mA}]$⇐CCVS

이 회로는 전류이득이 50이고, 이는 출력전류는 입력전류의 50배임을 뜻한다.

## 1.4 전력과 전력량

전력(electric power)은 단위시간에 전기가 한 일의 양, 즉 단위시간에 변환 또는 전송되는 전력량으로 정의된다. 따라서 변환되는 전력량 $W$[Wsec]가 시간적으로 일정할 때 전력 $P$[W]는 식 (1.6)과 (1.7)로부터

$$P = \frac{W}{t}[\text{W}], \quad P = VI[\text{W}] \tag{1.10}$$

1[W]는 매초 변환되는 전력량이 1[Wsec]일 때의 전력이다. 회로에서 변환되는 전력량이 시간적으로 변할 때 각 순간의 전력, 즉 순시전력 $p(t)$는

$$p(t) = \frac{dw}{dt} = v(t)i(t)[\text{W}] \tag{1.11}$$

이고, 이로부터 시간 $t$[sec] 동안 변환되는 전체 전력량 $w(t)$는

$$w(t) = \int_0^t p(t)dt = \int_0^t v(t)i(t)dt[\text{Wsec}] \tag{1.12}$$

가 된다.

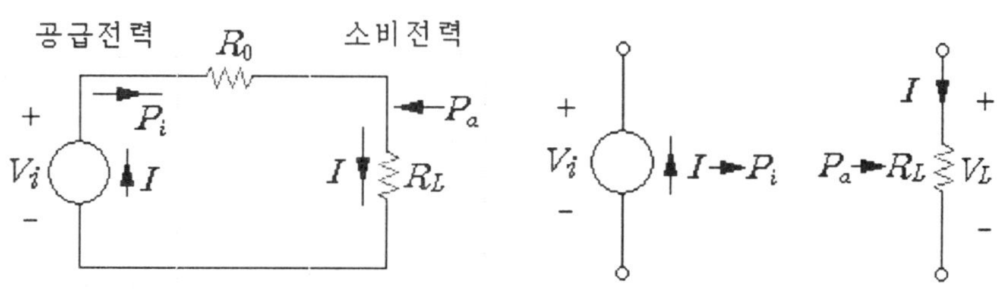


[그림 1.10] 공급전력과 소비전력

이제 [그림 1.10](a)에서 공급전력과 소비전력에 대해서 기술한다. [그림 1.10](a)를 그림 (b), (c)로 분류할 때 그림 (b)는 능동소자로서 부하에 전력을 공급하는 공급전력이라 하며 다음과 같이 표시한다.

$$P_i = V_i I \text{[VA]} \tag{1.13}$$

[그림 1.10](c)는 수동소자로서 공급되는 전력을 소비하는 전력으로 다음과 같다.

$$P_a = R_L I^2 \text{[W]} \tag{1.14}$$

소비전력의 단위로는 와트(Watt)[W], 공급전력의 단위는 볼트암페어(Volt Ampere)[VA]라 한다. [그림 1-10](a)에서 공급전력 $P_i$는 저항 $R_0$와 부하저항 $R_L$에 전력을 공급한다. 즉, 저항 $R_0$에서의 소비전력을 $P_0$라 하면 $P_0 = R_0 I^2$[W]이므로

$$P_i = P_0 + P_a = R_0 I^2 + R_L I^2 \tag{1.15}$$

이다. 즉, 회로 내에서 능동소자에 의해 공급된 전력은 수동소자들에서 모두 소비되어야 한다. 시간 $t$[sec] 동안에 공급된 전력량과 소비된 전력량은 다음과 같다.

$$W_i = P_0 t = VI\, t \text{[VAsec]} \tag{1.16}$$

$$W_a = P_a t = R_L I^2 t \text{[Wsec]} \tag{1.17}$$

일반적으로 수동소자인 경우 전력은 [그림 1.11]과 같이 정의한다.

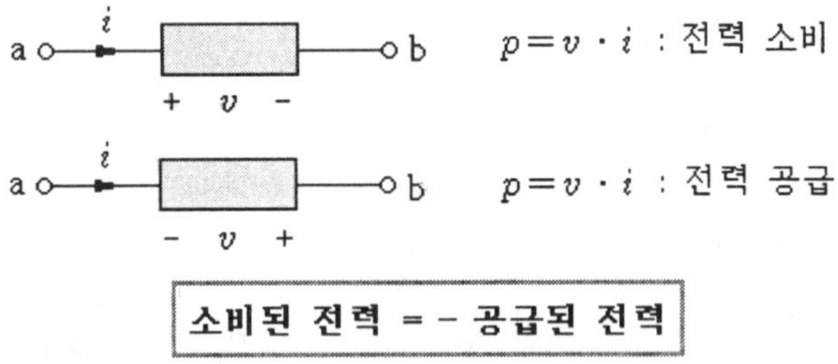


[그림 1.11] 전력의 정의

**예제 1.2** [그림 1.11]에서 $v=4$[V], $i=10$[A]일 때 소자가 흡수한 전력과 10초동안 흡수한 에너지를 각각 구하라.

**해** $p = v \times i = 4 \times 10 = 40$[W]

$$w = \int_0^{10} p dt = \int_0^{10} 40 dt = 40 \times 10 = 400\text{[J]}$$

**예제 1.3** [그림 1.12]에서 소비전력를 구하라.

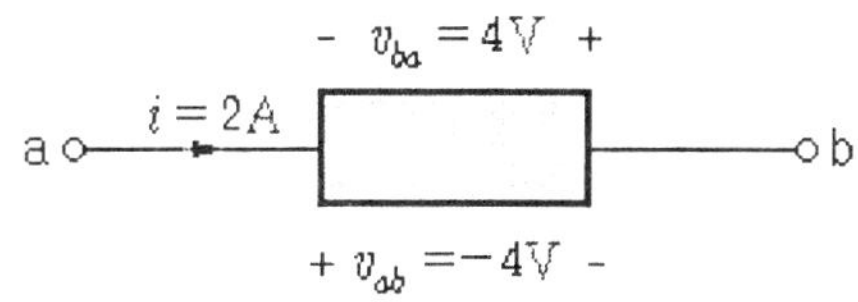


[그림 1.12] 예제 회로

**해** 소비전력 $p=v_{ab}\times i=2\times(-4)=-8$[W]이다.

**예제 1.4** [그림 1.13]에서 회로소자에 의한 소비 및 공급전력을 구하라.

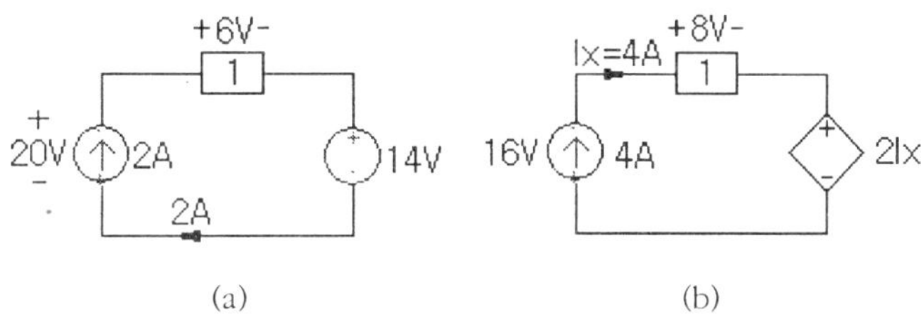


[그림 1.13] 전력계산

**해** [그림 1.13](a)에서 $P_{2[A]}=20\times(-2)=-40$[W](공급전력)

$P_1=6\times2=12$[W](소비전력), $P_{14[V]}=14\times2=28$[W](소비전력)

그림 (b)에서 $P_{4[A]}=16\times(-4)=-64$[W](공급전력)

$P_1=8\times4=32$[W](소비전력), $P_{2Ix}=(2I_x)\times4=8\times4=32$[W](소비전력)

**예제 1.5** [그림 1.14]에서 각 소자에 의한 공급 및 소비전력을 구하라.

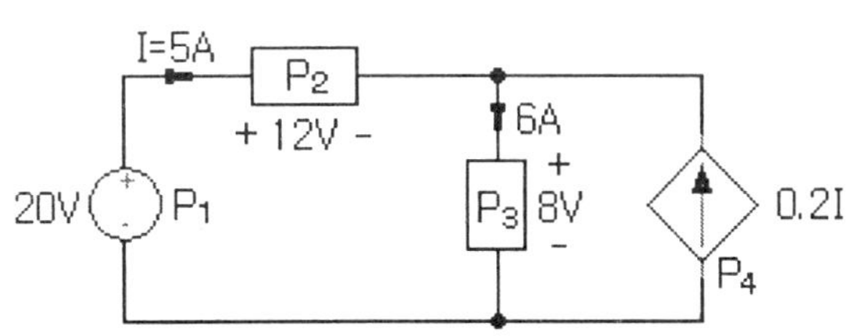


[그림 1.14] 전력계산

**해** 그림에서 $P_1 \Rightarrow P=20\times(-5)=-100$[W](공급전력)

$P_2 \Rightarrow P=12\times5=60$[W](소비전력) $P_3 \Rightarrow P=8\times6=48$[W](소비전력)

$P_4 \Rightarrow P=8\times(-0.2I)=8\times(0.2\times5)=-8$[W](공급전력)

$\therefore$ Total power $\sum P=-100+60+48-8=0$[W]

**예제 1.6** [그림 1.15]에서 소자에 의한 공급 및 소비전력을 구하라.

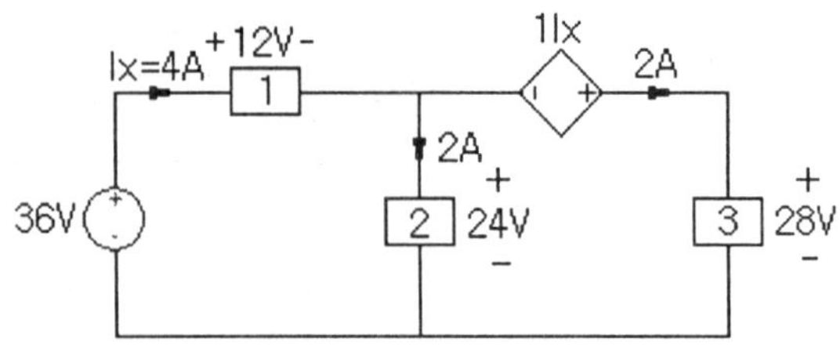


[그림 1.15] 전력계산

**해** $P_{36[V]} = 36 \times (-4) = -144[W]$(공급전력), $P_1 = 12 \times 4 = 48[W]$(소비전력),

$P_2 = 24 \times 2 = 48[W]$(소비전력), $P_{1Ix} = (1Ix) \times (-2) = 4 \times (-2) = -8[W]$(공급전력),

$P_3 = 28 \times 2 = 56[W]$

**예제 1.7** [그림 1.16]에서 $V_S$를 구하라.

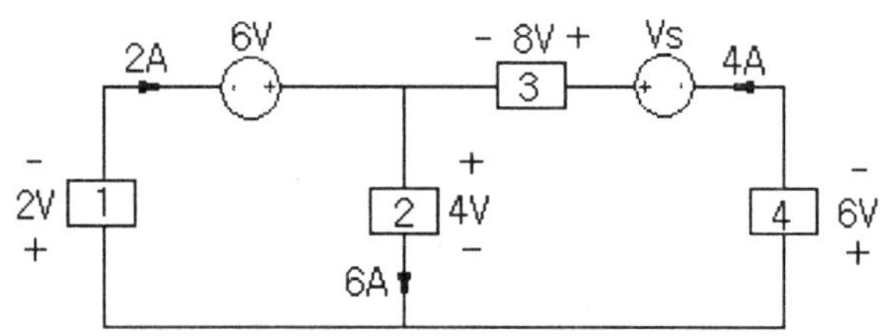


[그림 1.16] 전력계산

**해** $P_1 = 2 \times 2 = 4[W]$(소비전력), $P_{6[V]} = 6 \times (-2) = -12[W]$(공급전력),

$P_2 = 4 \times 6 = 24[W]$(소비전력), $P_3 = 8 \times 4 = 32[W]$(소비전력),

$P_{VS} = V_S \times (-4) = -4V_S$(공급전력), $P_4 = 6 \times 4 = 24[W]$(소비전력),

여기서 전력보존의 법칙을 적용하면 $P_1 + P_{6[V]} + P_2 + P_3 + P_{VS} + P_4 = 0$

즉, $4 - 12 + 24 + 32 - 4V_S + 24 = 0$ , $\therefore\ 4V_S = 72 \Rightarrow V_S = 18[V]$이다.

**예제 1.8** [그림 1.17]의 회로에서 종속전원이 공급하는 전력을 구하라.

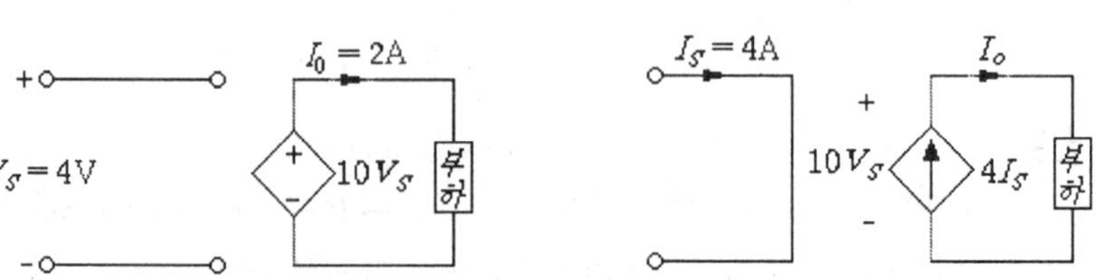


(a) (b)

[그림 1.17] 예제 회로

**해** (a) 공급전력 $= 10V_S \times I_0 = 40 \times 2 = 80$[W]

(b) 공급전력 $= 10V_S \times 4I_S = 10 \times 16 = 160$[W]

**예제 1.9** 도체에 10[sec] 동안 $5 \times 10^{17}$개의 전자가 이동할 때 도체에 흐르는 전류를 구하라.

**해** $I = \dfrac{Q}{t} = \dfrac{eN}{t} = \dfrac{1.6021 \times 10^{-19} \times 5 \times 10^{17}}{10} = 8.0105$[mA]

**예제 1.10** 도체에 2[sec] 동안 이동한 전하량이 $q(t) = t^2 + 1[\mu C]$일 때 전류의 값을 구하라.

**해** $i(t) = \dfrac{dq}{dt} = \dfrac{d}{dt}(t^2+1)10^{-6} = 2 \times 10^{-6}t$ [A]

$i(t)\mid_{t=2} = 2 \times 10^{-6} \times 2 = 4[\mu A]$

**예제 1.11** 어떤 소자에 $v(t) = 2t$[V]의 전압을 10[sec] 동안 가할 때 도체에 흐르는 전류가 $i(t) = (3t+1)$[mA]이었다. 이때의 축적에너지 $w(t)$를 구하라.

**해** $dq = i(t)dt = (3t+1)10^{-3}dt$[C]

$w(t) = \int_0^t v(t)dq = \int_0^{10} 2t(3t+1)10^{-3}dt = 10^{-3}[2t^3 + t^2]_0^{10} = 2.1$[J]

**예제 1.12** [그림 1.18]에서 $v = 8e^{-t}$[V], $i = 20e^{-t}$[A]일 때 공급된 전력과 1초 동안에 공급된 에너지를 구하라.

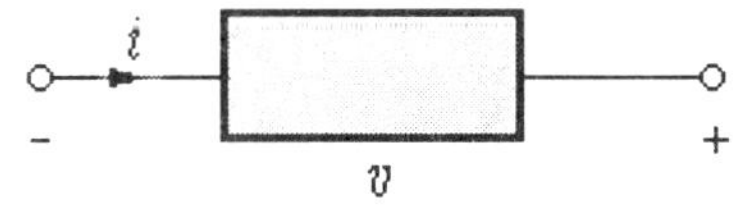


[그림 1.18] 예제 회로

**해** $p = v \times i = (8e^{-t})(20e^{-t}) = 160e^{-2t}$[W]

$w = \int_0^1 pdt = \int_0^1 (160e^{-2t})dt = \left[160\dfrac{e^{-2t}}{-2}\right]_0^1 = \dfrac{160}{-2}(e^{-2}-1) = 80(1-e^{-2}) = 69.2$[J]

**예제 1.13** 번개의 평균전류는 $2 \times 10^4$[A], 지속시간이 0.1[초], 구름과 대지 사이의 전위차는 $5 \times 10^8$[V]일 때 땅으로 흘러간 전체 전하 및 에너지는 얼마인가?

**해** $Q = \int_0^{0.1} i(t)dt = \int_0^{0.1} 2 \times 10^4 dt = 2 \times 10^3$[C]

$W = \int_0^{0.1} i(t) \times v(t)dt = \int_0^{0.1} (2 \times 10^3)(5 \times 10^8)dt = 10^{12}[J] = 1[TJ]$

**2장**

# 회로소자

# 2장 회로소자

## 2.1 옴의 법칙

나무막대 양단과 동봉(銅棒)의 양단에 동일한 전기차를 주었을 때 상당히 다른 결과의 전류값이 얻어진다. 이것은 각 막대의 고유한 전기적 물성이 다르기 때문으로, 즉 각 막대의 전기의 흐름을 방해하는 성질이 다르기 때문이다.

전위가 $V$[V]를 갖도록 도선으로 연결하고 도선에 흐르는 전류가 일정하게 되었을 때 전류 $i$[A]를 측정한다. 이때 우리는 정의하기를 저항 $R=\dfrac{V}{i}$로 정의한다.

[그림 2.1](a)에서처럼 도체에 전류가 흐르는 경우, 도체 양단에 나타나는 전위차는 흐르는 전류에 정비례하며 이때의 비례상수 $R$을 저항(resistance)이라 한다. 즉

$$v = Ri\text{[V]} \tag{2.1}$$

이 되고 저항의 단위는 옴(Ohm), 기호로는 오메가[Ω]를 사용한다. 식 (2.1)의 전압-전류 관계를 옴의 법칙(Ohm's law)이라고 한다.

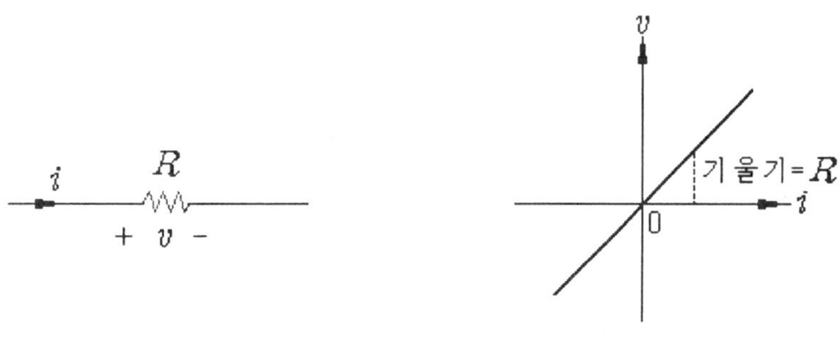


(a) 저항기호 (b) 전압 · 전류관계

[그림 2.1] 저항기호와 전압 · 전류관계

$v \times i$ 평면상에 식 (2.1)을 그래프로 나타내면 [그림 2.1](b)처럼 원점을 지나는 직선이 된다. 이와 같이 회로 소자의 전압과 전류관계가 1차 방정식으로 표시되어 전압과 전류의 비가 상수일 때 그 소자를 선형저항기(linear resistor)라 한다.

저항에 전압 $v$를 인가하여 전류 $i$를 흘려줄 때 저항기가 흡수하는 전력은

$$P = v \times i = i^2 R = \frac{v^2}{R} [\mathrm{W}] \tag{2.2}$$

이다. 저항기는 소비전력이 언제나 (+)의 값을 갖는 수동회로 소자이며 전력을 발생하거나 에너지를 축적할 수는 없고, 흡수된 전력은 열로 소비되어 버린다. 저항의 역수는

$$G = \frac{1}{R} = \frac{i}{v} [\mho] \tag{2.3}$$

를 콘덕턴스(conductance)라 하며 단위는 모오 [℧]이다.

도선의 저항은 길이에 비례하고, 단면적에 반비례한다. [그림 2.2]와 같이 도체의 단면적을 $s[\mathrm{m}^2]$, 도체의 길이를 $l$[m]라 할 때 도체의 저항 $R$은

$$R = \rho \frac{l}{s} [\Omega] \tag{2.4}$$

이 된다. 여기서 $\rho$는 도선의 재질에 따라 결정되는 상수로서, 이를 고유저항 또는 저항률(electric resistivity)이라 하며 이것은 다음과 같이 정의된다.

$$\rho = \frac{\text{전계의 세기 } E}{\text{전류밀도 } J} = \frac{\frac{v}{m}}{\frac{i}{m^2}} = \frac{v}{i} \cdot m = \ \Omega \cdot m$$

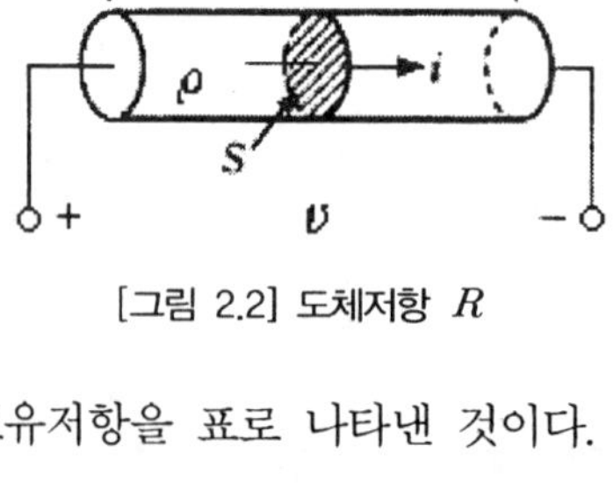


[그림 2.2] 도체저항 $R$

〈표 2.1〉은 금속도체의 고유저항을 표로 나타낸 것이다.

〈표 2.1〉 금속도체의 고유저항

(단위 : $10^{-8}[\Omega \cdot m]$)

| 원 소(20[℃]) | | | | 합 금(상온) | |
|---|---|---|---|---|---|
| 은 | 1.62 | 니 켈 | 6.9 | 강 | 10～20 |
| 동 | 1.69 | 철 | 10.0 | 규소강(Fe-Si 4.5[%]) | 62.5 |
| 알루미늄 | 2.83 | 백 금 | 10.5 | 니크롬(Ni-Cr-Fe) | 100～110 |
| 마그네슘 | 4.46 | 주 석 | 11.4 | 망가닌(Cu-Mn) | 34～100 |
| 몰리브덴 | 4.47 | 아 연 | 21.9 | 놋쇠(Cu-Zn) | 5～7 |
| 아 연 | 6.1 | 수 은 | 95.8 | | |

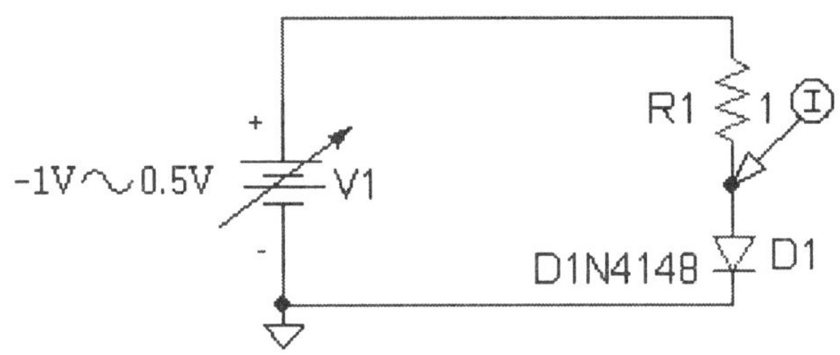


[그림 2.3] 다이오드의 온도특성

[그림 2.3]은 직류전압원을 −1[V]에서 +0.5[V]까지 인가하면서 온도를 −10[℃], 0[℃], +10[℃] 상태로 다이오드의 3가지 상태에 따른 역방향 전류의 변화특성을 알아본다.

[그림 2.4]는 다이오드의 온도특성에 대한 시뮬레이션 결과이다. 역방향 전류 온도특성은 역방향 전류(누설전류)가 온도 10[℃]증가에 약 2배로 커짐을 확인할 수 있다.

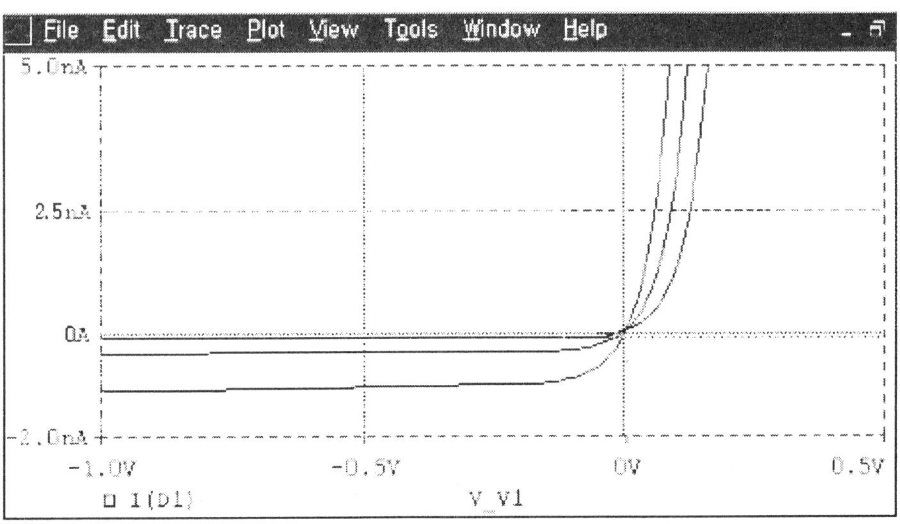


[그림 2.4] 회로 시뮬레이션 결과

전류에 대해 일정치 않은 저항을 갖는 저항기, 즉 선형이 아닌 저항기를 비선형 저항기(nonlinear resistor)라 한다. 비선형 저항기의 전형적인 예는 PN접합 다이오드로서 그 특성곡선은 [그림 2.4]와 같으며, 다이오드에 흐르는 전류는 다음 식과 같이 전류는 전압의 비선형 함수로 나타난다.

$$i = I_s(e^{qV/kT} - 1)[\mathrm{A}] \tag{2.5}$$

여기서 $I_s$ : 역포화 전류, $k$ : 볼츠만 상수, $T$ : 절대온도이다.

**예제 2.1** [그림 2.5](a)에서 전류 $i = 0.2$[A]이고 저항값은 1[k$\Omega$]이다. 저항 양단에 걸리는 전압을 구하라.

**해** $v = iR = 0.2 \times 1{,}000 = 200$[V]

[그림 2.5](b)는 (a)의 시뮬레이션 결과이다.

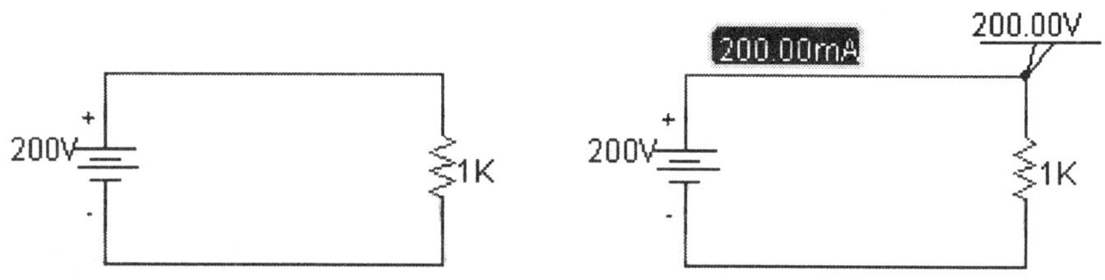


(a) (b)

[그림 2.5] 시뮬레이션 결과

여기서 공학에서 많이 이용되는 SI(International System of Units) 단위를 〈표 2.2〉에 나타낸다.

〈표 2.2〉 SI 단위계

| Multiplier | Prefix | Symbol | Multiplier | Prefix | Symbol |
|---|---|---|---|---|---|
| $10^{24}$ | yotta | Y | $10-1$ | deci | d |
| $10^{21}$ | zetta | Z | $10^{-2}$ | centi | c |
| $10^{18}$ | exa | E | $10^{-3}$ | milli | m |
| $10^{15}$ | peta | P | $10^{-6}$ | micro | $\mu$ |
| $10^{12}$ | tera | T | $10^{-9}$ | nano | n |
| $10^{9}$ | giga | G | $10^{-12}$ | pico | p |
| $10^{6}$ | mega | M | $10^{-15}$ | femto | f |
| $10^{3}$ | kilo | k | $10^{-18}$ | atto | a |
| $10^{2}$ | hecto | h | $10^{-21}$ | zepto | z |
| $10^{1}$ | deka | da | $10^{-24}$ | yocto | y |

**예제 2.2** 길이가 150[m]이고 지름이 10[mm]인 동선의 상온에서의 저항값을 구하라.

**해** 〈표 2.1〉에서 $\rho = 1.69 \times 10^{-8}[\Omega \cdot \text{m}]$이므로

$$R = \rho \frac{l}{s} = 1.69 \times 10^{-8} \times \frac{150}{\pi\left(\frac{10}{2} \times 10^{-3}\right)^2} \fallingdotseq 0.032[\Omega]$$

**예제 2.3** [그림 2.6](a)에서 저항과 다이오드에 흐르는 전류를 각각 시뮬레이션해보아라.

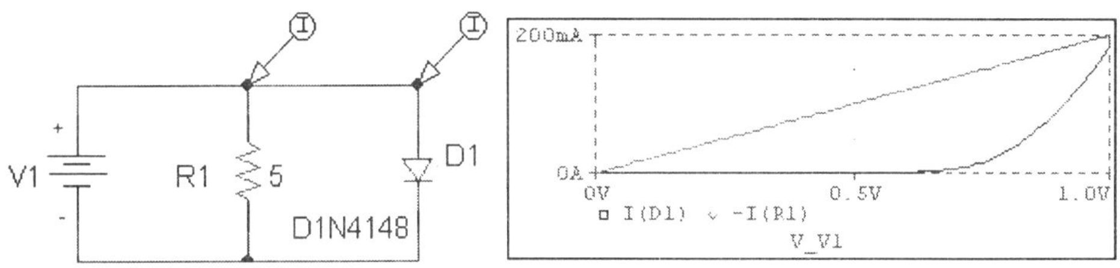


(a) (b)

[그림 2.6] 다이오드 회로 및 출력결과

**해** 어떤 소자에 있어 소자양단에 전압 $V$를 인가하고 흐르는 전류를 $I$라 했을 때 $I$와 $V$의 관계에 있어 비례관계에 있을 때 선형성이 있다고 하며 이러한 소자를 선형소자라 한다. 이러한 선형소자로는 저항, 코일, 콘덴서가 있다. 마찬가지로 $I$와 $V$의 관계가 비례관계가 아닐 때 비선형성이 있다고 하며 이와 같은 소자를 비선형성 소자라고 한다. 비선형 소자로는 다이오드가 있다.

[그림 2.6](b)는 상기 회로를 시뮬레이션한 결과이다. 입력전압을 0~1[V]까지 0.01[V] 증가시키면서 DC Sweep한 그림이다. 그림에서도 알 수 있듯이 저항에 흐르는 전류는 선형이고, 다이오드에 흐르는 전류는 비선형임을 확인할 수 있었다.

**예제 2.4** 자동차가 [그림 2.7]과 같이 2개의 헬로겐 헤드라이트를 사용한다. 각 헤드라이트에 3[A]의 전류가 흐른다면 배터리에 의해 공급되는 전력은 얼마인가?

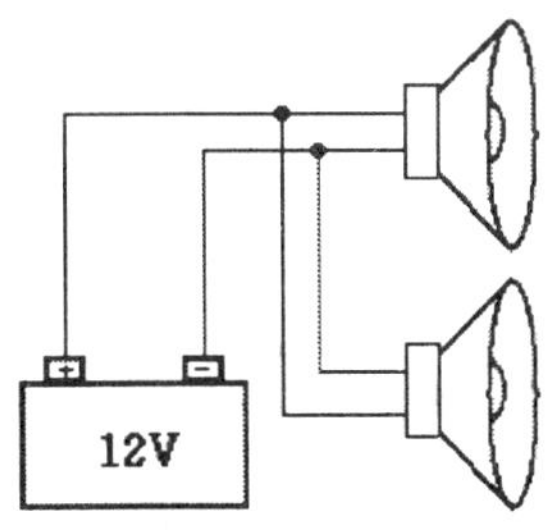


[그림 2.7] 자동차의 헤드라이트 그림

**해** 공급전력 $P = VI = (12)(3+3) = 72[\text{W}]$

주어진 회로의 전압, 전류를 측정하는 경우 전압계(voltmeter)와 전류계(ammeter)를 사

용한다. [그림 2.8]은 전압계와 전류계를 설명한 그림이다. 이상적인 전압계는 개방회로로서 전류가 흐르지 않아야만 하고, 전류계는 단락회로로서 전압강하가 일어나서는 안된다. 그림에서 회색단자는 +이고 흑색단자는 −이다.

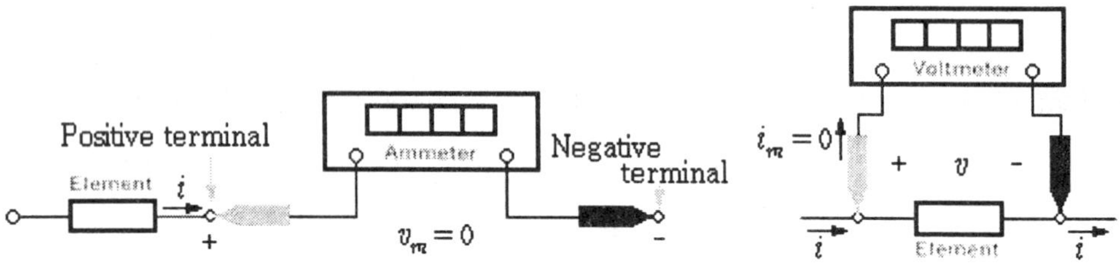


[그림 2.8] 전압계와 전류계

[그림 2.9](a)에서 전압계의 지시값이 +3.6[V]인 반면 그림 (b)는 −3.6[V]를 지시한다.

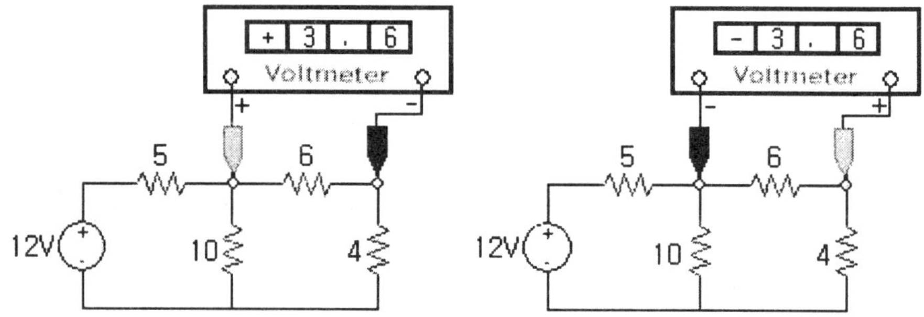


(a) (b)

[그림 2.9] 전압계의 연결방법

[그림 2.10](a)는 전류계의 지시값이 +1.2[A]인 반면 그림 (b)는 −1.2[A]가 된다.

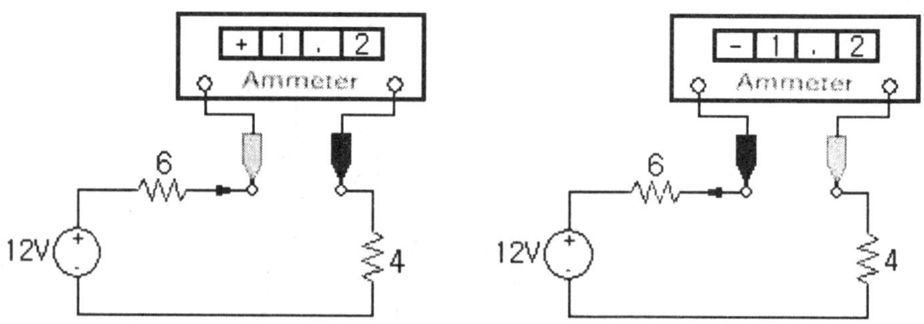


(a) (b)

[그림 2.10] 전류계의 연결방법

**예제 2.5** [그림 2.11]에서 $v_1$, $v_3$, $i_1$, $i_2$, $R_2$를 각각 구하라.

단, $R_1 = 8[\Omega]$, $R_3 = 1[\Omega]$, $i_3 = 2[\text{A}]$, $v_2 = -10[\text{V}]$이다.

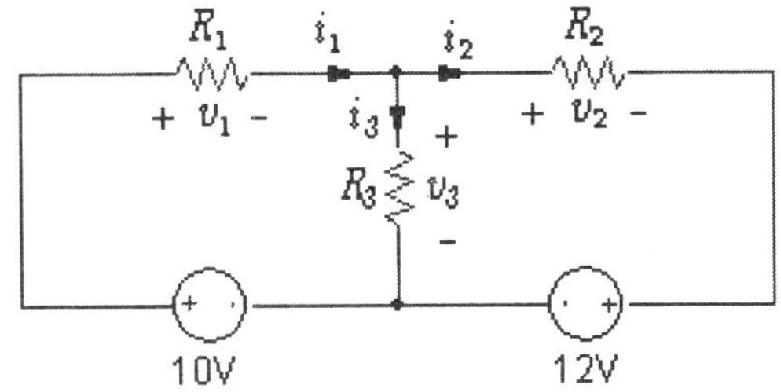


[그림 2.11]

**해** $v_3 = R_3 i_3 = 1(2) = 2[\text{V}]$

$\text{KVL} : -10 + v_1 + v_3 = 0 \rightarrow v_1 = 8[\text{V}]$

$v_1 = R_1 i_1 \Rightarrow i_1 = v_1 / R_1 = 1[\text{A}]$

$v_2 = R_2 i_2 \Rightarrow R_2 = 10[\Omega]$

**예제 2.6** [그림 2.12](a)의 회로에서 $a$점과 $b$점간의 전압 $v$와 전체전류 $i$를 측정하기 위해 전압계와 전류계를 연결해 보라.

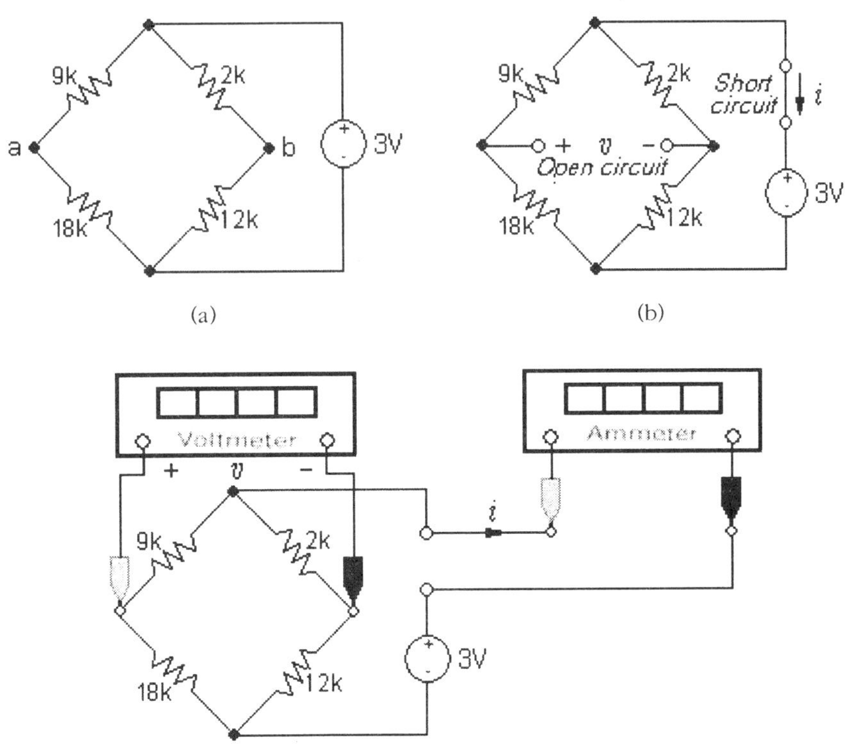


[그림 2.12] 전압계와 전류계의 연결방법

**해** [그림 2.12](b)는 개방회로와 단락회로를 표시한 그림이다. 개방회로 대신에 전압계를, 단락회로 대신에 전류계를 연결한 것이 그림 (c)이다.

**예제 2.7** [그림 2.13]에서 VCVS에 의해 소비되는 전력을 측정하라.

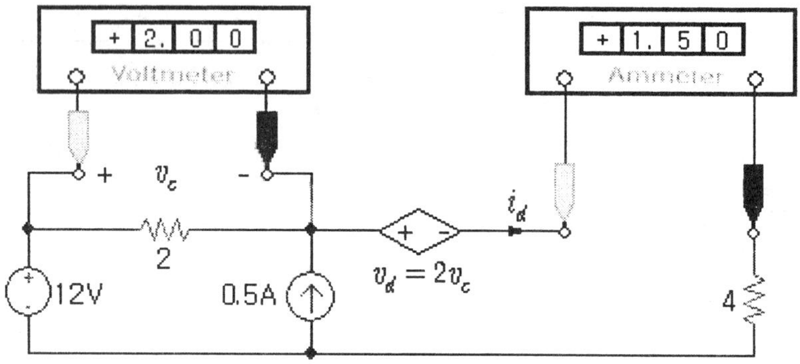


[그림 2.13] 전압 및 전류계에 의한 측정

**해** 전압계의 측정값 $v_c=2$[V]이고 VCVS의 값 $v_d=2v_c=4$[V]가 된다. 전류계의 측정값 $i_d=1.5$[A]이므로 VCVS에 의해 소비되는 전력 $p=i_d v_d=(1.5)(4)=6$[W]가 된다.

**예제 2.8** [그림 2.14](a)의 CCVS 회로에서 $i_c$와 $i_d$를 측정해보라.

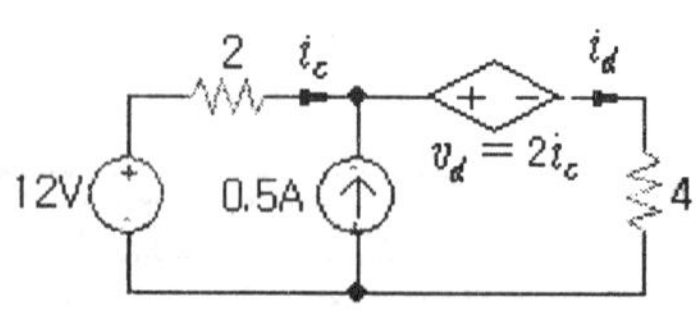


(a)

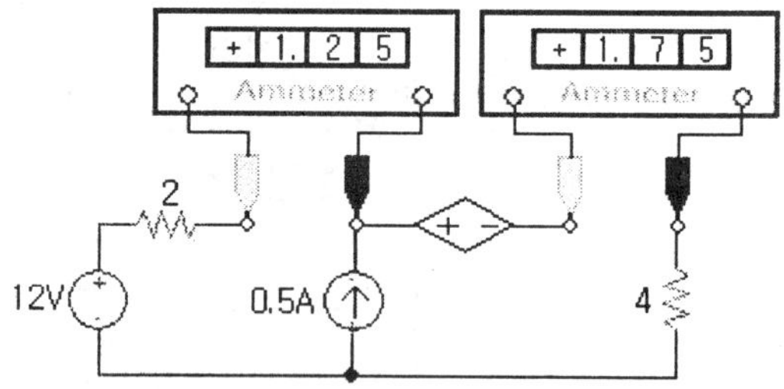


(b)

[그림 2.14] $i_c$ 및 $i_d$의 측정회로

**해** [그림 2.14](a)의 상기 절점에서

$i_a+0.5=i_d$, $12=2i_a+v_d+4i_a=2i_a+2i_c+4i_a$, 이 두 식에서 $i_a=1.25$, $i_d=1.75$가 되며 측정회로는 그림 (b)와 같다.

**예제 2.9** [그림 2.15]에서 전류계에 의해 측정되는 전류값을 구하라.

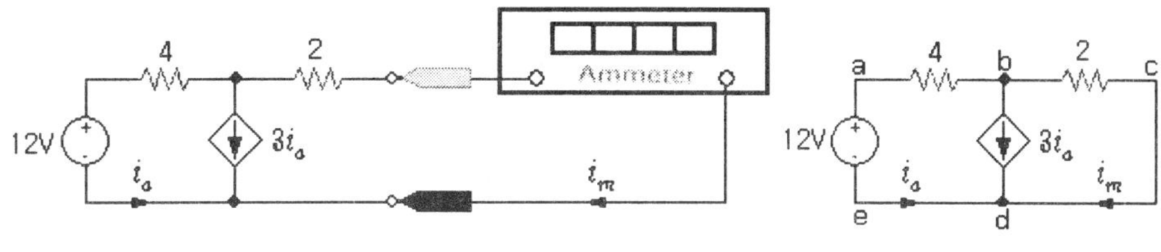


[그림 2.15] 전류계 예제회로

**해** 이상적인 전류계는 단락회로이다. [그림 2.15](b)는 전류계 대신에 등가 단락회로를 보여준 그림이다. $b$점을 기준으로 KCL를 적용하면 $-i_a-3i_a-i_m=0$이 되고, $a-b-c-d-e$의 루프를 통해 KVL를 적용하면 다음과 같다.

$$0=-4i_a+2i_m-12=-4\left(-\frac{1}{4}i_m\right)+2i_m-12=3i_m-12\ ,\ \ \therefore i_m=4[\text{A}]$$

**예제 2.10** [그림 2.16]에서 전압계에 의해 측정되는 전압값을 구하라.

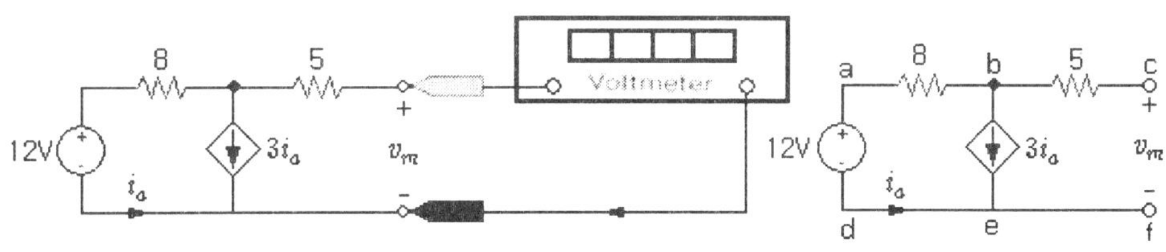


[그림 2.16] 전압계 예제회로

**해** 이상적인 전압계는 개방회로이다. [그림 2.16](b)는 전압계를 등가 개방회로로 대치한 그림이다. 여기서 $v_m=3i_a$이고 $a-b-e-d-a$ 루프를 통해 KVL를 적용하면

$$-4i_a+3i_a-12=0 \Rightarrow i_a=-12[\text{A}]\ \ \therefore v_m=3i_a=3(-12)=-36[\text{V}]$$

**예제 2.11** [그림 2.16](a)에서 저항 $R$의 값을 구하라. 단, $b$점의 전압은 전압계로 측정하니 5[V]이었다.

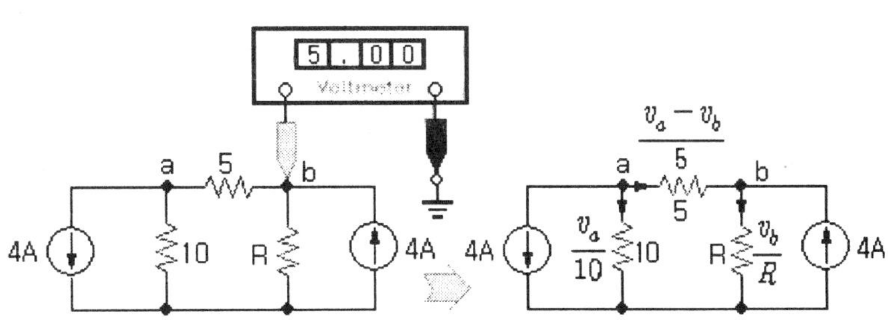


[그림 2.17] 예제 회로

**해** [그림 2.17](b)에서 KCL를 적용하면

$$4+\frac{v_a}{10}+\frac{v_a-v_b}{5}=0 \Rightarrow 4+\frac{v_a}{10}+\frac{v_a-5}{5}=0 \Rightarrow v_a=-10[\mathrm{V}]$$

가 된다. 다음으로 b점에 대해 KCL를 적용하면

$$-\left(\frac{v_a-v_b}{5}\right)+\frac{v_b}{R}-4=-\left(\frac{-10-5}{5}\right)+\frac{5}{R}-4=0 \Rightarrow \therefore R=5[\Omega]\text{이 된다.}$$

**예제 2.12** [그림 2.18](a)에서 $a$와 $b$단자간의 전압 $V_m$을 구하라.

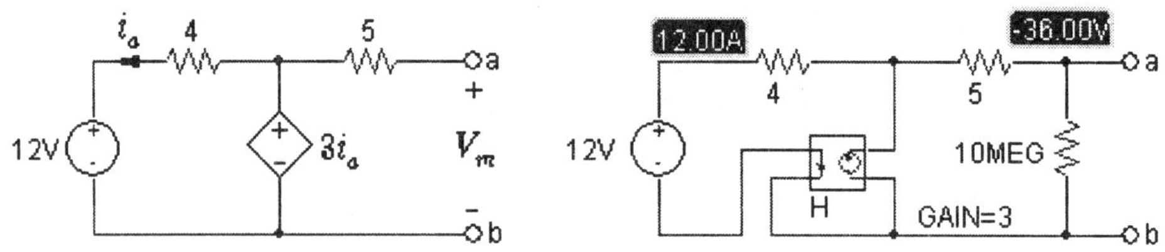


(a) (b)

[그림 2.18] 회로 및 출력결과

**해** [그림 2.18]에서 $-4i_a+3i_a-12=0 \Rightarrow i_a=-12[\mathrm{A}]$

$\therefore V_m=3i_a=-36[\mathrm{V}]$가 되고, 그림 (b)는 시뮬레이션 결과이다.

**예제 2.13** [그림 2.19](a)에서 단자 $a$와 $b$에 2[kΩ]의 부하를 연결하였더니 부하전류가 10[mA]였다. 여기에 2[kΩ] 대신에 10[kΩ]의 부하를 연결했더니 부하전류가 6[mA]였다. 이 회로에 20[kΩ]의 부하를 연결한다면 전류는 얼마가 흐르겠는가?

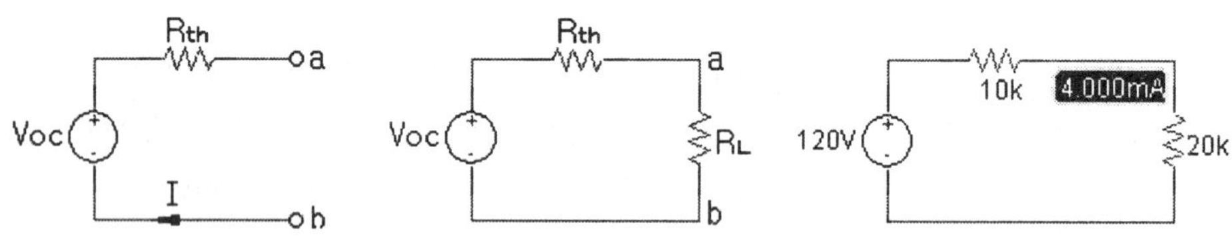


(a) (b) (C)

[그림 2.19] 부하전류 및 출력결과

**해** [그림 2.19](b)에서 $(R_{th}+R_L)I=V_{oc}$가 되므로

$R_L=2[\mathrm{k}],\ I=10[\mathrm{mA}] \Rightarrow V_{oc}=20+0.01R_{th}$

$R_L=10[\mathrm{k}],\ I=6[\mathrm{mA}] \Rightarrow V_{oc}=60+0.006R_{th}$

따라서 $V_{oc}=120[\mathrm{V}]$, $R_{th}=10[\mathrm{k}\Omega]$이다.

$R_L=20[\mathrm{k}],\ I=V_{oc}/(R_L+R_{th}) \Rightarrow \quad \therefore I=4[\mathrm{mA}]$

가 된다. 시뮬레이션 결과는 그림 (C)이다.

**예제 2.14** [그림 2.20](a)처럼 8[kΩ]의 부하가 단자 a, b에 연결되었을 때 $V_{ab} = 16$[V]였다. 여기에 8[kΩ] 대신 2[kΩ]을 연결하니 $V_{ab} = 8$[V]가 되었다. 만약에 20[kΩ]를 연결한다면 $V_{ab}$는 얼마가 될까?

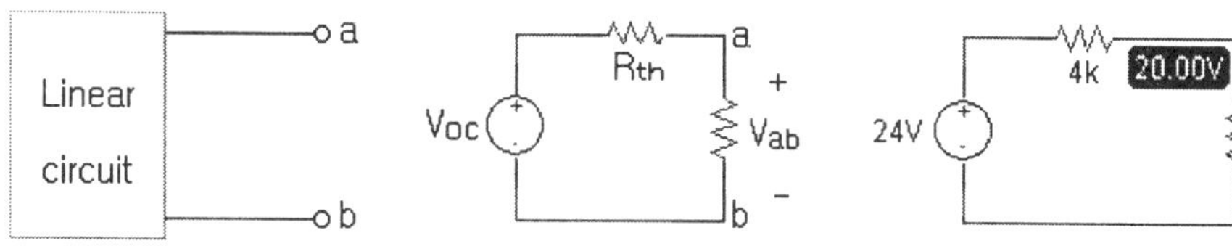


(a) (b) (c)

[그림 2.20] 부하전압 및 출력결과

**해** [그림 2.20](b)에서 $V_{ab} = V_{oc}[R_L/(R_L + R_{\text{th}})] \Rightarrow V_{oc} = V_{ab}[1 + R_{\text{th}}/R_L]$가 되므로

$R_L = 8[\text{k}],\ V_{ab} = 16[\text{V}] \Rightarrow V_{oc} = 16[1 + R_{\text{th}}/8[\text{k}]]$

$R_L = 2[\text{k}],\ V_{ab} = 8[\text{V}] \Rightarrow V_{oc} = 8[1 + R_{\text{th}}/2[\text{k}]]$, 따라서 $V_{oc} = 24$[V], $R_{\text{th}} = 4$[kΩ]이다.

$R_L = 20[\text{k}], \Rightarrow \therefore V_{ab} = 24[20/(20+4)] = 20[\text{V}]$가 된다.

그림 (c)는 시뮬레이션 결과이다.

다음으로 선형회로인 경우 비례성(proportionality property)에 관해 알아보자. 다음 선형회로의 회로방정식이 주어진다. 여기서, $x_i$는 회로변수이고 $y$는 독립전원이다.

$$a_1x_1 + a_2x_2 + \cdots + a_nx_n = y$$

비례성에 의해 각 전원을 $K$배 하면 각 회로변수도 $K$배가 된다.

$$a_1(Kx_1) + a_2(Kx_2) + \cdots + a_n(Kx_n) = Ky$$

**예제 2.15** [그림 2.21](a)의 사다리꼴 회로에서 비례성을 사용하여 $v_1$을 구하라.

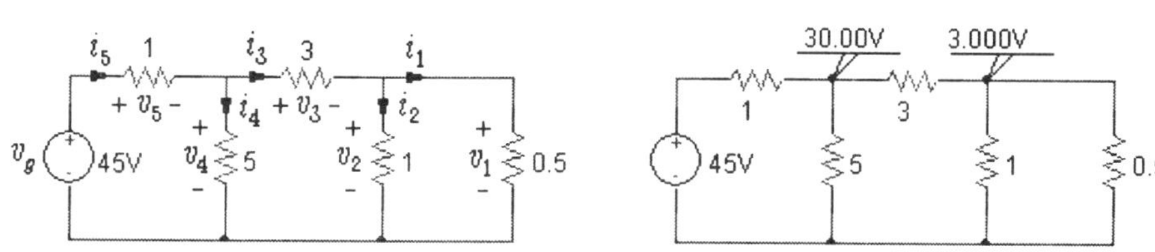


(a) (b)

[그림 2.21] 회로 및 출력결과

**해** $v_1 = 1[V]$라 가정하자.

$i_1 = 2[A],\ v_2 = 1[V] \Rightarrow i_2 = 1[A]$

$i_3 = i_1 + i_2 = 3[A] \Rightarrow v_3 = 9[V] \Rightarrow v_4 = v_2 + v_3 = 10[V]$

$i_4 = 2[A] \Rightarrow i_5 = i_3 + i_4 = 5[A] \Rightarrow v_5 = 5[V]$

$v_g = v_4 + v_5 = 15[V]$

따라서 비례성을 사용해서 해를 구하면

$v_1 = \frac{45}{15}(1) = 3[V]$가 된다. [그림 2.21](b)는 시뮬레이션 결과이다.

## 2.2 키르히호프의 법칙

### (1) 제1법칙(전류법칙)

[그림 2.22]와 같이 회로망중의 임의의 접합점(마디)에 유입되는 전류와 마디로부터 유출되는 전류의 대수적 총 합은 0이다. 즉 아래와 같다.

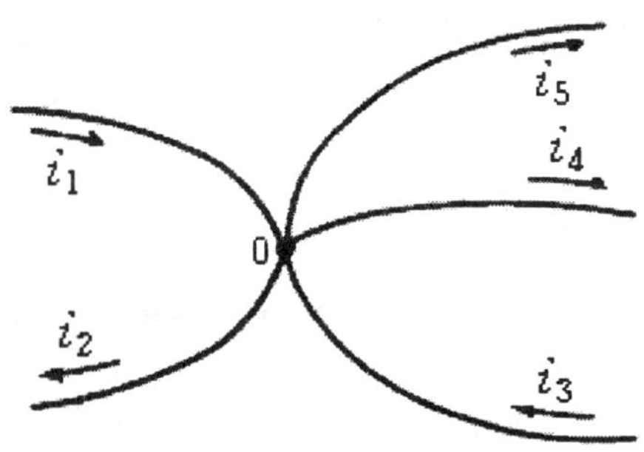


[그림 2.22] 키르히호프의 전류법칙

$$\sum_{n=1}^{N} i_n = 0 \tag{2.6}$$

[그림 2.22]에서 0점에 들어가는 전류를 (+), 0점으로부터 나오는 전류를 (−)라 하면 다음과 같다.

$$i_1 + (-i_2) + i_3 + (-i_4) + (-i_5) = 0 \tag{2.7}$$

**예제 2.16** [그림 2.23](a)에서 $I_1$을, (b)에서 $I_1$, $I_2$를 각각 구하라.

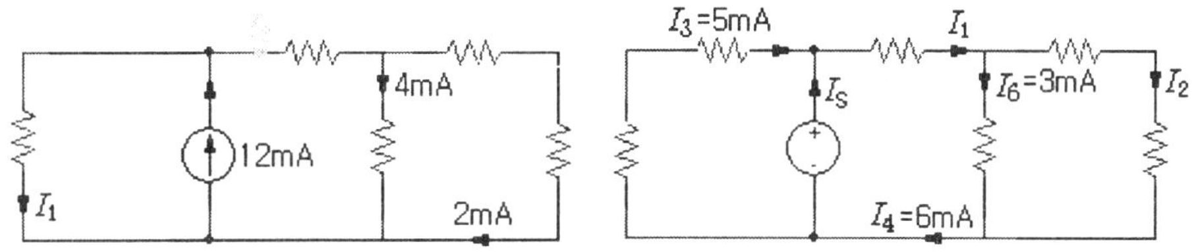


(a) (b)

[그림 2.23] 키르히호프의 전류법칙 예

**해** [그림 2.23](a)에서 $I_2 = 4[mA] + 2[mA] = 6[mA]$, $I_1 = 12[mA] - 6[mA] = 6[mA]$가 되고 그림 (b)에서 $I_1 = I_4 = 6[mA]$ $\therefore$ $I_2 = 6[mA] - 3[mA] = 3[mA]$가 된다.

**예제 2.17** [그림 2.24](a)에서 $I_x$, $I_y$, $I_z$를, 그림 (b)에서 $I_x$를 각각 구하라.

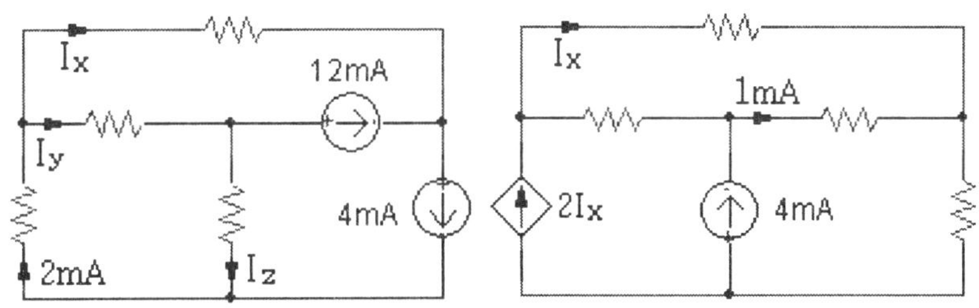


(a) (b)

[그림 2.24] 예제 회로

**해** [그림 2.24](a)에서 $I_x + 12[mA] = 4[mA] \Rightarrow I_x = -8[mA]$, $-8[mA] + I_y = 2[mA]$ $\Rightarrow I_y = 10[mA]$, $4[mA] + I_z = 2[mA]$, $\Rightarrow I_z = -2[mA]$가 되고 그림 (b)에서 $I_x + 1[mA] = 4[mA] + 2I_x \Rightarrow I_x = -3[mA]$가 된다.

**예제 2.18** [그림 2.25]에서 $I_x$를 각각 구하라.

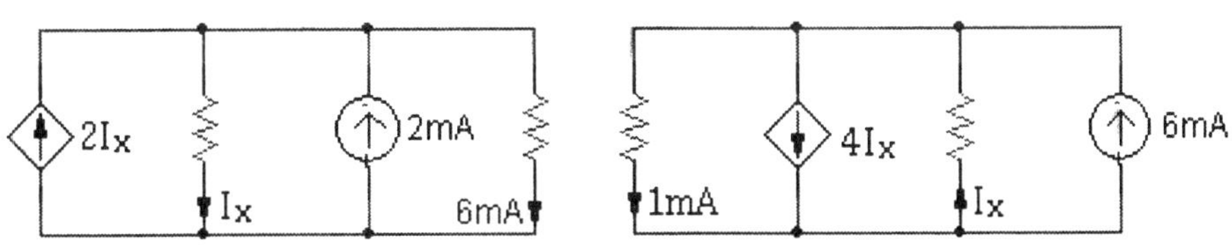


(a) (b)

[그림 2.25] 예제 회로

**해** [그림 2.25](a)에서 $2I_x + 2[\text{mA}] = I_x + 6[\text{mA}] \Rightarrow I_x = 4[\text{mA}]$이고,

그림 (b)에서 $1[\text{mA}] + 4I_x = I_x + 6[\text{mA}] \Rightarrow I_x = 5/3[\text{mA}]$가 된다.

**예제 2.19** [그림 2.26](a)와 (b)에서 $I_x, I_y, I_Z$를 구하고, (c)에서는 $I_x$를 구하라.

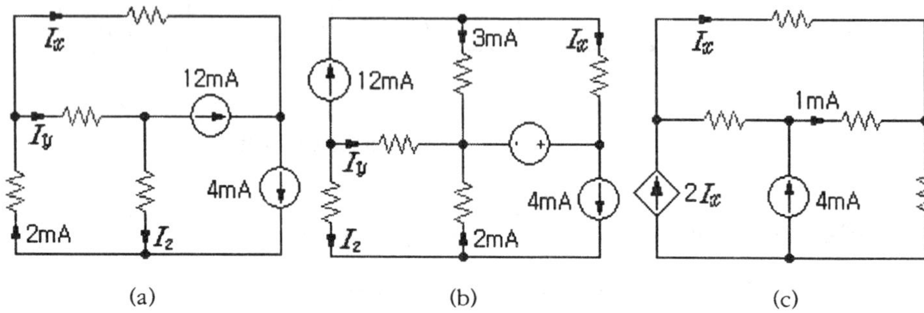


[그림 2.26] 예제 회로

**해** [그림 2.26](a)에서 $I_x + 0.012 = 0.004 \Rightarrow I_x = -8[\text{mA}]$, $I_y + 0.004 = 0.002 + 0.012 \Rightarrow$ $I_y = 10[\text{mA}]$, $I_z + 0.004 = 0.002 \Rightarrow I_z = -2[\text{mA}]$가 된다.

그림 (b)에서 $I_x + 0.003 = 0.012 \Rightarrow I_x = 9[\text{mA}]$, $I_y + 0.012 + 0.002 = 0.004 \Rightarrow I_y = -10[\text{mA}]$, $I_z + 0.004 = 0.002 \Rightarrow I_z = -2$ [mA]가 된다.

그림 (C)에서는 $I_x + 0.001 = 0.004 + 2I_x \Rightarrow I_x = -3[\text{mA}]$가 된다.

### (2) 제2법칙(전압법칙)

회로망 중 임의의 폐회로(closed circuit)를 따라서 일주하면서 계산한 전압상승의 총 합은 그 폐회로에서의 전압강하의 총 합과 같다. 즉,

$$\sum_{n=1}^{N} v_n = 0 \tag{2.8}$$

이 된다. [그림 2.27]의 폐회로에서 시계방향으로 일주할 때 전압상승을 (+), 전압강하를 (−)로 하여 합을 취하면

$$v_a - v_b + v_c - v_d = 0$$

이다.

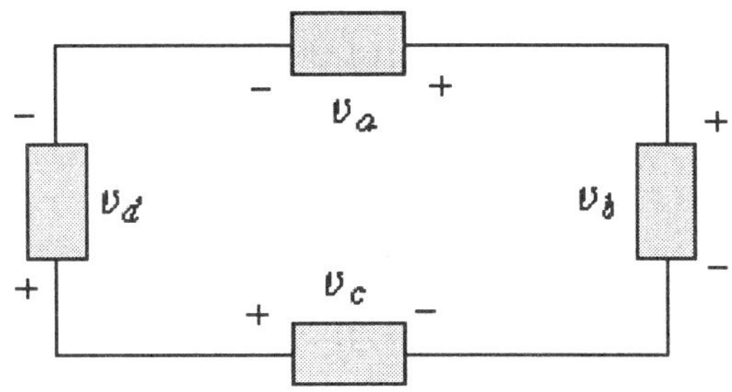


[그림 2.27] 키르히호프의 전압법칙

**예제 2.20** [그림 2.28](a)의 회로에서 전원전압에 의해 전달되는 전력과 저항에 의해 소비되는 전력을 구하라.

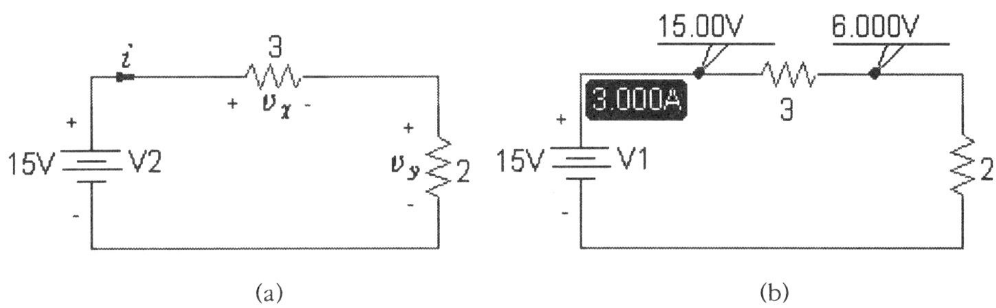


[그림 2.28] 회로 및 시뮬레이션 결과

**해** 전류의 방향을 시계방향으로 잡고 키르히호프의 전압법칙을 적용하면

$15 = 3i + 2i \Rightarrow i = 3[A]$

따라서, 각 소자의 전압은 다음과 같다.

$v_x = 9[V], \ v_y = 6[V]$

전압전원에 의해 전달되는 전력($P_S$)은

$P_S = 15i = 45[W]$

이며, 두 개의 저항에 의해 흡수되는 전력($P_x \ P_y$)은

$P_x = 9i = 27[W], \ P_y = 6i = 18[W]$

이다. 따라서 전원에 의해 공급(전달)되는 전력은 소자에서 소비(흡수)되는 전력의 합과 같다는 것을 알 수 있으며 이것을 전력보존의 법칙(law of power conservation)이라 한다. 그림 (b)는 시뮬레이션 결과이다.

**예제 2.21** [그림 2.29](a)의 회로에서 전압 $v_\chi$, $v_y$와 전류 $i_\chi$, $i_y$를 구하라.

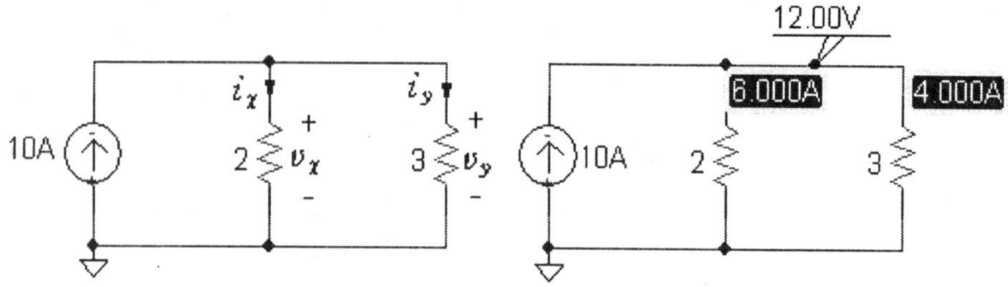


(a) (b)

[그림 2.29] 회로 및 시뮬레이션 결과

**해** [그림 2.29](a)의 폐회로에서 키르히호프의 전압법칙을 적용하면

$$v_x = v_y = v,\quad i_x = \frac{v}{2},\quad i_y = \frac{v}{3}$$

이 되고, 같은 폐회로에 키르히호프의 전류법칙을 적용하면

$$10 = \frac{v_\chi}{2} + \frac{v_y}{3} = \frac{v}{2} + \frac{v}{3}$$

이다. 따라서 구하고자 하는 전압, 전류는 다음과 같다.

$v_x = v_y = 12[\mathrm{V}]$, $i_x = 6[\mathrm{A}]$, $i_y = 4[\mathrm{A}]$

그림 (b)는 시뮬레이션 결과이다.

**예제 2.22** [그림 2.30]과 같은 회로에서 $v_o$와 $i$를 구하라.

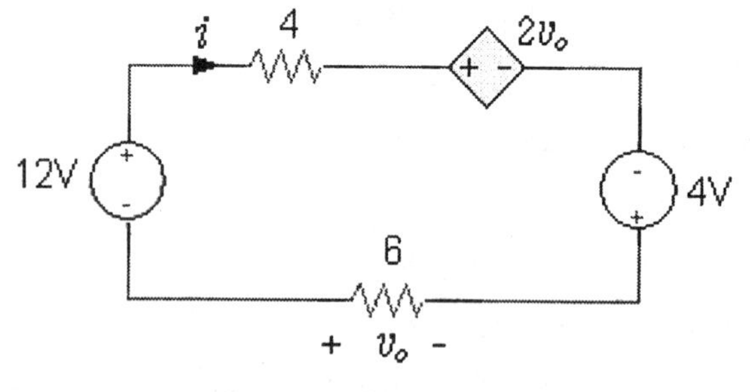


[그림 2.30] 예제 회로

**해** [그림 2.30]에서 루프 주위에 KVL를 적용하면

$-12 + 4i + 2v_o - 4 + 6i = 0$

이고 6[Ω]의 저항에 옴의 법칙을 적용하고 정리하면

$v_o = -6i$, $-16 + 10i - 12i = 0 \Rightarrow i = -8[\mathrm{A}]$, $v_o = 48[\mathrm{V}]$

가 된다. 위의 그림을 PSpice를 이용해서 시뮬레이션한 결과가 [그림 2.31]이다.

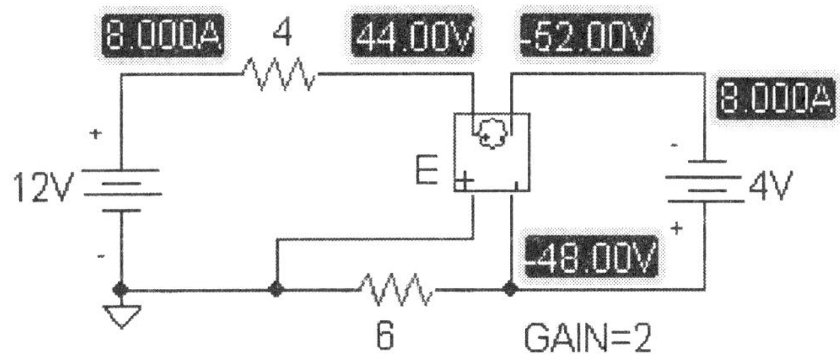


[그림 2.31] 시뮬레이션 결과

**예제 2.23** [그림 2.32]에서 전압계로 측정된 전압값을 구하라.

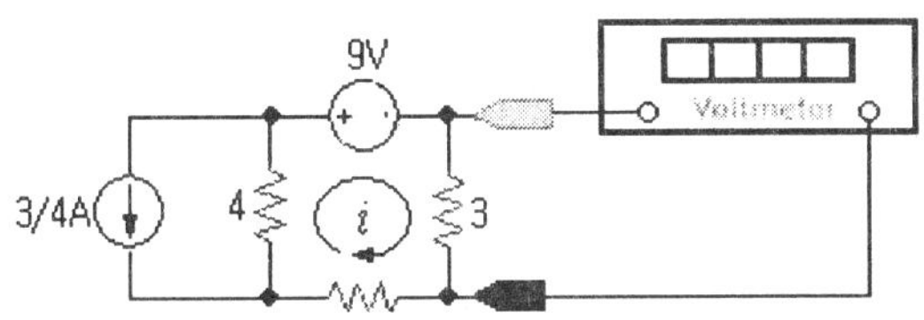


(a)

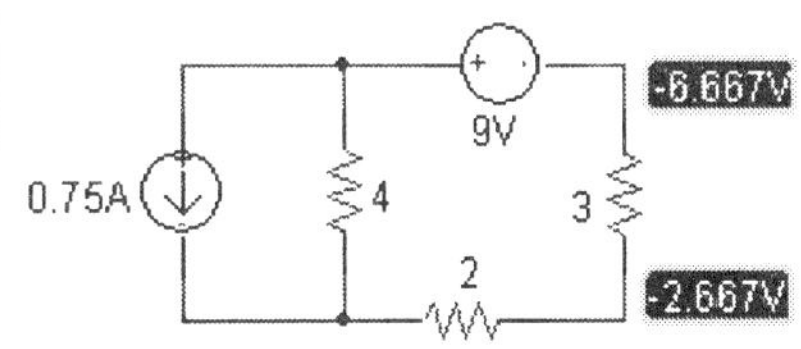


(b)

[그림 2.32] 예제 회로

**해** [그림 2-32]에서 $9+3i+2i+4\left(i+\frac{3}{4}\right)=0 \Rightarrow i=\frac{-12}{9}=-\frac{4}{3}$[A]가 된다. 따라서 전압계로 측정된 전압은 $v=3i=-\frac{4}{3}\times 3=-4$[V]가 된다. 그림 (b)는 시뮬레이션 결과이다.

**예제 2.24** [그림 2.33]에서 전압계로 측정된 전압값을 구하라.

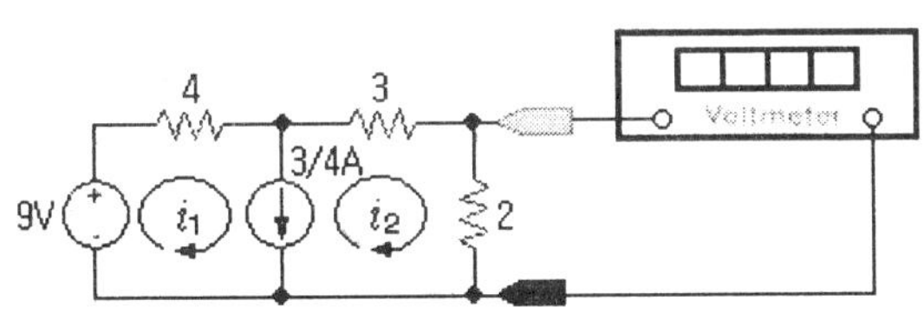


(a)

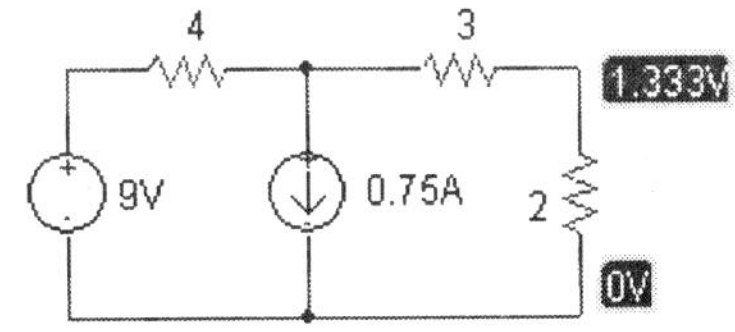


(b)

[그림 2.33] 예제 회로

**해** [그림 2.33]에서 $i_1-i_2=\frac{3}{4} \Rightarrow i_1=\frac{3}{4}+i_2$가 되고, 상기 회로에 KVL를 적용하면

$$-9+4i_1+3i_2+2i_2=0 \Rightarrow 4\left(\frac{3}{4}+i_2\right)+5i_2=9 \Rightarrow i_2=\frac{2}{3}\text{[A]가 된다.}$$

따라서 측정된 전압값은 $2i_2=\frac{4}{3}$[V]가 된다. 그림 (b)는 시뮬레이션 결과이다.

**예제 2.25** [그림 2.34]에서 전류계로 측정된 전류값을 구하라.

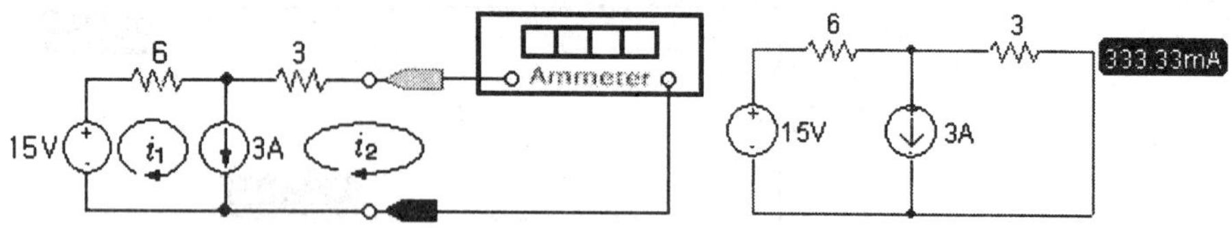


(a) (b)

[그림 2.34] 예제 회로

**해** [그림 2.34]에서 $i_1 - i_2 = 3 \Rightarrow i_1 = 3 + i_2$가 되고, 상기 회로에 KVL를 적용하면 $-15 + 6i_1 + 3i_2 = 0 \Rightarrow 6(3 + i_2) + 3i_2 = 15 \quad \therefore \ i_2 = -1/3$[A]가 된다. 그리고 그림 (b)는 시뮬레이션 결과이다.

**예제 2.26** [그림 2.35](a)의 회로에서 전류 $i_o$와 전압 $v_o$를 구하라.

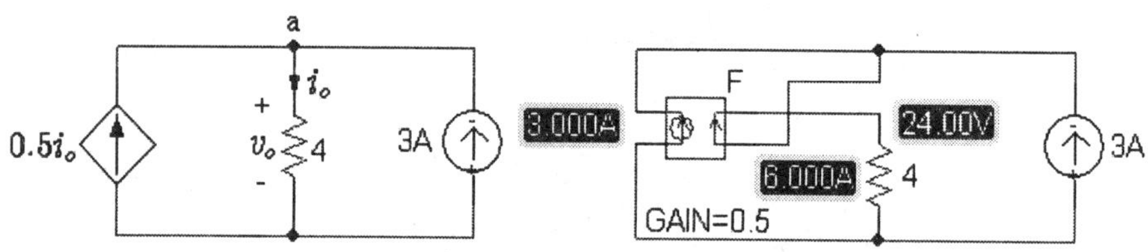


(a) (b)

[그림 2.35] 예제 회로

**해** 노드 $a$에 KCL를 적용하면

$3 + 0.5i_o = i_o \Rightarrow i_o = 6$[A], $v_o = 4i_o = 24$[V]

가 된다. [그림 2-35]를 시뮬레이션한 결과가 그림 (b)이다.

**예제 2.27** [그림 2.36](a)의 비선형 회로에서 전압 $v$와 전류 $i$를 구하라.

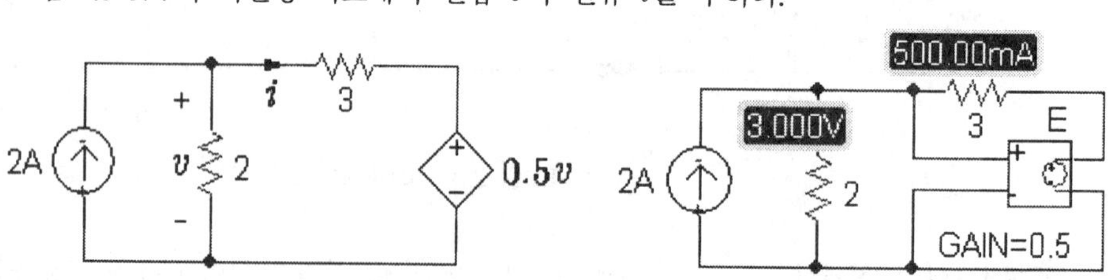


(a) (b)

[그림 2.36] 회로 및 출력결과

**해** [그림 2.36]에서 2[Ω]에 흐르는 전류를 $i_1$이라 하면

$i+i_1=2,\ i=\dfrac{v-1/2v}{3}=\dfrac{1}{6}v,\quad i_1=\dfrac{1}{2}v$

$\dfrac{1}{6}v+\dfrac{1}{2}v=\dfrac{4}{6}v=2,\ \therefore v=3[\mathrm{V}],\ i=\dfrac{1}{6}v=\dfrac{1}{6}\times 3=0.5[\mathrm{A}]$

시뮬레이션 결과는 그림 (b)이다.

**예제 2.28** [그림 2.37](a)의 비선형 회로에서 전압 $v$와 전류 $i$를 구하라.

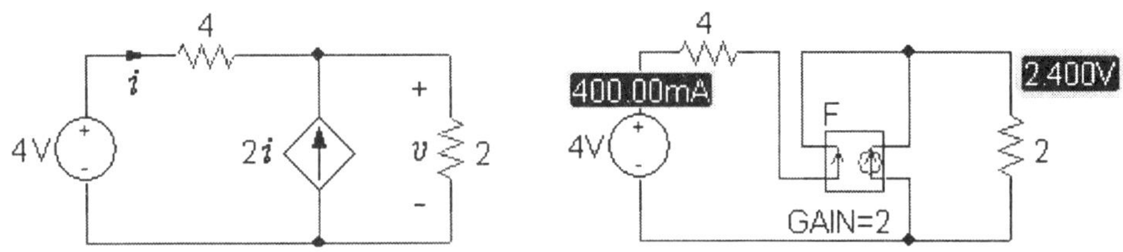


[그림 2.37] 회로 및 출력결과

**해** [그림 2.37](a)에서 저항 2[Ω]에 흐르는 전류를 $i_1$이라 하면

$i+2i=i_1,\ i=\dfrac{1}{3}i_1,\ i=\dfrac{4-v}{4}=1-\dfrac{1}{4}v,\ i_1=\dfrac{1}{2}v$

$1-\dfrac{1}{4}v=\dfrac{1}{3}\times\dfrac{1}{2}v,\ \therefore v=\dfrac{12}{5}=2.4[\mathrm{V}],\ i=1-\dfrac{1}{4}v=1-\dfrac{1}{4}\times\dfrac{12}{5}=\dfrac{2}{5}=0.4[\mathrm{A}]$

시뮬레이션 결과는 그림 (b)이다.

**예제 2.29** [그림 2.38]에서 $V_{af}$, $V_{ec}$ 및 $V_{ac}$를 각각 구하라.

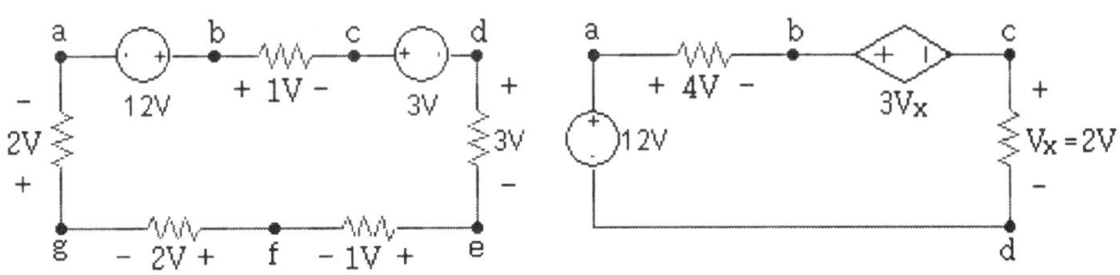


[그림 2.38] 예제 회로

**해** [그림 2.38](a)에서

$2+V_{af}+2=0 \Rightarrow V_{af}=-4[\mathrm{V}],\quad V_{ec}+3+3=0 \Rightarrow V_{ec}=-6[\mathrm{V}]$

그림 (b)에서 $V_{ac}+2-12=0 \Rightarrow V_{ac}=10[\mathrm{V}]$가 된다.

**예제 2.30** [그림 2.39]에서 $V_o$와 30[k]에서 소비되는 전력을 구하라.

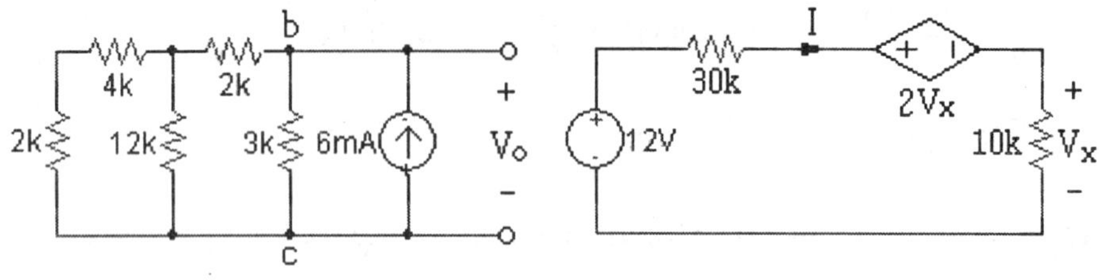


(a) (b)

[그림 2.39] 예제 회로

**해** [그림 2.39](a)에서 $R_{bc} = 2[\mathrm{k}\Omega]$가 되므로 $V_o = 2[\mathrm{k}] \times 6[\mathrm{mA}] = 12[\mathrm{V}]$가 되고 그림 (b)에서

$-12 + 30000I + 2[\mathrm{V}] = 0$, 여기서 $V_x = 1000I$이므로

$-12 + 30000I + 2(10000\mathrm{I}) + 10000I = 0 \Rightarrow I = 200[\mu\mathrm{A}]$

$\therefore P = I^2(30000) = (200 \times 10^{-6})^2(30000) = 1.2[\mathrm{mW}]$가 된다. 출력결과는 [그림 2.40]이다.

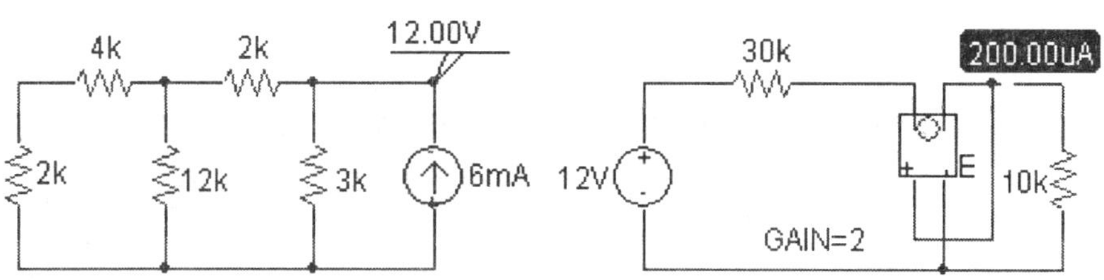


[그림 2.40] 시뮬레이션 결과

**예제 2.31** [그림 2.41](a)에서 전류 $i$를 구하라.

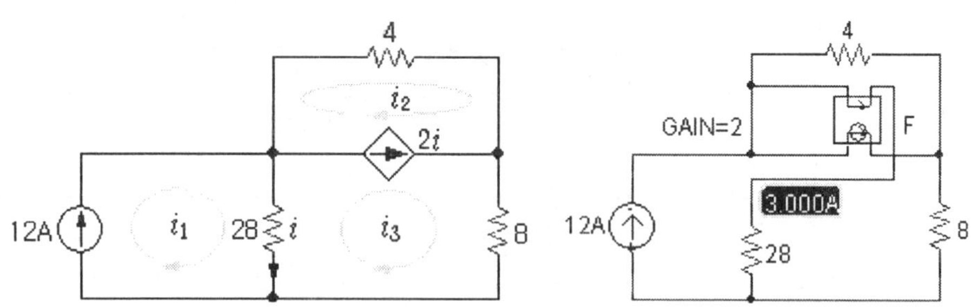


(a) (b)

[그림 2.41] 예제 회로

**해** [그림 2.41]에서 KVL를 적용하면 $4i_2 + 8i_3 + 28(i_3 - 12) = 0$, $2i = i_3 - i_2 \Rightarrow i_3 = 9[\mathrm{A}]$가 되고

$i_1 = 12[\mathrm{A}]$이므로 따라서

$i = i_1 - i_3 = 3[\mathrm{A}]$가 된다. 그림 (b)는 시뮬레이션 결과이다.

**예제 2.32** [그림 2.42](a)에서 $i_a$와 그림 (b)에서 $v_0$를 구하라.

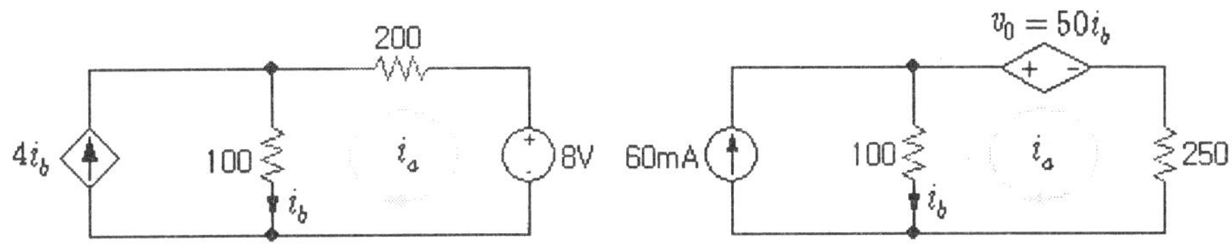


(a) (b)

[그림 2.42] 예제 회로

**해** [그림 2.42](a)에서 $i_b = 4i_b - i_a \Rightarrow i_b = \dfrac{1}{3}i_a$, $-100\left(\dfrac{1}{3}i_a\right) + 200i_a + 8 = 0 \quad \therefore i_a = -0.048[\text{A}]$

그림 (b)에서 $i_b = 0.06 - i_a$, $-100(0.06 - i_a) + 50(0.06 - i_a) + 250i_a = 0 \Rightarrow i_a = 10[\text{mA}]$

$\therefore v_0 = 50i_b = 50(0.06 - 0.01) = 2.5[\text{V}]$이다. [그림 2.43]은 시뮬레이션 결과이다.

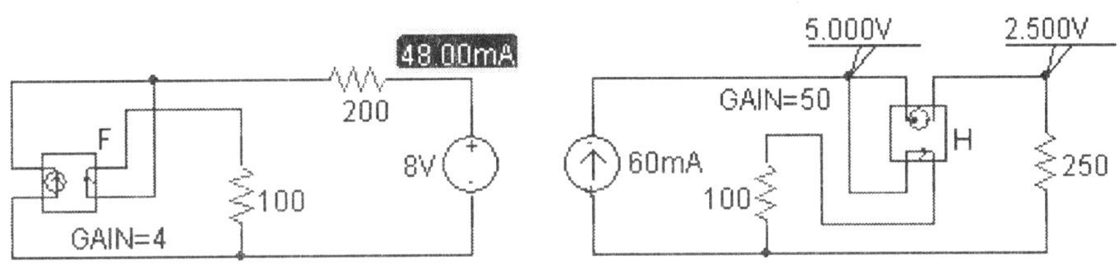


(a) (b)

[그림 2.43] 시뮬레이션 결과

**예제 2.33** 시동기가 엔진을 걸 때 [그림 2.44](a)와 같이 일단 시동이 걸리면 헤드라이트가 정상 밝기로 되기 전 희미하게 될 것이다. 회로를 해석해 보라.

**해** 등가회로 [그림 2.44](b)에서 도선의 저항 $R_{\text{batt}} = 25[\text{m}\Omega]$라 하자.

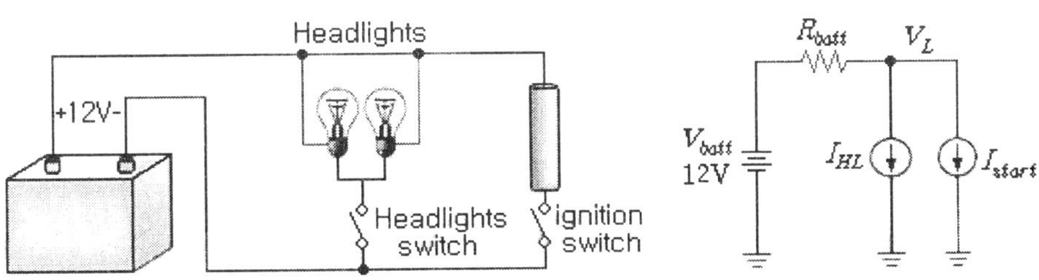


(a) (b)

[그림 2.44] 예제 회로

(a) 스타팅 순간 : 시동기에는 90～120[A](전형적인 100[A]), 헤드라이트에는 약 1[A] 정도가 흐른다. 따라서 $V_L = V_{\text{batt}} - (I_{HL} + I_{\text{start}})R_{\text{batt}} \approx 12 - (100)(25 \times 10^{-3}) = 9.5[\text{V}]$가 된다.

(b) 스타팅 후 : $I_{\text{start}}=0$, $I_{HL}$는 증가할 것이다. 따라서

$V_L = V_{\text{batt}} - I_{HL}R_{\text{batt}} = 12 - 1\times(25\times10^{-3}) = 12 - 0.25 = 11.75$[V]가 된다.

## 2.3 저항의 연결

### (1) 직렬연결

여러 개의 저항을 [그림 2.45]와 같이 연결할 때 이를 직렬연결(series connection)이라 한다.

$$E = V_1 + V_2 + V_3$$
$$= I(R_1 + R_2 + R_3)$$
$$R_T = \frac{E}{I} = R_1 + R_2 + R_3$$

일반적으로 $n$개의 저항 $R_1$, $R_2$, $R_3$, ⋯, $R_n$의 직렬 합성저항은 다음 식으로 된다.

$$R_T[\Omega] = R_1 + R_2 + R_3 + \cdots + R_n = \sum_{n=1}^{N} R_n \tag{2.9}$$

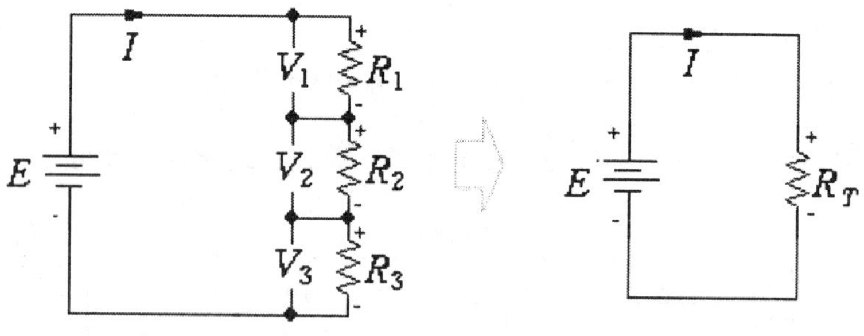


(a) (b)

[그림 2.45] 직렬회로와 등가회로

### (2) 병렬연결

여러 개의 저항을 [그림 2.46]과 같이 연결했을 때 이를 병렬연결(parallel connection)이라 한다.

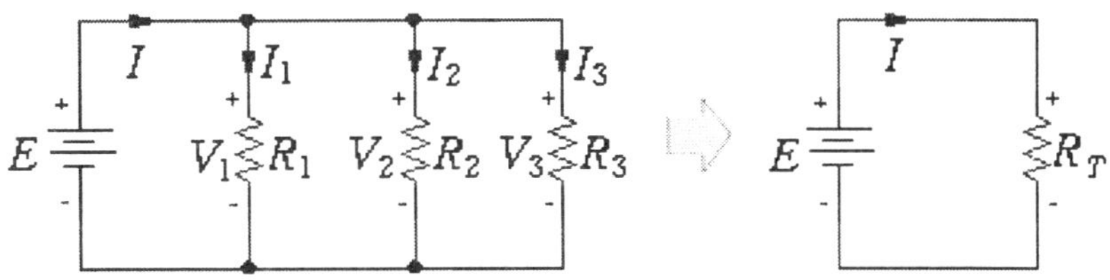


(a) (b)

[그림 2.46] 병렬회로와 등가회로

$$E = V_1 = V_2 = V_3[\text{V}],\quad I_1 = \frac{E}{R_1},\ I_2 = \frac{E}{R_2},\ I_3 = \frac{E}{R_3}$$

$$I = I_1 + I_2 + I_3 = E\left(\frac{1}{R_1} + \frac{1}{R_2} + \frac{1}{R_3}\right)$$

일반적으로 $n$개의 저항 $R_1$, $R_2$, $R_3$, ⋯, $R_n$의 병렬 합성저항은 다음 식으로 표시한다.

$$\frac{1}{R_T} = \frac{1}{R_1} + \frac{1}{R_2} + \frac{1}{R_3} + \ \cdots\ + \frac{1}{R_n} = \sum_{n=1}^{N} \frac{1}{R_n} \tag{2.10}$$

참고로 전지의 직 · 병렬회로는 [그림 2.47]과 같다.

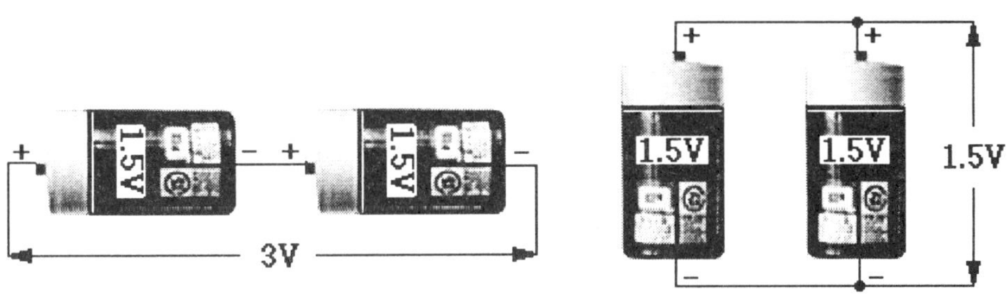


(a) 전지의 직렬연결 (b) 전지의 병렬연결

[그림 2.47] 전지의 직 · 병렬회로

**예제 2.34** [그림 2.48](a)에서 합성저항을 측정하라.

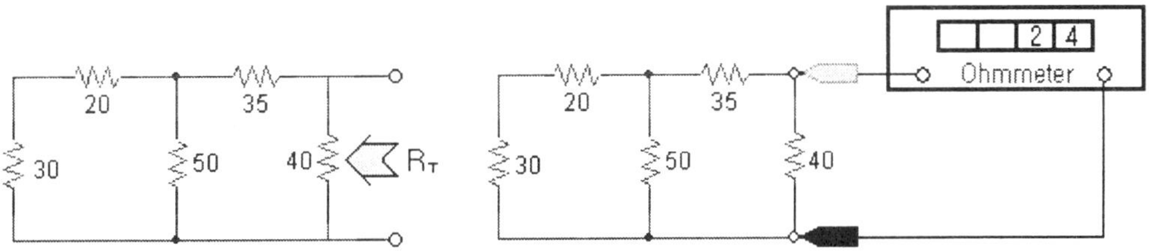


(a) (b)

[그림 2.48] 저항의 직 · 병렬회로

**해** 합성저항 $R_T = [((30+20) \parallel 50)+35) \parallel 40] = 24[\Omega]$가 되고, 저항계의 측정값은 그림 (b)와 같다.

**예제 2.35** [그림 2.49](a)에서 단자 $a-b$에서의 합성저항을 구하라.

**해** 그림 (a)를 (b), (c)로 고칠 수 있다. 따라서 합성저항 $R_T = R_1 + R_2 \parallel R_3 + R_4 = 1+4 \parallel 4+3=6[\Omega]$이 된다. 여기서 기호 [ ∥ ]는 병렬연결 표시이다. 그림 (d)는 시뮬레이션 결과이다.

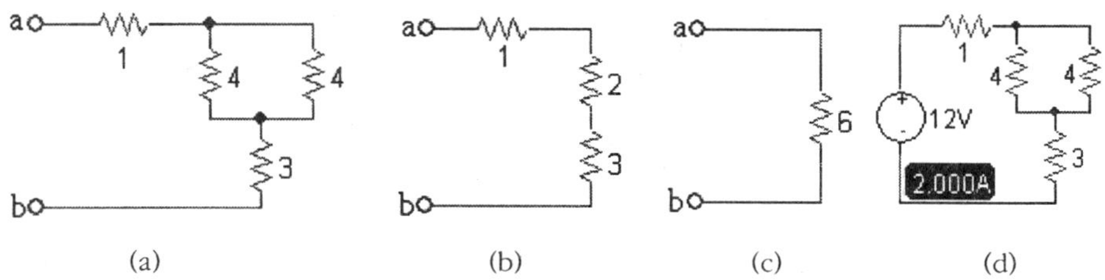


[그림 2.49] 저항의 직 · 병렬회로 및 출력결과

**예제 2.36** [그림 2.50](a)의 회로에서 합성저항 $R_{ab}$를 구하라.

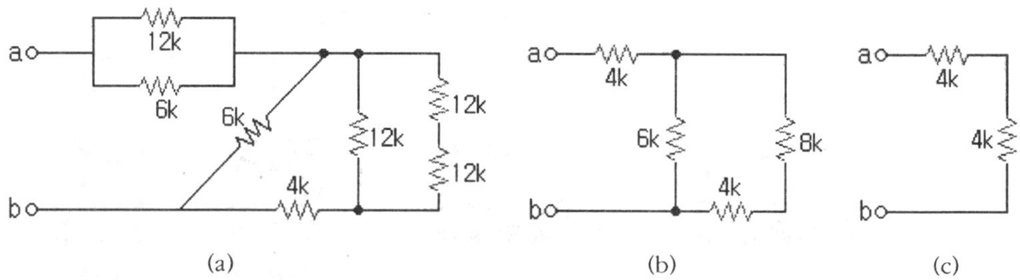


[그림 2.50] 합성저항 구하기

**해** [그림 2.50](a)에서 $12k \parallel 6k = 4k$, $12k \parallel (12[k]+12[k]) = 8[k]$이므로 그림 (b)가 된다. 또한 $6[k] \parallel (8[k]+4[k]) = 4[k]$가 되어 그림 (c)가 된다. 따라서 $R_{ab} = 8[k\Omega]$가 된다.

**예제 2.37** [그림 2.51]에서 합성저항 $R_{ab}$를 구하라.

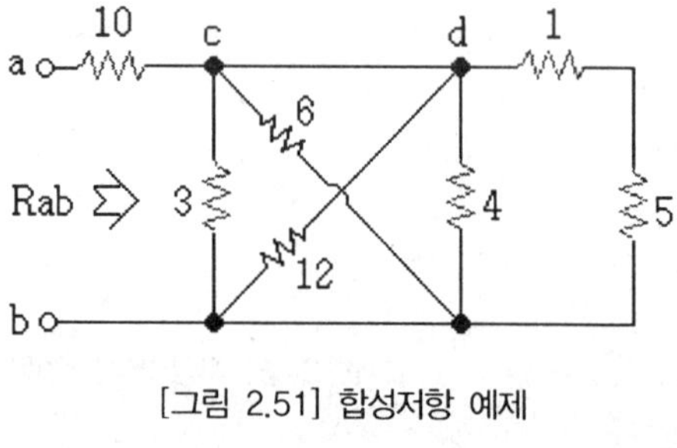


[그림 2.51] 합성저항 예제

**해** 3[Ω]와 6[Ω]의 저항은 2개의 노드 $c$와 $b$에 연결되어 있으므로 병렬이다. 따라서 등가저항은 2[Ω]이다. 같은 방법으로 12[Ω]과 4[Ω]의 저항도 2개의 노드 $d$와 $b$에 같이 연결되어 있으므로 병렬이다. 따라서 등가저항은 3[Ω]이 된다. 위의 과정을 [그림 2.52]로 대치할 수 있다.

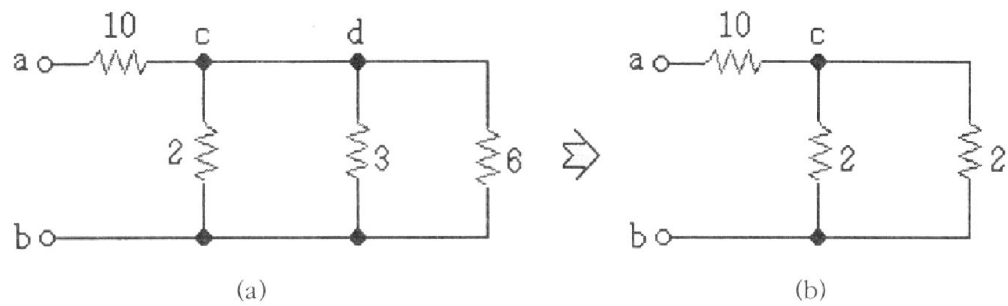


[그림 2.52] 등가회로

따라서 최종 등가저항 $R_{ab}$는 11[Ω]가 된다.

상기 회로를 시뮬레이션한 결과가 [그림 2.53]이다. 그림에서 합성저항 $R_{ab}=12/1.091=10.999\approx 11$[Ω]으로서 등가저항과 일치함을 확인할 수 있었다.

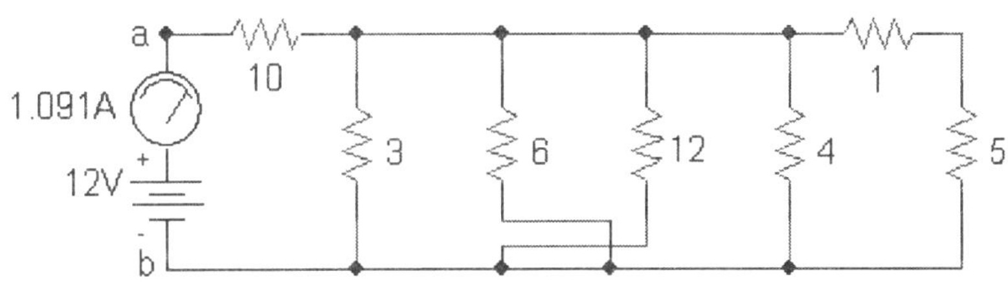


[그림 2.53] 시뮬레이션 결과

**예제 2.38** [그림 2.54](a)에서 합성저항 $R_{ab}$를 구하라.

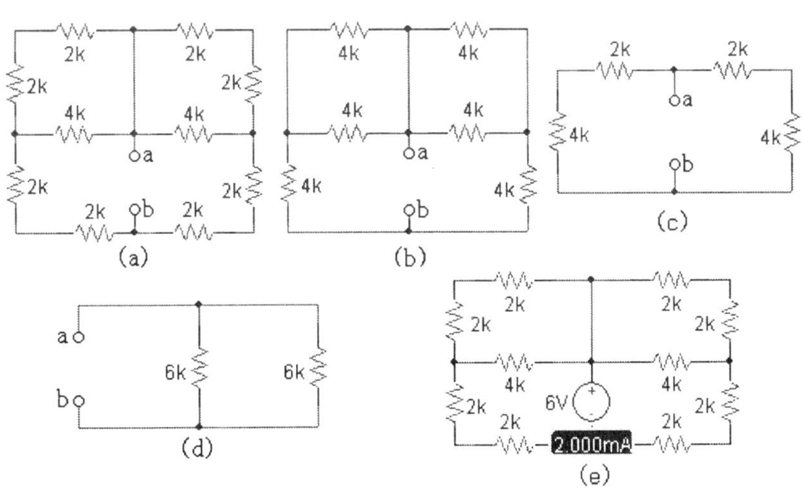


[그림 2.54] 예제 회로 및 풀이

**해** 풀이는 그림 (b), (c), (d)와 같다. 즉, $R_{ab}=6\text{k} \parallel 6\text{k}=3\text{k}$가 된다. 시뮬레이션 결과는 그림 (e)에서 $R_{ab}=6/2\times10^{-3}=3[\text{k}\Omega]$로서 등가회로 (d)와 일치하고 있다.

**예제 2.39** [그림 2.55](a)에서 $I_1$ 및 $I_0$을 구하라.

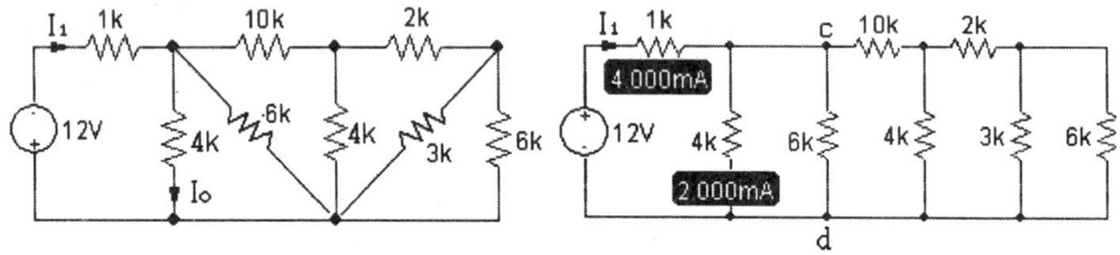


(a) (b)

[그림 2.55] 예제 회로 및 등가회로

**해** [그림 2.55](a)를 (b)와 같이 고친다. 그림에서 $R_{cd}=4[\text{k}\Omega]$가 된다.

따라서 $I_1=\dfrac{12}{1[\text{k}]+2[\text{k}]}=4[\text{mA}]$, $I_0=2[\text{mA}]$가 되므로 출력결과와 일치함을 알 수 있다.

**예제 2.40** [그림 2.56](a)에서 합성저항 $R_{ab}$를 구하라. 단, 각 저항값 $R=1[\text{k}\Omega]$이다.

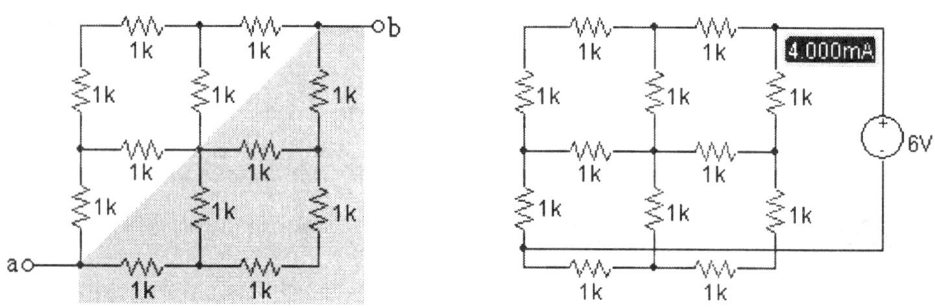


(a) (b)

[그림 2.56] 회로 및 출력결과

**해** [그림 2.56](a)에서 단자 $a$, $b$를 잇는 직선상에서 보면 좌우가 대칭이다. 따라서 전체 저항은 한쪽만의 저항값의 반이된다. 즉

$$R_{ab}=\frac{R+\dfrac{2R\times2R}{2R+2R}+R}{2}=\frac{3R}{2}=1.5R[\text{k}\Omega]$$ 이 된다. 그림 (b)는 출력결과이다.

**예제 2.41** [그림 2.57](a)에서 $i$를 구하라.

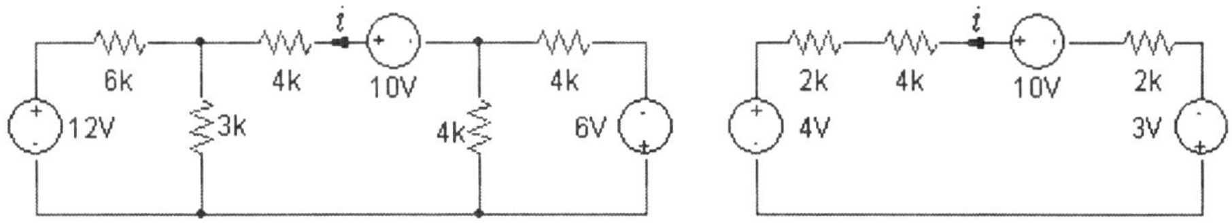


(a) (b)

[그림 2.57] 예제 회로

**해** [그림 2.57](a)를 (b)와 같이 고친다. 즉, $i=\dfrac{3}{8[\mathrm{k}]}=375[\mu\mathrm{A}]$가 된다. [그림 2.58]은 상기 회로의 시뮬레이션 결과이다.

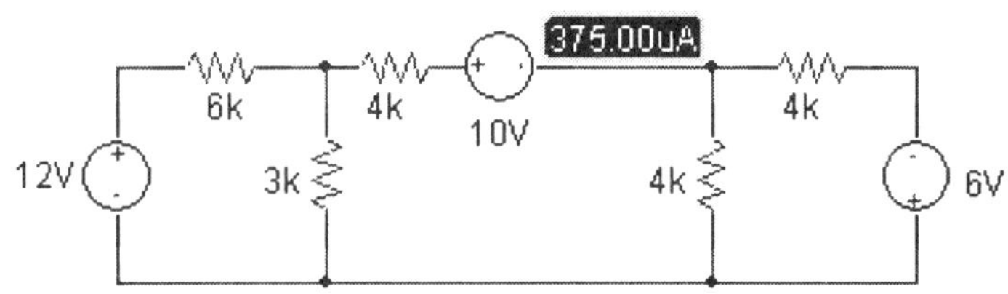


[그림 2.58] 시뮬레이션 결과

## (3) 분로전류

여러 개의 저항을 [그림 2.46](a)와 같이 병렬로 연결하고 각각의 저항에 흐르는 전류를 구해보자.

$$E=V_1=V_2=V_3$$

$$I_1=\frac{V_1}{R_1}=\frac{E}{R_1}=\frac{1}{R_1}IR_r=\frac{1}{R_1}\frac{R_1R_2R_3}{R_1R_2+R_2R_3+R_3R_1}I$$

$$=\frac{R_2R_3}{R_1R_2+R_2R_3+R_3R_1}I \qquad (2.11)$$

$$I_2=\frac{V_2}{R_2}=\frac{E}{R_2}=\frac{R_1R_3}{R_1R_2+R_2R_3+R_3R_1}I \qquad (2.12)$$

$$I_3=\frac{V_3}{R_3}=\frac{E}{R_3}=\frac{R_1R_2}{R_1R_2+R_2R_3+R_3R_1}I \qquad (2.13)$$

**예제 2.42** [그림 2.59](a)의 회로에서 전전류 $I$ 및 분로전류 $I_1$과 $I_2$를 구하라.

**해** $R_T = R_1 + R_2 // R_3 = 5[\Omega]$

$$I = \frac{E}{R_T} = 2[\text{A}]$$

$$I_1 = \frac{E_1}{R_2} = \frac{I}{R_2} R_2 // R_3 = \frac{I}{R_2} \frac{R_2 R_3}{R_2 + R_3} = \frac{R_3}{R_2 + R_3} I = \frac{4}{3}[\text{A}]$$

$$I_2 = \frac{E_1}{R_3} = \frac{2}{3}[\text{A}]$$

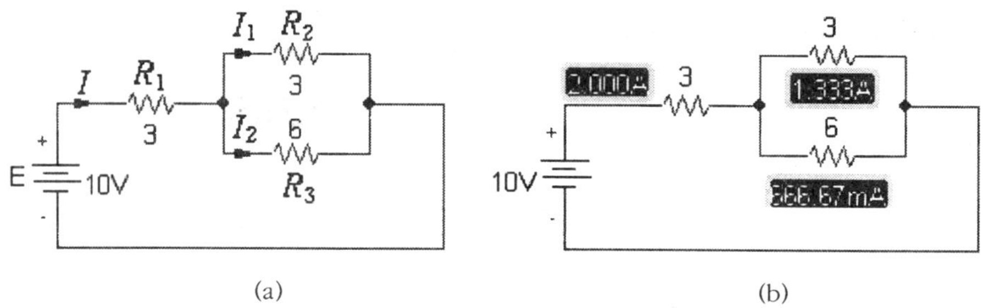


[그림 2.59] 회로 및 시뮬레이션 결과

그림 (b)는 시뮬레이션 결과이다.

**예제 2.43** [그림 2.60](a)에서 $v_o$와 $i$를 구하라.

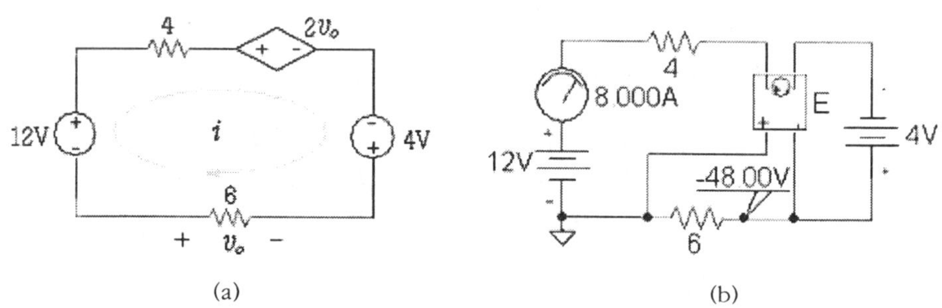


[그림 2.60] 회로 및 출력결과

**해** [그림 2.60]에서 KVL를 적용하면

$-12 + 4i + 2v_o - 4 + 6i = 0, \quad v_o = -6i$

따라서 $-16 + 10i - 12i = 0 \Rightarrow i = -8$[A]이고, $v_o = 48$[V]가 된다. 상기 회로를 시뮬레이션 한 결과가 그림 (b)이다.

**예제 2.44** [그림 2.61]의 회로에서 각각의 $V_o$를 구하라.

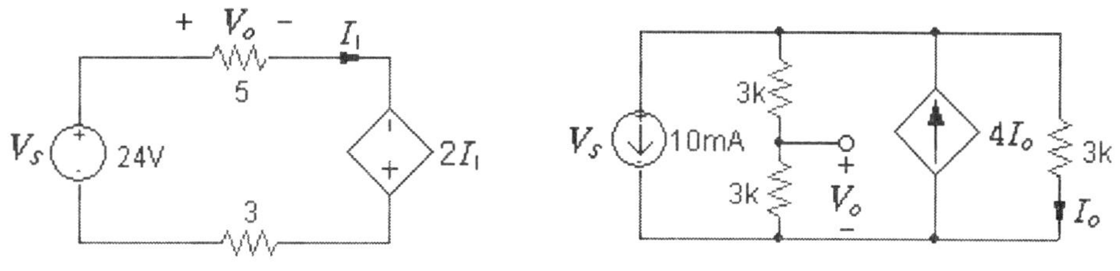


(a) (b)

[그림 2.61] 예제 회로

**해** (a) $V_S - 5I_1 + 2I_1 - 3I_1 = 0 \Rightarrow I_1 = 4[\mathrm{A}]$ $\therefore V_o = (5)(4) = 20[\mathrm{V}]$

(b) $\dfrac{V_S}{3+3} + \dfrac{V_S}{3} = 4I_0 - 10,\ I_0 = \dfrac{V_S}{3}$ $\Rightarrow V_S = 12[\mathrm{V}],\ \therefore V_o = 6[\mathrm{V}]$

출력결과는 [그림 2.62]와 같다.

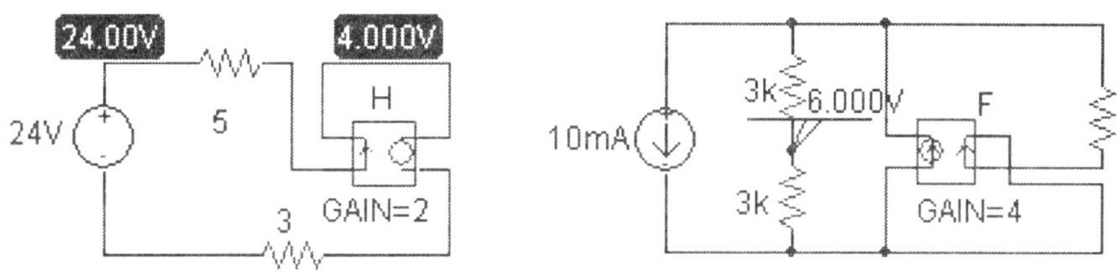


(a) (b)

[그림 2.62] 시뮬레이션 결과

**예제 2.45** [그림 2.63](a)에서 전압 $V_o$를 구하라.

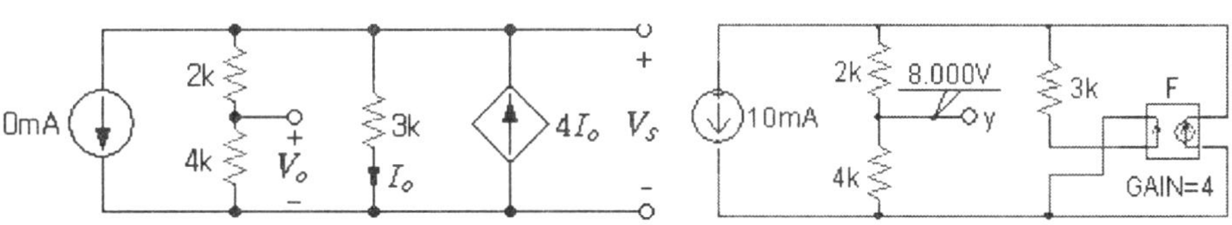


(a) (b)

[그림 2.63] 1쌍 노드 페어회로

**해** [그림 2.63]의 루프에 KCL을 적용하면 다음과 같다.

$$10 \times 10^{-3} + \frac{V_S}{2[\mathrm{k}] + 4[\mathrm{k}]} + \frac{V_S}{3[\mathrm{k}]} - 4I_o = 0$$

$$\Rightarrow 10 \times 10^{-3} + \frac{V_S}{2[\mathrm{k}] + 4[\mathrm{k}]} + \frac{V_S}{3[\mathrm{k}]} - 4\left(\frac{V_S}{3[\mathrm{k}]}\right) \quad \rightarrow V_S = 12[\mathrm{V}]$$

$$\therefore V_o = \left( \frac{4[\text{k}]}{2[\text{k}]+4[\text{k}]} \right) V_S = 8[\text{V}]$$

그림 (b)는 시뮬레이션 결과이다.

**예제 2.46** [그림 2.64]에서 저항 $R$에 걸리는 전압 $V=2[\text{V}]$가 되도록 $R$의 값을 구하라.

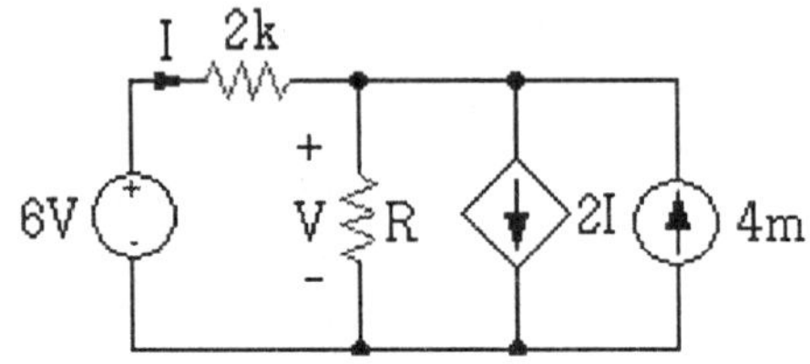


[그림 2.64]

**해** [그림 2.64]에서 저항 $R$에 흐르는 전류를 $I_R$라면

$I+4\times 10^{-3}=I_R+2I$ , $I=\dfrac{6-V}{2\times 10^3}=2[\text{mA}]$, $I_R=\dfrac{V}{R} \Rightarrow \therefore R=1[\text{k}\Omega]$가 된다.

**예제 2.47** [그림 2.65]에서 저항 $6[\Omega]$에 걸리는 전압 $V$의 값을 구하라.

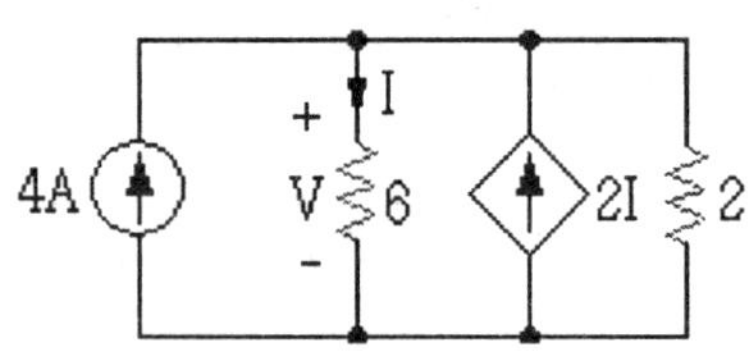


[그림 2.65]

**해** 저항 $6[\Omega]$과 $2[\Omega]$은 병렬이고, $2[\Omega]$에 걸리는 전압도 $V$이다. $2[\Omega]$에 흐르는 전류를 $I_1$이라 하면 식은 다음과 같다.

$4+2I=I+I_1$, $I=\dfrac{V}{6}$, $I_1=\dfrac{V}{2} \Rightarrow \therefore V=12[\text{V}]$

[그림 2.66]은 [그림 2.65]의 시뮬레이션 결과이다.

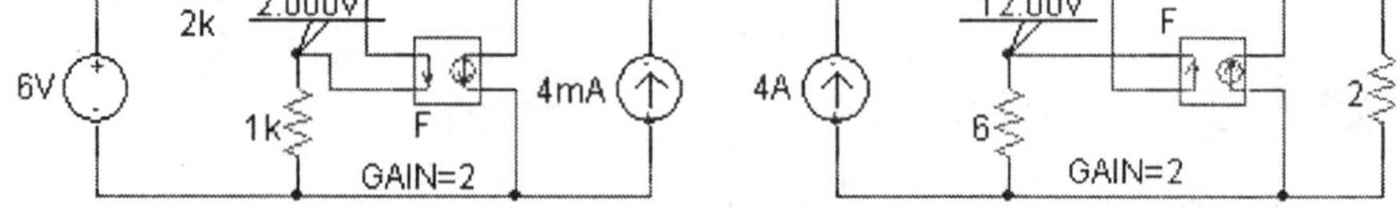


[그림 2.66] 시뮬레이션 결과

**예제 2.48** [그림 2.67](a)에서 전압 $V_o$를 각각 구하라.

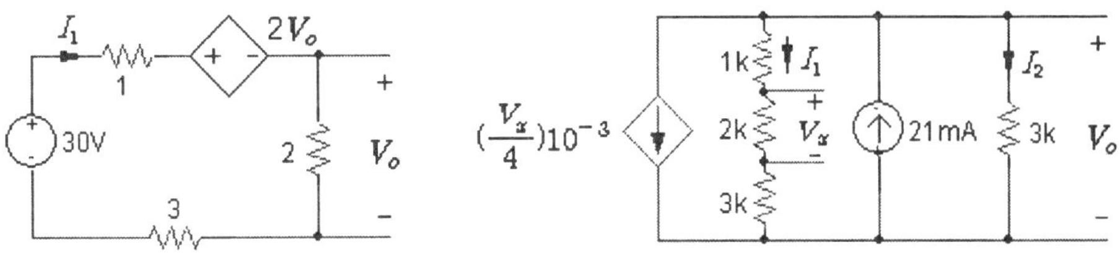


(a) (b)

[그림 2.67] 예제 회로

**해** (a) $30-2V_o=(1+2+3)I_1$, $V_o=2I_1 \Rightarrow I_1=3[\text{A}]$ $\therefore V_o=2I_1=6[\text{V}]$

(b) $\frac{V_x}{4}+I_1-21+I_2=0$ 또는 $\frac{V_x}{4}+\frac{V_o}{6}+\frac{V_o}{3}=21$, 그런데 $V_x=2I_1=2\frac{V_o}{6}=\frac{V_o}{3}$이므로

$\frac{V_o}{12}+\frac{V_o}{6}+\frac{V_o}{3}=21$ $\quad\therefore V_o=36[\text{V}]$가 된다.

[그림 2.68]은 상기 회로의 시뮬레이션 결과이다.

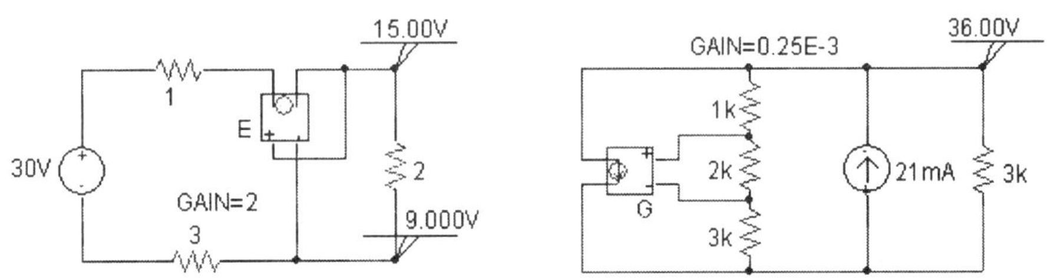


[그림 2.68] 시뮬레이션 결과

**예제 2.49** [그림 2.69](a)에서 $I_o$를 구하라.

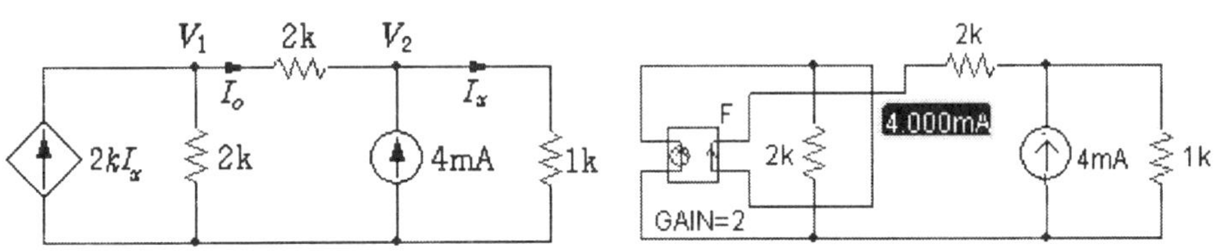


(a) (b)

[그림 2.69] 예제 회로

**해** $V_1=2[\text{k}]I_x$, $I_x=V_2/1[\text{k}]$이므로 노드 2에서 KCL를 구하면 다음과 같다.

$$\frac{V_2-V_1}{2[\text{k}]}-\frac{4}{[\text{k}]}+\frac{V_2}{1[\text{k}]}=0 \rightarrow \frac{V_2-2[\text{k}]I_x}{2[\text{k}]}-\frac{4}{[\text{k}]}+\frac{V_2}{1[\text{k}]}=0$$

$$\frac{V_2-2[\text{k}](V_2/1[\text{k}])}{2[\text{k}]}-\frac{4}{[\text{k}]}+\frac{V_2}{1[\text{k}]}=0 \Rightarrow V_2=8[\text{V}]$$

$$I_x = \frac{V_2}{1[\mathrm{k}]} = \frac{8}{1[\mathrm{k}]} = 8[\mathrm{mA}] \Rightarrow V_1 = 2[\mathrm{k}]I_x = 16[\mathrm{V}] \quad \therefore I_o = \frac{V_1 - V_2}{2[\mathrm{k}]} = 4[\mathrm{mA}]$$

그림 (b)는 시뮬레이션 결과이다.

**예제 2.50** [그림 2.70](a)에서 SPice를 이용해서 $V_o$를 구해보라.

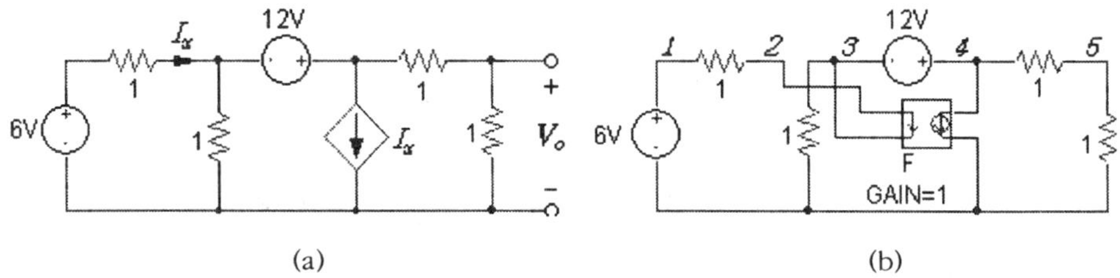


[그림 2.70] 예제 회로

**해** [그림 2.70](b)를 이용해서 시뮬레이션한 결과는 아래와 같다. 노드 5번의 출력전압은 4[V]이었다.

| NODE | VOLTAGE | NODE | VOLTAGE | NODE | VOLTAGE | NODE | VOLTAGE |
|---|---|---|---|---|---|---|---|
| ( 1) | 6.0000 | ( 2) | -4.0000 | ( 3) | -4.0000 | ( 4) | 8.0000 |
| ( 5) | 4.0000 | | | | | | |

**예제 2.51** [그림 2.71](a)의 트랜지스터 회로에서 베이스 전류 $I_B = 20[\mu\mathrm{A}]$이고 콜렉터 전류 $I_C = 120 I_B$일 때 Tr의 $CE$간의 전압 $V_{CE} = 0.2[\mathrm{V}]$였다. 콜렉터에 가해진 전압 $V_{CC}$의 값을 구하라.

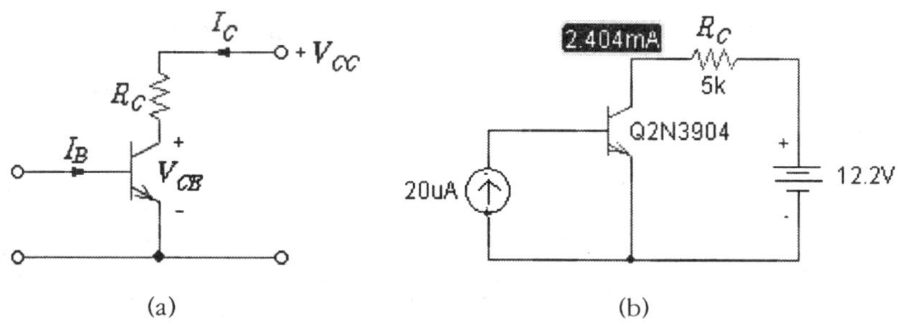


[그림 2.71] 회로 및 출력결과

**해** [그림 2.71]에서 $R_C I_C = R_C \times 120 I_B = 2[\mathrm{V}]$, $V_{CC} = V_{CE} + R_C I_C = 12.2[\mathrm{V}]$가 된다.

**예제 2.52** [그림 2.72]의 회로에서 저항 $R$의 값을 구하라. 단, 저항의 단위는 [Ω]이다.

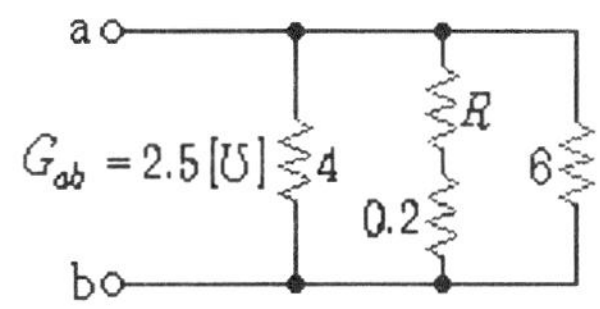


[그림 2.72]

**해** [그림 2.72]에서 컨덕턴스로 변환하면 다음과 같다.

$$G_{ab} = \frac{1}{4} + \frac{1}{0.2+R} + \frac{1}{6} = \frac{5}{12} + \frac{1}{0.2+R} = 2.5 \Rightarrow \therefore R = 0.28[\Omega]$$

**예제 2.53** [그림 2.73](a)에서 $R_2$에서의 소비되는 전력을 구하라.

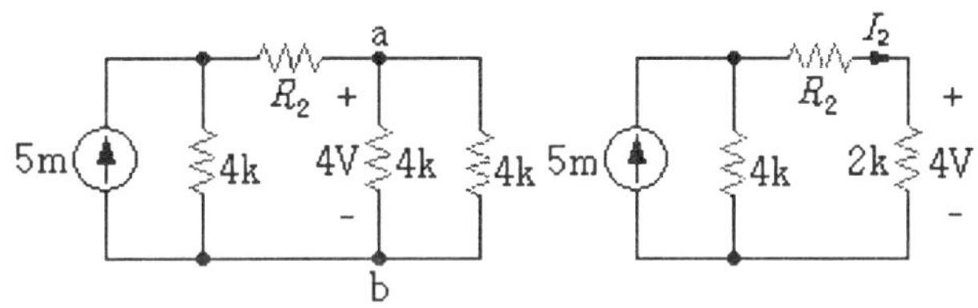


(a) (b)

[그림 2.73]

**해** 등가회로는 [그림 2.73](b)가 된다.

$$I_2 = \frac{4}{2[\mathrm{k}]} = 2[\mathrm{mA}], \quad I_2 = \frac{4 \times 10^3 \times 5 \times 10^{-3}}{R_2 + (4+2)10^3} \Rightarrow R_2 = 4[\mathrm{k}\Omega]$$

$$\therefore P_a = R_2 I_2^2 = 16[\mathrm{mW}]$$

**예제 2.54** [그림 2.74](a)의 트랜지스터 회로에서 $I_B$, $I_C$ 그리고 $v_o$를 구하라. 트랜지스터는 active 모드에서 동작하고 $\beta$=50이라고 가정한다.

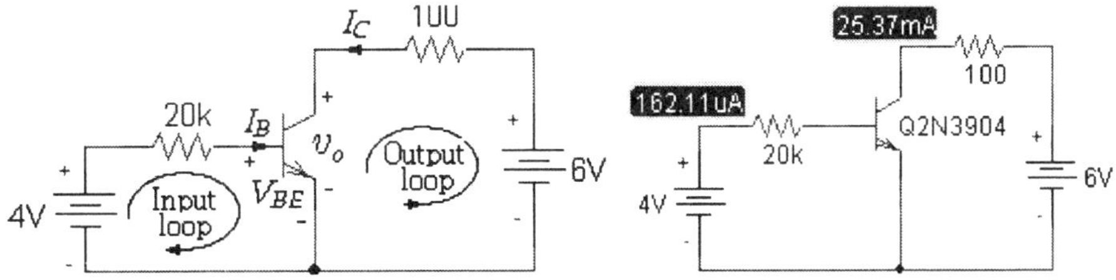


(a) (b)

[그림 2.74] 예제 그림

**해** 입력 루프에 KVL를 적용하면

$$-4 + I_B(20 \times 10^3) + V_{BE} = 0$$

active 모드에서 $V_{BE}=0.7\text{V}$이기 때문에 다음과 같다.

$$I_B=\frac{4-0.7}{20\times10^3}=165[\mu\text{A}],\ \ I_C=\beta I_B=50\times165[\mu\text{A}]=8.25[\text{mA}]$$

출력 루프에 KVL를 적용하면

$$-v_o-100I_C+6=0,\ \ v_o=6-100I_C=6-0.825=5.175[\text{V}]$$

이 경우 $v_o=V_{CE}$가 된다. 그림 (b)는 시뮬레이션 결과이다. 이때 사용한 트랜지스터는 Q2N3904로서 $\beta=156$이다. 참고로 [그림 2.75]는 트랜지스터의 심벌 및 등가회로이다.

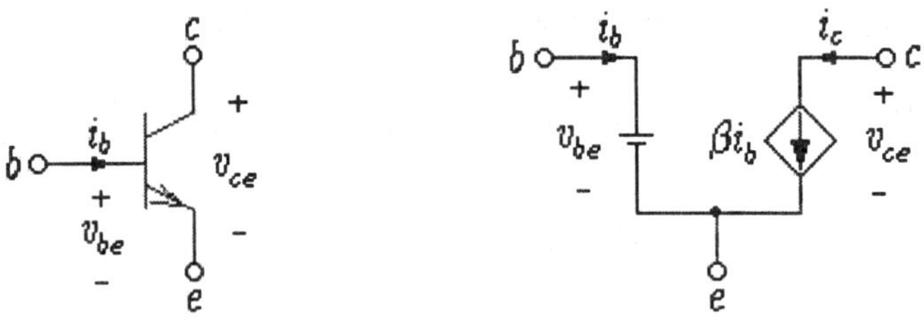


(a) 심벌　　　(b) 등가회로

[그림 2.75] 트랜지스터의 심벌 및 등가회로

상기 회로에서

$i_e=i_b+i_c,\ \ V_{ce}+V_{eb}+V_{bc}=0$ ( $V_{be}\approx0.7[\text{V}]\leftarrow$Tr이 on시)

$i_c=\alpha i_e$ or $i_c=\beta i_b,\ \ i_e=i_b+\beta i_b=(1+\beta)i_b$

$\beta=\dfrac{\alpha}{1-\alpha}$ or $\alpha=\dfrac{\beta}{1+\beta}$가 된다.

[그림 2.76]은 트랜지스터를 전압제어전류원(VCCS)으로 나타낸 그림이다.

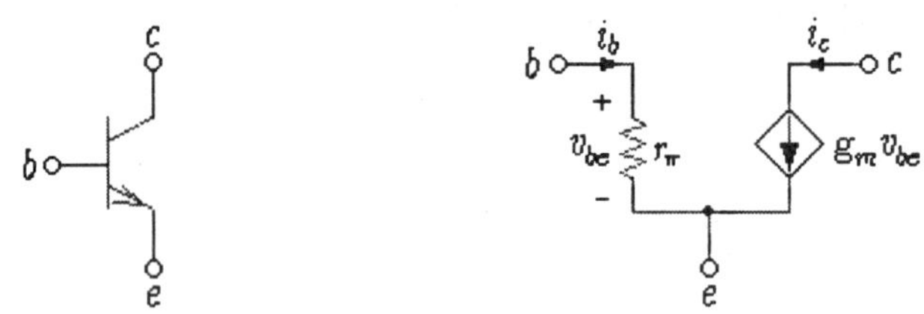


(a) 트랜지스터 심벌　　　(b) 트랜지스터 모델

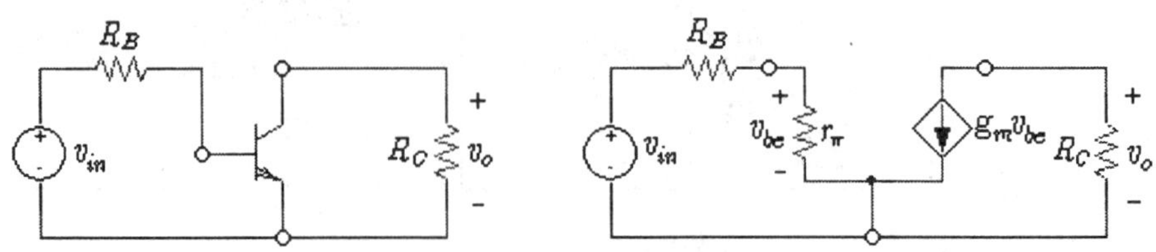


(d) 트랜지스터 증폭기　　　(d) 트랜지스터 증폭기 모델

[그림 2.76] 트랜지스터의 등가회로

상기 회로에서 콜렉터 전류 $i_c$ 및 증폭도 $A$는 다음과 같다.

$$i_c = g_m v_{bc}, \quad A = \frac{v_o}{v_{in}}$$

**예제 2.55** [그림 2.77]에서 $\beta = 150$, $V_{BE} = 0.7[V]$일 때 $v_o$를 구하라.

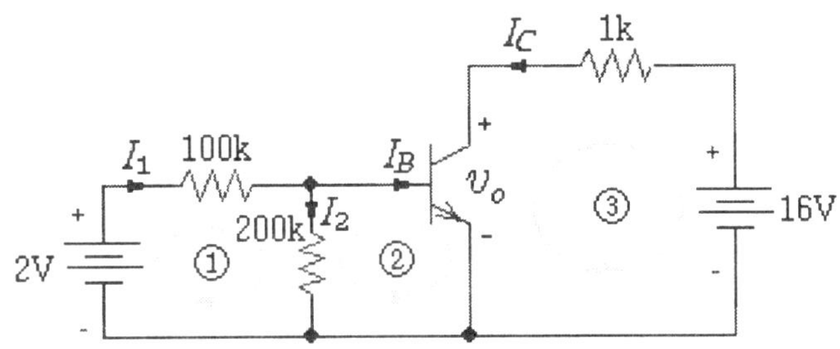


[그림 2.77] 트랜지스터 증폭회로

**해** mesh ① $2 = 100 \times 10^3 I_1 + 200 \times 10^3 I_2$

mesh ② $V_{BE} = 0.7 = 200 \times 10^3 I_2 \Rightarrow I_2 = 3.5[\mu A]$, $I_1 = (2-0.7)/100 \times 10^3 = 13[\mu A]$

mesh ③ $-v_o - 10^3 I_C + 16 = 0 \Rightarrow v_o = 16 - 10^3 I_C = 16 - 10^3 \beta I_B$

$I_B = I_1 - I_2 = 13[\mu A] - 3.5[\mu A] = 9.5[\mu A]$

$I_C = \beta I_B = 150 \times 9.5[\mu A] = 1.425[mA]$

$\therefore v_o = 16 - 10^3 I_C = 16 - 1.425 = 14.575[V]$가 된다.

또 다른 방법으로 [그림 2.78]의 등가회로를 이용해서 풀어보자.

Output loop : $-10^3 \times I_C + 16 - v_o = 0 \Rightarrow v_o = 16 - 10^3(\beta I_B) = 16 - 10^3 \times 150 I_B$

$$I_B = I_1 - I_2 = \frac{2-0.7}{100 \times 10^3} - \frac{0.7}{200 \times 10^3} = (13-3.5)[\mu A] = 9.5[\mu A]$$

$\therefore v_o = 16 - 1000(150 \times 9.5 \times 10^{-6}) = 14.575[V]$가 된다.

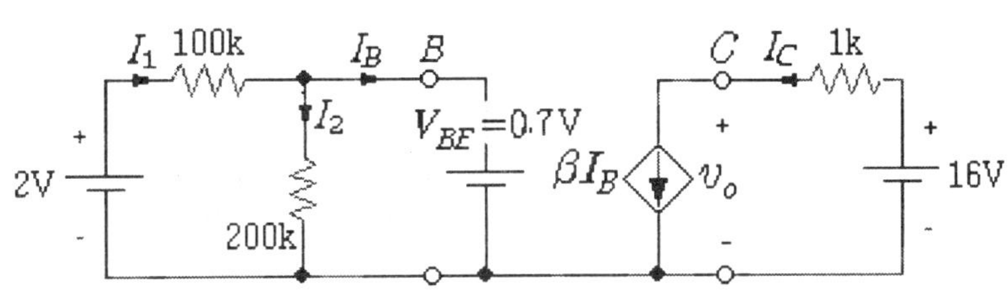


[그림 2.78] 트랜지스터 등가회로

**예제 2.56** [그림 2.79](a)는 Tr의 2단자 하이브리드 등가회로 모델이다. PSpice를 이용하여 출력전압을 구하라. 단, 입력전압 $E_1 = 1V\angle 0°$ 이다.

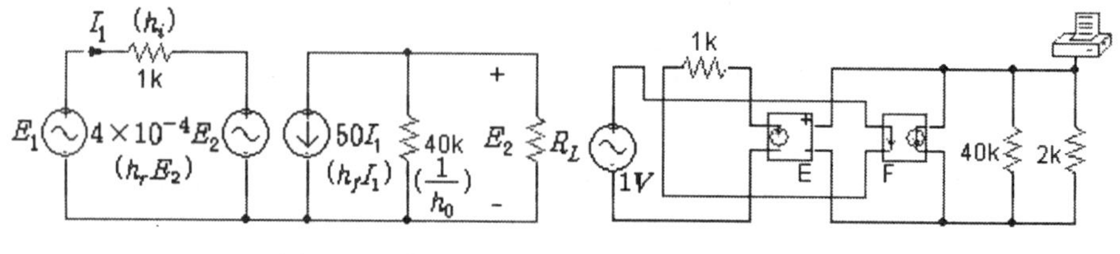


(a) (b)

[그림 2.79] 2단자 하이브리드 등가회로

**해** 먼저 전압이득을 구해보자.

$$A_v = \frac{-h_fR_L}{h_i(1+h_0R_L)-h_rh_fR_L} = \frac{-(50)(2[k])}{(1[k])(1+(25\times10^{-6}S)(2[k])-(4\times10^{-4})(50)(2[k])}$$

$$= \frac{-100\times10^3}{(1[k])(1+50\times10^{-3})-40} = \frac{-100\times10^3}{1050-40} = \frac{-100\times10^3}{1010} = -99.01[V]$$

$$A_v = \frac{E_2}{E1} = \frac{V_L}{E_1} \Rightarrow \therefore\ V_L = A_vE_1 = (-99.01)(1V\angle 0°) = 99.01\angle 180°\,[V]$$

시뮬레이션할 회로는 그림 (b)이다. 이 장치가 동작하기 위해서는 entry가 포함되어야 하므로 프린트 그림을 더블 클릭한 다음과 같이 물음표를 입력한다.

VPRINT1 ⇒ AC = ?, MAG = ?, PHASE = ?

시뮬레이션한 다음 Examine Output 결과는 다음과 같다. 출력결과는 계산결과와 일치함을 확인할 수 있었다.

```
****   AC ANALYSIS                  TEMPERATURE =   27.000 DEG C
*******************************************************************************
 FREQ        VM($N_0003) VP($N_0003)
 1.000E+03   9.901E+01   1.800E+02
```

**예제 2.57** [그림 2.80]에서 $\beta = 80$, $V_{BE} = 0.7$[V]일 때 $v_o$를 구하라.

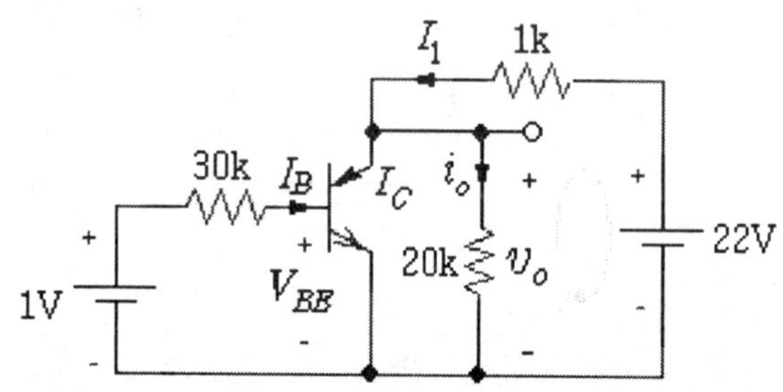


[그림 2.80] 트랜지스터 증폭회로

**해** $I_B = \dfrac{1-0.7}{30\times 10^3} = 10[\mu\text{A}],\quad I_C = \beta I_B = 80\times 10[\mu\text{A}] = 0.8[\text{mA}]$

$I_1 = I_C + i_o = 0.8[\text{mA}] + i_o \Rightarrow i_o = I_1 - 0.8[\text{mA}]$

여기서 mesh 방정식을 세우면 다음과 같다.

$$-20\times 10^3 I_1 + 22 - v_o = -20\times 10^3 I_1 + 22 - 20\times 10^3 i_o = 0 \Rightarrow I_1 = \frac{22}{20\times 10^3} - i_o = 1.1[\text{mA}] - i_o$$

$I_1 = 1.1[\text{mA}] - (I_1 - 0.8[\text{mA}]),\ 2I_1 = 1.1[\text{mA}] + 0.8[\text{mA}] \Rightarrow I_1 = 0.95[\text{mA}],\ i_o = 0.15[\text{mA}]$

$\therefore v_o = 20\times 10^3 \times 0.15[\text{mA}] = 3[\text{V}]$가 된다.

**예제 2.58** [그림 2.81]과 같이 이미터 저항을 포함하는 Common-Emitter 구조에서 다음을 구하고 PSpice로 검증하라.

$R_{in},\ R_{out},\ A_{vo} = \dfrac{v_o}{v_i}\bigg|_{R_L=\infty},\ G_v = \dfrac{v_o}{v_{sig}}$

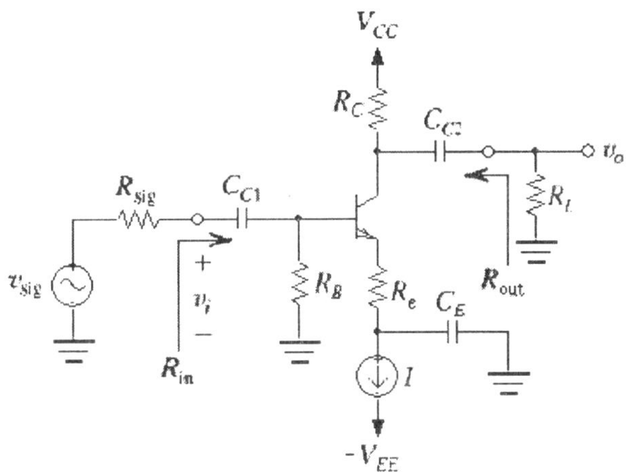


$V_{CC} = V_{EE} = 10\text{ V}$

$V_A = \infty,\ I_S = 1.774\text{E}-15$

$\beta = 100,\ I = 1\text{mA}$

$R_B = 100k\Omega,\ R_C = 8k\Omega,$

$R_e = 0.5k\Omega$

$R_{sig} = 5k\Omega,\ R_L = 5k\Omega$

$C_{C1},\ C_{C2},\ C_E \rightarrow \infty$

[그림 2.81] 트랜지스터 Common-Emitter 구조

**해** 먼저 트랜지스터를 다음과 같이 셋팅한다. 순서는 회로의 트랜지스터를 선택하고 메뉴판의 Edit → Model을 선택하면 Edit Model창이 뜬다. 거기서 Edit Instance Model[Text]…를 선택하고 좌측 아래의 값을 기입한다.

$\beta = 100 \rightarrow BF = 100$

$I_S = 1.774E-15$

$\rightarrow V_{BE} = V_T \ln\dfrac{I_C}{I_S}$

$= 0.02588 \times \dfrac{0.99\times 10^{-3}}{1.774\times 10^{-15}}$

$= 0.7\,V$

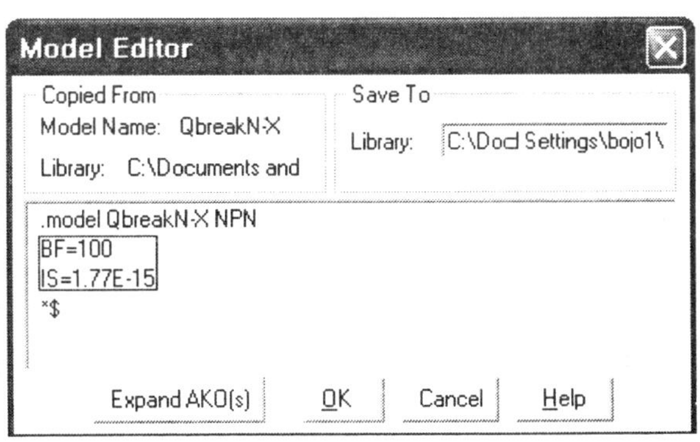

다음으로 DC 해석을 해보면 [그림 2.82]와 같다.

$$\beta = 100$$
$$\alpha = \frac{\beta}{\beta+1} = \frac{100}{101} = 0.99$$
$$I_B = 1mA$$
$$I_C = \alpha I_B = 0.99 \times 1mA = 0.99mA$$
$$I_B = \frac{I_C}{\beta} = \frac{0.99}{100} = 0.0099mA$$
$$V_C = 10V - (0.99mA \times 8k) = 2.08V$$
$$V_B = 0V - (0.0099mA \times 100k) = -0.99V$$
$$V_B = -0.99V - 0.7V = -1.69V$$
$$g_m = \frac{I_C}{V_T} = \frac{0.99mA}{0.025} \cong \underline{38.3mA/V}$$
$$r_e = \frac{V_T}{I_B} = \frac{\alpha}{g_m} = \frac{0.99}{38.3} = 0.00258k\Omega$$

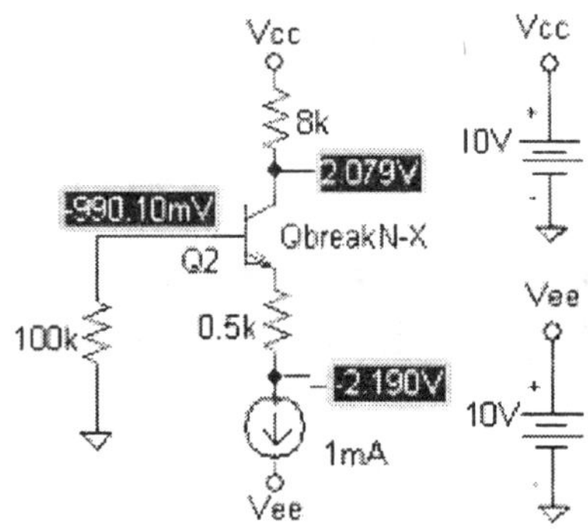


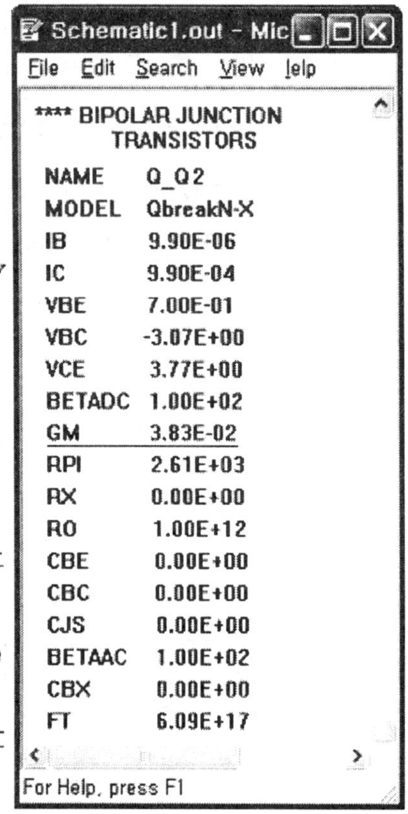
Schematic1.out - Mic

File Edit Search View Help

**** BIPOLAR JUNCTION TRANSISTORS

| | |
|---|---|
| NAME | Q_Q2 |
| MODEL | QbreakN-X |
| IB | 9.90E-06 |
| IC | 9.90E-04 |
| VBE | 7.00E-01 |
| VBC | -3.07E+00 |
| VCE | 3.77E+00 |
| BETADC | 1.00E+02 |
| GM | 3.83E-02 |
| RPI | 2.61E+03 |
| RX | 0.00E+00 |
| RO | 1.00E+12 |
| CBE | 0.00E+00 |
| CBC | 0.00E+00 |
| CJS | 0.00E+00 |
| BETAAC | 1.00E+02 |
| CBX | 0.00E+00 |
| FT | 6.09E+17 |

For Help, press F1

[그림 2.82] DC 해석

[그림 2.83]은 Transient Analysis를 실행한 그림이다. 그림에서 증폭도는 다음과 같다.

$$G_v = \frac{V_O}{V_{sig}} = -\frac{40}{1} = -40, \quad A_v = \frac{v_o}{v_i} = \frac{100[\text{mV}]}{(990.099-989.762)[\text{mV}]} \simeq 297[\text{mV}]$$

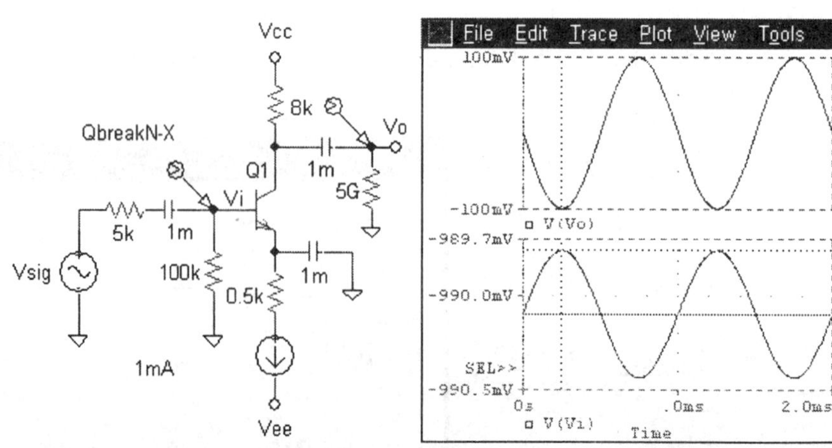


[그림 2.83] Transient Analysis

**예제 2.59** [그림 2.84](a)회로와 종속전원을 이용한 그림 (c)인 등가회로와의 출력을 비교해 보아라.

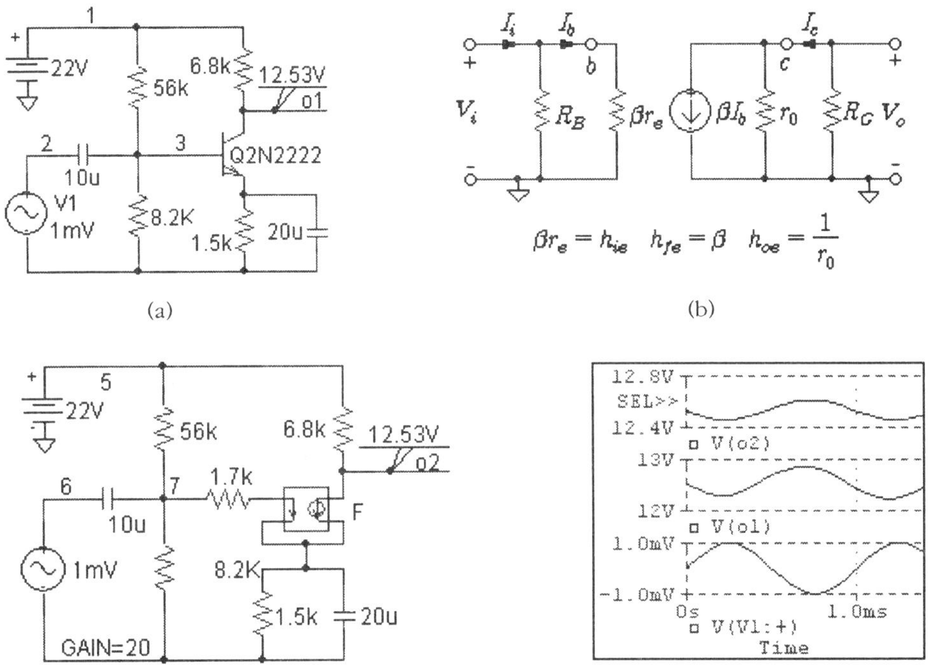


(a) (b) (c) (d)

[그림 2.84] 회로 및 등가회로 비교

**해** [그림 2.84](a)인 $CE$ 증폭기의 근사 하이브리드 등가회로는 그림 (b)이다. 이것을 이용해서 종속전원으로 구성한 회로가 그림 (c)이다. 양쪽을 비교한 출력은 그림 (d)와 같이 동일함을 확인할 수 있었다.

**예제 2.60** [그림 2.85](a)는 FET 공통 소스 증폭기 또는 BJT 공통 이미터 증폭기이다. 증폭기의 이득을 구하라. 단, $R_1 = 100[\Omega]$, $R_2 = 1[k\Omega]$, $g_m = 0.04S$, $R_3 = 50[k\Omega]$, $R_4 = R_5 = 10[k\Omega]$이다.

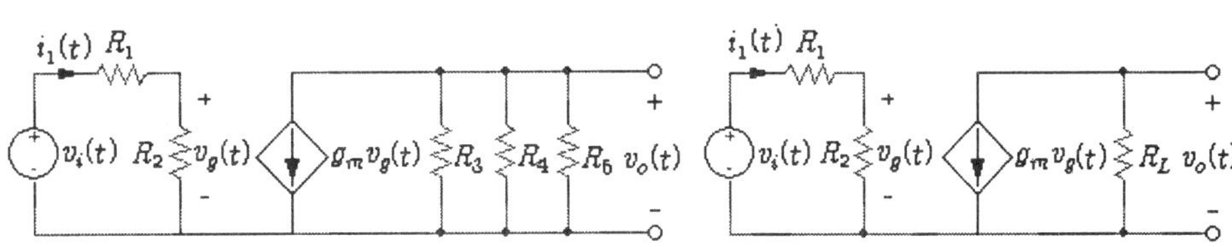


(a) (b)

[그림 2.85] 예제 그림

**해** 등가회로는 그림 (b)이다. 이득을 구하면 다음과 같다.

$$\frac{1}{R_L}=\frac{1}{R_3}+\frac{1}{R_4}+\frac{1}{R_5}\Rightarrow R_L=4.545[\mathrm{k}\Omega],\quad v_g(t)=\frac{R_2}{R_1+R_2}v_i(t)$$

$$v_o(t)=-g_m v_g(t)R_L=-g_m\left[\frac{R_2}{R_1+R_2}v_i(t)\right]R_L=-\frac{g_m R_L R_2}{R_1+R_2}v_i(t)$$

$$\therefore\frac{v_o(t)}{v_i(t)}=-\frac{g_m R_L R_2}{R_1+R_2}=-\frac{(0.04)(4.545\times10^3)(1\times10^3)}{1.1\times10^3}=-165.29$$

[그림 2.86]은 상기 회로의 시뮬레이션 결과이다.

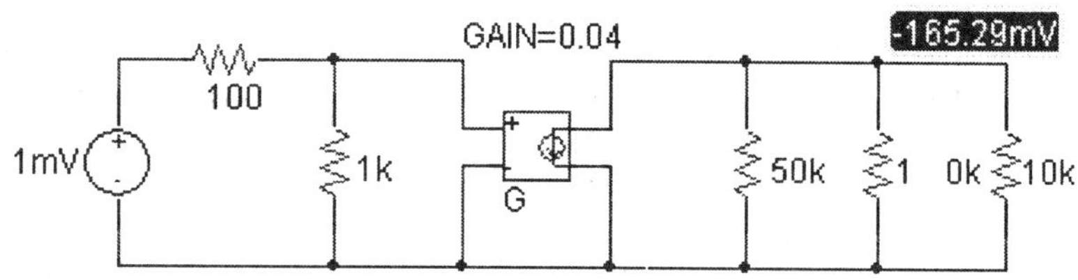


[그림 2.86] 시뮬레이션 결과

**예제 2.61** [그림 2.87](a)에서 $v_o$와 $i_o$를 구하라.

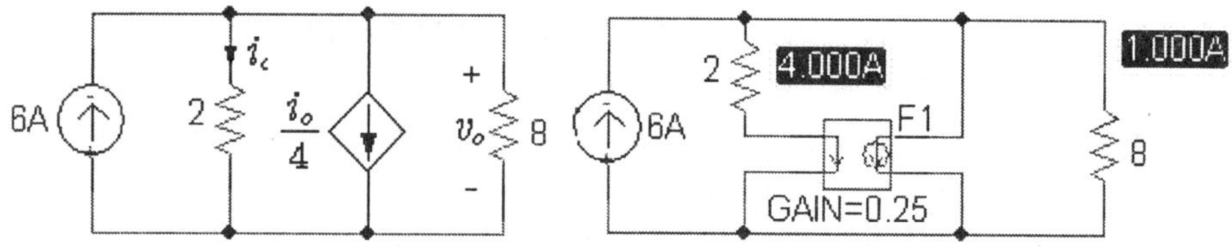


(a) (b)

[그림 2.87] 예제 그림

**해** [그림 2.87]에 KCL를 적용하면

$$6=i_o+\frac{i_o}{4}+\frac{v_o}{8}\ =\frac{10}{8}i_o+\frac{2i_o}{8}\rightarrow\ i_o=4[\mathrm{A}],\ v_o=8[\mathrm{V}]\ \ (v_o=2i_o)$$

이 된다. 또한 회로를 시뮬레이션한 결과가 [그림 2.87](b)이다.

**예제 2.62** [그림 2.88]의 회로에서 $V_0$를 각각 구하라.

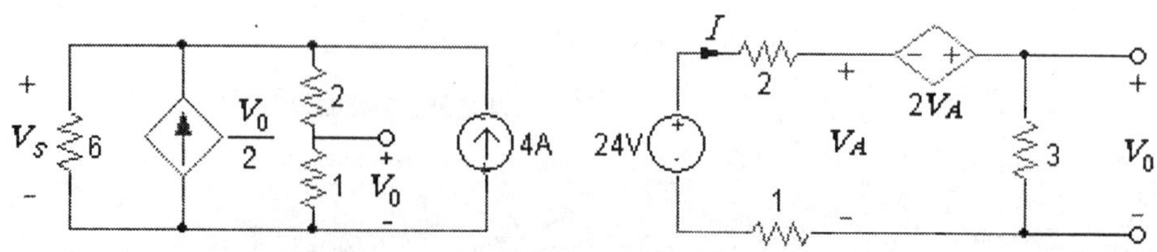


(a) (b)

[그림 2.88] 예제 회로

**해** (a) $\frac{V_S}{6} - \frac{V_0}{2} + V_0 - 4 = 0, \ (V_S = 3V_0) \quad \Rightarrow \therefore V_0 = 4[\text{V}]$

(b) $24 + 2V_A = 6I$ , $(V_A = 24 - 3I) \Rightarrow \therefore \ V_0 = 18[\text{V}]$

[그림 2.89]는 상기 회로의 시뮬레이션 결과이다.

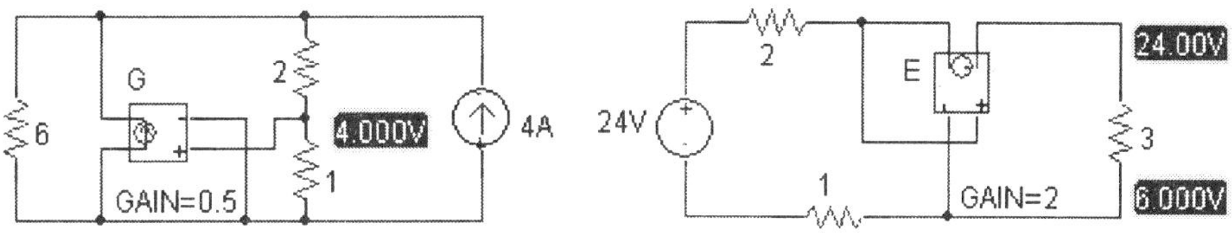


(a) (b)

[그림 2.89] 출력결과

**예제 2.63** PSpice를 이용하여 [그림 2.90](a)에서 $i_1$, $i_2$ 및 $v_2$를 구하라.

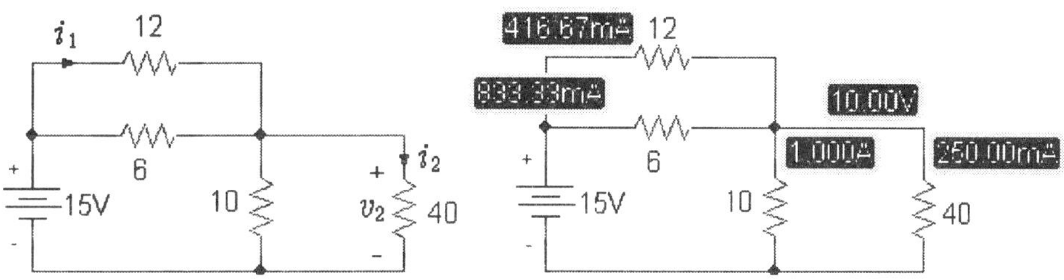


(a) (b)

[그림 2.90] 예제 그림

**해** [그림 2.90]을 시뮬레이션한 결과가 그림 (b)이다.

**예제 2.64** [그림 2.91]에서 $V_o$와 $I_o$를 각각 구하라.

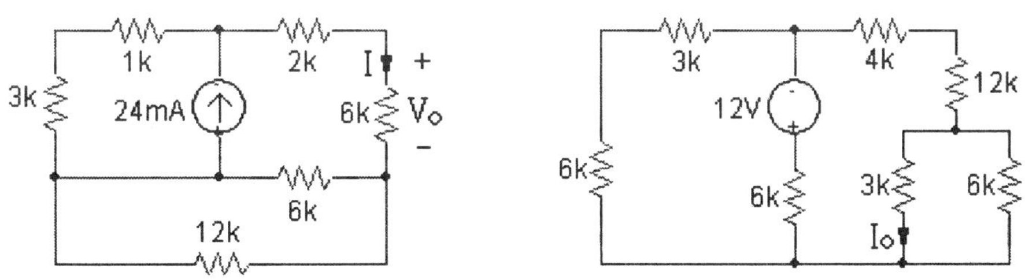


(a) (b)

[그림 2.91] 예제 회로

**해** [그림 2.91](a)에서 6[k]와 12[k]는 병렬이므로 4[k]가 되므로

$I = \frac{4[\text{k}]}{4[\text{k}] + 12[\text{k}]} \times 24[\text{mA}] = 6[\text{mA}]$, $V_o = 6[\text{k}] \times 6[\text{mA}] = 36[\text{V}]$가 된다.

그림 (b)에서는 그림을 다시 그리면 [그림 2.92]와 같다.

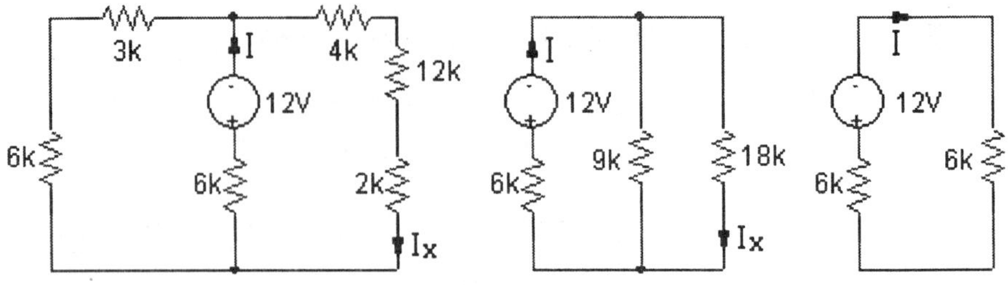


[그림 2.92] 풀이 회로

$$I=\frac{12[V]}{6[k]+6[k]}=-1[mA],\quad I_x=\frac{9[k]}{9[k]+18[k]}\times I=-\frac{1}{3}[mA]$$

$\therefore\ I_o=\frac{6[k]}{3[k]+6[k]}\times I_x=-\frac{2}{9}[mA]$가 된다.

[그림 2.93]은 상기 회로의 시뮬레이션 결과이다.

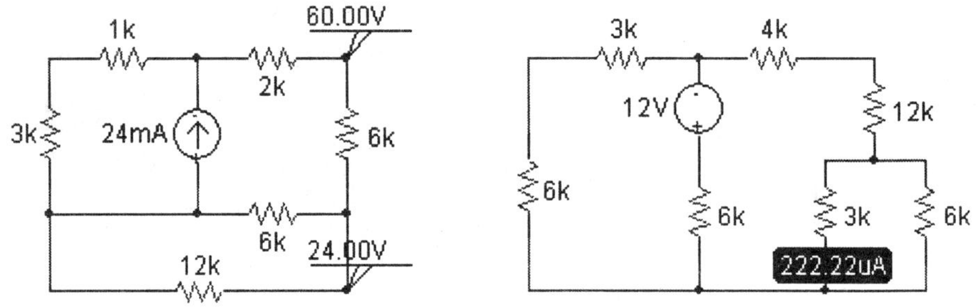


(a) (b)

[그림 2.93] 시뮬레이션 결과

**예제 2.65** [그림 2.94]에서 $I_o$와 $V_o$를 각각 구하라.

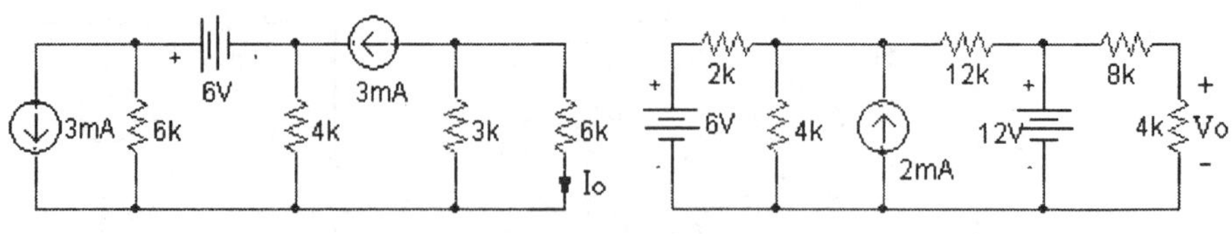


(a) (b)

[그림 2.94] 예제 회로

**해** [그림 2.94](a)에서 $I_o=\frac{3[k]}{3[k]+6[k]}\times(-3[mA])=-1[mA]$가 되고 그림 (b)에서 $V_o=\frac{4[k]}{8[k]+4[k]}\times 12[V]=4[V]$가 된다. [그림 2.95]는 상기 회로의 시뮬레이션 결과이다.

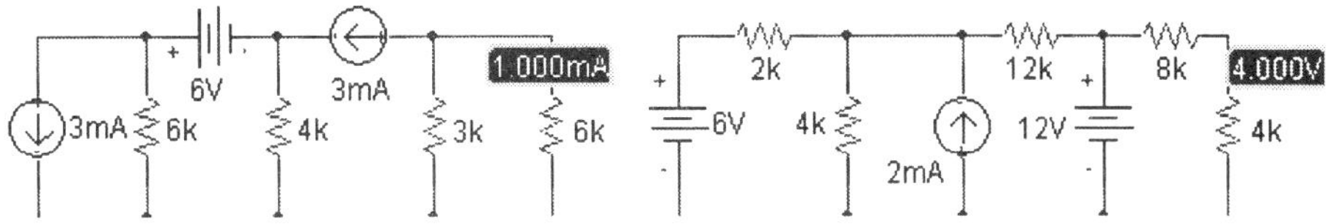


[그림 2.95] 시뮬레이션 결과

**예제 2.66** [그림 2.96]에서 $V_o$와 $I_o$를 각각 구하라.

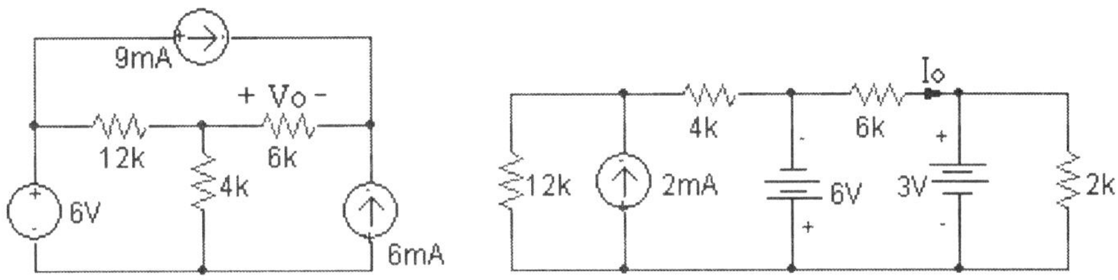


(a) (b)

[그림 2.96] 예제 회로

**해** [그림 2.96](a)에서 $\frac{9}{[k]}+\frac{6}{[k]}+\frac{V_o}{6[k]}=0$, $V_o=-90[V]$이고

그림 (b)에서는 $I_o=\frac{-6-3}{6[k]}=-1.5[mA]$가 된다. [그림 2.97]은 상기 회로의 시뮬레이션 결과이다.

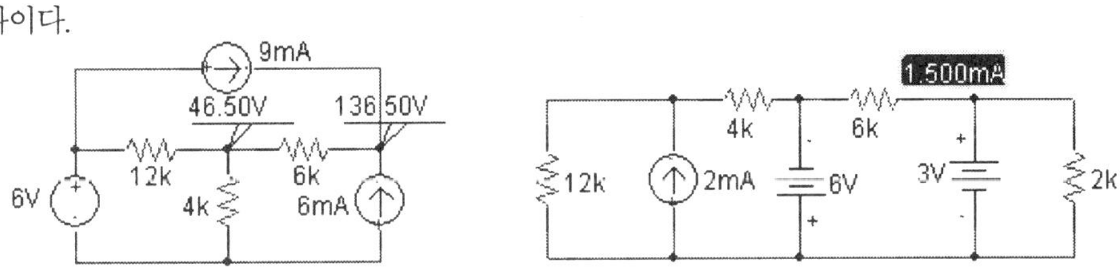


[그림 2.97] 시뮬레이션 결과

**예제 2.67** [그림 2.98](a)에서와 같이 3개의 백열전구들이 9[V] 배터리에 연결되어 있다. 다음을 구하라.
(a) 배터리에 의해 공급되는 전체 전류 (b) 각 전구에 흐르는 전류
(c) 20[W] 전구의 저항

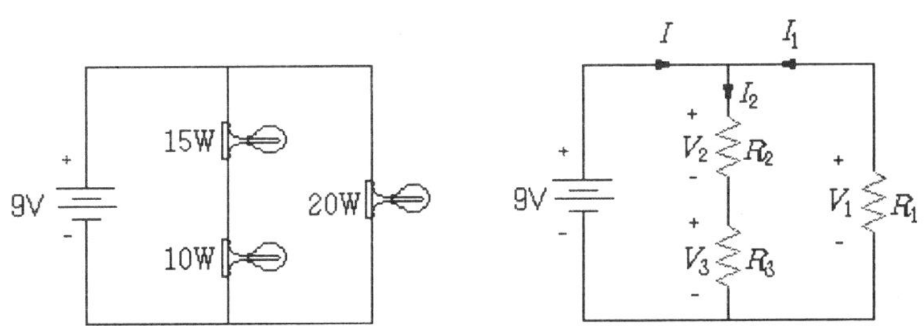


(a) (b)

[그림 2.98] 조명 시스템 및 등가모델

**해** (a) 배터리에 의해 공급되는 전체 전력은 전구에 의해 소비되는 전체 전력과 같다.

$P=15+10+20=45[W]$

$P=VI$이기 때문에 배터리에 의해 공급되는 전체 전류는 다음과 같다.

$I=\frac{P}{V}=\frac{45}{9}=5[A]$

(b) 전구는 [그림 2.98](b)와 같이 저항으로 모델링할 수 있다. $R_1$(20[W] 전구)은 $R_2$와 $R_3$와의 병렬연결이고 배터리와도 병렬로 연결되어 있다. 따라서 $V_1=V_2+V_3=9[V]$가 되고 $R_1$을 통해 흐르는 전류는 다음과 같다.

$I_1=\frac{P_1}{V_1}=\frac{20}{9}=2.222[A]$

KCL에 의해 $R_2$와 $R_3$의 직렬연결을 통해 흐르는 전류는 아래와 같다.

$I_2=I-I_1=5-2.222=2.778[A]$

(c) $P=I^2R$이기 때문에 아래와 같다.

$R_1=\frac{P_1}{I_1^2}=\frac{20}{2.222^2}=4.05[\Omega]$

**예제 2.68** (a) [그림 2.99](a)에서 $V_1$이 12[V]일 때 $V_s$를 구하라.

(b) 그림 (b)에서 $I_o$가 2[mA]일 때 $I_s$를 구하라.

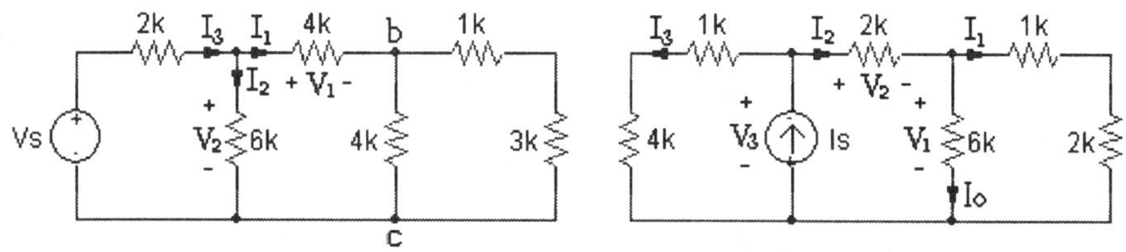


(a) (b)

[그림 2.99] 예제 회로

**해** (a) $R_{bc}=4[k]\parallel 4[k]=2[k]$, $I_1=\frac{V_1}{4[k]}=\frac{12}{4[k]}=3[mA]$, $V_2=V_1+(2k)I_1=12+6=18[V]$

$I_2=\frac{V_2}{6[k]}=\frac{18}{6[k]}=3[mA]$, $I_3=I_1+I_2=3[m]+3[m]=6[mA]$,

$V_S=(2[k])I_3+V_2=12+18=30[V]$

(b) $V_1=(6[k])I_0=12[V]$, $I_1=\frac{V_1}{1[k]+2[k]}=\frac{12}{3[k]}=4[mA]$,

$I_2=I_0+I_1=2[m]+4[m]=6[mA]$

$V_2=(2[k])I_2=12[V]$, $V_3=V_2+V_1=12+12=24[V]$, $I_3=\frac{V_3}{4[k]+4[k]}=\frac{24}{8[k]}=3[mA]$,

$I_S=I_3+I_2=3[m]+6[m]=9[mA]$가 된다. [그림 2.100]은 시뮬레이션 결과이다.

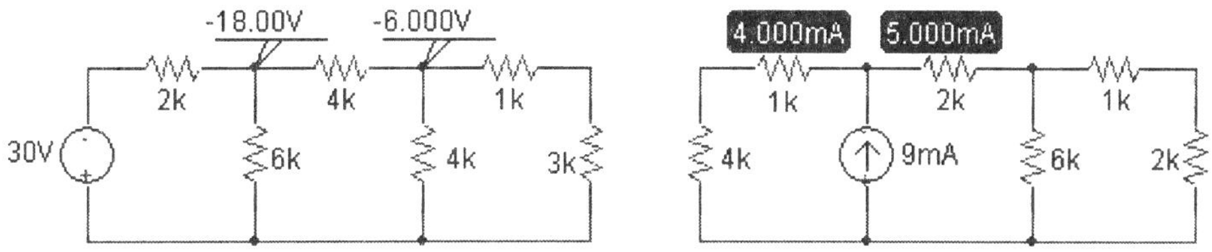


[그림 2.100] 시뮬레이션 결과

**예제 2.69** 120[V], 100[W]의 전구 4개를 240[V]의 전압원에 연결하고자 한다. 각 전구가 정상적으로 밝아지려면 어떻게 연결해야 하는가?

**해** [그림 2.101](a)처럼 연결하면 왼쪽의 두 전구는 정상적으로 동작하나 오른쪽 하나의 전구에는 240[V]의 전압이 인가되므로 전구에 과도한 전류가 흐르게 되어 결과적으로 필라멘트가 타게 된다. 따라서 그림 (b)처럼 연결해야 된다.

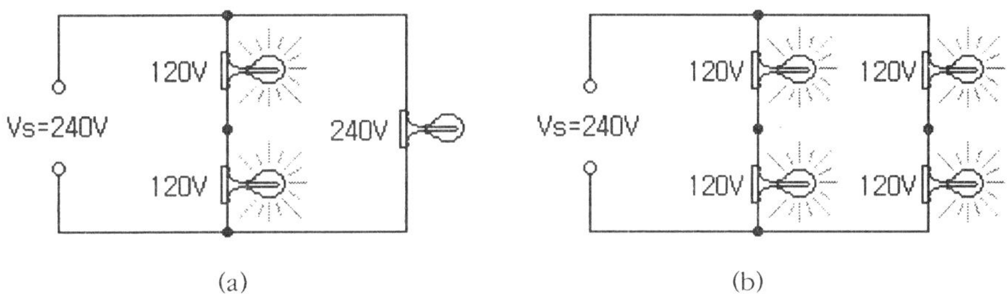


[그림 2.101] 전구의 연결

또한 전구 4개를 직렬로 연결하면 각각의 전위차가 60[V]로, 인가전압의 1/4씩 걸리게 된다. 전압이 너무 낮으면 정상적인 동작을 위한 전류가 충분히 흐르지 못해 전구는 정상적인 밝기를 낼 수 없게 된다.

## 2.4 개방과 단락

### (1) 직렬회로

개방회로(open circuit)란 전류경로가 끊어진 것이라 할 수 있다. 개방된 점들 사이의 공기는 매우 훌륭한 절연체이기 때문에 개방회로의 저항은 매우 높다. 공기는 수십억 옴의 저항값을 가질수 있다. 직류회로에서의 전류경로가 끊어졌다는 것은 모든 소자에 흐르는 전류가 0이라는 의미이다.

[그림 2.102](a)는 정상적으로 동작하는 직렬회로를 보여주고 있다. 전류는 1[A]이고, $V_1 = 25$[V]이고, $V_2 = 10$[V], $V_3 = 5$[V]가 된다. 그림 (b)에서는 $P_1$과 $P_2$ 사이는 개방된 회로이다. 개방된 곳의 저항은 무한히 크기 때문에 전체 직렬회로에서 전류는 0이다. 따

라서 $V_1 = V_2 = V_3 = IR = 0$[V]가 된다. 그렇다면 $P_1$과 $P_2$ 사이의 전압은 얼마인가? 답은 40[V]가 된다.

$P_1$과 $P_2$ 사이의 저항을 40[GΩ]이라 가정하자. 40[GΩ]은 다른 어떤 저항보다도 큰 값이기 때문에 직렬회로의 총 저항은 40[GΩ]이라 할 수 있다. 직렬전류 $I$는 40[V] / 40[GΩ] = 1[nA]이다. 실제로 전류는 0이다. 이 전류는 전체 직렬회로의 전류값이다.

이 작은 전류는 $R_1$, $R_2$, $R_3$에서 0[V]를 발생하고, 저항값이 매우 큰 $P_1$과 $P_2$ 사이에서는 $V = 1 \times 10^{-9} \times 40 \times 10^9 = 40$[V]의 전압을 발생한다.

요약하면 직렬회로에서 개방의 효과는 다음과 같다.

① 모든 소자에 흐르는 전류는 0[A]이다.
② 정상적인 소자 양단의 전압강하는 0[V]이다.
③ 개방된 지점의 전압은 전압원의 값과 같다.

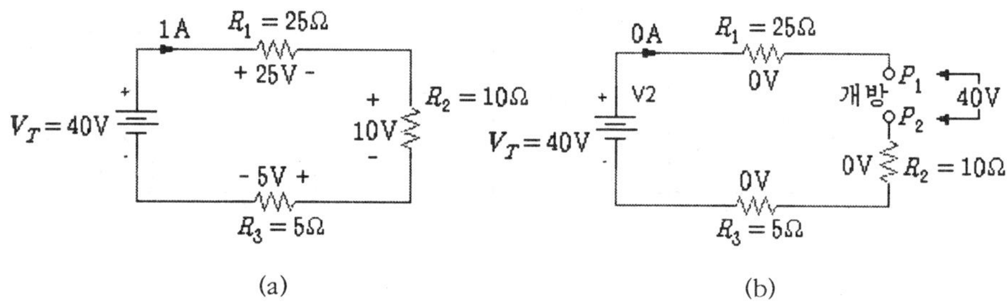


[그림 2.102] 정상회로 및 개방회로

직렬회로의 단락(short)은 저항이 매우 낮은 전류경로이다. 단락된 경로의 저항은 0[Ω]으로 가정한다. 단락회로는 매우 큰 저항을 갖는 개방회로와 반대특성을 가진다. [그림 2.103](b)에서 $R_2$가 단락($R_2 = 0$)되었다고 가정하자. 총 저항 $R_T$는 40[Ω]에서 30[Ω]으로 감소하며, 이는 전류를 1[A]에서 1.333[A]로 증가시킨다. 전류가 증가하면 $R_1$과 $R_3$에서의 전압강하값이 증가한다. 따라서 $V_1 = 33.3$[V], $V_2 = 0$[V], $V_3 = 6.67$[V]가 된다.

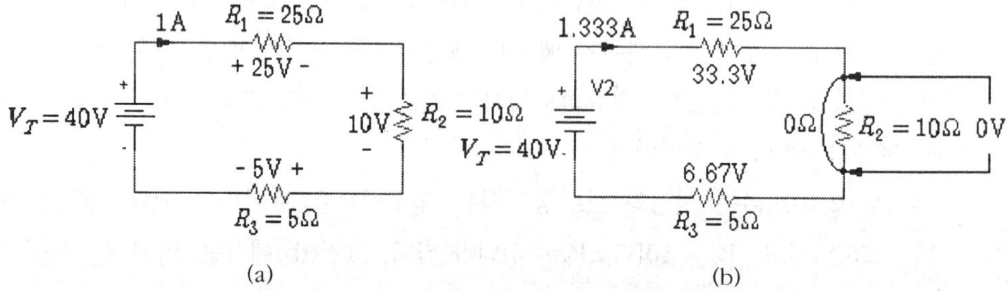


[그림 2.103] 정상회로 및 단락회로

직렬회로에서 단락의 영향은 아래와 같다.

① 전류 $I$가 증가한다.
② 각 소자들의 전압강하가 증가한다.
③ 단락된 소자에서의 전압강하는 0[V]이다.

### (2) 병렬회로

[그림 2.104](a)에서 각각의 가지전류(branch current)는 아래와 같고, 퓨즈의 최대 정격전류는 25[A]이라고 하자.

$$I_1 = \frac{120}{20} = 6[A],\ I_2 = \frac{120}{15} = 8[A],\ I_3 = \frac{120}{30} = 4[A],\ I_4 = \frac{120}{60} = 2[A]$$

키르히호프의 전류법칙에 의해 총 전류 $I_T = 20[A]$가 된다. 주 회로선에서 A와 B점 사이에 있는 퓨즈는 최대 정격전류가 25[A]이므로 20[A]를 안전하게 흘릴 수 있다. 그림 (b)에서 D와 I점 사이가 개방된 경우를 생각해 보자. $R_2$가 개방되면 가지전류 $I_2$는 0[A]이다. 또한 전류계에서는 정상값보다 8[A] 적은 12[A]의 총 전류가 측정된다. 요약하면 병렬회로에서의 개방된 가지의 영향은 다음과 같다.

① 개방된 가지의 전류는 0[A]로 떨어진다.
② 총 전류 $I_T$는 개방된 가지가 정상일 때 흐르던 전류만큼 감소한다.
③ 나머지 모든 가지에서의 전류는 동일하다.
④ 인가된 전압은 개방여부와 관계없이 모든 가지에 그대로 인가된다.

다음으로 그림 (c)에서 D와 E점 사이가 개방되어 있다고 가정하자. 두 점 사이가 개방되면 $R_3$와 $R_4$에 흐르는 전류가 0[A]가 될 것이다. 따라서 총 전류는 14[A]로 감소할 것이다. 그리고 전압계는 120[V]를 지시할 것이다.

그림 (d)의 회로를 생각해 보자. 퓨즈가 끊어져서 전류계가 0[A]를 지시하고, 각 가지에서 측정된 전압도 0[V]를 지시한다. 그리고 끊어진 퓨즈에는 120[V]가 측정되었다. 이러한 현상이 발생하는 이유는 병렬로 연결된 가지 중 하나가 단락되었기 때문이다. 이는 퓨즈에 25[A]의 정격전류 이상의 전류가 흐름으로써 퓨즈가 끊어지게 된 것이다. 요약하면 병렬회로에서 단락으로 인한 영향은 다음과 같다.

① 주 회로선에 퓨즈가 끊어질 것이고, 그 결과로 각 병렬로 연결된 가지들뿐만 아니라 주회로선의 전류가 0이 된다.

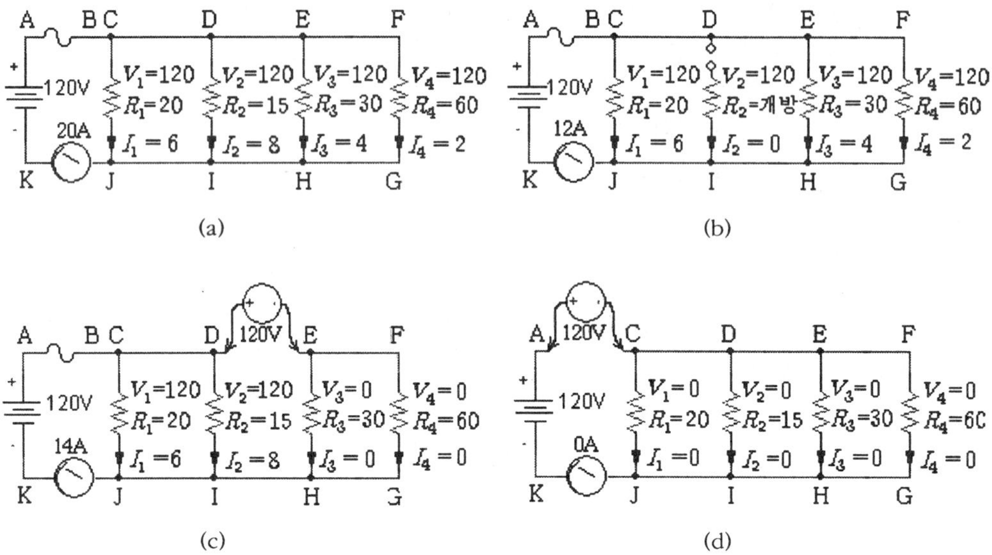


[그림 2.104] 정상회로 및 개방 · 단락회로

② 각 가지에 걸린 전압이 0[V]가 될 것이고 끊어진 퓨즈에는 전압원과 동일한 전압이 걸릴 것이다.

③ 회로로부터 전원을 제거하면 저항계는 모두 가지에서 0[Ω]을 측정할 것이다.

## 2.5 분류기와 배율기

### (1) 분류기

미소전류를 측정할 수 있는 전류계가 있을 경우 전류계의 측정범위를 확대하여 보다 큰 전류를 측정하고자 할 때 분류기(shunt)가 사용된다. 측정배율의 정도에 따라 전류계에 병렬로 저항을 연결하여 전류계의 측정전류의 범위를 확대할 수 있도록 계산된 저항기를 분류기라 한다. 일반적으로 전류계의 기본 계기로서 가동 코일형 계기를 주로 사용한다. 계기의 성능을 나타낼 때 예를 들어 10[$\mu$A], 5[k$\Omega$]와 같이 그 지시범위와 함께 내부저항이 포함된다. 이를 회로기호로 표시하면 [그림 2.105](a)와 같다. 여기서 계기와 연결된 $r$은 가동코일의 내부저항이다.

그림 (b)와 같이 병렬로 저항 $r_s$를 연결하면 원래 흐를 수 있는 전류 $I$는 $r$쪽 전류 $i$와 $r_s$쪽 전류 $i_s$로 분류된다. 즉 $I$가 10[$\mu$A]이고, $r$는 9[k$\Omega$], $r_s$는 1[k$\Omega$]이라면 $r$쪽에 1[$\mu$A], $r_s$쪽으로 9[$\mu$A]가 흐르게 된다. 따라서 계기 쪽으로의 전류는 애초보다 1/10로 줄어들므로 $r_s$를 연결하기 전의 전류 10[$\mu$A]가 최대 스케일 눈금을 지시했다면 $r_s$를 연결한 뒤에는 최대 스케일의 1/10 눈금위치에 지시바늘이 있게 된다. 이때의 저항 $r_s$를 분류기

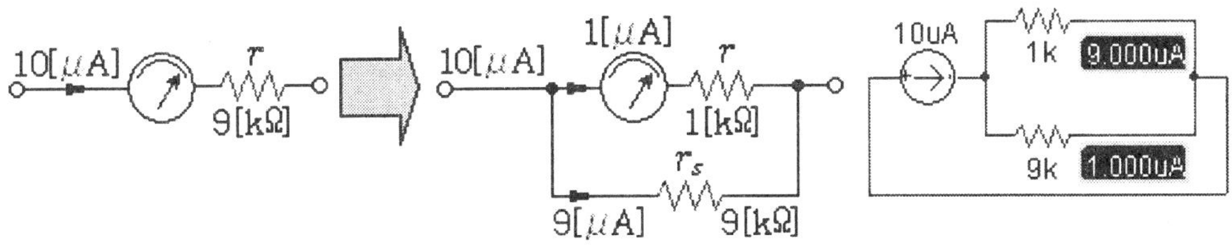


(a) (b) (c)

[그림 2.105] 분류기

(shunt)라 한다. 그림 (c)는 시뮬레이션 결과이다.

$r_s$를 구하기 위한 관계식을 만들어 보자. [그림 2.106]과 같은 회로에서 분로전류 $i$ 및 $i_s$는 다음과 같다.

$$i = \frac{r_s}{r + r_s} \times I$$

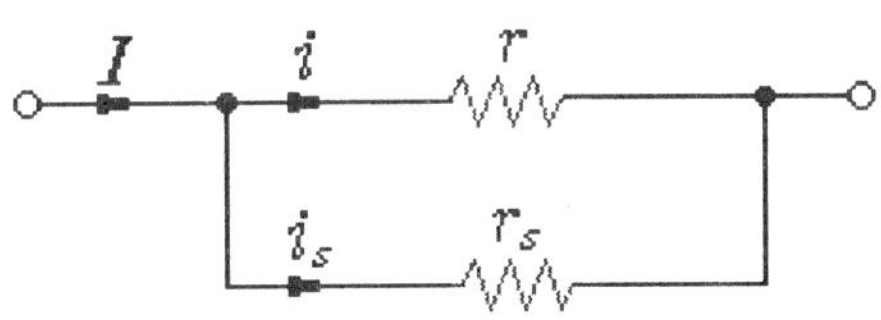


[그림 2.106] 분로전류

전류 $I$를 1/10, 1/100, 1/1000로 줄이면 전류계의 지시는 확대할 수 있다. 이때의 배율은 10배, 100배, 1000배로 늘어나며 이 배율은 $i/I$가 1/10이면 10배, 1/100이면 100배, 1/1000이면 1000배가 되며 배율 $n$를 나타내는 관계식은 다음과 같이 구할 수 있다.

$$n = \frac{I}{i} = \frac{r + r_s}{r_s} = 1 + \frac{r}{r_s}$$

이상의 지식을 토대로 10[$\mu$A], 내부저항 9[k$\Omega$]의 계기로 100[$\mu$A], 1[mA], 10[mA], 100[mA]를 지시할 수 있는 전류계를 만들어 보자.

위 식에서 분류기저항 $r_s$는 다음과 같다.

$$r_s = \frac{r}{n-1}$$

예를 들어 $n=10$, 100, 1000, 10,000을 대입하여 위 식을 풀면 $r_s$의 값은 다음과 같다.

100[$\mu$A]인 경우 $n=10$이므로 ⇨ $r_s = \dfrac{9}{10-1} = 1[\text{k}\Omega]$

1[mA]인 경우 $n=100$이므로 ⇨ $r_s = \dfrac{9}{100-1} = \dfrac{9}{99} = \dfrac{1}{11}[\text{k}\Omega]$

10[mA]인 경우 $n=1000$이므로 ⇨ $r_s = \dfrac{9}{1000-1} = \dfrac{9}{999} = \dfrac{1}{111}[\text{k}\Omega]$

100[mA]인 경우 $n=10000$이므로 ⇨ $r_s = \dfrac{9}{10000-1} = \dfrac{9}{9999} = \dfrac{1}{1111}[\text{k}\Omega]$

이들 $r_s$를 절환 스위치로 계기에 병렬로 연결하면 [그림 2.107]과 같이 5레인지(range)의 전류계로 만들 수 있다.

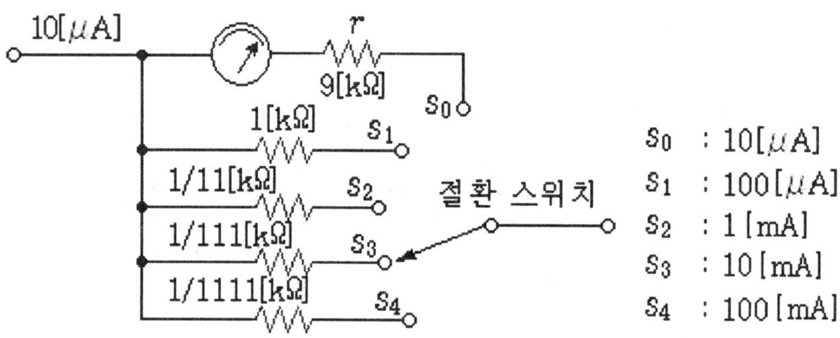


[그림 2.107] 전류계의 원리

**예제 2.70** 최대 지시값이 1[mA], 내부저항이 100[Ω]인 전류계로 측정범위 0∼100[mA]의 전류계를 만들려고 한다. 분류기의 저항값을 얼마로 해야 하는가?

**해** $n=100[\text{mA}]/10[\text{mA}]=100$이 된다. 따라서 분류기저항은 다음과 같다.

$$r_s = \frac{r}{n-1} = \frac{100}{100-1} = 100/99 \fallingdotseq 1.01[\Omega]$$

## (2) 배율기

측정범위가 작은 전압계에 일정비율의 저항을 [그림 2.108](a)와 같이 직렬로 연결하여 전압의 측정범위를 넓히기 위한 저항기 $r_m$을 배율기라 한다.

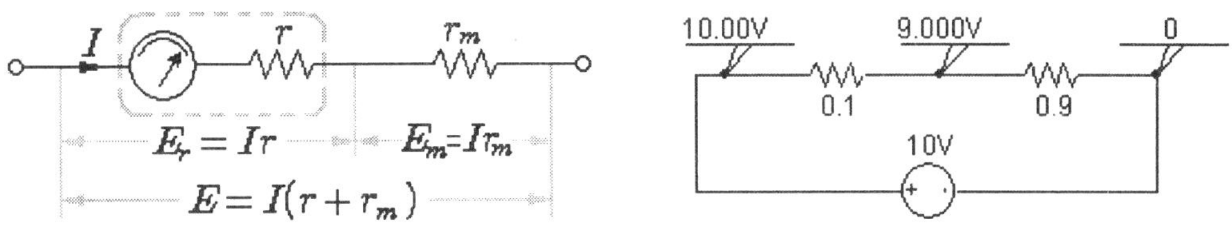


[그림 2.108] 배율기회로 및 출력결과

[그림 2.108]에서 전체 전압 $E$는 다음과 같다.

$$E = E_r + E_m = Ir + Ir_m = I(r + r_m)$$

여기서 배율 $m$은 아래와 같다.

$$m = \frac{E}{E_r} = \frac{I(r + r_m)}{Ir} = \frac{r + r_m}{r} = 1 + \frac{r_m}{r}$$

따라서 배율기저항 $r_m$은 다음과 같다.

$r_m = (m-1)r$, 그림 (b)는 시뮬레이션 결과이다.

[그림 2.109]는 VOM(Volt Ohm Meter)의 직류전압계 회로의 예를 나타낸 것이다. 고압(5,000[V]) 측정단자가 추가되어 있다.

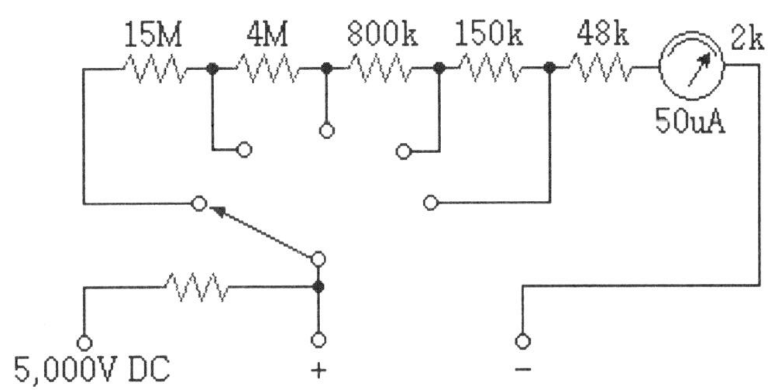


[그림 2.109] VOM의 직류전압계 회로 예

**예제 2.71** 내부저항이 1[kΩ], 500[$\mu$A]인 계기를 0～50[V]의 전압계로 만들자면 직렬로 연결할 배율기의 저항값을 얼마로 해야 되는가?

**해** 계기의 전압강하는 $Ir = 500 \times 10^{-6} \times 10^3 = 0.5[V]$이므로

$m = 50[V]/0.5[V] = 100[V]$

따라서 배율기저항 $r_m = (m-1)r = (100-1) \times 1[k\Omega] = 99[k\Omega]$이 된다.

지금까지 배운 것들을 종합해서 직렬 또는 병렬 소자들에 대한 등가회로를 정리하면 [그림 2.110]과 같다.

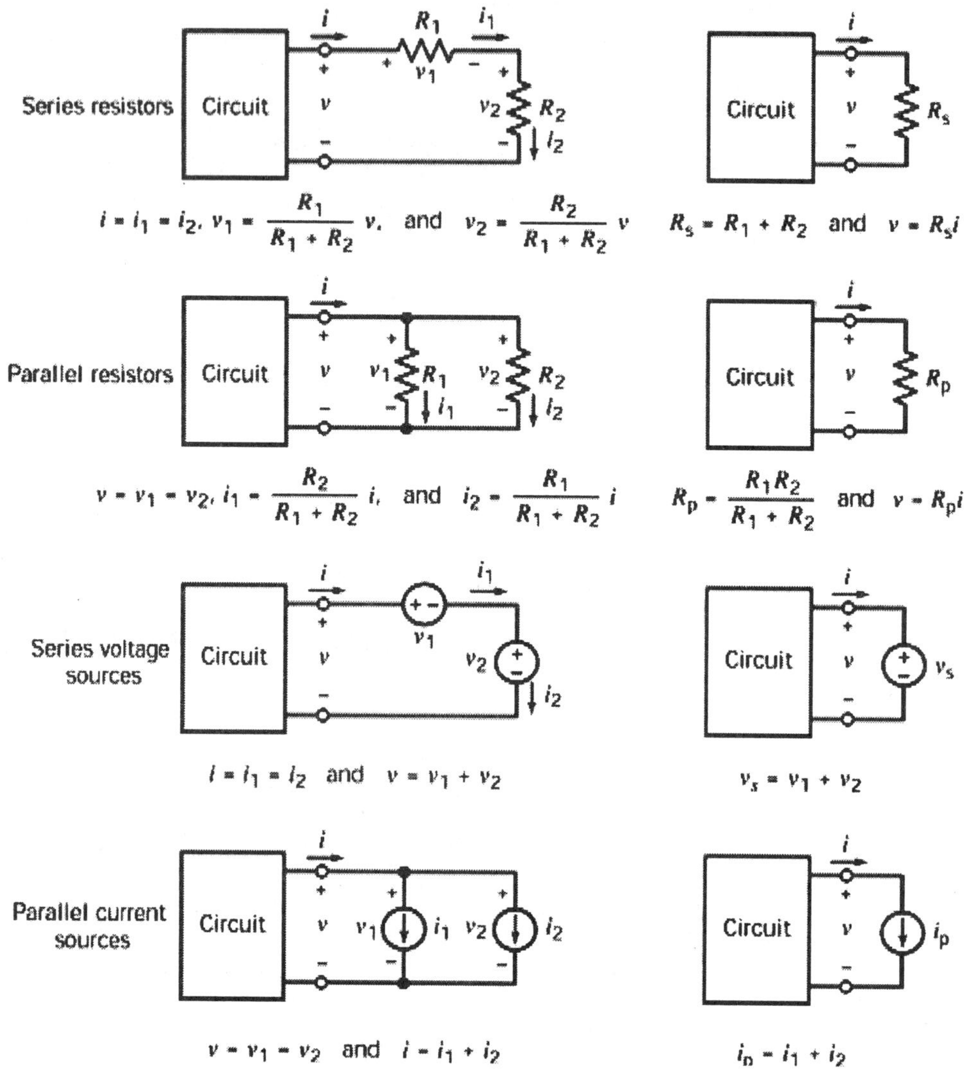


[그림 2.110] 직·병렬 소자들에 대한 등가회로

## 2.6 인덕턴스

오늘날 대부분의 산업과 연구실, 가정에서 사용되는 거의 모든 전기소자에서 자기를 이용하고 있다. 발전기, 전동기, 변압기, 회로차단기, 텔레비전, 컴퓨터, 녹음테입 등의 다양한 분야에서 자기효과는 중요한 역할을 수행하고 있다.

2세기 초 중국 상인들이 방향지시를 위해 사용한 나침반은 영구자석으로 만들어졌다.

그 영구자석은 외부의 에너지 자원없이 긴 시간동안 자기를 유지할 수 있는 강철 또는 철과 같은 물질로 만들어진다.

1820년 덴마크의 물리학자인 한스 크리스티안 오스테드(Hans Christian Oersted)는 전도체에 나침반의 바늘끝을 가까이 했을 때 나침반의 바늘끝이 돌아가는 것을 발견하였다. 이 현상은 전기와 자기가 관계있다는 것을 처음으로 증명하였고, 같은 해 프랑스의 물리학자인 앙드레 마리 앙페르(Andre Marie Ampere)는 이 현상에 대해 실험하여 암페어의 주회법칙을 만들었다.

다음 해에 마이클 패러데이(Michael Fraday), 칼 프레드릭 가우스(Karl Frirdrich Gauss)와 제임스 클렉 맥스웰(James Clerk Maxswell) 등은 이 현상에 대한 실험을 계속하여 전자기의 많은 기본개념을 발전시켰다.

코일(coil)이란 [그림 2.111](a)와 같이 철심에 동선과 같은 선재(線材)를 나선 모양으로 감은 것을 말한다. 그림 (b)에 전류가 흐르면 그 전류값에 비례한 전압 $v$가 유기된다.

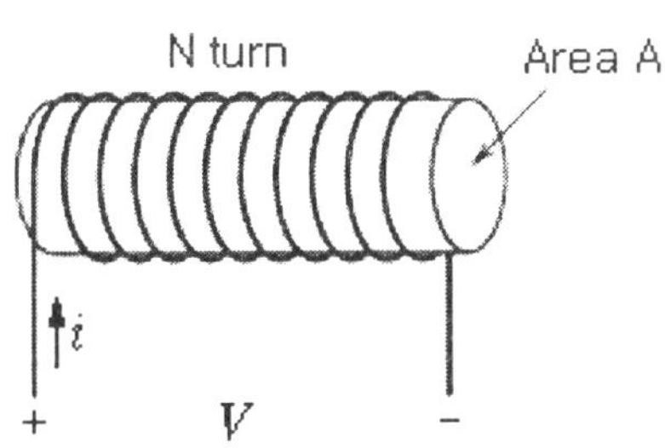


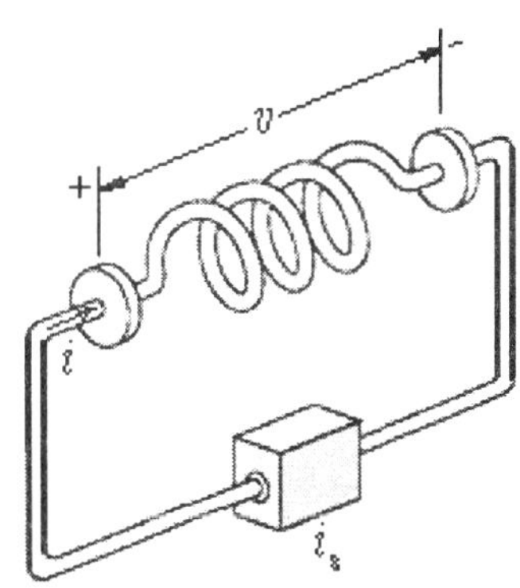


[그림 2.111] 코일과 유기전압

도선에 전류가 흐르면 도선 주위에 자장(magnetic field)이 생기고 자장의 모양은 오른나사법칙에 의해서 자력선(magnetic flux line)이 나타남을 알 수 있다. 즉 전류의 방향이 나사가 진행하는 방향이라면, 자장은 나사가 돌아가는 방향이 된다. 이 자력선을 한 묶음으로 생각하여 이것을 자속(magnetic flux)이라 부르며, 보통 $\phi$로서 표시하고 단위는 웨버(Weber)이다.

1831년경 영국의 Faraday와 미국의 Henry는 자기유도에 대해 각각 다음과 같은 관계를 알아내었다. [그림 2.112]와 같이 1회 감은 coil에 검류계를 연결하고 폐회로를 구성하면 이 회로에는 전원이 없으므로 전류가 흐르지 않는다. 그러나 막대자석을 하나 집어 북극(N극)을 코일로 향하여 움직이면 검류계가 움직인다. 막대자석을 코일로 향하여 움직인

후 가만히 있으면 검류계는 움직이지 않는다. 다시 막대자석을 coil로부터 바깥쪽으로 빼면 검류계는 움직인다. 그러나 방향은 반대방향이다.

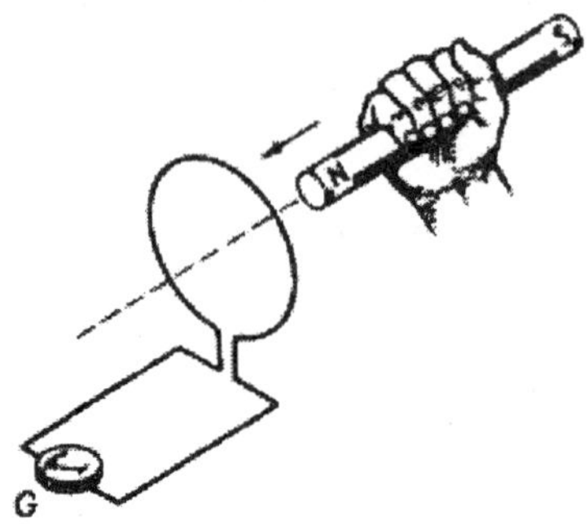


[그림 2.112] 자석에 의한 전자유도

만약 N극 대신 S극을 코일 쪽으로 움직이면 이때도 검류계가 움직인다. 그 방향은 N극과 반대이다. 코일을 움직이고 자석을 정지시켜도 같은 현상이 일어난다. 결론적으로 코일과 자석의 상대적 움직임에 따라 코일 회로에 전류가 발생한다는 것이다. 이것을 전자유도(電磁誘導)라 하고 유도된 전류를 유기전류라 하며 기전력이 유도되었다고 한다.

다음에 [그림 2.113]과 같이 같은 코일에 이번에는 막대자석 대신 하나의 코일과 배터리를 연결하고 스위치를 부착해서 도통하도록 한 것을 가까이 두고 스위치 S를 ON, OFF시켰다. 그 결과 스위치를 ON하거나 OFF할 때에도 검류계의 바늘이 움직였으며 그 방향은 반대 방향이었다.

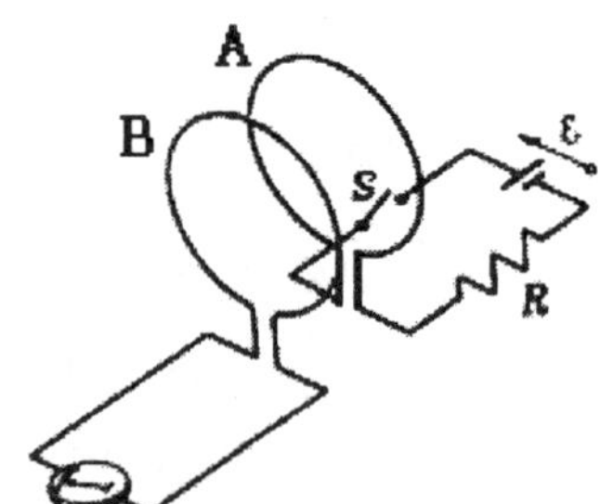


[그림 2.113] 코일전류에 의한 전자유도

그러나 배터리 용량을 크게 하여도 스위치를 닫거나 열린 상태로 정지하여 있으면 검류계는 움직이지 않았다. 여기서 우리는 다음과 같은 결론을 얻을 수 있다.

① "A" coil에 대한 자기유도된 자속 $\phi$의 변화가 이 현상(A에 유기기전력)을 일으키고

② 이 자속 $\phi$는 막대자속 또는 "B" coil의 전류변화에 의해 발생한 것이다.

③ A coil 회로 내에 발생하는 유기기전력 $e$는 그 회로 내를 관통하는 자속의 변화를 반대하는 쪽으로 (즉 자속의 변화를 억제하는 쪽으로) 발생한다.

만약 시간당 자속의 변화가 Weber/sec 라면 발생하는 유기기전력 $v$는 volt가 될 것이다. 즉

$$v = -\frac{d\phi}{dt} \text{ (여기서 "−"는 방향이 반대임을 표시한다.)}$$

가 되고 이것을 패러데이(Fraday)의 법칙이라 한다. 만약 A coil이 $n$회수만큼 감겼다면 유기기전력은 각 코일에 생긴 것을 모두 합한 값과 같을 것이므로 다음과 같다.

$$v = n \cdot \frac{d\phi}{dt} = -\frac{d(n \cdot \phi)}{dt} [\text{V}]$$

패러데이법칙에 의하면 도선에 전류가 흘러서 생기는 자속을 도선이 쇄교(link)하면 도선에는 유기기전력(induced voltage)이 생기는데 자속을 $\phi$[Wb], 코일의 권수를 $n$[turn]이라면 자속쇄교수(number of flux linkage) $\lambda$는

$$\lambda = n\phi [\text{Wb} \cdot \text{Turn}] \tag{2.13}$$

이 되고, 유기기전력 $v$는 자속쇄교수의 시간에 대한 비율로 나타나며 식은 다음과 같다.

$$v = \frac{d\lambda}{dt} [\text{V}] \tag{2.14}$$

여기서 $\lambda(=n\phi)$는 유도작용에 있어 중요한 특성값으로서 이 값은 전류의 크기에 비례한다. 즉 전류가 많이 흐르면 자속이 많이 발생한다.

한 회로의 전류와 이로 인하여 생기는 자속의 쇄교가 [그림 2.114](a)와 같이 관계를 가지고 변할 때 직선적으로 변하는 범위에서는

$$\lambda = Li [\text{Wb} \cdot \text{Turn}] \tag{2.15}$$

라 쓸 수 있다. 여기서 $L$은 직선부분의 기울기이고, 회로의 자기 인덕턴스 또는 단순히 인덕턴스(self-inductacne, inductance)라고 불린다. 식 (2.15)로부터

$$L = \frac{\lambda}{i} = \frac{n\text{ø}}{i} \tag{2.16}$$

이고, 단위는 헨리 [H]이다.

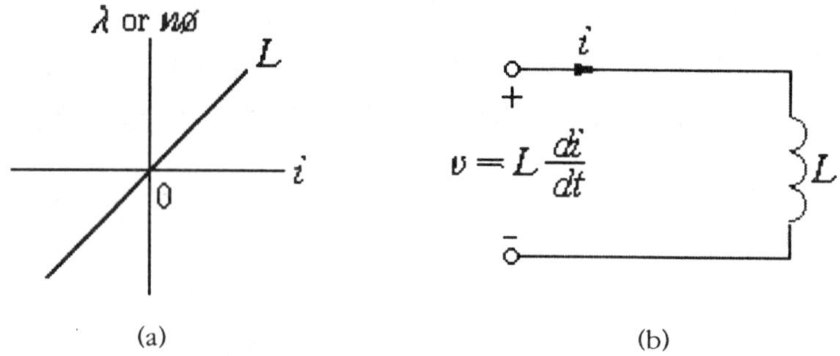


[그림 2.114] 전류변화에 대한 자속쇄교수와 인덕턴스 회로

식 (2.14)와 (2.15)에서

$$v = L\frac{di}{dt}\text{[V]} \tag{2.17}$$

식 (2.17)에서 전류 $i$가 일정하다면, 전압 $V$는 0이 된다는 것을 알 수 있다. 즉 "코일은 직류전류에 대해 단락회로처럼 동작한다."

[그림 2.114](b)는 인덕턴스 회로에서의 전류, 전압의 기준 방향을 나타낸 것이다.

[그림 2.115]는 코일을 각각 연결했을 때의 전구의 밝기를 나타낸 그림이다. 교류전원에서 인덕턴스의 리액턴스 값이 크면 전구가 어두워지고, 직류전원일 때는 인덕턴스가 단락이 되므로 전구가 밝아지는 것을 확인할 수 있다.

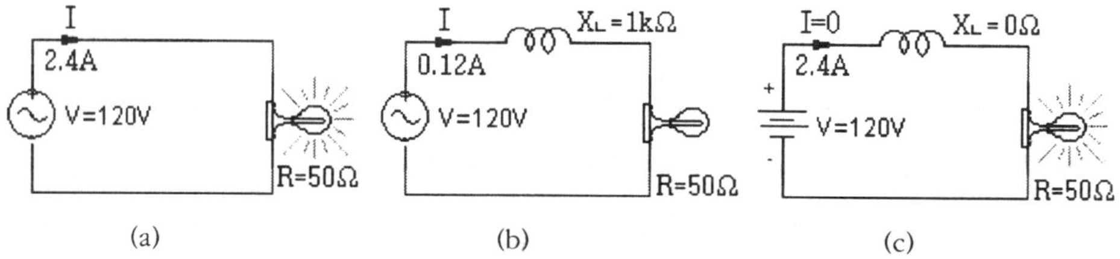


[그림 2.115] 전구의 밝기 측정

**예제 2.72** 인덕터의 전류가 4[ms] 동안 0～200[mA]까지 변화하고 인덕터에 유기된 전압은 100[mV]이다. 인덕터의 값은 얼마인가?

**해** $v(t) = L\frac{di}{dt}$, $\Delta i = 200\text{[mA]}$, $\Delta t = 4\text{[ms]}$, $v_L = 100\text{[mV]}$이고, 전류가 선형적으로 변화한다면 $v_L = L\frac{di}{dt} \Rightarrow L = v_L\frac{dt}{di} = 100\text{[mV]}\frac{4\text{[ms]}}{200\text{[mA]}} = 2\text{[mH]}$가 된다.

**예제 2.73** [그림 2.116](a)의 회로에서 코일에 흐르는 전류가 최종값까지 이를 때 코일에 저장되는 에너지를 구하라.

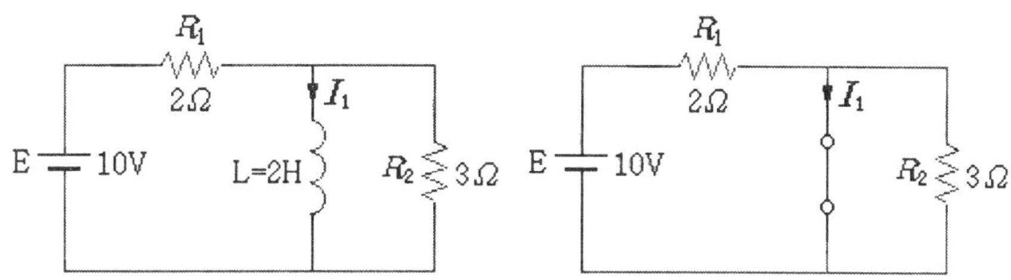


(a) (b)

[그림 2.116] 예제 회로

**해** 코일은 [그림 2.116](b)에 나타난 것과 같이 정상상태가 된 후에는 직류적으로 단락된 회로이다.

$$I_1=\frac{E}{R_1}=\frac{10}{2}=5[\text{A}]$$

$$W=\frac{1}{2}LI_1^2=\frac{1}{2}\times 2\times 5^2=25[\text{J}]$$

**예제 2.74** [그림 2.117](a)에서 전류 $I_1$, $I_2$와 전압 $V_1$, $V_2$를 구하라.

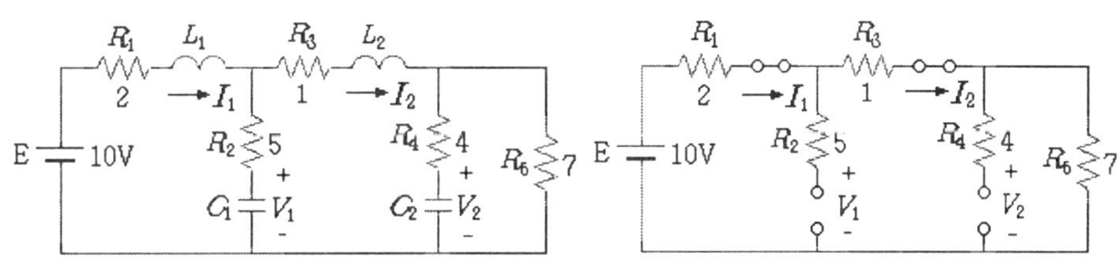


(a) (b)

[그림 2.117] 예제 회로

**해** 직류를 인가했을 때의 등가회로는 그림 (b)와 같다.

$I_1=I_2$, $I_1=E/(R_1+R_3+R_5)=1[\text{A}]$

$V_2=I_2R_5=1\times 7=7[\text{V}]$

$V_1=I_1(R_3+R_5)=1\times 8=8[\text{V}]$

시뮬레이션 결과는 [그림 2.118]과 같다.

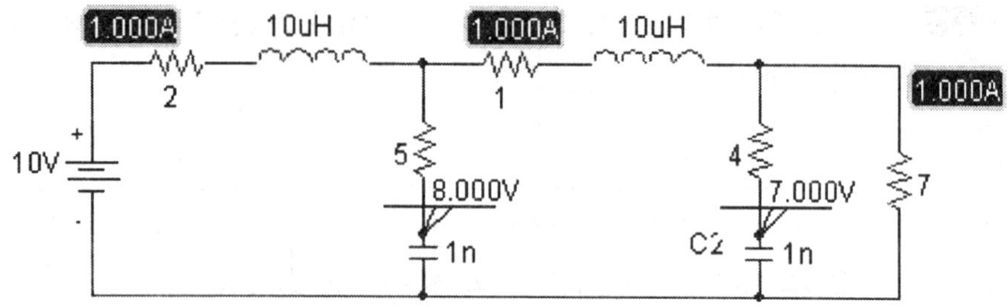


[그림 2.118] 시뮬레이션 결과

**예제 2.75** [그림 2.119](a)의 인덕턴스 0.1[H]를 갖는 무손실 공심코일에 그림 (b)에 표시한 바와 같은 전류가 흐르고 있다. 코일 양단에 생기는 전압강하를 구하고 그래프로 그려라.

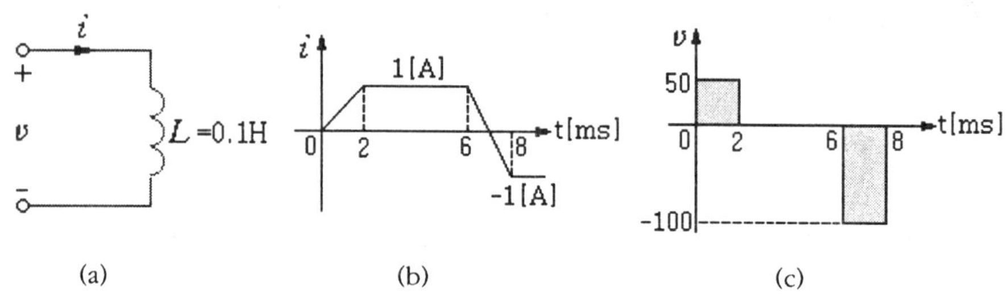


[그림 2.119] 예제 그림

**해** $0<t<2$ : $\dfrac{di}{dt}=\dfrac{1-0}{2-0}=0.5\times10^3$ [A/sec]

$v=L\dfrac{di}{dt}=0.1\times0.5\times10^3=50[\text{V}]$

$2<t<6$ : $\dfrac{di}{dt}=0$

$v=0$

$6<t<8$ : $\dfrac{di}{dt}=\dfrac{-1-1}{8-6}=-10^3[\text{A/sec}]$

$v=L\dfrac{di}{dt}=0.1\times(-10^3)=-100[\text{V}]$

즉, 코일 양단에 생기는 전압강하는 그림 (c)와 같이 된다. [그림 2.119]의 (a), (b)를 PSpice를 이용해서 시뮬레이션한 결과는 [그림 2.120]과 같다.

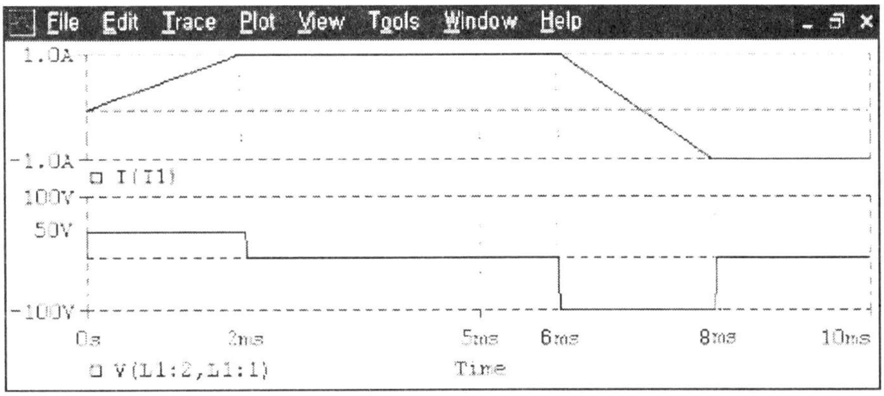


[그림 2.120] 시뮬레이션 결과

[그림 2.121](a)에 나타낸 직렬로 연결된 $n$개의 인덕턴스를 그림 (b)와 같이 간단한 등가회로로 표시하였다. 그림 (a)의 회로에 KVL를 적용하면

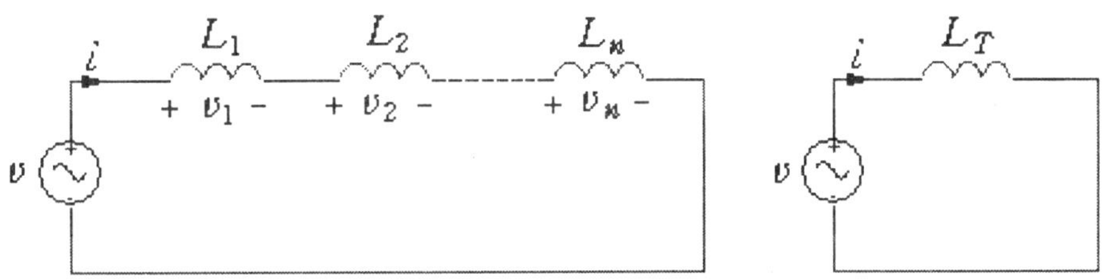


(a) (b)

[그림 2.121] 인덕턴스의 직렬연결

$$v = v_1 + v_2 + ..... + v_n = L_1\frac{di}{dt} + L_2\frac{di}{dt} + ....... + L_n\frac{di}{dt}$$

$$= (L_1 + L_2 + .....L_n)\frac{di}{dt} \tag{2.18}$$

이다. [그림 2.121](b)의 등가회로에서는

$$v = L_T\frac{di}{dt} \tag{2.19}$$

이므로 식 (2.18)와 (2.19)에서

$$L_T = L_1 + L_2 + ..... + L_n = \sum_{n=1}^{n} L_n \tag{2.20}$$

[그림 2.122](a)에 나타낸 인덕턴스의 병렬연결을 살펴보자.

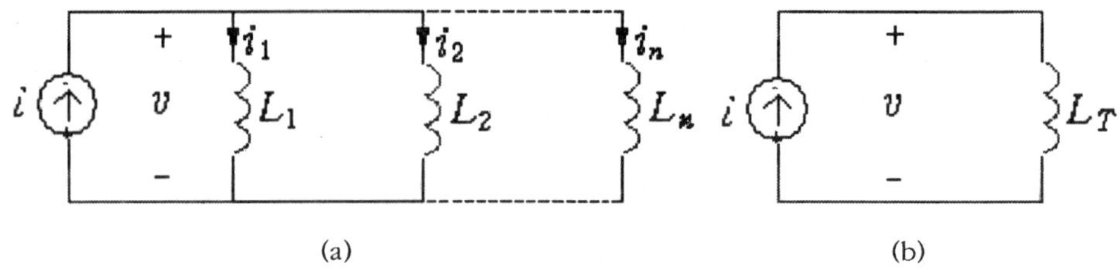


[그림 2.122] 인덕턴스의 병렬연결

식 (2.17)의 $v = L\dfrac{di}{dt}$ 에서

$$i = \frac{1}{L}\int_0^t v dt + K \tag{2.21}$$

여기서 $K$는 적분상수이다. 식 (2.21)의 적분을 $t=0$에서부터 취한다면 상수 $K$는 $t=0$ 이전의 값을 나타내게 되므로, 식 (2.21)은 다음과 같이 쓸 수 있다.

$$i = \frac{1}{L}\int_{-\infty}^0 v dt + \frac{1}{L}\int_0^t v dt \tag{2.22}$$

식 (2.22)의 첫 항은 위에서 설명한 상수항으로서 전압을 가하기전 코일에 축적된 에너지에 의한 초기전류로서 초기값(initial value)이라 하며 일반적으로 $i(0)$로 표시한다.

[그림 2.122](a) 회로에 KCL를 적용하면

$$i = \sum_{n=1}^{n} i_n = \sum_{n=1}^{n}\left[\frac{1}{L_n}\int_{t_0}^t v dt + i_n(t_0)\right] = \sum_{n=1}^{n}\frac{1}{L_n}\int_{t_0}^t v dt + \sum_{n=1}^{n} i_n(t_0) \tag{2.23}$$

이다. [그림 2.122](b)의 등가회로에서

$$i = \frac{1}{L_T}\int_{t_0}^t v dt + i(t_0) \tag{2.24}$$

이고, 키르히호프의 전류법칙에서 $i(t_0)$는 $t_0$에서 $\sum_{n=1}^{n} i_n(t_0)$와 같아야 하므로 등가 인덕턴스는 다음과 같이 표현된다.

$$L_T = \frac{1}{\dfrac{1}{L_1} + \dfrac{1}{L_2} + \cdots\cdots + \dfrac{1}{L_n}} \tag{2.25}$$

**예제 2.76** [그림 2.123](a)와 같은 2개의 인덕턴스를 직렬로 연결한 회로에서 $L_1$의 인덕턴스와 전체 인덕턴스에 걸리는 전압비를 구하라.

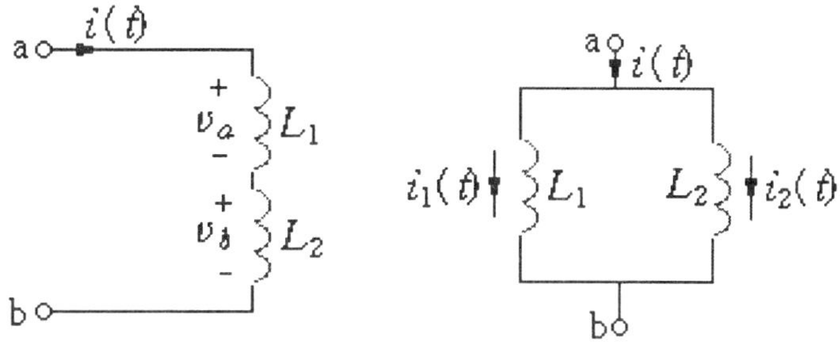


(a) (b)

[그림 2.123] 직 · 병렬 인덕턴스

**해** 임의의 시간에 $L_1$과 $L_2$의 양단 전압은

$$v_a = L_1 \frac{di}{dt},\ v_b = L_2 \frac{di}{dt},\ \frac{v_a}{v_b} = \frac{L_1}{L_2}\ (\text{전압비} = \text{인덕턴스의 비})$$

$$L_T = L_1 + L_2,\ \frac{v_a}{v_{ab}} = \frac{L_1}{L_1 + L_2},\ \frac{v_b}{v_{ab}} = \frac{L_2}{L_1 + L_2}$$

**예제 2.77** [그림 2.123](b)와 같은 병렬 인덕턴스 회로에서 $t > 0$인 경우에 각 인덕턴스에 흐르는 전류비를 구하라.

**해** 각 인덕턴스에 흐르는 전류는 다음과 같다.

$$i_1(t) = i_1(0) + \frac{1}{L_1}\int_0^t v_{ab}dt,\ i_2(t) = i_2(0) + \frac{1}{L_2}\int_0^t v_{ab}dt$$

$$\frac{i_1(t)}{i_2(t)} = \frac{L_2}{L_1}\ [i_1(0) = i_2(0) = 0\text{으로 가정}]$$

**예제 2.78** [그림 2.124] 회로에서 전체 인덕턴스 $L_T$가 2[mH]라면, 회로의 $L$값은 얼마이겠는가?

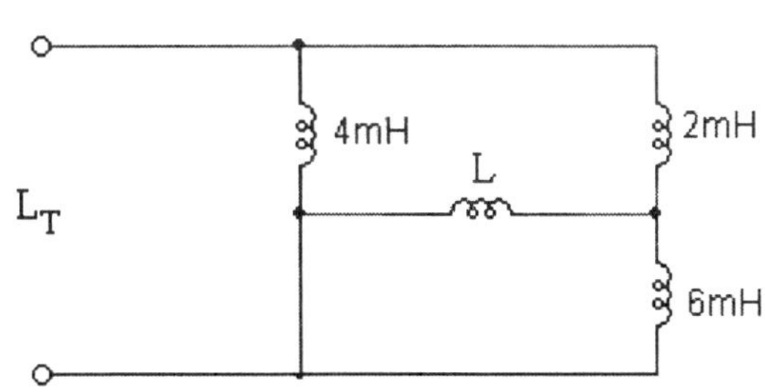


[그림 2.124] 예제 회로

**해** $\dfrac{\left(\dfrac{6[L]}{6+[L]}+2\right)4}{\dfrac{6[L]}{6+[L]}+2+4}=2,\ 24[L]+8(6+[L])=(6[L]+(6+[L]))2,\ \therefore L=3[mH]$가 된다.

**예제 2.79** [그림 2.125] 회로에서 전체 인덕턴스 $L_T$가 2[mH]라면 회로의 $L$값은 얼마인가?

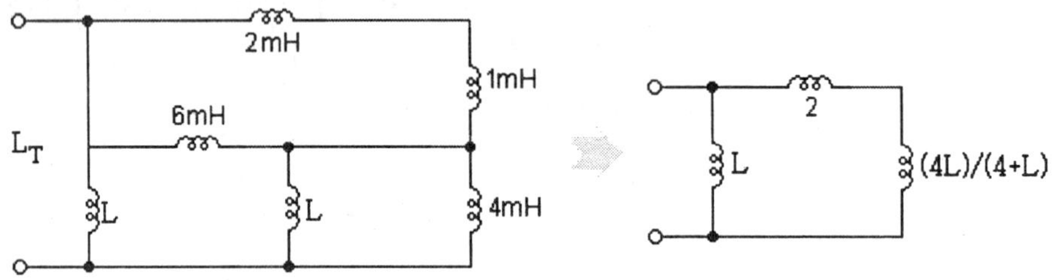


[그림 2.125] 예제 회로

**해** [그림 2.125]에서

$$\frac{\left(\dfrac{4L}{4+L}+2\right)L}{\dfrac{4L}{4+L}+2+L}=2,\ 6L^2+8L=2L^2+20L+16$$

$(L-4)(L+1)=0,\quad \therefore\ L=4$[mH]가 된다.

**예제 2.80** [그림 2.126](a)에서 합성 인덕턴스를 구하라.

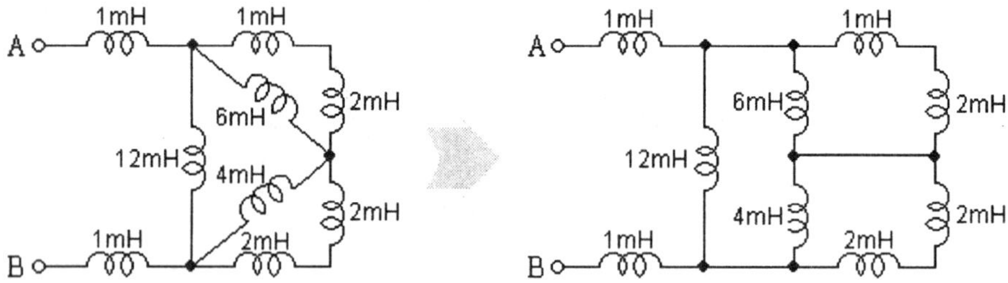


(a) 회로 (b) 등가회로

[그림 2.126] 회로 및 등가회로

**해** 그림 (a)를 (b)로 고친다.

$L_{eq1}=L_5+L_7=3[mH],\quad L_{eq2}=L_4L_{eq1}/(L_4+L_{eq1})=2[mH],\ L_{eq3}=L_8+L_9+4[mH]$

$L_{eq4}=L_{eq3}L_5/(L_{eq3}+L_5)=[2m],\ L_{eq5}=\dfrac{L_2(L_{eq2}+L_{eq4})}{L_2+L_{eq2}+L_{eq4}}=3[mH],$

$\therefore L_{AB}=L_1+L_3+L_{eq5}=5[mH]$가 된다.

**예제 2.81** [그림 2.127](a)에서

(a) C와 D를 단락했을 때의 A와 B에서 본 인덕턴스를 구하라.

(b) A와 B를 개방했을 때의 C와 D에서 본 인덕턴스를 구하라.

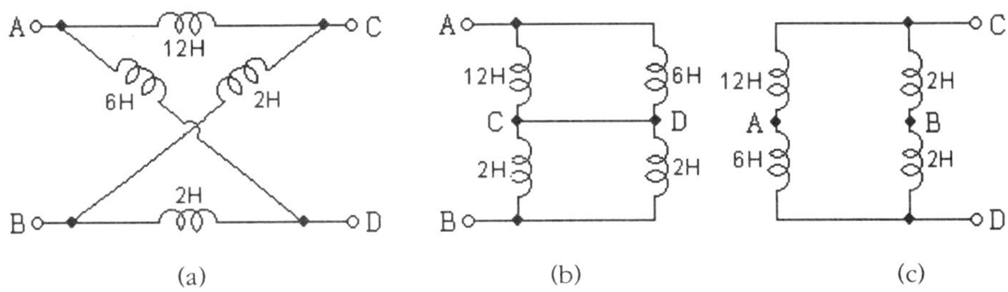


[그림 2.127] 예제 회로

**해** (a) C와 D를 단락했을 때의 A와 B에서 본 인덕턴스 등가는 그림 (b)와 같다.

$$L_{AB} = \frac{12 \times 6}{12+6} + 1 = 4 + 1 = 5[H]$$

(b) A와 B를 개방했을 때의 C와 D에서 본 인덕턴스 등가회로는 그림 (c)와 같다.

$$L_{CD} = \frac{18 \times 4}{18+4} \approx 3.27[H]$$

**예제 2.82** [그림 2.128](a), (b)에서 각 코일의 전압강하를 구하라.

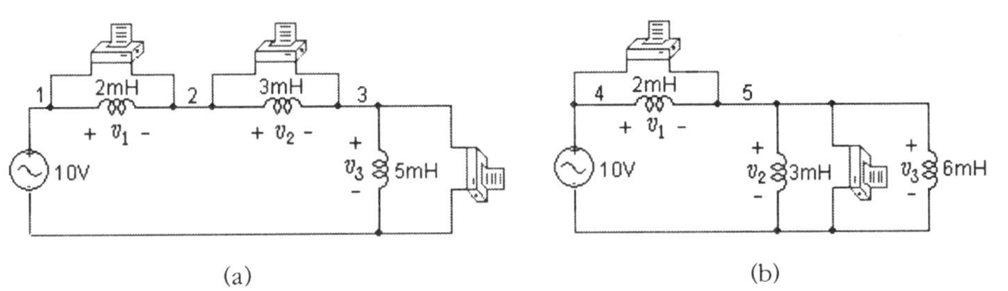


[그림 2.128] 예제 회로

**해** [그림 2.128](a)에서 $v_1 = \frac{2}{2+3+5} \times 10 = 2[V]$

$v_2 = \frac{3}{2+3+5} \times 10 = 3[V]$, $v_3 = \frac{5}{2+3+5} \times 10 = 5[V]$가 된다.

그림 (b)에서 3[mH]와 6[mH]의 병렬 합성 인덕턴스 $L_P = 3 \parallel 6 = 2[mH]$가 된다. 따라서

$v_1 = \frac{2}{2+2} \times 10 = 5[V]$, $v_2 = v_3 = \frac{2}{2+2} \times 10 = 5[V]$가 된다. 다음은 출력 결과이다.

```
**** 02/18/110 14:16:40 ******** NT Evaluation PSpice (July 1997) ************
* C:\Documents and Settings\bojo1\My Documents\Schematic1.sch
****   AC ANALYSIS              TEMPERATURE =   27.000 DEG C
******************************************************************************
          FREQ            VM(1,2)           VP(1,2)
       1.000E+03        2.000E+00         9.119E-04
          FREQ            VM(2,3)           VP(2,3)
       1.000E+03        3.000E+00         9.119E-04
          FREQ            VM(3,0)           VP(3,0)
       1.000E+03        5.000E+00         9.119E-04
          FREQ            VM(4,5)           VP(4,5)
       1.000E+03        5.000E+00         2.533E-03
          FREQ            VM(5,0)           VP(5,0)
       1.000E+03        5.000E+00         2.026E-03
```

**예제 2.83** [그림 2.129](b)과 같이 2개의 코일이 병렬로 연결되어 있는 회로에서 그림 (a)와 같은 전원을 인가했을 때 $i_L$과 $v_L$을 PSpice를 이용하여 구하라.

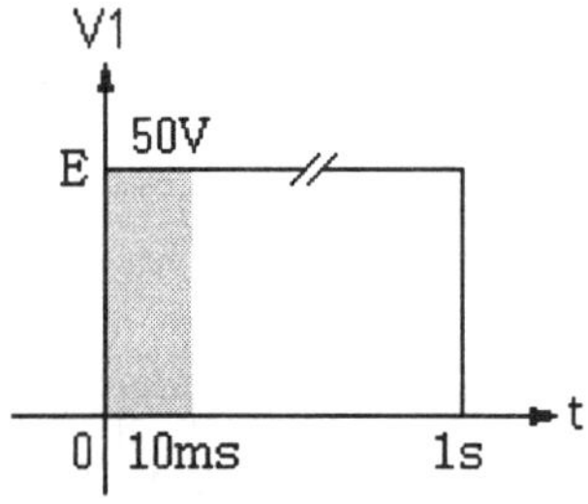


(a)

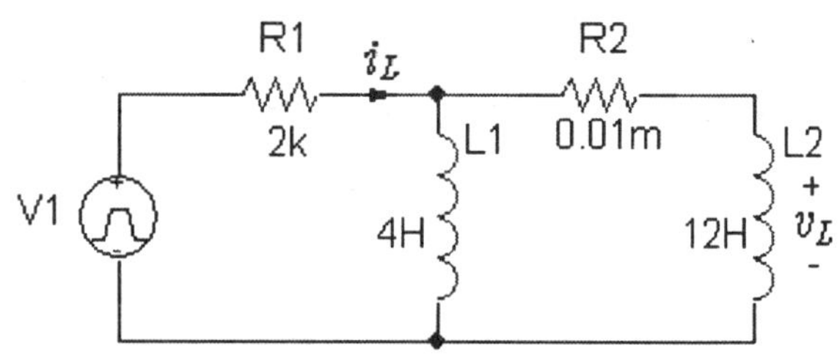


(b)

[그림 2.129] 예제 회로

**해** PSpice에서 코일은 폐회로를 형성하지 못하므로 저항을 코일에 직렬로 연결하였다. 물론 저항값은 회로의 다른 값들에 비해 무시할 정도로 아주 작다. 입력 펄스파는 $t=0$일 때 50[V]가 인가되었고 코일은 병렬로 연결되어 있으므로 합성 인덕턴스는 3[H]가 된다.

시정수 $\tau = L/R = 3[\text{H}]/2[\text{k}\Omega] = 1.5[\text{ms}]$가 된다. [그림 2.130]은 상기 회로의 시뮬레이션 결과이다.

$5\tau = 7.5[\text{ms}]$가 지난 후에 $v_L$값이 영으로 접근하고, 같은 시간차에서 $i_L$이 최종값인 $E/R = 50/2[\text{K}] = 25[\text{mA}]$가 되는 것을 확인할 수 있었다.

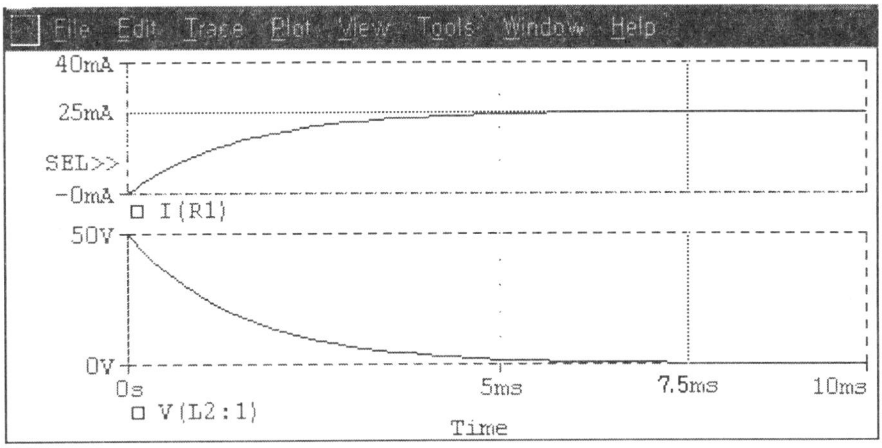


[그림 2.130] 시뮬레이션 결과

## 2.7 커패시턴스

[그림 2.131]과 같이 절연체를 사이에 두고 서로 대면하고 있는 두 도체사이에 배터리를 연결하면 전위가 높은 도체에 +전하, 전위가 낮은 도체에 같은 양의 −전하가 축적된다.

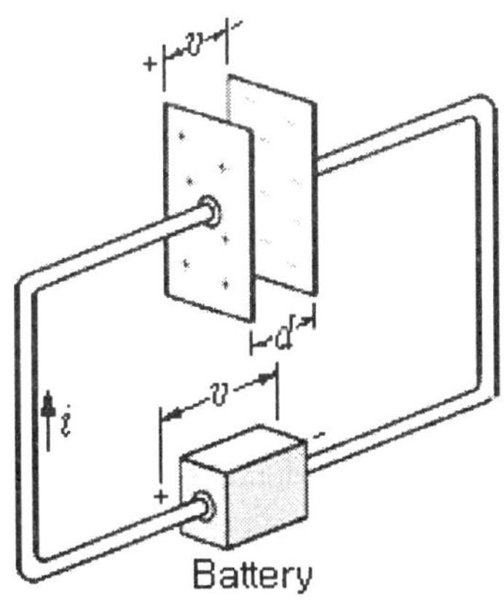


[그림 2.131] 배터리가 연결된 커패시터

즉, [그림 2.132](b)에서 커패시터(capacitor)의 평행 양극판 사이에 전위차 $v$를 가할 때, 커패시터에 축적되는 전하 $q$의 관계가 [그림 2.132](a)와 같이 직선적인 부분에서는 비례관계가 성립하며 비례상수를 $C$라 했을 때

$$q = Cv[\text{C}] \tag{2.26}$$

라 놓을 수 있다.

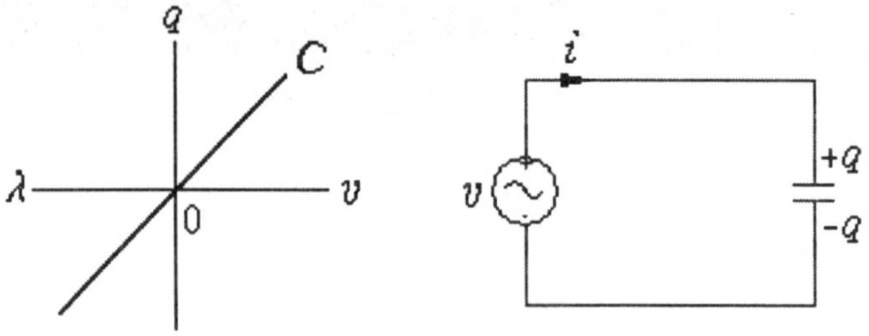


(a) (b)

[그림 2.132] 커패시턴스 회로 및 용량기의 $q-v$의 관계

여기서 비례상수 $C$는 직선부분의 기울기이고, 평판의 면적, 평판 사이의 거리 및 판 사이에 있는 절연체에 의해 결정되는 정수로서 이것을 커패시턴스(capacitance)라 부르고 단위는 Farad[F]로 나타낸다.

식 (2.25)에서

$$i=\frac{dq}{dt}=C\frac{dv}{dt} \tag{2.27}$$

$$v=\frac{1}{C}\int idt+k \tag{2.28}$$

여기서 $k$는 적분상수로서 $t=0$ 이전에 커패시턴스에 충전되어 있는 전압값을 나타낸다. 이를 커패시턴스의 초기전압이라 하며 $v(0)$로 표기한다. 따라서

$$v=\frac{1}{C}\int_0^t idt+v(0) \tag{2.29}$$

이다.

[그림 2.133](a)에 나타낸 직렬로 연결된 $n$개의 커패시턴스를 그림 (b)와 같이 등가회로로 표시했다.

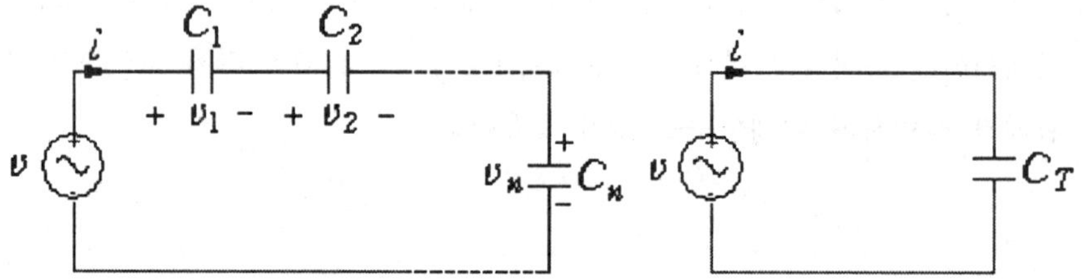


(a) (b)

[그림 2.133] 커패시터의 직렬연결

[그림 2.133](a)의 회로에 키르히호프의 전압법칙을 적용하면

$$\begin{aligned} v &= v_1 + v_2 + \dots.. + v_n \\ &= \frac{1}{C_1}\int_{t_o}^{t} idt + v_1(t_o) + \frac{1}{C_2}\int_{t_o}^{t} idt + v_2(t_o) + \dots\dots + \frac{1}{C_n}\int_{t_o}^{t} idt + v_n(t_o) \\ &= \sum_{n=1}^{n}\frac{1}{C_n}\int_{t_o}^{t} idt + \sum_{n=1}^{n} v_n(t_o) \end{aligned} \tag{2.30}$$

이 되고, [그림 2.133](b)의 등가회로에서

$$v = \frac{1}{C_T}\int_{t_o}^{t} idt + v(t_o) \tag{2.31}$$

이므로 등가 커패시턴스는 다음과 같다.

$$C_T = \frac{1}{\dfrac{1}{C_1} + \dfrac{1}{C_2} + \dots.. \dfrac{1}{C_n}} = \frac{1}{\displaystyle\sum_{n=1}^{n}\frac{1}{C_n}} \tag{2.32}$$

다음에는 [그림 2.134](a)와 같이 $n$개의 커패시터를 병렬로 연결하는 경우를 생각해 보자. 이 회로에 키르히호프의 전류법칙을 적용하면

$$i = C_1\frac{dv}{dt} + C_2\frac{dv}{dt} + \dots.. + C_n\frac{dv}{dt} = \sum_{n=1}^{n} C_n\frac{dv}{dt} \tag{2.33}$$

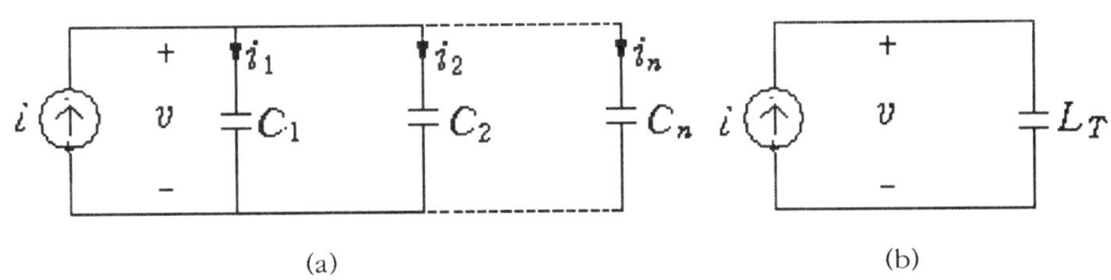


(a) (b)

[그림 2.134] 커패시터의 병렬연결

이며 [그림 2.134](b)의 등가회로로부터 다음 식을 얻는다.

$$i = C_T\frac{dv}{dt} \tag{2.34}$$

따라서 병렬연결의 등가 커패시턴스는 다음과 같다.

$$C_T = C_1 + C_2 + \dots\dots + C_n = \sum_{n=1}^{n} C_n \tag{2.35}$$

2개의 커패시터를 직렬 또는 병렬연결하는 경우 전압, 전류분배식은 저항의 병렬 또는 직렬연결인 경우와 동일한 결과이며 [그림 2.135]에 표시하였다.

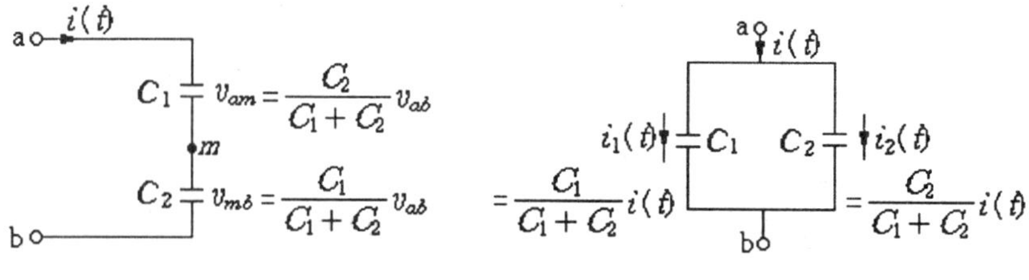

(a) 전압분배 (b) 전류분배

[그림 2.135] 커패시턴스의 전압 및 전류분배

콘덴서의 상호연결은 저항이나 인덕터와는 정반대이다. 그 이유는 콘덴서 자체의 특성 때문이다. 콘덴서의 값 $C=\frac{\varepsilon S}{d}$로서 $d$는 거리, $S$는 면적이다. 콘덴서값은 거리에 반비례하고 콘덴서를 구성하고 있는 평판의 면적에 비례한다.

콘덴서들을 직렬로 연결하는 경우 거리 $d$가 커지는 효과가 있어서 전체 콘덴서의 값이 줄어든다. 반대로 병렬로 연결하는 경우 면적 $S$가 커지는 효과가 있어 콘덴서값들을 모두 더한 만큼 값이 커진다. [그림 2.136]이 이 개념을 나타내고 있다.

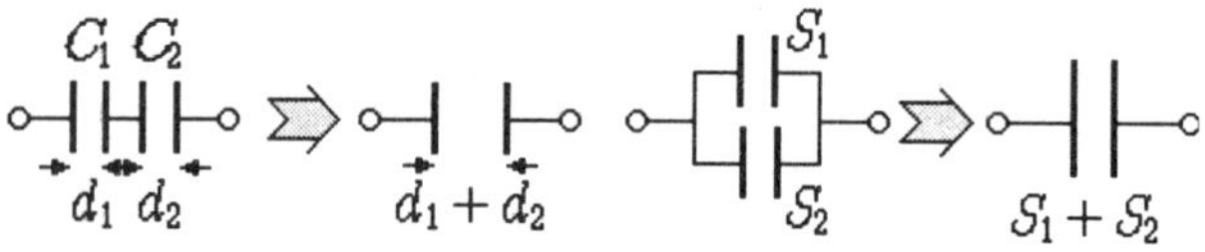

(a) 직렬연결 (b) 병렬연결

[그림 2.136] 콘덴서의 직 · 병렬연결

[그림 2.137]은 콘덴서를 각각 연결했을 때의 전구의 밝기를 나타낸 그림이다. 교류전원에서 커패시턴스의 값이 크면 전구가 밝아지고, 직류전원일 때는 커패시턴스가 개방이 되므로 전구가 켜지지 않는 것을 확인할 수 있다.

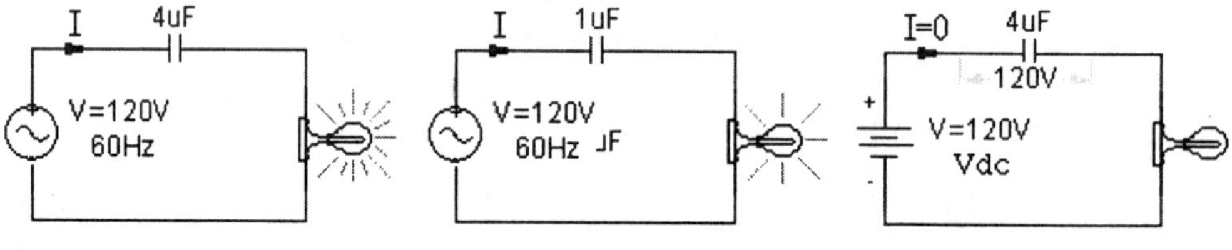


(a) (b) (c)

[그림 2.137] 전구의 밝기 측정

커패시터 결합은 아마도 증폭회로에서 가장 널리 사용되는 형태의 결합일 것이다. 결합은 한 회로의 출력을 다음 회로의 입력에 연결하는 것을 의미한다.

[그림 2.138](a)에서 입력단자에 인가되는 변동하는 직류전압은 $RC$ 결합회로로 전달된다. 커패시터 $C$는 일정한 직류값으로 충전될 것이고 직류성분은 차단되므로 $R$양단에 전압이 걸리지 않는다. 그러나 출력단자에는 그림 (b)와 같이 교류성분은 전달이 된다.

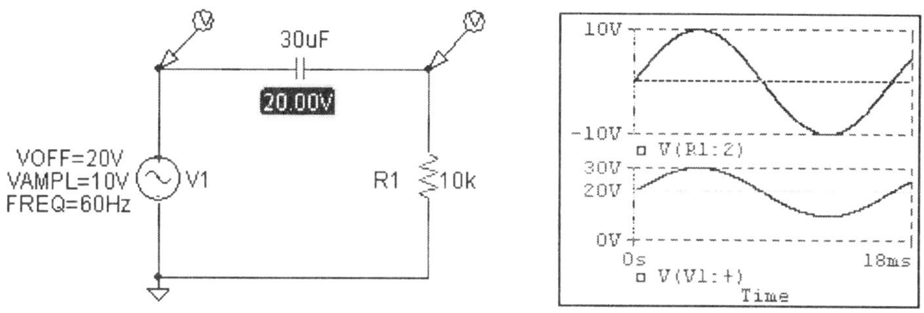


(a) (b)

[그림 2.138] 결합 콘덴서 및 출력결과

바이패스 커패시터는 회로에서 병렬이거나 분로(shunt)통로이다. [그림 2.139](a)에서 $R_2$와 병렬로 연결된 커패시터 $C_1$은 $R_2$에 대해 교류 바이패스 커패시터이다. 직류전원 인가시는 커패시터는 개방이기 때문에 $R_1$과 $R_2$에 각각 5[V]가 전압강하된다.

교류전원에 대해 주파수가 낮을 때는 용량성 리액턴스 값이 크기 때문에(즉, 개방상태) $R_1$과 $R_2$에 각각 5[V]가 가해지나, 주파수가 커지면 용량성 리액턴스값이 적어지기 때문에(즉, 단락상태) 출력결과인 그림 (b)처럼 $R_2$의 전압강하는 0이 되고 교류 인가전압은 $R_1$에 다 걸리게 된다.

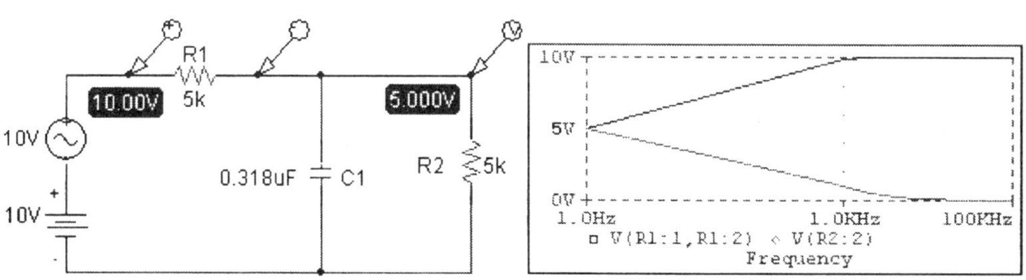


(a) (b)

[그림 2.139] 바이패스 콘덴서 및 출력결과

**예제 2.84** (a) [그림 2.140](a)와 같이 3개의 콘덴서가 연결되어 있다. $V_1$과 $V_2$의 값을 각각 구하라.

(b) 그림 (b)에서 커패시턴스 $C_x$에 저장되는 에너지를 구하라.

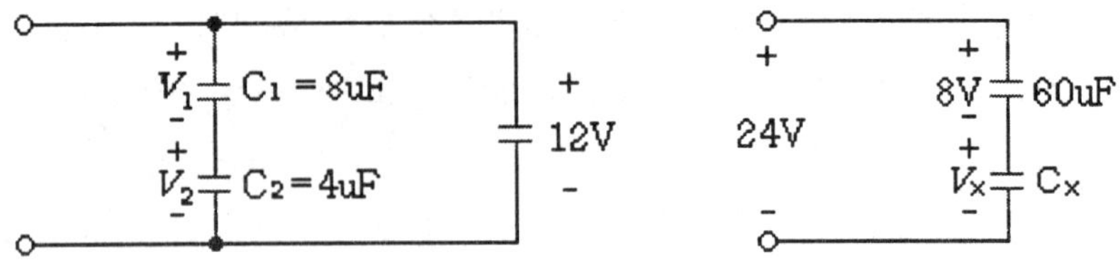


(a) (b)

[그림 2.140] 예제 문제

**해** [그림 2.140](a)에서 $V_1 + V_2 = 12$[V]이고, $Q_1 = Q_2$라면 $C_1 V_1 = C_2 V_2$이므로

$V_1 = 12\dfrac{C_2}{C_1 + C_2} = 4$[V], $V_2 = 12\dfrac{C_1}{C_1 + C_2} = 8$[V]가 된다.

그림 (b)에서 $Q = CV = (60 \times 10^{-6})8 = 480 \times 10^{-6}$[C], $V_x = 24 - 8 = 16$[V]이 되고

$C_x = Q/V_x = (480 \times 10^{-6})/16 = 30[\mu\text{F}]$, $W = 1/2CV^2 = 1/2(30 \times 10^{-6})(16)^2 = 3.84$[mJ]이 된다.

**예제 2.85** 3개의 커패시터값이 각각 2[$\mu$F], 4[$\mu$F], 6[$\mu$F]이다. 이들을 가지고 전체가 3[$\mu$F]가 되도록 연결해 보아라.

**해** 회로 연결은 [그림 2.141]과 같다.

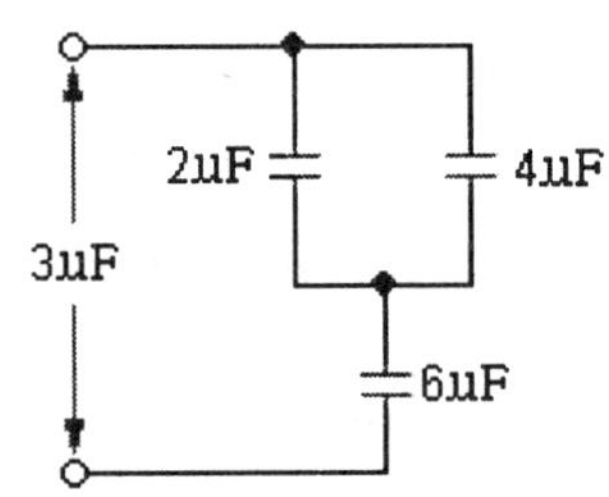


[그림 2.141] 회로 연결

**예제 2.86** [그림 2.142]에서 전체 커패시턴스 $C_T$=1[$\mu$F]일 때 $C$의 값을 구하라.

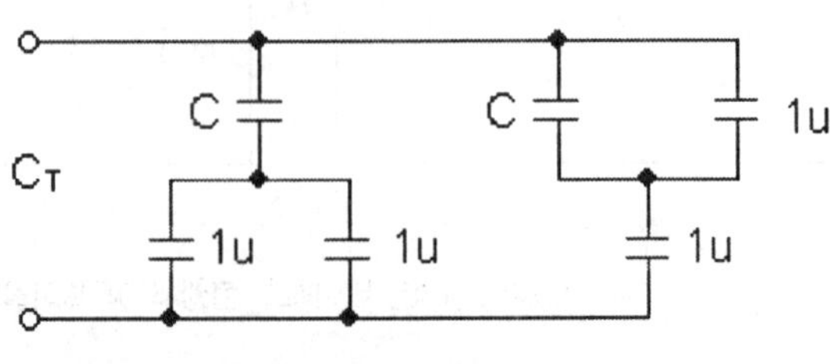


[그림 2.142] 예제 회로

**해** $C_T = 1 = \frac{3C}{3+C} + \frac{(1+C)(1)}{(1+C)+1}$, $1 = \frac{3C}{3+C} + \frac{1+C}{2+C}$

$(3+C)(2+C) = 3C(2+C) + (3+C)(1+C)$,

$0 = 3C^2 + 5C - 3 \Rightarrow C = \frac{-5 \pm \sqrt{25-4(3)(-3)}}{2(3)}$

$\therefore C = 0.47[\mu\text{F}]$가 된다.

**예제 2.87** [그림 2.143]에서 전체 커패시턴스 $C_T$를 구하라.

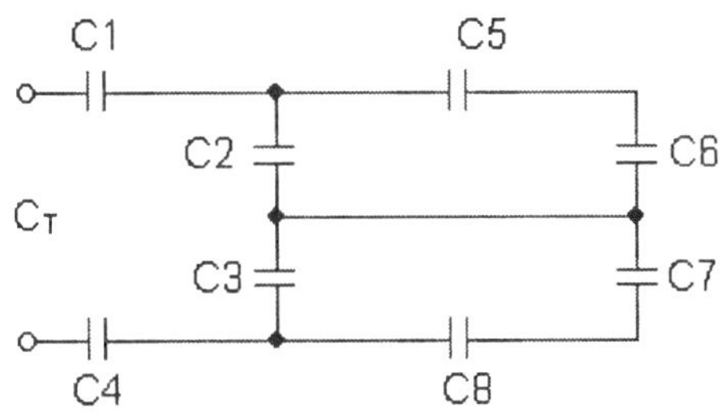


단, C1=5u, C2=C3=2u, C4=7u, C5=3u C6=C7=6u, C8=12u 이다.

[그림 2.143] 예제 회로

**해** $C_{11} = \frac{C_5 C_6}{C_5 + C_6} = 2[\mu\text{F}]$, $C_{12} = C_2 + C_{11} = 4[\mu\text{F}]$, $C_{13} = \frac{C_7 C_8}{C_7 + C_8} = 4[\mu\text{F}]$

$C_{14} = C_3 + C_{13} = 6[\mu\text{F}]$, $\frac{1}{C_{15}} = \frac{1}{C_{12}} + \frac{1}{C_{14}} \Rightarrow C_{15} = 2.4[\mu\text{F}]$

$C_T = \frac{1}{C_1} + \frac{1}{C_4} + \frac{1}{C_{15}} \Rightarrow C_T = 1.32[\mu\text{F}]$가 된다.

**예제 2.88** [그림 2.144]에서 전체 커패시턴스 $C_T$를 구하라.

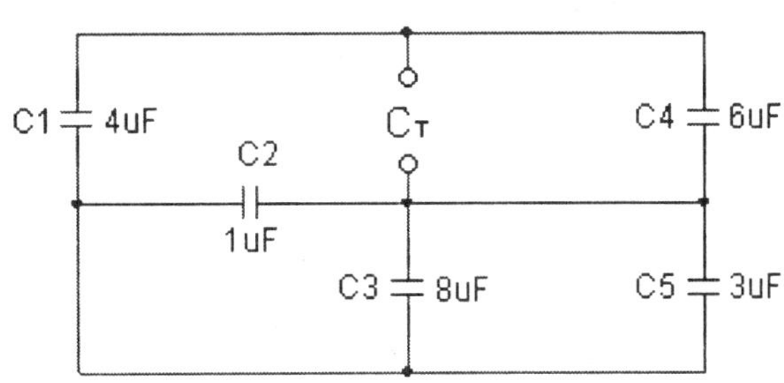


[그림 2.144] 전체 커패시턴스 계산회로

**해** [그림 2.144]에서

$C_{eq1} = C_2 + C_3 + C_5 = 12[\mu\text{F}]$, $C_{eq2} = C_1 C_{eq1}/(C_1 + C_{eq1}) = 3[\mu\text{F}]$, $C_T = C_4 + C_{eq2} = 9[\mu\text{F}]$

가 된다.

**예제 2.89** [그림 2.145](a)에서 모든 커패시턴스 값이 5[$\mu$F]일 때 등가 커패시턴스를 구하라.

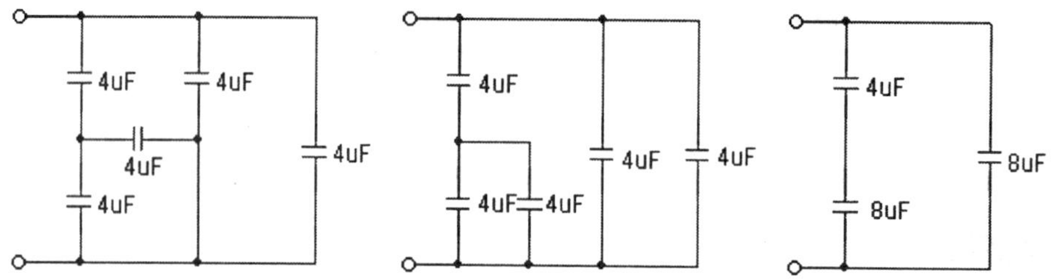


(a) (b) (c)

[그림 2.145] 전체 커패시턴스 계산회로

**해** 상기 그림에서 등가회로는 (b), (c)로 고쳐 그릴 수 있다.
$C_{eq} = 4(8)/12 + 8 = 32/3[\mu F]$가 된다.

**예제 2.90** [그림 2.146](a)에서 모든 커패시턴스 값이 6[F]일 때 등가 커패시턴스를 구하라.

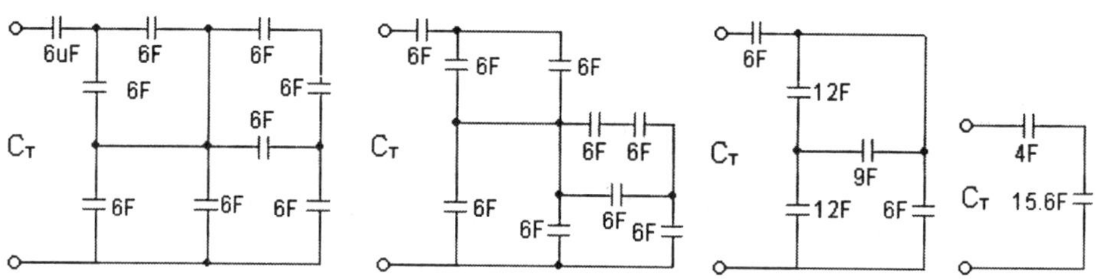


(a) (b) (c) (d)

[그림 2.146] 전체 커패시턴스 계산회로

**해** [그림 2.146]에서 등가회로는 (b), (c), (d)로 고쳐 그릴 수 있다.

$$C_T = \frac{4 \times 15.6}{4 + 15.6} = 3.18[F]$$가 된다.

**예제 2.91** [그림 2.147](a)에서 전체 커패시턴스 $C_T$를 구하라.

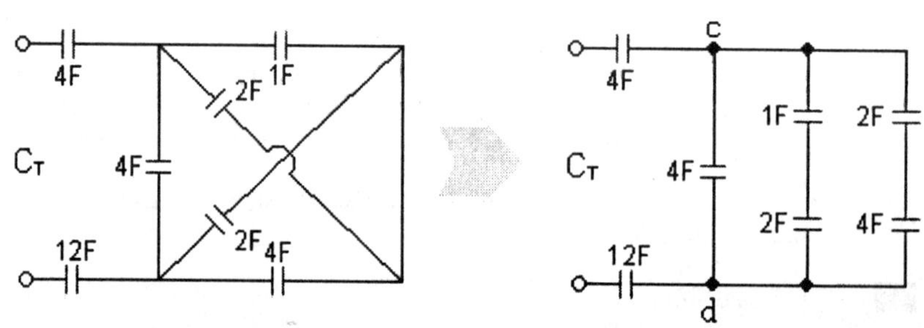


(a) 회로 (b) 등가회로

[그림 2.147] 회로 및 등가회로

**해** [그림 2.147]에서 등가회로 (b)를 이용하면 다음과 같다.

$$C_{cd}=4+\frac{1\times2}{1+2}+\frac{2\times4}{2+4}=6[\mathrm{F}],\ \therefore C_T=\frac{1}{\frac{1}{4}+\frac{1}{12}+\frac{1}{6}}=2[\mathrm{F}]$$가 된다.

**예제 2.92** [그림 2.148]에서 전체 커패시턴스 $C_T$를 구하라. 단, $C_1$, $C_2$, $C_3$는 각각 4[$\mu$F], 6[$\mu$F], 12[$\mu$F]이다.

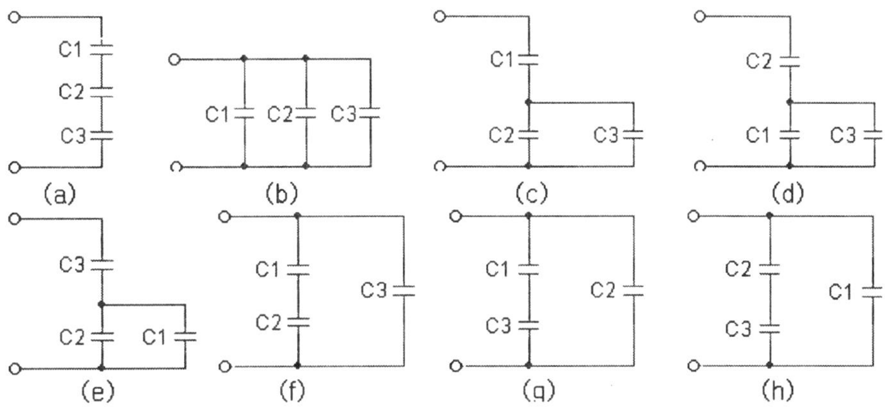


[그림 2.148] 각종 커패시턴스 연결

**해** 상기 회로에서 각 회로의 전체 커패시턴스 $C_T$는 아래와 같다.

(a) 2[$\mu$F] (b) 22[$\mu$F] (c) 3.27[$\mu$F] (d) 4.36[$\mu$F] (e) 5.45[$\mu$F] (f) 14.4[$\mu$F]
(g) 9[$\mu$F] (h) 8[$\mu$F]

**예제 2.93** [그림 2-149](a)에서 $C_1=C_2=C_3=2$[mF], $v_1(0)=10$[V], $v_2(0)=v_3(0)=20$[V]일 때 등가회로를 구하라.

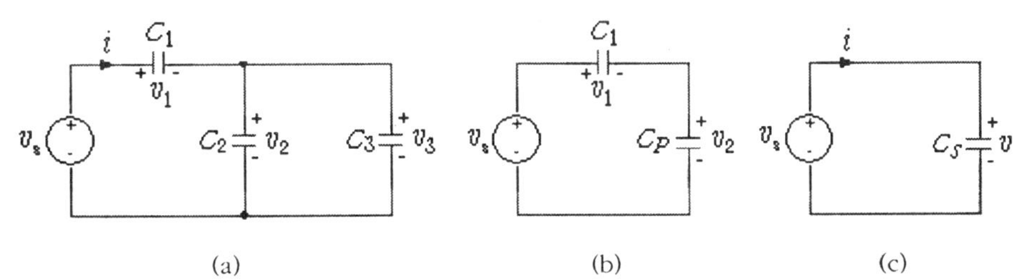


[그림 2.149] 예제 회로

**해** [그림 2.149](b)에서 $C_P=C_2+C_3=4$[mF]가 되고 그림 (c)에서 $C_S=\frac{C_1C_P}{C_1+C_P}=\frac{8}{6}$[mF]가 된다. 그리고 $v(0)=v_1(0)+v_p(0)=10+20=30$[V]가 된다.

**예제 2.94** [그림 2.150]에서 (a) 스위치가 열렸을 때, (b) 스위치가 닫혔을 때의 합성용량 $C_T$를 각각 구하라.

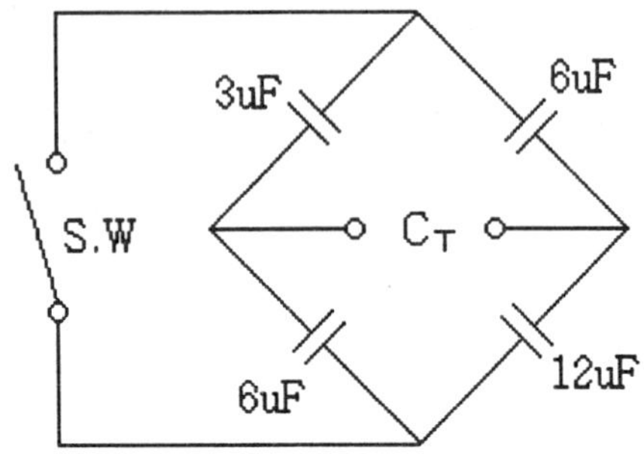


[그림 2.150] 합성용량

**해** 스위치가 열렸을 때 및 닫혔을 때의 등가회로는 [그림 2.151]과 같다.
(a) $C_T = 6[\mu F]$ (b) $C_T = 6[\mu F]$

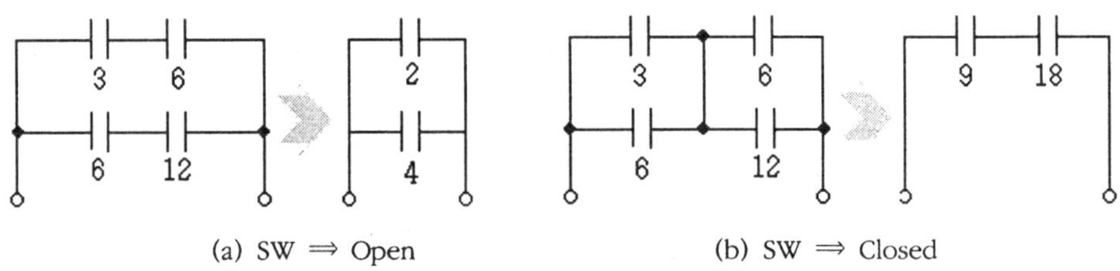


[그림 2.151] 문제의 등가회로

**예제 2.95** $R$와 $C$가 병렬로 연결된 회로에 인가전압이 72[V]이었다. $I_R$와 $I_C$가 각각 30[mA], 40[mA]일 때 전 전류 $I_T$, $Z$, $\theta$를 각각 구하라.

**해** $I_T = \sqrt{I_R^2 + I_C^2} = \sqrt{30^2 + 40^2} = 50[\text{mA}]$, $Z = \dfrac{V}{I_T} = \dfrac{72[\text{V}]}{50[\text{mA}]} = 1.44[\text{k}\Omega]$

**예제 2.96** [그림 2.152]에 나타난 회로에서 콘덴서의 전압이 최종값에 도달한 후 콘덴서 $C_1$에 축적되는 전하와 전압을 구하라.

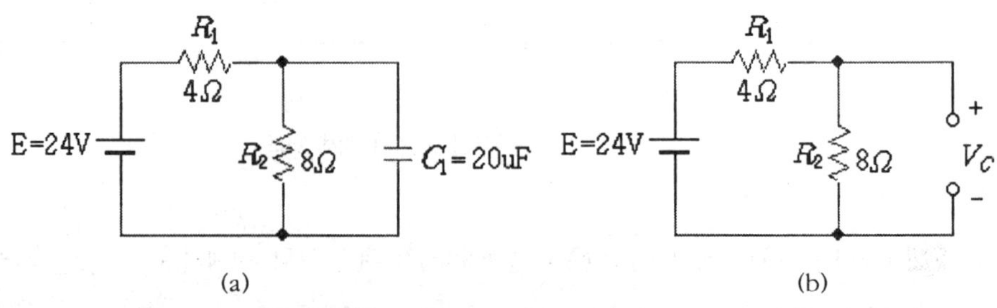


[그림 2.152] 예제 회로

**해** 콘덴서는 [그림 2.152](b)에 나타난 것과 같이 최종값까지 완전히 충전된 후에 직류적으로 개방된 회로이다.

$$V_C = \frac{(8)(24)}{4+8} = 16[\text{V}]$$

$$Q_C = C_1 V_C = (20\times 10^{-6})(16) = 320[\mu\text{C}]$$

**예제 2.97** [그림 2.153](a)는 $R$과 $C$의 회로에 직류를 인가하고 SW를 닫았을 때의 그림이다. 콘덴서에 초기 충전은 없다고 가정했을 때의 파형을 구하라. 여기서 switch는 PSpice의 EVAL.slb에서 제공하는 Sw_tClose를 이용하였다.

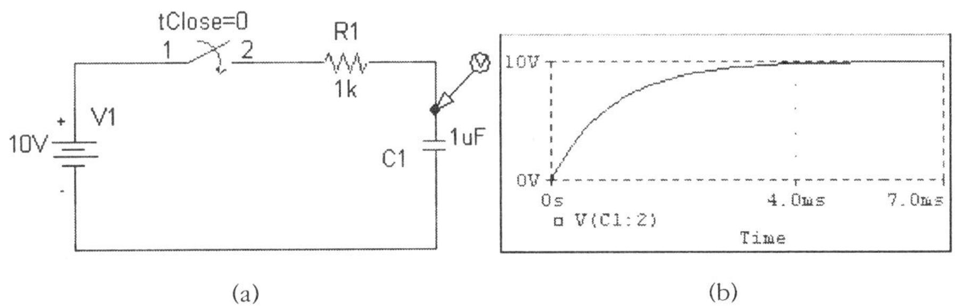


[그림 2.153] 회로도 및 출력결과

**해** 상기 회로 [그림 2.153](a)를 시뮬레이션한 결과가 그림 (b)이다.

**예제 2.98** 회로 내의 콘덴서 양단의 전압강하 $v$가 [그림 2.154](b)와 같이 변하고 있다. 콘덴서의 커패시턴스가 10[$\mu$F]일 때 흐르는 전류를 구하고, 그 결과를 그래프로 그려라.

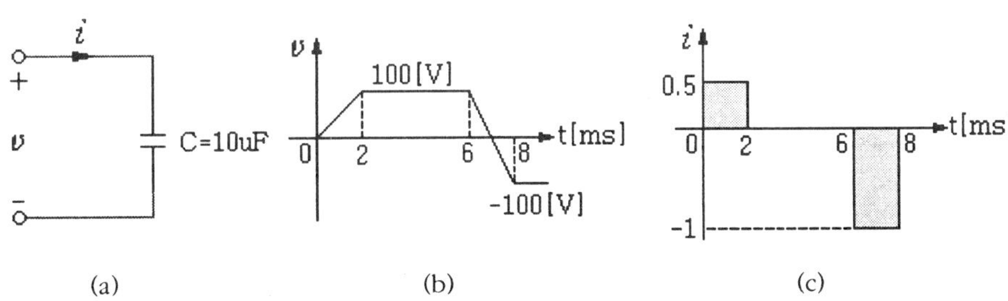


[그림 2.154] 예제 그림

**해** $0 < t < 2 \ : \ i = C\dfrac{dv}{dt} = 10\times 10^{-6}\dfrac{100-0}{(2-0)10^{-3}} = 0.5[\text{A}]$

$2 < t < 6 \ : \ i = 0$

$6 < t < 8 \ : \ i = 10\times 10^{-6}\dfrac{-100-100}{(2-0)10^{-3}} = -1[\text{A}]$

[그림 2.155]는 상기회로의 시뮬레이션 결과이다.

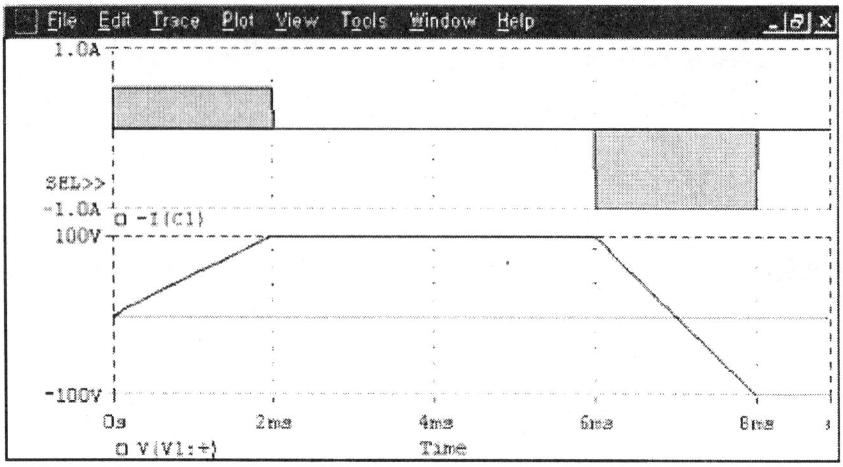


[그림 2.155] 시뮬레이션 결과

# 3장

# 정현파 교류회로

# 3장 정현파 교류회로

## 3.1 정현파 교류의 발생

[그림 3.1]과 같이 두 자극 사이에 폐회로의 코일을 두고 이 코일을 회전시키면 패러데이의 법칙에 의해 코일과 자속이 서로 쇄교하므로 코일 내에 유기기전력이 발생한다. 이 유기기전력의 방향은 플레밍의 오른손법칙에 의해 상단의 A코일은 전류가 앞으로 나오는 방향으로 형성되고 하단의 코일에는 들어가는 방향으로 유기기전력이 생겨 전류 내를 순환하게 된다.

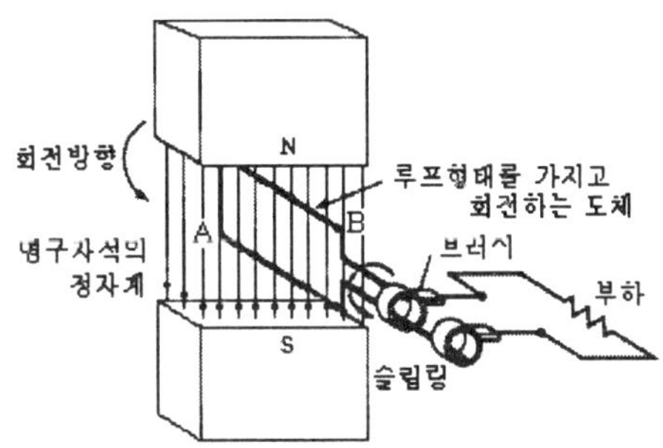


[그림 3.1] 균등자계내의 코일과 코일

다음 이 코일이 계속 회전하여 A부분이 아래로 내려가고 B부분이 위로 올라오면 종전과는 반대로 A부분에는 들어가는 방향의 전류, 그리고 B부분에서는 나오는 방향의 전류가 흘러 코일 내를 순환하게 된다. 즉 이때 회로에 흐르는 전류의 방향은 이전과 반대가 된다.

이와 같이 자계 내에서 회전하는 하나의 코일이 있을 때 자계의 자속밀도를 $B$[wb/m$^2$], 코일의 이동속도를 $v'$[m/s], 도선의 길이를 $\ell$ [m]라 하면 이 코일에 생기는 유기기전력의 크기는

$$v = \frac{d\phi}{dt} \tag{3.1}$$

$$= \frac{d}{dt}\sum B\Delta S \quad (S : \text{코일이 각 시간마다 자속과 쇄교하는 면적})$$

$$= B \cdot \frac{ds}{dt} \quad (\frac{ds}{dt} \text{는 단위시간당 변화하는 면적이므로 } \ell \cdot v' \text{와 같다})$$

으로 나타낼 수 있다.

이 값은 도체가 자속밀도 $\dot{B}$와 항상 수직으로 쇄교할 때이고 도체가 회전을 하면 회전 위치에 따라 수직으로 쇄교하는 부분이 달라지며 도체에는 수직으로 쇄교하는 부분에 대해서만 전압이 유기된다.

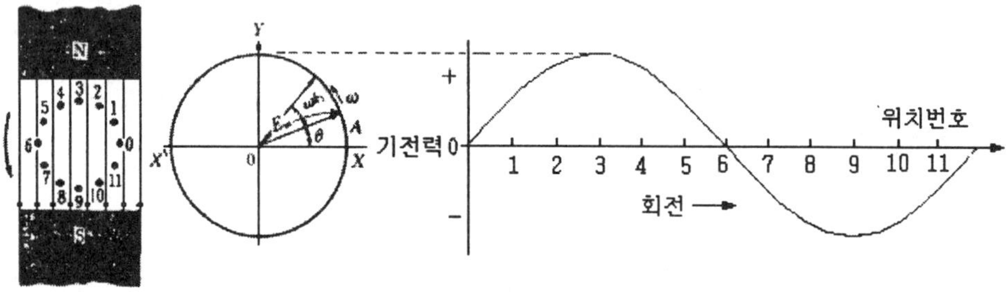


[그림 3.2] 정현파 교류의 발생

따라서 [그림 3.2]와 같이 중심선 XOX'로부터 각도 $\theta$만큼 회전하였을 때 유기기전력은 수직으로 쇄교할 때 분의 sin$\theta$분만큼 된다. 즉, $v = V_m \sin\theta$로 표시된다.

코일이 $t$초 동안에 각도 $\theta$만큼 회전했다면 이를 각속도로서 표현할 때 $\theta = \omega t$이므로 $v = V_m \sin\omega t$와 같은 정현파가 발생한다.

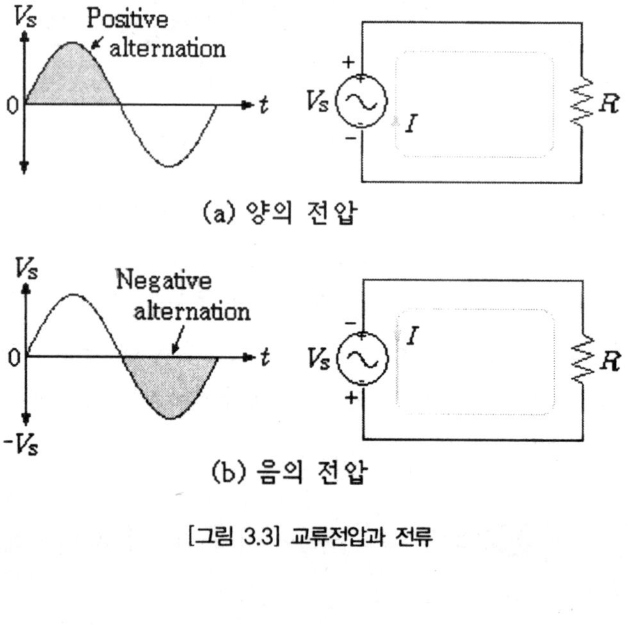


[그림 3.3] 교류전압과 전류

정현파는 0값에서 극성이 변한다. 즉 양의 값과 음의 값이 서로 변경된다. 정현파 전압이 [그림 3.3]과 같이 저항회로에 가해졌을 때 교류 정현파 전류가 생기며, 전압의 극성이 바뀔 때 전류는 이에 대응하여 방향을 바꾼다.

1831년에 미첼 패러데이는 코일을 통과해서 움직이는 자석이 코일 양단전압을 유도한다는 것과, 유도된 전압은 유도전류가 원인이 된다는 전자기 유도원리를 발견하였으며 아래 두 부분으로 서술하였다.

① 코일에 유도된 전압의 크기는 [그림 3.4]와 같이 코일에 대해 자기장의 변화비율로 정비례한다 $\left(v = \dfrac{d\phi}{dt}\right)$.

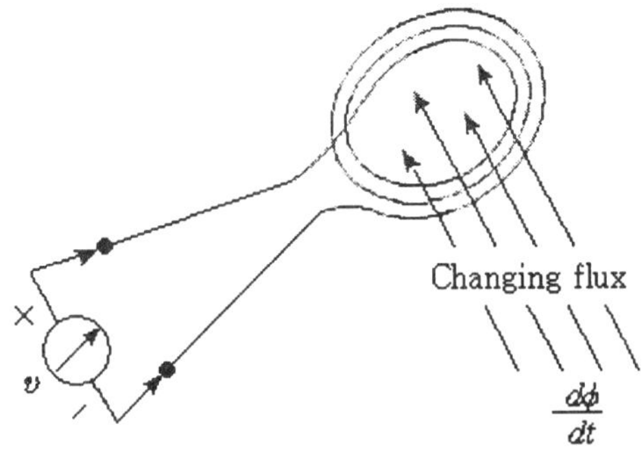


[그림 3.4] 유도전압

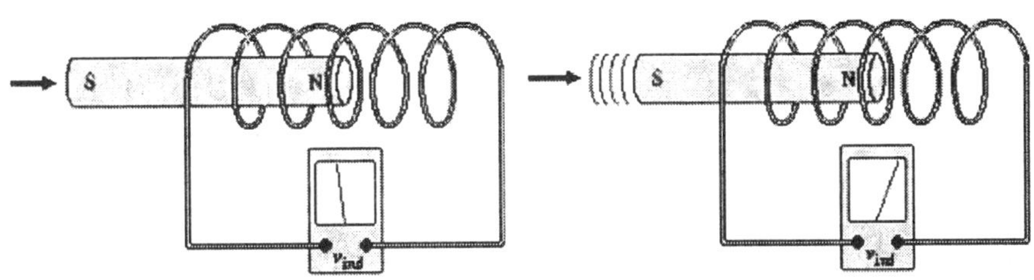


(a) 자석을 오른쪽으로 움직이면 코일에서 자기장을 변화시켜 주고 전압이 유도된다.

(b) 자석을 더욱 빠르게 움직이면 코일에서 자기장을 더욱 변화시켜 주고 더욱더 큰 전압이 유도된다.

[그림 3.5] 패러데이의 제1법칙 설명

패러데이의 제1법칙은 [그림 3.5]에서 막대자석이 코일 속을 움직이고 있고, 따라서 변화하는 자기장이 생성되는 것을 설명하고 있다. 그림 (a)에서는 자석이 일정한 비율로 움직였고 일정한 유도전압이 생성되었다. 그림 (b)에서는 자석이 코일 속으로 더욱 빠른 비율로 움직이면 더욱더 큰 유도전압이 생성된다.

② 코일에 유도된 전압의 크기는 코일의 감은 횟수($n$)에 정비례한다.

패러데이의 제2법칙은 [그림 3.6](a)에서 자석이 코일 속을 움직이고 전압이 유도되었다. 그림 (b)에서 좀더 많이 감은 코일에 자석이 같은 속도로 움직였다. 코일의 감은 횟수가 많을수록 더욱더 큰 유도전압이 생성된다.

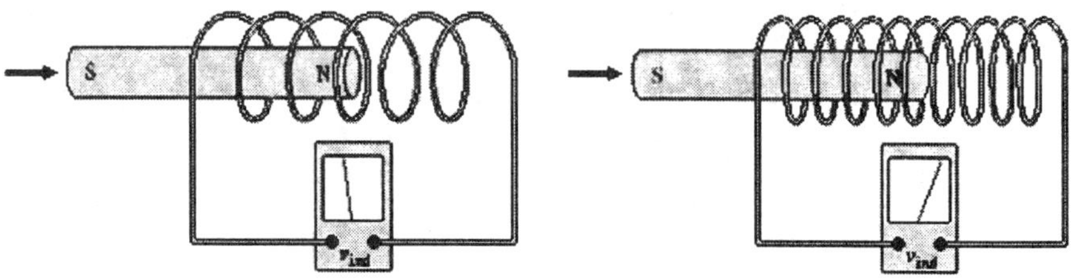


(a) 자석이 코일 속을 움직이면 전압이 유도된다. (b) 감은 횟수가 많으면 좀 더 많은 전압이 유도된다.

[그림 3.6] 패러데이의 제2법칙 설명

## 3.2 주기와 주파수

[그림 3.7]에서와 같이 전지로부터 흐르는 전류와 가정의 전등선에 흐르는 전류는 그 크기와 방향이 시간에 따라 변화하는 점에서 틀린다. 이때, 그림 (a)와 같이 시간에 따라 변하지 않는 전류를 직류(direct current)라 하고, 그림 (b)처럼 변하는 전류를 교류(alternating current)라 한다.

[그림 3.7](b)는 다음과 같이 표현할 수 있다.

$$i = I_m \sin\omega t[\text{A}] \tag{3.2}$$

여기서 $i$는 각 순간에서의 전류값이므로 전류의 순시값(instantaneous value)이라 하고, $I_m$은 전류의 최대값(maximum value) 또는 진폭(amplitude)이라 한다.

이 정현파는 하나의 주기파인데, 이것의 파형이 정(+), 부(−)의 변화를 완전히 하여 처음상태로 돌아갈 때까지의 변화를 1사이클(cycle)이라 한다. 1[sec]간에 포함되는 사이클의 수를 주파수(frequence)라 하며, 단위로는 c/s(cycle per second) 또는 헤르츠[Hz]를 사용하고 1사이클 변하는데 요하는 시간을 주기(period)라 한다.

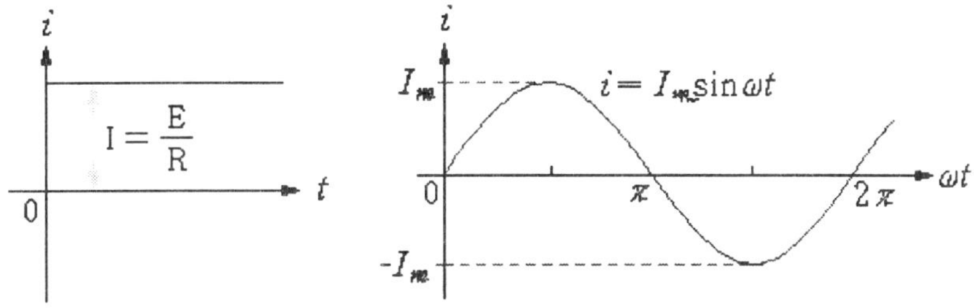


(a) DC (b) AC

[그림 3.7] 직류와 교류

주기 $T$와 주파수 $f$와의 사이에는 다음 관계가 있다.

$$T = \frac{1}{f} \tag{3.3}$$

식 (3.2)에서 $\omega t$는 [radian]으로 표시되는 각이며, 전기각(electric angle)이라 부른다. $\omega$는 1[sec] 간의 각의 증가속도를 나타내며, 이것을 각속도(angular velocity) 또는 각주파수(angular frequency)라 부르며, 단위는 [rad/sec]이다.

각도의 단위는 [°]와 [radian]이 있는데 [°]는 원둘레를 360등분한 각이고, [radian]은 원의 반지름과 원둘레 길이가 같은 부분이 만드는 각을 1[radian]으로 정한 각이다. 따라서 원둘레는 $2\pi$r이므로 라디안으로 나타낸 원의 각은 $2\pi r/r = 2\pi$[radian]이다. 1주기 $T$ 초간에 각은 $2\pi$[rad]만큼 증가하고, 1초간에는 $2\pi/T$[rad]만큼 증가하므로

$$\omega = \frac{2\pi}{T} \text{[rad/sec]} \tag{3.4}$$

의 관계가 있다.

교류에서의 주파수를 결정하는 요소로서는 두 자극 사이에 있는 도체의 회전속도에 비례한다. 도체의 회전이 빠를수록 생성된 유도전압의 주파수는 [그림 3.8]과 같이 높아진다.

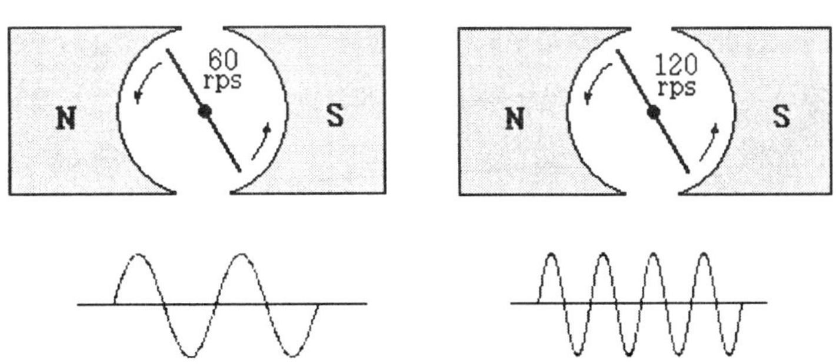


(a) 60[Hz] (b) 120[Hz]

[그림 3.8] 주파수의 크기

**예제 3.1** $v=141\sin\left(100\pi t-\frac{\pi}{3}\right)$[V]인 파형의 주파수는 몇 [Hz]인가?

**해** $\omega t=100\pi t$

$\omega=100\pi$

$f=\frac{1}{T}=\frac{\omega}{2\pi}=\frac{100\pi}{2\pi}=50$[Hz]

**예제 3.2** $i=50\sin 120\pi t$[A]인 전류의 주기는 얼마인가?

**해** $\omega=120\pi,\ f=\frac{120\pi}{2\pi}=60$[Hz], $T=\frac{1}{f}=0.0167$[sec]

## 3.3 위상각과 위상차

일반적으로 정현파는 [그림 3.9]와 같이 위상을 가지고 있을 때

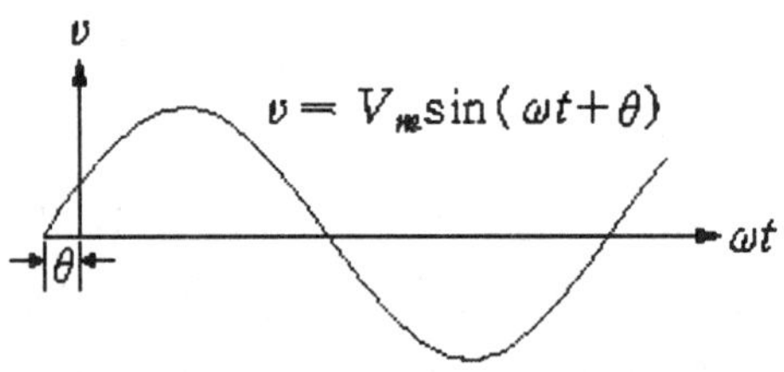


[그림 3.9] 위상각을 갖는 정현파

$$v=V_m\sin(\omega t+\theta)\text{[V]} \tag{3.5}$$

로 표시된다. 이 $\theta$를 위상(phase) 또는 위상각(phase angle)이라고 한다.

식 (3.5)로부터 알 수 있듯이 정현파는 진폭 $V_m$, 각주파수 $\omega$, 위상각 $\theta$의 3가지의 양으로서 완전히 규정된다.

[그림 3.10]에는 동일주파수의 두 정현파의 상대적 위치를 표시하였다. 그림 (b)에서 $v$, $i$는 같은 순간에 영점 또는 최대점에 도달하며 이 두 파는 동상(in phase)이라고 한다. 그림 (a)에는 $v$는 $i$보다 각이 $\theta$만큼 앞서서 영점 또는 최대점에 도달하므로 $v$는 $i$보다 각이 $\theta$만큼 위상이 앞선다(lead)라고 말하며, 반대로 $i$는 $v$보다 $\theta$만큼 위상이 늦다(lag)라고 말한다.

시간 또는 각의 기점을 [그림 3.10](a)의 점 A에 택하면

$$v=V_m\sin\omega t$$

$$i=I_m\sin(\omega t-\theta)$$

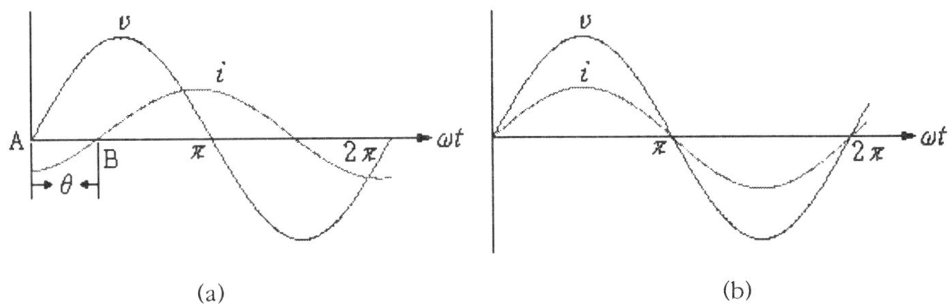


[그림 3.10] 동일 주파수의 두 정현파의 위상차

가 되고, 점 B를 기점으로 택하면

$$v = V_m \sin(\omega t - \theta)$$

$$i = I_m \sin\omega t$$

와 같이 표시된다. 따라서 $\theta$를 이 두파의 위상차 또는 단순히 상차(phase difference)라고 한다.

지금까지는 정현파를 정의하는데 있어서 여현함수(cosine function)보다는 정현함수(sine function)를 사용하였다. 그러나 정현파나 여현파의 차이는 단지 위상각뿐이므로

$$\sin\left(\omega t + \frac{\pi}{2}\right) = \cos\omega t$$

$$\cos\left(\omega t - \frac{\pi}{2}\right) = \sin\omega t \qquad (3.6)$$

의 표현식 중 어느 것을 사용하여도 무관하다.

두 정현파의 위상을 비교하기 위해서는 둘 다 똑같이 정현파 또는 여현파로 표시되어야 하고 모두 동일한 주파수이어야 한다. 예를 들어 $v_1(t)$와 $v_2(t)$가 다음과 같은 함수라 하자.

$$v_1(t) = 2\cos(5t - 30°)$$

$$v_2(t) = -\sin(5t + 10°)$$

$$= \sin(5t + 10° + 180°)$$

$$= \cos(5t + 10° + 180° - 90°)$$

$$= \cos(5t + 100°)$$

$v_1(t)$와 $v_2(t)$를 비교할 경우 $v_1(t)$는 $v_2(t)$보다 위상이 130[°]뒤진다고 말하며, $v_2(t)$는 $v_1(t)$보다 130°위상이 앞선다고 해도 같은 의미이다. 같은 주파수를 갖는 정현함수와

여현함수의 합은 동일한 주파수의 다른 정현함수가 된다. 즉 [그림 3.11]로부터

$$a\sin\omega t + b\cos\omega t = \sqrt{a^2+b^2}\left(\frac{a}{\sqrt{a^2+b^2}}\sin\omega t + \frac{b}{\sqrt{a^2+b^2}}\cos\omega t\right)$$

$$= \sqrt{a^2+b^2}\,(\sin\omega t\cos\phi + \cos\omega t\sin\phi)$$

$$= \sqrt{a^2+b^2}\,\sin(\omega t+\phi) \tag{3.7}$$

$$\phi = \tan^{-1}\frac{b}{a} \tag{3.8}$$

이다.

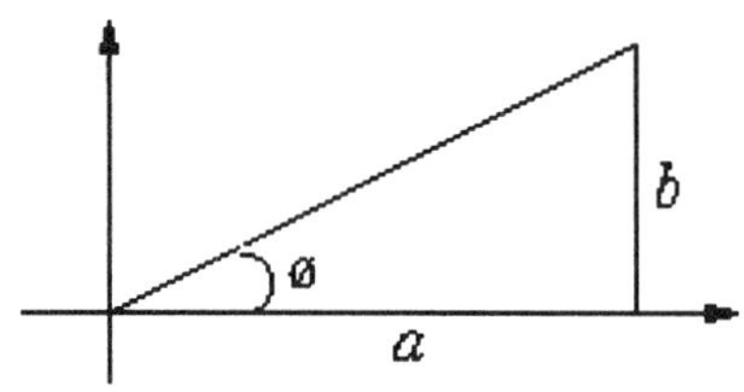


[그림 3.11] 두 함수의 합

**예제 3.3** [그림 3.12]와 같이 최대값 50[V]인 정현전압이 있다. $t=0$에서의 전압의 순시값이 30[V]이고, 이 순간에 전압이 감소하고 있다.

(a) 이 정현전압의 순시값에 대한 표시식을 구하라.

(b) 주파수가 500[Hz]라면 $t=1.2$[ms]일 때 전압의 순시값은 얼마인가?

**해** (a) $v=V_m\sin(\omega t+\theta)$에서 $V_m=50$[V], $t=0$에서 $v=40$[V]를 대입하면

$40=50\sin\theta$, $\sin\theta=\frac{4}{5}=0.8$이 되므로 $\theta=53[°]$ 또는 $127[°]$가 된다. 따라서

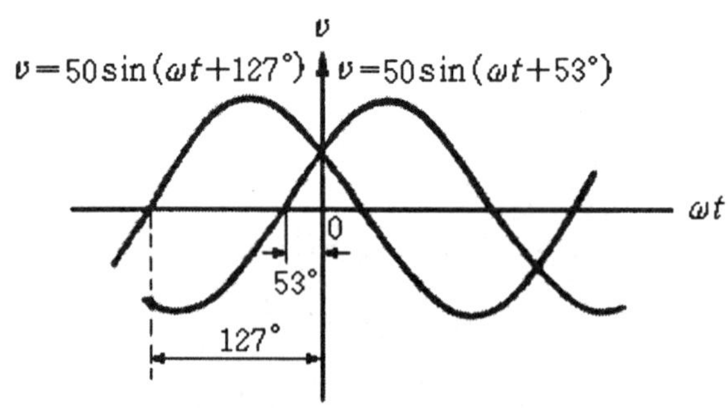


[그림 3.12] 예제 그림

$v=50\sin(\omega t+53[°])$와 $v=50\sin(\omega t+127°)$

에 대한 그래프를 그려보면, $t=0$에서 하강 그래프 $\theta$는 [그림 3.12]와 같이 127°일 때 이다.

(b) $\omega t=2\pi ft[\text{rad}]=360\text{ft}[°]$가 되므로

$v=50\sin(360\times500\times1.2\times10^{-3}+127[°])$

$=50\sin(216[°]+127[°])=50\sin343[°]$

$=-50\sin17[°]=-14.6[\text{V}]$가 된다.

**예제 3.4** $i=10\sin\left(\omega t-\dfrac{\pi}{6}\right)$[A]로 표시되는 전류파보다 위상이 45[°]만큼 앞서고 진폭이 100[V]인 전압과 $v$의 표시식을 쓰고 $v$, $i$의 그래프를 그려라. 단 $v$, $i$의 주파수는 동일하다.

**해** $v=100\sin\left(\omega t-\dfrac{\pi}{6}+\dfrac{\pi}{4}\right)$

$=100\sin\left(\omega t+\dfrac{\pi}{12}\right)$

두 파의 그래프는 [그림 3.13]과 같다.

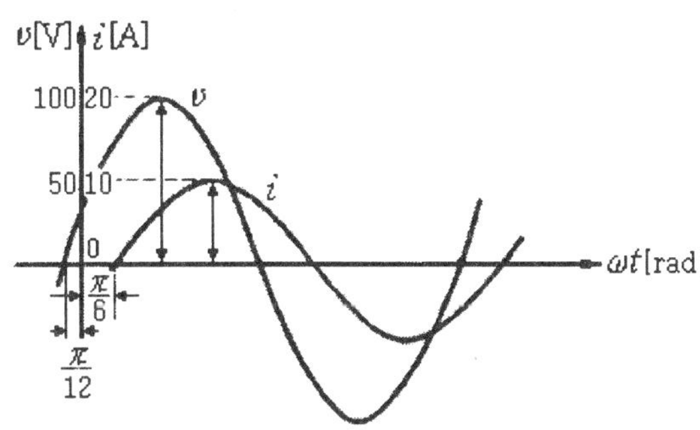


[그림 3.13] 예제 그림

## 3.4 평균값과 실효값

주기파의 평균값(average value)은 다음과 같이 정의한다.

$$I_{av}=\frac{1}{T}\int_0^T idt \tag{3.9}$$

여기서 $T$는 주기이다. 대개의 DC 전압계나 전류계는 주기파의 평균값을 지시한다. [그림 3.14](a)와 같이 (+), (−)의 파형이 같은 모양을 하고 있는 것을 대칭파(symmetrical)라 하며, 정현파에서는 1주기간의 평균값은 0이다.

따라서 이때에는 반주기 평균값(half-period average value)을 생각한다. 즉

$$I_{ha} = \frac{2}{T}\int_0^{T/2} idt \tag{3.10}$$

정현파의 반주기 평균값은

$$I_{ha} = I_a = \frac{2}{T}\int_0^{T/2} I_m \sin\omega t dt = \frac{2}{T}\frac{I_m}{\omega}[-\cos\omega t]_0^{T/2}$$

$$\frac{I_m}{\pi}[-\cos\pi + \cos 0] = \frac{2}{\pi}I_m = 0.637I_m$$

으로 [그림 3.14](b)에서 수평선을 그은 두 부분의 면적의 합이 수직선을 그은 부분의 면적과 같아지는 높이이다.

파형이 다른 여러 가지 주기파의 크기를 비교할 때 그 최대값만으로는 불충분하고, 여러 파를 거친 장시간에 대한 정현파의 평균값은 0이 되므로 흔히 다음에 정의하는 실효값(effective value)으로써 비교한다. 이것은 주기파의 열효과의 대소를 나타내는 값이다.

직류나 교류가 저항을 통하면 열이 발생한다. 지금 순시값이 $i$[A]인 주기전류(정현파가 아니라도 무방)가 저항 $R$을 통할 때 각 순간에 $i^2R$의 전력이 소비되며, 이것은 시간의 함수이다. 따라서 1주기 $T$초 동안에 발생되는 열량은 이것을 적분하여 $\int_0^t i^2 Rdt$와 같이 구해진다.

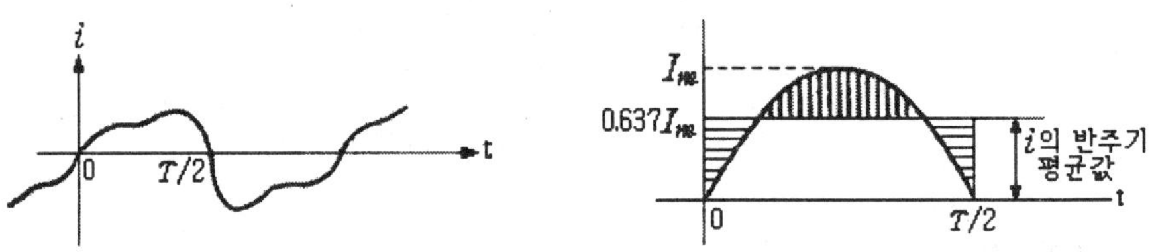


(a) (b)

[그림 3.14] 대칭파의 평균값

지금 같은 시간 $T$초 동안에 같은 저항 $R$을 통하여 동일한 열량을 발생할 직류(즉, 주기전류와 동일한 열효과를 나타낼 직류)를 $I$[A]라 하면

$$\int_0^T RI^2 dt = \int_0^T Ri^2 dt$$

$$I^2 = \frac{1}{T}\int_0^T i^2 dt \tag{3.11}$$

$$I = \sqrt{\frac{1}{T}\int_0^T i^2 dt}\ [A] \tag{3.12}$$

이 된다. 가령 실효값 5[A]의 주기전류(정현전류가 아니라도 무방)와 5[A]의 직류는 같은 열효과를 나타낸다. 실효값을 나타내기 위해서 $I_{eff}$ 또는 $I_s$(root mean square value)라고 표시할 때도 있으나 보통은 $I, V, E$와 같은 대문자를 쓴다(순시값은 $i$, $v$, $e$와 같은 소문자를 쓴다).

교류의 전압이나 전류의 크기는 특별한 언급이 없을 때는 모두 실효값으로 나타낸다. 그래서 우리가 보통 몇 Ampere 또는 몇 Volt의 교류라 할 때 그것은 실효값을 의미한다.

전류력계형, 가동철편형, 열전형, 열선형 등 직류와 교류를 다 측정할 수 있는 전류계, 전압계는 모두 실효값을 지시한다.

$i = I_m \sin\omega t$[A]인 정현전류의 실효값을 구해보자.

$$I = \sqrt{\frac{2}{T}\int_0^{T/2} i^2 dt} = \sqrt{\frac{2}{T}\int_0^{T/2} I_m^2 \sin^2\omega t dt}$$

$$= \sqrt{\frac{2I_m^2}{T}\int_0^{T/2} \frac{1}{2}(1-\cos 2\omega t)dt} \tag{3.13}$$

$$= \sqrt{\frac{I_m^2}{T}\times\frac{T}{2}} = \frac{I_m}{\sqrt{2}}\ [A] \tag{3.14}$$

[그림 3.15]에는 정편파의 최대값, 실효값, 평균값의 크기 비교를 표시한다.

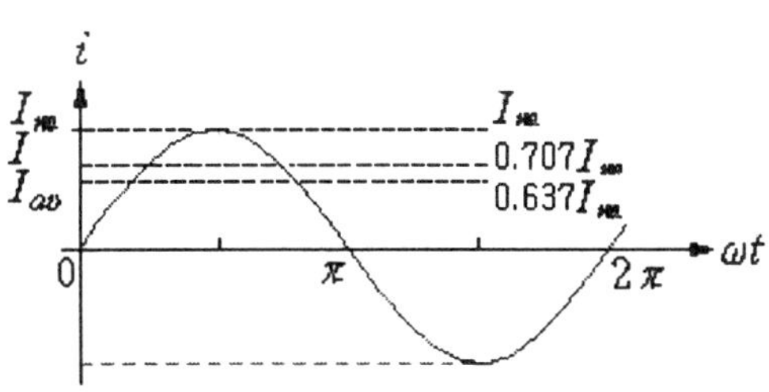


[그림 3.15] 최대값, 실효값, 평균값

[그림 3.16]을 예를 들어 보자. 교류에서의 실효값이란 그 실효값과 같은 직류전압이 동일부하에 일하는 일의 양과 같은 값이다. 즉, 교류 실효값이 100[V]이면 직류 100[V]가 동일부하에 전하는 전력량과 같은 값이다.

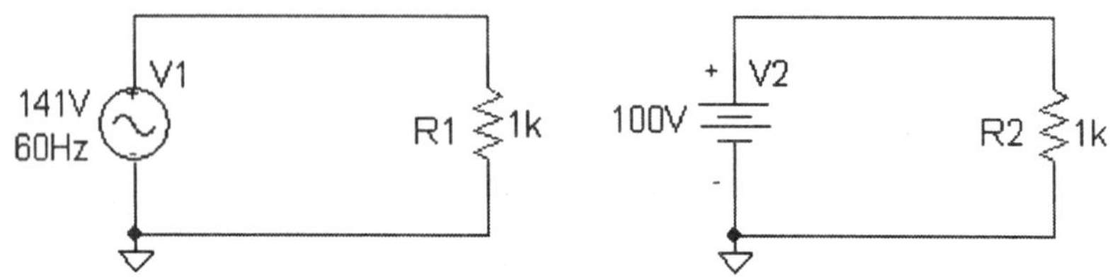


[그림 3.16] 실효값 측정

[그림 3.17]은 상기회로를 시뮬레이션한 결과이다. 저항에서의 교류신호에 따른 부하전력은 다음과 같다.

전력 = 전압 실효값 × 전류 실효값

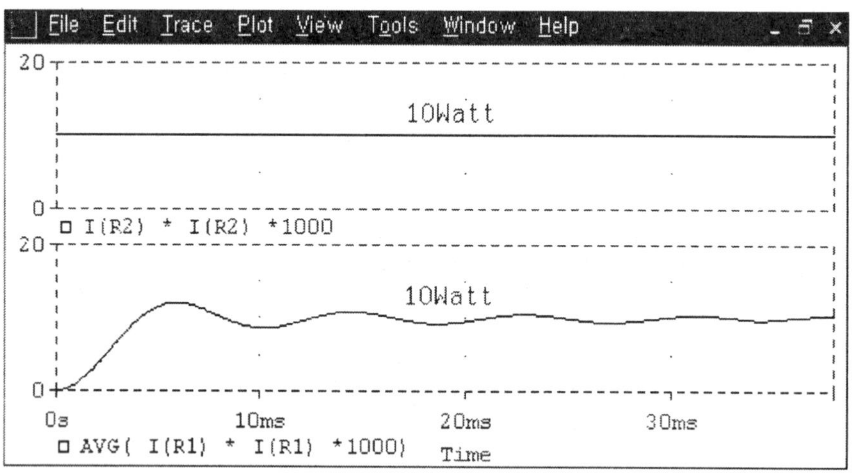


[그림 3.17] 시뮬레이션 결과

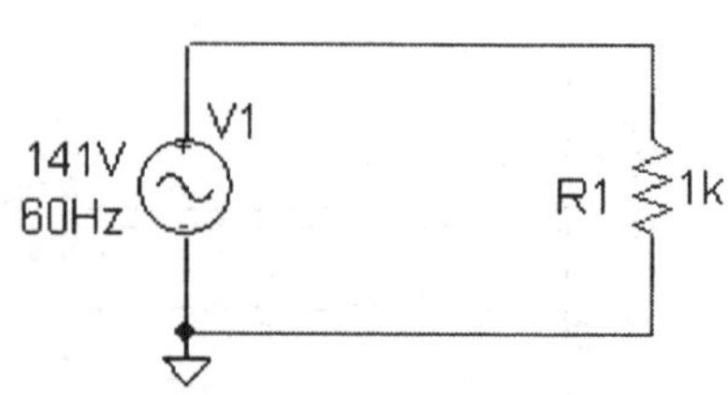


[그림 3.18] 평균값 측정

[그림 3.18]은 평균값을 나타내기 위한 그림이다. 평균값이란 반주기 내에서의 순시값을 수학적으로 평균한 값이다.

[그림 3.19]는 상기 회로를 시뮬레이션 결과이다.

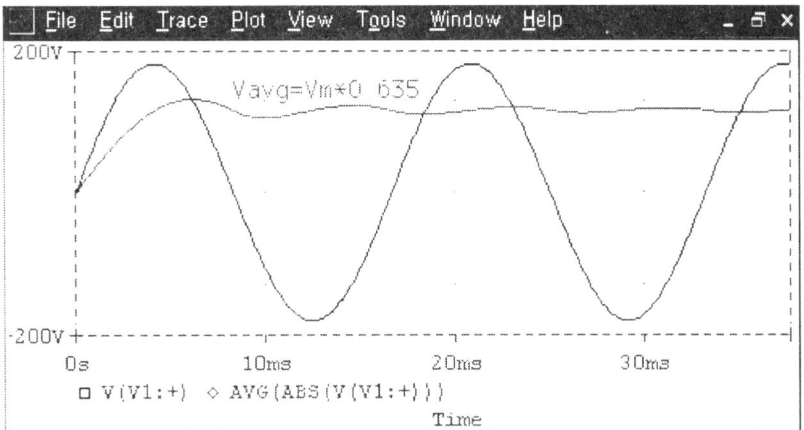


[그림 3.19] 시뮬레이션 결과

**예제 3.5** 어떤 회로에 전압이 [그림 3.20]과 같이 변하는 주기파일 때 이 파형의 평균값 및 실효값을 구하라.

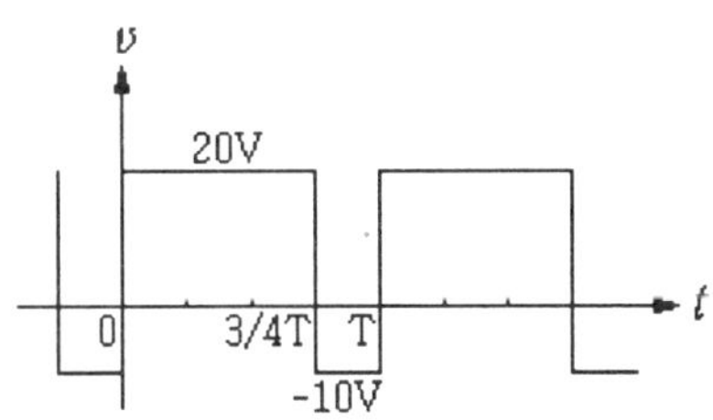


[그림 3.20] 예제 그림

**해** 평균값 $V_{av}=\frac{1}{T}\left[\int_0^{3/4T}20dt+\int_{3/4T}^{T}(-10)dt\right]$

$$=\frac{1}{T}\left[20\times\frac{3}{4}T+(-10)\times\frac{T}{4}\right]$$

$$=12.5[\mathrm{V}]$$

실효값 $V=\sqrt{\frac{1}{T}\left[\int_0^{3/4T}20^2dt+\int_{3/4T}^{T}(-10)^2dt\right]}$

$$=\sqrt{\frac{1}{T}\left[400\times\frac{3}{4}T+100\times\frac{1}{4}T\right]}$$

$$\fallingdotseq 18[\mathrm{V}]$$

**예제 3.6** [그림 3.21]과 같은 파형의 실효값($I$)와 평균값($I_a$)를 각각 구하라. 또한 이 전류가 저항을 통과한다면 그 때 저항에 공급되는 평균전력을 구하라.

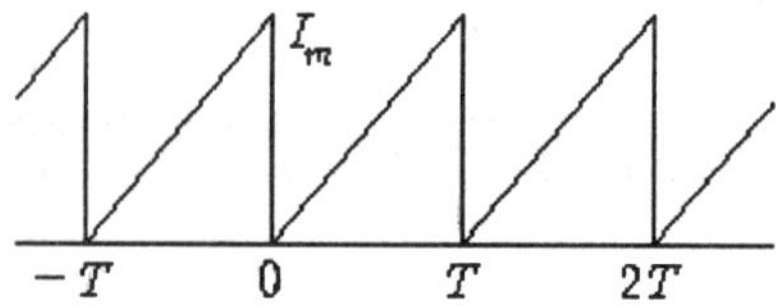


$$i=\frac{I_m}{T}t \ (0 \angle t \leq T)$$

[그림 3.21] 삼각파

**해** $I^2=\frac{1}{T}\int_0^T i^2dt=\frac{1}{T}\int_0^T\frac{I_m^2}{T^2}t^2dt=\frac{I_m^2}{T^3}\left[\frac{t^3}{3}\right]_0^T=I_m^2/3 \Rightarrow I=\frac{I_m}{\sqrt{3}}$[A]

$$I_a=\frac{1}{T}\int_0^T idt=\frac{1}{T}\int_0^T\frac{I_m}{T}tdt=\frac{I_m}{2}\text{[A]}$$

$$p=i^2R=\frac{I_m^2t^2}{T}R \quad (0<t\leq)$$

$$\therefore P=\frac{1}{T}\int_0^T\frac{I_m^2R}{T^2}t^2dt=\frac{I_m^2R}{T^3}\int_0^T t^2dt=\frac{I_m^2R}{3}\text{[W]}$$

**예제 3.7** 전류의 파형이 [그림 3.22]와 같을 때 실효값을 구하라. 또한 이 전류가 2[Ω]의 저항을 지난다면 이 저항에 의해 흡수되는 평균전력을 구하라.

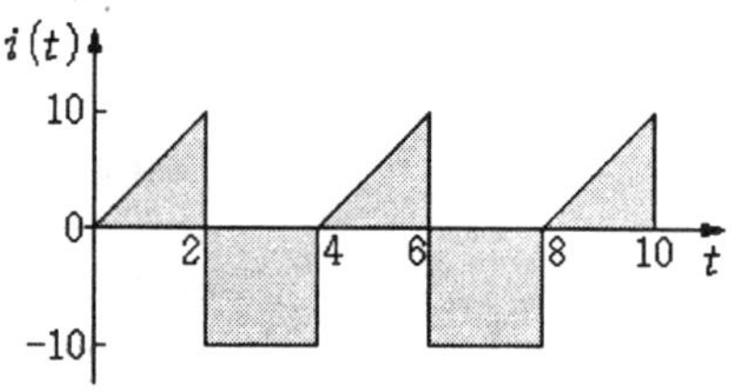


[그림 3.22] 예제 그림

**해** 파형의 주기 $T=4$이다. 한 주기에 걸친 전류파형은 다음과 같다.

$$i(t)=\begin{cases}5t\ , & 0<t<2\\ -10\ , & 2<t<4\end{cases}$$

실효값은 다음과 같다.

$$I_s=\sqrt{\frac{1}{T}\int_0^2 i^2dt}=\sqrt{\frac{1}{4}\left[\int_0^2(5t)^2dt+\int_2^4(-10)^2dt\right]}$$

$$=\sqrt{\frac{1}{4}\left[25\frac{t^3}{3}\ \Big|_0^2+100t\ \Big|_2^4\right]}=\sqrt{\frac{1}{4}\left(\frac{200}{3}+200\right)}=8.165\text{[A]}$$

2[Ω]의 저항에 흡수되는 전력은 다음과 같다.

$P = I_s^2 R = (8.165)^2 \times 2 = 133.3[\mathrm{W}]$

## 3.5 파형률과 파고율

교류의 크기는 보통 실효값으로 나타내는데 실효값으로는 파형을 알 수 없으므로 파형의 개략을 알기 위한 방법으로 파형률(form factor)과 파고율(crest factor)이라는 계수를 쓴다.

$$\text{파형률} = \frac{\text{실효값}}{\text{평균값}}, \quad \text{파고율} = \frac{\text{최대값}}{\text{실효값}} \tag{3.15}$$

정현파 전압에 대해서는

$$\text{파형율} = \frac{\frac{1}{\sqrt{2}} V_m}{\frac{2}{\pi} V_m} = \frac{\pi}{2\sqrt{2}} = 1.111$$

$$\text{파고율} = \frac{V_m}{\frac{1}{\sqrt{2}} V_m} = \sqrt{2} = 1.414$$

이다. 대표적인 파형에 대한 파형률과 파고율을 〈표 3.1〉에 표시했다.

〈표 3.1〉 대표적인 파형에 대한 파형률과 파고율

| 명 칭 | 구형파 | 정현파 | 삼각파 |
|---|---|---|---|
| 파 형 | 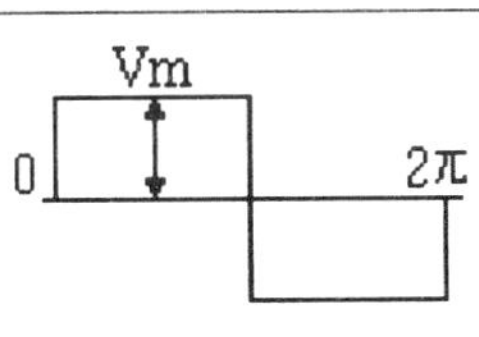 | 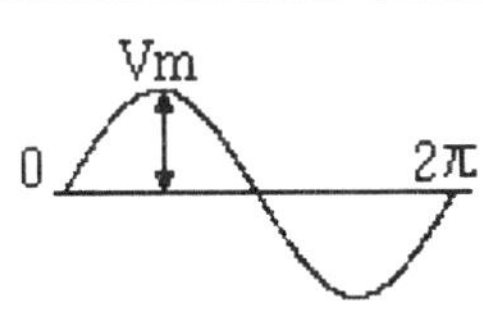 | 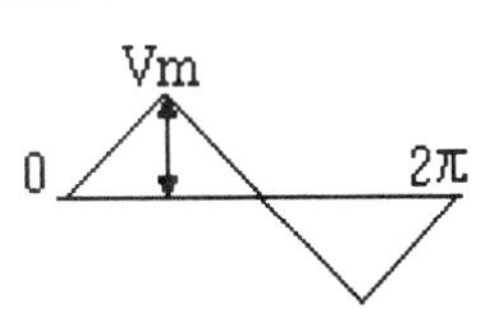 |
| 파형률 | 1.00 | 1.11 | 1.15 |
| 파고율 | 1.00 | 1.41 | 1.73 |

정 · 부의 파형이 대칭적이고, 정현파에 비해 뾰족한 파형(㉮ 삼각파)은 항상 1.11보다 큰 파형률을 가지며, 상하가 정현파보다 평평한 파형(㉮ 구형파)의 파형률은 1.11이하이다. 따라서 파형률을 알면 대칭파의 모양에 대해서 어느 정도 추측할 수 있다.

## 3.6 저항회로

[그림 3.23](a)와 같이 저항 $R$에 $v = V_m \sin\omega t$[V]인 정현파 전압을 인가했을 때 이 회로를 흐르는 전류 $i$는 다음과 같다.

$$i = \frac{v}{R} = \frac{V_m \sin\omega t}{R} = I_m \sin\omega t = \sqrt{2}\, I \sin\omega t \ \text{[A]} \tag{3.16}$$

최대값 및 실효값은

$$V_m = RI_m, \quad V = RI, \quad I = \frac{V}{R} \tag{3.17}$$

와 같이 되며, 전류와 전압은 [그림 3.23](b)와 같이 동상이다.

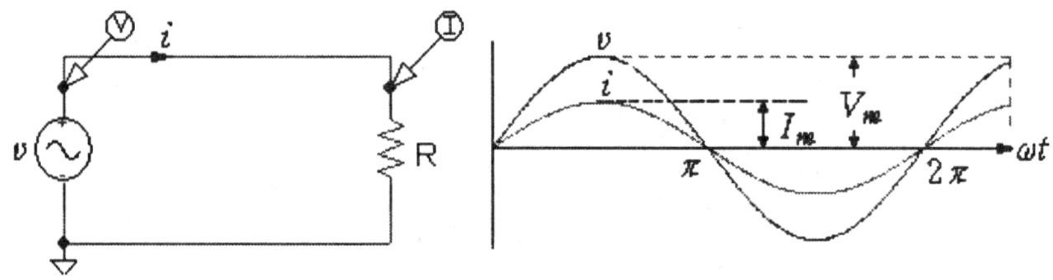


(a) (b)

[그림 3.23] 저항회로의 전압과 전류의 관계

**예제 3.8** [그림 3.24](a)와 같이 두 저항 $R_1 = 20[\Omega]$, $R_2 = 30[\Omega]$이 직렬로 연결되어 있는 회로의 양 단자에 100[V], 60[Hz]의 교류전압을 인가할 때 $R_2$ 양단의 전압을 구하라.

**해** $v = V_m \sin\omega t$[V]에서 $V_m = \sqrt{2}\, V$이므로 $V_m = 100\sqrt{2}$이고, $\omega = 2\pi f$이므로 $\omega = 2 \times 3.14 \times 60 = 377$이다. 따라서,

$v = 100\sqrt{2}\sin 377t$[V]

$i = \dfrac{v}{R_1 + R_2} = \dfrac{100\sqrt{2}}{50}\sin 377\text{t}$

$= 2\sqrt{2}\sin 377t$[A]

$R_2$ 양단의 전압 $v_2$는

$v_2 = iR_2 = 60\sqrt{2}\sin 377t$[V]

실효값 $V_2 = \dfrac{V_{m2}}{\sqrt{2}}$이므로 $V_2 = 60$[V]이다.

[그림 3.24](b)는 상기 예제의 시뮬레이션 결과이다.

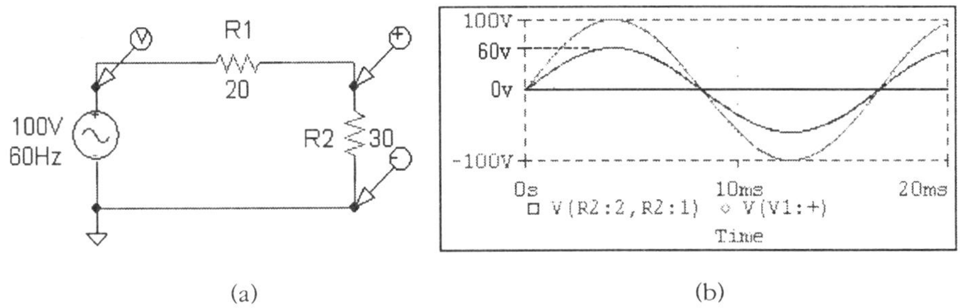


[그림 3.24] 예제 시뮬레이션 결과

## 3.7 인덕턴스 회로

[그림 3.25](a)와 같이 인덕턴스 $L$[H]인 코일로 된 유도회로(인덕턴스 회로)에 정현파 전류 $i = I_m \sin\omega t$[A]가 흐를 때 인덕턴스에 의해서 생기는 전압강하 $v$는

$$v = L\frac{di}{dt} = L\frac{d}{dt}(I_m \sin\omega t) = \omega L I_m \cos\omega t = \omega L I_m \sin(\omega t + 90°)\text{[V]} \quad (3.18)$$

이 되어, [그림 3.25](b)와 같이 전압의 위상은 전류의 위상보다 90°앞선다. 최대값과 실효값은 각각

$$V_m = \omega L I_m, \quad V = \omega L I, \quad I = \frac{V}{\omega L} \quad (3.19)$$

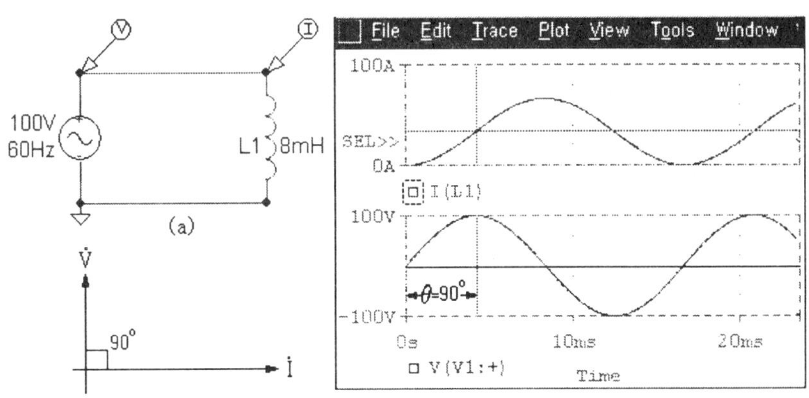


[그림 3.25] 인덕턴스 회로의 전압과 전류

이고, 식 (3.17)을 비교해 보면 $\omega L$은 인덕턴스 회로의 전류를 제한하는 일종의 교류저항임을 알 수 있다. 그러나 저항과는 달리 전압과 전류 사이에 90°의 상차를 생기게 하므로, 이 $\omega L$을 유도성 리액턴스(inductive reactance)라 부르며, $X_L$로서 표시하고 단위는 ohm[Ω]을 쓴다. 따라서

$$X_L = \omega L = 2\pi f L \tag{3.20}$$

이 된다. [그림 3.25](b)는 (a)를 시뮬레이션한 결과이다. 결과에서도 확인할 수 있듯이 전압이 전류보다 90° 앞선다.

[그림 3.26]은 전구에서 교류전류를 줄이는 $X_L$의 효과를 설명한다. 옴단위의 $X_L$이 커질수록 흐르는 전류는 작아진다. 그림 (a)에는 인덕턴스가 존재하지 않아 교류전압원은 2.4[A]의 전류를 발생시켜 전구가 밝게 빛난다.

그러나 그림 (b)에서는 코일이 전구와 직렬로 연결된다. 코일은 무시할 수 있는 단지 1[Ω]의 직류저항을 가지나 인덕턴스의 리액턴스는 1,000[Ω]이므로 약 1.2[A]의 전류를 발생시킴으로써 전구의 밝기가 어두워진다. 그림 (C)처럼 직류를 연결하면 코일의 영향은 사라지고 2.4[A]의 전류가 흐르게 된다.

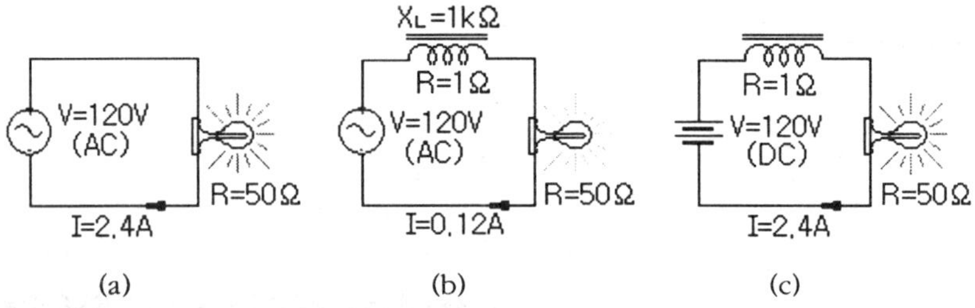


[그림 3.26] $X_L$의 효과

**예제 3.9** [그림 3.27](a)와 같이 교류전원에 20[mH]인 코일이 연결되어 있다. 이 코일에

(a) 실효값 220[V], 주파수 60[Hz]인 교류전압을 인가할 때 코일의 리액턴스 및 전류의 실효값를 구하라.

(b) 이 주파수를 2배로 하면 전류는 얼마가 되겠는가?

**해** (a) $X_{L1} = \omega L = 2\pi f L$

$$= 2 \times 3.14 \times 60 \times 20 \times 10^{-3} = 7.53[\Omega]$$

$$I_1 = \frac{V}{X_{LI}} = \frac{220}{7.53} = 29.22[A]$$

(b) $X_{L2} = 2 \times 3.14 \times 120 \times 20 \times 10^{-3} = 15.06[\Omega]$

$$I_2 = \frac{220}{15.06} = 14.61[\text{A}]$$

상기 예제를 시뮬레이션한 결과는 [그림 3.27](b)와 같다. 그래프에서 주파수가 60[Hz]일 때는 29.227[A]가 흐르고, 주파수가 120[Hz]일 때는 14.64[A]가 흘러 풀이와 일치함을 확인할 수 있었다.

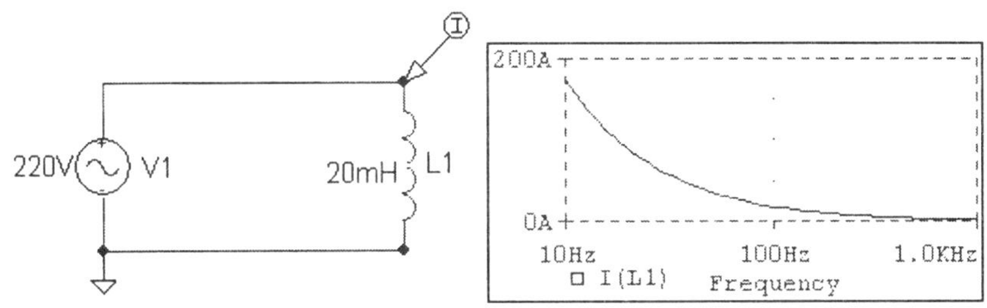


(a) (b)

[그림 3.27] 예제의 시뮬레이션

## 3.8 커패시턴스 회로

[그림 3.28](a)와 같이 커패시턴스 $C$[F]만으로 된 용량회로(커패시턴스 회로)에 정현파 전류 $i = I_m \sin\omega t$[V]가 흐를 때 전류방향으로의 전압강하를 $v$라 하면

$$v = \frac{1}{C}\int i dt = \frac{1}{C}\int I_m \sin\omega t dt$$
$$= -\frac{I_m}{\omega C}\cos\omega t = \frac{I_m}{\omega C}\sin(\omega t - 90°)[\text{V}] \tag{3.21}$$

이 되고, 전압의 위상은 전류보다 90°뒤진다. 최대값과 실효값은 각각 다음과 같다.

$$V_m = \frac{1}{\omega} C I_m, \quad V = \frac{I}{\omega} C, \quad I = \omega C V = \frac{V}{\frac{1}{\omega} C} \tag{3.22}$$

식 (3.22)를 식 (3.17)과 비교하면 $\frac{1}{\omega C}$은 커패시턴스 회로의 전류를 제한하는 일종의 교류저항임을 알 수 있으며, 유도성 리액턴스와 구별하기 위하여 용량성 리액턴스(capacitive reactance)라 부르고, $X_c$로서 표시하며 단위는 ohm[Ω]을 쓴다.

특히, 전압이 전류보다 90° 앞서는 경우는 90° 늦는 경우를 구별하기 위하여 유도성 리액턴스를 (+), 용량성 리액턴스를 (−)로 정한다.

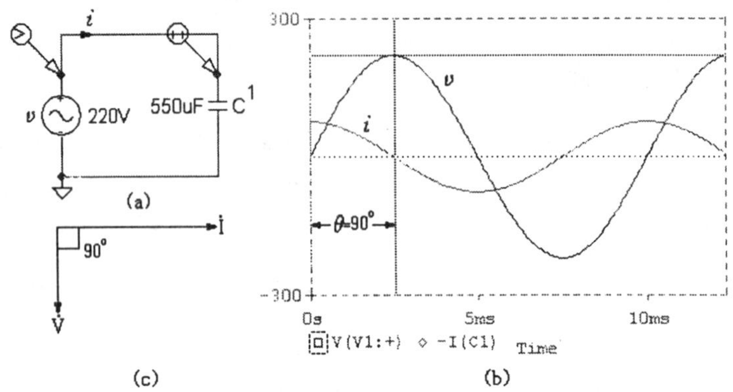


[그림 3.28] 커패시턴스 회로의 전압과 전류

$$X_C = -\frac{1}{\omega C} = -\frac{1}{2\pi f C}[\Omega] \tag{3.23}$$

따라서 식 (3.22)는

$$V = |X_C| I, \qquad I = \frac{V}{|X_C|} \tag{3.24}$$

와 같이 쓸 수 있다.

**예제 3.10** [그림 3.29](a)와 같이 커패시턴스가 0.01[$\mu$F]인 콘덴서가 전원에 연결되어 있다.

(a) 실효값 220[V], 주파수 100[Hz]인 교류전압을 인가할 때 콘덴서의 리액턴스 및 전류의 실효값을 구하라.

(b) 주파수를 2배로 하면 전류는 얼마가 되겠는가?

**해** (a) $X_{C1} = -\frac{1}{2\pi f C} = -159.2 \times 10^3[\Omega]$

$$I_1 = \frac{V}{|X_C|} = \frac{220}{159.2 \times 10^3} = 1.382[\text{mA}]$$

(b) $X_{C2} = -\frac{1}{2 \times 3.14 \times 200 \times 0.01 \times 10^{-6}} = -79.6 \times 10^3[\Omega]$

$$I_2 = \frac{220}{|79.6 \times 10^3|} = 2.763[\text{mA}]$$

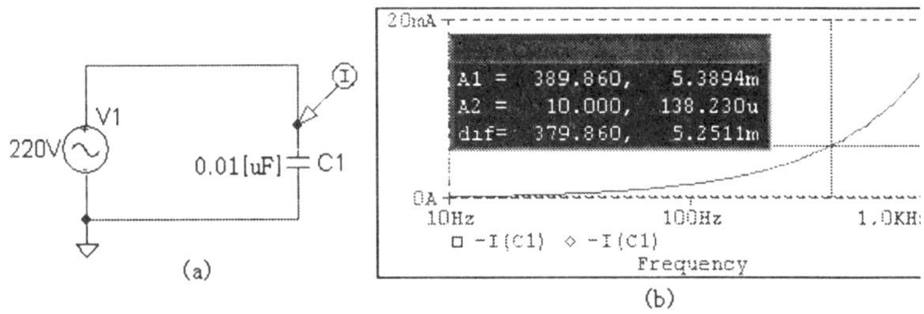


[그림 3.29] 예제회로 및 시뮬레이션 결과

**예제 3.11** 커패시터의 양단전압은 [그림 3.30](b)와 같다. 이때 (a)에서 200[$\mu$F]의 커패시터에 흐르는 전류를 그려보라.

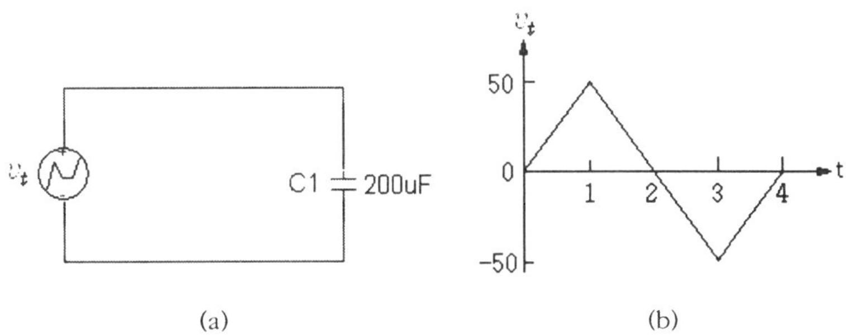


[그림 3.30] 예제 그림

**해** 커패시터의 전압파형은 다음과 같이 수식으로 표현할 수 있다.

$$v(t) = \begin{cases} 50t[\text{V}] & 0 < t < 1 \\ 100 - 50t[\text{V}] & 1 < t < 3 \\ -200 + 50t[\text{V}] & 3 < t < 4 \\ 0 & \text{otherwise} \end{cases}$$

$i = C\,dv/dt$이고 $C = 200[\mu\text{F}]$이므로 $v$의 도함수를 취하면 다음과 같이 구할 수 있다.

$$v(t) = 200 \times 10^{-6} \times \begin{cases} 50 & 0 < t < 1 \\ -50 & 1 < t < 3 \\ 50 & 3 < t < 4 \\ 0 & \text{otherwise} \end{cases}$$

$$= \begin{cases} 10[\text{mA}] & 0 < t < 1 \\ -10[\text{mA}] & 1 < t < 3 \\ 10[\text{mA}] & 3 < t < 4 \\ 0 & \text{otherwise} \end{cases}$$

[그림 3.31]은 상기 회로의 시뮬레이션 결과이다.

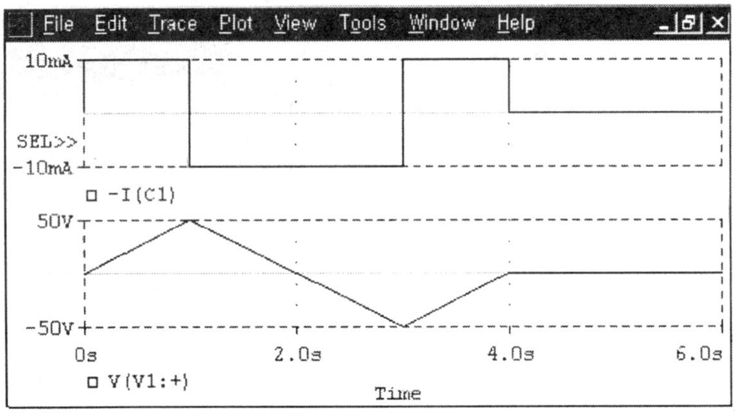


[그림 3.31] 시뮬레이션 결과

## 3.9 $R-L$ 직렬회로

2개 이상의 소자가 회로를 구성하고 있는 경우 이 회로의 전압과 전류의 관계를 결정지어 주는 요소로써 임피던스(impedance)가 있다.

[그림 3.32](a)의 회로에 $i = I_m \sin\omega t$[A]의 전류를 흘리면

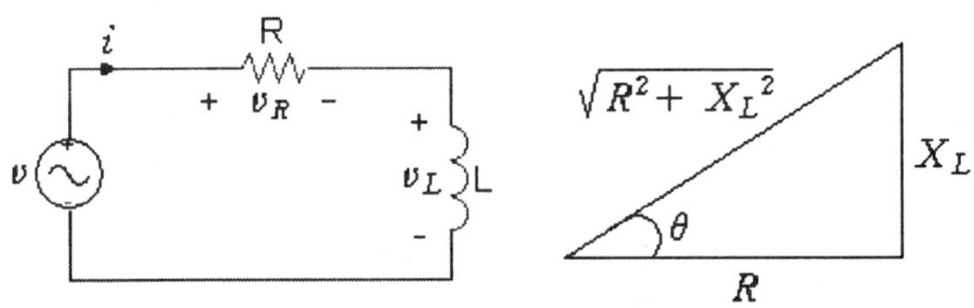


(a) (b)

[그림 3.32] $R-L$ 직렬회로 및 임피던스 삼각도

$$v_R = RI_m \sin\omega t \tag{3.25}$$

$$v_L = \omega L I_m \cos\omega t = X_L I_m \cos\omega t \tag{3.26}$$

따라서, $v = v_R + v_L$이므로

$$v = I_m (R\sin\omega t + X_L \cos\omega t) \tag{3.27}$$

$$= I_m \sqrt{R^2 + X_L \sin(\omega t + \theta)^2} \tag{3.28}$$

여기서

$$\theta = \tan^{-1}\frac{X_L}{R} \tag{3.29}$$

[그림 3.32](b)는 식 (3.28)의 유도과정을 이해하는데 도움이 되는 임피던스도(impedance diagram)이며, $\sqrt{R^2+X_L^2}$ 은 전류를 제한하는 저항과 같은 역할을 하는 성분으로서 임피던스(impedance)이라 부르고 $Z$로 나타낸다. 식 (3.28)에서

$$Z=\frac{V_m}{I_m}=\frac{V}{I}=\sqrt{R^2+X_L^2} \tag{3.30}$$

$$\theta = (\text{전압의 위상})-(\text{전류의 위상}) \tag{3.31}$$

이 된다.

**예제 3.12** 저항 15[Ω]와 인덕턴스 53[mH]인 코일이 [그림 3.33](a)와 같이 직렬로 연결되어 있다.

(a) 60[Hz]에 대한 임피던스의 크기와 각을 구하라.

(b) 이 코일에 100[V], 60[Hz]의 교류전압을 인가할 때 흐르는 전류의 크기와 위상은 어떻게 되는가?

**해** (a) $X_L=\omega L=2\pi fL=2\times 3.14\times 60\times 53\times 10^{-3}=20[\Omega]$

$Z=\sqrt{R^2+X_L^2}=\sqrt{15^2+20^2}=25[\Omega]$

$\theta=\tan^{-1}\frac{X_L}{R}=\tan^{-1}\frac{20}{15}=53.1[°]$

(b) $I=\frac{V}{Z}=\frac{100}{25}=4[A]$이고, 인가전압보다 53.1°만큼 위상이 늦어진다.

상기 예제를 시뮬레이션한 결과는 [그림 3.33](b)와 같다.

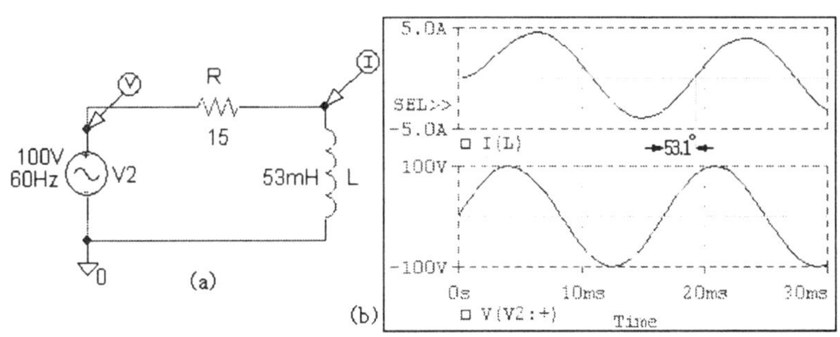


[그림 3.33] 예제의 시뮬레이션 결과

**예제 3.13** [그림 3.34](a)에서 $i$, $v_R$, $v_L$를 각각 구하라.

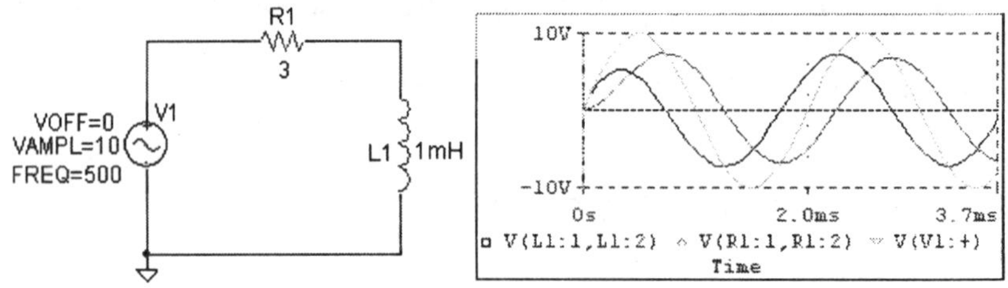


(a) (b)

[그림 3.34] $R-L$ 직렬회로

**해** [그림 3.34](a)에서 $V1 = 10\angle 0^\circ$, $Z_L = j\omega L = j(2\pi 500)\times 10^{-3} = j3.14[\Omega]$

$$Z_T = Z_R + Z_L = 3 + j3.14 = 4.34\angle 46.32^\circ$$

$$I = \frac{V1}{Z_T} = \frac{10\angle 0^\circ}{4.34\angle 46.32^\circ} = 2.30\angle -46.32^\circ$$

$$\therefore i(t) = 2.30\sin(1000\pi t - 46.32^\circ)$$

$$v_R(t) = I\times R = (2.30\angle -46.32^\circ)\times 3 = 6.9\angle -46.32^\circ = 6.9\sin(1000\pi t - 46.32^\circ)[\text{V}]$$

$v_L(t) = I\times Z_L = (2.30\angle -46.32^\circ)\times(3.14\angle 90^\circ) = 7.23\angle 43.68^\circ = 7.23\sin(1000\pi t + 43.68^\circ)$[A]가 되고, 시뮬레이션 결과는 그림 (b)이다.

**예제 3.14** [그림 3.35](a)와 같이 $R-L$ 직렬회로에 구형파(−55000 1m 2m)를 인가한 경우에 전압과 전류의 곡선을 PSpice를 이용해서 구하라.

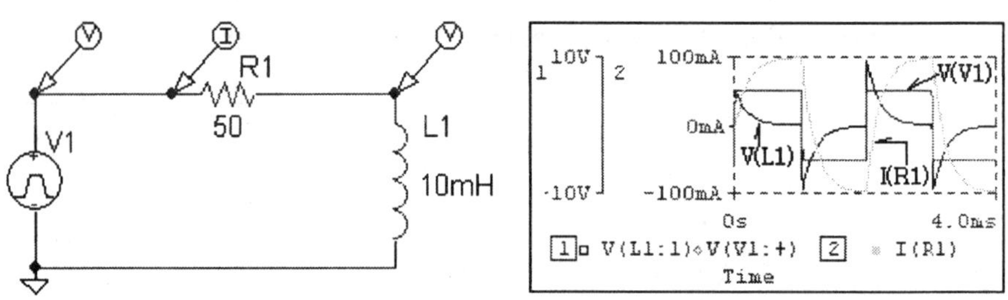


(a) (b)

[그림 3.35] 회로 및 출력결과

**해** [그림 3.35]에서 회로 방정식은 다음과 같다.

$L\frac{di}{dt} + Ri = V_1$이고, 이때 흐르는 전류 $i = \frac{V_1}{R}\left(1 - e^{-\frac{R}{L}t}\right)$가 된다. 따라서 시뮬레이션 결과는 [그림 3.35](b)와 같이 된다.

## 3.10 $R-C$ 직렬회로

[그림 3.36](a)의 $R-C$ 직렬회로에 $i=I_m\sin\omega t$[A]인 전류를 흘렸을 때 $R$ 및 $C$에 의한 전압강하는

$$v_R = RI_m\sin\omega t$$

$$v_C = -\frac{1}{\omega C}I_m\cos\omega t = X_C I_m\cos\omega t \tag{3.32}$$

$$v = v_R + v_C = I_m\sqrt{R^2+X_C^2}\ \sin(\omega t+\theta)$$

$$\theta = \tan^{-1}\frac{X_C}{R} = -\tan^{-1}\frac{1}{R\omega C} \tag{3.33}$$

용량성 리액턴스($X_C$)는 (−)의 리액턴스로서 $X_C=-\dfrac{1}{\omega C}$이므로 $\theta$는 (−)의 값을 가진다. 따라서 전압은 전류보다 $\theta$만큼 위상이 늦어진다.

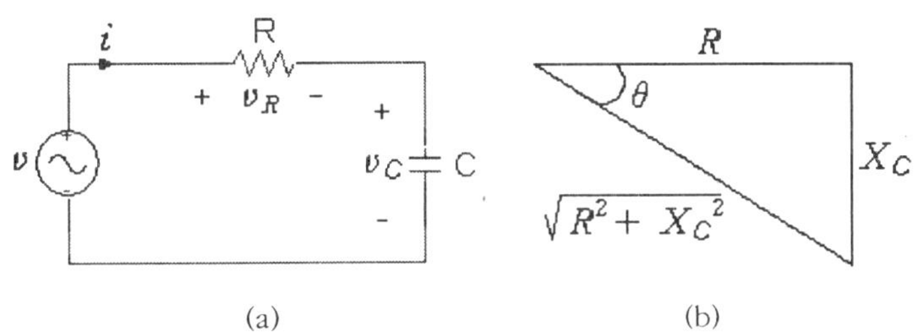


[그림 3.36] $R-C$ 직렬회로와 임피던스 삼각도

$R-C$ 직렬회로에서는 식 (3.32)에서와 같이 $\sqrt{R^2+X_C^2}$가 전류를 제한하는 저항과 같은 역할을 하는 성분이 되며 이 값 또한 임피던스라 하고 $Z$로 나타낸다.

$$Z=\sqrt{R^2+X_C^2}\ [\Omega] \tag{3.34}$$

과 같이 된다.

**예제 3.15** [그림 3.37](a)와 같이 $R-C$ 직렬회로에서 $R=80[\Omega]$, $C=0.5[\mu\mathrm{F}]$이다. 교류전압 $v=100\sin(10{,}000t+45°)$[V]가 인가될 때 (a) 임피던스의 크기, (b) 전압과 전류의 위상관계, (c) 전류의 순시값을 각각 구하라.

**해** (a) $X_C=-\dfrac{1}{\omega C}=-\dfrac{1}{10{,}000\times0.5\times10^{-6}}=-200[\Omega]$

$$Z=\sqrt{R^2+X_C^2}=\sqrt{80^2+(-200)^2}=215[\Omega]$$

(b) $\theta = \tan^{-1}\dfrac{X_C}{R} = \tan^{-1}\dfrac{(-200)}{80} = 68.2°$

따라서, 전류는 전압보다 68.2°앞선다.

(c) $I_m = \dfrac{V_m}{Z} = \dfrac{100}{215} = 0.47[\mathrm{A}]$

$$i = 0.47\sin(10{,}000t + 45° + 68.2°) = 0.47\sin(10{,}000t + 113.2°)[\mathrm{A}]$$

상기 예제를 시뮬레이션한 결과는 [그림 3.37](b)와 같다.

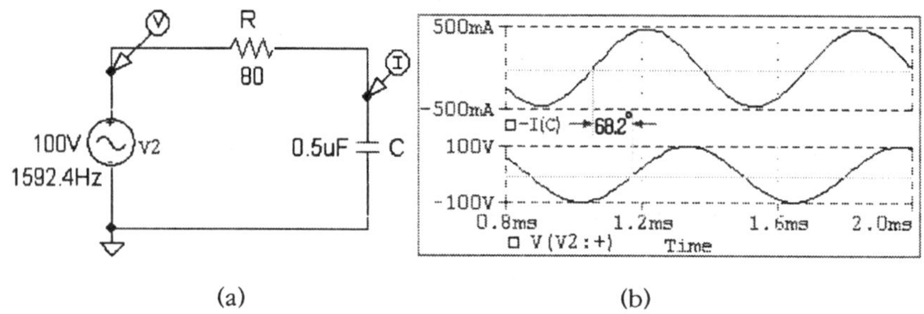


[그림 3.37] 예제의 시뮬레이션 결과

**예제 3.16** [그림 3.38](a)에서 $i$, $v_R$, $v_L$를 각각 구하라.

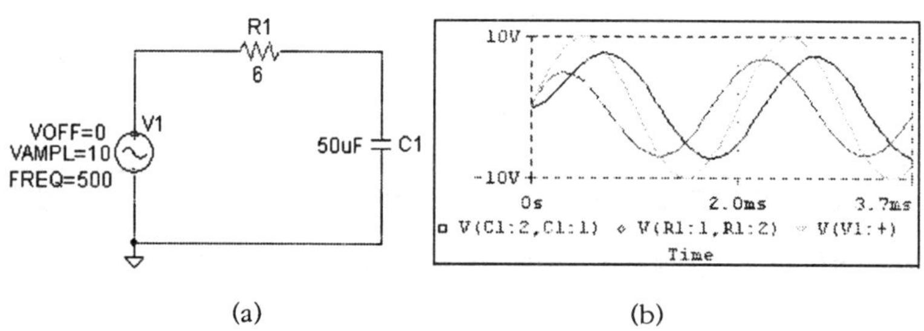


[그림 3.38] $R-C$ 직렬회로

**해** [그림 3.38](a)에서 $V1 = 10\angle 0°$, $Z_C = \dfrac{1}{j\omega c} = \dfrac{1}{j(2\pi 500)\times 50\times 10^{-3}} = -j6.37[\Omega]$

$Z_T = Z_R + Z_C = 6 - j6.37 = 8.75\angle -46.71°$, $I = \dfrac{V1}{Z_T} = \dfrac{10\angle 0°}{8.75\angle -46.71°} = 1.14\angle 46.71°$

$\therefore\ i(t) = 1.14\sin(1000\pi t + 46.71°)$

$v_R(t) = I\times R = (1.14\angle 46.71°)\times 6 = 6.84\angle 46.71° = 6.84\sin(1000\pi t + 46.71°)[\mathrm{V}]$

$v_C(t) = I\times Z_C = (1.14\angle 46.71°)\times(6.37\angle -90°) = 7.26\angle -43.29°)$

$= 7.26\sin(1000\pi t - 43.29°)[\mathrm{V}]$가 되고, 시뮬레이션 결과는 그림 (b)이다.

**예제 3.17** [그림 3.39](a)에서 구형파 펄스(−5 5 0 0 0 1m 2m)를 인가한 경우에 전류와 전압곡선의 변화를 PSpice를 이용해서 구해보라.

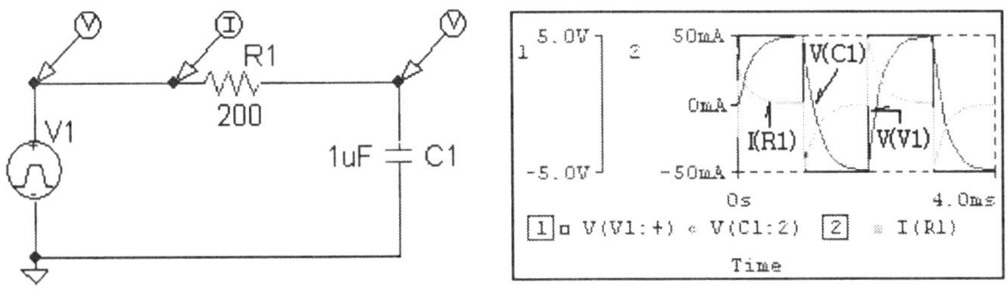


(a) (b)

[그림 3.39] 회로 및 출력결과

**해** [그림 3.39]에서 회로 방정식은 다음과 같다.

$Ri+\frac{1}{C}\int_0^t idt+\frac{1}{C}q_o=V_1$이고, $i=\frac{V_1}{R}e^{-\frac{1}{RC}t}$, $V_c=V_1\left(1-e^{\frac{1}{RC}t}\right)$가 된다.

따라서 시뮬레이션 결과는 [그림 3.39](b)가 된다.

## 3.11 $R-L-C$ 직렬회로

[그림 3.40](a)와 같은 $R-L-C$ 직렬회로에 교류전류 $i=I_m\sin\omega t$[A]가 흐를 때 각 소자 양단의 전압을 $v_R$, $v_L$, $v_C$라 하면

$$v_R=RI_m\sin\omega t,\ v_L=\omega LI_m\cos\omega t,\ v_C=-\frac{1}{\omega C}I_m\cos\omega t$$

이 되고, $v=v_R+v_L+v_C$이므로

$$v=I_m\left[R\sin\omega t+\left(\omega L-\frac{1}{\omega C}\right)\cos\omega t\right] \tag{3.35}$$

여기서

$$\omega L-\frac{1}{\omega C}=X_L+X_C=X \tag{3.36}$$

로 놓으면, 식 (3.35)는

$$v=I_m(R\sin\omega t+X\cos\omega t)$$

$$=I_m\sqrt{R^2+X^2}\sin(\omega t+\theta) \tag{3.37}$$

이 된다. 따라서 이 회로의 임피던스 크기는

$$Z = \frac{V_m}{I_m} = \sqrt{R^2 + X^2} = \sqrt{R^2 + (X_L + X_C)^2} \tag{3.38}$$

여기서 $X_L = j\omega L[\Omega]$, $X_C = \frac{1}{j}\omega C[\Omega]$으로 $X = X_L - X_C$가 되고 $X$는 일반적으로 리액턴스라 한다.

이때 합성 임피던스각은 다음과 같이 된다.

$$\theta = \tan^{-1}\frac{X}{R} = \tan^{-1}\frac{X_L + X_C}{R}$$

$$= \tan^{-1}\frac{\omega L - \frac{1}{\omega C}}{R} \tag{3.39}$$

[그림 3.40](b)는 $X_L > X_C$인 경우로서, 만일 $X_L < X_C$이면 임피던스 삼각도는 제4상한에 있게 될 것이다.

① $\omega L > \frac{1}{\omega C}$이면 $X > 0$, $\theta > 0$이고 유도성회로가 되며 전압은 전류보다 $\theta$만큼 위상이 앞선다.

② $\omega L < \frac{1}{\omega C}$이면 $X < 0$, $\theta < 0$이고 용량성 회로가 되며 전압은 전류보다 $\theta$만큼 위상이 늦는다.

③ $\omega L = \frac{1}{\omega C}$이면 $X = 0$, $\theta = 0$이고 전류와 전압은 동상이며 $Z = R$로서 전류는 최대가 된다. 이런 상태를 직렬공진(serial resonance)이라 한다.

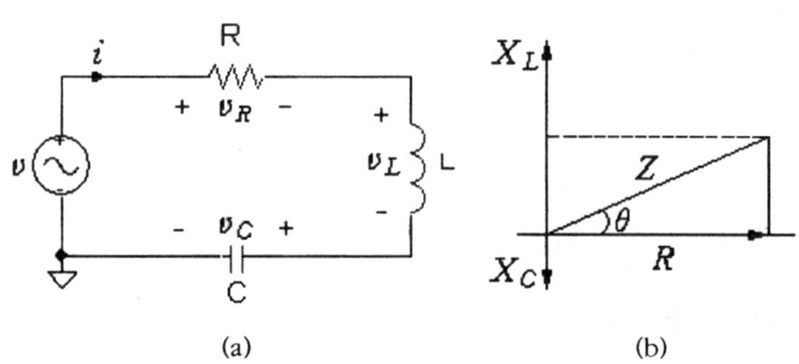


(a) (b)

[그림 3.40] $R-L-C$ 직렬회로와 임피던스 삼각도

〈표 3.2〉 각종 회로의 임피던스와 상차

| 회　로 | 임피던스의 크기[Ω] | 임피던스의 각[rad] | 위 상 차 |
|---|---|---|---|
| 저항회로 ($X=0$) | $Z=R$ | $\theta=0$ | 동　상 |
| 유도회로 ($R=0$) | $Z=X_L=\omega L$ | $\theta=\frac{\pi}{2}$ | 전압이 전류보다 $\frac{\pi}{2}$ 앞선다. |
| 용량회로 ($R=0$) | $Z=X_C=-\frac{1}{\omega C}$ | $\theta=-\frac{\pi}{2}$ | 전압이 전류보다 $\frac{\pi}{2}$ 늦는다. |

〈표 3.2〉는 지금까지 설명한 각종 회로의 임피던스를 요약한 것이다. 여기서 공진시 $X_L$과 $X_C$가 상쇄되는 이유에 대해 설명하고자 한다. 전원의 주파수가 직렬공진 주파수와 같아질 때 $C$와 $L$의 리액턴스는 크기가 같아지고, $C$와 $L$의 양단전압 $V_L$와 $V_C$ 또한 크기가 같고 위상차는 항상 180°가 된다. [그림 3.41](a)와 (b)에 나타나 있듯이 $V_L$와 $V_C$의 극성은 항상 반대가 되므로 두 전압의 합은 항상 0이 된다. 그리고 그림 (d)의 전압 페이저도에서 확인할 수 있듯이 $V_L$와 $V_C$는 크기가 같고 위상차가 180°가 된다.

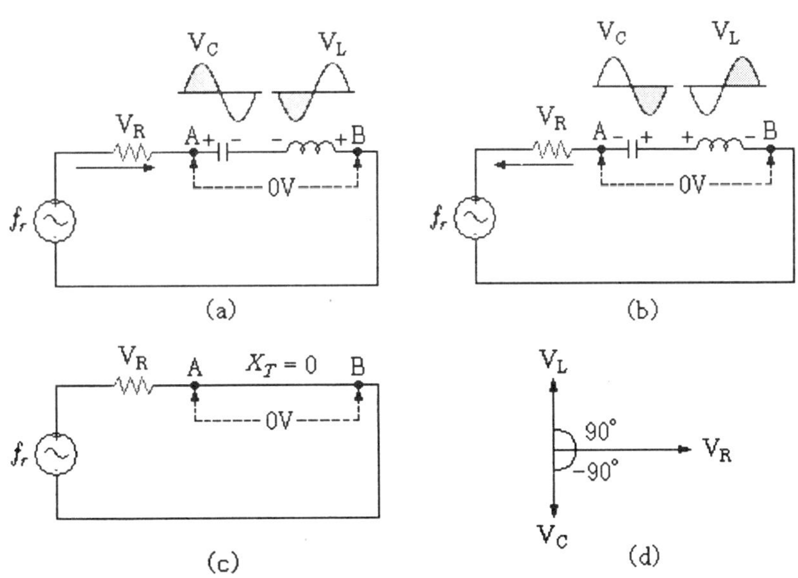


[그림 3.41] 공진시의 회로

**예제 3.18** $R=100[\Omega]$, $L=25.3[\text{mH}]$, $C=100[\mu\text{F}]$인 [그림 3.36](a)의 $R-L-C$ 직렬회로에 $v=100\sqrt{2}\sin 628t[\text{V}]$인 전압을 걸 때 (a) 임피던스의 크기, (b) 임피던스의 각, (c) 전류를 각각 구하라.

**해** (a) $\omega L = 628 \times 25.3 \times 10^{-3} \fallingdotseq 15.9[\Omega]$

$$\frac{1}{\omega C} \fallingdotseq 15.9[\Omega] \quad \therefore \quad \omega L \fallingdotseq \frac{1}{\omega C}$$

$$Z = \sqrt{R^2 + \left(\omega L - \frac{1}{\omega C}\right)^2} = R = 100[\Omega]$$

(b) $\theta = 0$, 즉 전압과 전류는 동상(직렬공진)이 된다.

(c) $I = \frac{V}{Z} = \frac{100}{100} = 1[\mathrm{A}]$

[그림 3.42](b)는 시뮬레이션한 결과이다.

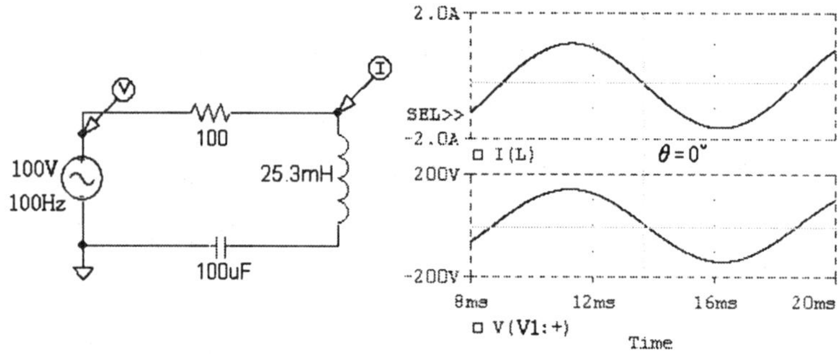


(a) (b)

[그림 3.42] 시뮬레이션 결과

**예제 3.19** [그림 3.43]의 $R-L-C$의 직렬회로에서 공진주파수를 구하라.

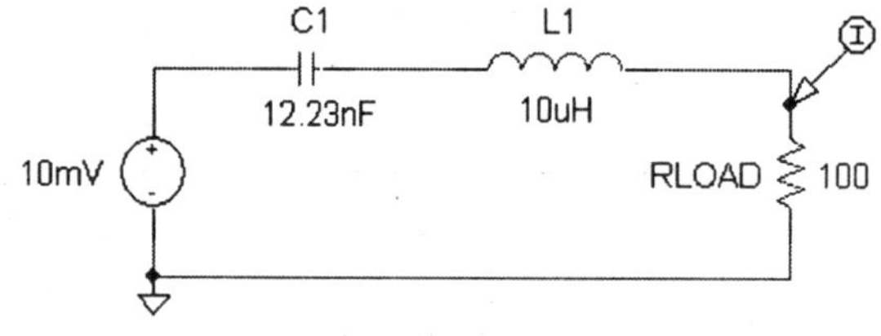


[그림 3.43] 직렬회로

**해** 상기 회로에서 공진주파수 $f$는 다음과 같다.

$$f = \frac{1}{2\pi\sqrt{LC}} = \frac{1}{6.28 \times \sqrt{12.23 \times 10^{-9} \times 10 \times 10 \times 10^{-6}}} = 455[\mathrm{kHz}]$$

[그림 3.44]는 상기 회로의 시뮬레이션 결과이다. 공진주파수는 약 455[kHz]에서 공진이 되고 이때의 전류는 100[$\mu$A]가 됨을 확인할 수 있었다. 그리고 코일의 양단전압과 콘덴서 양단 전압의 합은 0이 됨을 확인할 수 있었다.

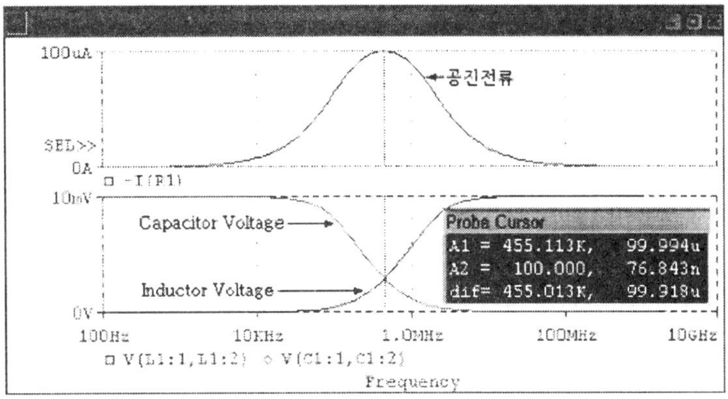


[그림 3.44] 시뮬레이션 결과

지금까지 우리는 전원의 전압 또는 전류는 항상 일정한 것으로 보고 회로를 해석하였다. 그러나 스위치의 동작같이 일정한 전압 또는 전류를 회로에 공급하다가 순간적으로 차단시키는 경우를 생각해 보자.

예를 들면 $RL$ 회로의 경우 현재 $L$로 흐르는 전류가 $i$라면 $L$에는 $\frac{1}{2}Li^2$의 에너지가 축적되어 있다. 그런데 순간적으로 전류를 차단시킨다 하더라도 축적된 에너지는 순간적으로 소모될 수 없고, 어느 정도의 시간이 필요하게 된다. 이때 에너지는 $R$에 의해서만 소모될 수 있으므로 전류를 차단시킨다 하더라도 축적된 에너지를 소모하는 동안 전류는 계속 흐르게 된다. $RC$회로의 경우도 마찬가지로 $C$에 축적된 에너지 $\frac{1}{2}Cv^2$이 소모되는 동안에는 전류는 계속 흐르게 된다. 이와 같은 현상을 과도현상(transient phenomena)이라 하며 과도상태가 소멸된 후의 상태를 정상상태(steady state)라 한다. 우리는 지금까지 정상상태의 경우에만 한해서 해석을 해왔다.

[그림 3.45]는 전원으로 구형파를 가했을 때 $R-L-C$의 값에 따라 과도현상을 확인할 수 있는 회로이다. 인덕턴스값을 가변함으로써 수렴하는 시간을 조정할 수 있다. 이때 구형파 전압은 (0 5 0 1n 1n 1m 2m)이다.

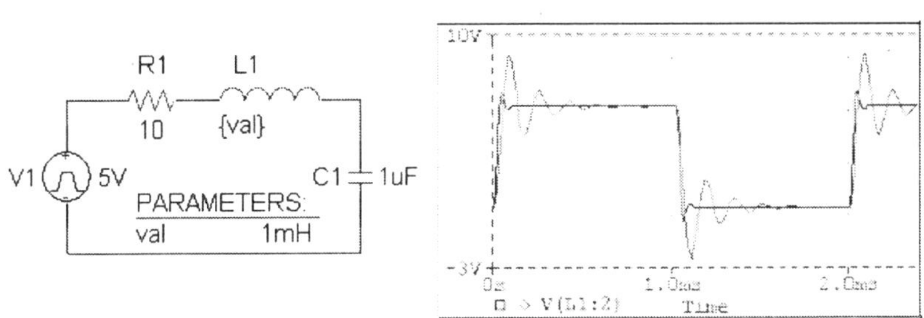


(a) (b)

[그림 3.45] 회로 및 출력결과

[그림 3.45](a)를 시뮬레이션한 결과가 그림 (b)이다. 그림에서도 확인할 수 있듯이 초기에 진동하다가 정상상태가 됨을 확인할 수 있었다.

**예제 3.20** [그림 3.46](a)에서 출력전압을 구하라. 단, 전원주파수는 60[Hz]이다.

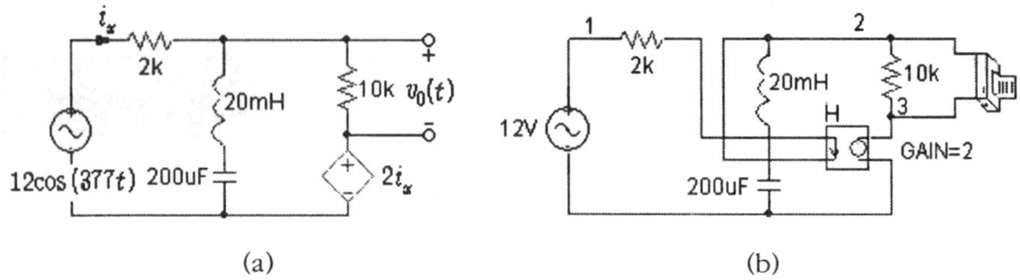


[그림 3.46] 출력전압 구하기

**해** PSpice를 이용해서 [그림 3.46](b)처럼 회로를 그리고 회로해석을 한 결과가 아래와 같다.

```
** Analysis setup **
.ac LIN 1 60 60
.OP

****    AC ANALYSIS                TEMPERATURE =   27.000 DEG C
******************************************************************************
    FREQ              VM(2,3)           VP(2,3)
  6.000E+01          3.637E-02        -1.091E+02
```

**예제 3.21** [그림 3.47]의 회로에서 $V_1$과 $V_2$를 구하라. 단, 소자의 단위는 [Ω]이다.

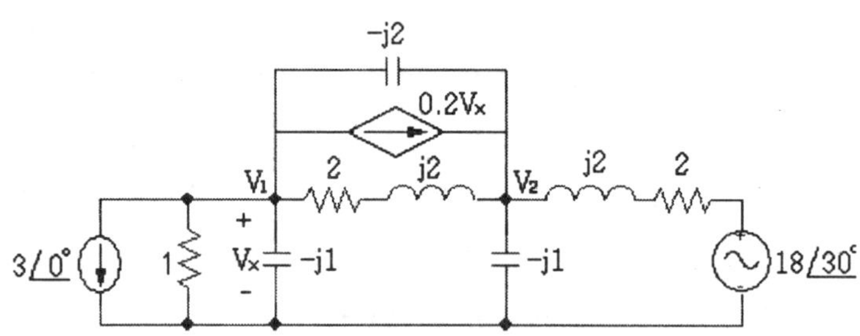


[그림 3.47] 예제 그림

**해** 회로에서 $\omega = 1$[rad/sec]를 선택했다면 대응하는 주파수 $f = \omega/2\pi = 0.159155$[Hz]이다. 따라서 커패시턴스와 인덕턴스의 값을 얻을 수 있다. 이러한 변환된 결과는 [그림 3.48]이다.

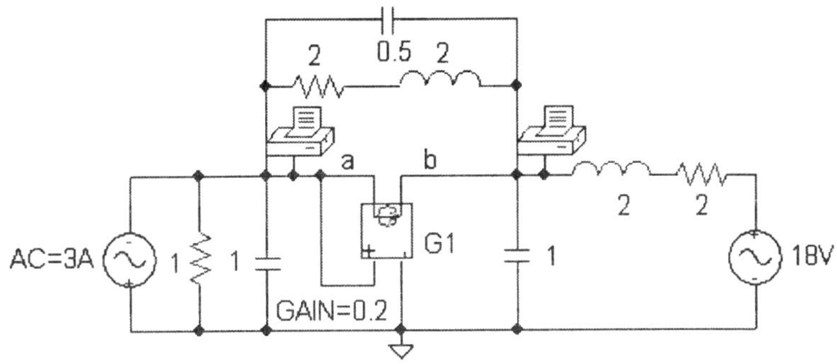


(a)

| FREQ | VM(a) | VP(a) | FREQ | VM(b) | VP(b) |
|---|---|---|---|---|---|
| 1.592E-01 | 2.708E+00 | -5.673E+01 | 1.592E-01 | 6.914E+00 | -8.070E+01 |

(b)

[그림 3.48] 실제회로 및 출력결과

**예제 3.22** $R-L-C$ 소자 양단에 [그림 3.49]와 같은 전압이 인가되었다. 각 소자의 전류파형을 그려라. 단, $R=10[\Omega]$, $L=2[\mathrm{H}]$, $C=0.5[\mathrm{F}]$이다.

**해** 기본적으로 $R-L-C$ 각 소자의 전류는 다음 원칙에 준한다.

- 저항 : 파형의 형태가 동일하고 크기만 저항 $R$로 나눈다.
- 인덕터 : $i=\frac{1}{L}\int vdt$에 의해 파형을 적분한 후 $L$로 나눈다
- 콘덴서 : $i=C\frac{dv}{dt}$에 의해 파형을 미분한 후 $C$를 곱한다.

여기서 [그림 3.49]의 전압을 각 구간별로 적분한 인덕터 전류만을 구해본다.

1) $0 \le t < 2$, $v=t$이다. $t=2$에서의 전류값은 다음과 같다.

$$i(2)=\frac{1}{L}\int vdt=\frac{1}{2}\int_0^2 tdt=1[\mathrm{A}]$$

2) $2 \le t < 4$, $v=2$로서 상수이다. $t=4$에서의 전류값은 $i(2)$의 전류값에 적분구간 [2, 4]의 값을 더한 것과 같다.

$$i(4)=1+\frac{1}{L}\int_2^4 2dt=1+\frac{1}{2}2t\Big]_2^4 = 3[\mathrm{A}]$$

3) $4 \le t < 6$, $v=-t+6$이다. $t=6$에서의 전류값은 앞서값과 적분구간 [4, 6]의 값을 더한 것과 같다.

$$i(6)=1+3+\frac{1}{L}\int_4^6(-t+6)dt=4+\frac{1}{2}\left(-\frac{t^2}{2}+6t\right)\Big]_4^6 = 4[\mathrm{A}]$$

콘덴서 전류는 각 구간을 미분하면 된다. 따라서 각 구간에 대한 전류를 구한 것이 〈표 3.3〉이다.

〈표 3.3〉 각 구간에 대한 소자들의 값

| 시간대별 | 0 ~ 2 | 2 ~ 4 | 4 ~ 6 |
|---|---|---|---|
| $i_R$ | 0.1 | 0 | −0.1 |
| $i_L$ | 1 | 2 | 1 |
| $i_C$ | 0.5 | 0 | −0.5 |

표를 이용해서 각 소자의 전류파형을 그린 것이 [그림 3.49]이다.

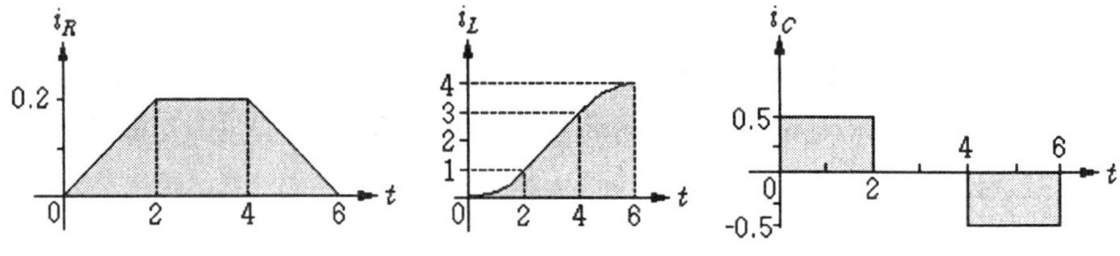


(a) $i_R$ (b) $i_L$ (c) $i_C$

[그림 3.49] 각 소자의 전류파형

# 4장

# 정현파 교류의 복소수 표시



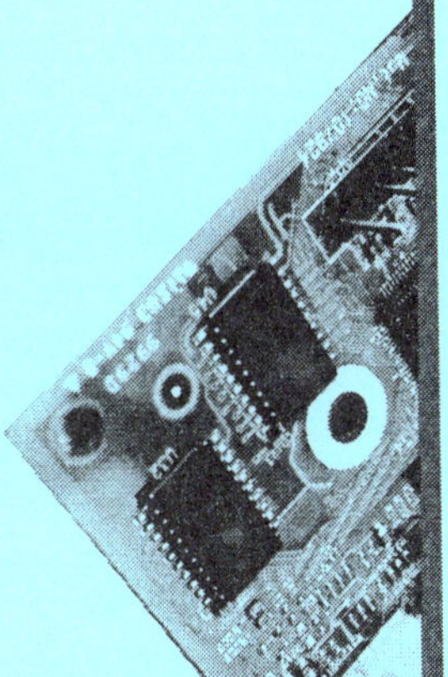

# 4장 정현파 교류의 복소수 표시

## 4.1 복소수

2차 방정식 $X^2-2X+5=0$의 근을 구하면 근의 공식에 의하여 $X=1\pm\sqrt{-4}$이 된다. 그러나 어떠한 실수도 제곱하여 $-$가 될 수 없으므로 $\sqrt{-4}$는 실제로 존재하는 수가 아니다.

어떤 수를 제곱하여 $-1$이 되는 새로운 수를 가상적인 수로 생각하여 이를 우리는 허수단위라 부르기로 하며 $j$로 표시한다. 즉,

$$j^2=-1,\quad j=\sqrt{-1} \tag{4.1}$$

위에서 구한 근 $X=1\pm\sqrt{-4}$와 같이 실수와 허수 두 종류의 수를 포함하는 수를 복소수(complex number)라 하며 이 복소수를 하나의 문자로써 표시하려면, $\boldsymbol{A}$와 같이 문자를 굵은 글씨로 표시하기로 약속하자.

$$\boldsymbol{A}=a+jb \tag{4.2}$$

위식에서 $a$와 $b$는 실수이며 $jb$는 허수이다. $a$를 $\boldsymbol{A}$의 실수부(real part), $b$를 $\boldsymbol{A}$의 허수부(imaginary part)라 하고 복소수는 일직선상에 한 점으로 표시할 수 없으므로 평면상에 직교하는 X, Y축을 생각하여 X축을 실수축 Y축을 허수축으로 잡은 평면을 생각한다.

이와 같이 실축과 허축이 직교한 [그림 4.1]과 같은 직교평면을 복소평면(complex plane)이라 한다.

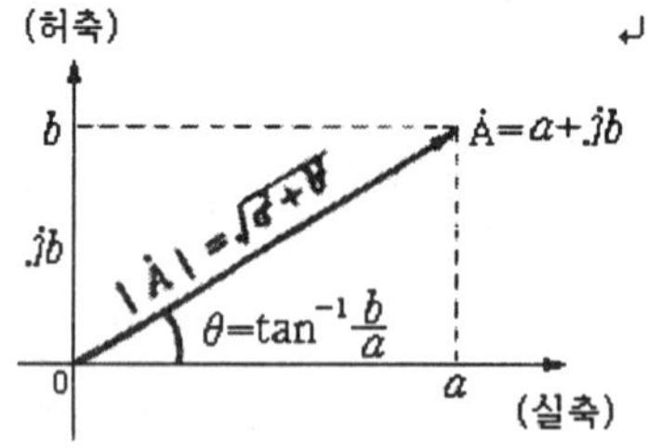


[그림 4.1] 복소평면

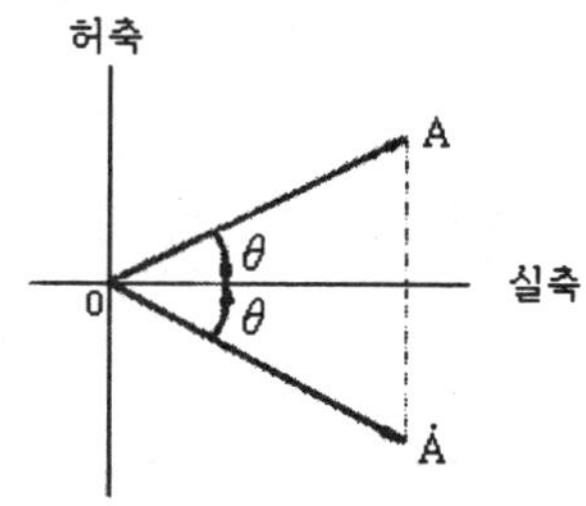


[그림 4.2] 공액복소수

두 개의 복소수 $a+jb$와 $a-jb$는 서로 공액(conjugate)이라 한다. 복소수 $A$의 공액복소수를 [그림 4.2]와 같이 $\dot{A}$로 표시하기로 약속하자.

$A=a+jb$이면 $\dot{A}=a-jb$이며

$$A+\dot{A}=2a,\ A-\dot{A}=j2b \tag{4.3}$$
$$A\dot{A}=(a+jb)(a-jb)=a^2+b^2$$

이 된다.

즉, 어떤 복소수와 그 공액복소수와의 곱이 항상 실수가 된다는 사실을 명심하자.

## 4.2 연산자 $j$

복소수 $A=a+jb$와 허수단위 $j$와의 적을 생각하면

$$jA=j(a+jb)=-b+ja \tag{4.4}$$

가 된다. [그림 4.3](a)는 $A$와 $jA$를 복소평면 위에 표시했다. 즉, $jA$는 $A$를 반시계방향으로 90°회전시킨 것임을 알 수 있다.

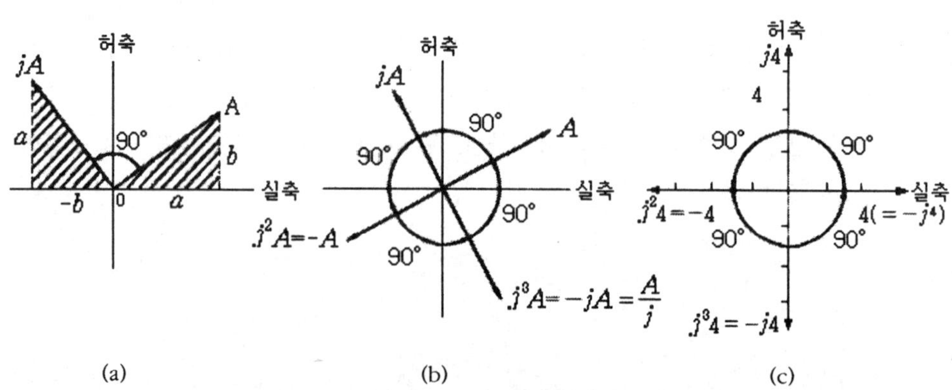


[그림 4.3] $j$와 복소수와의 적

이런 의미에서 $j$를 회전연산자(rotational operator)라고 부르기도 한다. 그림 (b), (c)는 $A$에 $j$를 여러 번 곱한 결과를 나타낸 것이다.

## 4.3 복소수 표시

다음에는 복소수를 표시하는 몇 가지 방법에 대해서 설명해 보자. 이때까지 복소수를 실수부와 허수부로써, 즉 기하학적으로는 직각좌표로써 표시하였다. 그러나 이것을 극좌표로써 표시할 수도 있다.

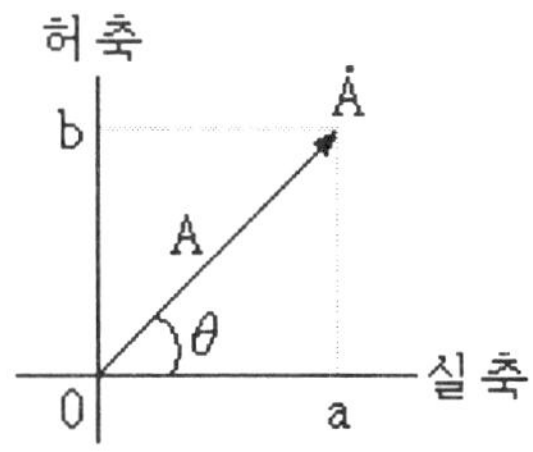


[그림 4.4] 직각좌표형식과 극좌표형식

[그림 4.4]에서 원점으로부터 점 $\dot{A}$까지의 거리를 $A$, 동경 OA가 수평축과 이루는 각을 $\theta$라 하면

$$\dot{A} = A \angle \theta \tag{4.5}$$

와 같이 복소수를 그 크기와 각으로써 표시할 수 있다. 이것은 크기가 $A$이고 각이 $\theta$인 복소수를 나타내는 기호이다.

$$A = \sqrt{a^2 + b^2}, \quad \theta = \tan^{-1}\frac{b}{a} \tag{4.6}$$

$$\alpha = A\cos\theta, \quad b = A\sin\theta \tag{4.7}$$

또한, 오일러의 정리(Euler's formula)에 의해서 지수함수 $e^{j\theta}$는 다음과 같이 나타낼 수 있다.

$$\varepsilon^{j\theta} = \cos\theta + j\sin\theta \tag{4.8}$$

이상으로서 복소수를 다음 네 가지 형식으로 표현할 수 있다.

$$A = a + jb = A(\cos\theta + j\sin\theta) = A\angle\theta = A\varepsilon^{j\theta} \tag{4.9}$$

여기서 $a + jb$를 직각좌표형식(rectangular form), $A(\cos\theta + j\sin\theta)$를 삼각함수형식

(trigo-nometric form), $A \angle \theta$를 극좌표형식(polar form), $A\varepsilon^{j\varepsilon}$를 지수함수형식(exponential form)이라고 부른다.

**[오일러의 정리]**

$X$가 실수일 때 자연대수 $\varepsilon$에 대한 지수함수 $\varepsilon^x$는 다음과 같은 무한급수이다.

$$\varepsilon^x = 1 + x + \frac{x^2}{2!} + \frac{x^3}{3!+} \cdots$$

만약 $x$가 $j\theta$와 같은 허수일 때 이 $j\theta$를 위의 식에 그대로 대입하면

$$\varepsilon^{j\theta} = 1 + (j\theta) + \frac{(j\theta)^2}{2!} + \frac{(j\theta)^3}{3!}$$

$$= \left(1 - \frac{\theta^2}{2!} + \frac{\theta^4}{4!} - \cdots\right) + j\left(\theta - \frac{\theta^3}{3!} + \frac{\theta^5}{5!} - \cdots\right)$$

Taylor의 전개식에 의하면 $\sin\theta$, $\cos\theta$는 다음과 같이 나타낼 수 있다.

$$\sin\theta = \theta - \frac{\theta^3}{3!} + \frac{\theta^5}{5!} - \cdots$$

$$\cos\theta = 1 - \frac{\theta^2}{2!} + \frac{\theta^4}{4!} - \cdots$$

따라서

$$\varepsilon^{j\theta} = \cos\theta + j\sin\theta$$

라 쓸 수 있다.

이 결과를 Euler의 공식이라 한다.

**예제 4.1** 두 복소수 $4+j3$, $-2+j1$을 가·감·승·제 하라.

**해** $(4+j3)+(-2+j1)=2+j4$

$(4+j3)-(-2+j1)=6+j2$

$(4+j3)(-2+j1)=-11-j2$

$(4+j3)/(-2+j1)=-1-j2$

**예제 4.2** $A=96+j28$ , $B=4-j3$일 때 $A/B$를 구하라.

**해** $C=\frac{A}{B}=\frac{96+j28}{4-j3}$

$$=\frac{96+j28(4+j3)}{(4-j3)(4+j3)}=\frac{300+j400}{4^2+3^2}=12+j16$$

**예제 4.3** (a) $4+j3$, $-2+j1$을 극좌표형식으로 고쳐라.

(b) $4\angle-30°$, $2.37\angle215°$를 직각좌표형식으로 고쳐라.

**해** (a) $4+j3=\sqrt{4^2+3^2}\angle\tan^{-1}\frac{3}{4}=5\angle36.9°$

$$-2+j1=\sqrt{(-2)^2+1^2}\angle\tan^{-1}\frac{1}{2}=\sqrt{5}\angle153.4°$$

(b) $4\angle-30°=4[\cos(-30°)+j\sin(-30°)]=4(0.866-j0.5)=3.464-j2.0$

$2.37\angle215°=2.37[\cos215°+j\sin215°]=2.37(-0.819-j0.574)$

$=-1.941-j1.360$

복소수의 승제는 극좌표 형식에 의하면 매우 간단하게 이루어진다.

$A=A\angle\alpha=A(\cos\alpha+j\sin\alpha)$

$B=B\angle\beta=B(\cos\beta+j\sin\beta)$일 때

$$AB=AB(\cos\alpha+j\sin\alpha)(\cos\beta+j\sin\beta)$$

$$=AB[(\cos\alpha\cos\beta-\sin\alpha\sin\beta)+j(\sin\alpha\cos\beta+\cos\alpha\sin\beta)]$$

$$=AB[\cos(\alpha+\beta)+j\sin(\alpha+\beta)]$$

이 최후의 결과는 크기가 $AB$이고, 각이 $(\alpha+\beta)$인 복소수를 나타내므로

$$A\angle\alpha\times B\angle\beta=AB\angle\alpha+\beta \tag{4.10}$$

라 쓸 수 있다. 즉, 두 복소수의 적의 크기는 각 복소수의 크기의 적과 같고 적의 각은 각 복소수의 각의 합과 같다.

**예제 4.4** $A=20\angle60°$, $B=4\angle10°$일 때 $A/B$를 구하라.

**해** $\frac{A}{B}=\frac{20\angle60°}{4\angle15°}=5\angle45°$

**예제 4.5** $(40\angle50°+20\angle-30°)^{1/2}$를 계산하라.

**해** $40\angle50°=40(\cos50°+j\sin50°)=25.71+j30.64$

$20\angle-30°=20(\cos(-30)°+j\sin(-30)°)=17.32-j10$, 따라서 두 식을 더하면

$25.71+j30.64+17.32-j10=43.03+j20.64=47.72\angle25.63°$이 된다.

$\therefore(47.72\angle25.63°)^{1/2}=6.91\angle(25.63°/2)=6.91\angle12.815°$이 된다.

**예제 4.6** $\dfrac{10\angle -30^\circ + (3-j4)}{(2+j4)(3-j5)'}$를 계산하라.

**해** $\dfrac{10\angle -30^\circ + (3-j4)}{(2+j4)(3-j5)'} = \dfrac{8.66-j5+(3-j4)}{(2+j4)(3+j5)} = \dfrac{11.66-j9}{-14+j22} = \dfrac{14.73\angle -37.66^\circ}{26.08\angle 122.47^\circ}$

$= \dfrac{14.73}{26.08}\angle -37.66^\circ - 122.47^\circ = 0.565\angle -160.31^\circ$

**예제 4.7** 다음 식을 cosine항의 페이저로 고쳐라.

(a) $v = -4\sin(30t+50^\circ)$[V]

(b) $i = 6\cos(50t-40^\circ)$[A]

**해** (a) $v = -4\sin(30t+50^\circ) = 4\cos(30t+50^\circ+90^\circ) = 4\cos(30t+140^\circ) = 4\angle 140^\circ$ [A]

(b) $i = 6\cos(50t-40^\circ) = 6\angle -40^\circ$ [A]

**예제 4.8** 다음 페이저값을 순시값으로 표시하라.

(a) $V' = j8e^{-j20^\circ}$

(b) $I' = -3+j4$

**해** $V' = j8e^{-j20^\circ} = j\cdot 8e^{-j20^\circ} = (1\angle 90^\circ)(8\angle -20^\circ) = 8\angle 90^\circ - 20^\circ = 8\angle 70^\circ$

$= 8\cos(\omega t+70^\circ)$

$I' = -3+j4 = 5\angle 126.87^\circ = 5\cos(\omega t+126.87^\circ)$

**예제 4.9** 다음 문제를 풀어라.

(a) $(40\angle 50^\circ + 29\angle -30^\circ)^{\frac{1}{2}}$

(b) $\dfrac{10\angle -30^\circ + (3-j4)}{(2+j4)(3-j5)^*}$

**해** (a) $(40\angle 50^\circ + 20\angle -30^\circ)^{\frac{1}{2}} = (40e^{j50^\circ} + 20e^{-j30^\circ})^{\frac{1}{2}}$

$= (40\cos 50^\circ + j40\sin 50^\circ + 20\cos(-30^\circ) + j\sin(-30^\circ))^{\frac{1}{2}}$

$= (43.03+j20.64)^{\frac{1}{2}} = (47.72\angle 25.63^\circ)^{\frac{1}{2}} = 6.91\angle 12.81^\circ$

(b) $\dfrac{10\angle -30^\circ + (3-j4)}{(2+j4)(3-j5)^*} = \dfrac{8.66-j5+(3-j4)}{(2+j4)(3+j5)} = \dfrac{11.66-j9}{-14+j22}$

$= \dfrac{14.73\angle -37.66^\circ}{26.08\angle 122.47^\circ} = 0.565\angle -160.13^\circ$

## 4.4 정현파의 복소수 표시 : 페이저

[그림 4.5](a)에서 길이가 $A_m$인 선분 OP가 평면상에서 원점 O의 주위를 일정한 각속도 $\omega$[rad/sec]로 반시계방향으로 회전하고 있다고 하자. 이 회전선분이 정방향으로 수평축과 반시계방향으로 $\alpha$의 각을 이루는 순간을 시간의 원점으로 택한다면, 이때부터 $t_1$초 후의 선분 OP는 $\omega t_1$[rad]만큼 회전하여 수평축과는$(\omega t_1+\alpha)$[rad]의 각을 이룰 것이므로 이때의 OP의 수직축상의 투영 $\overline{OP}=A_m\sin(\omega t_1+\alpha)$와 같이 된다. 즉, $\overline{OP}$는 최대값이 $A_m$, 위상각이 $\alpha$인 정현파를 대표한다고 할 수 있다.

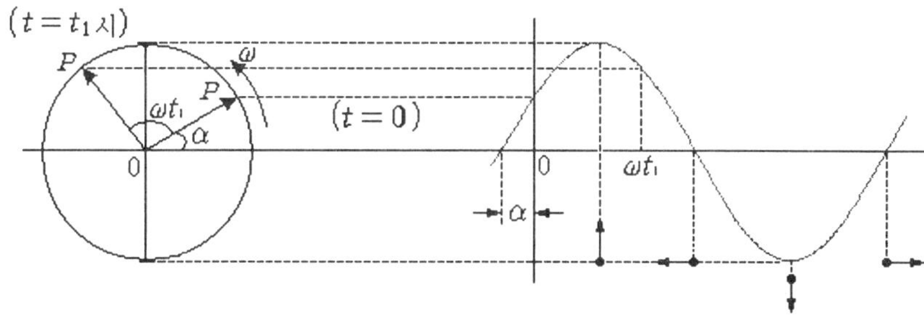


(a) (b)

[그림 4.5] 회전선분과 정현파

[그림 4.5](b)는 회전선분이 대표하는 정현파의 순시값 곡선을 그린 것이다. 여기서 정현파의 최대값과 위상을 나타내는 이 선분 또는 이 복소수를 페이저(phasor)라고 부르며, 선분의 끝에는 보통 회살표를 붙여 나다낸다.

한 회로에 관계되는 여러 개의 전류, 전압을 대표하는 페이저들을 하나의 복소평면에 그린 것을 페이저도(phasor diagram)라고 한다.

[그림 4.6]에서와 같이 각 정현파 교류의 순시값은 다음과 같다.

$$v_1=V_{m1}\sin(\omega t+\phi_1),\quad v_2=V_{m2}\sin(\omega t+\phi_2) \tag{4.11}$$

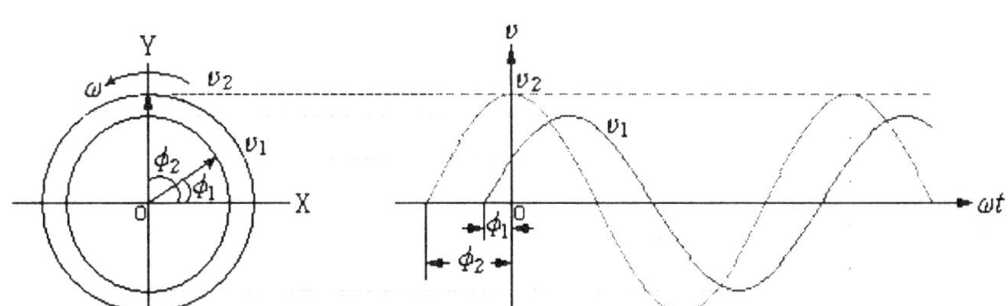


(a) (b)

[그림 4.6] 정현파 교류의 벡터에 의한 표시법

이들에 대한 $t=0$일 때의 페이저도는 [그림 4.7](a)와 같다. 페이저의 크기도 최대값보다는 실효값이 흔히 사용되므로 그림 (b)와 같이 실효값으로 표시한다.

(a) (b)

[그림 4.7] 페이저도

**예제 4.10** 다음 각 정현파를 대표하는 페이저를 쓰고, 또 같은 복소평면상에 페이저를 그려라.

(a) $v_1 = 50\sin\omega t$[V]

(b) $i_2 = 5\sin(\omega t - 30°)$[A]

(c) $i_3 = \sqrt{2}\,10\cos\left(\omega t + \frac{\pi}{8}\right)$[A]

(d) $v_4 = -141\sin\left(\omega t + \frac{\pi}{3}\right)$[V]

(e) 실효값이 80[V]이고 위상이 180°인 전압

**해** (a) $V_1 = \frac{50}{\sqrt{2}} \angle 0°$

(b) $I_2 = \frac{5}{\sqrt{2}} \angle -30°$

(c) $I_3 = 10\angle \frac{\pi}{8} + \frac{\pi}{2} = 10\angle \frac{5}{8}\pi$

(d) $v_4 = 141\sin\left(\omega t + \frac{\pi}{3} + \pi\right)$

$v_4 = 100\angle \frac{\pi}{3} + \pi = -100\angle \frac{\pi}{3}$

(e) $V_5 = 80\angle 180° = -80\angle 0°$

즉, 위의 값들을 복소평면상에 표기하면 [그림 4.8]과 같다.

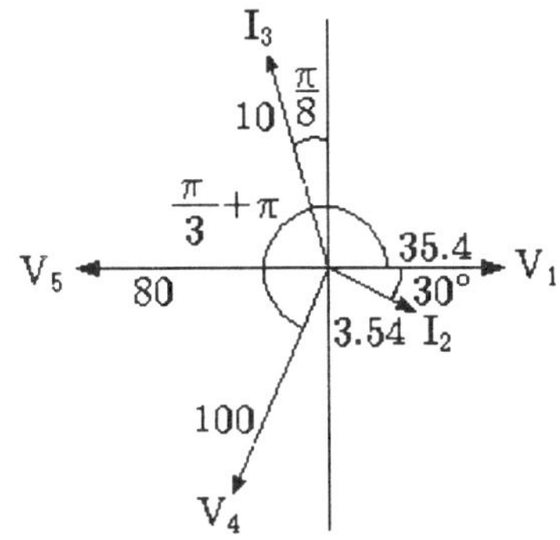


[그림 4.8] 예제 4.11의 페이저도

**예제 4.11** 두 신호 $v_1 = -10\cos(\omega t + 50°)$[V]와 $v_2 = 12\sin(\omega t - 10°)$[V]에서 어느 전압의 위상이 앞서는지를 나타내라.

**해** $v_1 = -10\cos(\omega t + 50°) = 10\cos(\omega t + 50° - 180°) = 10\cos(\omega t - 130°)$이고

$v_2 = 12\sin(\omega t - 10°) = 12\cos(\omega t - 10° - 90°) = 12\cos(\omega t - 100°)$이므로 $v_2$가 $v_1$보다 30° 위상이 앞선다.

**예제 4.12** $i_1(t) = 4\cos(\omega t + 30°)$, $i_2(t) = 5\sin(\omega t - 20°)$일 때 $I_1 + I_2$를 구하라.

**해** $I_1 = 4\angle 30° = 4(\cos 30° + j\sin 30°) = 3.464 + j2$

$i_2(t) = 5\sin(\omega t - 20°) = 5\cos(\omega t - 20° - 90°) = 5\cos(\omega t - 110°)$

$I_2 = 5\angle -110° = 5(\cos(-110)° + j\sin(-110)°) = -1.71 - j4.698$

$$\therefore I_1 + I_2 = 3.464 + j2 - 1.71 - j4.70 = 1.754 - j2.7 = \sqrt{(1.754)^2 + (2.7)^2}\angle \tan^{-1}\left(\frac{-2.7}{1.754}\right)$$

$$= 3.22\angle -57.0°$$

**예제 4.13** 0.1[H]인 인덕터에 전압 $v = 12\cos(60t + 45°)$을 인가할 경우 인덕터에 흐르는 정상상태의 전류를 구하라.

**해** 인덕터의 경우 $V = j\omega LI$이고 $\omega = 60$[rad/s]이므로 $V = 12\angle 45°$[V]이다. 그러므로

$$I = \frac{V}{j\omega L} = \frac{12\angle 45°}{j60 \times 0.1} = \frac{12\angle 45°}{6\angle 90°} = 2\angle -45°\text{ [A]}$$

이것을 시간영역으로 변환하면 다음과 같다.

$i(t) = 2\cos(60t - 45°)$[A]

**예제 4.14** 50[$\mu$F]인 커패시터에 전압 $v=6\cos(100t-30°)$를 인가한다면 이 커패시터에 흐르는 전류를 계산하라.

**해** 커패시터에 흐르는 전류는 아래와 같다.

$I=j\omega CV=5\angle 90° \times 6\angle -30°$

$=30\angle 60°$ [A]

이것을 시간영역으로 변환하면 다음과 같다.

$i=30\cos(100t+60°)$[A]

**예제 4.15** [그림 4.9](a)에서 $V$와 $I$를 구하라.

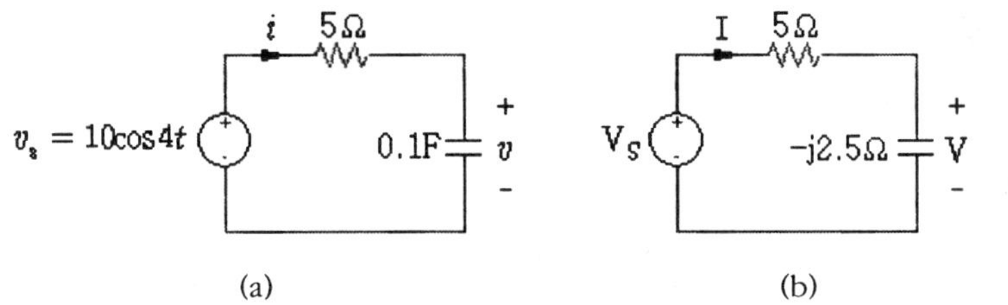


[그림 4.9] 예제 회로

**해** 페이저 등가로 고친 그림이 그림 (b)이다. 따라서 $v_s=10\cos4t \Rightarrow V_S=10\angle 0°$ [V]이고 임피던스 $Z=5+\dfrac{1}{j\omega C}=5+\dfrac{1}{j4\cdot 0.1}=5-j2.5$[Ω]가 된다. 따라서 회로에 흐르는 전류

$$I=\frac{V_S}{Z}=\frac{10\angle 0°}{5-j2.5}=\frac{10\angle 0°}{\sqrt{5^2+2.5^2}\angle \tan^{-1}\left(-\dfrac{2.5}{5}\right)}=\frac{10\angle 0°}{5.59\angle -26.57°}=1.789\angle 0°+26.57°$$

$$=1.789\angle 26.57°$$

[A]가 된다. 또한 콘덴서 양단의 전압은 다음과 같다.

$$V=ZI=\frac{I}{j\omega C}=\frac{1.789\angle 26.57°}{j4(0.1)}=\frac{1.789\angle 26.57°}{0.4\angle 90°}=4.473\angle -63.43°\ [V]$$

## 4.5 페이저에 의한 회로소자의 전압-전류관계

[그림 4.10](a)와 같은 $R-L-C$ 직렬회로에 $i=\sqrt{2}I\sin\omega t$ [A]를 흘렸을 때를 생각해 보자.

$$v_R = \sqrt{2}\,RI\sin\omega t$$

$$v_L = \sqrt{2}\,\omega LI\sin\left(\omega t + \frac{\pi}{2}\right)$$

$$v_C = \sqrt{2}\,\frac{I}{\omega C}\sin\left(\omega t - \frac{\pi}{2}\right) \tag{4.12}$$

이를 정현파 전압을 페이저로 표시하면

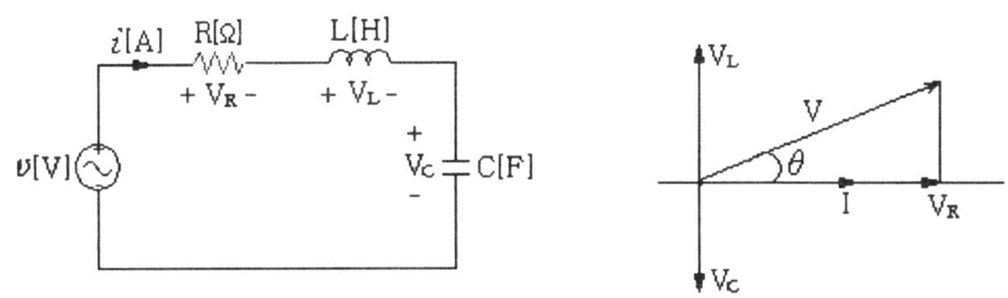


(a) (b)

[그림 4.10] $R-L-C$ 직렬회로

$$V_R = RI\angle 0$$

$$V_L = \omega LI\angle\frac{\pi}{2}$$

$$V_C = \frac{I}{\omega C}\angle -\frac{\pi}{2} \tag{4.13}$$

와 같이 되므로, 페이저는 [그림 4.10](b)와 같이 그릴 수 있다.

$$V = V_R + V_L + V_C \tag{4.14}$$

위 식들을 페이저로 나타내면 식 (4.13)과 (4.14)는 다음과 같이 표시할 수 있다.

$$V_R = RI(\cos 0 + j\sin 0) = RI$$

$$V_L = \omega LI\left(\cos\frac{\pi}{2} + j\sin\frac{\pi}{2}\right) = j\omega LI$$

$$V_C = \frac{I}{\omega C}\left[\cos\left(-\frac{\pi}{2}\right) + j\sin\left(-\frac{\pi}{2}\right)\right] = -j\frac{I}{\omega C} \tag{4.15}$$

$$V = V_R + V_L + V_C = \left[R + j\left(\omega L - \frac{1}{\omega C}\right)\right]I \tag{4.16}$$

$$Z = \sqrt{R^2 + \left(\omega L - \frac{1}{\omega C}\right)^2} \tag{4.17}$$

$$\theta = \tan^{-1}\frac{\omega L - \frac{1}{\omega C}}{R}\text{[rad]} \tag{4.18}$$

**예제 4.16** [그림 4.11]에서 $v(t)$와 $i(t)$를 구하라.

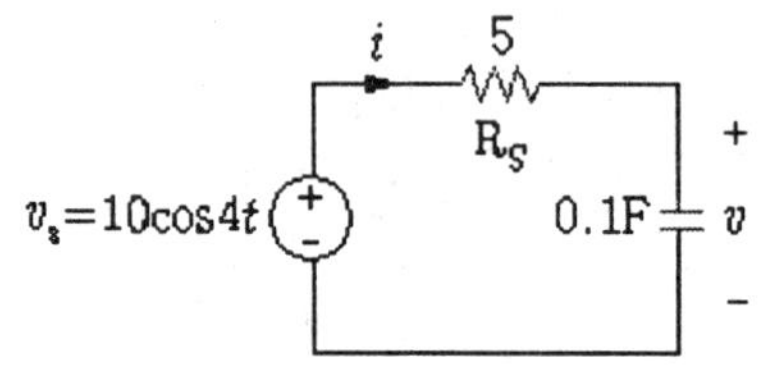


[그림 4.11] 예제 그림

**해** $V_S = 10\angle 0^\circ$

$$Z = 5 + \frac{1}{j\omega C} = 5 + \frac{1}{j4\times 0.1} = 5 - j2.5$$

$$I = \frac{V_S}{Z} = \frac{10\angle 0^\circ}{5 - j2.5} = \frac{10(5+j2.5)}{5^2+2.5^2} = 16 + j0.8 = 1.789\angle 26.57^\circ$$

$$V = X_C I = \frac{I}{j\omega C} = \frac{1.789\angle 26.57^\circ}{j4\times 0.1} = \frac{1.789\angle 26.57^\circ}{0.4\angle 90^\circ} = 4.47\angle -63.43^\circ$$

$\therefore i(t) = 1.789\cos(4t + 26.57^\circ)$[A], $v(t) = 4.47\cos(4t - 63.43^\circ)$[V]

**예제 4.17** $R$=3[Ω], $L$=10.6[mH]인 $R-L$ 직렬회로에서

(a) 60[Hz]에 대한 임피던스를 구하고 임피던스 삼각도를 그려라.

(b) $i = 2\sqrt{2}\sin 377t$[A]일 때 인가전압 $v$를 구하고 페이저 그림을 그려라.

**해** (a) $X_L = 2\pi f L = 2\times 3.14\times 60\times 10.6\times 10^{-3} = 4[\Omega]$

$$Z = R + jX_L = 3 + j4 = \sqrt{3^2+4^2}\angle \tan^{-1}\frac{4}{3} = 5\angle 53.1^\circ[\Omega]$$

(b) $I = 2\angle 0^\circ$[A]

$V = ZI = (5/53.1^\circ)(2/0^\circ) = 10\angle 53.1^\circ$[V]

$v = 10\sqrt{2}\sin(377t + 53.1^\circ)$[V], 즉 [그림 4.12]와 같다.

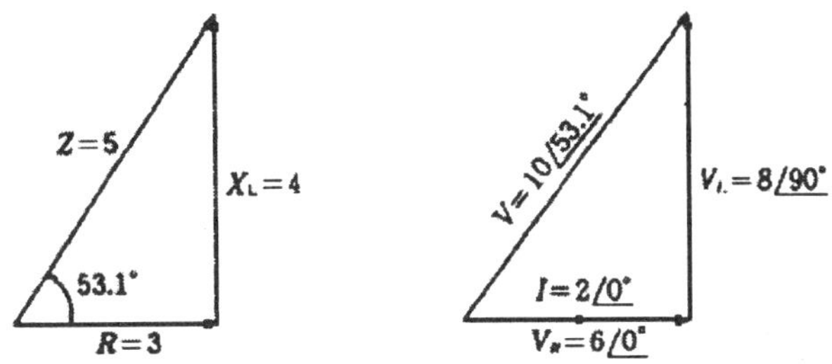


(a) (b)

[그림 4.12] 예제 그림

**예제 4.18** [그림 4.13]에서 출력전압 $V_o$를 구하라.

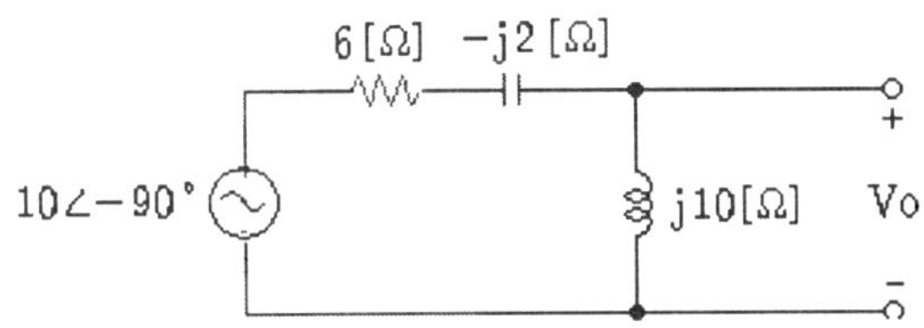


[그림 4.13] 출력전압 구하기

**해** [그림 4.13]에서

$$V_o = 10\angle -90^\circ \times \frac{j10}{6-j2+j10} = \frac{(10\angle -90^\circ)(10\angle 90^\circ)}{10\angle 53.1^\circ} = 10\angle -53.1^\circ \text{ [V]}$$

**예제 4.19** [그림 4.14]에서 출력전압 $V_o$를 구하라.

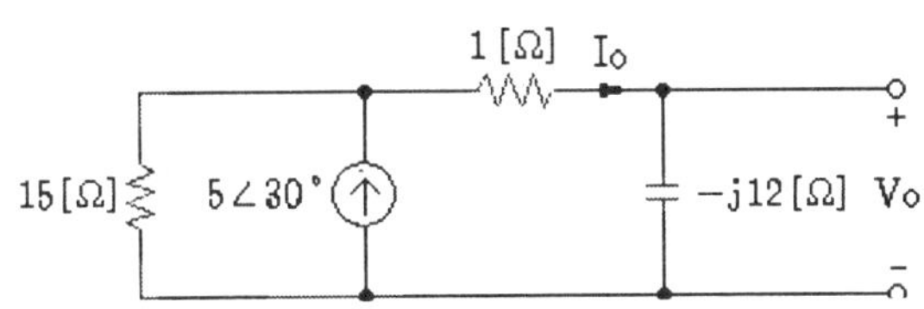


[그림 4.14] 출력전압 구하기

**해** [그림 4.14]에서

$$I_o = 5\angle 30^\circ \times \frac{15}{15+1-j12} = 3.75\angle 66.9^\circ,\quad V_o = -j12(3.75\angle 66.9^\circ) = 45\angle -23.1^\circ \text{ [V]}$$

## 4.6 페이저 기호법

전압과 전류의 크기 및 위상관계는 물론이고, 이에 따른 전기적인 양도 페이저 기호법(phasor symbolic method)을 써서 표시함으로써 회로해석이 간단해질 것이다.

### (1) 저항과 리액턴스

저항회로 : $V = RI,\ I = \dfrac{V}{R}$

유도회로 : $V = j\omega LI,\ I = \dfrac{V}{j\omega L} = -j\dfrac{V}{\omega L}$

용량회로 : $V = -j\dfrac{I}{\omega C},\ I = j\omega CV$ (4.19)

(2) 임피던스

$R-L$ 직렬회로 : $Z = R + j\omega L$

$R-C$ 직렬회로 : $Z = R - j\dfrac{1}{\omega C}$

$R-L-C$ 직렬회로 : $Z = R + j\left(\omega L - \dfrac{1}{\omega C}\right)$ (4.20)

로 표시하며, 이를 페이저 임피던스 또는 복소 임피던스라고 부르기도 한다.

### (3) 어드미턴스

임피던스($Z$)의 역수$\left(\dfrac{1}{Z}\right)$를 어드미턴스(admittance)라 한다.

$$Y = \frac{1}{Z} = \frac{1}{Z\angle\theta} \tag{4.21}$$

전압과 전류 사이에는 다음의 관계가 성립한다.

$$Y = \frac{I}{V},\quad I = YV,\quad V = \frac{I}{Y} \tag{4.22}$$

임피던스는 저항을 실수부, 리액턴스를 허수부로 하는 복소수로 표시되므로 이의 역수인 어드미턴스도 복소수가 된다.

$$\begin{aligned} Y &= \frac{1}{Z} = \frac{1}{R+jX} = \frac{R-jX}{R^2+X^2} \\ &= \frac{R}{R^2+X^2} - j\frac{X}{R^2+X^2} = G + jB \end{aligned} \tag{4.23}$$

여기서 어드미턴스의 실수부 $G$를 콘덕턴스(conductance), 허수부 $B$를 서셉턴스(susceptacne)라 하며, 단위는 어느 것이든 mho[℧]를 사용한다.

어드미턴스의 크기( $Y$ ) 및 각, 즉 전류와 전압의 상차각($\theta$)는

$$Y = \sqrt{G^2 + B^2}\ ,\ \theta = \tan^{-1}\frac{B}{G} \tag{4.24}$$

이 된다.

**예제 4.20** [그림 4.15](a)와 같은 $R-C$ 병렬회로에서

(a) 회로의 어드미턴스를 구하고, 어드미턴스 삼각도 및 $V$를 기준으로 한 페이저도를 그려라.

(b) $R=25[\Omega]$, $C=30[\mu F]$이고, $v=10\sqrt{2}\cos(1000t-20°)$[V]일 때 $i$를 구하라.

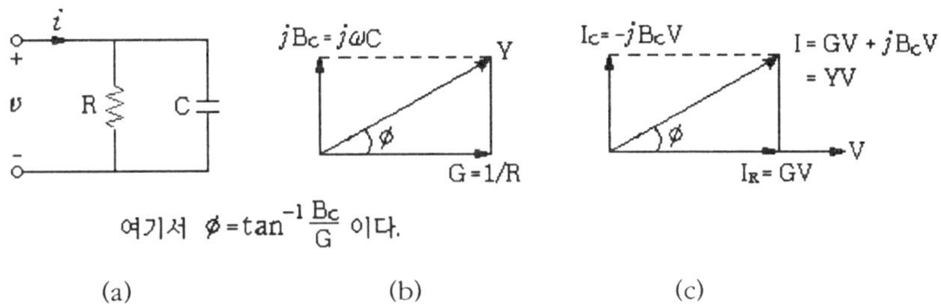


[그림 4.15] $R-C$ 병렬회로

**해** (a) $Y = G + jB_C = Y\angle\phi$

$Y = \sqrt{G^2 + B^2}$

$\phi = \tan^{-1}\frac{B_C}{G}$

즉, $\theta>0$이므로 전류는 인가전압보다 위상이 앞선다.

어드미턴스 삼각도는 [그림 4.12](b)와 같고, $V$를 기준으로 한 페이저도는 [그림 4.15](c)와 같다.

(b) $G=\frac{1}{25}=0.04[℧]$, $B_C=1{,}000\times30\times10^{-6}=0.03[℧]$

$Y=0.04+j0.03=0.05\angle37°[℧]$

$V=10\angle90°-20°=10\angle70°[V]$

$I=YV(0.05\angle37°)\times(10\angle70°)=0.5\angle107°[A]$

$i=0.5\sqrt{2}\sin(1{,}000t+107°)=0.5\sqrt{2}\cos(1{,}000t+17°)[A]$

**예제 4.21** [그림 4.16](a)의 회로에서 콘덴서 양단의 전압 $V$를 구하라.

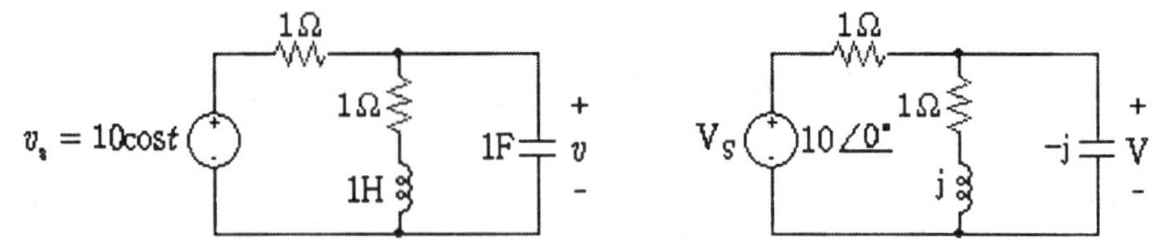


(a) (b)

[그림 4.16] 예제 회로

**해** [그림 4.16]에서 $\omega=1$이므로 페이저도로 그리면 그림 (b)가 된다. 그림에서

$Z=1+(1+j \parallel -j)=1+\dfrac{(1+j)(-j)}{1}=2-j[\Omega]$이 되고

$I=\dfrac{V_S}{Z}=\dfrac{10\angle 0^\circ}{2-j}$, $I_C=I\cdot \dfrac{1+j}{(1+j)-j}=I(1+j)$이 된다. 따라서 콘덴서 양단의 전압

$V=Z_C I_C=(-j)(1+j)I=(1-j)I=\dfrac{(1-j)10\angle 0^\circ}{2-j}=\dfrac{\sqrt{2}\angle \tan^{-1}(-1)10\angle 0^\circ}{\sqrt{5}\angle \tan^{-1}\left(-\dfrac{1}{2}\right)}$

$=6.32\angle -18.43^\circ$ [V]가 된다.

**예제 4.22** [그림 4.17](a)에서 $v_o(t)$를 구하라.

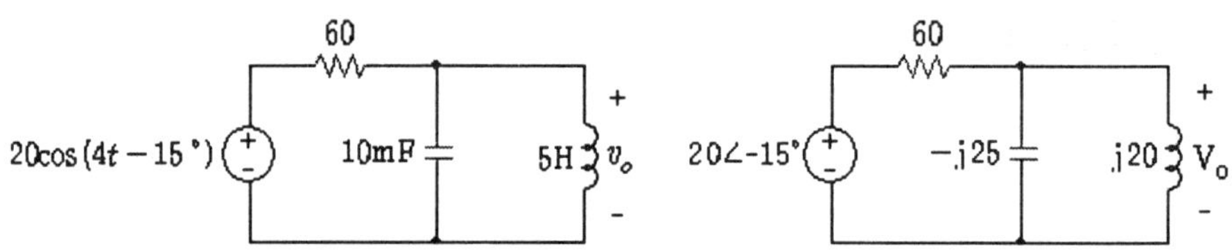


(a) (b)

[그림 4.17] 예제 회로

**해** $v_s=20\cos(4t-15^\circ) \rightarrow V_S=20\angle -15^\circ$, $\omega=4$

여기서 $10[\text{mF}] \rightarrow \dfrac{1}{j4\times 10[\text{mF}]}=-j25$ , $5[\text{H}] \rightarrow j4\times 5=j20$이 되므로 고친 회로는 그림

(b)이다. 따라서 $V_o=\dfrac{(-j25 \parallel j20)}{60+(-j25 \parallel j20)}V_S=17.15\angle 15.96^\circ$ [V]가 된다.

$\therefore v_o(t)=17.15\cos(4t+15.96^\circ)$[V]

**예제 4.23** [그림 4.18](a)를 PSpice를 이용하여 $v_o(t)$와 $i_o(t)$를 구하라.

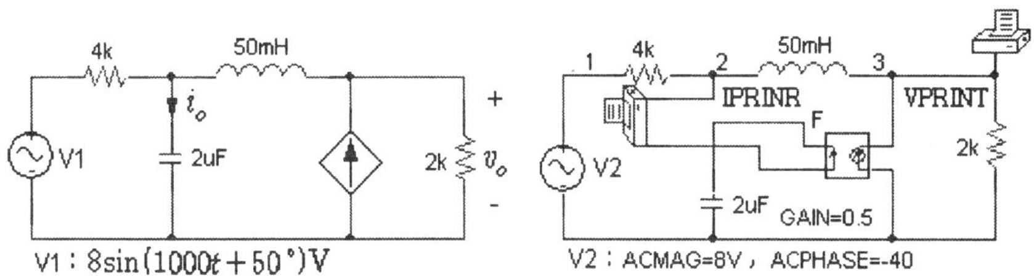


(a) (b)

[그림 4.18] 회로 및 Schematic 회로

**해** $8\sin(1000t+50°)=8\cos(1000t+50°-90°)=8\cos(1000t-40°)\Rightarrow 8\angle-40°$,

$\omega=1000,\ f=\omega/2\pi=1000/2\pi=159.155[\text{Hz}]$

따라서 그림 (b)를 작성하고 AC Sweep에서 주파수를 (1 159.155 159.155)으로 잡고 시뮬레이션한 결과는 다음과 같다.

```
****    AC ANALYSIS                 TEMPERATURE =   27.000 DEG C
******************************************************************************
     FREQ            VM(3)           VP(3)
   1.592E+02       1.550E+00       -9.518E+01
                 IM(V_PRINT2)    IP(V_PRINT2)
                   3.264E-03       1.763E+02
```

$V_o=1.55\angle-95.18°\,[\text{V}],\ I_o=3.264\times10^{-3}\angle-3.743°\,[\text{A}]$

$\therefore v_o(t)=1.55\cos(1000t-95.18°)=1.55\sin(1000t-5.18°)[\text{V}]$

$i_o(t)=3.264\cos(1000t-3.743°)[\text{mA}]$

## 4.7 임피던스 직렬회로

[그림 4.19]와 같이 각 소자가 직렬로 접속된 회로의 임피던스를 구해보자. 먼저 그림 (a)와 같이 임피던스를 $Z_1$, $Z_2$로 구분하여 각각의 임피던스를 구해보자.

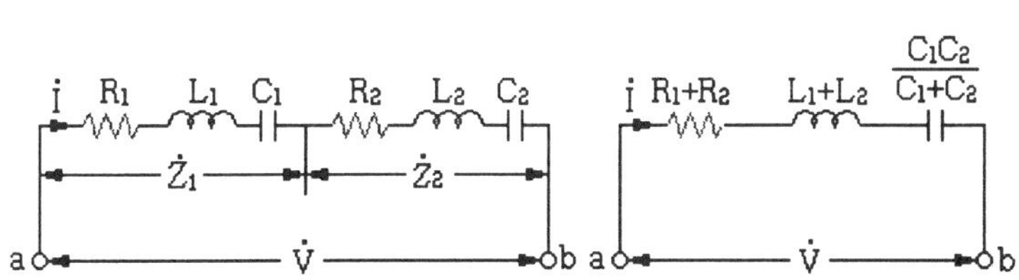


(a) (b)

[그림 4.19] 임피던스 직렬회로

$$Z_1 = R_1 + j\left(\omega L_1 - \frac{1}{\omega C_1}\right)$$

$$Z_2 = R_2 + j\left(\omega L_2 - \frac{1}{\omega C_2}\right) \tag{4.25}$$

$$V = V_1 + V_2 = Z_1 I + Z_2 I = (Z_1 + Z_2)I$$

$$Z = \frac{V}{I} = Z_1 + Z_2 \tag{4.26}$$

$$= R_1 + j\left(\omega L_1 - \frac{1}{\omega C_1}\right) + R_2 + j\left(\omega L_2 - \frac{1}{\omega C_2}\right)$$

$$= R_1 + R_2 + j\left[\omega(L_1 + L_2) - \frac{1}{\omega}\left(\frac{1}{C_1} + \frac{1}{C_2}\right)\right] \tag{4.27}$$

이 되어 직렬합성저항과 직렬합성 리액턴스의 합으로 나타난다. 일반적으로

$$Z_1 = R_1 + jX_1,\ Z_2 = R_2 + jX_2,\ Z_3 = R_3 + jX_3,\ \cdots$$

인 임피던스 직렬회로의 합성 임피던스 $Z$는 다음과 같다.

$$Z = Z_1 + Z_2 + Z_3 = \cdots = (R_1 + R_2 + R_3 + \cdots) + j(X_1 + X_2 + X_3 + \cdots)$$

$$= \sum R + j\sum X \tag{4.28}$$

## 4.8 임피던스 병렬회로

각각의 임피던스가 [그림 4.20]과 같이 병렬로 접속된 회로에 관해서 생각해 보자.

$$I = I_1 + I_2 + I_3 + \ldots.. + I_n = \frac{V}{Z_1} + \frac{V}{Z_2} + \frac{V}{Z_3} = \ldots.. + \frac{V}{Z_n}$$

$$= \left(\frac{1}{Z_1} + \frac{1}{Z_2} + \frac{1}{Z_3} + \ldots.. + \frac{1}{Z_n}\right) \tag{4.29}$$

$$Y = \frac{1}{Z} = \frac{1}{Z_1} + \frac{1}{Z_2} + \frac{1}{Z_3} + \ldots.. + \frac{1}{Z_n}$$

$$= Y_1 + Y_2 + Y_3 + \ldots.. + Y_n$$

$$= G_1 + G_2 + G_3 + \ldots.. + G_n + j(B_1 + B_2 + B_3 + \ldots... + B_n)$$

$$= \sum G + j\sum B \tag{4.30}$$

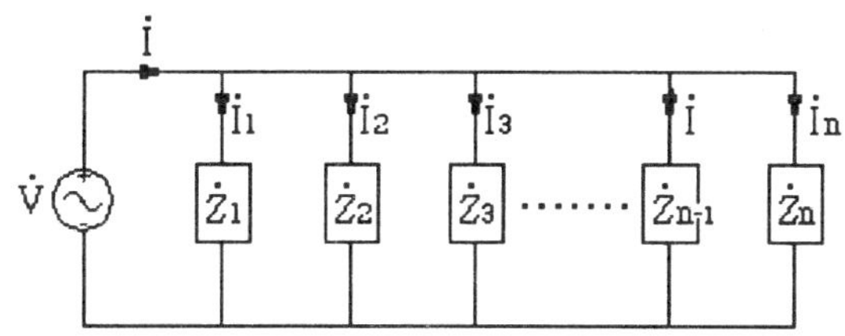


[그림 4.20] 임피던스 병렬회로

**예제 4.24** [그림 4.21]의 회로에 대한 $v_0(t)$를 구하라. 단, 전원전압 $20\cos(4t-15°)$[V]이다.

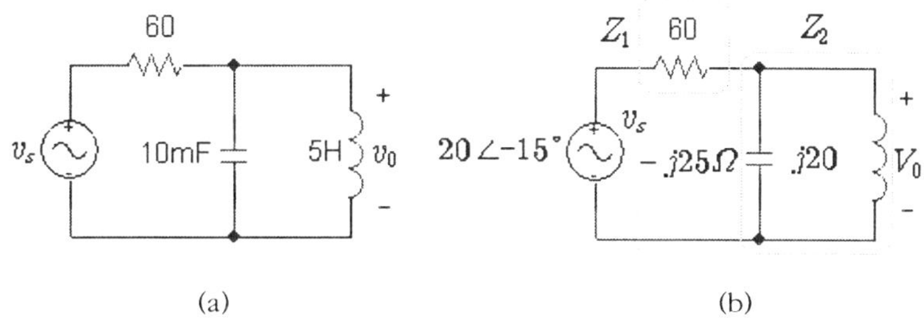


[그림 4.21] 예제 회로

**해** 주파수 영역에서의 해석을 하기 위해 [그림 4.21](a)인 시간영역 회로를 그림 (b)인 주파수 영역으로 변환한다. 변환하면 다음과 같다.

$$v_s = 20\angle(4t-15°) \Rightarrow V_s = 20\angle-15°, \quad \omega = 4$$

$$10[\text{mF}] \Rightarrow \frac{1}{j\omega C} = \frac{1}{j4\times10\times10^{-3}} = -j25[\Omega]$$

$$5[\text{H}] \Rightarrow j\omega L = j4\times5 = j20[\Omega]$$

이때 임피던스는

$$Z_1 = 60[\Omega]$$

$$Z_2 = -j25 \parallel j20 = \frac{-j25\times j20}{-j25+j20} = j100[\Omega]$$

$$V_0 = \frac{Z_2}{Z_1+Z_2}V_s = \frac{j100}{60+j100}(20\angle-15°)$$
$$= (0.8575\angle30.96°)(20\angle-15°) = 17.15\angle-15°$$

이것을 시간영역으로 변환하면 다음과 같다.

$$v_0(t) = 17.15\cos(4t+15.96°)[\text{V}]$$

**예제 4.25** [그림 4.22]에서 전전류 $I_T$를 구하라.

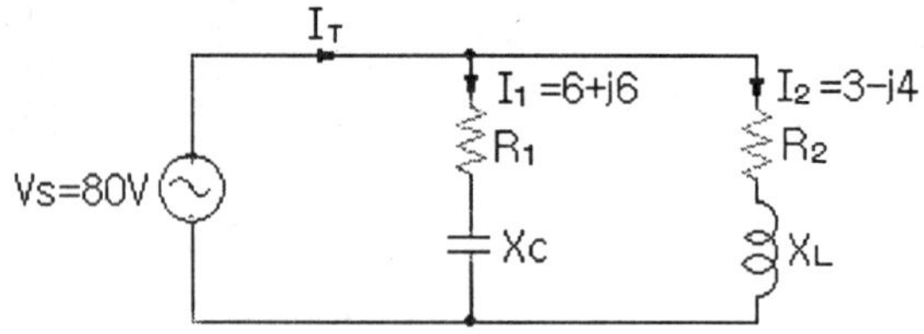


[그림 4.22] 직 · 병렬회로

**해** [그림 4.22]에서 $I_T = I_1 + I_2 = (6+j6)+(3-j4) = 9+j2$[A]가 된다. 여기서 $I_1$은 $+j$이므로 용량성 전류이고, $I_2$는 $-j$이므로 용량성 전류이다. 따라서 $I_T = \sqrt{9^2+2^2} = \sqrt{85} = 9.22$[A], $\tan\theta = \dfrac{2}{9} = 0.222$, $\theta = \tan^{-1}(0.222) = 12.53°$ 가 된다.

**예제 4.26** [그림 4.23]에서 입력 임피던스 $Z$를 구하라.

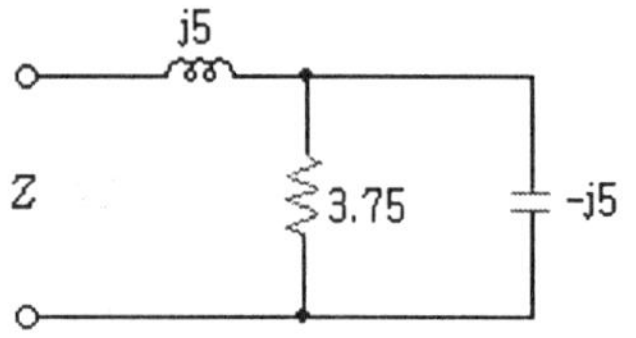


(a)

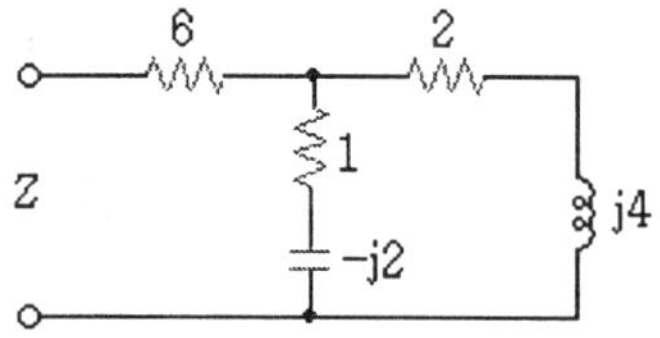


(b)

[그림 4.23] 직 · 병렬회로

**해** [그림 4.23](a)회로에서

$$Z = j5 + (-j5 \parallel 3.75) = j5 + \frac{j18.75}{3.75 - j5} = j5 + \frac{18.75\angle -90°}{6.25\angle -53.1°} = j5 + 3\angle -36.9°$$

$$= 2.4 + j3.2 = 4\angle 53° \,[\Omega]$$

가 된다. 그리고 그림 (b)에서

$$Z = 6 + (1-j2) \parallel (2+j4) = 6 + \frac{(1-j2)(2+j4)}{3+j2} = 6 + \frac{10}{3+j2} = 6 + \frac{10(3-j2)}{3^2+2^2}$$

$$= 6 + \frac{10}{13}(3-j2) = 8.308 - j1.538[\Omega]$$가 된다.

**예제 4.27** [그림 4.24]의 (a), (b)회로에서 입력 임피던스 $Z$를 각각 구하라.

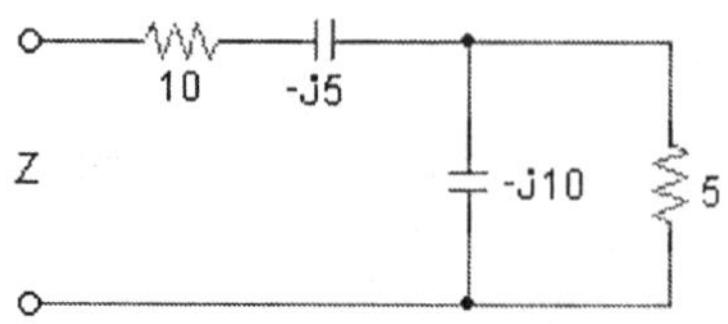


(a)

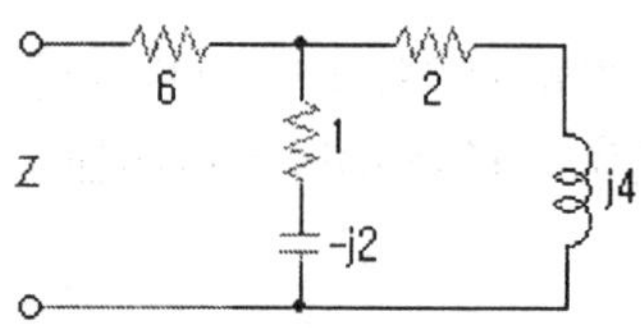


(b)

[그림 4.24] $R-L-C$ 직 · 병렬회로

**해** [그림 4.24](a)에서

$$Z=10-j5+\frac{5(-j10)}{5-j10}=10-j5+\frac{-j50(5+j10)}{(5-j10)(5+j10)}=10-j5+\frac{500-j250}{25+100}$$

$$=10-j5+4-j2=14-j7=15.65\angle-26.6^\circ\,[\Omega]$$

이 된다. 또한 그림 (b)에서

$$Z=6+(1-j2)\parallel(2+j4)=\frac{(1-j2)(2+j4)}{3+j2}=6+\frac{10}{3+j2}=6+\frac{10(3-j2)}{3^2+2^2}$$

$=6+\dfrac{10}{13}(3-j2)=8.308-j1.538[\Omega]$이 된다.

**예제 4.28** [그림 4.25](a)에서 입력 임피던스 $Z_{in}$을 구하라. 단, $\omega=50$[rad/sec]이다.

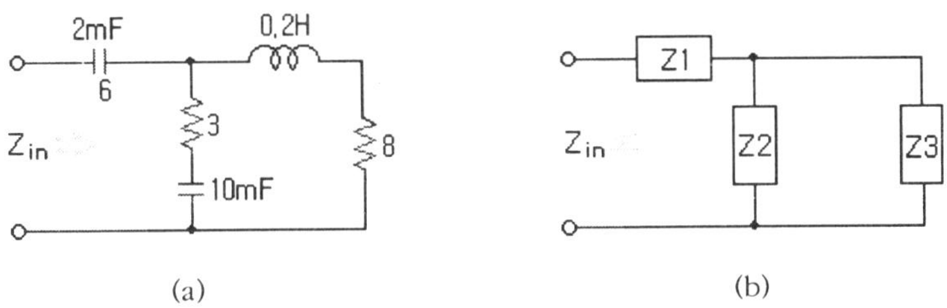


[그림 4.25] 예제 회로

**해** 여기서 $1/j\omega C=\dfrac{1}{j50\times2\times10^{-3}}=-j10[\Omega]$, $j\omega L=j50\times0.2=j10[\Omega]$

$1/j\omega C=1/j50\times10\times10^{-3}=j2[\Omega]$이 된다. 따라서 그림 (b)처럼 $Z1=-j10$

$Z2=3-j2$, $Z3=8+j10$인데, $Z2$와 $Z3$는 병렬이다.

$$Z2\parallel Z3=\frac{(3-j2)(8+j10)}{11+j8}=\frac{(24+20)+j(30-16)}{11+j8}=\frac{(44+j14)(11-j8)}{11^2+8^2}$$

$=3.22-j1.07[\Omega]$

$\therefore Z1+Z2\parallel Z3=-j10+3.22-j1.07=3.22-j11.7[\Omega]$가 된다.

**예제 4.29** [그림 4.26]의 회로에서 $f=60$[Hz]일 때의 입력 임피던스 $Z$를 구하라.

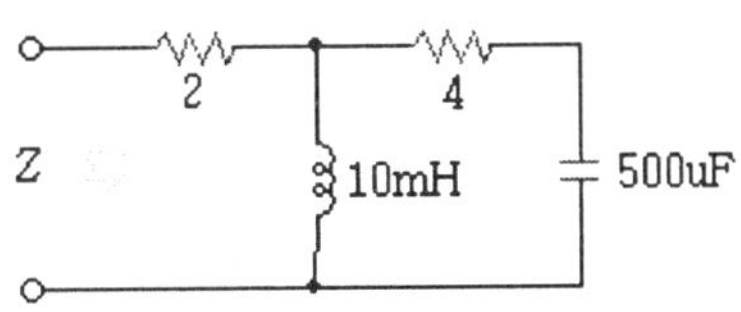


[그림 4.26] $Z$를 구하는 예제

**해** 여기서 $Z_1=j\omega L=j(377)(10\times10^{-3})=j3.77[\Omega]$ , $Z_2=\dfrac{1}{j\omega C}=\dfrac{10^6}{j377(5)}=-j5.3[\Omega]$

따라서 $Z=2+\frac{j3.77(4-j5.3)}{j3.77+4-j5.3}=2+\frac{j15.08+20}{4-j1.535}=5.1+j4.96[\Omega]$가 된다.

**예제 4.30** [그림 4.27]의 회로에서 입력 임피던스 $Z$를 구하라.

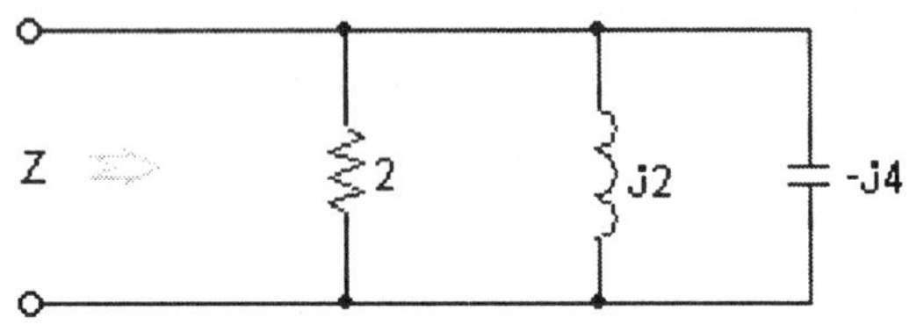


[그림 4.27] $R-L-C$ 병렬회로

**해** [그림 4.27]에서

$$\frac{1}{Z}=\frac{1}{2}+\frac{1}{j2}-\frac{1}{j4}=\frac{1}{2}-j\left(\frac{1}{2}-\frac{1}{4}\right)=\frac{1}{4}(2-j)$$

$$Z=\frac{4}{2-j}=\frac{4(2+j)}{(2-j(2+j)}=\frac{8+j4}{4+1}=1.6+j0.8[\Omega]$$

**예제 4.31** [그림 4.28]의 회로에서 입력 임피던스 $Z$를 각각 구하라.

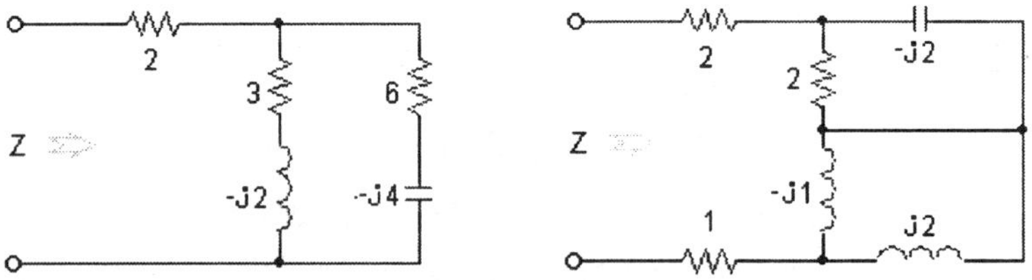


(a) (b)

[그림 4.28] $R-L-C$ 직 · 병렬회로

**해** [그림 4.28] (a)에서

$$Z=2+(3-j2)\parallel(6+j4)=2+\frac{(3-j2)(6+j4)}{9+j2}=\frac{18+j4+26}{9+j2}=\frac{44.18\angle 5.19^{\circ}}{9.22\angle 12.53^{\circ}}$$

$4.8\angle -7.34^{\circ}\,[\Omega]$

이 되고, 그림 (b)에서

$$Z=3+\frac{2(-j2)}{2-j2}+\frac{j2(-j1)}{j1}=3+\frac{-j4}{2-j2}+\frac{2}{j}=4-j3=5\angle -37^{\circ}\,[\Omega]$$이 된다.

**예제 4.32** [그림 4.29]에서 $\omega=50[\text{rad/s}]$일 때 $Z_{in}$을 구하라.

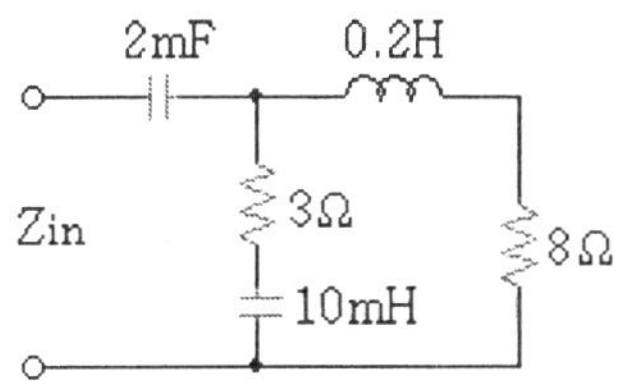


[그림 4.29] 예제 회로

**해** $$Z_{in}=\frac{1}{j50\times 2[\text{mF}]}+\left(j50\times 0.2+8\right)\parallel(3+\frac{1}{j50\times 10[\text{mH}]}\right)$$

$$=-j10+(8+j10)\parallel(3-j2)=-j10+\frac{(8+j10)(3-j2)}{(8+j10)+(3-j2)}=3.22-j11.07[\Omega]$$

**예제 4.33** [그림 4.30]의 회로에서 입력 임피던스 $Z$를 구하라.

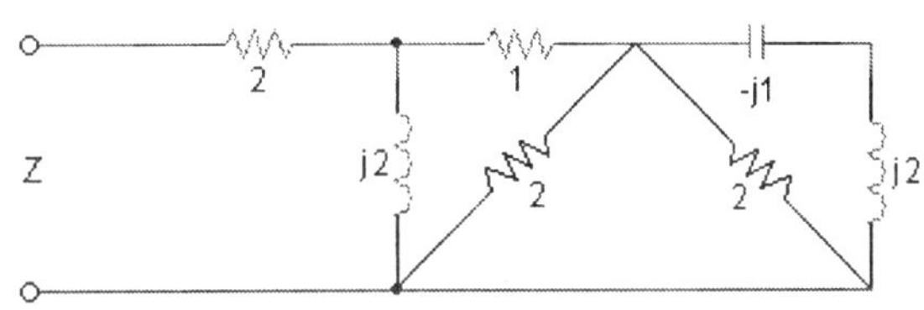


[그림 4.30] $R-L-C$ 직 · 병렬회로

**해** [그림 4.30]에서

$$Z=2+j2\parallel(1+1\parallel j)=2+j2\parallel(1.5+j0.5)=2+\frac{j2-4}{-1+j4}=2.83\angle 16.92^{\circ}\ [\Omega]$$이 된다.

**예제 4.34** [그림 4.31]의 회로에서 $i_1(t)$와 $V_x(t)$가 얼마의 주파수에서 같아지는지를 PSpice를 이용해서 출력해 보라.

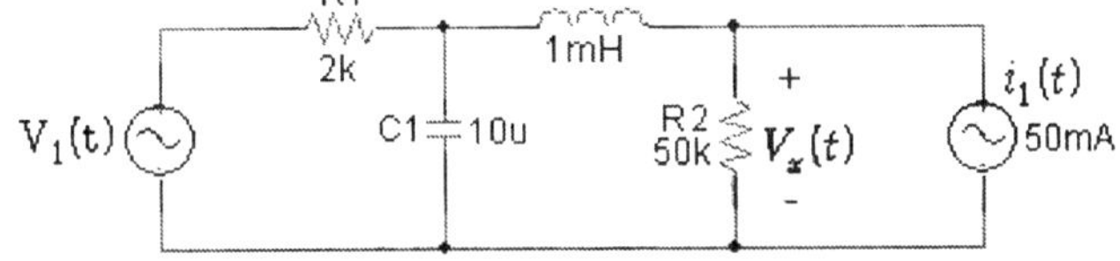


$V_1(t)=14\cos(\omega t+70)[V]\quad i_1(t)=50\cos\omega t[mA]$

[그림 4.31] 예제 회로

**해** [그림 4.32](a)와 같이 구성하고 시뮬레이션을 해보았다.

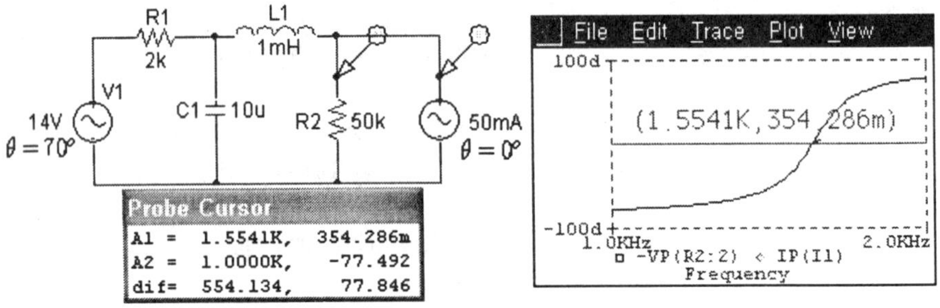


(a) 회로 (b) 출력결과

[그림 4.32] 회로 및 시뮬레이션 결과

그림 (b)에서 알 수 있듯이 전압과 전류의 위상이 약 1.554[kHz]에서 일치함을 확인할 수 있었다. 출력은 AC Sweep(1~2k)를 이용하였다.

**예제 4.35** [그림 4.33](a)의 회로에서 $i_{L1}$과 $i_{R2}$가 얼마의 주파수에서 같아지는지를 PSpice를 이용해서 출력해 보라.

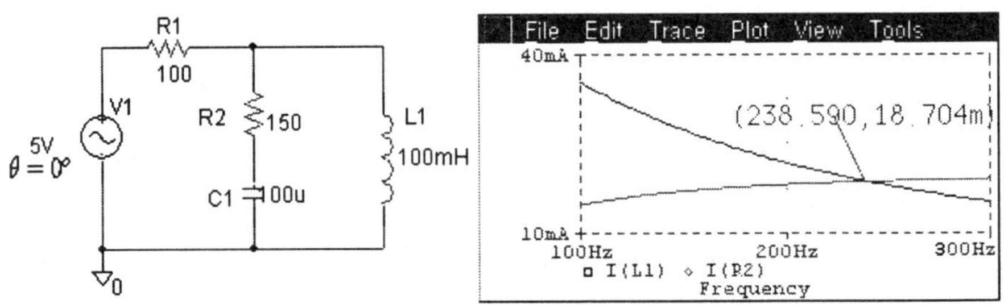


(a) 회로 (b) 출력결과

[그림 4.33] 회로 및 시뮬레이션 결과

**해** 시뮬레이션 결과는 그림 (b)와 같다. 즉, 약 238.6[Hz]에서 같아짐을 확인할 수 있었다.

**예제 4.36** [그림 4.34]에서 전압과 전류의 위상이 동상이 되기 위한 $X_L$ 및 $L$의 값을 구하라. 단, 전원 주파수 $\omega=3000$[rad/sec]이다.

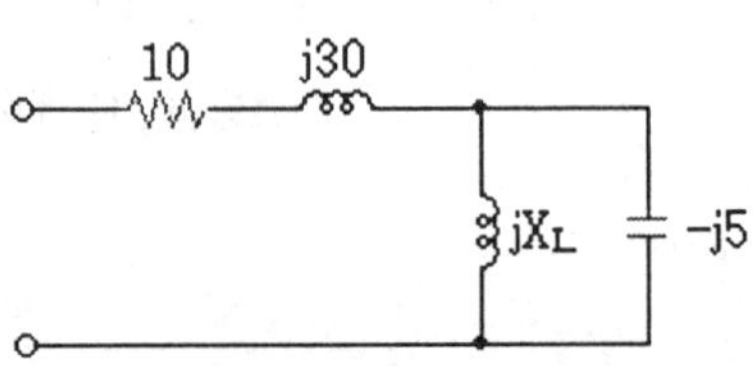


[그림 4.34]

**해** 회로의 임피던스 $Z$는 다음과 같다.

$$Z=10+j30+\frac{jX_L(-j4)}{jX_L-j5}=10+j\left(30-\frac{5X_L}{X_L-5}\right)$$

전압과 전류의 위상차가 동상, 즉 $\theta=0^\circ$ 가 되려면 허수부가 0이 되어야 한다.

$$\therefore \quad 30-\frac{5X_L}{X_L-5}=0\ ,\ XL=\omega L=6[\Omega],\ L=\frac{X_L}{\omega}=\frac{6}{3000}=2[\text{mH}]$$

**예제 4.37** [그림 4.35]에서 전압과 전류의 위상차가 $45^\circ$ 가 되기 위한 인덕터 $L$의 값을 구하라. 단, 전원주파수 $\omega=2000$[rad/sec]이다.

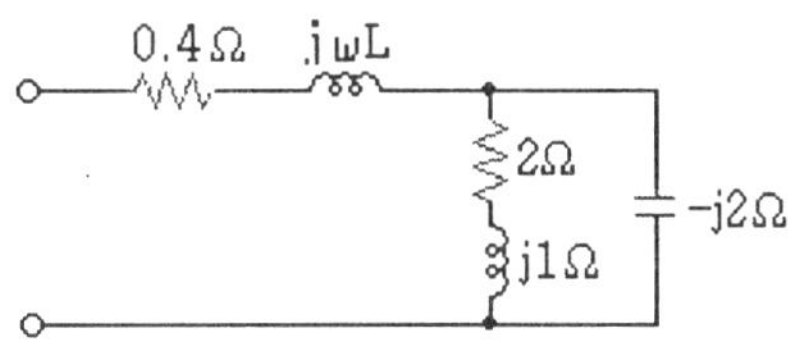


[그림 4.35]

**해** 전압과 전류의 위상차가 $45^\circ$ 가 되려면 임피던스의 실수부와 허수부가 같아야 한다. 회로의 임피던스는 아래와 같다.

$$Z=0.4+j\omega L+\frac{-j2(2+j)}{2+j-j2}=0.4+j\omega L+\frac{8}{5}-j\frac{6}{5}=2+j\left(\omega L-\frac{6}{5}\right)$$

따라서 실수부와 허수부를 같게 놓으면

$$\omega L-\frac{6}{5}=2,\ \omega L=\frac{16}{5},\ L=\frac{16}{5\omega}=\frac{16}{5\times 2000}=1.6[\text{mH}]$$가 된다.

**예제 4.38** [그림 4.36]에서 전류 $I$를 구하라.

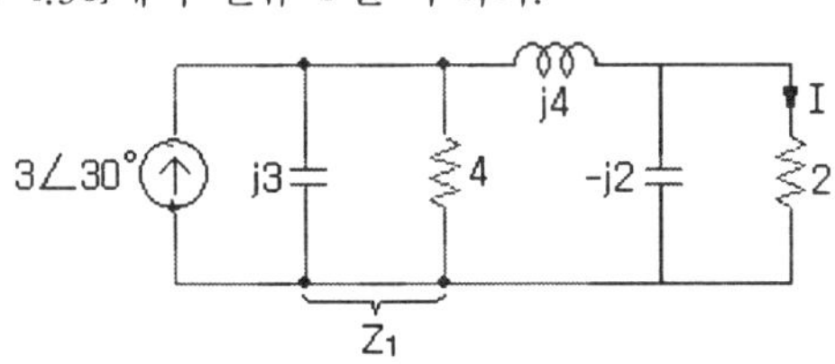


좌 그림에서 $Z_1$은 아래와 같다.

$$Z_1=\frac{-j3(4)}{-j3+4}=2.4\angle -53.1^\circ$$
$$=1.44-j1.92$$

[그림 4.36] 예제 회로

**해** [그림 4.37](b)에서 $Z_2=Z_1+j4=1.44+j2.08=2.53\angle 55.3^o[\Omega]$가 되고, 그림 (c)에서의 $Z_3=3.51\angle -37.9^o=2.77-j2.16[\Omega]$이 된다. 따라서 회로에 흐르는 전류 $I$는 다음과 같다.

$$I=2.85\angle -78.4^\circ\left[\frac{3.51\angle -37.9^\circ}{2.77-j2.16+2}\right]=2.85\angle -78.4^\circ\ \frac{(3.51\angle -37.9^\circ)}{(5.24\angle -24.4^\circ)}=1.9\angle -92^\circ\,[\text{A}]$$

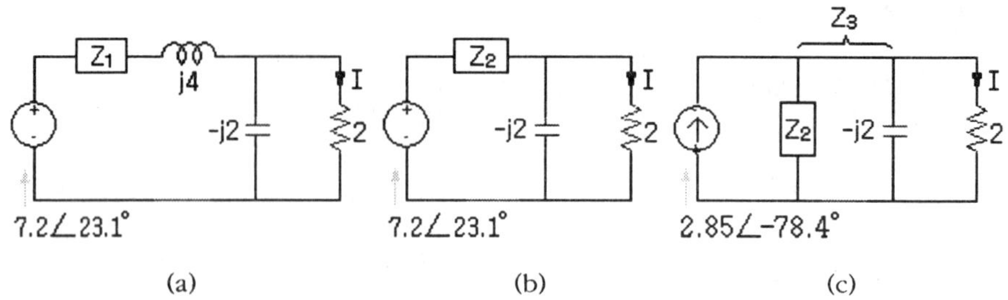


[그림 4.37] 예제 풀이

**예제 4.39** [그림 4.38]에서 $V_1$과 $V_2$를 각각 구하라.

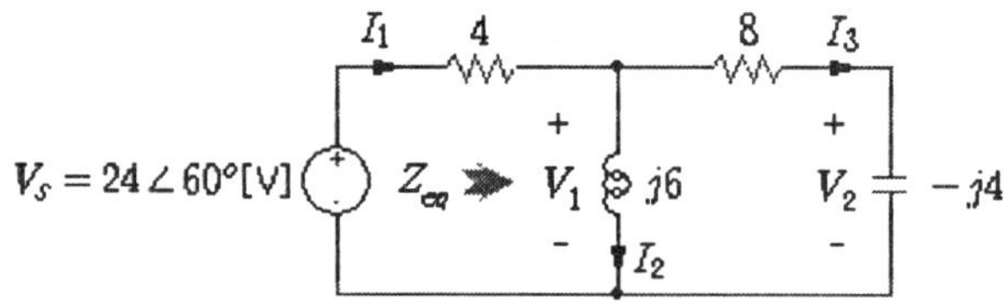


[그림 4.38] 예제 회로

**해** [그림 4.38]에서 $Z_{\text{eq}}=4+\dfrac{24+j48}{8+j2}=\dfrac{56+j56}{8+j2}=\dfrac{79.196\angle 45^\circ}{8.246\angle 14.036^\circ}=9.604\angle 30.964^\circ\,[\Omega]$

$$I_1=\frac{V_S}{Z_{\text{eq}}}=\frac{24\angle 60^\circ}{9.604\angle 30.964^\circ}=2.5\angle 29.036^\circ\,[\text{A}]$$

$$I_3=\frac{j6}{8+j2}I_1=\frac{6\angle 90^\circ}{8.246\angle 14.036^\circ}2.5\angle 29.036^\circ=1.82\angle 105^\circ\,[\text{A}]$$

$$I_2=\frac{8-j4}{8+j2}I_1=\frac{8.944\angle -26.565^\circ}{8.246\angle 14.036^\circ}2.5\angle 29.036^\circ=2.71\angle -11.58^\circ\,[\text{A}]$$

$\therefore\ V_1=16.26\angle 78.42^\circ\,[\text{V}],\ \therefore\ V_2=7.28\angle 15^\circ\,[\text{V}]$가 된다.

**예제 4.40** [그림 4.39]에서 출력전압 $V_o$를 구하라.

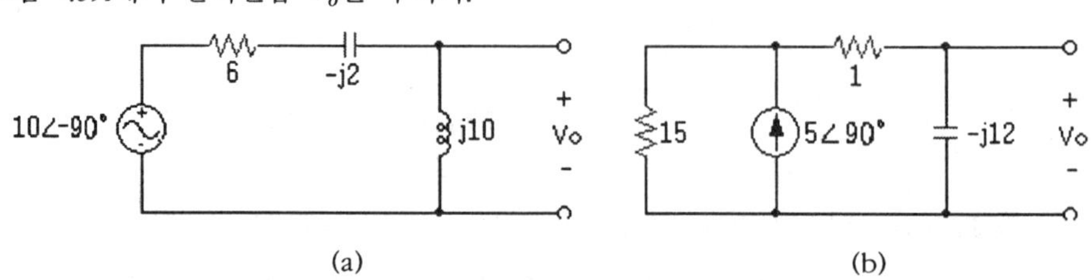


[그림 4.39] 예제 회로

**해** 그림 (a)에서 $V_o=10\angle -90^\circ\dfrac{j10}{6-j2+j10}=\dfrac{(10\angle -90^\circ)(10\angle 90^\circ)}{10\angle 53^\circ}=10\angle -53.1^\circ\,[\text{V}]$가

된다. 또한 그림 (b)에서

$$I_O = 5\angle 30^\circ \frac{15}{15+1-j12} = 3.75\angle 66.9^\circ \text{[A]}$$가 되고

$$V_O = -j12(3.75\angle 66.9^\circ) = 45\angle -23.1^\circ \text{[V]}$$가 된다.

**예제 4.41** [그림 4.40]에서 $V_o = 8\angle 45^\circ$[V] 일 때 $V_S$를 구하라.

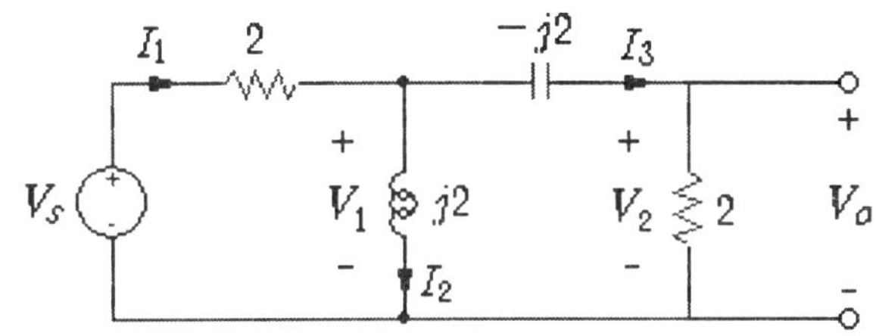


[그림 4.40] 예제 회로

**해** $I_3 = \frac{V_O}{2} = 4\angle 45^\circ$[A], $V_1 = (2-j2)I_3 = \sqrt{8}\angle -45^\circ \times 4\angle 45^\circ = 11.314\angle 0^\circ$[V]

$$I_2 = \frac{V_1}{j2} = \frac{11.314\angle 0^\circ}{2\angle 90^\circ} = 5.657\angle -90^\circ \text{[A]}$$

$$I_1 = I_2 + I_3 = 5.657\angle -90^\circ + 4\angle 45^\circ = -j5.657 + (2.828 + j2.828) = 2.828 - j2.829\text{[A]}$$

$$V_S = 2I_1 + V_1 = 2(2.828 - j2.829) + 11.314\angle 0^\circ = 16.97 - j5.658 = 17.888\angle -18.439^\circ \text{[V]}$$

**예제 4.42** [그림 4.41](a)의 회로에서 $V_o$를 구하기 위해 SPice를 이용해 보라.

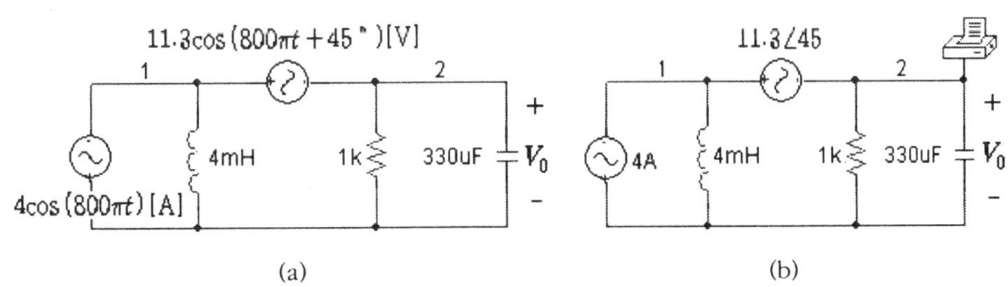


[그림 4.41] SPICE 해석

**해** 출력전압 $V_o$를 구하기 위해 SPice를 이용해서 그림 (b)처럼 구성하고 다음과 같이 회로해석을 하였다.

```
** Analysis setup **
.ac LIN 1 400 400
.OP
```

```
**** INCLUDING Schematic1.net ****
* Schematics Netlist *
R_R1      0 2 1k
L_L1      0 1 4mH
C_C1      2 0 330uF
.PRINT    AC
+ VM([2])
+ VP([2])
V_V1      1 2 DC 0V AC 11.3V 45
I_I2      0 1 DC 0 AC 4A
** Analysis setup **
.ac LIN 1 400 400
.OP
```

시뮬레이션 결과 출력은 아래와 같다.

```
****   AC ANALYSIS                TEMPERATURE =   27.000 DEG C
******************************************************************************
   FREQ          VM(2)          VP(2)
4.000E+02     4.524E+00     -7.599E+01
```

**예제 4.43** [그림 4.42](a)의 회로에서 $v_0$를 구하라. 단, 전원주파수는 60[Hz]이다.

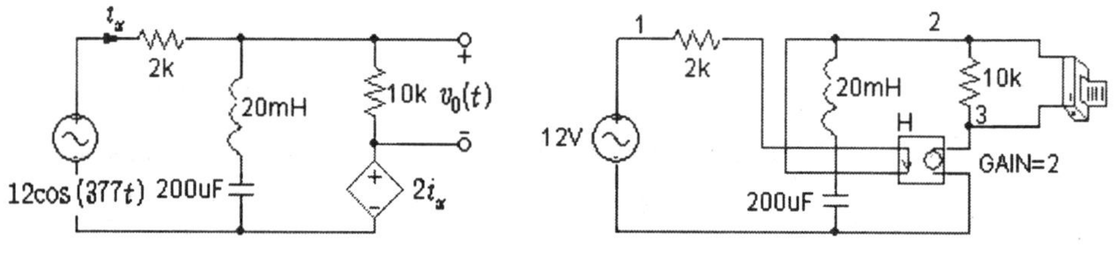


[그림 4.42] 출력전압 구하기

**해** 출력전압 $v_o$를 구하기 위해 그림 (b)처럼 회로를 구성하고 시뮬레이션한 결과 출력은 아래와 같다.

```
** Analysis setup **
.ac LIN 1 60 60
.OP

****   AC ANALYSIS                TEMPERATURE =   27.000 DEG C
******************************************************************************
   FREQ          VM(2,3)          VP(2,3)
6.000E+01     3.637E-02     -1.091E+02
```

**예제 4.44** [그림 4.43](a)의 회로에서 $V_o$를 구하라. 단, 전원주파수는 60[Hz]이다.

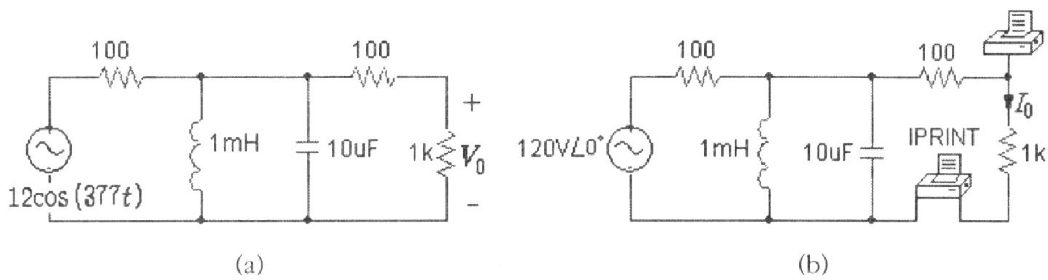


[그림 4.43] 예제 회로

**해** 출력전압 $V_o$와 $I_o$를 구하기 위해 그림 (b)처럼 회로를 구성하고 시뮬레이션한 결과 출력은 아래와 같다.

```
** Analysis setup **
.ac LIN 1 60 60
.OP

****    AC ANALYSIS                 TEMPERATURE =   27.000 DEG C
******************************************************************************
   FREQ              VM($N_0003)             VP($N_0003)
 6.000E+01            4.118E-01               8.976E+01
   FREQ              IM(V_PRINT4)            IP(V_PRINT4)
 6.000E+01            4.118E-04              -9.024E+01
```

**예제 4.45** [그림 4.44]와 같은 직·병렬회로에서 전원전압의 순시 $v = 100\sqrt{2}\sin 400t$[V]일 때 분로전류 $I_1, I_2$ 및 전 전류 $I$를 구하라.

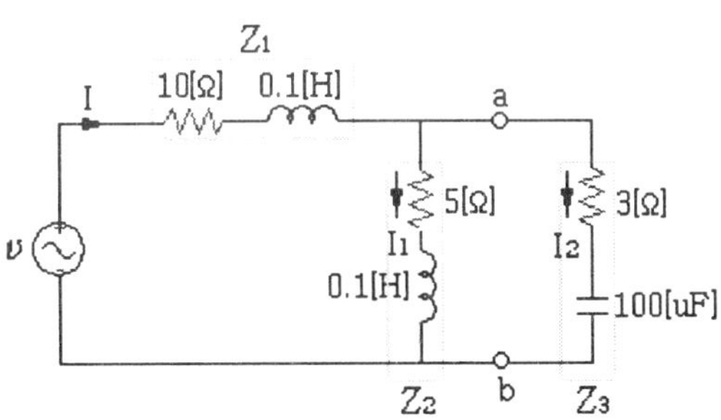


[그림 4.44] 직·병렬회로

**해** $V = 100\angle 0°$,  $\omega = 400$[rad/sec]

$$Y_1 = \frac{1}{Z_2} = \frac{1}{(5+j40)} = \frac{5-j40}{(5+j40)(5-j40)} = (3.08 - j24.62)\times 10^{-3}[℧]$$

$$Y_2 = \frac{1}{Z_3} = \frac{1}{3-j25} = \frac{3+j25}{(3-j25)(3+j25)} = (4.73 + j39.40)\times 10^{-3}[℧]$$

$$Y_{ab} = Y_1 + Y_2 = (7.81 + j14.78) \times 10^{-3} [℧]$$

$$Z_{ab} = \frac{1}{Y_{ab}} = \frac{10^3}{7.81 + j14.78} = 27.9 - j52.9 [\Omega]$$

$$Z_{in} = Z_1 + Z_{ab} = 10 + j40 + 27.9 - j52.9 = 40 \angle -19.0° [\Omega]$$

$$Y_{in} = \frac{1}{Z_{in}} = \frac{1}{40 \angle -19.0°} = 0.025 \angle 19.0° [℧]$$

$$I = Y_{in} V = 100(0.025 \angle 19.0°) = 2.50 \angle 19.0° [A]$$

**예제 4.46** 전원전압이 [그림 4.45](b)와 같을 때 그림 (a)의 회로에서 강제응답 $v_o$를 $0 < t < 5s$ 구간에서 구하라.

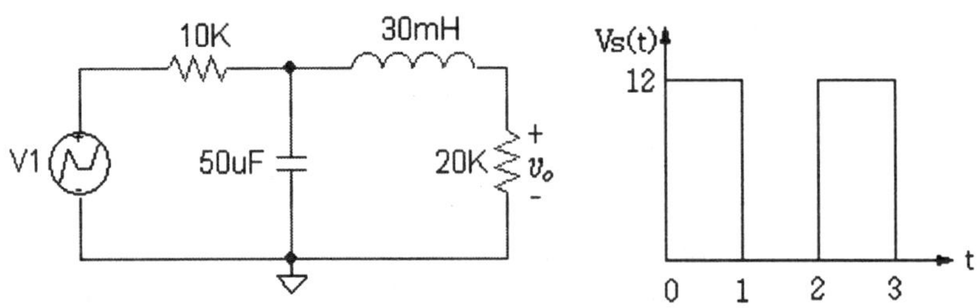


(a) (b)

[그림 4.45] 예제 그림

**해** [그림 4.45]를 Print Step=0.2s, Final Time=5s로 하고 시뮬레이션한 결과가 [그림 4.46]이다.

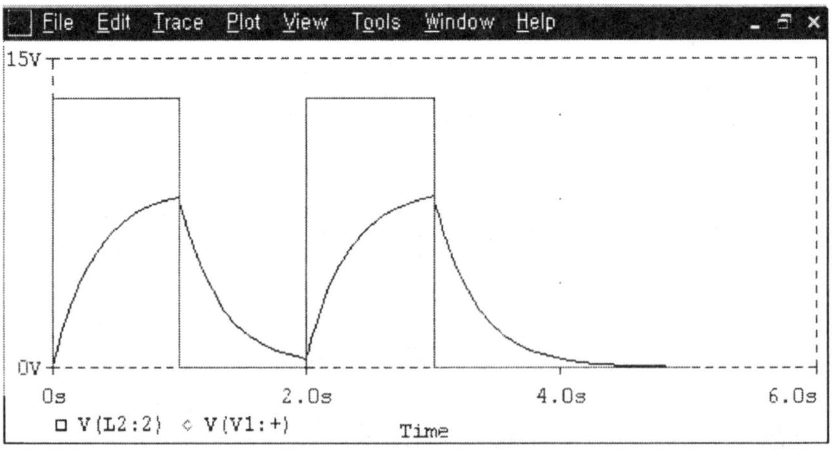


[그림 4.46] 시뮬레이션 결과

**예제 4.47** [그림 4.47](a)의 회로에서 전류 $I$를 구하라.

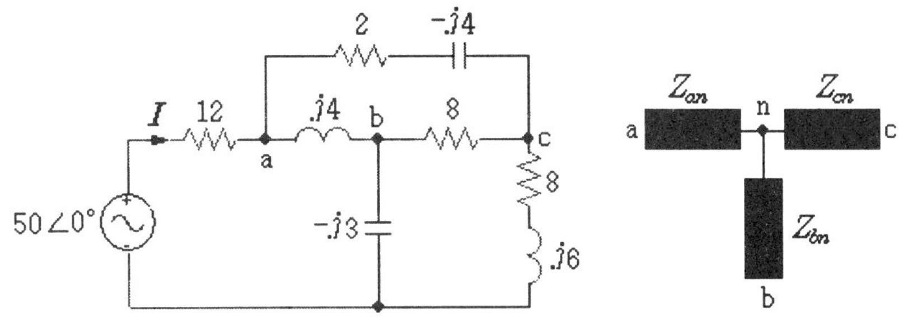


(a) (b)

[그림 4.47] 예제 회로

**해** $Z_{an}=\dfrac{j4(2-j4)}{j4+2-j4+8}=\dfrac{4(4+j2)}{10}=1.6+j0.8[\Omega]$

$Z_{bn}=\dfrac{j4(8)}{10}=j3.2[\Omega],\ Z_{cn}=\dfrac{8(2-j4)}{10}=1.6-j3.2[\Omega]$

전원단자에서의 합성 임피던스는 다음과 같다.

$$Z=12+Z_{an}+(Z_{bn}-j3)\parallel(Z_{cn}+j6+8)=12+1.6+j0.8+(j0.2)\parallel(9.6+j2.8)$$

$$=13.6+j0.8+\frac{j0.2(9.6+j2.8)}{9.6+j3}=13.6+j1=13.64\angle 4.204^\circ[\Omega]$$

따라서 전류는 다음과 같다.

$$I=\frac{V}{Z}=\frac{50\angle 0^\circ}{13.64\angle 4.204}{}^\circ=3.666\angle -4.204^\circ[\text{A}]$$

**예제 4.48** [그림 4.48](a)에서 전류 $I_o$ 를 구하라.

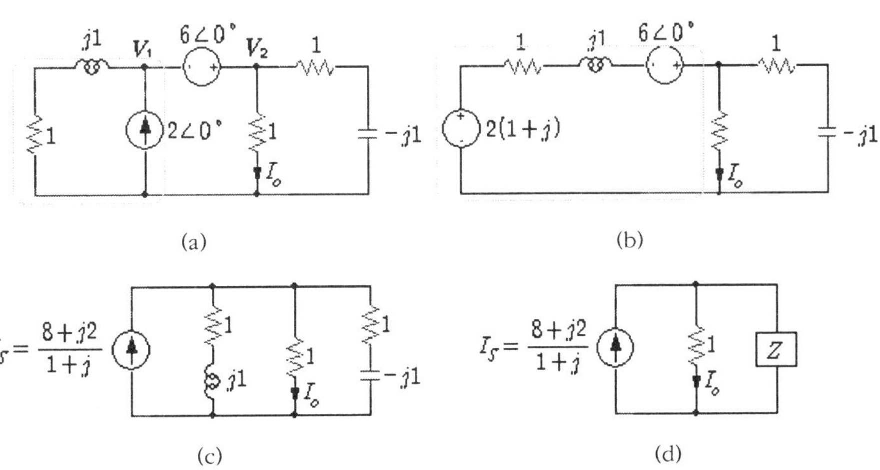


(a) (b)

(c) (d)

[그림 4.48] 예제 회로

**해** [그림 4.48](a)를 전압원으로 고친 그림이 (b)이고, 이것을 다시 전류원으로 고친 그림이 (c)이다. 따라서 최종 등가는 그림 (d)이다. 그리고 $I_o$는 다음과 같다.

$$Z=(1+j)\parallel(1-j)=1[\Omega]$$

$$\therefore I_o=\frac{I_S}{2}=\frac{4+j}{1+j}=\frac{(4+j)(1-j)}{(1+j)(1-j)}=\frac{5-j3}{2}=2.92\angle-30.96^\circ\,[\mathrm{A}]$$

## 4.9 브리지 회로

### (1) 휘스톤 브리지

저항을 측정하는 휘스톤 브리지(Wheatstone bridge)가 있다. 이 브리지는 브리지 회로의 기본형으로서 회로구성은 [그림 4.51]과 같다. 브리지 회로는 저항 이외에 인덕턴스, 커패시턴스 및 주파수 등을 측정하는데 사용되며, 다른 계기에 의한 측정보다 정확하다. 검류계 $D$를 흐르는 전류가 0일 때 브리지는 평형상태가 되어 다음 관계식이 성립한다.

$$I_1Z_1=I_2Z_2,\quad I_1Z_3=I_2Z_4$$

$$\frac{I_2}{I_1}=\frac{Z_1}{Z_2}=\frac{Z_3}{Z_4}$$

$$Z_1Z_4=Z_2Z_3 \tag{4.31}$$

**예제 4.49** [그림 4.49](a)와 같은 브리지 회로에서 5[Ω]에 흐르는 전류를 구하라.

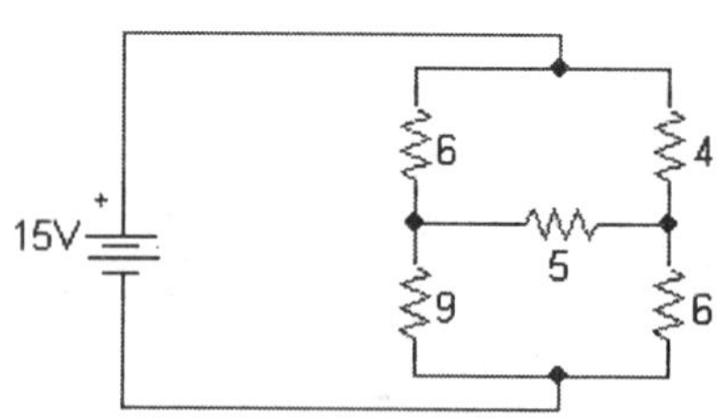


(a)

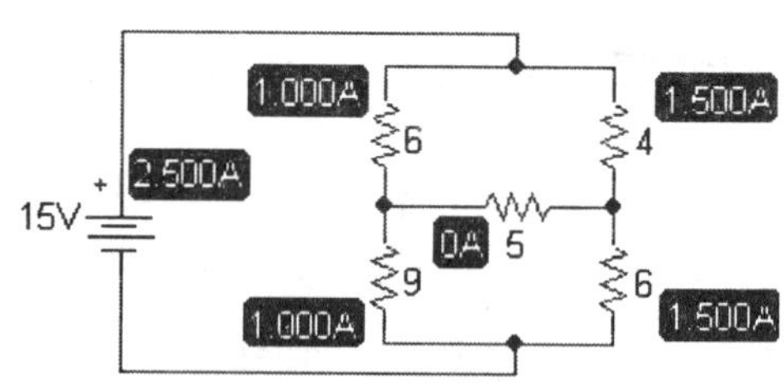


(b)

[그림 4.49] 브리지 회로

**해** [그림 4.49](a)를 시뮬레이션한 결과는 그림 (b)와 같다. 평형조건이 되므로 5[Ω]에 흐르는 전류는 0이 됨을 확인할 수 있었다.

**예제 4.50** [그림 4.50]에서 테스터의 눈금이 0이 되기 위해서는 가변저항 RVAL의 값을 얼마로 해야 하는가?

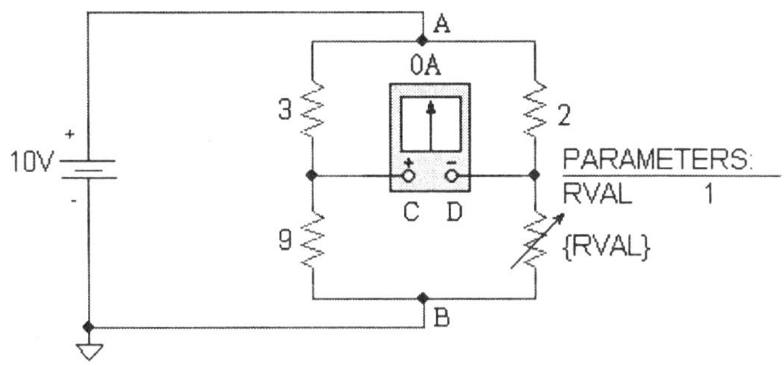


[그림 4.50] 예제 회로

**해** 가변저항 RVAL를 가변했을 때의 시뮬레이션 결과가 [그림 4.51]이다. 그림에서 알 수 있듯이 가변저항의 값이 6[Ω]가 될 때 테스터의 눈금이 0이 되었고 이때가 평형상태가 된다.

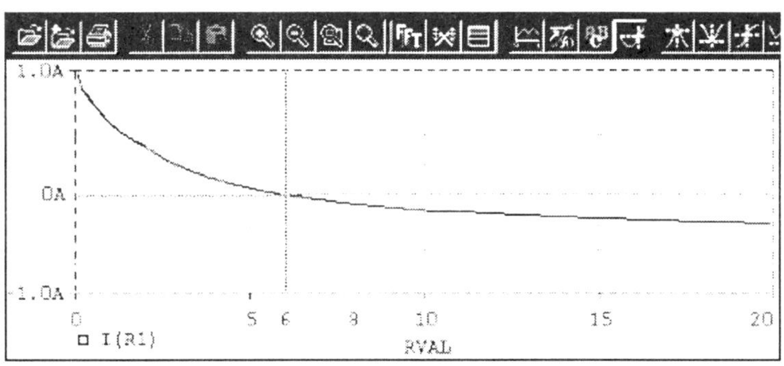


[그림 4.51] 시뮬레이션 결과

**예제 4.51** 브리지 시스템은 트럭의 무게를 측정하는데도 이용된다. [그림 4.52](a)에서 스트레인게이지는 부하가 없을 때 $R_x = 120[\Omega]$이고, 부하가 있을 때는 값이 변한다. 여기서 $R_x = 120[\Omega]$ (no load), $R_x = 120.24[\Omega]$(load)일 때의 $R_3$ 값을 구하라.

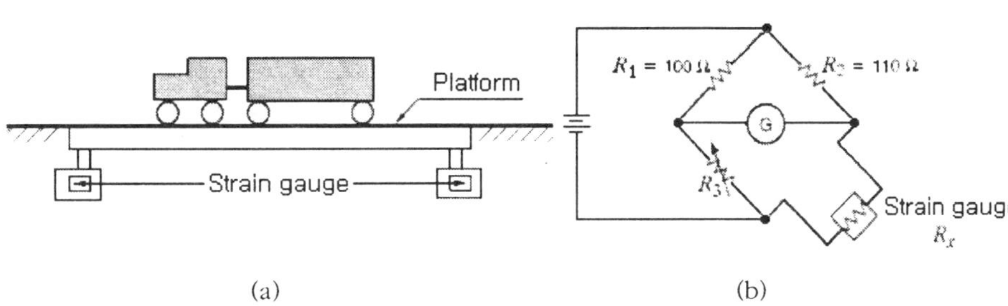


[그림 4.52] 예제 회로

**해** $R_x = 120[\Omega](\text{no load}) \rightarrow R_3 = \left(\dfrac{R_1}{R_2}\right)R_x = \left(\dfrac{100}{110}\right)120 = 109.0909[\Omega]$

$R_x = 120.24[\Omega](\text{ load}) \rightarrow R_3 = \left(\dfrac{R_1}{R_2}\right)R_x = \left(\dfrac{100}{110}\right)120.24 = 109.3091[\Omega]$

$\therefore \Delta R_3 = 109.3091 - 109.0909 = 0.2182[\Omega]$

[그림 4.53]은 평형 브리지 회로를 이용한 온도 조정회로이다. 가변저항 $R_3$는 그 저항값이 25[℃]$R_o$)에서 5[kΩ]인 음의 온도계수를 가진 서미스터와 같은 가지내에 있다. 주변온도 $T_A$가 25[℃]일 때 $R_3$를 조정하여 평형을 맞춘다고 하자. 브리지가 평형일 때 단자 c와 d에 걸리는 전압은 0[V]란 사실을 기억하라. 이 전압은 증폭기의 입력으로 들어간다. 증폭기에 0V가 인가되면 출력으로 0[V]가 나온다.

이제 주변온도가 25[℃] 위로 증가할 때 예를 들어 30[℃]라 가정하자. 온도가 증가하면 서미스터가 음의 온도계수를 갖고 있기 때문에 저항값이 감소하게 된다. 서미스터의 저항이 감소하면 c점의 전압도 감소한다. 그러나 $R_1$과 $R_2$는 일반 저항이기 때문에 d점의 전압은 변하지 않는다. 그 결과로 출력전압 $V_{cd}$는 음의 값을 갖는다. 이 음의 전압이 증폭기로 입력되고 증폭기는 양의 전압이 출력되어 냉각기나 에어컨을 작동시킨다.

냉각기나 에어컨은 주변온도가 원래값인 25[℃]로 내려갈 때까지 작동한다. 온도가 25[℃]로 내려가면 서미스터의 저항값은 원래값으로 증가하게 되고 $V_{cd}$의 전압은 0[V]로 돌아온다. 그렇게 해서 냉각기나 에어컨은 정지하게 된다.

다음에 주변온도 $T_A$가 25[℃] 아래로, 즉 20[℃]로 내려갔을 경우 온도의 감소는 서미스터 저항의 증가를 가져오고 c점의 전압은 더 높아지게 된다. 그 결과 $V_{cd}$는 양의 값이 되고 이 양의 전압이 증폭기로 들어가서 음의 전압이 출력된다. 증폭기에서 발생한 음의 전압으로 인해 가열체가 동작되고 이 상태는 주변온도가 원래의 온도인 25[℃]가 될 때까지 지속된다. 이외에도 평형 브리지를 응용한 회로는 무수히 많다.

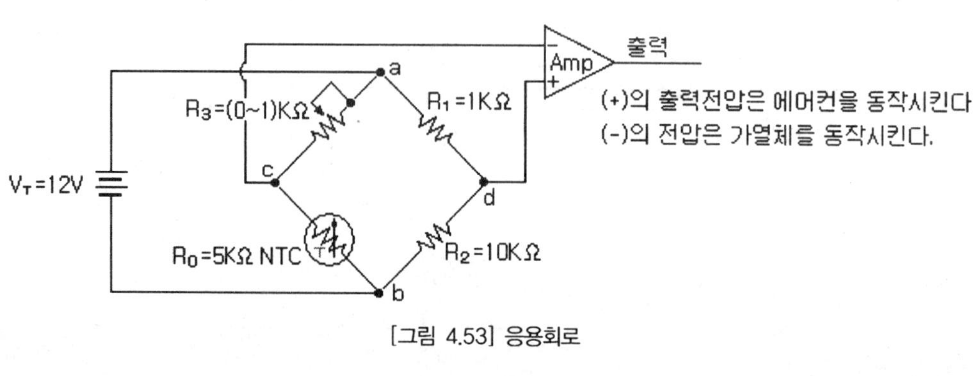


[그림 4.53] 응용회로

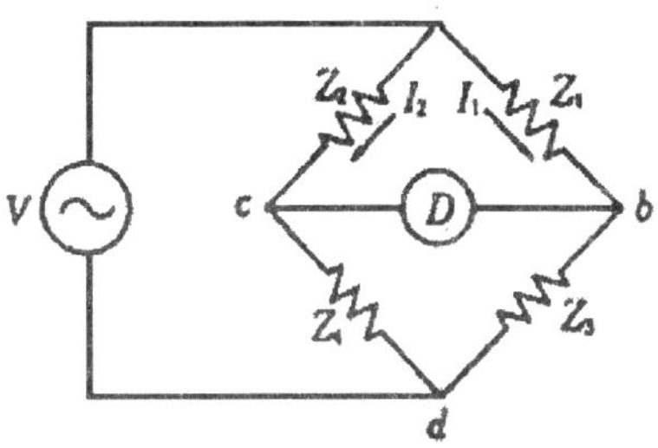


[그림 4.54] 휘스톤 브리지 회로

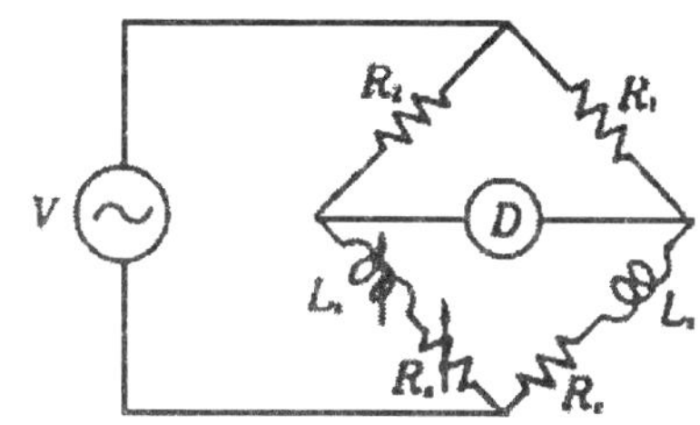


[그림 4.55] 맥스웰 브리지 회로

실용화되고 있는 교류 브리지에는 여러 가지가 있으나 대표적인 것으로 휘스톤 브리지(Wheatstone bridge), 맥스웰 브리지(Maxwell bridge), 윈 브리지(Wien bridge)가 있다.

## (2) 맥스웰 브리지

[그림 4.54]는 표준 자기 인덕턴스 $L_S$[H], 표준저항 $R_S$[Ω]와 미지 코일의 자기 인덕턴스 $L_x$[H], 미지저항 $R_x$[Ω]을 비교하여 측정하는 브리지를 맥스웰 브리지(Maxwell bridge)라 한다.

[그림 4.54]에서 브리지의 각 변의 임피던스는

$$Z_1 = R_1,\ Z_2 = R_2,\ Z_3 = R_x + j\omega L_x,\ Z_4 = R_S + j\omega L_S$$

이므로 평형조건에 의해서 다음 식이 성립한다.

$$R_1(R_S + j\omega L_S) = R_2(R_x + j\omega L_x)$$

위식은 복소수의 성질에 의해 두변의 실수부와 허수부가 각각 같아야 하므로

$$R_1 R_S = R_2 R_x,\ R_1 \omega L_S = R_2 \omega L_x$$

따라서

$$R_x = \frac{R_1}{R_2} R_S,\ L_x = \frac{R_1}{R_2} L_S \tag{4.32}$$

으로 구해진다.

## (3) 윈 브리지

[그림 4.56]은 주파수 측정에서 많이 사용되는 윈 브리지(Wine bridge) 회로이다. 이 회로에서 비례변에는 저항을, 다른 두 변에는 저항과 정전용량을 직렬 또는 병렬로 접속

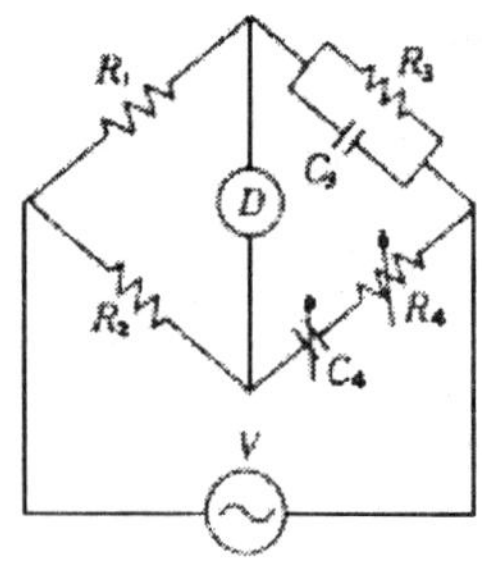


[그림 4.56] 윈 브리지

하면 이 브리지의 각 변의 임피던스는

$$Z_1 = R_1,\ Z_2 = R_2,\ Z_3 = \frac{1}{\dfrac{1}{R_3} + j\omega C_3},\ Z_4 = R_4 - j\frac{1}{\omega C_4}$$

이므로 브리지가 평형되어 있을 때에는

$$R_1 (R_4 - j\frac{1}{\omega C_4}) = R_2 \left( \frac{1}{\dfrac{1}{R_3} + j\omega C_3} \right)$$

이 된다. 이 식을 정리하면

$$\left( \frac{R_4}{R_3} + \frac{C_3}{C_4} - \frac{R_2}{R_1} \right) + j\left( \omega C_3 R_4 - \frac{1}{\omega C_4 R_3} \right) = 0$$

으로 되어 복소수의 성질에 의해 실수부와 허수부는 모두 0이 되어야 위 식이 성립하므로, 따라서

$$\frac{R_4}{R_3} + \frac{C_3}{C_4} = \frac{R_2}{R_1}$$

$$\omega C_3 R_4 = \frac{1}{\omega C_4 R_3} \tag{4.33}$$

과 같이 되며 평형할 때의 각주파수 $\omega$는

$$\omega = \frac{1}{\sqrt{R_3 R_4 C_3 C_4}}$$

위 식에서 주파수는 저항과 정전용량으로 결정된다는 것을 알 수 있으며, 전원 $V$의 주파수를 측정할 수 있다.

**예제 4.52** [그림 4.57]에서 검류계 $D$의 눈금이 0(평형조건)이였다고 가정하자. 이때의 $Z_x$값을 구하라. 단, $R_1=1[\text{k}\Omega]$, $R_2=4.2[\text{k}\Omega], R_3=1.5[\text{M}\Omega]$, $C_3=12[\text{pF}]$, $\omega=2\times 10^3$이다.

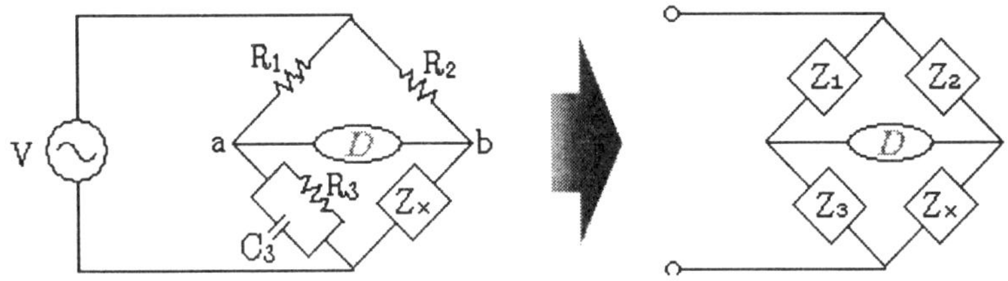


(a) (b)

[그림 4.57] 예제 문제

**해** [그림 4.57]에서 $Z_x=\dfrac{Z_3}{Z_1}Z_2=\dfrac{Z_3}{1[\text{k}]}(4.2[\text{k}])$,

$$Z_3=R_3 \parallel j\omega C_3=\frac{R_3\cdot 1/j\omega C_3}{R_3+1/j\omega C_3}=\frac{R_3}{1+j\omega R_3C_3}=\frac{1.5\times 10^6}{1+j(2\times 10^3)(1.5\times 10^6)(12\times 10^{-12})}$$

$$=\frac{1.5\times 10^6}{1+j0.2262}$$

$$\therefore Z_x=\frac{Z_3}{1}(4.2)=4.2Z_3=4.2\frac{1.5\times 10^6}{1+j0.2262}=(5.993-j1.356)[\text{M}\Omega]=R_x+jX$$

$R_x=5.993[\text{M}\Omega]$ , $jX<0$ 이므로 X는 커패시턴스이다. 따라서

$X=\dfrac{1}{\omega C}=\dfrac{1}{2\times 10^3 C}=1.356\times 10^6 \Rightarrow C=58.69\times 10^{-12}[\text{F}]$가 된다.

**예제 4.53** [그림 4.58](a)에서 $R=2.5[\text{k}\Omega]$에서 평형상태에 도달했다. 이때 코일의 인덕턴스를 구하라.

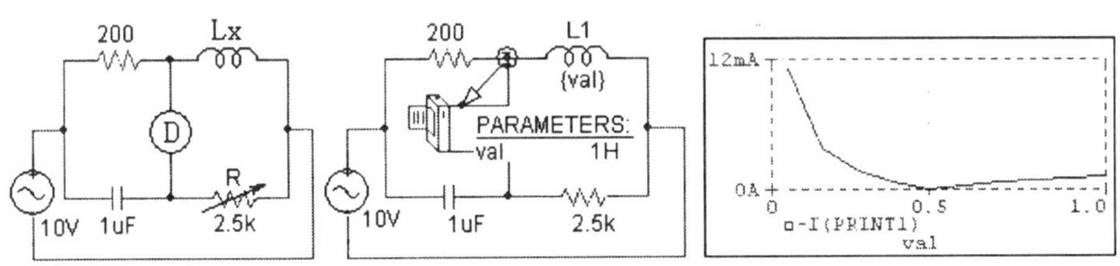


(a) (b) (c)

[그림 4.58] 회로 및 출력결과

**해** 평형상태에서 $200\times R=j\omega L_x\times \dfrac{1}{j\omega C} \Rightarrow L_x=200\times 2.5\times 10^3\times 1\times 10^{-6}=0.5[\text{H}]$가 된다.

그림 (c)는 시뮬레이션 결과이다.

**예제 4.54** [그림 4.59]와 같은 브리지 회로에서 $a$, $b$간의 합성저항은 얼마인가?

**해** 평형조건이 성립하고 있으므로

$$R_{ab} = \frac{6\times 9}{6+9} = 3.6[\text{k}\Omega]$$

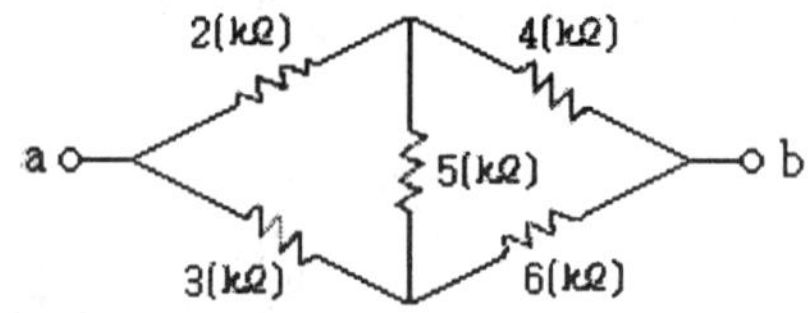


[그림 4.59] 브리지 회로

[그림 4.59]의 시뮬레이션 결과는 [그림 4.60]과 같다. 그림에서 합성저항 $R_T$는 $R_T = (10/2.778)\times 10^3 = 35997.7[\Omega] \fallingdotseq 3.6[\text{k}\Omega]$가 된다.

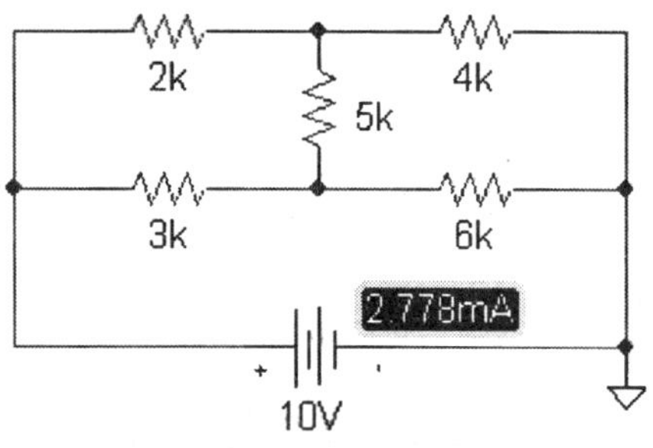


[그림 4.60] 시뮬레이션 결과

**예제 4.55** [그림 4.61]과 같은 브리지 회로의 평형조건을 구하라.

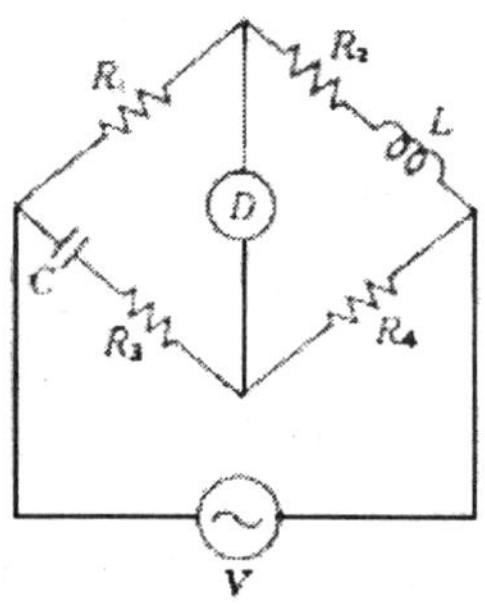


[그림 4.61]

**해** $\dot{Z}_1 = R_1,\ \dot{Z}_2 = R_2 + j\omega L,\ \dot{Z}_3 = R_3 + \dfrac{1}{j\omega C},\ \dot{Z}_4 = R_4$

이므로 브리지 평형조건 $Z_1Z_4 = Z_2Z_3$에 대입하면

$$R_1R_4 = (R_2 + j\omega L)\cdot\left(R_3 + \frac{1}{j\omega C}\right) = \left(R_2R_3 + \frac{L}{C}\right) + j\left(\omega LR_3 - \frac{R_2}{\omega C}\right)$$

위 식이 등식이 되려면

$R_1R_4 = R_2R_3 + \dfrac{L}{C},\ \omega LR_3 = \dfrac{R_2}{\omega C}$ 또는 $R_1R_4 - R_2R_3 = \dfrac{L}{C},\ \dfrac{R_3}{R_2} = \dfrac{1}{\omega^2 LC}$이 된다.

**예제 4.56** [그림 4.62]와 같은 윈 브리지에서 평형이 되기 위한 rval의 값을 구하라.

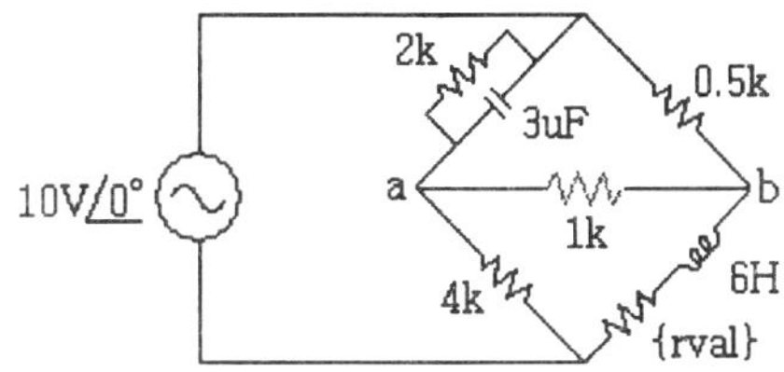


[그림 4.62] 예제 그림

**해** [그림 4.63]과 같이 회로를 구성하고 PSpice를 이용하여 시뮬레이션을 한 결과 rval의 값이 그림 (b)와 같이 1[k]가 될 때 평형이 됨을 확인할 수 있었다.

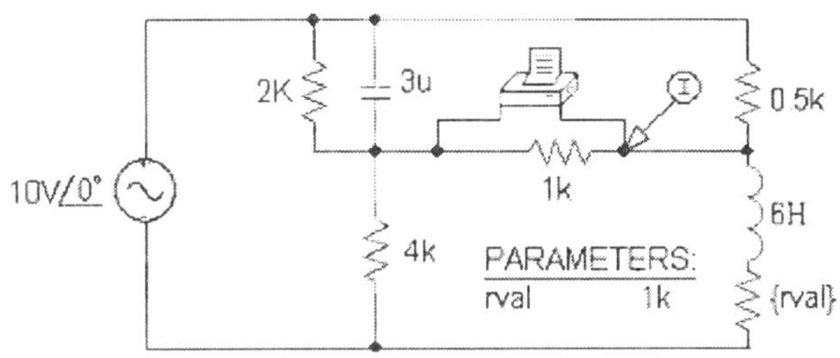


(a)

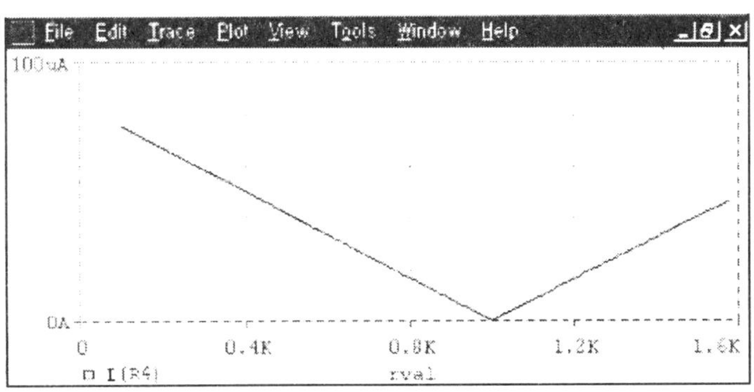


(b)

[그림 4.63] 회로 및 출력결과

출력 프린트 PRINT2를 이용하여 출력파일을 구한 결과는 다음과 같다.

| FREQ | VM($N_0001,$N_0003) | VP($N_0001,$N_0003) |
|---|---|---|
| 1.592E+02 | 2.220E-16 | 9.000E+01 |

1[k]양단의 전압은 $2.2\text{k} \times 10^{-16}$[V]로서 거의 0이 되므로 평형조건이 됨을 확인할 수 있었다.

# 5장

# 공진현상



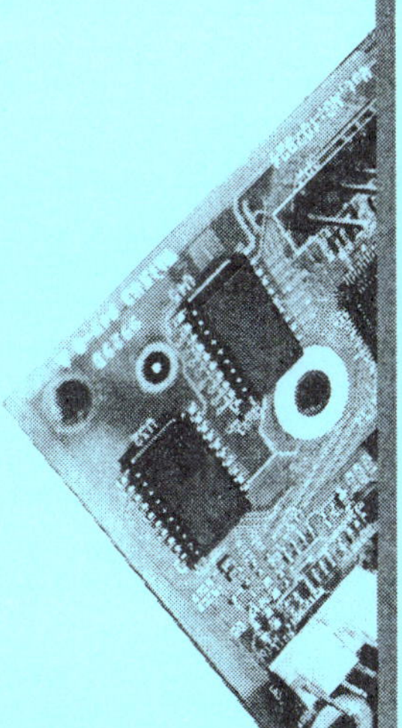

# 5장 공진현상

어떤 물체에 외부에서 주기적인 힘을 가하는 경우 그 힘의 주기가 물체가 진동하는 주기와 일치하면 작은 힘으로도 큰 진동을 일으킬 수 있다는 것은 우리가 일상 경험하는 바이다. 가령 외나무 다리를 걸을 때 다리의 상하 진동에 보조를 맞추어 걸으면 순식간에 큰 진동이 일어난다. 이와 같은 현상을 공진(resonance)이라고 한다. 전기계에도 이와 같은 현상이 있다. 즉 전기회로에 인가되는 전원의 주파수가 회로 자체의 고유주파수(natural frequency)와 일치하면 회로에는 큰 전기적 진동이 일어난다.

그리고 기계적 진동이 일어나려면 물체의 운동 에너지와 위치 에너지 사이에 에너지 교환이 있어야 하는 것처럼 전기적 진동이 일어나려면 유도기에 축적되는 자기 에너지와 용량기에 축적되는 정전 에너지 사이에 에너지 교환이 있어야 한다. 그러므로 전기적 공진회로에는 인덕턴스 $L$과 커패시터 $C$가 함께 있어야 하며 이것들이 연결되는 방식에 따라서 직렬공진, 병렬공진, 직·병렬 공진회로 등으로 나누어진다.

## 5.1 직렬 공진회로

[그림 5.1]과 같은 $R-L-C$ 직렬회로에서 전압전원의 크기를 일정하게 유지하고 주파수만을 변화시켰을 때 회로에 흐르는 전류의 크기와 전압, 전류의 위상차가 주파수에 따라서 어떻게 변화하는가를 고찰해 보자.

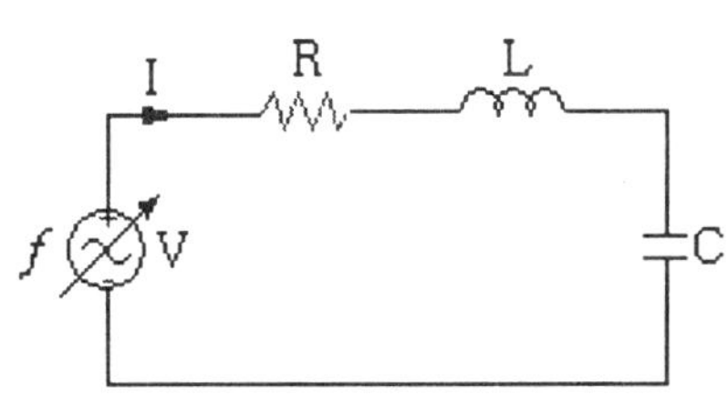


[그림 5.1] $R-L-C$ 직렬회로

이 회로의 임피던스는

$$Z = R + j\omega L + \frac{1}{j\omega C} = R + j\left(\omega L - \frac{1}{\omega C}\right) = R + jX \tag{5.1}$$

이고, 리액턴스는 $X$는

$$X = \omega L - \frac{1}{\omega C} = X_L + X_C \tag{5.2}$$

이다. [그림 5.2]는 주파수에 대한 각각의 리액턴스 $X_C = -\frac{1}{\omega C}$, $X_L = \omega L$, $X = X_L + X_C$, $X = X_L + X_C$의 변화모양을 나타낸 곡선이다.

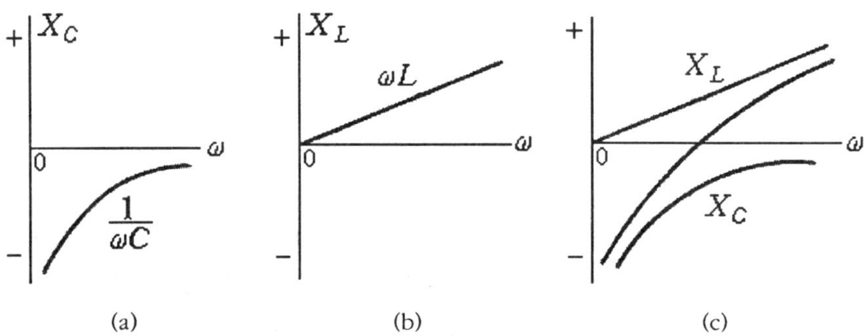


[그림 5.2] 직렬 공진회로의 리액턴스 곡선

[그림 5.2]를 보면 전체 리액턴스는 낮은 주파수에서는 용량성 리액턴스이며, $\omega \to 0$에서 $X \to -j\infty[\Omega]$이 되고 주파수가 높아지면 유도성 리액턴스가 되어 $\omega \to \infty$에서 $X \to +j\infty$ $[\Omega]$이 된다.

또, $X_L = X_C$가 되어 $X = 0$가 되는 주파수가 있다. 이 주파수에서 임피던스는 저항만이 남게 되고, 전압과 전류 사이의 위상차는 0이 되며, 역률은 1이 된다. 이때에 이 회로는 공진되었다고 말하고, 이때의 주파수를 공진주파수(resonant frequency)라고 한다.

따라서 $R-L-C$ 직렬회로의 공진 각주파수를 $\omega_0$라 하면

$$\omega_0 L - \frac{1}{\omega_0 C} = 0 \tag{5.3}$$

으로부터 공진 각주파수 및 공진주파수는 다음과 같이 된다.

$$\omega_0 = \frac{1}{\sqrt{LC}}, \quad f_0 = \frac{1}{2\pi\sqrt{LC}} \tag{5.4}$$

식 (5.4)를 보면 직렬회로에서는 인덕턴스, 커패시턴스, 주파수 중의 하나를 변화시켜서 직렬공진을 일으킬 수 있다.

〈표 5.1〉은 주파수 변화에 따른 임피던스 및 위상각을 나타낸 그림이다.

〈표 5.1〉 주파수 변화에 따른 임피던스 및 위상각

| 주파수 범위 | 임피던스의 크기 | 위 상 각 | 전압과 전류의 위상관계 |
|---|---|---|---|
| $f > f_0$ | $Z=\sqrt{R^2+\left(\omega L-\frac{1}{\omega C^2}\right)}$ | $\theta=\tan^{-1}\frac{\omega L-\frac{1}{\omega C}}{R}>0$ | 전압은 전류보다 진상 |
| $f = f_0$ | $Z=R$ | $\theta=0$ | 전압과 전류는 동상 |
| $f < f_0$ | $Z=\sqrt{R^2+\left(\frac{1}{\omega C}-\omega L\right)^2}$ | $\theta=\tan^{-1}\frac{\frac{1}{\omega C}-\omega L}{R}<0$ | 전압은 전류보다 지상 |

즉, $f=f_0$일 때 임피던스는 순저항이 되고, 크기는 최소가 되며, 전류는 최대가 된다. 이러한 상태를 직렬공진(series resonance) 또는 전압공진(voltage resonance)이라고 하며 공진시의 전류를 $I_0$라 하면

$$I_0=\frac{V}{Z}=\frac{V}{R+j\left(\omega L-\frac{1}{\omega C}\right)}=\frac{V}{R} \tag{5.5}$$

이 된다.

[그림 5.3](a)는 $R$, $X$ 및 $Z$의 $\omega$에 따른 변화를 그렸다. $Z$의 곡선은 $\sqrt{R^2+X^2}$ 으로부터 그려진다. 공진주파수에서는 $X=0$이므로 $Z=R$이고, 임피던스는 최소가 된다.

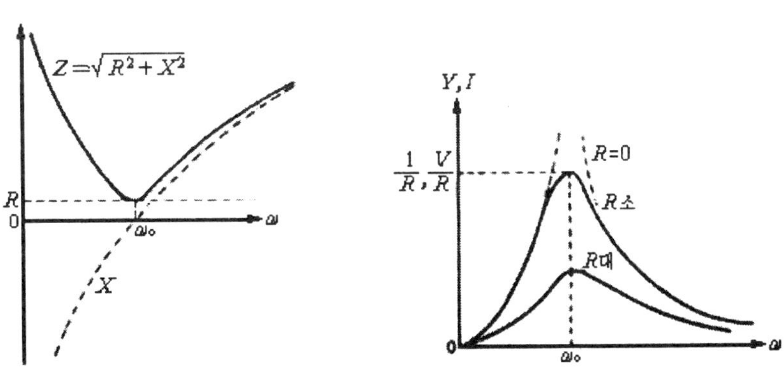


(a) (b)

[그림 5.3] 직렬 공진회로의 응답

어드미턴스의 주파수 특성 곡선은 임피던스 곡선의 역이므로 [그림 5.3](b)와 같이 그려진다.

**예제 5.1** $R-L-C$ 세 소자를 직렬로 연결하고 저항을 통해 신호를 선택하고자 회로를 [그림 5.4]와 같이 구성하였다. 입력 측에는 크기가 동일한 세 종류의 신호 $v_1$이 인가되었다. 이때 출력단 전압 $v_2$를 구하라. 여기서 입력단 전압은 다음과 같다.

$v_1 = 50\sin 10t + 50\sin 50t + 50\sin 200t$[V]

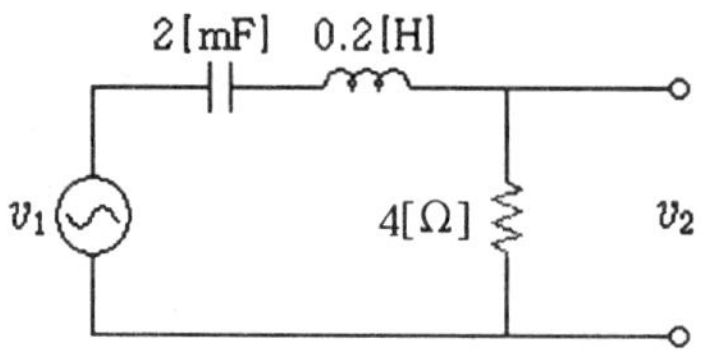


[그림 5.4] 예제 회로

**해** 입력측 신호 각각에 대해 회로를 해석해 보자.

(a) $50\sin 10t$일 때 $\omega = 10$[rad/s]에서의 전체 임피던스는

$$Z = R + j\left(\omega L - \frac{1}{\omega C}\right) = 4 + j\left(0.2 \times 10 - \frac{1}{10 \times 2 \times 10^{-3}}\right) = 4 - j8[\Omega]$$

출력 측 전압 $V_{21} = V_1 \times \dfrac{R}{Z} = 50 \times \dfrac{4}{4 - j48} = 4.15\angle 85.2^\circ$ [V]

전압의 순시값 $v_{21} = 4.15\sin(10t + 85.2^\circ)$[V]

(b) $50\sin 50t$일 때 $\omega = 50$[rad/s]에서의 전체 임피던스는

$$Z = R + j\left(\omega L - \frac{1}{\omega C}\right) = 4 + j\left(0.2 \times 50 - \frac{1}{50 \times 2 \times 10^{-3}}\right) = 4[\Omega]$$

즉 공진이 된다. 따라서 출력전압은 입력전압과 같다.

$v_{22} = 50\sin 50t$[V]

(c) $50\sin 200t$일 때 $\omega = 200$[rad/s]에서의 전체 임피던스는

$$Z = R + j\left(\omega L - \frac{1}{\omega C}\right) = 4 + j\left(0.2 \times 200 - \frac{1}{200 \times 2 \times 10^{-3}}\right) = 4 + j37.5[\Omega]$$

출력 측 전압 $V_{23} = \dfrac{4}{4 + j37.5} \times 50 = 5.3\angle -83.9^\circ$ [V]

전압의 순시값 $v_{23} = 5.3\sin(200t - 83.9^\circ)$[V]가 된다.

따라서 전체 출력전압은

$v_2 = 4.15\sin(10t + 85.2^\circ) + 50\sin 50t + 5.3\sin(200t - 83.9^\circ)$[V]

이 된다. 즉, 진폭이 모두 같은 세 전압이 인가되었음에도 불구하고 주파수에 따라 출력 측에서는 [그림 5.5]와 같이 매우 다른 양상을 보이고 있다. $\omega = 10$이나 $\omega = 200$에 해당되는 전압은 진폭이 거의 1/10로 떨어진데 비해 공진주파수인 $\omega = 50$에 해당되는 전압은

거의 손상을 입지 않고 그대로 출력으로 전달된다. 이것이 직렬공진의 특징이다. 다른 주파수 성분의 전압은 제거하고 공진주파수를 갖고 있는 전압만을 통과시킨다.

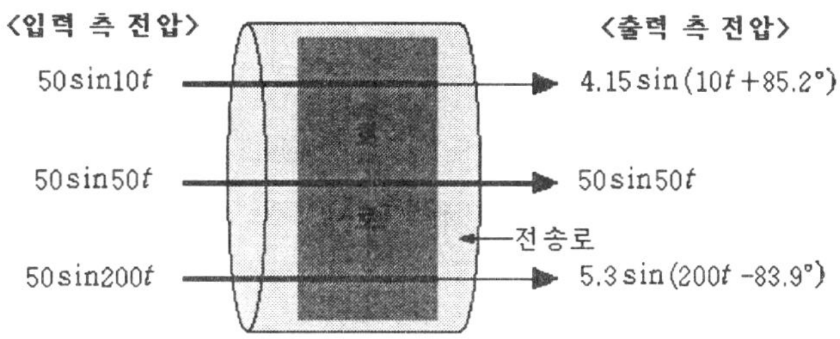


[그림 5.5] 입력 대 출력전압

**예제 5.2** [그림 5.6]과 같은 회로에서 공진주파수를 구하라.

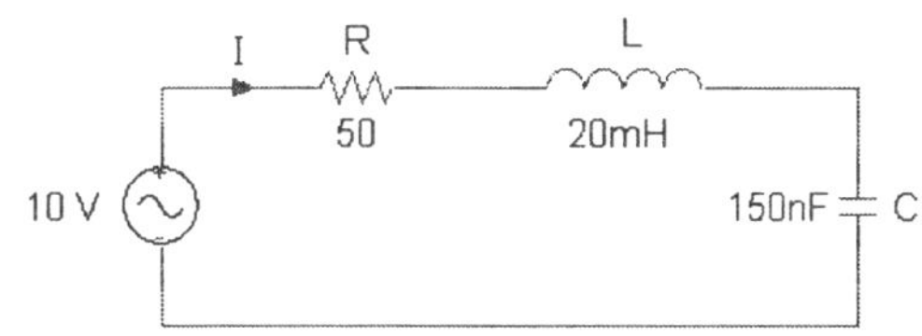


[그림 5.6] $R-L-C$ 직렬회로

$R-L-C$ 직렬회로에서 공진주파수 $f$는

$$f = \frac{1}{2\pi\sqrt{LC}} = \frac{1}{2\times 3.14\sqrt{20\times 10^{-3}\times 150\times 10^{-9}}} \simeq 3[\text{kHz}]\text{가 된다.}$$

**해** 공진주파수를 확인하기 위해서 PSpice의 Analysis Setup에서 AC Sweep를 수행해야 하며 주파수는 100[Hz]~5[kHz]까지 변화시키면서 공진주파수를 확인해 본다. 이때 AC Sweep의 AC Sweep Type은 Linear로 한다. 상기 회로를 시뮬레이션한 결과는 [그림 5.7]이다.

[그림 5.7]에서 주파수 3[kHz]에서 공진이 되고 이때 전류 $I$는 $I = \frac{V}{Z} = \frac{10}{50} = 0.2[\text{A}]$가 된다.

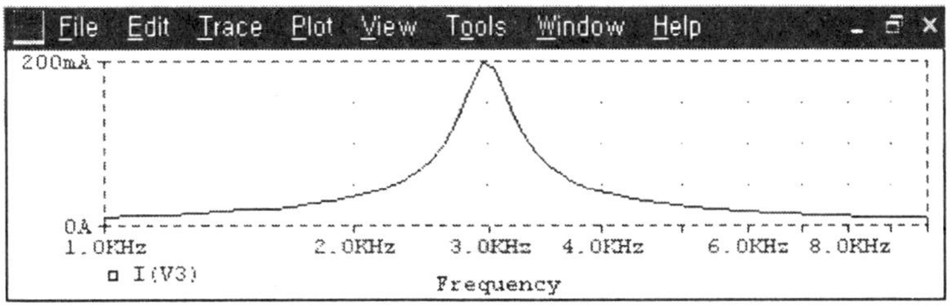


[그림 5.7] 시뮬레이션 결과

### (1) 전압확대율

[그림 5.8]의 $R-L-C$ 직렬회로에서 직렬공진 때 $V_L$과 $V_C$의 공급전압 $V$에 대한 비율을 전압확대율이라 하고, 일반적으로 기호 $Q$로 표시한다.

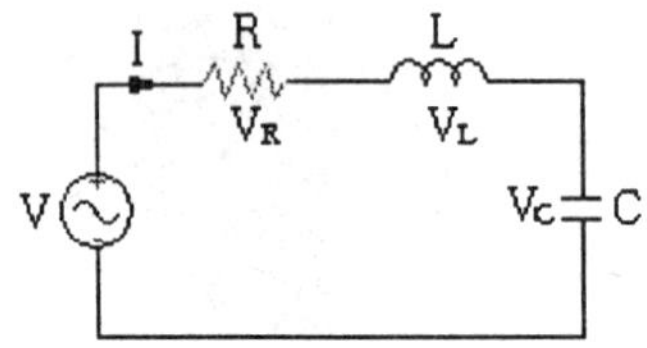


[그림 5.8] $R-L-C$ 직렬회로

$$Q_L = \frac{V_L}{V} = \frac{\omega_\gamma L I_\gamma}{R I_\gamma} = \frac{\omega_\gamma L}{R}$$

$$Q_C = \frac{V_C}{V} = \frac{I_\gamma / \omega_\gamma C}{R I_\gamma} = \frac{1}{R \omega_\gamma C} \tag{5.6}$$

공진시 $\omega_\gamma L = \dfrac{1}{\omega_\gamma C}$의 관계가 있으므로 $Q_L = Q_C = Q$가 되므로

$$Q = \frac{\omega_\gamma L}{R} = \frac{1}{R\omega_\gamma C} = \frac{1}{R}\sqrt{\frac{L}{C}} \tag{5.7}$$

따라서 전압확대율 $Q$의 값은 $R$에 비해서 $\omega_\gamma L$ 또한 $\dfrac{1}{\omega_\gamma C}$이 클수록 커진다.

### (2) 선택도

어떤 회로에 있어서 주파수 선택성이 좋다는 것은 특정한 주파수 부근에서 전류 또는 어드미턴스 양이 큰 것, 즉 응답성이 큰 것을 말한다. 그렇게 하기 위해서는 곡선이 완만한 것 보다는 가파른 곡선은 주파수의 구분이 명확하고 선택도가 높다.

공진회로에서 공진주파수와 동일한 주파수에 대하여 임피던스는 최소가 되므로 다른 주파수에 비해 전류를 흘리기 쉽다.

$I = YV$이므로 전압 $V$가 일정한 경우는 $I$의 크기비교와 $Y$의 크기비교가 같으므로 공진주파수 $\omega_0$일 때의 어드미턴스 $Y_0$와 공진주파수를 벗어난 임의의 주파수 $\omega$일 때의 어드미턴스 $Y$를 비교하면

$$\frac{Y}{Y_0}=\frac{\dfrac{1}{R+j\left(\omega L-\dfrac{1}{\omega C}\right)}}{1\ /\ R}=\frac{R}{R+j\left(\omega L-\dfrac{1}{\omega C}\right)}=\frac{1}{1+j\dfrac{1}{R}\left(\omega L-\dfrac{1}{\omega C}\right)}$$

$$=\frac{1}{1+j\dfrac{\omega_0 L}{R}\left(\dfrac{\omega L}{\omega_0 L}-\dfrac{1}{\omega_0 L\omega C}\right)}=\frac{1}{1+j\dfrac{\omega_0 L}{R}\left(\dfrac{\omega}{\omega_0}-\dfrac{\omega_0^2}{\omega_0\omega}\right)}$$

$$=\frac{1}{1+j\dfrac{\omega_0 L}{R}\left(\dfrac{\omega}{\omega_0}-\dfrac{\omega_0}{\omega}\right)}=\frac{1}{1+jQ\left(\dfrac{\omega}{\omega_0}-\dfrac{\omega_0}{\omega}\right)}$$

$$\left|\ \frac{Y}{Y_0}\ \right|=\frac{1}{\sqrt{1+Q^2\left(\dfrac{\omega}{\omega_0}-\dfrac{\omega_0}{\omega}\right)^2}}=\left|\ \frac{I}{I_o}\ \right|$$

$$\phi=-\tan^{-1}Q\left(\frac{\omega}{\omega_0}-\frac{\omega_0}{\omega}\right)$$

이 결과를 보면 직렬 공진회로에서 $I_o$에 대한 $I$의 크기는 그 크기나 각 모두가 $Q$에 의해서 결정된다. 즉 $Q$를 비교하면 그 회로의 주파수 응답특성을 알 수 있다.

[그림 5.9]에서와 같이 $Q$가 크다는 것은 공진주파수를 벗어난 $\omega$에서의 전류 $I$가 작다는 것으로 곡선의 기울기가 보다 가파르다는 것을 의미한다. 이를 다른 말로 표현하면 대폭(bandwidth)이 좁아진다고 할 수 있고 $Q$가 커짐에 따라(즉 회로손실 $R$이 적을수록) 공진곡선은 너욱 날카로워지며, 주파수 선택성이 좋아진다. 여기서 $Q$를 보고 공진곡선의 첨예도(Sharpness)를 나타낸다고 한다.

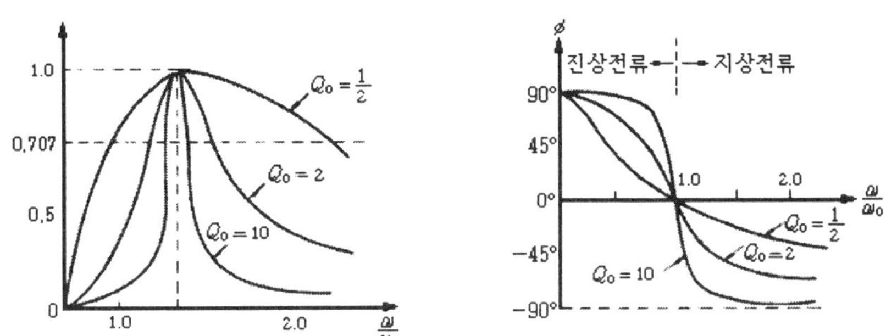


(a) 진폭응답곡선 (b) 위상응답곡선

[그림 5.9] $R-L-C$ 직렬공진회로의 주파수 응답곡선

최대응답의 $\dfrac{1}{\sqrt{2}}$ 을 나타내는 두 주파수를 $\omega_1$, $\omega_2$라고 하면 이 응답회로의 대폭은 $\Delta\omega = \omega_2 - \omega_1$가 되고 주파수 $\omega_1$, $\omega_2$에서는 공진주파수 $\omega_0$ 때의 전류의 $\dfrac{1}{\sqrt{2}}$ 배만큼 흐른다. 이것은 $\dfrac{Y}{Y_0} = \dfrac{I}{I_0} = \dfrac{1}{1 + j\theta\left(\dfrac{\omega}{\omega_0} - \dfrac{\omega_0}{\omega}\right)}$ 에서 $\theta\left(\dfrac{\omega}{\omega_0} - \dfrac{\omega_0}{\omega}\right) = \pm 1$일 때이므로 $\dfrac{\omega}{\omega_0} - \dfrac{\omega_0}{\omega} = \pm\dfrac{1}{\theta}$ 이고 $\omega_1$, $\omega_2$의 경우는 $\dfrac{\omega_2}{\omega_0} - \dfrac{\omega_0}{\omega_2} = \dfrac{1}{\theta}$, $\dfrac{\omega_1}{\omega_0}\dfrac{\omega_0}{\omega_1} = -\dfrac{1}{\theta}$ 이다. 따라서 $\omega_1\omega_2 = \omega_0^2$이 된다.

또한 $\Delta\omega = \omega_2 - \omega_1 = \dfrac{\omega_0}{Q}$ 로부터 $\dfrac{\omega_0}{\omega_2 - \omega_1} = Q = \dfrac{f_0}{f_2 - f_1}$ 를 얻을 수 있다. 즉, $Q$가 클수록 $\omega_2 - \omega_1$은 적어지고 공진곡선이 날카로워지므로 공진회로의 대폭은 $Q$에 반비례한다. 공진회로는 주파수에 대하여 선택성을 가지며, $Q$가 클수록 대폭은 좁아지고, 공진곡선(resonance curve)은 첨예해지며 주파수 특성이 좋아진다. 대폭은 보통 공진시 전류의 $1/\sqrt{2}$ 이 되는 두 주파수 사이의 넓이로 정의한다.

[그림 5.10]에서 공진곡선의 최대값, 즉 공진전류 $I_0$에 대한 주파수를 $f_0$, $I_0$의 $1/\sqrt{2}$ 배가 되는 $I_1$의 주파수를 $f_1$ 및 $f_2$라 하고, $Q$를 주파수에 의해 정의하면 다음과 같이 된다.

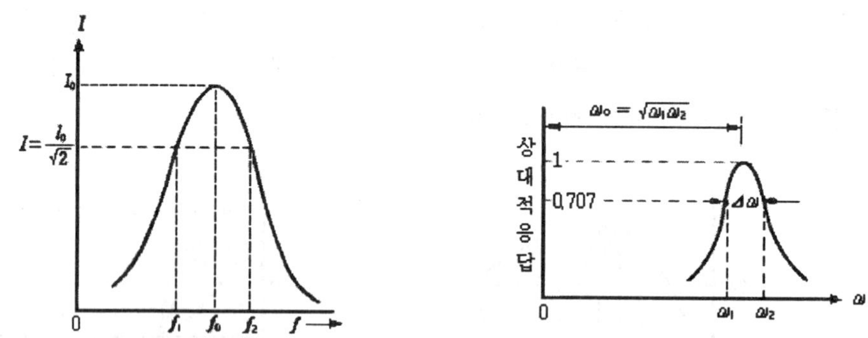


(a) 공진곡선 (b) 공진회로의 대폭

[그림 5.10] 공진곡선

$$Q = \frac{\omega_0}{\omega_2 - \omega_1} = \frac{f_0}{f_2 - f_1} = \frac{f_0}{\Delta f} \tag{5.8}$$

식 (5.8)에서 $Q$가 클수록 공진곡선이 날카로움을 알 수 있다. 그래서 이 $Q$를 첨예도(sharpness) 또는 선택도(selectivity)라 부르기도 한다. 또한 $f = f_1$, $f_2$에서는 $f = f_0$일 때 전류의 $1/\sqrt{2}$ 배의 전류가 흐르므로 회로전체에 공급되는 전력은 공진시 전력의 반이 된다. 이런 의미에서 $f_1$, $f_2$를 반전력 주파수(half-power frequency)라 하고, 통과대폭 $\Delta f = f_2 - f_1$을 반전력 대폭(half-power bandwidth)이라 한다.

RF회로에서의 공진의 가장 일반적 응용은 동조(tuning)이다. 이런 경우 $LC$회로는 동조 주파수에서 최대 전압을 출력하고 이보다 높거나 낮은 다른 주파수의 출력은 작다. [그림 5.11]과 같이 1000[kHz]에서 공진되며 이때의 출력이 최대가 된다.

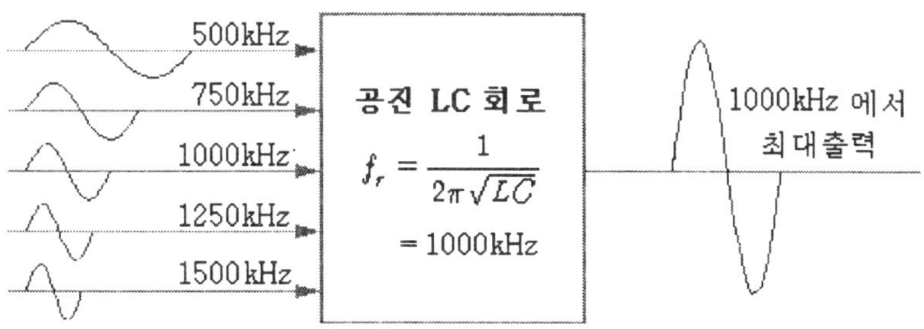


[그림 5.11] $LC$ 동조회로(1000[kHz])

**예제 5.3** $R$=10[Ω], $L$=150[μH]인 코일과 가변축전기(소위 바리콘)가 710[kHz], 1[V]인 전원에 직렬로 연결되어 있다. 다음을 구하라.

(a) 이 회로가 공진하는데 필요한 축전기의 커패시턴스
(b) 공진시 회로의 $Q$
(c) 공진시 축전기 양단의 전압의 크기
(d) 반전력 대폭
(e) 반전력 주파수

**해** (a) $\omega_0 = 1/\sqrt{LC}$ 에서 $C = \dfrac{1}{4\pi^2 f_0^2 L}$

$$= \frac{1}{4\times 3.14^2 \times (710\times 10^3)^2 \times 150\times 10^{-6}} = 336[\text{pF}]$$

(b) $Q_0 = \dfrac{\omega_0 L}{R} = \dfrac{2\pi\times 710\times 10^3\times 150\times 10^{-5}}{10} = 66.8$

(c) $V_C = Q_C V = 66.8[\text{V}]$

(d) $\Delta f = \dfrac{f_0}{Q_0} = \dfrac{710}{66.8} = 10.6[\text{kHz}]$

(e) $f_1 = 710 - \dfrac{10.6}{2} = 704.7[\text{kHz}]$,   $f_2 = 710 + \dfrac{10.6}{2} = 715.3[\text{kHz}]$

**예제 5.4** [그림 5.12]의 회로는 $C$를 변화시켰을 때 전류가 최대가 되는 공진점을 찾기 위해서 PSpice의 Parameters를 이용한 그림이다. 여기서 $V$=100[V], $f$=100[Hz], $R$=5[Ω], $L$=25.3[mH], $C$=10∼200[$\mu$F]으로 했다.

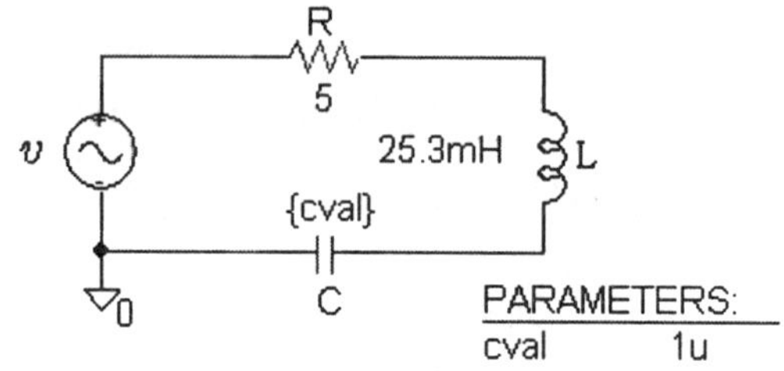


[그림 5.12] $C$를 가변하는 회로도

**해** [그림 5.12]의 회로에서 공진시 $C$의 값은

$$C=\frac{1}{\omega^2 L}=\frac{1}{(6.28)^2\times 10^4\times 25.3\times 10^{-3}}\approx 100[\mu\text{F}]\text{가 된다.}$$

상기 회로를 시뮬레이션한 결과는 [그림 5.13]이다. 결과에서도 확인할 수 있듯이 $C$의 값이 100[$\mu$F]일 때 공진이 됨을 알 수 있었다. 즉, $C$=100[$\mu$F]에서 공진이 되고, 이때 회로전류가 20[A]로서 최대가 됨을 확인할 수 있었다.

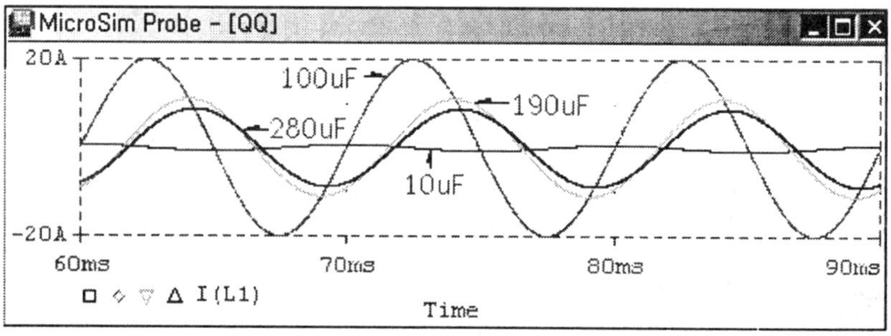


[그림 5.13] 시뮬레이션 결과

## (3) 직렬 공진회로의 전압응답

공진시, 즉 $\omega_0 L=\dfrac{1}{\omega_0 C}$일 때 $V_L= j\omega_0 L I_0$

$$V_C=\frac{I}{j\omega_0 C}=-j\frac{1}{\omega_0 C}I_0\text{이고}$$

$$I_0=\frac{V}{R}$$

$$Q=\frac{\omega_0 L}{R}=\frac{1}{\omega_0 CR}$$

$$V_L = j\omega_0 L I_0 = j\omega_0 L \frac{V}{R} = j\frac{\omega_0 L}{R} V = jQV$$

$$V_C = -j\frac{1}{\omega_0 C} I_0 = -j\frac{1}{\omega_0 C}\frac{V}{R} = -j\frac{1}{\omega_0 CR} V = -jQV$$

$$\dot{V}_L = -\dot{V}_C = jQV$$

$$\therefore |V_L| = |V_C| = Q|V|$$

$R-L-C$ 직렬회로가 공진상태에 있으면 $L$ 또는 $C$의 양단에 $Q$배의 전압이 나타난다. 그러므로 $Q$가 큰 직렬공진회로는 공진주파수 때에 일종의 전압증폭기 역할을 한다. 따라서 $Q$를 전압확대비(율)이라고도 한다.

**예제 5.5** 저항이 0.2[Ω], 인덕터가 0.2[mH]인 코일에 직렬로 커패시터 $C$를 연결하여 $v(t) = 14.14\sin(\omega t + 45°)$[V]의 전압을 가할 때 회로는 공진상태가 되었고, 인덕터 $L$의 양단전압 $V_L = 1000$[V]이었다. 전압확대율 $Q_r$, 공진주파수 $\omega_r$ 및 커패시터 $C$의 값을 구하라.

**해** 가해진 전압의 실효값 $V = 14.14/\sqrt{2} = 10$[V]이므로 전압확대율은

$$Q_r = \frac{V_L}{V} = \frac{1000}{10} = 100$$

이고 공진주파수 $\omega_r$과 커패시터 $C$의 값은 다음과 같다.

$$\omega_r = \frac{R}{L}Q_r = \frac{0.2\times 100}{0.2\times 10^{-3}} = 100[\text{krad/sec}]$$

$$C = \frac{1}{\omega_r^2 L} = \frac{1}{(10^5)^2 0.2\times 10^{-3}} = 0.5[\mu\text{F}]$$

**예제 5.6** 저항이 1.57[Ω]이고 2[mH]인 코일에 커패시터 $C$를 연결하고, 10[kHz]의 전원주파수를 갖는 전압 $V$를 인가할 때 커패시터 양단전압 $V_C = 160$[V]이다. 다음을 구하라.

(a) 가해진 전원주파수에서 공진상태가 되기 위한 커패시터 $C$의 값

(b) 공진도 $Q_r$

(c) 회로에 가해진 전압 $V$

**해** (a) $C = \dfrac{1}{\omega_r^2 L} = \dfrac{1}{(2\times 3.14\times 10\times 10^3)^2\times 10^{-3}} = 0.1268[\mu\text{F}]$

(b) $Q_r = \dfrac{\omega_r L}{R} = \dfrac{2\times 3.14\times 10\times 10^3\times 2\times 10^{-3}}{1.57} = 80$

(c) $V_C = Q_r V,\quad V = \dfrac{V_C}{Q_r} = \dfrac{160}{80} = 2$[V]

**예제 5.7** $R-L-C$ 직렬회로에 전압 $V$=0.4[V]를 가할 때 공진전류 $I_r=0.2$[A]가 흐르고 회로의 선택도 $Q_r=100$이다. 공진시 주파수 대역폭 $\Delta\omega=10$[rad/sec]일 때 회로저항 $R$, 공진주파수 $\omega_r$ 및 인덕터 $L$의 값을 구하라.

**해** 공진전류가 0.2[A]이므로

$$R=\frac{V}{I_r}=\frac{0.4}{0.2}=2[\Omega]$$

공진주파수 $\omega_r$ 및 인덕터 $L$의 값은 다음과 같다.

$$\omega_r=\Delta\omega Q_r=10\times 100=1000[\text{rad/sec}]$$

$$L=\frac{RQ_r}{\omega_r}=\frac{2\times 100}{1000}=0.2[\text{H}]$$

**예제 5.8** [그림 5.14] $R-L-C$ 직렬회로에서 공진 각주파수 $\omega_o$ , quality factor $Q$, Band Width(BW)를 각각 구하라. 또, 저항값을 2[Ω]에서 0.2[Ω]으로 변경했을 때의 $Q$와 BW의 변화를 구하라.

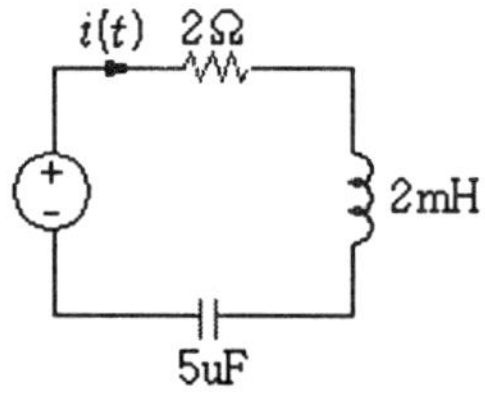


[그림 5.14]

**해** (a) $\omega_0=\frac{1}{\sqrt{LC}}=\frac{1}{[(2)(10^{-3})(5)(10^{-6})]^{1/2}}=10^4$ [rad/s]

(b) $Q=\frac{\omega_o L}{R}=\frac{(10^4)(2)(10^{-3})}{0.2}=10$

(c) $\text{BW}=\frac{\omega_o}{Q}=\frac{10^4}{100}=10^2[\text{rad/s}]$

(d) $Q=\frac{\omega_o L}{R}=\frac{(10^4)(2)(10^{-3})}{0.2}=100$ ←increse

$\text{BW}=\frac{\omega_o}{Q}=\frac{10^4}{100}=10^2[\text{rad/s}]$ ← decrese

## (4) 직렬 공진회로의 에너지

$R-L-C$ 직렬회로에 공진주파수 $\omega_0=\frac{1}{\sqrt{LC}}$ 과 일치하는 주파수의 정현파 전원을 인가한 경우 정상상태 하에서 전압전류는 다음 식으로 나타낼 수 있다.

$$i=\sqrt{2}I\sin\omega_0 t$$

$$v_c = \frac{1}{c}\int idt = -\sqrt{2}\frac{I}{\omega_0 C}\cos\omega_0 t$$

이때 $L$에 축적되는 에너지

$$W_L = \frac{1}{2}Li^2 = \frac{1}{2}L(\sqrt{2}I\sin\omega_0 t)^2$$
$$= LI^2\sin^2\omega_0 t$$

한편 $C$에 축적되는 에너지는

$$W_C = \frac{1}{2}cv^2 = \frac{1}{2}C\left(-\sqrt{2}\frac{I}{\omega_0 C}\cos\omega_0 t\right)^2$$
$$= \frac{I^2}{\omega_0^2 C}\cos^2\omega_0 t = LI^2\cos^2\omega_0 t$$

따라서 회로내에 축적되는 전 에너지는

$$W_L + W_C = LI^2(\sin^2\omega_0 t + \cos^2\omega_0 t) = LI^2 = \frac{I^2}{\omega_0^2 c}$$

즉 공진시에 회로의 전 축적에너지는 시간에 관계없는 일정값으로서 $W_L$ 또는 $W_C$의 최대값과 같다. 여기에서 보면 [그림 5.15]와 같이 공진시 회로에 축적된 에너지가 두 리액턴스 소자 사이를 왔다갔다 한다.

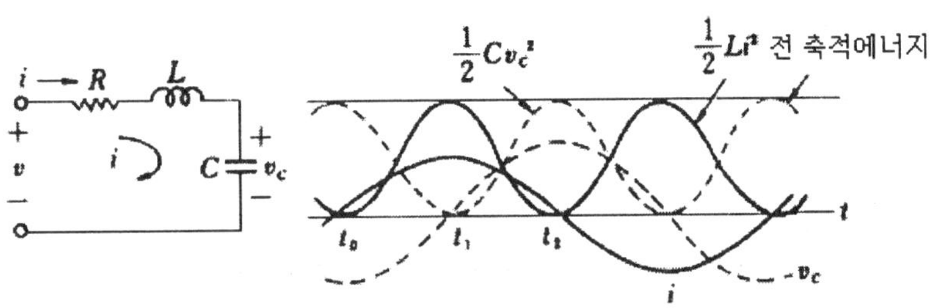


[그림 5.15] 에너지

## 5.2 병렬 공진회로

[그림 5.16]과 같이 $R-L-C$ 병렬회로에 정현파 전류전원이 연결되어 있는 것을 병렬 공진회로라고 한다. 이때 전류의 크기를 일정하게 하고, 주파수를 변화시킬 때 전압의 크기와 어드미턴스에 대해서 알아보자. 단 커패시턴스 $C$의 누설사항은 고려하지 않는다.

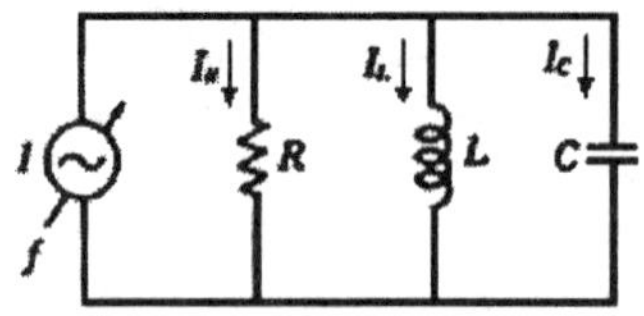


[그림 5.16] $R-L-C$ 병렬회로

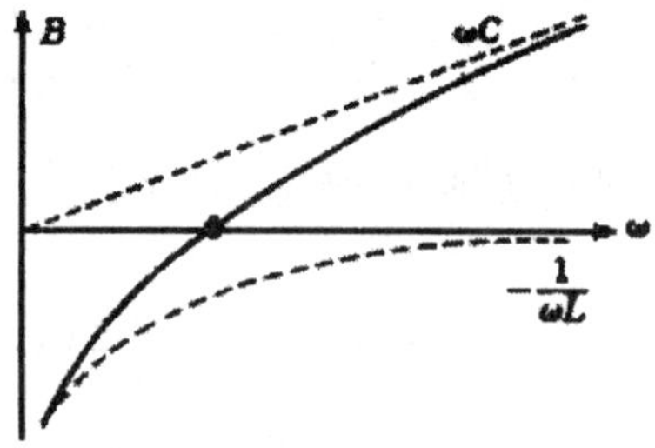


[그림 5.17] 병렬회로 서셉턴스 곡선

$$Y = \frac{1}{R} + j\omega C + \frac{1}{j\omega L} = G + j\left(\omega C - \frac{1}{\omega L}\right) \tag{5.9}$$

가 되며, $\left(\omega C - \frac{1}{\omega L}\right)$을 주파수에 대해 그리면 [그림 5.17]과 같다.

식 (5.9)에서 서셉턴스가 0이 되는 각주파수를 구하면

$$\omega_0 C - \frac{1}{\omega_0 L} = 0$$

$$\omega_0 = \frac{1}{\sqrt{LC}} \tag{5.10}$$

이 되고, 이 각주파수를 병렬공진 각주파수(anti-resonant angular frequency)라 하면, 이때 어드미턴스는 컨덕턴스 성분만 남고 최소값이 된다.

$R-L-C$ 병렬회로에서 $\omega_0 = \frac{1}{\sqrt{LC}}$이 될 때를 병렬공진(parallel resonance)이라 하고 특히 저항 $R=0$로서 공진시 임피던스의 값이 무한대가 되고 전전류가 0이 되는 현상을 이상적인 병렬공진이라 하여 이 경우 합성 임피던스의 크기가 최대가 되는 것을 반공진(antiresonance)이라 부른다.

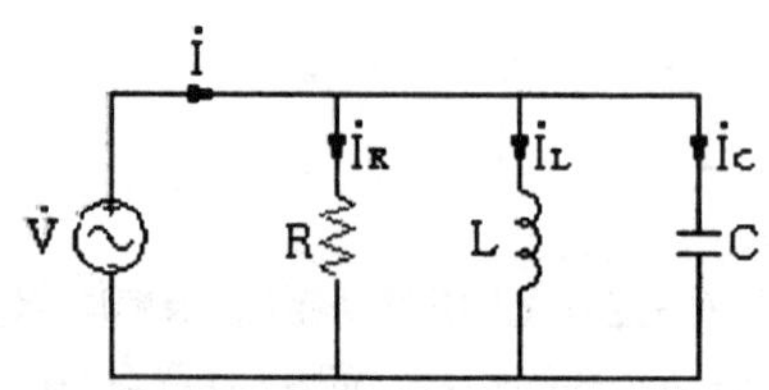


[그림 5.18] $R-L-C$ 병렬회로

[그림 5.18]의 $R-L-C$ 병렬회로에서 병렬공진 때 $I_L$과 $I_C$의 공급전류 $I$에 대한 비율을 전류확대율이라 부른다.

$$Q_C = \frac{I_C}{I} = \frac{\omega_r CV}{\frac{V}{R}} = \omega_r CR \tag{5.11}$$

공진시 $Q_L = Q_C = Q$이므로

$$Q = \frac{R}{\omega_r L} = \omega_r CR = R\sqrt{\frac{C}{L}} \tag{5.12}$$

가 되어 직렬공진일 때의 역수가 된다.

## 5.3 직 · 병렬 공진회로

저항, 인덕턴스 및 커패시턴스가 직 · 병렬 접속된 [그림 5.19]와 같은 회로에 전압 $\dot{V}$를 가할 때 흐르는 전류를 구해보자.

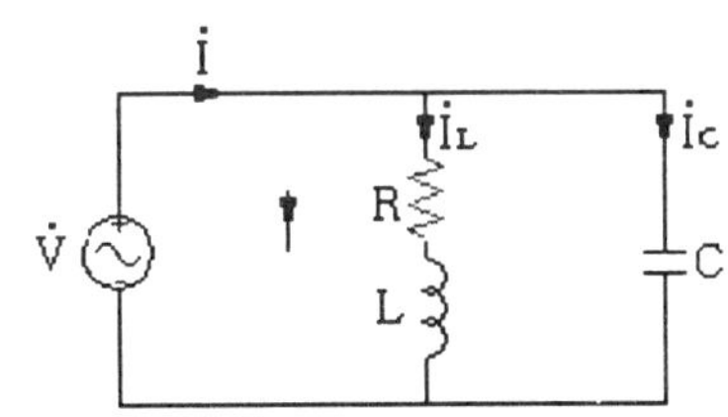


[그림 5.19] 직 · 병렬회로

$$\dot{I}_L = \frac{\dot{V}}{R + j\omega L} \tag{5.13}$$

$$\dot{I}_C = j\omega C\dot{V}$$

전전류 $\dot{I}$는

$$\dot{I} = \dot{I}_L + \dot{I}_C = \dot{V}\left(\frac{1}{R + j\omega L} + j\omega C\right) = \dot{Y}\dot{V} \tag{5.14}$$

그러므로 어드미턴스 $\dot{Y}$는

$$\begin{aligned}\dot{Y} &= \frac{1}{R + j\omega L} + j\omega C \\ &= \frac{R}{R^2 + \omega^2 L^2} + j\left(\omega C - \frac{\omega L}{R^2 + \omega^2 L^2}\right)\end{aligned} \tag{5.15}$$

이 된다. 공진조건은 허수부가 0이 되어야 하므로

$$\omega_0 C - \frac{\omega_0 L}{R^2 + \omega_0^2 L^2} = 0$$

$$R^2 + \omega_0^2 L^2 = \frac{L}{C} \tag{5.16}$$

따라서 공진 어드미턴스 $\dot{Y}_0$, 공진 임피던스 $\dot{Z}_0$, 공진전류 $\dot{I}_0$는

$$\dot{Y}_0 = \frac{R}{R^2 + \omega_0^2 L^2} = \frac{CR}{L}$$

$$\dot{Z}_0 = \frac{1}{Y_0} = \frac{L}{CR} \tag{5.17}$$

$$\dot{I}_0 = \frac{CR}{L} V \tag{5.18}$$

이 된다. 이때의 공진주파수를 구하면 식 (5.16)에서

$$\omega = \sqrt{\frac{1}{LC} - \frac{R^2}{L^2}}, \quad f_0 = \frac{1}{2\pi}\sqrt{\frac{1}{LC} - \frac{R^2}{L^2}} \tag{5.19}$$

이 되고, $\frac{1}{LC} \gg \frac{R^2}{L^2}$인 조건이 만족되면 공진주파수는

$$f_0 \fallingdotseq \frac{1}{2\pi\sqrt{LC}} \tag{5.20}$$

이 되어 직렬 공진회로의 공진주파수와 같은 식이 된다.

**예제 5.9** [그림 5.20] 회로에서 $\dot{V} = 100$[V], $R = 10$[Ω], $L = 10$[mH], $C = 5$[μF]일 때 공진시의 전전류 $\dot{I}$ 를 구하라.

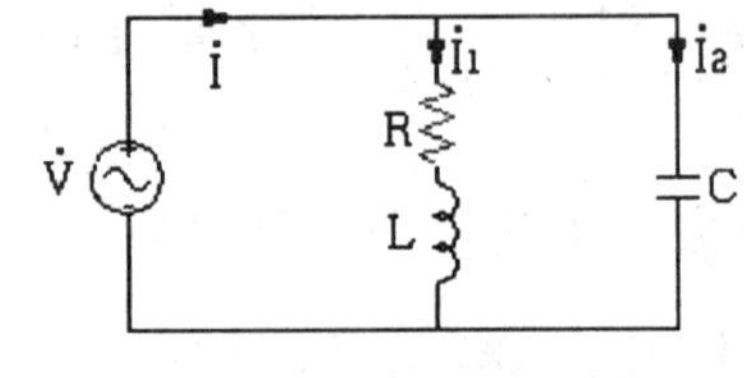


[그림 5.20] 예제 그림

**해** $\dot{I}=\frac{CR}{L}\dot{V}=\frac{5\times10^{-6}\times10\times100}{10\times10^{-3}}=0.5[A]$

그 때의 공진주파수 $f_0$는

$f_0 \fallingdotseq \frac{1}{2\pi\sqrt{LC}} \fallingdotseq 712[kHz]$가 된다.

[그림 5.21]은 상기 회로를 시뮬레이션한 결과이다.

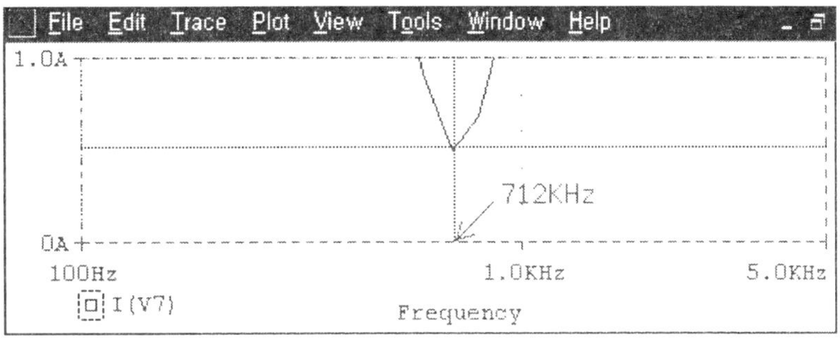


[그림 5.21] 시뮬레이션 결과

**예제 5.10** [그림 5.22]와 같은 $R-L-C$ 병렬회로에서 전 전류를 구하라.

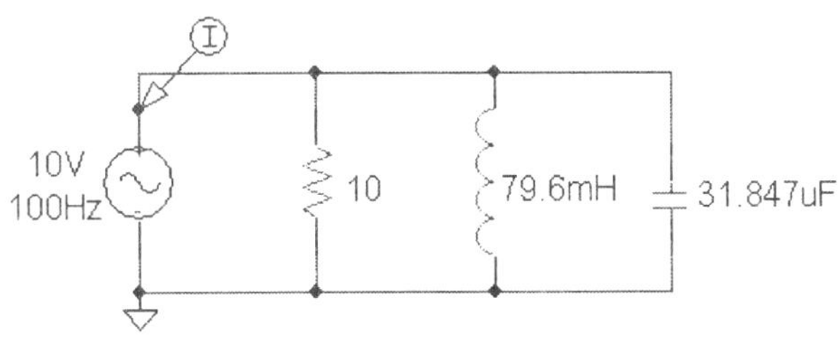


[그림 5.22] 예제 회로

**해** [그림 5.22]의 시뮬레이션 결과가 [그림 5.23]이다. $X_L=X_C \fallingdotseq 50[\Omega]$으로서 병렬 공진회로이다. 전 전류 $I=10/10=1[A]$가 된다.

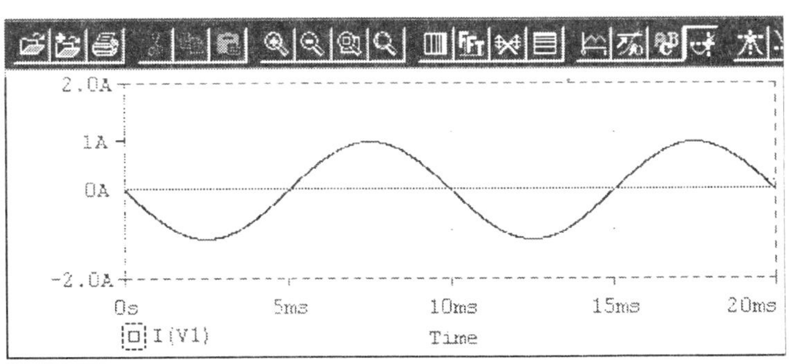


[그림 5.23] 시뮬레이션 결과

**예제 5.11** [그림 5.24]의 회로에서 PSpice를 이용하여 $i_C(t)$와 $i_L(t)$가 같아지는 주파수를 구하라.

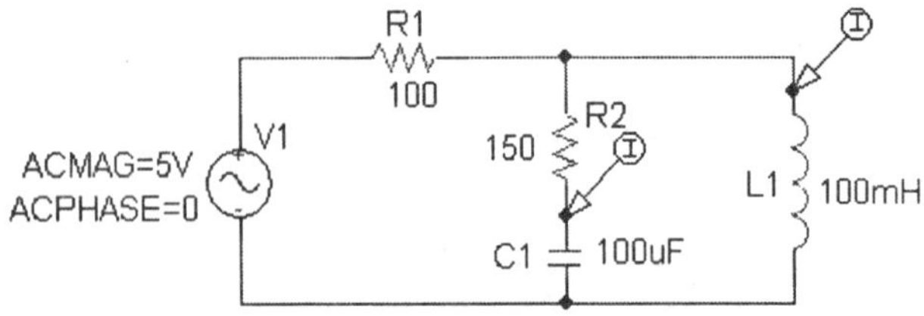


[그림 5.24] $i_C(t) = i_L(t)$의 주파수를 구하는 예제

**해** 시뮬레이션 결과는 [그림 5.25]와 같다. 주파수 범위를 100~300[Hz]까지 변화시켰을 때 주파수 238.871[Hz]에서 $i_C(t) = i_L(t)$인 18.685[mA]가 됨을 확인할 수 있었다.

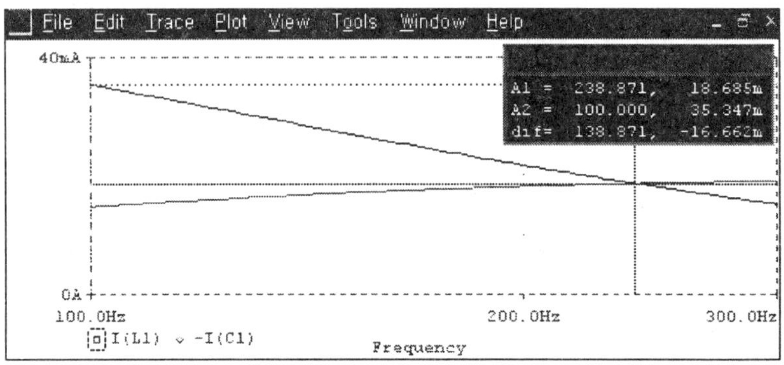


[그림 5.25] 시뮬레이션 결과

**예제 5.12** [그림 5.26]의 회로에서 PSpice를 이용하여 $v_{R3}(t)$와 $i_2(t)$의 위상이 같아지는 주파수를 구하라.

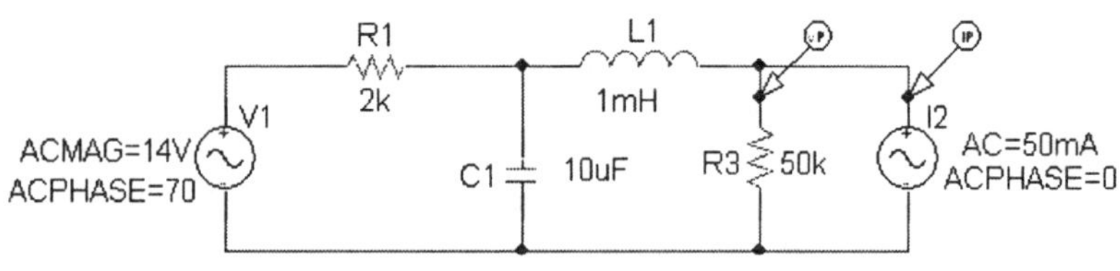


[그림 5.26] 동일 위상을 구하는 예제

**해** 시뮬레이션 결과는 [그림 5.27]과 같다. 주파수 범위를 11~2[kHz]까지 변화시켰을 때 주파수 1.554[kHz]에서 $v_{R3}(t)$와 $i_2(t)$의 위상이 같아짐을 확인할 수 있었다.

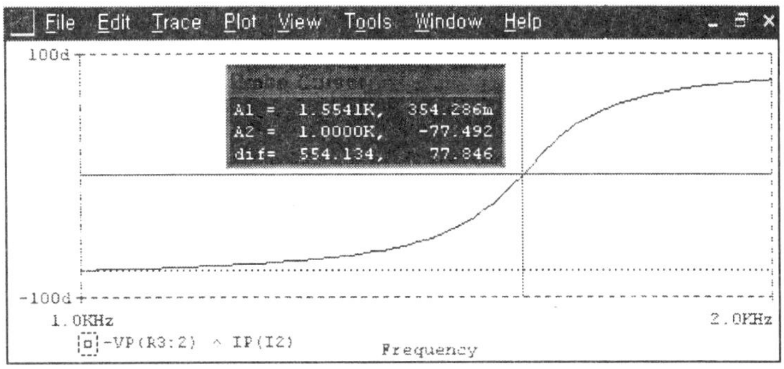


[그림 5.27] 시뮬레이션 결과

**예제 5.13** [그림 5.28]의 회로에서 PSpice를 이용해서 $0 < t < 3s$ 구간동안 전류를 구하라.

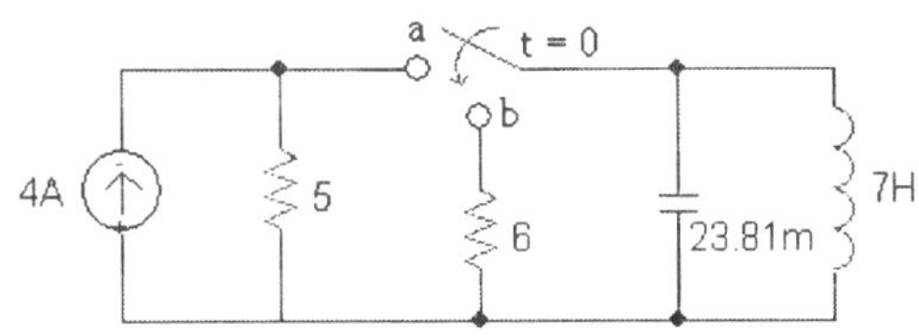


[그림 5.28] 예제 그림

**해** 스위치를 a에 놓았을 때의 회로가 [그림 5.29](a)이다. 시뮬레이션을 통해 DC 해석으로부터 초기 커패시터 전압은 0[V]와 초기 인덕터 전류 $i(0)$는 4[A]를 얻는다. 이들 초기값은 과도해석에 사용된다.

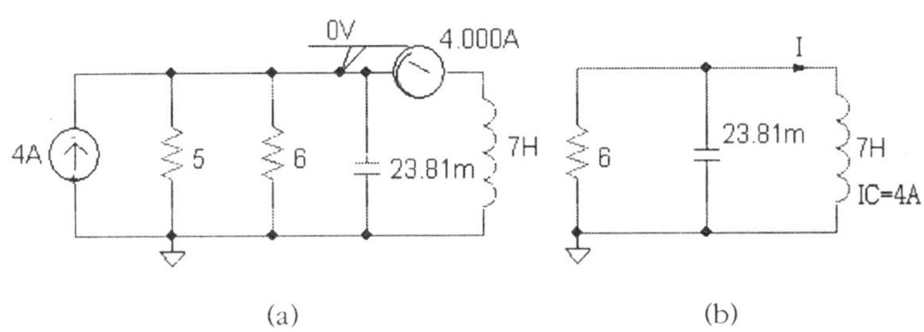


[그림 5.29] 시뮬레이션 결과

스위치를 b의 위치로 이동했을 때의 그림은 그림 (b)이다. 과도해석을 위해 시뮬레이션한 결과는 [그림 5.30]이다.

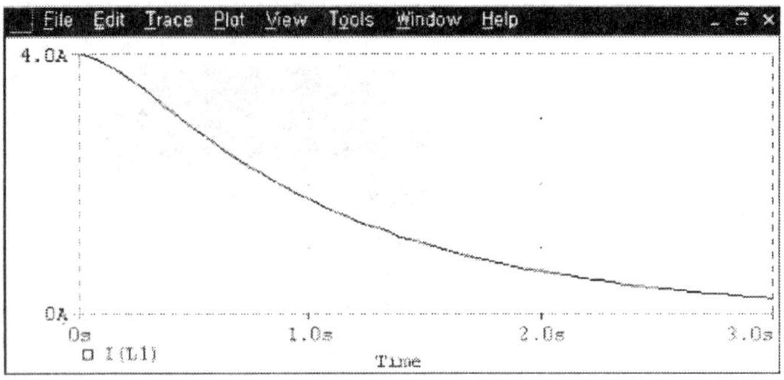


[그림 5.30] 과도해석의 시뮬레이션 결과

공진회로의 응용회로인 라디오 수신기에 대해 알아보자. 직·병렬 공진회로는 라디오와 TV 수신기에에서 방송국을 선택해서 라디오 주파수 캐리어파로부터 오디오 신호를 구분해 내는데 사용된다. [그림 5.31]에서와 같이 AM라디오 수신기의 블록도를 보자. 안테나를 통해 진폭변조된 라디오파가 들어오고 공진회로는 들어온 파의 하나를 선택하는데 사용된다. 선택된 신호는 매우 약하므로 들을 수 있는 audio frequency파를 만들기 위해 증폭된다.

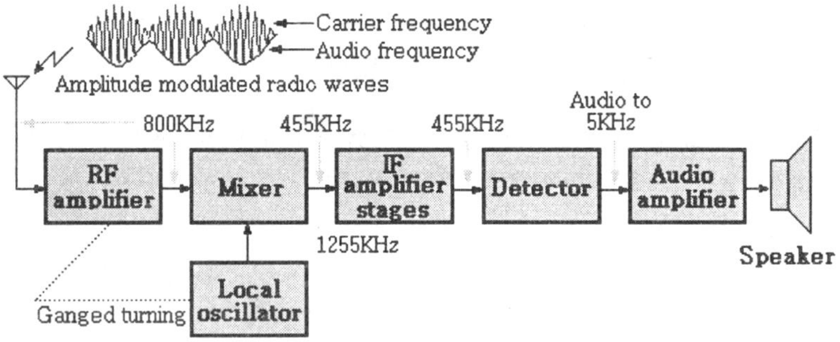


[그림 5.31] 라디오 블록도

선택된 방송신호를 증폭하는데 RF(Radio Frequency)증폭기를 사용하고 RF신호에 기초한 내부적으로 생성된 신호를 증폭하는데 IF(Immediate Frequency)증폭기를 사용하며 스피커에 도착하기 바로전에 audio신호를 증폭하기 위해 audio증폭기를 사용한다. 상기 그림의 AM수신기는 수퍼헤테로다인 수신기로 알려져 있다.

초기의 라디오에서는 각 증폭단계에서 들어오는 신호 주파수를 선택한다. 각 단계는 전체의 AM영역(540~1600[kHz])을 위해 몇 개의 동조회로를 사용한다. 동조회로를 사용하는 중에 문제를 해결하기 위해 주파수 믹서기 또는 수퍼헤테로다인 회로를 사용한다. 이는 항상 수신신호를 운반하는(carrier signal)audio frequency를 그대로 가지는 RF신호(455[kHz])를 만든다.

local oscillator는 RF증폭기와 연결되어 RF신호를 만드는데, 이는 들어온 신호와 두 신호의 합과 차 주파수를 포함하는 출력신호를 만드는 믹서기가 결합되어 있다. 예를 들어 공진회로 800KHz가 수신되도록 동조되었다면 local oscillator는 1255[kHz]가 발진되어 합(1255+800=2055[kHz])과 차(1255−800=455[kHz])가 믹서기 출력으로 나온다. 이것이 선택된 방송에 무관하게 모든 IF증폭기가 동조되는 유일한 주파수이다. 원래 audio신호는 detector에서 얻어낸다.
detector는 IF 신호를 제거하여 오디오 신호를 얻어낸다. 오디오 신호는 증폭되어 스피커에 인가된다. 스피커에서는 전기신호를 소리로 변환하는 transducer로 동작한다.

**예제 5.14** AM라디오의 공진 및 동조회로가 [그림 5.32]처럼 되어 있다. $L=1[\mu H]$로 주어졌을 때 AM 영역의 처음부터 끝까지 공진주파수를 조정할 수 있도록 $C$값의 범위를 구하라.

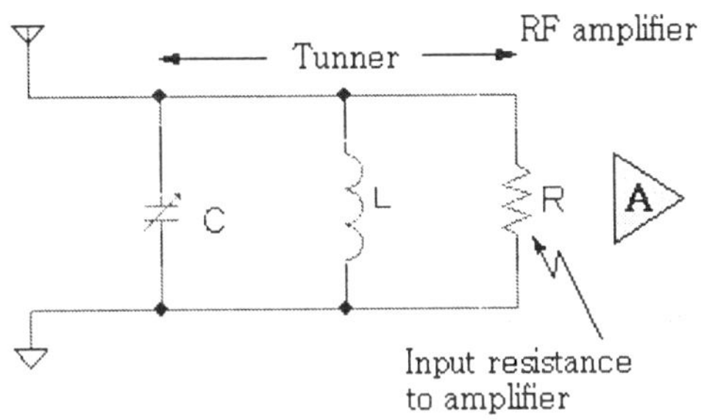


[그림 5.32] 동조회로

**해** AM방송의 주파수 범위는 540～1600[kHz]이다. 상기 그림의 공진회로는 병렬형이므로

$\omega_0 = 2\pi f_0 = \dfrac{1}{\sqrt{LC}}$ 에서 $C = \dfrac{1}{4\pi^2 f^2 L}$

AM영역의 높은 끝은 $f_0 = 1600[kHz]$이므로 관련 $C$는

$$C_1 = \frac{1}{4\pi^2 \times 1600^{2\times} 10^6 \times 10^{-6}} = 9.9[nF]$$

AM영역의 낮은 끝은 $f_o = 540[kHz]$이므로 관련 $C$는

$$C_2 = \frac{1}{4\pi^2 \times 540^2 \times 10^6 \times 10^{-6}} = 86.9[nF]$$

이 되므로 $C$는 9.9[nF]에서 86.9[nF]로 조정할 수 있어야 한다.

# 6장
# 교류전력

# 6장 교류전력

교류회로에 있어서도 직류와 마찬가지로 부하에 전압이 가해져서 전류가 흐르게 되면, 전압과 전류의 곱과 같은 전력이 부하에서 소비된다. 그런데 교류는 직류와는 달리 전압과 전류가 시간적으로 변화하므로 직류회로인 경우에 비해 계산이 복잡해진다.

## 6.1 전 력

일반적으로 교류전압의 순시값이

$$v = V_m \sin\omega t \,[\mathrm{V}]$$

이고, 교류전류는 전압보다 위상이 $\theta$만큼 늦어

$$i = I_m \sin(\omega t - \theta)\,[\mathrm{A}]$$

일 때 순시전력은 다음과 같다.

$$\begin{aligned} p = v \cdot i &= V_m \sin\omega t\, I_m \sin(\omega t - \theta)\,[\mathrm{W}] \\ &= \frac{1}{2}[V_m I_m \cos\theta - V_m I_m \cos(2\omega t - \theta)] \\ &= VI\cos\theta - VI\cos(2\omega t - \theta) \end{aligned} \tag{6.1}$$

우변의 제1항은 시간에 관계없는 일정값을 나타내며, 제2항은 시간에 따라 변화할 뿐만 아니라 주파수 $2\omega$, 진폭 $VI$인 정현파이다. 이들 전압, 전류의 관계를 그림으로 나타내면 [그림 6.1]과 같다.

이와 같이 교류회로에 있어서 순시전력 $p$는 시간에 따라 변화하며, 경우에 따라 $(-)$의 전력값을 나타내기도 한다.

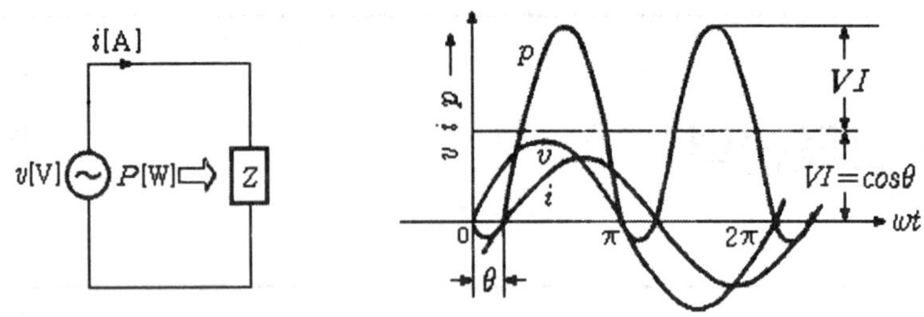


[그림 6.1] 교류회로에서 $v$, $i$, $p$의 변화

이 전압과 전류를 1주기에 걸쳐 평균하면 식 (6.1)의 제2항은 0이 되므로 $P$의 1주기의 평균전력, 즉 전력 $P$는 다음과 같이 일정한 값이 된다.

$$P = VI\cos\theta[\mathrm{W}] \tag{6.2}$$

$$\cos\theta = \frac{P}{VI} \leq 1 \tag{6.3}$$

여기서 $\cos\theta$를 역률(power factor)이라 하며, $p \cdot f$라는 기호로 표시하고, $\theta$는 역률각이라 부른다. 예를 들어

① 저항뿐인 회로에서는 전압과 전류는 동상이므로 $\theta = 0$, 즉 $p \cdot f = \cos\theta = 1$이므로 $P = VI = I^2R = \frac{V^2}{R}[\mathrm{W}]$이 된다.

② 저항없이 순인덕턴스로 된 회로에서는 $\theta = \frac{\pi}{2}$[rad/sec]이므로 $p \cdot f = 0$가 되어 $P = 0[\mathrm{W}]$가 된다.

③ 저항이 없는 순 커패시턴스 회로에서는 $\theta = -\frac{\pi}{2}$이므로 $p \cdot f = 0$이 되어 $P = 0[\mathrm{W}]$가 된다.

**예제 6.1** [그림 6.2]에서 각 소자에 공급되는 평균전력을 구하라. 단, 공급전압 $v_s(t)$는 $v_s(t) = 20\cos(100t - 15°)[\mathrm{V}]$이고, $i(t) = 721\cos(100t - 41°)[\mathrm{A}]$이다.

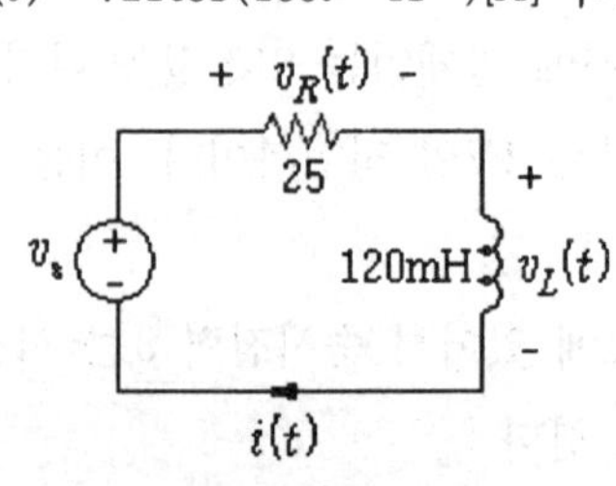


[그림 6.2] 예제 그림

**해** $v_R(t) = 18\cos(100t - 41°)[V]$

$v_L(t) = 8.66\cos(100t + 49°)[V]$

$$\therefore P_s = \frac{(20)(0.721)}{2}\cos(-15° - (-41°)) = 6.5[W]$$

$$P_R = \frac{(18)(0.721)}{2}\cos(-41° - (-41°)) = 6.5[W]$$

$$P_L = \frac{(8.55)(0.721)}{2}\cos(49° - (-41°)) = 0[W]$$

**예제 6.2** [그림 6.3]의 회로에서 전원에서 본 역률을 결정하라. 또 전원에서 전달하는 평균전력을 구하라.

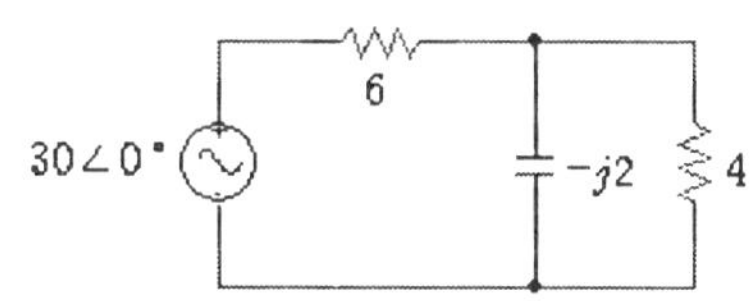


[그림 6.3]

**해** 전체 임피던스는

$$Z = 6 + 4 \parallel (-j2) = 6 + \frac{-j2 \times 4}{4 - j2} = 6.8 - j1.6 = 7\angle -13.24°\ [\Omega]$$

$$I = \frac{V}{Z} = \frac{21.2\angle 0°}{3.744\angle 2.76°} = 5.67\angle -2.76°$$

임피던스가 용량성이기 때문에 역률은

$pf = \cos(-13.24) = 0.9734$이다. 전류의 실효값은

$$I = \frac{V}{Z} = \frac{30\angle 0°}{7\angle -13.24°} = 4.286\angle 13.24°\ [A]$$

이 되고 전원에서 공급하는 평균전력은 다음과 같다.

$$P = VI\cos\theta = (30)(4.286)(0.9734) = 125[W]$$

**예제 6.3** [그림 6.4]에서 소비되는 전체 전력을 구하라. 단, $R_1 = 2[\Omega]$, $R_2 = 3[\Omega]$, $R_3 = 4[\Omega]$, $L = 1[H]$, $C = 0.5[F]$, $v(t) = 30\sin 2t[V]$이다.

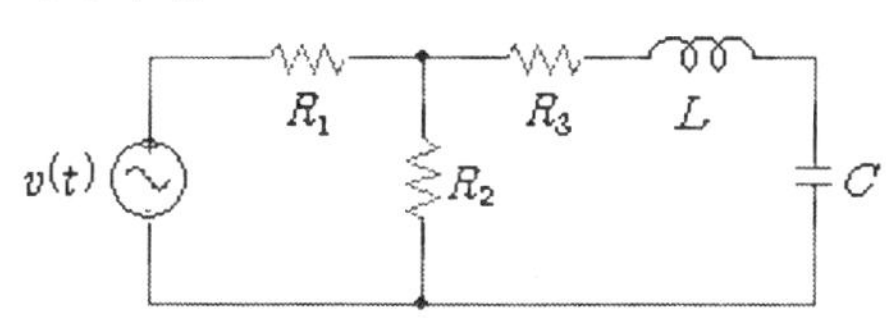


[그림 6.4]

**해** 전압원에서 본 회로의 임피던스는 $\omega=2$이므로

$Z=R_1+R_2 \parallel (R_3+j\omega L+1/j\omega C)=2+3 \parallel (4+j2+1/j)=2+3 \parallel (4+j)$

$=3.74+j0.18=3.744\angle 2.76^\circ$

전원전압 페이저는 $V=30/\sqrt{2}\angle 0^\circ=21.2\angle 0^\circ$ 이므로 전류 페이저는

$I=\dfrac{V}{Z}=\dfrac{21.2\angle 0^\circ}{3.744\angle 2.76^\circ}=5.67\angle -2.76^\circ$ [A]이 된다. 따라서 전체 소비전력은

$P=VI\cos\theta=20.2\times 5.67\times \cos 2.76^\circ=119.98$[W]가 된다.

**예제 6.4** [그림 6.5]에서 스피커의 최대전압이 15[V]라면 증폭기는 얼마의 전력을 스피커에 전달시킬 수 있겠는가?

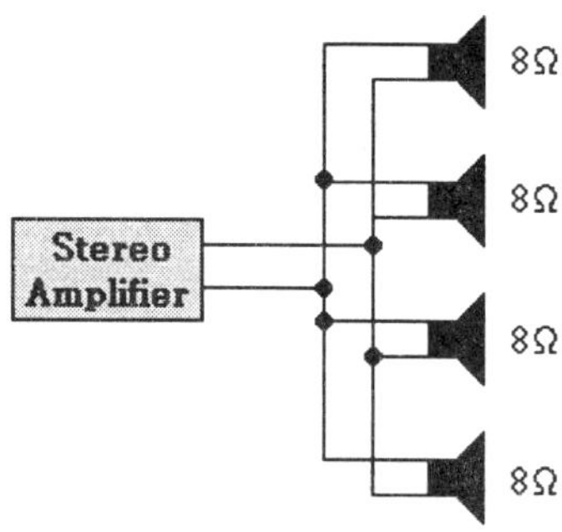


[그림 6.5] 예제 회로

**해** 스피커는 증폭기 출력단에 병렬로 연결되어 있으므로 각각의 전압은 같다. 각 스피커의 최대전력 $P_{max}$는

$$P_{max}=\frac{V^2{}_{max}}{R}=\frac{(15[\mathrm{V}])^2}{8[\Omega]}\fallingdotseq 28.1[\mathrm{W}]$$

이다. 총 전력은 각 전력의 합이므로 증폭기가 스피커에 전달시킬 수 있는 총 전력은 $4\times 28.1[\mathrm{W}]\fallingdotseq 112.4[\mathrm{W}]$가 된다.

**예제 6.5** 자동차의 car stereo는 [그림 6.6](a)와 같이 2[W] 오디오 증폭기(실제는 430[mA]의 전류원)와 2개의 스피커(각 저항은 4[Ω])로 구성되어 있다. 각 스피커에 소비되는 전력을 구하라.

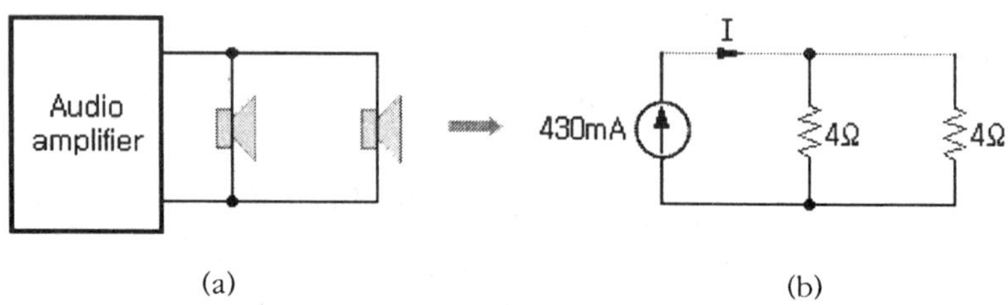


[그림 6.6] 예제 회로

**해** 문제의 등가회로는 그림 (b)와 같고, 각 스피커에 소비되는 전력은 다음과 같다.

$$P = I^2R = \left(\frac{430 \times 10^{-3}}{2}\right)^2 \times 4 = 184.9[\text{mW}]$$

**예제 6.6** 20[Ω], $L = 0.1$[H]의 직렬회로에 60[Hz], 115[V]의 교류전압을 인가할 때 다음을 구하라.

(a) 이 회로의 역률

(b) 회로에 공급되는 평균전력

**해** (a) $\omega L = 2\pi f L \fallingdotseq 377 \times 0.1 \fallingdotseq 37.7[\Omega]$

$Z = 20 + j37.7 = 42.6\angle 62.1°$ [Ω]

$p \cdot f = \cos\theta = \cos 62.1° = 0.47$ 또는 $p \cdot f = \dfrac{R}{Z} = \dfrac{20}{42.6} = 0.47$

(b) $I = \dfrac{V}{Z} = \dfrac{115}{42.6} = 2.7[\text{A}]$, $P = VI\cos\theta = 115 \times 2.7 \times 0.47 = 146[\text{W}]$

## 6.2 유효전력 · 무효전력 · 피상전력

[그림 6.7](a)와 같이 전압 $V$와 전류 $I$의 위상차가 $\theta$일 때 이 전류는 전압과 동상분의 전류 $I_e = I\cos\theta$와 직각분의 전류 $I_r = I\sin\theta$ 전류로 분해할 수 있다.

$I\cos\theta$는 평균전력 $VI\cos\theta$에 기여하는 전류성분으로서 이를 유효전류(active current)라 하고, $I\sin\theta$는 평균전력에 전혀 기여하지 못하는 성분이므로 무효전류(reactive current)라 한다. 또한 이들 전류에 전압 $V$를 각각 곱한 $VI\cos\theta$를 유효전력(=평균전력 또는 단순히 전력)(active power), $VI\sin\theta$를 무효전력(reactive power)이라고 한다. 단위는 각각 [W]와 [Var]이다.

또한 역률을 고려하지 않은 전압과 전류의 실효값의 곱을 피상전력(apparent power 또는 volt-ampere)이라 하며 단위는 [VA]이다. 이들을 정리하면 다음과 같다.

$$\begin{aligned} &\text{유효전력 } P = VI\cos\theta[\text{W}] \\ &\text{무효전력 } P_r = VI\sin\theta[\text{Var}] \\ &\text{피상전력 } P_a = VI[\text{VA}] \end{aligned} \tag{6.4}$$

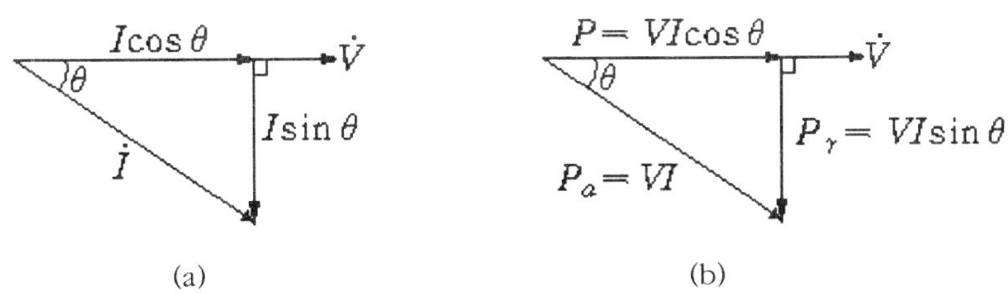


[그림 6.7] 유효 · 무효 · 피상전력

무효전력의 표시식에 나타나는 계수 $\sin\theta$를 무효율(reactive factor)이라고 하며, 보통 $r \cdot f$라고 표시한다.

$$r \cdot f = \sin\theta = \frac{P_\gamma}{VI} \tag{6.5}$$

[그림 6.8](a)를 전력삼각도(power triangle)라 하며 유효전력, 무효전력 및 피상전력 사이의 관계가 다음과 같다.

$$P^2 + P_{\gamma_2} = P_a^2 \ , \quad P_a = \sqrt{P^2 + P_\gamma^2} \tag{6.6}$$

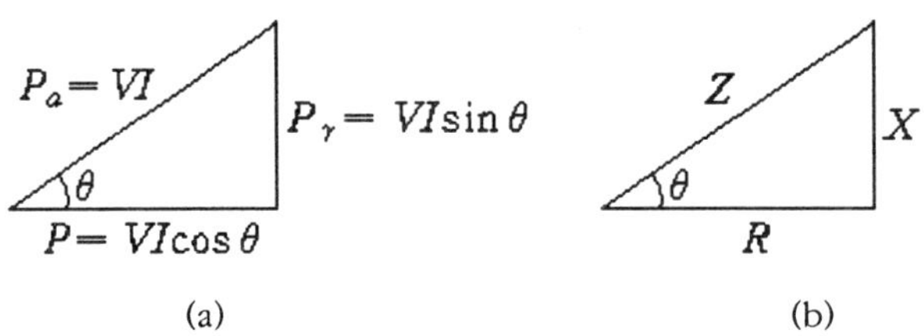


[그림 6.8] 전력 및 임피던스 삼각도

$$P = VI\cos\theta = IZ \cdot I\frac{R}{Z} = I^2 R\,[\mathrm{W}]$$

$$P_r = VI\sin\theta = IZ \cdot I\frac{X}{Z} = I^2 X\,[\mathrm{Var}]$$

$$P_a = VI = IZ \cdot I = I^2 Z\,[\mathrm{VA}] \tag{6.7}$$

**예제 6.7** $R-L-C$ 직렬회로에서 $R=3[\Omega]$, $L=32[\mathrm{mH}]$, $C=530[\mu\mathrm{F}]$이고, 여기에 실효값 $V=100[\mathrm{V}]$, 주파수 $f=50[\mathrm{Hz}]$의 전압을 가할 때의 회로에서의 역률, 유효전력, 무효전력, 피상전력을 구하고 또한 $R-L-C$ 회로의 각 단자전압도 구하라.

**해** $Z = \sqrt{R^2 + \left(\omega L - \frac{1}{\omega C}\right)^2} = \sqrt{3^2 + \left(2\pi \times 50 \times 32 \times 10^{-3} - \frac{1}{2\pi \times 50 \times 530 \times 10^{-6}}\right)^2}$

$= \sqrt{3^2 + (10-6)^2} = 5[\Omega]$

$I = \frac{V}{Z} = \frac{100}{5} = 20[\mathrm{A}]$

$\cos\theta = \frac{R}{Z} = \frac{3}{5} = 0.6$

$P = VI\cos\theta = 100 \times 20 \times 0.6 = 1.2[\mathrm{kW}]$

$P_r = VI\sin\theta = 100 \times 20 \times \sqrt{1 - 0.6^2} = 1.6[\mathrm{kVar}]$

$$P_a = VI = 100 \times 20 = 2[\text{kVA}]$$

$$V_R = RI = 3 \times 20 = 60[\text{V}]$$

$$V_L = \omega LI = 2\pi \times 32 \times 10^{-3} \times 50 \times 20 = 200[\text{V}]$$

$$V_C = \frac{I}{\omega C} = \frac{20}{2\pi \times 50 \times 530 \times 10^{-6}} = 120[\text{V}]$$

**예제 6.8** [그림 6.9]의 회로에서 무효전력, 유효전력, 피상전력을 구하라.

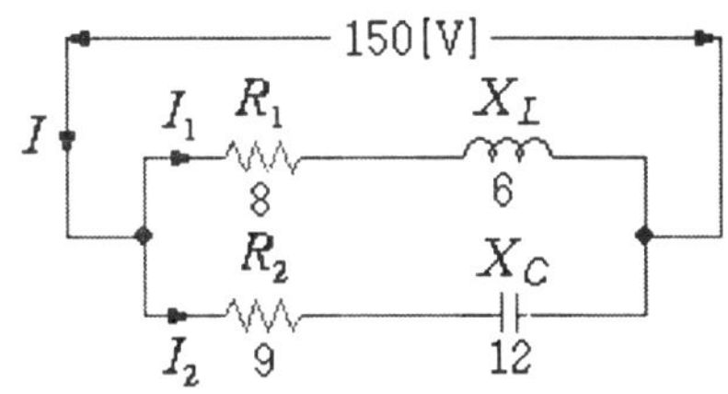


[그림 6.9] 예제 그림

**해** $\dot{I}_1 = \dfrac{150}{\sqrt{8^2+6^2}} = 15[\text{A}]$

$$\dot{I}_2 = \frac{150}{\sqrt{9^2+12^2}} = 10[\text{A}]$$

$$P = I_1^2 R_1 + I_2^2 R_2 = 15^2 \times 8 \times 10^2 \times 9 = 2.72[\text{W}]$$

$$P_r = I_1^2 X_L + I_2^2 X_C = 15^2 \times 6 - 10^2 \times 12 = 150[\text{Var}]$$

$$P_a = \sqrt{P^2 + P_\gamma^2} == \sqrt{2700^2 + 150^2} = 2.7042[\text{kVA}]$$

## 6.3 전력과 에너지

저항기(registor)는 전력을 소비한다. 그러나 유도기(inductor)나 용량기(capacitor)에서는 전력을 소비하지 않으며 자기 에너지 또는 정전 에너지의 교환이 이루어지고 있을 뿐이다.

### (1) 저항기

저항기 $R$에 $v = \sqrt{2}\,V\sin\omega t$[V]인 전압이 걸릴 때 흐르는 전류를 $i = \sqrt{2}\,I\sin\omega t$[A]라고 하면, 전압과 전류는 동상이므로 저항에서 소비되는 전력의 순시값은

$$P = v \cdot i = 2VI\sin^2\omega t = VI(1 - \cos 2\omega t)[\text{W}] \qquad (6.8)$$

위 식에서 제1항은 일정 값을 나타내나, 제2항은 정현파를 표시하고 있다. 일반적으로

진폭이나 위상은 달라도 주파수가 같은 두 정현파를 곱하면 언제나 식 (6.8)과 같이 2배의 주파수를 가진 정현파 성분이 나타나게 된다. 그런데 이 정현파의 평균값은 0이므로, 결국 저항에서의 평균전력은

$$P = VI = I^2R = \frac{V^2}{R}[\mathrm{W}] \tag{6.9}$$

이 된다. [그림 6.10]은 $v, i$ 및 $p$의 시간적 변화를 그렸다. $v$, $i$는 동상으로 +, −의 변화를 반복하므로 그 곱인 $p$는 항상 +이며, 따라서 저항에서는 어느 순간에서도 전력소모가 있기 마련이다. [그림 6.10]에서 알 수 있듯이 $p$의 곡선은 최대값 $2VI = V_mI_m$의 $\frac{1}{2}$인 점을 중심으로 하여 상하로 $v$, $i$의 2배의 주파수를 가지고 변동하며, 이 $\frac{1}{2}$인 점이 곧 평균전력을 나타낸다.

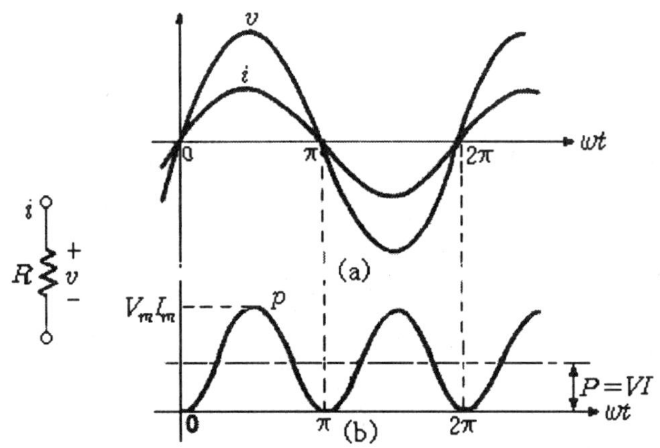


[그림 6.10] 저항에서 $v$, $i$, $p$, $\omega$의 곡선

한편 저항에서 소비되는 에너지 $W_R$은

$$W_R = \int p\,dt = p \cdot t[\mathrm{J}] \tag{6.10}$$

로 표시된다. 즉 저항에서 소비되는 에너지는 평균전력에 시간을 곱하면 된다.

**예제 6.9** [그림 6.11]과 같이 한 개의 스테레오 증폭기가 네 개의 스피커를 구동시킨다. 스피커의 최대전압이 15[V]라면 증폭기는 얼마의 전력을 스피커에 전달시킬 수 있겠는가?

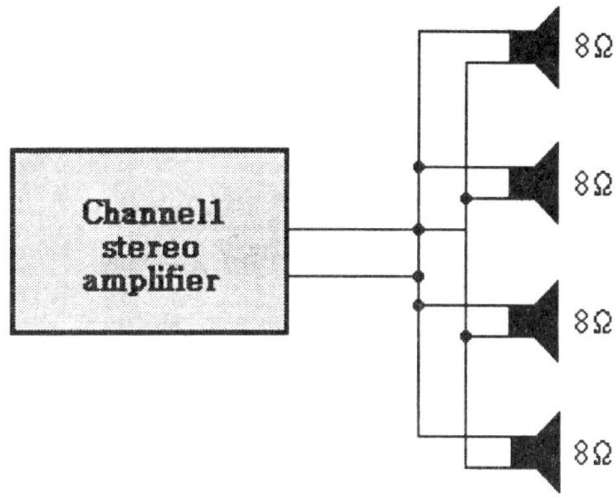


[그림 6.11] 예제 그림

**해** 스피커는 증폭기 출력단에 병렬로 연결되어 있으므로 각 스피커 양단의 전압은 동일하다. 각 스피커에 대한 최대전력은

$$P_m = \frac{V_m^2}{R} = \frac{(15\,V)^2}{8} = 28.1[\mathrm{W}]$$

이다. 전체전력은 각각의 스피커에서의 합이므로

$P_m = 4P_m = 4(28.1[\mathrm{W}]) = 112.4[\mathrm{W}]$이다.

## (2) 유도기

인덕턴스 $L$만을 가지는 유도기에 전류 $i = \sqrt{2}\,I\sin\omega t$[A]가 흘렀다면, 전압은 전류보다 90°위상이 앞서므로 $v = \sqrt{2}\,V\sin(\omega t + 90°) = \sqrt{2}\,V\cos\omega t$[V]가 된다. 그러므로 유도기에 공급되는 순시전력은

$$p = v \cdot i = 2\,VI\sin\omega t\cos\omega t = VI\sin 2\omega t[\mathrm{W}] \tag{6.11}$$

여기서 $\sin 2\omega t$의 평균값은 0이므로, 유도기에 공급되는 평균전력은 0이 된다.

한편 유도기에 저장되는 자기 에너지 $W_L$은

$$\begin{aligned} W_L &= \int p dt = \int v \cdot i dt = \int L\frac{di}{dt} \cdot i dt = L\int i di \\ &= \frac{1}{2}Li^2 = \frac{1}{2}2LI^2\sin^2\omega t = \frac{1}{2}LI^2(1-\cos 2\omega t) \end{aligned} \tag{6.12}$$

이 되며 그 평균값은

$$W_L = \frac{1}{2}LI^2[\mathrm{J}] \tag{6.13}$$

이다.

[그림 6.12]에는 인덕턴스에서의 $v, i, p$ 및 $w_L$의 변화를 그렸다. $v, i$는 90°의 상차가 있고 그 곱의 $p$는 $v, i$의 주파수의 2배의 주파수를 가지고 +, −의 값을 교대로 취하면서 변한다. +의 $p$는 외부회로에서 유도기에 에너지가 공급됨을 의미하고 −는 유도기에서 외부회로로 에너지가 반환됨을 의미한다. 즉, 유도기에 교류가 흐를 때는 유도기 사이에 에너지 교환이 주기적으로 일어남을 알 수 있다.

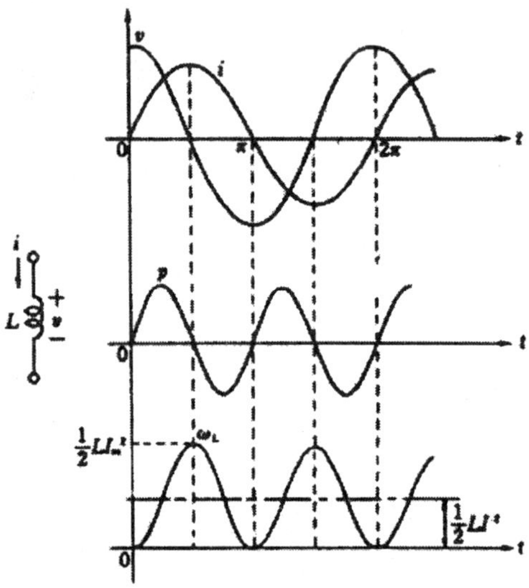

[그림 6.12] 유도기에의 $v, i, p, \omega_L$의 변화

**예제 6.10** [그림 6.13]에서 $R_1 = R_2 = 1[\Omega]$이다. 스위치가 $t<0$에서 열렸다가 $t=0$에서 닫혔다. 이때 전류 $i_1$과 $i_L$를 각각 구하라.

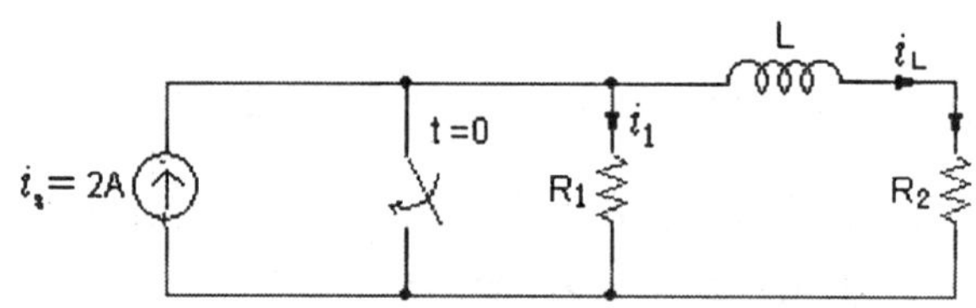


[그림 6.13] 인덕터 및 저항의 전류

**해** $i_s = i_1 + i_L$ , $i_L = \dfrac{R_1}{R_1+R_2} i_s$이 되고

인덕터 전류 $i_L(0^-) = 1[\mathrm{A}]$, $i_L(0^+) = i_L(0^-) = 1[\mathrm{A}]$이다. 또한

$R_1$저항 전류 $i_1(0^-) = 1[\mathrm{A}]$이고 $i_1(0^+) = 0[\mathrm{A}]$가 된다.

**예제 6.11** 전류 $i(t)=I_m \sin\omega t$[A]를 코일에 흘렸다. $t=0$에서 자장에 축적된 에너지는 없다고 가정하고 에너지 함수 $W_L(t)$를 구하고 그래프로 나타내라.

**해** $t=0$에서 에너지가 없으므로 코일에 흐르는 전류는 없다. [그림 6.14]와 같이 코일 양단의 전압 $v_L$은

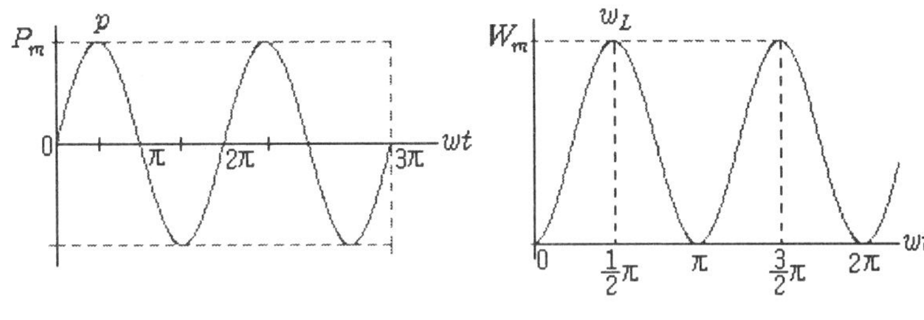


[그림 6.14] 예제 그래프

$$v_L = L\frac{d}{dt}(I_m \sin\omega t) = \omega L I_m \cos\omega t$$

$$p_L = v \cdot i = \omega L I_m^2 \sin\omega t \cos\omega t = \frac{1}{2}\omega L I_m^2 \sin 2\omega t$$

$$W_L = \int_0^t \frac{1}{2}\omega L I_m^2 \sin 2\omega t\, dt = \frac{1}{4} L I_m^2 [-\cos 2\omega t + 1] = \frac{1}{2} L I_m^2 \sin^2\omega t$$

**예제 6.12** [그림 6.15](a)의 회로에서 DC 전원을 인가할 때 $i$, $v_c$와 $i_l$을 구하고, 커패시터와 인덕터에 저장되는 에너지를 구하라.

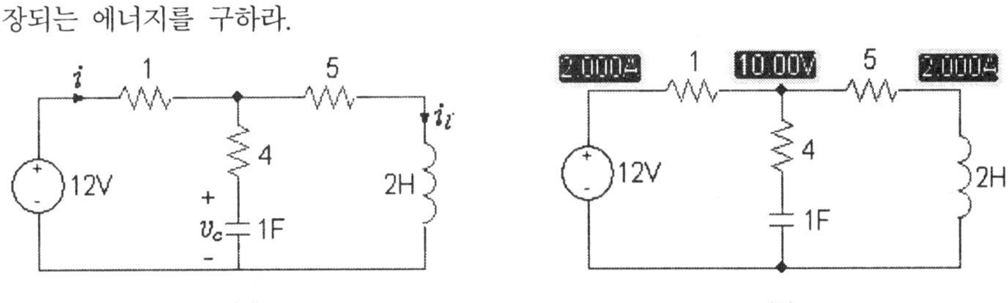


[그림 6.15] 예제 회로 및 출력결과

**해** DC 전원 조건에서 커패시터는 개방회로로, 인덕터는 단락회로로 취급할 수 있다. 따라서 전류 $i$는 다음과 같다.

$$i = i_l = \frac{12}{1+5} = 2[\text{A}]$$

전압 $v_c$는 5[Ω]에 걸리는 양단전압과 같다. 따라서 $v_c = 5i = 10$[V]가 된다.

또한 커패시터에 저장되는 에너지는

$W_c = \frac{1}{2}C\, v_c{}^2 \;\; = \frac{1}{2}(1)(10^2) = 50[J]$

그리고 인덕터에 저장되는 에너지는

$W_l = \frac{1}{2}L\, i_l^2 = \frac{1}{2}(2)(2^2) = 4[J]$

이 된다. 그림 (b)는 시뮬레이션한 결과이다.

**예제 6.13** [그림 6.16](a)의 회로에서 DC 전원을 인가할 때 커패시터와 인덕터에 저장되는 에너지를 각각 구하라.

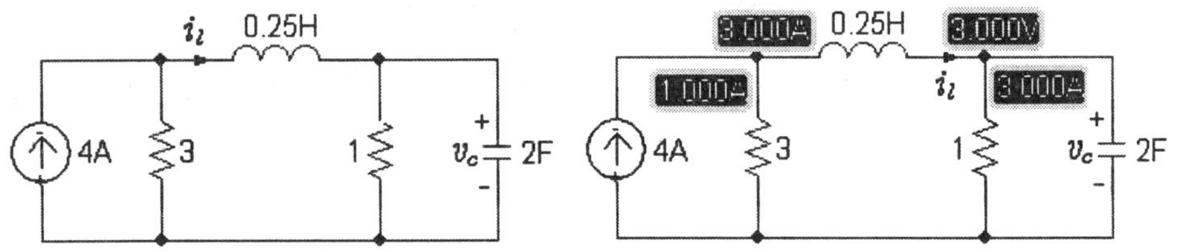


(a) (b)

[그림 6.16] 예제 그림

**해** DC 전원을 인가하면 커패시터는 개방, 인덕터는 단락이므로 $i_l$는 다음과 같다.

$i_l = \frac{3}{3+1} \times 4 = 3[A]$가 되고 콘덴서 양단전압은 3[V]가 된다.

각각의 에너지는 다음과 같다.

$w_c = \frac{1}{2}C\, v_c{}^2 = \frac{1}{2}(2)(3^2) = 9[J]$

$w_l = \frac{1}{2}L\, i_l^2 = \frac{1}{2}(0.25)(3^2) = 1.125[J]$

그림 (b)는 시뮬레이션 결과이다.

**예제 6.14** [그림 6.17](a)의 회로에 저장되는 전체 에너지를 구하라.
단, $L_1 = 2[mH]$, $L_2 = 4[mH]$이다.

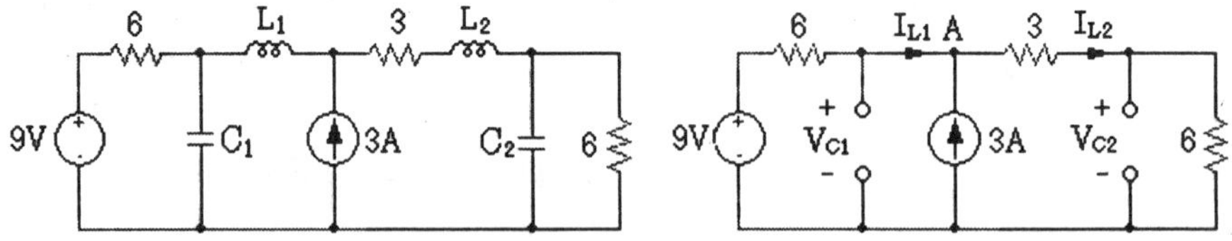


(a) (b)

[그림 6.17] 축적되는 에너지

**해** [그림 6.17] 회로의 공급전압은 직류이다. 그래서 회로를 다시 그리면 그림 (b)가 된다.

A점에서 $I_{L2} = I_{L1} + 3$, $6I_{L1} + 3I_{L2} + 6I_{L2} = 9 \Rightarrow I_{L1} = -1.2[A]$, $I_{L2} = 1.8[A]$

$V_{C1} = -6I_{L1} + 9 = 16.2[V]$, $V_{C2} = 6I_{L2} = 6 \times (1.8) = 10.8[V]$

따라서 저장되는 에너지는 다음과 같다.

$$W_{L1}=\frac{1}{2}(2\times10^{-3})(-1.2)^2=1.44[\mathrm{mJ}],\ W_{L2}=\frac{1}{2}(4\times10^{-3})(1.8)^2=6.48[\mathrm{mJ}]$$

$$W_{C1}=\frac{1}{2}(20\times10^{-6})(16.2)^2=2.62[\mathrm{mJ}],\ W_{C2}=\frac{1}{2}(50\times10^{-6})(10.8)^2=2.92[\mathrm{mJ}]$$

$$\therefore\ W_{\mathrm{total}}=W_{L1}+W_{L2}+W_{C1}+W_{C2}=13.46[\mathrm{mJ}]$$

**예제 6.15** [그림 6.18]의 회로에서 각 소자에 공급되는 전력을 구하라. 단, 회로에 흐르는 전류 $i(t)=721\cos(100t-41°)$[mA]이다.

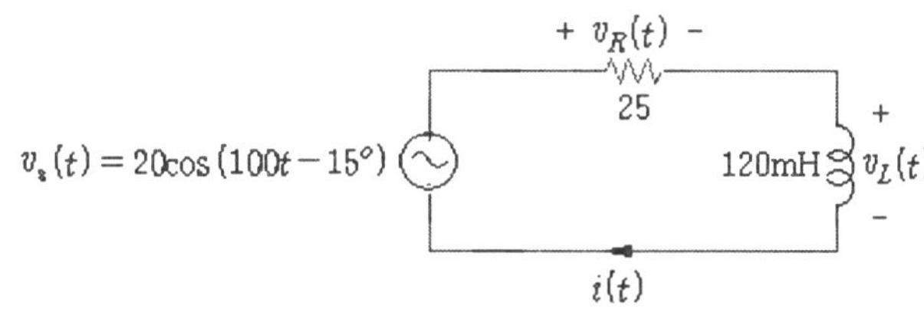


[그림 6.18] 예제 회로

**해** 상기 회로에서 $v_R(t)=18\cos(100t-41°)$[V], $v_L(t)=8.66\cos(100t+49°)$[V]가 된다.

따라서 각 소자에 공급 및 소비되는 전력은 다음과 같다.

$$P_S=-\frac{(20)(0.721)}{2}\cos(-15°-(-41°))=-6.5[\mathrm{W}]$$

$$P_R=\frac{(18)(0.721)}{2}\cos(-41°-(-41°))=6.5[\mathrm{W}]$$

$$P_L=\frac{(8.66)(0.721)}{2}\cos(49°-(-41°))=0[\mathrm{W}]\quad \therefore P_S=P_R$$

## (3) 용량기

커패시턴스 $C$만을 갖는 용량기에 $v=\sqrt{2}\,V\sin\omega t$[V]인 전압이 걸릴 때 흐르는 전류는 전압보다 위상이 90°앞서므로 $i=\sqrt{2}\,I\sin(\omega t+90°)=\sqrt{2}\,I\cos\omega t$[A]이며, 용량기에 공급되는 순시전력은

$$p=vi=2VI\sin\omega t\cdots\cos\omega t=VI\sin2\omega t \tag{6.14}$$

따라서 평균전력 $P$는 0이 된다. 또 용량기에 저장되는 정전 에너지 $W_C$는

$$W_C=\int pdt=\int vidt=\int vC\frac{dv}{dt}dt=C\int vdv=\frac{1}{2}Cv^2$$
$$=\frac{1}{2}2CV^2\sin^2\omega t=\frac{1}{2}CV^2(1-\cos2\omega t)\,[\mathrm{J}] \tag{6.15}$$

이 되며, 그 평균값은

$$W_C = \frac{1}{2}CV^2[\mathrm{J}] \tag{6.16}$$

이다.

[그림 6.19]는 $v$, $i$, $p$, $\omega_c$의 시간에 따라 변화를 나타낸 것이다. 용량기에서도 에너지가 전원과 용량기 사이를 왔다 갔다 하지만 용량기에서 에너지가 소비되는 일은 없다.

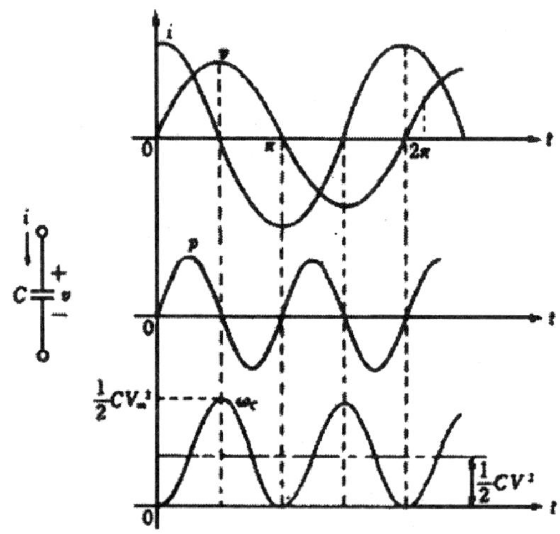

[그림 6.19] 용량기에서의 $v$, $i$, $p$, $\omega_c$의 변화

**예제 6.16** [그림 6.20]에 있는 전류 펄스가 1[$\mu$F] 커패시터에 인가되었다. 이때 커패시터의 전하와 축적된 에너지를 구하라.

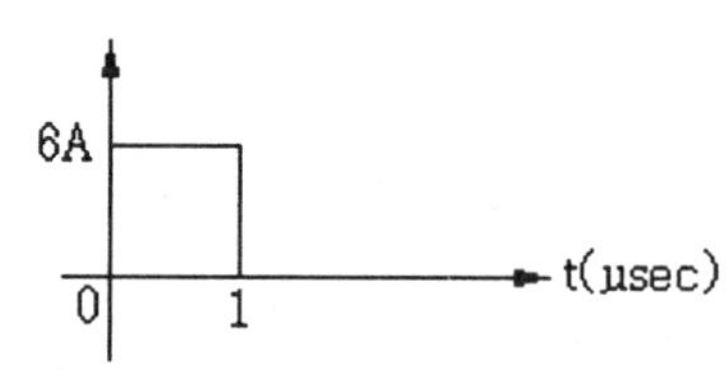


[그림 6.20] 인가 전류

**해** 커패시터의 전압은 다음과 같다.

$v(t) = \frac{1}{C}\int_0^T i(t)dt = \frac{1}{10^{-6}}\int_0^{1\times 10^{-6}} 6dt = 6[\mathrm{V}]$가 되고, 전하와 에너지는 다음과 같다.

$Q = CV = 10^{-6}\times 6 = 6[\mu\mathrm{C}]$, $W = \frac{1}{2}CV^2 = \frac{1}{2}(10^{-6})(6)^2 = 18[\mu\mathrm{J}]$

**예제 6.17** [그림 6.21](a)에서 커패시터 전압 $v_c$는 10[V]로 충전되었다. 그림 (b)처럼 스위치를 $t=0$에서 열었을 때의 전압 $v_c$를 구하라.

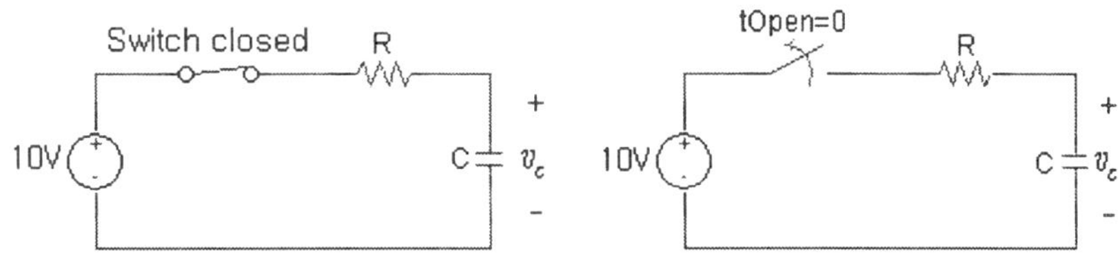


(a) (b)

[그림 6.21] $R-C$ 회로

**해** 커패시터의 전압(전하)는 갑자기 변하지 않으므로 $v(0^+)=v(0^-)=10$[V]가 된다.

**예제 6.18** [그림 6.22]의 회로에서 $t=0$에서 스위치를 열었다. 이때 커패시터에 저장되는 에너지를 구하라. 단 $C$의 값은 10[mF]이다.

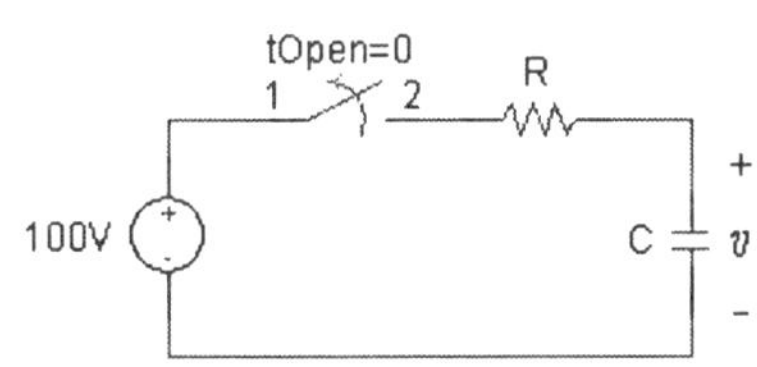


[그림 6.22] 예제 그림

**해** $v(0^+)=v(0^-)=100$[V]이다. 따라서 커패시터에 저장되는 에너지는 다음과 같다.

$$W_c=\frac{1}{2}Cv^2=\frac{1}{2}(10^{-2})(100)^2=50[\mathrm{J}]$$

**예제 6.19** [그림 6.23]과 같은 $R-C$ 회로에서 스위치가 $t<0$에서 닫혔었고, $t>0$에서 열렸다. 커패시터 양단의 전압을 구하라.

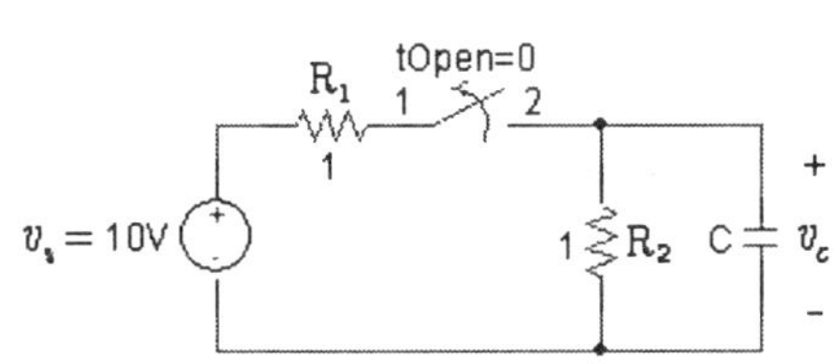


[그림 6.23] 예제 회로

**해** [그림 6.23]에서 $v_c=\dfrac{R_2}{R_1+R_2}v_s=5$[V]가 된다. 즉, $v_c(0^+)=v_c(0^-)=5$[V]이다.

**예제 6.20** [그림 6.24]에서 미지의 커패시턴스 $C_x$에 저장되는 에너지를 구하라.

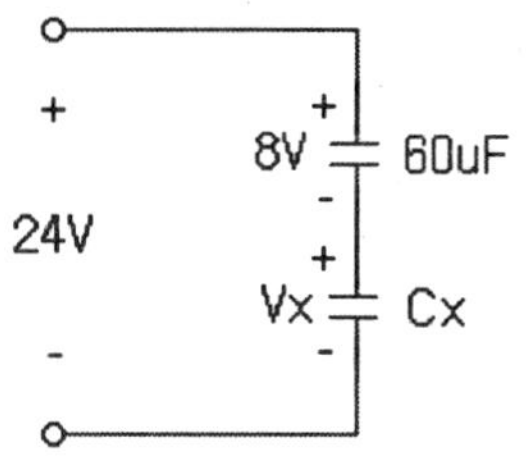


[그림 6.24] 예제 회로

**해** $Q = CV = (60\times10^{-6})8 = 480[\mu F]$, $V_x = 24-8 = 16[V]$

$C_x = Q/V_x = (480\times10^{-6})/6 = 30[\mu F]$

따라서 $C_x$에 저장되는 에너지 $W_x$는 다음과 같다.

$W_x = 1/2CV^2 = 1/2(30\times10^{-6})(16)^2 = 3.84[mJ]$

**예제 6.21** DC 전원이 연결된 [그림 6.25](a)의 커패시터에 저장되는 에너지를 구하라.

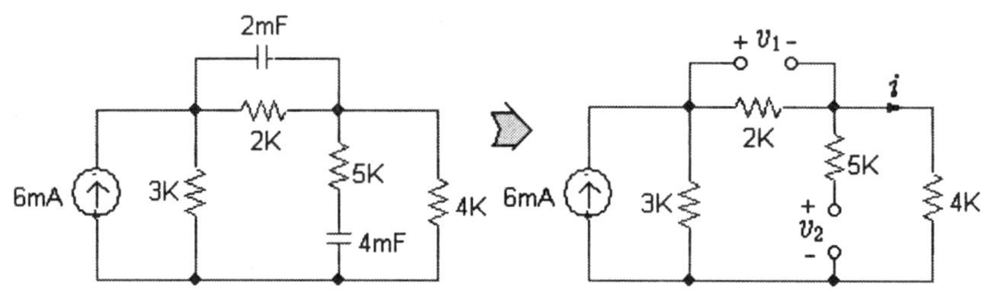


[그림 6.25] 예제 그림

**해** DC 전원에서는 [그림 6.25](b)와 같이 각각의 커패시터는 개방회로로 간주한다. 회로에 흐르는 전류 $i$는 다음과 같다.

$$i = \frac{3}{3+2+4}(6[mA]) = 2[mA]$$

따라서 커패시터 양단전압 $v_1$과 $v_2$는

$v_1 = 2000i = 4[V]$, $v_2 = 4000i = 8[V]$

이고 커패시터에 저장되는 에너지는 각각 다음과 같다.

$$w_1 = \frac{1}{2}C_1 v_1^2 = \frac{1}{2}(2\times10^{-3})(4^2) = 16[mJ]$$

$$w_2 = \frac{1}{2}C_2 v_2^2 = \frac{1}{2}(4\times10^{-3})(8^2) = 128[mJ]$$

[그림 6.26]은 상기 회로의 시뮬레이션 결과이다.

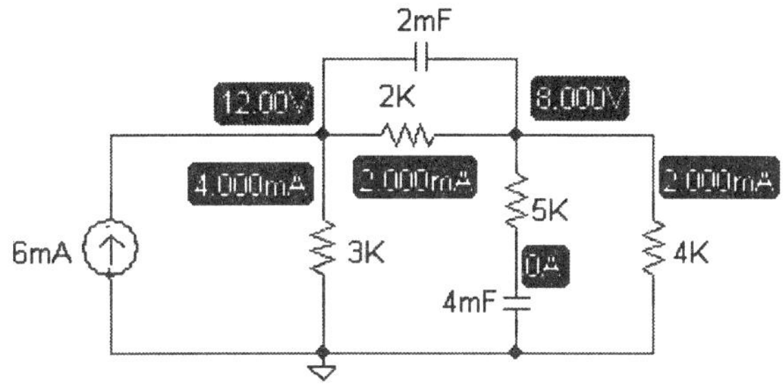


[그림 6.26] 시뮬레이션 결과

**예제 6.22** [그림 6.27]에서 $t=0$에서 스위치를 열었다. $t<0$ 상태에서 커패시턴스 전압 $v_c$와 인덕턴스 전류 $i_L$를 각각 구하라.

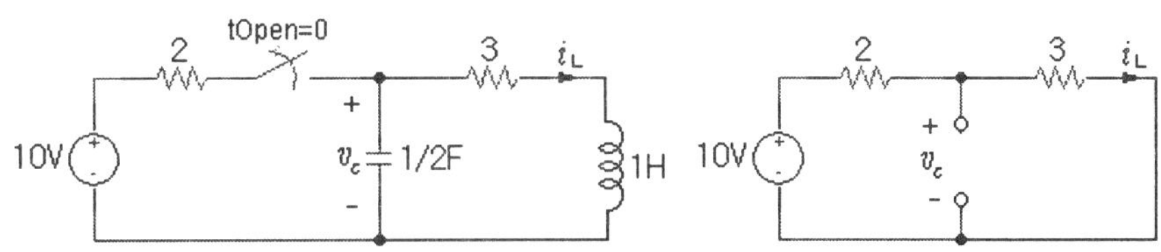


(a) (b)

[그림 6.27] 예제 회로

**해** $t<0$일 때의 직류전원 인가시의 회로는 그림 (b)가 된다. 이 회로에서 $i_L(0^+)=i_L(0^-)=2A$, $v_c(0^+)=v_c(0^-)=6[\mathrm{V}]$가 된다.

## 6.4 복소전력

어떤 2단자회로에 전력계산을 간편하게 하기 위하여 공급되는 유효전력 $P$를 실수축에, 무효전력 $P_r$을 허수축으로 하여 피상전력 $P_a$를 나타내는데 이것을 복소전력(complex power)이라 하고 $\dot{P}_c$로 표기한다.

$$\dot{P}_c = P + jP_r = VI\cos\theta + jVI\sin\theta = VI\angle\theta$$

$$= RI^2 + jXI^2 = \dot{Z}I^2 = GV^2 - jBV^2 = \dot{Y}^* I^2$$

$\dot{Z}I^2 = \dot{Z}\dot{I}\dot{I}^* = \dot{V}\dot{I}^*$로 나타낼 수 있으므로

$$\dot{P}_c = \dot{V}\dot{I}^* \tag{6.17}$$

즉

$$\left.\begin{aligned} P &= Re[\dot{P}_c] = Re[\dot{V}\dot{I}^*] \\ P_r &= Im[\dot{P}_c] = Im[\dot{V}\dot{I}^*] \end{aligned}\right] \tag{6.18}$$

위 식은 2단자망의 단자전압 $\dot{V}$와 단자전류 $\dot{I}$를 알 경우에 유효전력이나 무효전력을 구하는 데 유용한 식이 되며 복소전력 $\dot{P}_C$의 크기는 피상전력 $VI$와 같음을 알 수 있다. 이 복소전력법을 [그림 6.28]과 같은 직렬회로에 적용하면 전체 복소전력은

$$\dot{P}_c = \dot{V}\dot{I}^* = (\dot{V}_1 + \dot{V}_2)\dot{I}^* = \dot{V}_1\dot{I}^* + \dot{V}_2\dot{I}^* = \dot{P}_{c1} + \dot{P}_{c2}$$

이 복소전력법을 [그림 6.28]와 같은 병렬회로에 적용하면

$$\dot{P}_c = \dot{V}\dot{I}^* = \dot{V}(\dot{I}_1 + \dot{I}_2)^* = \dot{V}\dot{I}_1^* + \dot{I}_2^* = \dot{P}_{c1} + \dot{P}_{c2}$$

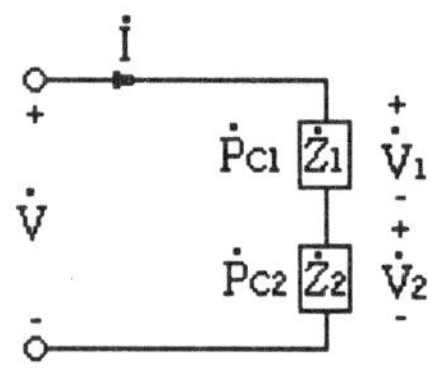


[그림 6.28]

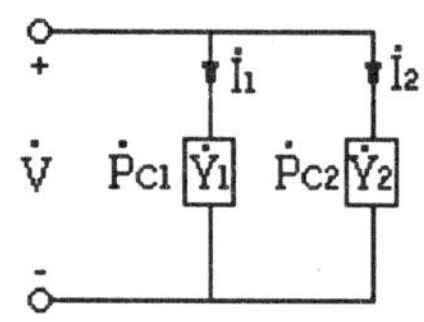


[그림 6.29]

이상과 같이 복소전력법은 직 · 병렬회로 어느 경우이든 적용이 되므로 회로 전체의 복소전력은 회로 내 각 지로에서의 복소전력을 전부 합하면 된다. 또 회로 내 각 지로의 소자에서 발생되는 유 · 무효전력을 각각 구하여 그 각각의 총 합을 실수부, 허수부로 취하여도 복소전력을 계산할 수 있다.

**예제 6.23** [그림 6.30]과 같이 전압원이 전송선을 통해서 부하에 전력을 공급한다. 전송선의 임피던스는 $(4+j2)[\Omega]$이다. 다음에 흡수되는 유효전력과 무효전력을 찾아라.

(a) 전원 (b) 전송선 (c) 부하

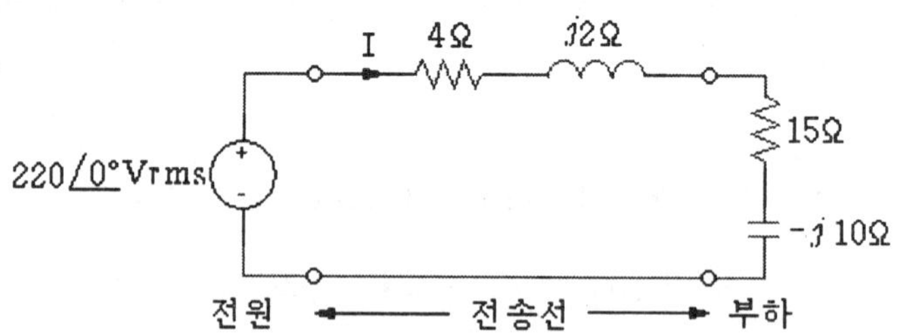


[그림 6.30] 예제 그림

**해** 전체 임피던스는

$Z = (4+j2) + (15-j10) = 19 - j8 = 20.62\angle -22.83°\ [\Omega]$

회로에 흐르는 전류는

$$I = \frac{V_s}{Z} = \frac{220\angle 0°}{20.62\angle -22.83°} = 10.67\angle 22.83°\ [V_{rms}]$$

(a) 전원에서의 복소전력은

$P_c = V_s I^* = (220\angle 0°)(10.67\angle -22.83°) = 2347.4\angle -22.83° = (2163.5 - j910.8)$[VA]

즉, 유효전력은 2163.5[W], 무효전력은 910.8[Var]이다.

(b) 전송선에서 전압은

$V_l = (4 + j2)I = (4.472\angle 26.57°)(10.67\angle 22.38°) = 47.72\angle 49.4°$ [$V_{rms}$]

전송선에서 흡수되는 복소전력은

$P_c = V_l I^* = (47.72\angle 49.4°)(10.67\angle -22.83°) = 509.2\angle 26.57° = 455.4 + j227.7$[VA]

(c) 부하에서의 전압은

$V_R = (15 - j10)I = (18.03\angle -33.7°)(10.67\angle 22.83°) = 192.38\angle -10.87°$ [$V_{rms}$]

부하에 흡수되는 복소전력은

$P_c = V_R I^* = (192.38\angle -10.87°)(10.67\angle -22.83°)$

$= 20.53\angle -33.7° = (1708 - j1139)$[VA]

즉, 유효전력은 1708[W]이고 무효전력은 1139[Var]이다.

## 6.5 역률개선

대부분의 가정용 부하(식기, 공기 정화기, 냉장고 등)와 산업용 부하(유도전동기 등)는 유도성이고 낮은 역률에서 작동한다. 부하의 유도적 성질을 변화시킬 수 없더라도 역률을 증가시킬 수는 있다. [그림 6.31](a)에서 보듯이 대부분의 부하가 유도성이므로 그림 (b)처럼 임의의 부하와 병렬로 커패시터를 설치하여 역률을 향상 또는 개선시킬 수 있다.

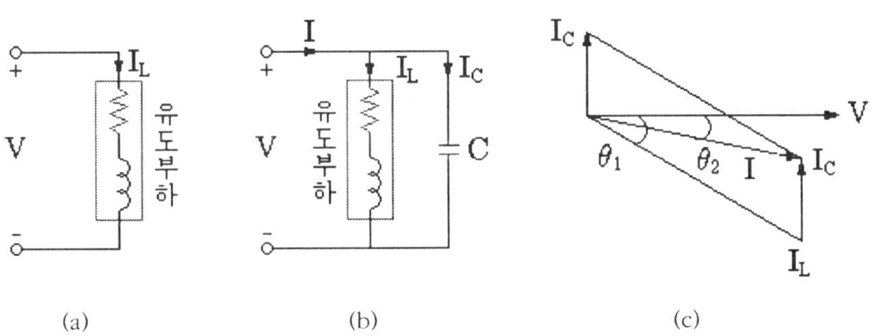


[그림 6.31] 역률개선

그림 (c)를 보면 그림 (b)의 회로가 $\cos\theta_1$의 역률을 가진다고 본다면 그림 (b)의 회로는 $\cos\theta_2$의 역률을 가진다. 그림 (c)에서 보듯이 첨가한 커패시터가 전압과 전류사이의 역률각을 $\theta_1$에서 $\theta_2$로 줄여 주므로 역률은 증가한다. 다른 관점에서 역률개선을 살펴보고 [그림 6.32]을 생각해 보자.

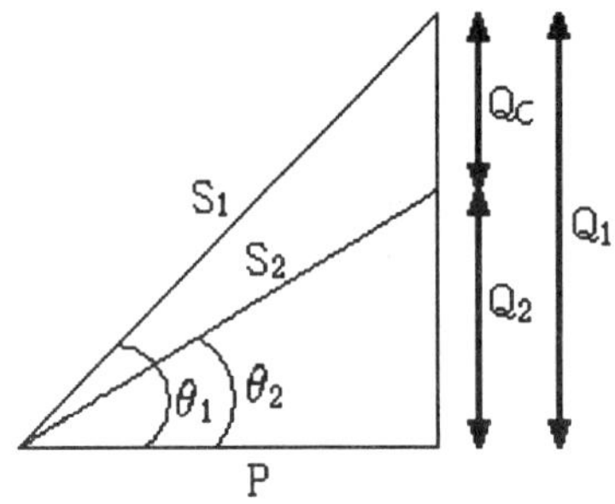


[그림 6.32] 역률보정 삼각도

원래의 유도성 부하가 $S_1$의 피상전력을 가진다면 그때

$$P = S_1 \cos\theta_1, \qquad Q_1 = S_1 \sin\theta_1 = P\tan\theta_1$$

유효전력(즉, $P = S_2\cos\theta_2$)의 변화없이 역률을 $\cos\theta_1$에서 $\cos\theta_2$로 증가시키고자 한다면 그때의 무효전력은

$$Q_2 = P\tan\theta_2$$

이 되고 분로 커패시터는 무효전력을 감소시킨다. 즉,

$$Q_C = Q_1 - Q_2 = P(\tan\theta_1 - \tan\theta_2)$$

$$= P\left(\sqrt{\frac{1}{\cos^2\theta_1} - 1} - \sqrt{\frac{1}{\cos^2\theta_2} - 1}\right)$$

이 된다.

또한 $Q_C = V^2/X_C = \omega CV^2$이므로

$$C = \frac{Q_C}{\omega V^2} = \frac{P(\tan\theta_1 - \tan\theta_2)}{\omega V^2}$$

가 된다.

**예제 6.24** 500[kVA]의 변압기가 역률 60[%](뒤짐)으로 전부하 운전하고 있다. 여기에 콘덴서를 설치하여 변압기의 역률을 90[%]로 개선하고자 한다. 콘덴서의 용량 [kVA]을 구하라.

**해** 콘덴서의 용량 $Q_C$는

$$Q_C = P\left(\sqrt{\frac{1}{\cos^2\phi_1} - 1} - \sqrt{\frac{1}{\cos^2\phi_2} - 1}\right) = 500 \times 0.6 \times \left(\sqrt{\frac{1}{0.6^2} - 1} - \sqrt{\frac{1}{0.9^2} - 1}\right)$$

$$= 300 \times (1.33 - 0.48) = 255[\text{kVA}]$$

**예제 6.25** 120[V], 60[Hz]의 전력선을 연결할 때 지상역률 0.8로 4[kW]를 부하가 흡수한다. 역률을 0.95로 증가시키기 위해서 필요한 커패시턴스의 값을 구하라.

**해** $\cos\theta_1 = 0.8 \Rightarrow \theta_1 = 36.87°$, 유효전력과 역률을 이용하여 피상전력을 구하면

$$S_1 = \frac{P}{\cos\theta_1} = \frac{4000}{0.8} = 5000[\text{VA}]$$

무효전력은

$$Q_1 = S_1\sin\theta_1 = 5000\sin 36.87° = 3000[\text{Var}]$$

역률을 0.95로 증가시킨다면

$$\cos\theta_2 = 0.95 \;\Rightarrow\; \theta_2 = 18.19°$$

유효전력 $P$는 변하지 않으나 피상전력은 변한다. 개선된 값은

$$S_2 = \frac{P}{\cos\theta_2} = 4000/0.95 = 4210.5[\text{VA}]$$

개선된 무효전력은

$$Q_2 = S_2\sin\theta_2 = 1314.4[\text{Var}]$$

개선 전후의 무효전력의 차이는 부하에 병렬로 첨가한 커패시터 때문이다. 커패시터에 의한 무효전력은

$$Q_C = Q_1 - Q_2 = 3000 - 1314.4 = 1685.6[\text{VAR}]$$

따라서 $C$의 값은

$$C = \frac{Q_C}{\omega V^2} = \frac{1685.6}{2\pi \times 60 \times 120^2} = 310.5[\mu\text{F}]$$

## 6.6 최대전력 전달( I )

[그림 6.33]과 같이 전원측 임피던스가 $\dot{Z}_S = R_S + jX_S$, 부하의 임피던스가 $\dot{Z}_L = R_L + jX_L$인 회로가 있을 때 부하에 공급되는 전력을 최대로 하기 위한 조건을 알아보자.

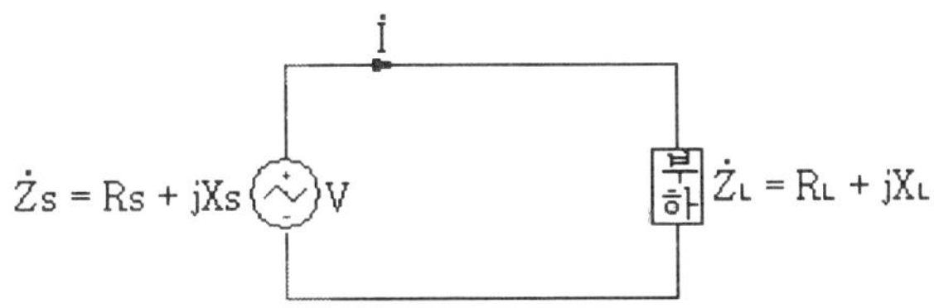


[그림 6.33]

전원전압을 $\dot{V}$라 하면 흐르는 전류 $\dot{I}$는

$$\dot{I} = \frac{\dot{V}}{\dot{Z}_S + \dot{Z}_L} = \frac{\dot{V}}{(R_S + R_L) + j(X_S + X_L)} \tag{6.20}$$

부하전력 $P$는

$$P = R_L \dot{I}^2 = \frac{R_L \dot{V}^2}{(R_S + R_L)^2 + (X_S + X_L)^2}$$

$$= \frac{\dot{V}^2}{\left(\frac{(R_S + R_L)^2}{R_L}\right) + \left(\frac{(X_S + X_L)^2}{R_L}\right)} \qquad (6.21)$$

이 $P$를 최대로 하기 위해서는 $V$가 일정하면 위식의 분모를 최소로 하면 된다. 먼저 저항분이 일정하다고 하면 분모의 제2항의 리액턴스분이 0이 되도록 리액턴스를 (−)로 하는 것이 가능할 때는

$$X_S + X_L = 0, \quad X_S = -X_L \qquad (6.23)$$

이면 된다. 이것은 결국 직렬공진 상태이다.

다음에 리액턴스가 일정하고 부하의 $R_L$이 변화했을 때 분모의 제1항의 최소 조건을 구하면

$$\frac{d(R_S + R_L)^2}{dR_L} = 0 \text{으로 될 때 } R_L = R_S \qquad (6.24)$$

그리고 $\dfrac{d^2(R_S + R_L)^2}{d^2 R_L} > 0$이므로 $R_L = R_S$일 때 최대전력이 된다. 따라서 식 (6.22) 및 (6.23)의 $X_S = -X_L$ 및 $R_L = R_S$는 이상적인 최대전력의 조건이다. 즉 부하측과 전원측의 벡터 임피던스가 공액의 관계에 있을 때 부하전력은 최대로 된다. 그리고 부하의 최대전력 $P_m$은 식 (6.21)에 식 (6.22), (6.23)의 관계를 대입하면

$$P_m = \frac{V^2}{4R_S} \qquad (6.24)$$

이므로, 전원의 발생전력은 $V^2/4R_S$로 된다. 즉 발생전력의 1/2은 전원측의 내부저항에서 소비되고 나머지 1/2이 부하전력으로 되어 최대 부하시의 전원측의 효율은 50[%]이다. 또 식 (6.24)에서 알 수 있는바와 같이 전원측의 $R_S$가 작을수록 최대전력은 커진다.

**예제 6.26** 0.5 + j1[Ω]의 임피던스를 갖는 전압전원이 1.5 + j4[Ω]인 선로를 통하여 부하에 연결되어 있다.

(a) 어떤 부하에서 최대전력이 이루어지겠는가?

(b) 전압전원이 20[V]이면 최대전력 전달시 부하가 받는 전력을 구하라.

**해** (a) 전원 임피던스 : $(Z_S)$, 선로 임피던스 : $(Z_L)$, 부하 임피던스 : $(Z_r)$

$Z_r = (Z_S + Z_L)^* = 2.0 - j5[\Omega]$일 때 최대전력이 전달된다.

(b) $P_{max} = \dfrac{20^2}{4 \times 2.0} = 50[W]$

**예제 6.27** [그림 6.34]에서 전원전압의 내부저항이 1[kΩ]이라면 부하저항이 얼마일 때 부하에 최대전력이 전송되겠는가?

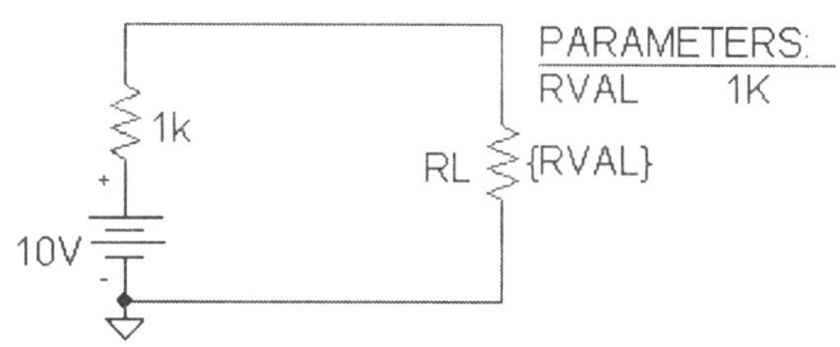


[그림 6.34] 예제 회로

**해** 상기 회로를 시뮬레이션 결과는 [그림 6.35]와 같다. 그림에서도 알 수 있듯이 부하저항이 1[kΩ]일 때 최대전력이 됨을 확인할 수 있었다.

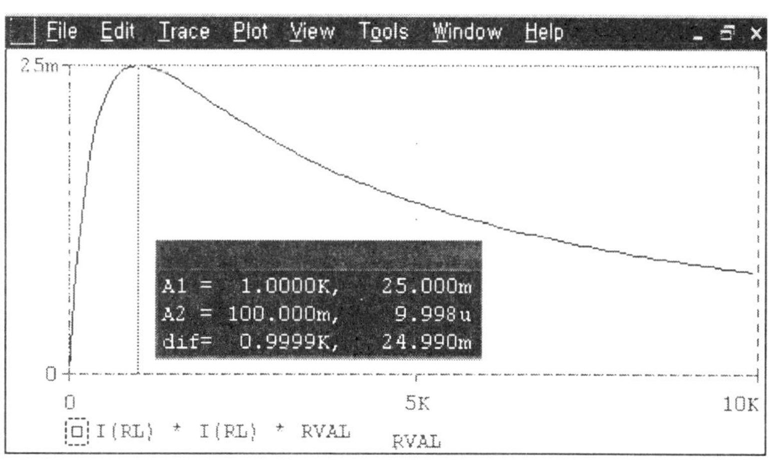


[그림 6.35] 시뮬레이션 결과

**예제 6.28** [그림 6.36](a)의 회로에서 부하저항 $R_L$에서 4[mW]의 전력이 소비되었다. 전원변환을 적용하여 부하저항 $R_L$의 값을 구하라. 또한 $R_L$의 값이 얼마일 때 최대전력이 공급되겠는가?

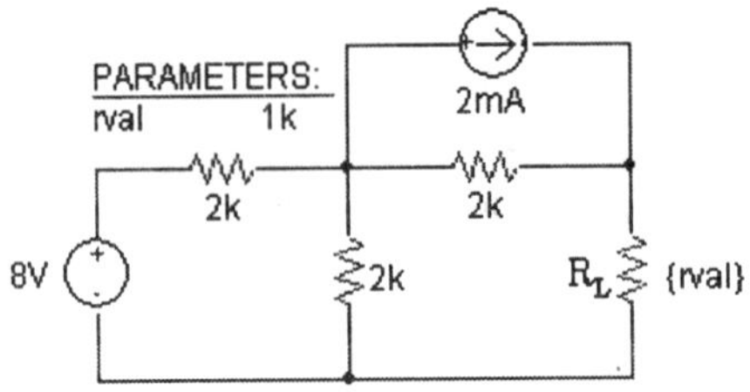


(a)

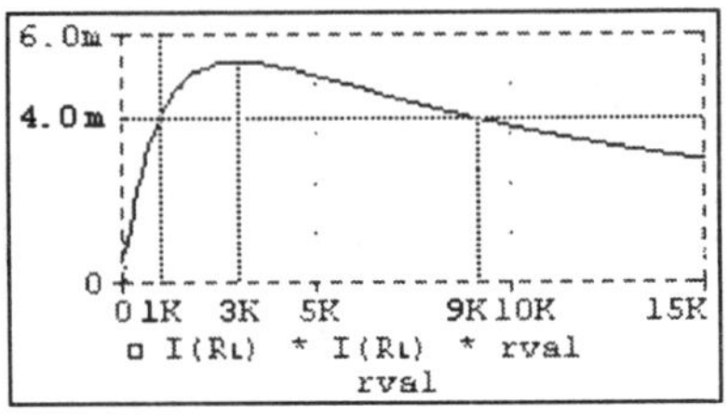


(b)

[그림 6.36] 회로 및 출력결과

**해** [그림 6.37](a)의 그림을 전원변환을 통해 다시 그린 [그림 6.37](a), (b), (c)이다. 최종 회로에서 흐르는 전류를 구하면

$$I = \frac{4+4}{(1+2)10^3 + R_L} = \frac{8}{3\times 10^3 + R_L}$$

이 된다. 그리고 부하저항 $R_L$에서 소비전력 $P_a = 4$[mW]이므로 부하저항 $R_L$의 값은

$P_a = R_L I^2$, $(3\times 10^3 + R_L)^2 = 16\times 10^3 R_L$

$\therefore R_L = 1$[kΩ] 또는 9[kΩ]이 된다. 출력결과는 [그림 6.36](b)와 같다. 그림에서 최대전력은 $R_L = 3$[kΩ]임을 확인할 수 있었다.

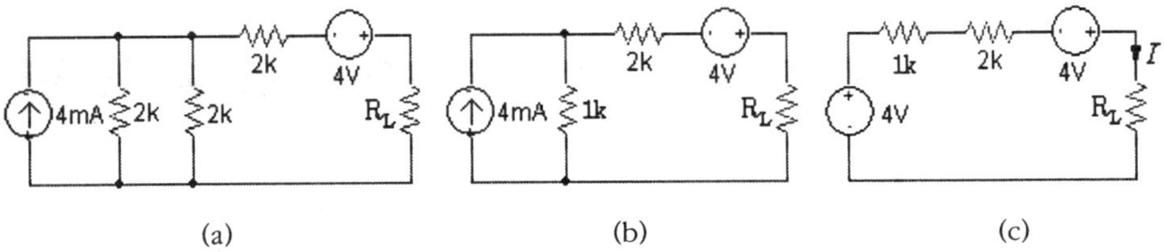


[그림 6.37] 예제 풀이

**예제 6.29** [그림 6.38](a)에서 부하에 공급되는 전력이 최대가 되기 위한 부하저항 및 그 때의 전력을 구하라.

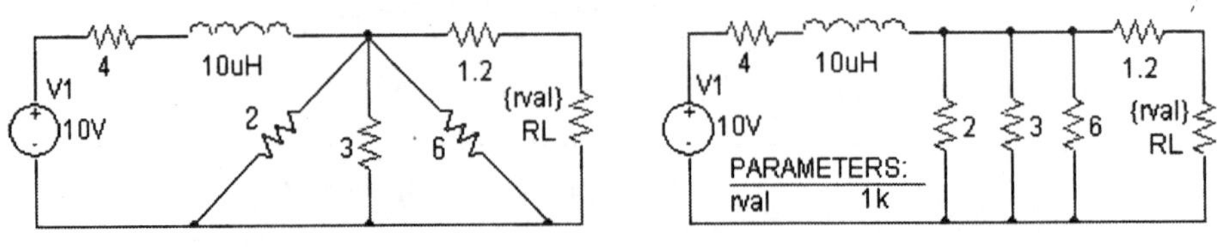


[그림 6.38] 예제 그림

**해** [그림 6.38]을 테브난의 등가로 고친 것이 [그림 6.39](a)이다. 부하에 공급되는 최대전력 $P_{L\max} = (2/4)^2 \times 2 = 0.5$[W]가 된다. 그림 (b)는 시뮬레이션 결과이다.

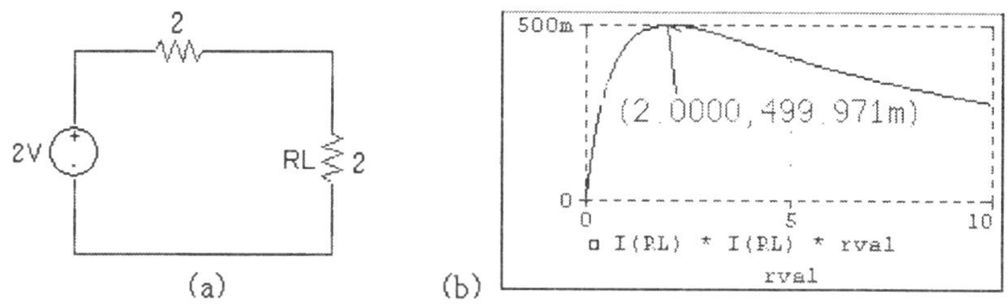


[그림 6.39] 예제 풀이

**예제 6.30** [그림 6.40]에서 단자 $a$와 $b$의 왼쪽 회로는 부하 $Z_L$에 전력을 공급한다. 다음의 각 주파수에서 부하에 전달되는 전력을 계산하고 그래프를 그려라. 단, 주파수는 10[kHz], 30[kHz], 50[kHz], 80[kHz], 100[kHz]이다.

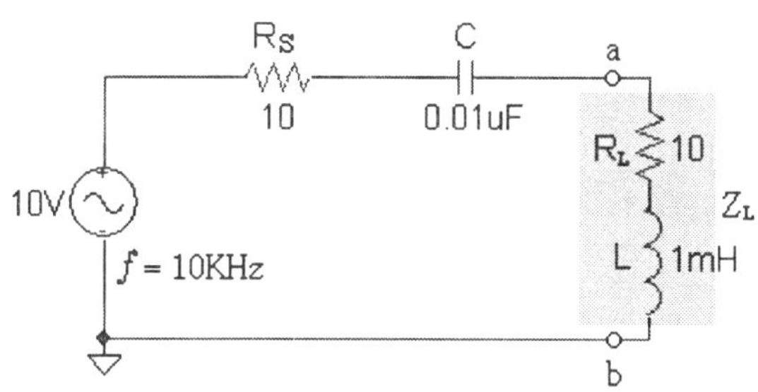


[그림 6.40] 예제 회로

**해** $f = 10$[kHz]일 때

$$X_C = \frac{1}{2\pi fC} = \frac{1}{2\pi(10[\text{kHz}])(0.001[\mu\text{F}])} = 1.59[\text{k}\Omega]$$

$$X_L = 2\pi fL = 2\pi(10[\text{kHz}])(1[\text{mH}]) = 62.8[\Omega]$$

전체 임피던스 크기는

$$Z_T = \sqrt{(R_S + R_L)^2 + (X_L - X_C)^2} = \sqrt{(20)^2 + (1530)^2} = 1530[\Omega]$$

이다. 전류는

$$I = \frac{V_2}{Z_T} = \frac{10}{1530} = 6.54[\text{mA}]$$

이다. 이때 부하의 전력은

$$P_L = I^2 R_L = (6.54[\text{mA}])^2(10) = 428[\mu\text{W}]$$

이다. $f = 30$[kHz]일 때

$$X_C = \frac{1}{2\pi fC} = \frac{1}{2\pi(50[\text{kHz}])(0.001[\mu\text{F}])} = 318[\Omega]$$

$$X_L = 2\pi fL = 2\pi(30[\text{kHz}])(1[\text{mH}]) = 189[\Omega]$$

$$Z_T = \sqrt{(R_S + R_L)^2 + (X_L - X_C)^2} = \sqrt{(20)^2 + (342)^2} = 343[\Omega]$$

$$I = \frac{V_2}{Z_T} = \frac{10}{343} = 29.2[\text{mA}],\ \ P_L = I^2 R_L = (29.2[\text{mA}])^2(10) = 8.53[\text{mW}]$$

$f = 50[\text{kHz}]$일 때

$$X_C = \frac{1}{2\pi f C} = \frac{1}{2\pi(50[\text{kHz}])(0.001[\mu\text{F}])} = 318[\Omega]$$

$$X_L = 2\pi f L = 2\pi(50[\text{kHz}])(1[\text{mH}]) = 314[\Omega]$$

$X_L$와 $X_C$는 매우 비슷한 값이므로 임피던스는 근사적으로 공액복소수가 됨을 알 수 있다. $X_L = X_C$가 되는 정확한 주파수는 50.3[kHz]이다.

따라서 같은 방법으로 $f = 80[\text{kHz}]$일 때 부하전력은 10.8[mW]가 되고, $f = 100[\text{kHz}]$일 때 부하전력은 4.54[mW]가 된다. [그림 6.41]은 앞의 그림을 시뮬레이션한 그림이다.

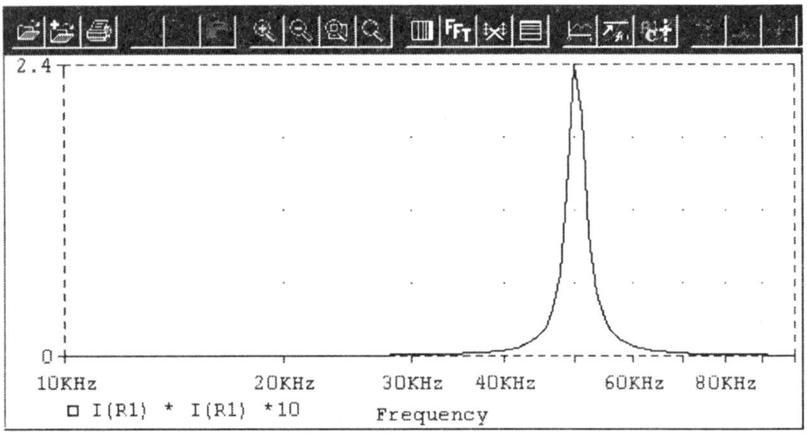


[그림 6.41] 시뮬레이션 결과

그림에서도 알 수 있듯이 부하 임피던스가 출력 임피던스의 공액복소수와 같아지는 주파수에서 부하에 전달되는 전력이 최대가 됨을 확인할 수 있었다.

**예제 6.31** (a) [그림 6.42](a)의 증폭기에서 스피커로 최대전력이 전달되는 주파수를 구하라. 그림 (b)의 등가회로에서 증폭기와 결합 커패시턴스는 전원이고 스피커는 부하이다.

(b) $V_s = 3.8[\text{V}_{\text{rms}}]$이면 이 주파수에서 스피커로 전달되는 전력은 얼마인가?

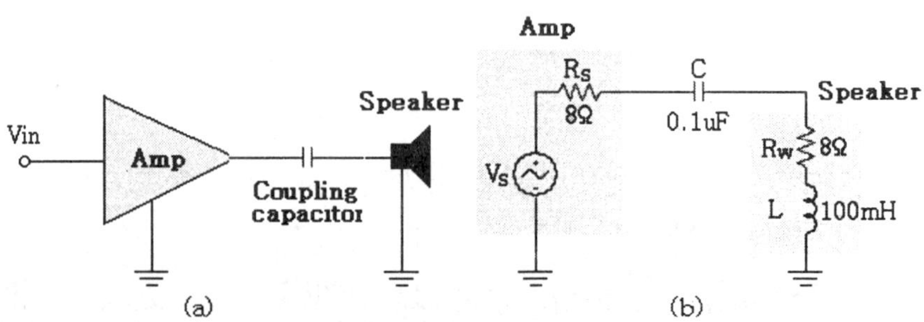


[그림 6.42] 예제 그림

**해** (a) 스피커에 전달되는 전력이 최대이면 전원 임피던스($R_S - jX_C$)와 부하 임피던스 ($R_W + jX_L$)은 공액복소수이므로

$$X_C = X_L, \quad \frac{1}{2\pi fC} = 2\pi fL$$

이고, $f$에 대해 풀면 다음과 같다.

$$f^2 = \frac{1}{4\pi^2 LC}, \quad f = \frac{1}{2\pi\sqrt{LC}} = \frac{1}{2\pi\sqrt{(100[\text{mH}])(0.1[\mu\text{F}])}} \cong 1.59[\text{kHz}]$$

(b) 스피커로 전달되는 전력은 다음과 같다.

$$Z_T = R_S + R_W = 8[\Omega] + 8[\Omega] = 16[\Omega], \quad I = \frac{V_s}{Z_T} = \frac{3.8}{16} = 238[\text{mA}]$$

$$P_{\max} = I^2 R_W = (238[\text{mA}])^2(8) = 453[\text{mW}]$$

## 7장

# 유도결합회로

# 7장 유도결합회로

두 개의 코일이 서로 근접해 있을 때 한 코일에 전류를 흘리면 이 전류에 의해 발생한 자속이 전부 혹은 일부가 다른 코일과 쇄교하므로, 전류의 크기가 변화하면 다른 코일에도 쇄교하는 자속이 변화하여 패러데이의 법칙에 따라서 기전력이 유기된다. 이러한 현상을 상호유도작용(mutual induction)이라 하고, 이와 같이 자기적으로 결합된 회로를 유도결합회로(inductively coupled circuit)라 한다.

## 7.1 상호 인덕턴스

[그림 7.1]과 같이 근접한 두 코일 A, B 중 한쪽 코일 A에 시간적으로 변하는 전류 $i_1$이 흐르면 코일 B를 지나는 자속도 변화하고, 이 변화하는 자속은 코일 B와 쇄교하므로 B내에 유기기전력 $V_2$를 일으킨다.

이때 전류 $i_1$에 의해 1차 코일 A에 생기는 총 자속을 $\phi_1$이라 하면

① $\phi_1$이 전부 2차 코일 B와 쇄교하는 경우, 즉 완전결합일 때와

② $\phi_1$ 중 일부만 2차 코일과 쇄교하는 경우가 있다.

이 경우 2차 코일 B와 쇄교하는 자속을 상호자속(mutual flux) $\phi_{12}$라 하고, 쇄교하지 않는 자속을 누설자속(leakage flux) $\phi_{1l}$이라 하면

$$\phi_1 = \phi_{12} + \phi_{1l}$$

의 관계가 성립된다.

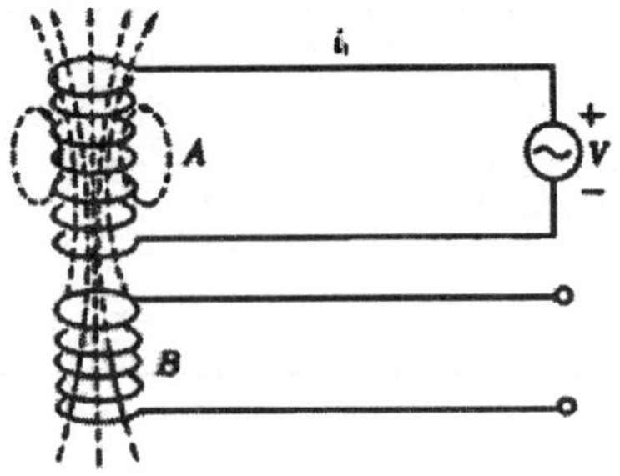


[그림 7.1] 상호자속과 누설자속

다음에 $i_1$에 의해 코일 $A$, $B$에 생기는 자속 쇄교수를 $\lambda_1$ 및 $\lambda_2$라 하고 각 코일의 권수를 $n_1, n_2$라 하면 $\lambda_1$과 $\lambda_2$는 식 (7.1)과 같이 권수에 비례하므로

$$\lambda_1 = n_1\phi_1 \tag{7.1}$$

$$\lambda_2 = n_2\phi_{12} \tag{7.2}$$

또, 자속쇄교수는 주위 매질의 투자율이 일정한 경우 식 (7.2)와 마찬가지로 회로에 흐르는 전류 $i_1$에 비례하므로

$$\lambda_1 = L_1 i_1 \tag{7.3}$$

$$\lambda_2 = M_{12} i_1 \tag{7.4}$$

으로 표시되나. 여기서 $L_1$과 $M_{12}$는 각각 비례계수이다.

위 식으로부터

$$L_1 = n_1\phi_1 / i_1 \tag{7.5}$$

$$M_{12} = n_2\phi_{12} / i_1 \tag{7.6}$$

의 관계가 성립한다. $L_1$은 이미 정의한 바 있는 자기 인덕턴스(self-inductance)이며, $M_{12}$는 코일 $A$, $B$의 상호관계에 의해 얻을 수 있는 비례정수로서 상호 인덕턴스(mutual-inductance)라 부른다.

이번에는 [그림 7.2]와 같이 $A$코일이 개방되고 $B$ 코일에 전류 $i_2$가 흐를 때 앞서와 마찬가지로

$$\phi_2 = \phi_{21} + \phi_{2l} \tag{7.7}$$

$$\lambda_1 = n_1\phi_{21} = M_{21} i_2 \tag{7.8}$$

$$\lambda_2 = n_2\phi_2 = L_2 i_2 \tag{7.9}$$

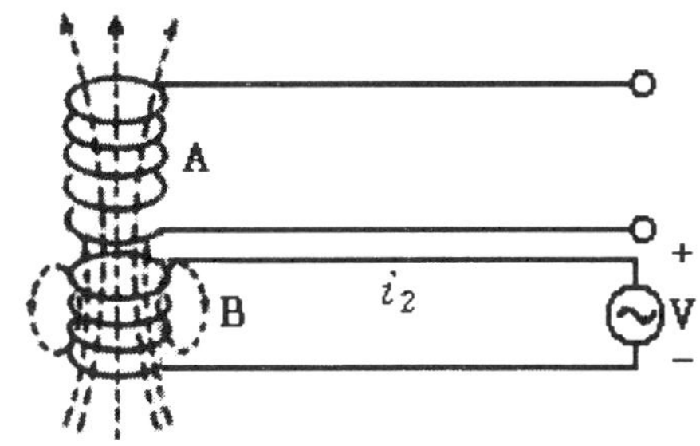


[그림 7.2] 상호자속과 누설자속

$$L_2 = n_2\phi_2/i_2 \tag{7.10}$$

$$M_{21} = n_1\phi_{21}/i_2 \tag{7.11}$$

의 관계를 가진다.

이상 설명한 바와 같이 두 상호 인덕턴스 $M_{12}$, $M_{21}$은 매질의 투자율이 일정하면 일반적으로 같으므로

$$M_{12} = M_{21} = M$$

이며, 자기 인덕턴스와 마찬가지로 MKS 단위인 헨리(Henry)를 쓴다.

여기서, 이해를 돕기 위해 [그림 7.3](a)와 같은 코일 2개를 근접시켜 본다. 그러면 전류 $i_1$은 그림 (b)와 같이 코일 1의 내부에 상방향으로 $\phi_1 = \phi_{11} + \phi_{21}$인 자속을 생성한다. 누설자속이라 불리우는 $\phi_{11}$은 코일 2가 아닌 코일 1과 결속된 자속을 의미하며, 상호자속이라 불리우는 $\phi_{21}$은 코일 1 및 코일 2와 결속된 자속을 의미한다. 마찬가지로 코일 2의 전류 $i_2$는 코일내부에 아래쪽 방향으로 $\phi_2 = \phi_{22} + \phi_{12}$인 자속을 생성한다. 누설자속 $\phi_{22}$는 코일 2와 결속된 자속을, 상호자속 $\phi_{12}$는 코일 2 및 코일 1과 결속된 자속을 의미한다.

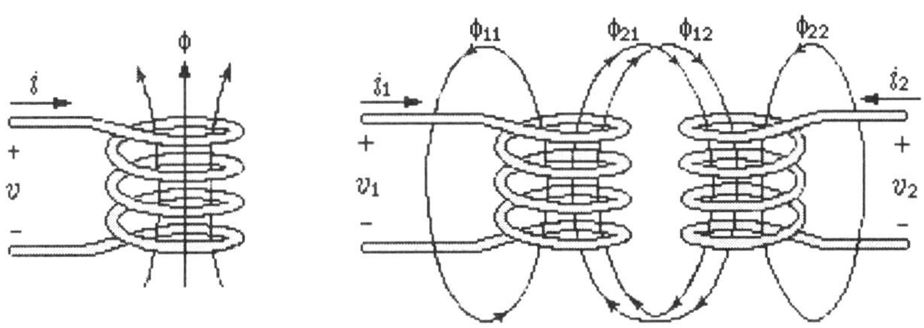


(a) (b)

[그림 7.3] 상호자속

## 7.2 결합계수

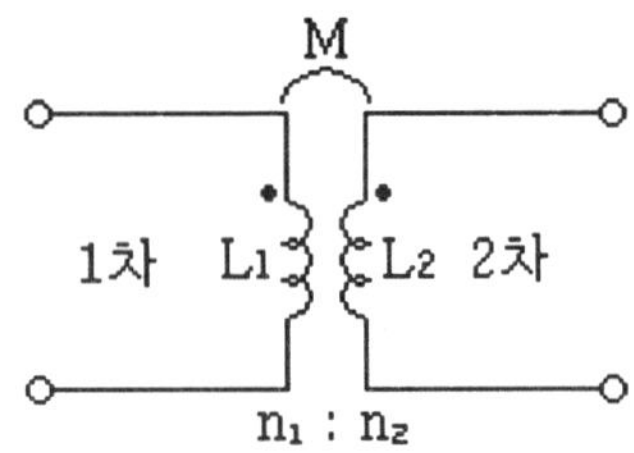


[그림 7.4] 전자결합회로

[그림 7.4]처럼 두 코일 간에 상호유도작용이 있을 때 이 두 코일은 전자결합되어 있다고 한다. 전자결합되어 있는 두 코일에서 1차 코일에 흐르는 전류에 의해 1차 코일에 생기는 총 자속을 $\phi_1$, 2차 코일과의 쇄교자속을 $\phi_{12}$라고 하면 쇄교자속의 비율은

$$K_{12} = \frac{\phi_{12}}{\phi_1} \tag{7.12}$$

마찬가지로 2차 코일에 흐르는 전류에 의해 2차 코일에 생기는 총 자속을 $\phi_2$, 1차 코일과의 쇄교자속을 $\phi_{21}$라고 하면 쇄교자속의 비율은

$$K_{21} = \frac{\phi_{21}}{\phi_2} \tag{7.13}$$

따라서 1차 전류 $I_1$에 의한 상호 인덕턴스는

$$\begin{aligned} M_{12} &= \frac{n_2\phi_{12}}{I_1} = \frac{n_2}{I_1}K_{12}\phi_1 = \frac{n_2}{n_1}K_{12}\frac{n_1\phi_1}{I_1} = \frac{n_2}{n_1}K_{12}L_1 \\ M_{21} &= \frac{n_1\phi_{21}}{I_2} = \frac{n_1}{I_2}K_{21}\phi_2 = \frac{n_1}{n_2}K_{21}\frac{n_2\phi_2}{I_2} = \frac{n_1}{n_2}K_{21}L_2 \end{aligned} \tag{7.14}$$

식 (7.13) 및 (7.14)에서 $M_{12} = M_{21} = M$의 관계를 이용하면

$$M = \frac{n_2}{n_1}K_{12}L_1 \tag{7.15}$$

$$M = \frac{n_1}{n_2}K_{21}L_2 \tag{7.16}$$

식 (7.15)와 (7.16)을 곱하면

$$M^2 = K_{12} \cdot K_{21} L_1 L_2 = K^2 L_1 L_2 \quad \text{단, } K^2 = K_{12} \cdot K_{21}$$

$$\therefore \ M = K\sqrt{L_1 L_2} \tag{7.17}$$

여기서 $K$를 결합계수(coupling coefficient)라고 부른다. 결과적으로 두 코일간의 쇄교자속이 없는 경우에는 $K=0$이 될 것이며, 두 코일간의 누설자속이 전혀 없는 경우에는 $K=1$이 될 것이므로 $K$의 값은 0과 1 사이의 값을 갖게 된다. 따라서

$$0 \leqq K \leqq 1 \tag{7.18}$$

공통철심을 가진 전력용 변압기(power transformer)나 가청주파변압기(audio transformer)에서는 $K \leqq 1$이며, $K=1$인 경우를 완전결합이라고 한다.

공심변압기(air-core transformer)의 경우 $K$의 값은 대체로 0.01～0.5 범위의 값을 가지며 $L_1$과 $L_2$가 정해진 변압기의 결합계수 $K$의 값은 두 코일의 상대적 접근도와 축의 교각에 의해 변화한다.

**예제 7.1** 두 코일이 있다. 자기유도계수 $L_1 = 100[\mu\text{H}]$, $L_2 = 200[\mu\text{H}]$이다. 결합계수 $K=0.3$일 때 두 코일의 상호유도계수를 구하라.

**해** $K = \dfrac{M}{\sqrt{L_1}\sqrt{L_2}}$ 이므로 $M = K\sqrt{L_1}\sqrt{L_2} = 0.3 \times \sqrt{100 \times 200}\,[\mu\text{H}]$

$= 0.3 \times \sqrt{20{,}000} \cong 42[\mu\text{H}]$

## 7.3 상호 유도전압과 코일의 극성

[그림 7.5]는 대표적인 유도결합회로이다. 두 코일은 유도적으로 결합되어 있으며, 하나의 변압기(transformer)를 형성한다. 1차측에는 전원, 2차측에는 부하가 연결되어 있다. 이 경우 두 코일에는 전류가 흐른다. 각 전류에 의하여 생기는 자속을 그림과 같이 누설자속과 상호자속으로 분해하면 코일 1의 총 자속 쇄교수 $\lambda_1$은

$$\lambda_1 = n_1(\phi_{1l} + \phi_{12} \pm \phi_{21}) = n_1\phi_1 \pm n_1\phi_{21} = L_1 i_1 \pm M_{21} i_2 \tag{7.19}$$

이다. 여기서 ±의 기호는 두 전류에 의한 자속이 같은 방향이며 +, 반대방향이면 −가 된다.

지금 $i_1$의 +방향으로 생기는 코일 1의 전압강하를 $v_1$라 하면 패러데이의 법칙에 의하여 $v_1 = d\lambda_1/dt$ 이므로

$$v_1 = L_1 \frac{di_1}{dt} \pm M_{21} \frac{di_2}{dt} \tag{7.20}$$

마찬가지로 코일 2의 총 자속 쇄교수 $\lambda_2$는

$$\lambda_2 = n_2(\phi_{2l} + \phi_{21} \pm \phi_{12}) = n_2\phi_2 \pm n_2\phi_{12} = L_2 i_2 \pm M_{12} i_1 \tag{7.21}$$

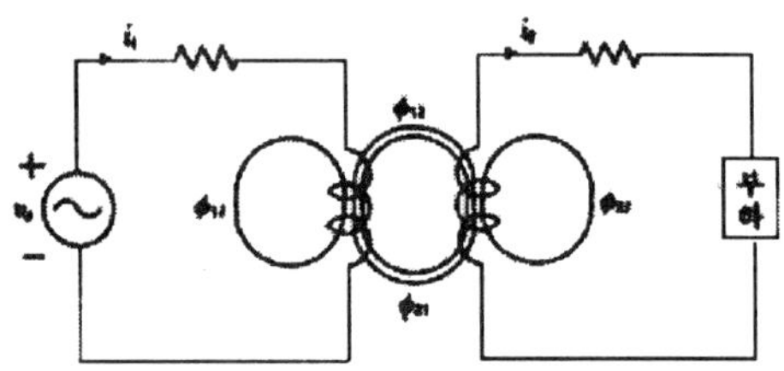

[그림 7.5] 유도결합회로

이고, $i_2$의 +방향으로 생기는 코일 2에서의 전압강하를 $v_2$라 하면

$$v_2 = L_2 \frac{di_2}{dt} \pm M_{12} \frac{di_1}{dt} \tag{7.22}$$

이 된다. 유도결합된 두 코일의 상대적 권선방향을 표시하기 위하여 각 코일의 한쪽 단자에 [그림 7.6]과 같이 점을 찍는다. 이것을 코일의 극성표시라고 한다.

즉, 두 코일의 전류가 점이 찍힌 쪽으로 유입되거나 유출된다면 M항의 부호는 +가 되고, 만일 한쪽 전류는 점이 찍힌 쪽으로 유입(유출)되고, 다른 쪽 전류는 점이 찍힌 쪽으로부터 유출(유입)된다면 M항의 부호는 −가 된다.

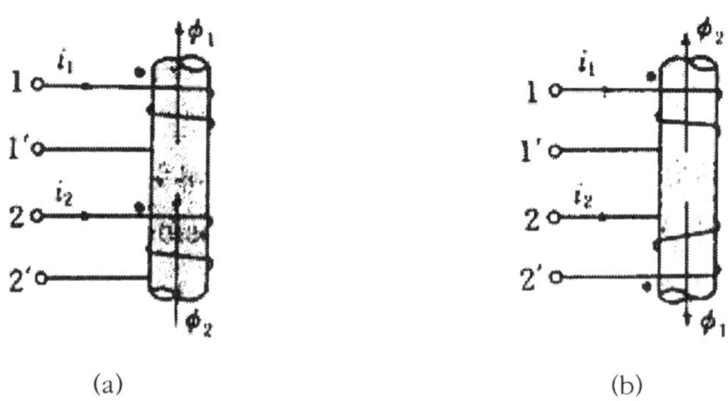


(a) (b)

[그림 7.6] 코일의 극성표시

[그림 7.7]은 코일의 극성과 전류의 방향에 따라서 변압기 단자에서의 전압-전류 관계식이 어떻게 달라지는가를 여러 가지 경우에 대하여 표시한 것이다.

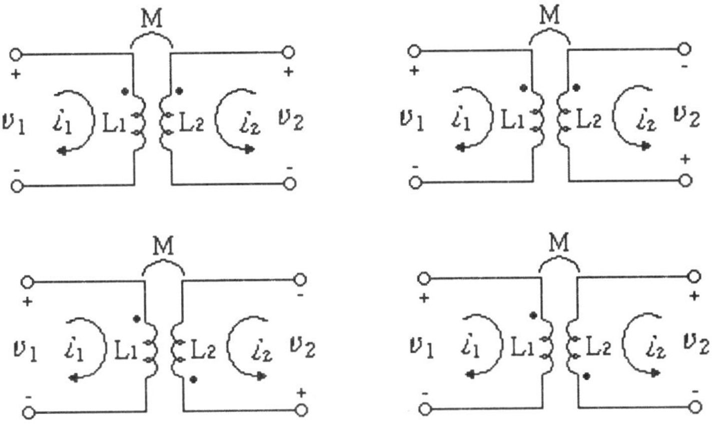


$$v_1 = L_1\frac{di_1}{dt} + M\frac{di_2}{dt} \qquad v_1 = L_1\frac{di_1}{dt} - M\frac{di_2}{dt}$$

$$v_2 = L_2\frac{di_2}{dt} + M\frac{di_1}{dt} \qquad v_2 = L_2\frac{di_2}{dt} - M\frac{di_1}{dt}$$

[그림 7.7] 전압-전류 관계

코일의 극성점(phase dot)에 따른 변압기 1차와 2차의 권선 양단전압의 극성을 나타낸 것이 [그림 7.8]이다.

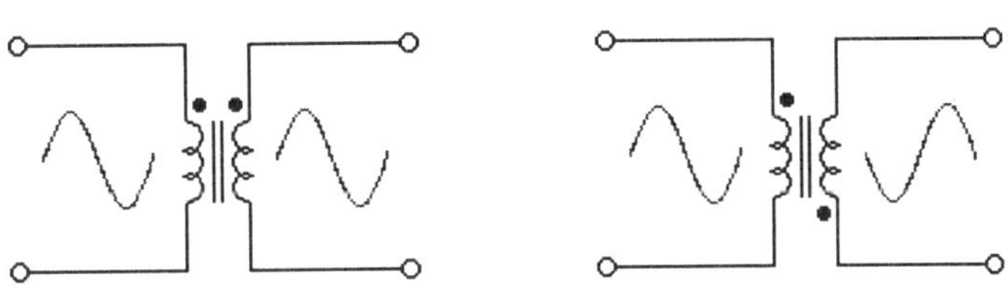

(a) 1, 2차 전압의 위상은 동일 (b) 1, 2차 전압의 위상차는 180°

[그림 7.8] 극성점에 따른 1, 2차 전압의 위상

**예제 7.2** [그림 7.9]와 같은 공심변압기(air-core transformer)의 1차측 자기 인덕턴스가 31.8[mH], 2차측 자기 인덕턴스가 9.55[mH], 상호 인덕턴스는 7.95[mH]이며 $R_1$, $R_2$는 무시할 정도이다. 1차측에 1[kHz], 실효값 1[V]의 전원이 연결되어 있고, 2차측 부하저항이 10[Ω]이라면 부하저항에 걸리는 전압은 얼마나 되겠는가?

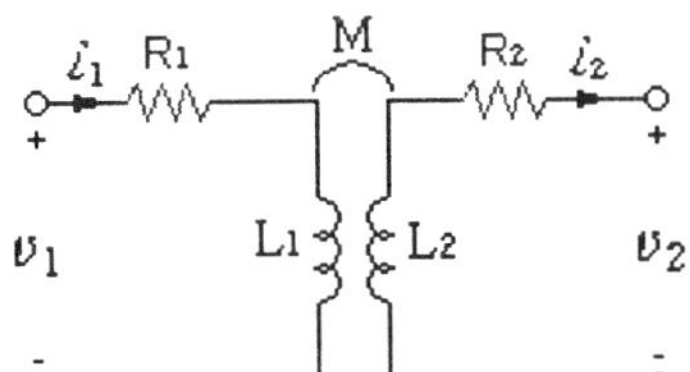


[그림 7.9] 예제 회로

**해** 1차측 회로에 전압법칙을 적용시키면

$$1\angle 0° = j2\pi(1,000)(31.8\times 10^{-3})I_1 - j2\pi(1,000)(7.95\times 10^{-3})I_2$$

2차측 회로에 전압법칙을 적용시키면

$$0 = j2\pi(1,000)(7.95\times 10^{-3})I_1 - j2\pi(1,000)(9.55\times 10^{-3})I_2 - 10I_2$$

두 방정식을 정리하면

$$1.0\angle 0° = j200I_1 - j50I_2$$

$$0 = j50I_1 - (10 + j60)I_2$$

$$I_2 = 0.00515[\text{A}]$$

$$\therefore V_2 = 10I_2 = 10\times(0.00515) = 0.0151[\text{V}]$$

## 7.4 두 코일의 직렬접속

[그림 7.10](a)에서 두 코일의 자기유도계수는 각각 $L_1$, $L_2$이고, 상호유도계수는 $M$이다. 이 두 코일은 그림 (b) 또는 (c)와 같이 직렬접속한 경우 개방단자에서의 등가 임피던스를 구해보자.

그림 (b)에서 흐르는 전류를 $i_1$이라 하고, $i_1$에 의한 두 코일의 전압강하를 $v_1$, $v_2$라고 하면 흐르는 전류방향은 두 코일간에서 서로 반대이므로

$$v_1 = L_1\frac{di_1}{dt} - M\frac{di_1}{dt}$$

$$v_2 = L_2\frac{di_1}{dt} - M\frac{di_1}{dt}$$

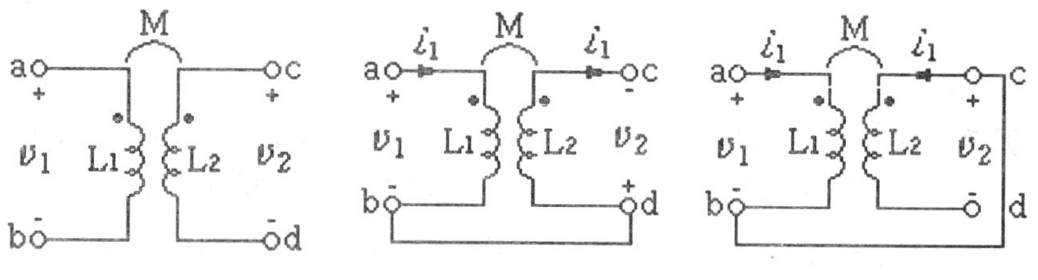


[그림 7.10] 두 코일의 직렬접속

이고, $v_{ac}$를 전류 $i_1$에 의한 $a$에서 $c$로의 전압강하라면

$$v_{ac} = v_1 + v_2$$
$$= \left(L_1 \frac{di_1}{dt} - M\frac{di_1}{dt}\right) + \left(L_2 \frac{di_1}{dt} - M\frac{di_1}{dt}\right)$$
$$= (L_1 + L_2 - 2M)\frac{di_1}{dt} = L^- \frac{di_1}{dt} \tag{7.23}$$

마찬가지로 [그림 7.10](c)에서 전류 $i_1$은 두 코일에서 다 같이 점이 찍힌 단자로 유입하므로

$$v_1 = L_1 \frac{di_1}{dt} + M\frac{di_1}{dt}$$
$$v_2 = L_2 \frac{di_1}{dt} + M\frac{di_1}{dt}$$

이므로

$$v_{ad} = v_1 + v_2 = \left[L_1 \frac{di_1}{dt} + M\frac{di_1}{dt}\right] + \left[L_2 \frac{di_1}{dt} + M\frac{di_1}{dt}\right]$$
$$= (L_1 + L_2 + 2M)\frac{di_1}{dt} = L^+ \frac{di_1}{dt} \tag{7.24}$$

여기서

$$L^- = L_1 + L_2 - 2M$$
$$L^+ = L_1 + L_2 + 2M \tag{7.25}$$

으로 나타내면

$$\therefore\ M = \frac{L^+ - L^-}{4} \tag{7.26}$$

위 식은 두 코일간의 상호유도계수를 측정하는데 이용할 수 있는 식으로서 [그림 7.10]의 (b), (c)와 같이 연결하여 각각의 개방단자에서 전체의 등가 인덕턴스를 측정한 후 두 값의 차를 4로 나누면 된다.

또한 코일의 극성 체크는 등가 인덕턴스가 적은 쪽의 접속에서 두 개방단자에 각각 점을 찍으면 된다는 것을 알 수 있다.

예제 7.3 서로 결합하고 있는 두 코일 $A$, $B$를 같은 방향으로 감아서 직렬로 접속하면 합성 인덕턴스 10[mH]가 되고, 반대로 연결하면 합성 인덕턴스가 40[%] 감소한다. $A$코일의 자기 인덕턴스가 5[mH]라고 하면, $B$코일의 자기 인덕턴스는 얼마인가?

해 $5+L_B+2M=10$

$5+L_B-2M=6$

$\therefore\ L_B=3[\mathrm{mH}]$

## 7.5 정현파 전원을 가진 유도결합회로

[그림 7.11] 회로의 1차, 2차측에 키르히호프의 전압법칙을 적용하면

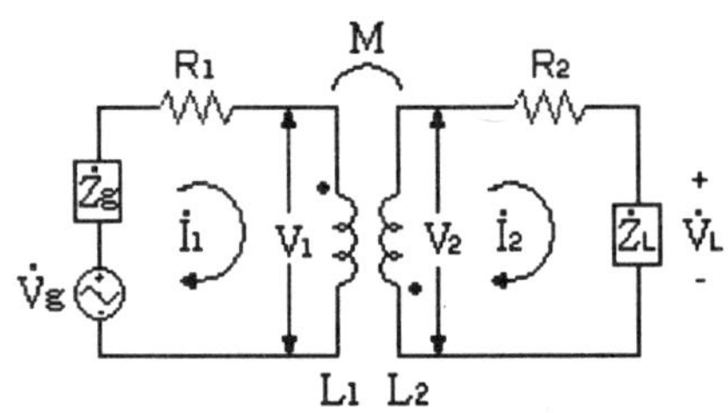


[그림 7.11] 유도결합회로

$$R_1\dot{I}_1+j\omega L_1\dot{I}_1+j\omega M\dot{I}_2+\dot{Z}_g\dot{I}_1=\dot{V}_g \tag{7.27}$$

$$R_2\dot{I}_2+j\omega L_2\dot{I}_2+j\omega M\dot{I}_1+\dot{Z}_L\dot{I}_2=0 \tag{7.28}$$

여기서

$$\dot{Z}_{11}=R_1+j\omega L_1+\dot{Z}_g=R_1+\dot{Z}_g+j\omega L_1$$

$$\dot{Z}_{12}=\dot{Z}_{21}=j\omega M$$

$$\dot{Z}_{22}=R_2+j\omega L_2+\dot{Z}_L=R_2+\dot{Z}_L+j\omega L_2 \tag{7.29}$$

라고 하면 식 (7.28)은 다음 형식으로 정리된다. 즉

$$\dot{Z}_{11}\dot{I}_1+\dot{Z}_{12}\dot{I}_2=\dot{V}_g$$

$$\dot{Z}_{21}\dot{I}_1+\dot{Z}_{22}\dot{I}_2=0 \tag{7.30}$$

식 (7.28)에서 $\dot{I}_1$ 및 $\dot{I}_2$를 구하면

$$\dot{I}_1 = \frac{\dot{Z}_{22}\dot{V}_g}{\dot{Z}_{11}\dot{Z}_{22} - \dot{Z}_{12}^2} \tag{7.31}$$

$$\dot{I}_2 = \frac{-\dot{Z}_{12}\dot{V}_g}{\dot{Z}_{11}\dot{Z}_{22} - \dot{Z}_{12}^2} \tag{7.32}$$

여기서 $\dot{I}_1$은 1차측에 흐르는 전류이며, $\dot{V}_g$는 1차측의 인가전원이므로 $\frac{\dot{V}_g}{\dot{I}_1}$는 1차측의 전원단자에서 본 회로 임피던스가 되며, 이를 구동점 임피던스(driving-point impedance)라고 한다. 이 구동점 임피던스를 $\dot{Z}_d$라고 하면

$$\dot{Z}_d = \frac{\dot{V}_g}{\dot{I}_1} = \frac{\dot{Z}_{11}\dot{Z}_{22} - \dot{Z}_{12}^2}{\dot{Z}_{22}} = \dot{Z}_{11} - \frac{\dot{Z}_{12}^2}{\dot{Z}_{22}}$$

여기서 $\dot{Z}_{12} = j\omega M$이므로 결국

$$\dot{Z}_d = \dot{Z}_{11} + \frac{(\omega M)^2}{\dot{Z}_{22}} \tag{7.33}$$

이때 $\dot{Z}_{11}$은 자기 임피던스이고 $(\omega M)^2/\dot{Z}_{22}$는 2차 회로와의 결합에 의해 발생된 임피던스이므로 이것을 결합 임피던스(coupled impedance) 또는 반사 임피던스(reflected impedance)라 한다.

식 (7.31) 및 (7.32)로부터 2차 전류와 1차 전류의 비를 구하면

$$\frac{\dot{I}_2}{\dot{I}_1} = -\frac{\dot{Z}_{12}}{\dot{Z}_{22}}$$

또한 [그림 7.8]에서 부하전압을 $\dot{V}_L$이라고 하면

$$\dot{V}_L = \dot{Z}_L\dot{I}_2$$

이므로, 전압비는

$$\frac{\dot{V}_L}{\dot{V}_g} = \frac{-\dot{Z}_{12}\dot{Z}_L}{\dot{Z}_{11}\dot{Z}_{22} - \dot{Z}_{12}^2} \tag{7.34}$$

**예제 7.4** [그림 7.12]의 회로에서 $i_1$ 및 $i_2$를 구하라.

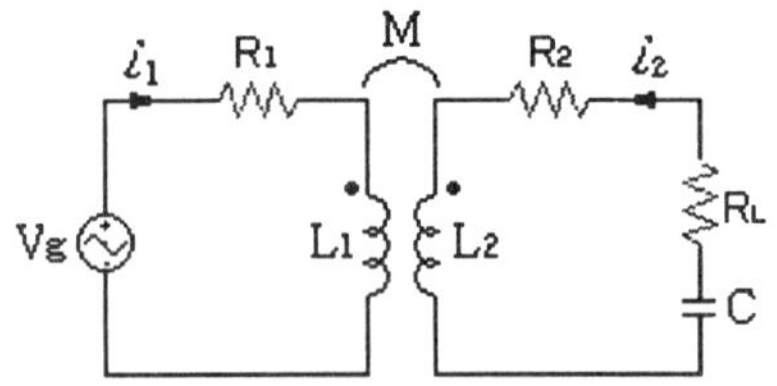


[그림 7.12] 예제 회로

$$V_g = \sqrt{2}\,10\cos 2000\pi t, \quad L_1 = 8.04[\text{mH}]$$

$$R_2 = 10[\Omega], \quad L_2 = 16.08[\text{mH}], \; R_L = 30[\Omega]$$

$$R_1 = 5[\Omega], \quad M = 4.02[\text{mH}], \quad C = 1.22[\mu\text{F}]$$

$$Q_1 = Q_2 = 10$$

**해** $X_1 = \omega L_1 = 2000\pi \times 8.04 \times 10^{-3} = 50.0[\Omega]$

$$X_2 = \omega L_2 = 2000\pi \times 16.08 \times 10^{-3} = 100[\Omega]$$

$$X_C = -\frac{1}{\omega}C = -\frac{1}{2000\pi \times 1.22 \times 10^{-6}} = -130[\Omega]$$

$$Z_{12} = j\omega M = j25.0[\Omega]$$

$$Z_{11} = R_1 + jX_1 = 5 + j50[\Omega]$$

$$Z_{22} = R_2 + jX_2 + R_L + jX_C = 40 - j30[\Omega]$$

$$\dot{Z} = \frac{(\omega M)^2}{Z_{22}} = 10 + j7.5[\Omega]$$

$$Z_{ab} = Z_{11} + \dot{Z} = 15 + j57.5[\Omega]$$

$$I_1 = \frac{V_g}{Z_{ab}} = \frac{10\angle 0°}{15 + j57.5} = 0.169\angle -75.4°$$

$$I_2 = \frac{-Z_{12}I_1}{Z_{22}} = \frac{-j25 \times 0.169\angle -75.4°}{40 - j30} = 0.085\angle -128.5°$$

$$\therefore \; i_1 = 0.169\sqrt{2}\cos(2000\pi t - 75.4°)$$

$$i_2 = 0.085\sqrt{2}\cos(2000\pi t - 128.5°)$$

**예제 7.5** [그림 7.13]에서 입력 임피던스 $Z_{in}$과 $I_1$을 구하라.

단, $Z_1 = 60 - j100$, $Z_2 = 30 - j40$, $Z_L = 80 + j60$이다.

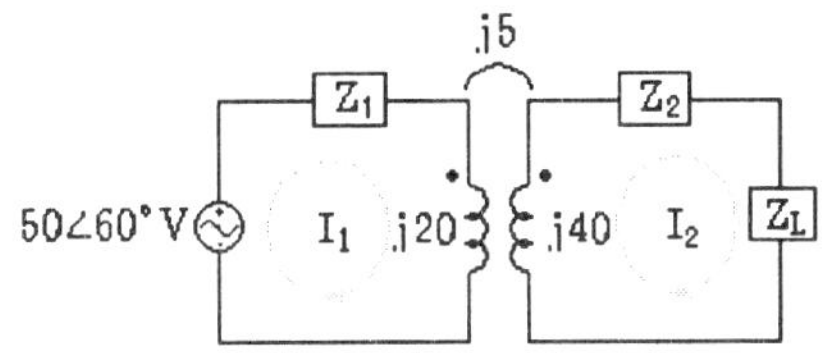


[그림 7.13]

**해** $Z_{in}=\dfrac{V}{I_1}=Z_1+j\omega L_1+\dfrac{(\omega M)^2}{Z_2+j\omega L_2+Z_L}$

$$=(60-j100)+j20+\frac{5^2}{(30+j40)+j40+(80+j60)}=100.14\angle-53.1^\circ\ [\Omega]$$

$$I_1=\frac{V}{Z_{in}}=\frac{50\angle 60^\circ}{100.14\angle -53.1^\circ}\approx 0.5\angle 113.1^\circ\ [\text{A}]$$

**예제 7.6** [그림 7.14]에서 $I_1$, $I_2$를 각각 구하라.

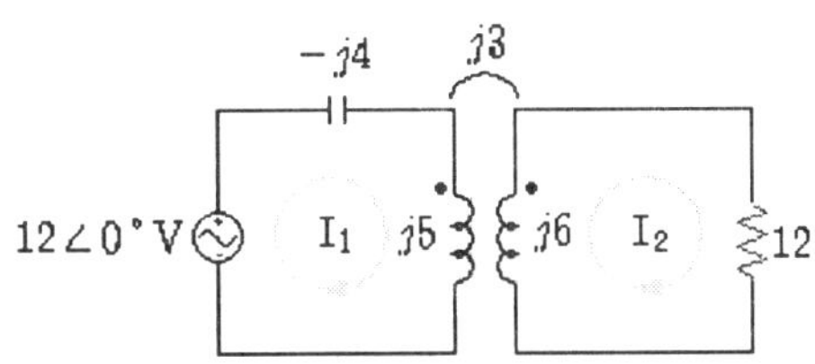


[그림 7.14]

**해** mesh 1 : $-12+(-j4+j5)I_1-j3I_2=0 \rightarrow jI_1-j3I_2=12$

mesh 2 : $-j3I_1+(12+j6)I_2=0$

이 두 식에서 $I_1$, $I_2$는 다음과 같다.

$I_1=13.01\angle-49.39^\circ$ [A], $I_2=2.91\angle-14.04^\circ$ [A]

**예제 7.7** [그림 7.15](a)에서 결합계수를 구하라. 그리고 $v=60\cos(4t+30^\circ)$[V]일 때에 $t=1s$에서 $i_1$, $i_2$를 각각 구하라.

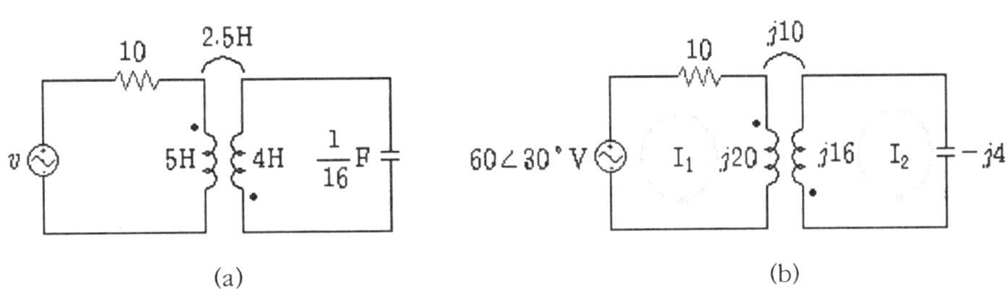


[그림 7.15] 예제 회로

**해** $k=\dfrac{M}{\sqrt{L_1L_2}}=\dfrac{2.5}{\sqrt{5\times 4}}=0.56$

$v = 60\cos(4t + 30^\circ) \Rightarrow V = 60\angle 30^\circ,\ \omega = 4[\text{rad/s}]$

$5[\text{H}] \Rightarrow j4(5) = j20,\ 2.5[\text{H}] \Rightarrow j4(2.5) = j10,\ 4[\text{H}] \Rightarrow j4(4) = j16$

$\frac{1}{16}F \Rightarrow \frac{1}{j4(1/16)} = -j4$가 되고, 등가는 그림 (b)이다. 등가 (b)에서

$$\left.\begin{aligned}&\text{mesh 1}:\ (10+j20)I_1 + j10I_2 = 60\angle 30^\circ\\&\text{mesh 2}:\ j10I_1 + (j16 - j4)I_2 = 0\end{aligned}\right] \quad \begin{aligned}I_1 &= 3.905\angle -19.4^\circ\ [\text{A}]\\ I_2 &= 3.254\angle 160.6^\circ\ [\text{A}]\end{aligned}$$

$\therefore\ \ i_1(t) = 3.905\cos(4t - 19.4^\circ) \Rightarrow i_1(1) = -3.389[\text{A}]$

$i_2(t) = 3.254\cos(4t + 160.6^\circ) \Rightarrow i_2(1) = 2.824[\text{A}]$가 된다.

여기서 $i_1(1) = 3.905\cos\left(4 \times \frac{180^\circ}{\pi} - 19.4^\circ\right) = 3.905\cos(209.8^\circ)$

$= 3.905 \times (-0.8678) = -3.389[\text{A}]$이 된다.

## 7.6 변압기의 등가 T회로

유도결합회로에서 변압기 부분을 이와 등가로 치환하게 되면 해석을 간단하게 할 수 있다. 먼저 [그림 7.16](a)와 같이 1, 2차 코일에 유입하는 전류의 방향이 모두 점이 찍힌 방향일 때 양단자의 전압 및 전류의 관계는

$$\dot{V}_1 = j\omega L_1 \dot{I}_1 + j\omega M \dot{I}_2 \tag{7.35}$$

$$\dot{V}_2 = j\omega L_2 \dot{I}_2 + j\omega M \dot{I}_1 \tag{7.36}$$

그림 (a)와 (b)가 등가가 되기 위해서는 [그림 7.16](b)에서

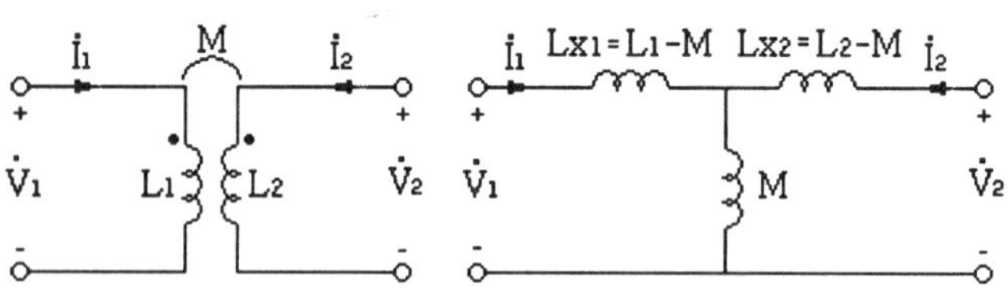


(a) (b)

[그림 7.16] 변압기의 등가변환

$$\dot{V}_1 = j\omega L_{\chi 1}\dot{I}_1 + j\omega M(\dot{I}_1 + \dot{I}_2) = j\omega(L_{X1} + M)\dot{I}_1 + j\omega M\dot{I}_2 \tag{7.37}$$

$$\dot{V}_2 = j\omega L_{\chi 2}\dot{I}_2 + j\omega M(\dot{I}_1 + \dot{I}_2) = j\omega(L_{X2} + M)\dot{I}_2 + j\omega M\dot{I}_1 \tag{7.38}$$

따라서 식 (7.29)~(7.32)에서

$$j\omega L_1 = j\omega L_{\chi 1} + j\omega M \text{에서 } L_{\chi 1} = L_1 - M$$

$$j\omega L_2 = j\omega L_{\chi 2} + j\omega M \text{에서 } L_{\chi 2} = L_2 - M \tag{7.39}$$

이어야 한다.

[그림 7.17](a)와 같이 1차측 코일의 전류는 점이 찍힌 단자로 유입하고, 2차측 전류는 점이 찍힌 단자에서 유출하는 경우 전압과 전류의 관계는 [그림 7.17](a)에서

$$\dot{V}_1 = j\omega L_1 \dot{I}_1 - j\omega M \dot{I}_2 \tag{7.40}$$

$$\dot{V}_2 = j\omega L_2 \dot{I}_2 - j\omega M \dot{I}_1 \tag{7.41}$$

마찬가지로 [그림 7.17](b)에서는

$$\dot{V}_1 = j\omega L_{x1} \dot{I}_1 - j\omega M(\dot{I}_1 + \dot{I}_2) = j\omega(L_{x1} - M)\dot{I}_1 - j\omega M \dot{I}_2 \tag{7.42}$$

$$\dot{V}_2 = j\omega L_2 \dot{I}_2 - j\omega M(\dot{I}_1 + \dot{I}_2) = j\omega(L_{x2} - M)\dot{I}_2 - j\omega M \dot{I}_1 \tag{7.43}$$

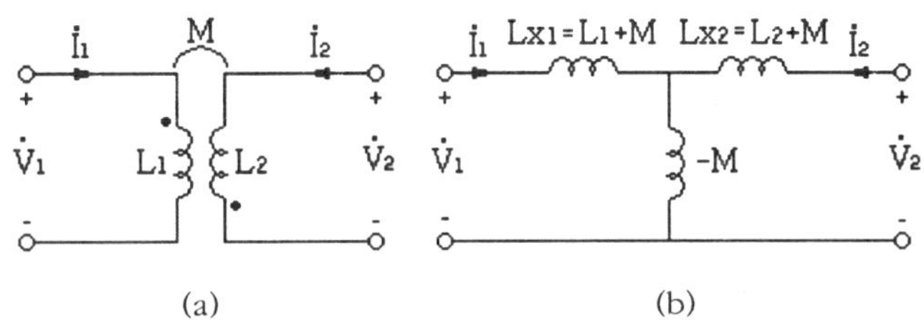


[그림 7.17] 변압기의 등가변화

식 (7.40)과 (7.41) 및 (7.41)과 식 (7.43)을 각각 관련시키면 등가가 되기 위한 $L_{x1}$ 및 $L_{x2}$는 다음과 같다.

$$L_{x1} = L_1 + M$$

$$L_{x2} = L_2 + M \tag{7.44}$$

**예제 7.8** [그림 7.18](a)의 회로에 흐르는 전류 $\dot{I}_1$ 및 $\dot{I}_2$를 구하라.

**해** [그림 7.18](a)에서 $\dot{I}_1$은 점이 찍힌 단자로 유입하며, $\dot{I}_2$는 점이 찍힌 단자로부터 유출하므로 그 등가회로는 [그림 7.18](b)와 같이 된다. (b)에서 키르히호프의 전압법칙을 적용하면

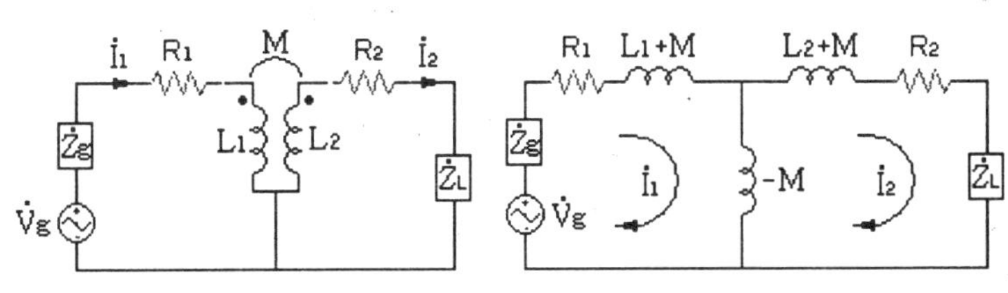


[그림 7.18] 예제 회로

$$\dot{V}_g = \dot{Z}_g + R_1 + j\omega(L_1 + M)\dot{I}_1 - j\omega M(\dot{I}_1 + \dot{I}_2) \tag{7.45}$$

$$0 = \dot{Z}_L + R_2 + j\omega(L_2 + M)\dot{I}_2 - j\omega M(\dot{I}_1 + \dot{I}_2) \tag{7.46}$$

식 (7.45)에서

$$R_1 + \dot{Z}_g + j\omega L_1 = \dot{Z}_{11}$$

$$j\omega M = \dot{Z}_{12} \tag{7.47}$$

식 (7.46)에서

$$R_2 + \dot{Z}_L + j\omega L_2 = \dot{Z}_{22}$$

$$j\omega M = \dot{Z}_{12} \tag{7.48}$$

식 (7.47) 및 (7.48)의 관계를 식 (7.45) 및 (7.46)에 대입하면

$$\dot{V}_g = \dot{Z}_{11}\dot{I}_1 - \dot{Z}_{12}\dot{I}_2 \tag{7.49}$$

$$0 = -\dot{Z}_{21}\dot{I}_1 + \dot{Z}_{22}\dot{I}_2 \tag{7.50}$$

$\dot{I}_1$, $\dot{I}_2$를 구하면

$$\dot{I}_1 = \frac{\begin{bmatrix} \dot{V}_g & -\dot{Z}_{12} \\ 0 & \dot{Z}_{22} \end{bmatrix}}{\begin{bmatrix} \dot{Z}_{11} & -\dot{Z}_{12} \\ -\dot{Z}_{21} & \dot{Z}_{22} \end{bmatrix}} = \frac{\dot{V}_g(R_2 + \dot{Z}_1 + j\omega L_2)}{\dot{Z}_{11}\dot{Z}_{22} - \dot{Z}_{21}\dot{Z}_{12}}$$

$$= \frac{\dot{V}_g(R_2 + \dot{Z}_1 + j\omega L_2)}{(R_1 + \dot{Z}_g + j\omega L_1)(R_2 + \dot{Z}_L + j\omega L_2) - (j\omega M)^2} \tag{7.51}$$

$$\dot{I}_2 = \frac{\begin{bmatrix} \dot{Z}_{11} & \dot{V}_g \\ -\dot{Z}_{21} & 0 \end{bmatrix}}{\begin{bmatrix} \dot{Z}_{11} & -\dot{Z}_{12} \\ -\dot{Z}_{21} & \dot{Z}_{22} \end{bmatrix}} = \frac{\dot{V}_g\dot{Z}_{21}}{\dot{Z}_{11}\dot{Z}_{22} - \dot{Z}_{12}\dot{Z}_{21}}$$

$$= \frac{\dot{V}_g(j\omega M)}{(R_1 + \dot{Z}_g + j\omega L_1)(R_2 + \dot{Z}_L + j\omega L_2) - (j\omega M)^2} \tag{7.52}$$

**예제 7.9** 헤비사이드 브리지(Heaviside bridge)라고 불리는 [그림 7.19](a)의 회로는 상호 인덕턴스를 이용하여 미지 코일의 저항과 인덕턴스를 측정하는데 사용된다. 이 브리지의 정상상태의 평형조건으로부터 $R_4$, $L_4$를 구하라.

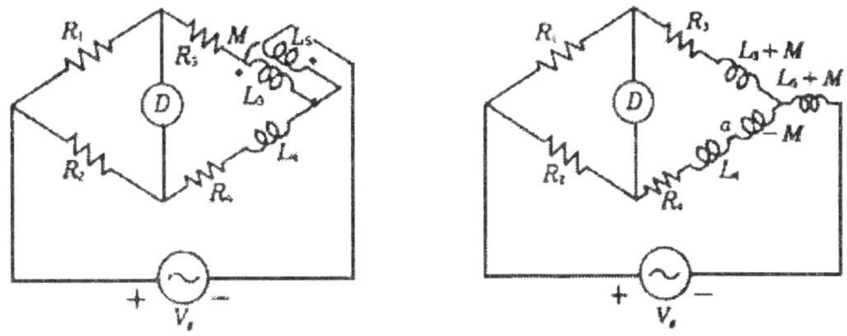

(a) (b)

[그림 7.19] 헤비사이드 브리지

**해** [그림 7.19](b)에서 이 회로의 평형조건은

$$R_1[R_4+j\omega(L_4-M)]=R_2[R_3+j\omega(L_3+M)]$$

$$R_1R_4=R_2R_3 \Rightarrow R_4=\frac{R_2}{R_1}R_3$$

$$R_1(L_4-M)=R_2(L_3+M) \Rightarrow L_4=\frac{R_2}{R_1}L_3+M\left(\frac{R_2}{R_1}+1\right)$$

## 7.7 이상변압기

다음의 조건을 만족하는 가상적인 변압기를 이상변압기(ideal transformer)라고 한다.

① 두 코일의 결합계수가 1일 것
즉, 누설자속이 전혀 없을 것

② 코일에 관계되는 손실이 전혀 없을 것
즉, 코일의 저항이 없고, 자기회로에서의 히스테리시스 손실(hysteresis loss)이나 와류손실(eddy0current loss)이 없을 것

③ 각 코일의 인덕턴스가 무한대일 것

완전한 이상변압기는 실현될 수 없으나 잘 설계된 철심변압기는 이상변압기에 가깝다. 철심변압기는 전력용으로 전압을 승강시키는데 이용되며, 통신용으로는 임피던스를 변화하는데 사용한다.

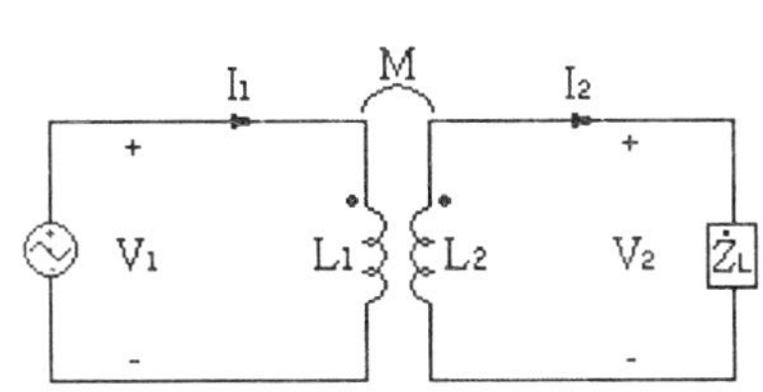


[그림 7.20] 변압기의 권선비

이상변압기에서는 누설자속이 없으므로 [그림 7.20]에서 1차 코일에 1[A]의 전류를 흘렸을 때의 자속을 $\phi_1$, $\phi_2$이 2차 코일과 쇄교할 때의 상호 인덕턴스를 $M_{12}$라고 하면

$$L_1 = n_1\phi_1$$

$$M_{12} = n_2\phi_1 = \frac{n_2}{n_1}n_1\phi_1 = \frac{n_2}{n_1}L_1 \tag{7.53}$$

마찬가지로 2차 코일에 1[A]의 전류를 흘렸을 때 생기는 자속을 $\phi_2$, $\phi_2$가 1차 코일과 쇄교함으로써 생기는 상호 인덕턴스를 $M_{21}$이라고 하면

$$L_2 = n_2\phi_2$$

$$M_{21} = n_1\phi_2 = \frac{n_1}{n_2}n_2\phi_2 = \frac{n_1}{n_2}L_2 \tag{7.54}$$

그런데 $M_{12} = M_{21}$이므로 위 식 (7.53) 및 (7.54)로부터

$$\frac{n_1}{n_2} = \frac{M}{L_2} = \frac{L_1}{M} = \frac{L_1}{\sqrt{L_1}\sqrt{L_2}} = \sqrt{\frac{L_1}{L_2}}$$

여기서, $n = \frac{n_1}{n_2}$을 권선비(ratio of turns)라고 부른다. 즉

$$n = \frac{n_1}{n_2} = \sqrt{\frac{L_1}{L_2}} \tag{7.55}$$

[그림 7.20]의 2차 회로에 전압법칙을 적용하면

$$\dot{Z}_L\dot{I}_2 + (j\omega L_2)\dot{I}_2 - j\omega M\dot{I}_1 = 0$$

$$(\dot{Z}_L + j\omega L_2)\dot{I}_2 = j\omega M\dot{I}_1$$

$$\therefore\ \frac{\dot{I}_2}{\dot{I}_1} = \frac{j\omega M}{\dot{Z}_L + j\omega L_2}$$

그런데 이상변압기의 조건에서

$\omega L_2 \gg \dot{Z}_L$이므로

$$\frac{\dot{I}_2}{\dot{I}_1} \cong \frac{M}{L_2} = n$$

$$\therefore\ n = \frac{\dot{I}_2}{\dot{I}_1} \tag{7.56}$$

의 관계가 성립한다.

또한 이상변압기이므로 동손이나 철손이 없다. 따라서 에너지 보존법칙에 의하여 $\dot{V}_1\dot{I}_1 = \dot{V}_2\dot{I}_2$이어야 하므로

$$\frac{\dot{V}_2}{\dot{V}_1} = \frac{\dot{I}_1}{\dot{I}_2} = \frac{1}{n} \tag{7.57}$$

위 식은 다음과 같이 쓸 수 있다. 즉

$$\frac{\dot{V}_1}{\dot{V}_2} \cdot \frac{\dot{I}_2}{\dot{I}_1} = n^2 \tag{7.58}$$

$\dot{Z}_{ab}$를 1차 단자에서 본 임피던스라 하고, $\dot{Z}_L$을 부하 임피던스라고 하면

$$\dot{Z}_{ab} = \frac{\dot{V}_1}{\dot{I}_1}$$

$$\dot{Z}_L = \frac{\dot{V}_2}{\dot{I}_2}$$

이므로 이를 식 (7.58)에 대입하여 정리하면 다음과 같다.

$$\dot{Z}_{ab} = \frac{\dot{V}_1}{\dot{I}_1} = n^2 \dot{Z}_L = \left(\frac{n_1}{n_2}\right)^2 \dot{Z}_L \tag{7.59}$$

이상적인 변압기에서는 2차 전력의 크기가 1차 전력과 같다. 그러나 실제 변압기에서는 전력손실이 일어나므로 2차 전력(출력전력)은 항상 1차 전력(입력전력)보다 작게 된다. 변압기의 효율($\eta$)은 입력전력 중에서 출력으로 전달되는 전력의 비율을 나타내며 다음 식으로 표시된다.

$$\eta = (P_{\mathrm{out}}/P_{\mathrm{in}})100[\%] \tag{7.60}$$

큰 전력을 다루는 전력용 변압기의 효율은 대부분 95[%] 이상이다.

**예제 7.10** 이상변압기의 1차측 코일의 권선수 $n_1 = 300$이고, 자기유도계수 $L_1 = 200[\mu\mathrm{H}]$이다. 2차측 코일의 권선수 $n_2 = 200$일 때 2차측 자기유도계수 $L_2$ 및 상호유도계수 $M$을 구하라.

**해** $L_2 = L_1/n^2$에서 $n = \dfrac{n_1}{n_2} = \dfrac{300}{200} = 1.5$

$$L_2 = 200 \times \left(\frac{2}{3}\right)^2 \cong 89[\mu\mathrm{H}]$$

**예제 7.11** [그림 7.21]에서 내부저항 $R_P$가 800[Ω]인 증폭기가 있다. 저항값이 8[Ω]인 스피커($R_L$)에 최대전력을 전달하기 위해 필요한 변압기의 권선비를 구하라.

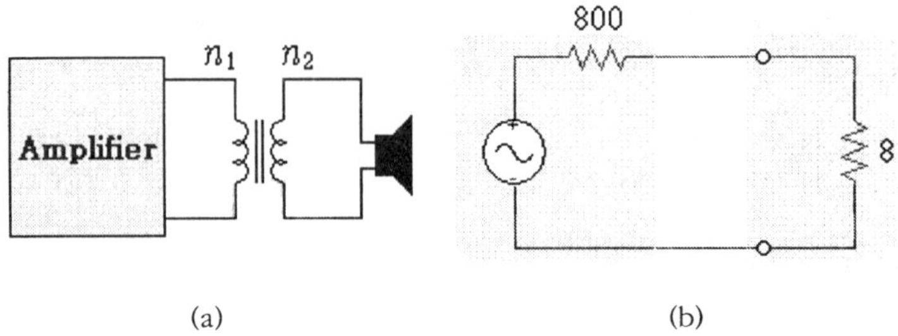


[그림 7.21] 예제 그림

**해** $n = \frac{n_1}{n_2} = \sqrt{\frac{R_p}{R_L}} = \sqrt{\frac{800}{8}} = 10$, 따라서 $n_1 : n_2 = 10 : 1$이 된다.

**예제 7.12** [그림 7.22]와 같은 변압기 회로에서 전원전압이 100[V], 주파수가 100[Hz]인 교류전압에 변압기를 연결하였다. 변압기의 1차 권선수는 50,000회, 2차 권선수는 10,000회이고 결합계수는 0.99이다. 부하에 걸리는 전압을 구하라.

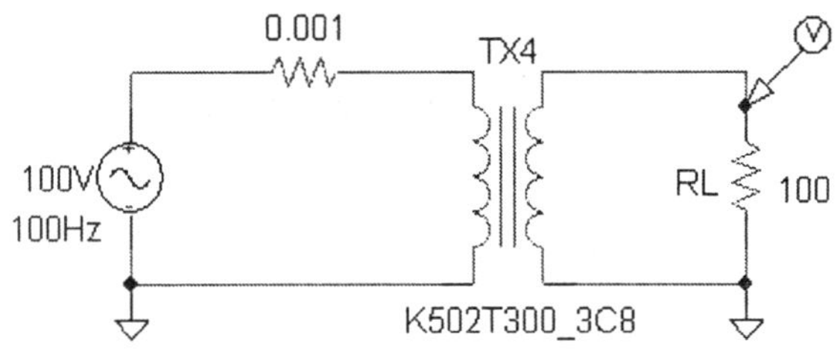


[그림 7.22] 예제 회로

**해** 상기 회로의 시뮬레이션 결과는 [그림 7.23]이다.

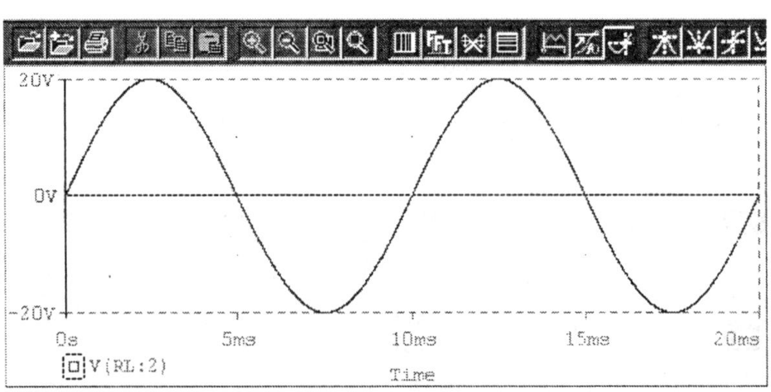


[그림 7.23] 시뮬레이션 결과

출력전압 $V_2 = \frac{n_2}{n_1} V_1 = \frac{10000}{50000} \times 100[\text{V}] = 20[\text{V}]$가 된다.

**예제 7.13** [그림 7.24]에서 10[Ω]에 공급되는 전력을 구하라.

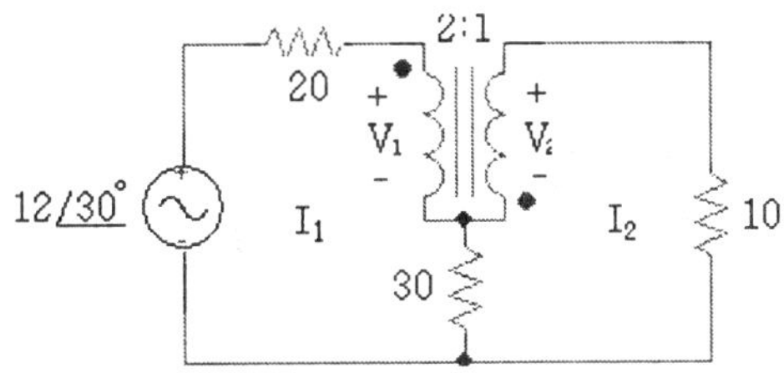


[그림 7.24] 예제 그림

**해** $n = \frac{N_2}{N_1} = \frac{1}{2}$

$$\left.\begin{aligned} V_2 &= -nV_1 = -\frac{1}{2}V_1 \\ I_2 &= -\frac{1}{n}I_1 = -2I_1 \end{aligned}\right\} \Rightarrow \begin{aligned} V_1 &= -2V_2 \\ I_1 &= -\frac{1}{2}I_2 \end{aligned}$$

mesh 1 : $120 = 20I_1 + V_1 + 30(I_1 - I_2) \rightarrow 50I_1 - 30I_2 + V_1 = 120 \Rightarrow -55I_2 - 2V_2 = 120$

mesh 2 : $V_2 = 10I_2 + 30(I_2 - I_1) \Rightarrow V_2 = 55I_2 \quad \therefore I_2 = -0.7272[\text{A}]$

$\therefore P = (-0.7272)^2 10 = 5.3[\text{W}]$

**예제 7.14** PSpice를 사용하여 [그림 7.25]의 이상변압기 회로에서 $V_1$, $V_2$를 구하라. 단, 소자의 단위는 [Ω]이다

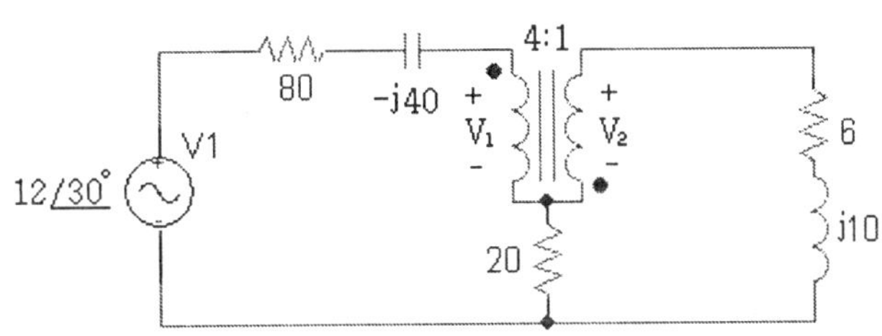


[그림 7.25] 예제 그림

**해** $\omega = 1$이라 가정하고 커패시턴스와 인덕턴스의 값을 구한다.

$j10 = j\omega L \Rightarrow L = 10[\text{H}]$

$-j40 = \frac{1}{j\omega C} \Rightarrow C = 25[\text{mF}]$

[그림 7.26]에 실제 회로도를 나타내었다. Analysis/Setup/AC Sweep를 선택하고 Total Pts = 1, Start Freq = 0.1592, Final Freq = 0.1592를 입력하고 시뮬레이션을 실시했다. 실시한 결과는 다음과 같다.

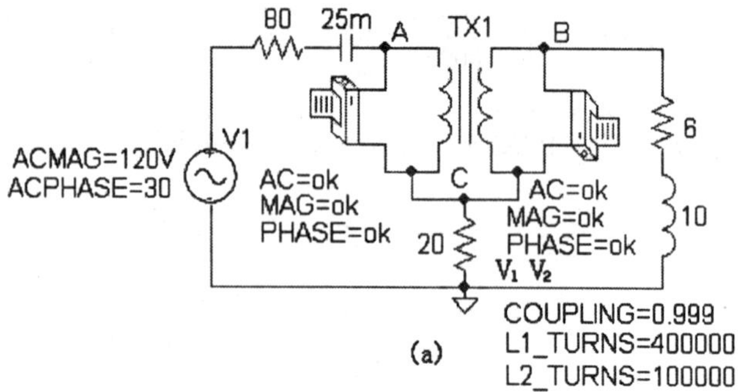


[그림 7.26] 실제회로 및 시뮬레이션 결과

상기 결과로부터

$V_1 = -V(C, A) = 121.1\angle 36.5^\circ$ [V]

$V_2 = V(B, C) = 27.75\angle 27.89^\circ$ [V]

가 된다.

**예제 7.15** 내부저항이 1[kΩ]이고 발생전압이 $\dot{V}_g$인 증폭기로부터 등가저항 10[Ω]인 스피커에 전력을 공급하려고 한다.

(a) 부하를 직접 전원에 연결시킬 때 부하에 공급되는 전력 및 효율을 구하라.

(b) 부하와 전원 사이에 적당한 가청주파변압기를 삽입하여 부하에 최대전력을 공급하려고 한다. 권선비는 얼마로 하면 되겠는가? 또 이때의 전력과 효율을 구하라.

**해** (a) 전원전압이 $V_g$[V]이므로 부하에 흐르는 전류 $I = \dfrac{V_g}{1000+10}$[A], 따라서 부하에 공급되는 전력 $P$는

$$P = I^2 R_L = \left[\frac{V_g}{(1010)}\right]^2 \times 10[\text{W}]$$

효율을 $\eta$라고 하면

$$\eta = \frac{\text{출력}}{\text{입력}} = \frac{P}{V_g I} = \frac{I^2 10}{V_g I} \cong 0.9[\%]$$

(b) 최대전력이 공급되기 위해서는 최대전력 공급의 조건에서 변압기 1차측 단자 $a$, $b$에서 부하측을 본 저항이 전원 내부저항과 같아야 한다. 즉, 그 등가회로가 [그림 7.27](b)와 같을 때 최대전력이 전송된다. 따라서 식 (7.59)에서

$$\left(\frac{n_1}{n_2}\right)^2 = \frac{Z_{ab}}{Z_L} = \frac{1000}{10} = 100 \qquad \therefore \ \frac{n_1}{n_2} = 10$$

임피던스가 정합되었을 때의 전력을 $P_{max}$, 이때의 효율을 $\eta_{max}$라고 하면 [그림 7.27](b)의 등가회로에서

$I = \dfrac{V}{1000+1000}$ 이므로 다음과 같다.

$$P_{\max} = I^2 R_L = \left(\frac{V_g}{2000}\right)^2 1000 = \frac{V_{g2}}{4000}$$

$$\eta_{\max} = \frac{P_{\max}}{V_g I} = \frac{V_g^2}{4000} / \frac{V_g^2}{2000} = 0.5 = 50[\%]$$

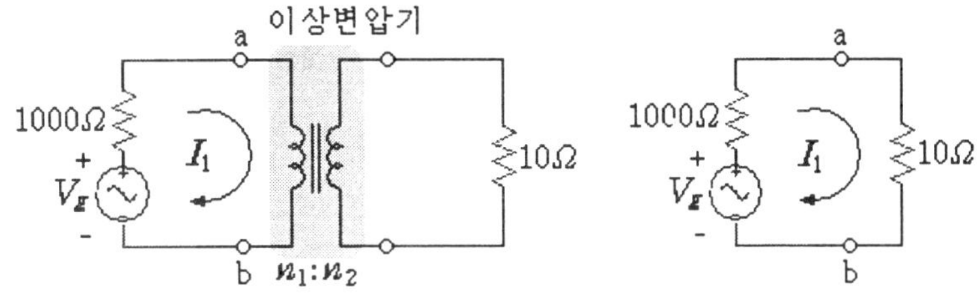


(a) (b)

[그림 7.27] 예제 그림

[그림 7.28]과 같은 자동 변압기의 (a) 회로에서는

$$V_1 = (N_1 + N_2)\ \frac{d\phi}{dt},\ \ V_2 = N_2 \frac{d\phi}{dt}$$

$$\frac{V_1}{V_2} = \frac{N_1 + N_2}{N_2} \quad (\text{Step} - \text{down} \ \Rightarrow\ V_2 < V_1)$$

$$V_1 I_1 = V_2 I_2 \Rightarrow \frac{I_1}{I_2} = \frac{N_2}{N_1 + N_2}$$

(b) 회로에서는

$$\frac{V_1}{V_2} = \frac{N_1}{N_1 + N_2} \quad (\text{Step} - \text{up} \Rightarrow V_2 > V_1), \quad \frac{I_1}{I_2} = \frac{N_1 + N_2}{N_1}$$

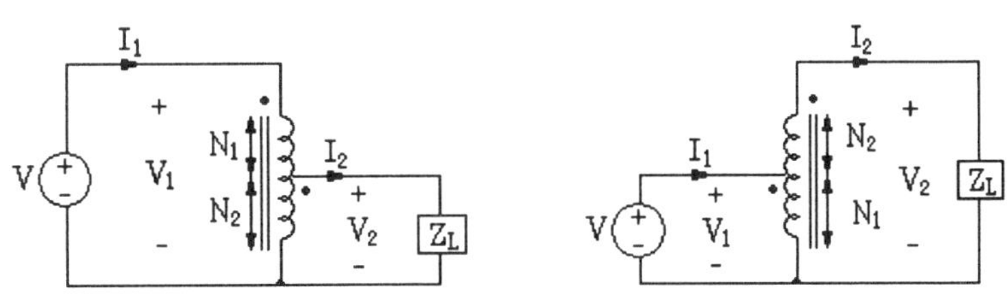


(a) Step-down (b) Step-up

[그림 7.28] 이상적인 자동 변압기

이 변압기의 장점은 1, 2차측이 코일 1개로 공유하기 때문에 크기와 중량이 적은 반면에 절연에 문제가 있어 Steo-down의 경우 누전이 발생하면 1차측 고압이 2차측으로 전달될 위험이 있다.

**예제 7.16** [그림 7.29]에서 $Z_L = 8 + j6$일 때

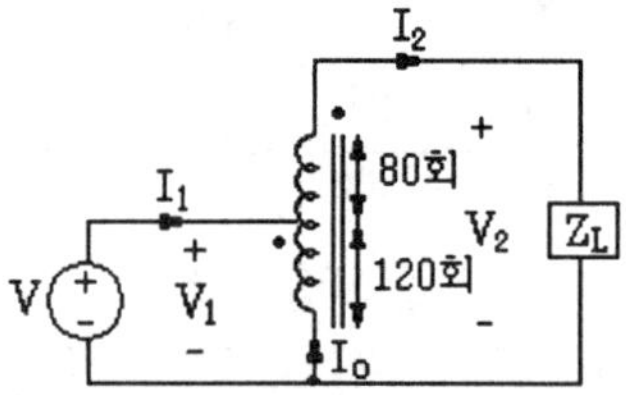


[그림 7.29] 예제 그림

(a) $I_1$, $I_2$, $I_o$는?

(b) 부하에서의 복소전력은?

**해** (a) $\dfrac{V_1}{V_2} = \dfrac{N_1}{N_1 + N_1} = \dfrac{80}{80 + 120} = \dfrac{2}{5}$

$V_2 = \dfrac{5}{2} V_1 = \dfrac{5}{2}(120\angle 30^\circ) = 300\angle 30^\circ$ [V], $I_2 = \dfrac{V_2}{Z_L} = \dfrac{300\angle 30^\circ}{8 + j6} = 30\angle -6.87^\circ$ [A]

$\dfrac{I_1}{I_2} = \dfrac{N_1 + N_2}{N_1} = \dfrac{5}{2} \quad \rightarrow I_1 = \dfrac{5}{2} I_2 = \dfrac{5}{2}(30\angle -6.87^\circ) = 75\angle -6.87^\circ$ [A]

$I_o = I_2 - I_1 = 45\angle 173.13^\circ$ [A]

(b) 복소전력 : $S_2 = V_2 I_2^* = (300\angle 30^\circ)(30\angle -6.87^\circ)^* = 9\angle 36.87^\circ$ [kVA]

## 7.8 완전변압기

다음의 조건을 만족하는 가상적인 변압기를 완전변압기라 한다.

① 두 코일의 결합계수가 1 일 것

② 코일에 관계되는 손실이 없을 것

완전 변압기와 이상변압기의 차이는 완전 변압기에서는 $Z_L$도 고려해야 한다는 것이다. 따라서 완전변압기의 경우

$$\frac{V_2}{V_1} = \frac{1}{n} = \frac{n_2}{n_1} \quad \frac{I_2}{I_1} \neq n \quad Z_{ab} \neq n^2 Z_L \text{이다.}$$

이상 변압기의 경우 회로해석은 앞절에서 설명한 것과 같이 등가회로로 변환하여 해석할 수 있으나, 완전변압기인 경우에는 일단 이상변압기로 등가 변환한 후에 다시 등가회로로 변환하여 해석해야 한다. [그림 7.30](a)의 완전변압기의 경우

$$\dot{V}_1 = j\omega_{L_1}\dot{I}_1 - j\omega M\dot{I}_2$$

$$-V_2 = j\omega L_2\dot{I}_2 - j\omega M\dot{I}_1$$

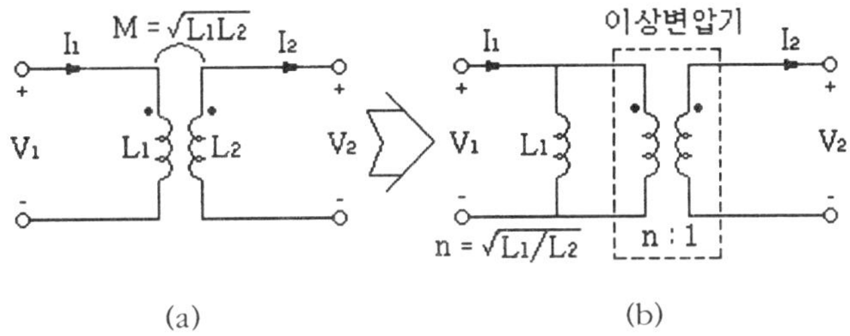


[그림 7.30] 완전결합변압기와 그 등가회로

그림 (b)의 회로에서 변압기 1차측 단자에 흐르는 전류 $I_3$는 권수비가 $n$일 경우

$n = \dfrac{\dot{I}_2}{\dot{I}_3}$ 이므로 $\dot{I}_3 = \dfrac{\dot{I}_2}{n}$

따라서 $L_1$에 흐르는 전류 $\dot{I}_1 - \dot{I}_3 = \dot{I}_1 - \dfrac{\dot{I}_2}{n}$ 이므로

$$\dot{V}_1 = j\omega L_1\left(\dot{I}_1 - \frac{\dot{I}_2}{n}\right) = j\omega L_1\dot{I}_1 - j\omega L_1\frac{\dot{I}_2}{n}$$

$$= j\omega L_1\dot{I}_1 - j\omega\dot{L}_1\dot{I}_2\sqrt{\frac{L_2}{L_1}} = j\omega L_1\dot{I}_1 = j\omega\sqrt{L_{1_2}}\,\dot{I}_2$$

$$= j\omega L_1\dot{I}_1 - j\omega M\dot{I}_2 \tag{7.61}$$

$$-\dot{V}_2 = -\frac{\dot{V}_1}{n} = -\sqrt{\frac{L_2}{L_1}}\,(j\omega L_1\dot{I}_1 - j\omega\sqrt{L_1L_2}\,\dot{I}_2)$$

$$= -j\omega\sqrt{L_1L_2}\,\dot{I}_1 + j\omega L_2\dot{I}_2 = j\omega L_2\dot{I}_2 = j\omega L_2\dot{I}_2 - j\omega M\dot{I}_1 \tag{7.62}$$

따라서 (a)회로와 (b)회로는 등가회로임을 알 수 있다.

**예제 7.17** (a) $R_s = 900[\Omega]$를 갖는 전원으로부터 $R_L = 100[\Omega]$인 부하에 최대 평균전력을 전송시킬 변압기를 설계하라.

(b) $v_1$과 $v_2$를 $v_s$항으로 표현하라.

**해** $900 = 100/n^2$을 원한다. 이는 $n = 1/3$으로 되고 이 회로는 [그림 7.31]과 같다.

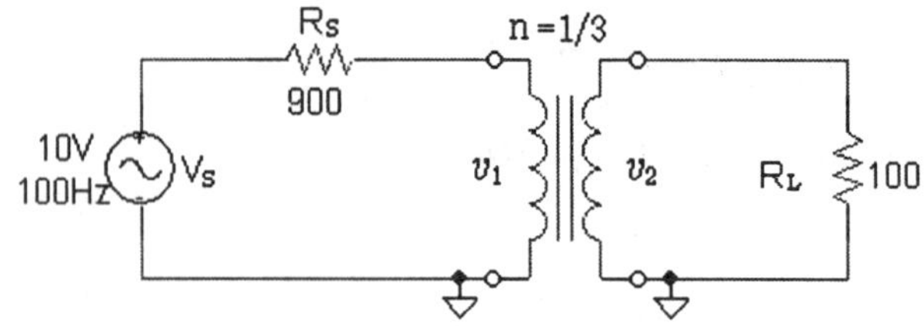


[그림 7.31] 예제 회로

$v_1 = [900/(900+900)]v_s = (1/2)v_{s,}\ v_2 = nv_2 = (1/6)v_s$가 되고 상기 회로를 시뮬레이션한 결과가 [그림 7.32]이다.

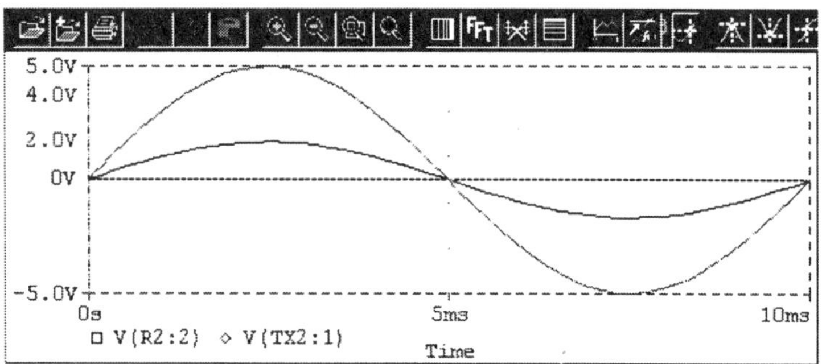


[그림 7.32] 시뮬레이션 결과

**예제 7.18** [그림 7.33](a)의 회로에서 출력전압 $V_o$를 구하라.

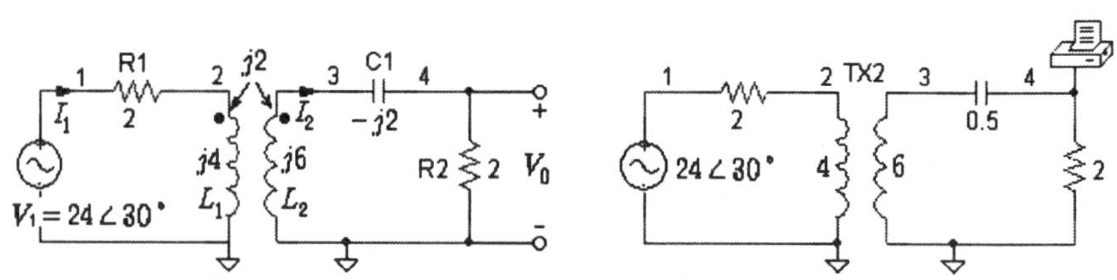


(a) (b)

[그림 7.33] 변압기 회로

**해** 회로에 KVL를 적용하면

$$\left.\begin{aligned} (2+j4)I_1 - j2I_2 &= 24\angle 30^\circ \\ -j2I_1 + (2+j6-j2)I_2 &= 0 \end{aligned}\right]$$

의 방정식을 풀면 $I_2 = 2.68\angle 3.43^\circ$ [A], $V_0 = 2I_2 = 5.37\angle 3.43^\circ$ [V]가 된다. PSpice를 이용해서 그림 (b)를 그리고 시뮬레이션한 결과는 다음과 같다.

```
**** INCLUDING Schematic2.net ****
 * Schematics Netlist *
  .PRINT      AC
  + VM([4])
  + VP([4])
  V_V1      1 0 DC 0V AC 24V 30
  K_TX2      L1_TX2 L2_TX2 0.408241
  L1_TX2      2 0 4
  L2_TX2      3 0 6
  R_R1      1 2 2
  C_C1      3 4 0.5
  R_R2      0 4 2
** Analysis setup **
.ac LIN 1 0.159155 0.159155
.OP

****   AC ANALYSIS             TEMPERATURE =  27.000 DEG C
******************************************************************************
   FREQ          VM(4)          VP(4)
  1.592E-01      5.367E+00      3.435E+00
```

**예제 7.19** [그림 7.34](a)의 회로에서 출력전압 $V_o$를 구하라. 단, 주파수 $f=1/2\pi$[Hz], 결합계수는 0.9이다.

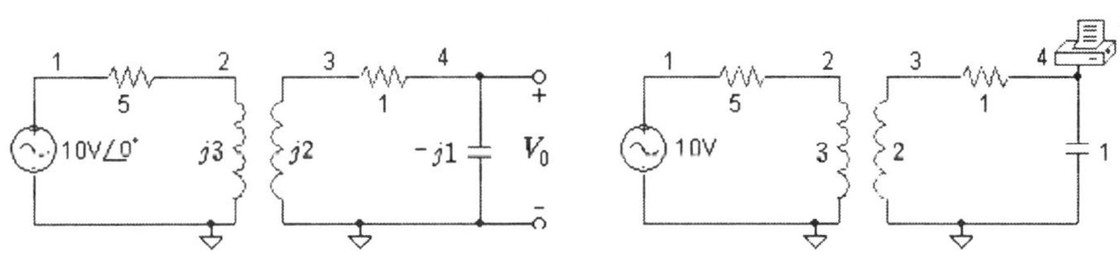


(a) (b)

[그림 7.34] 예제 회로

**해** 그림 (b)를 구성하고 시뮬레이션한 결과는 아래와 같다.

```
****   AC ANALYSIS             TEMPERATURE =  27.000 DEG C
******************************************************************************
   FREQ          VM(4)          VP(4)
  1.592E-01      2.092E+00      -4.939E+01
```

[그림 7.35](a)와 같은 Amp-speaker 회로에서 Amp의 출력 임피던스는 수백 [Ω]이고 스피커의 임피던스는 수십[Ω]이다. 따라서 부하에 최대전력을 전달하기 위해서는 그림 (b)와 같이 정합 트랜스(Matching transformer)를 사용해야 한다. 여기서 $R_S=R_L/n^2$이다.

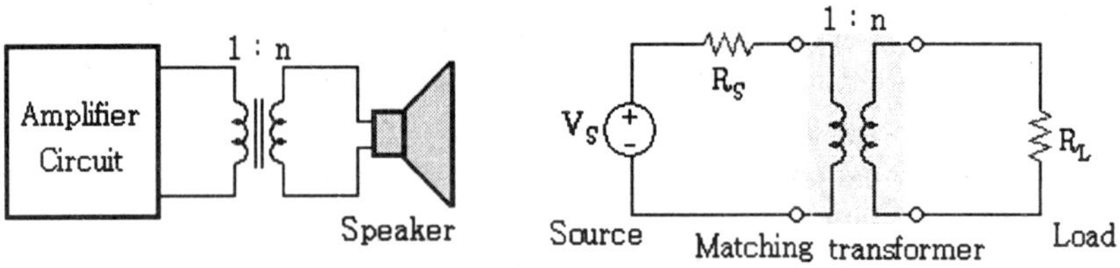


(a) (b)

[그림 7.35] 스피커 회로

**예제 7.20** [그림 7.36]은 바로 앞의 Amp-speaker와 등가회로이다. 단, $Z_{th} = R_S$, $Z_L = R_L$, $Z_{th} = 192[\Omega]$, $Z_L = 12[\Omega]$일 때에 필요한 권선수 $n$은?

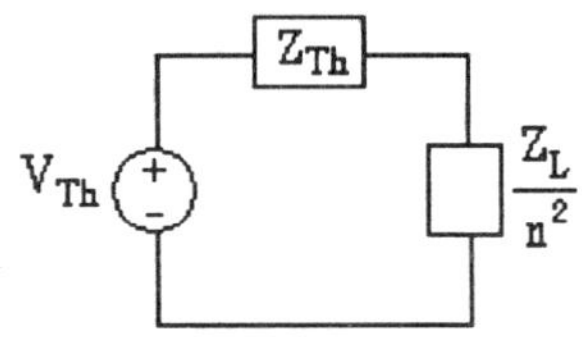


[그림 7.36] 예제 그림

**해** 최대전력 전달조건 : $Z_{th} = \dfrac{Z_L}{n^2} \rightarrow n^2 = \dfrac{Z_L}{Z_{th}} = \dfrac{12}{192} \quad \Rightarrow \therefore\ n = \dfrac{1}{4} = 0.25$

* 임피던스 매칭을 안 한 경우(즉, 스피커를 앰프에 바로 연결)

$$P_L = \left(\frac{V_{th}}{Z_{th} + Z_L}\right)^2 Z_L = \left(\frac{V_{th}}{192+12}\right)^2 12 = 288\, V_{th}^2 [\mu W]$$

임피던스 매칭한 경우

$$I_P = \frac{V_{th}}{Z_{th} + Z_L/n^2},\quad I_S = \frac{I_P}{n}$$

$$P_L = I_S^2 Z_L = \left(\frac{V_{th}/n}{Z_{th} + Z_L/n^2}\right)^2 Z_L = \left(\frac{4V_{th}}{192 + 16\times 12}\right)^2 12 = 1{,}302\, V_{th}^2 [\mu W]$$가 된다.

**예제 7.21** 회로로부터 최대전력을 수신하는 [그림 7.37]의 스피커의 내부저항은 540[Ω]이다. 만약 변압기가 사용되었다면 15[Ω]의 스피커 저항은 1차측에 540[Ω]이 나타날 것이다. 여기서 2차측에 권선수가 40일 때의 변압비를 구하고 1차측의 권선수를 구하라.

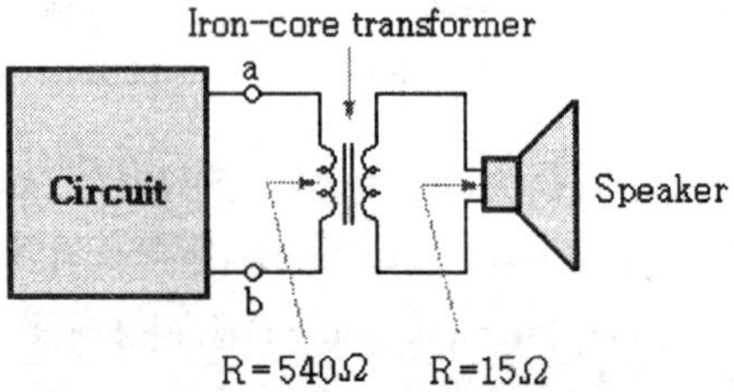


[그림 7.37] 예제 회로

**해** $Z_{ab}=n^2Z_L$에서 $n=\sqrt{\frac{Z_{ab}}{Z_L}}=\sqrt{\frac{540}{15}}=6$

$$N=6=\frac{n_1}{n_2}\Rightarrow n_1=6\times 40=240[\text{turns}]$$

변압기는 1차 권선과 2차 권선이 도선으로 연결되어 있지 않다. 따라서 변압기를 사용하면 1차 회로와 2차 회로를 전기적으로 절연시킬 수 있다. 2차 권선에 전압을 유도하기 위해서는 1차 회로에 흐르는 전류의 크기가 반드시 시간에 따라 변동해야 하므로 [그림 7.38]에서와 같이 변압기의 1차 회로에 직류전류를 흘리면 2차 회로에는 전류가 흐르지 않는다.

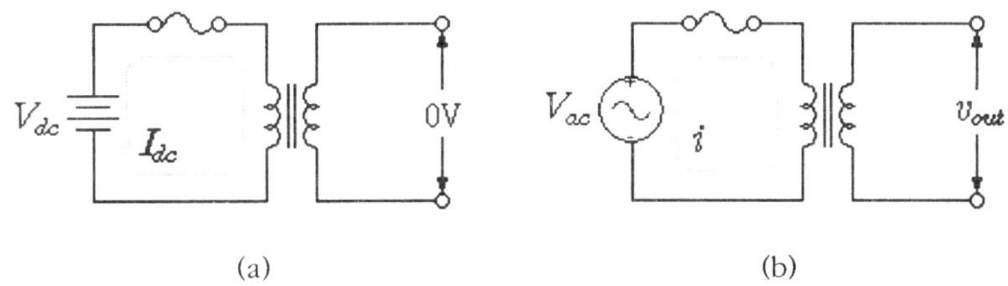


[그림 7.38] 직류절연과 교류결합

이러한 성질로 인해 변압기를 사용하면 1차 회로에 흐르는 직류 전류로부터 2차 회로를 완전히 전기적으로 절연(isolation)시킬 수 있다. [그림 7.39]는 보편적인 변압기의 응용회로 중 하나로써 첫 번째 단의 증폭기의 출력에 섞여있는 직류성분이 다음 단 증폭기의 직류 바이어스에 영향을 주지 않도록 두 증폭기 사이에 변압기를 연결하면 첫 번째 단의 교류신호만이 변압기를 통해 나음 단에 전달된다.

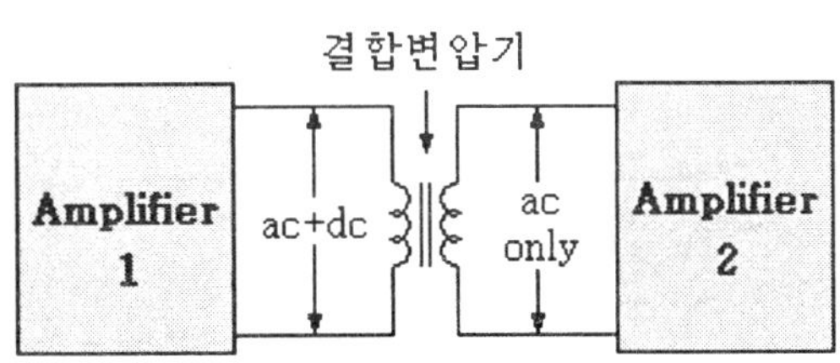


[그림 7.39] 직류절연 변압기

[그림 7.40]은 직류전압과 교류전압을 입력에 인가한 그림이다.

회로를 시뮬레이션한 것이 [그림 7.40](b)이다. 그림에서 알 수 있듯이 출력측에는 입력의 직류성분이 제거된 교류성분만이 나타남을 확인할 수 있었다.

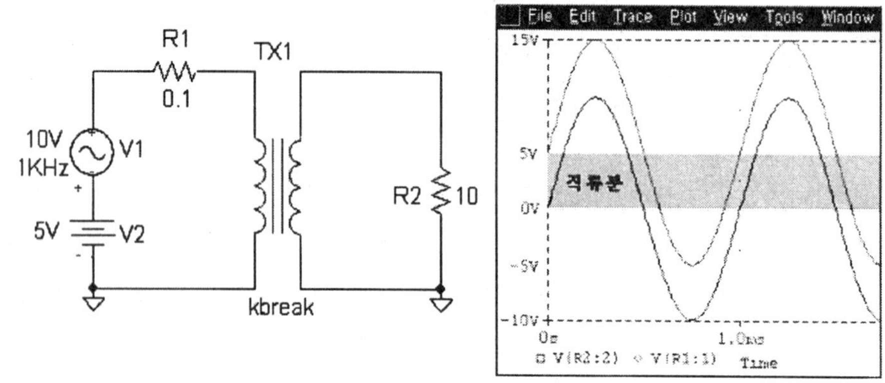


(a) (b)

[그림 7.40] 실험회로

또 하나의 변압기 용도로는 임피던스 정합용이다. 신호원으로부터 부하로 최대전력을 전달하기 위해서는 신호원과 부하의 저항값이 서로 같아야 한다. 서로 다른 저항값을 갖는 신호원과 부하가 있을 때, 이들 사이에 변압기를 사용하여 두 저항값을 일치시키면 부하에 최대전력이 전달된다. 이와 같은 방법을 임c피던스 정합(impedance matching)이라고 한다.

실제 변압기의 응용 예를 들어보자. 텔레비전 수신기의 입력저항은 300[Ω]인 경우가 대부분이다. 수신기는 신호를 수신하기 위해 인입선(lead-in cable)을 통해 안테나와 연결되어 있다. 이 경우 [그림 7.41]에 나타나 있듯이 안테나와 인입선은 신호원이 되고 수신기의 입력저항이 된다.

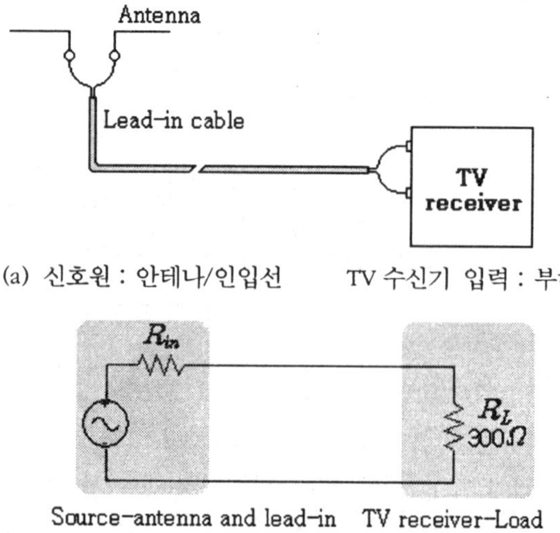


(a) 신호원 : 안테나/인입선 TV 수신기 입력 : 부하

(b) 안테나와 TV 수신기의 등가회로

[그림 7.41] 안테나와 TV 수신기를 직접 연결한 예

안테나 시스템은 보통 75[Ω]의 특성 임피던스를 갖고 있다. 따라서 75[Ω]의 신호원(안테나와 인입선)을 300[Ω]의 부하(TV수신기)와 직접 연결하면 텔레비전에 최대전력이 전달되지 않으므로 제대로 된 선명한 화면을 시청할 수 없다. 이 문제의 해결책이 바로 정합용 변압기를 사용하는 것이다. 이 변압기는 [그림 7.42]와 같이 300[Ω]의 부하저항과 75[Ω]의 입력저항 사이에 연결되어 두 저항값이 같아지도록 해 준다.

두 저항이 정합되려면 신호원에서 바라본 부하저항($R_L$)이 신호원의 내부저항 $R_{in}$과 같아야 한다. 이를 위해서는 변압기의 권선비($n$)를 정확하게 선택해야 한다. 여기서는 300[Ω]의 부하가 75[Ω]으로 보여야 한다.

식 (7.59)에서

$$R_{in} = (n_1/n_2)^2 R_L,\ (n_1/n_2)^2 = R_{in}/R_L$$

따라서

$$n = n_2/n_1 = \sqrt{R_L/R_{\in}} = \sqrt{300/75} = \sqrt{4} = 2$$

가 된다. 즉, 이 응용회로에서는 권선비가 2인 변압기를 임피던스 정합용으로 사용해야 한다.

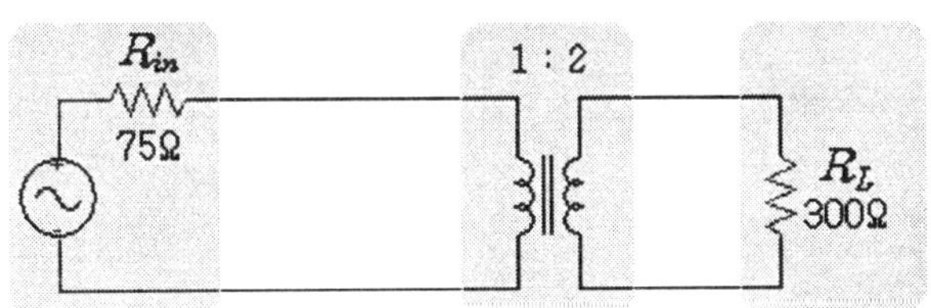


[그림 7.42] 신호원과 부하를 정합시킨 예

**예제 7.22** 변압기 동작을 E-전원에 의해서 동작됨을 확인해 볼 수 있다. [그림 7.43](a)처럼 E-전원의 Gain값의 변경에 의해 출력의 크기를 조절할 수 있다.

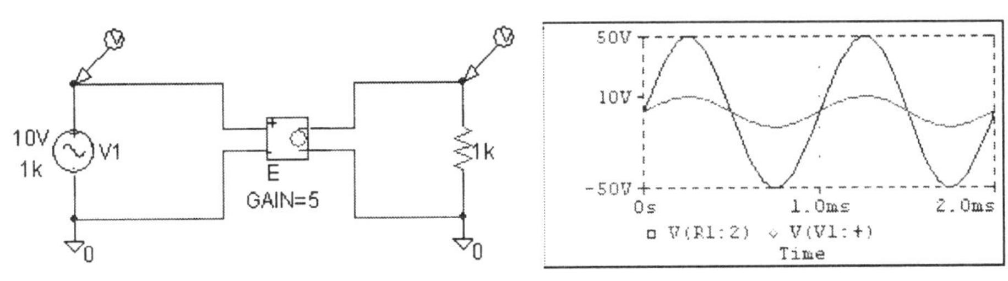


(a) (b)

[그림 7.43] E-전원 변압기 및 출력결과

**해** 상기의 그림에서 Gain=5로 했을 때의 출력결과가 그림 (b)이다.

# 8장

# 회로망 해석 및 정리



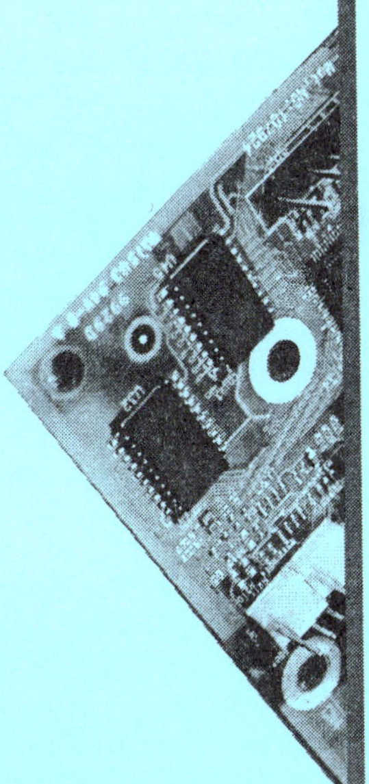

# 8장 회로망 해석 및 정리

전기회로망을 그래프 이론을 이용하여 해석하는 학문을 회로망 기하학 또는 위상 기하학(Topology)이라 한다.

일반적으로 회로해석의 근본을 이루는 것은 각 소자의 단자전압-전류관계식 또는 옴의 법칙과 키르히호프의 두 법칙이나 이 장에서는 보다 일반적이고 조직적인 회로해석법에 대해 살펴보도록 한다.

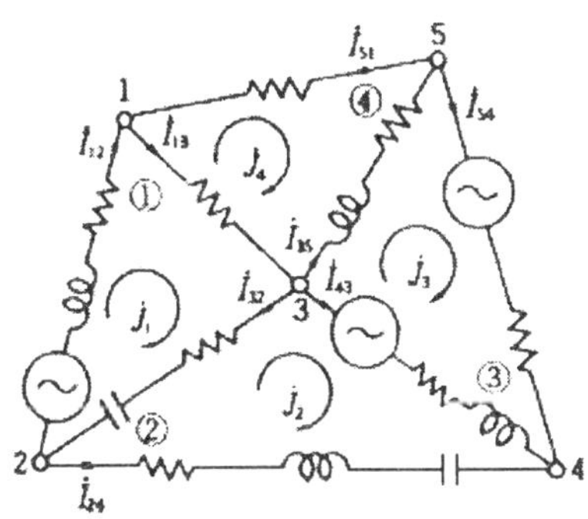

[그림 8.1] 회로망

[그림 8.1]과 같은 회로망에서 도체가 접속되어 있는 1, 2 …, 5 등의 접속점(junction)을 마디 또는 절점(node), 접속점 사이를 연결하는 1−2, 2−3, 1−5 등과 같은 회로의 일부를 지로(branch)라 하고 각 지로를 통하여 일주하는 1−2−3−1, 1−5−2−1, 1−5−4−3−1과 같은 회로를 폐회로(closed circuit), 환로(loop) 또는 망목(mesh)이라 한다.

## 8.1 정전압원과 정전류원의 등가변환

### (1) 정전압원

전압전원 중에서 부하에 관계없이 그 단자에 일정한 전압을 발생하는 전압을 말하며 [그림 8.2]와 같다.

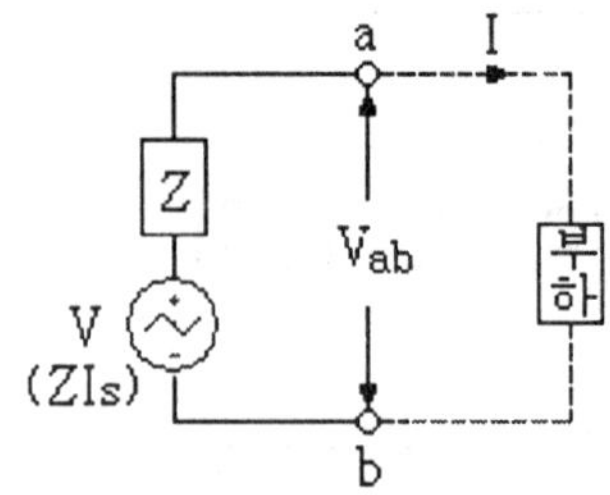


[그림 8.2] 정전압원

실제의 전압원은 내부 임피던스가 있으므로 정전압원 $E$와 내부 임피던스 $Z$의 직렬접속 회로로서 나타낸다.

$$\dot{V}_{ab} = \dot{V} - \dot{I}\dot{Z}$$

## (2) 정전류원

부하에 관계없이 일정한 전류를 흘려주는 전원으로 [그림 8.3]과 같다. 실제의 전류원은 내부손실, 즉 내부 임피던스가 있으므로 정전류원과 등가적으로 손실을 나타내는 회로소자를 병렬접속하여 나타낸다.

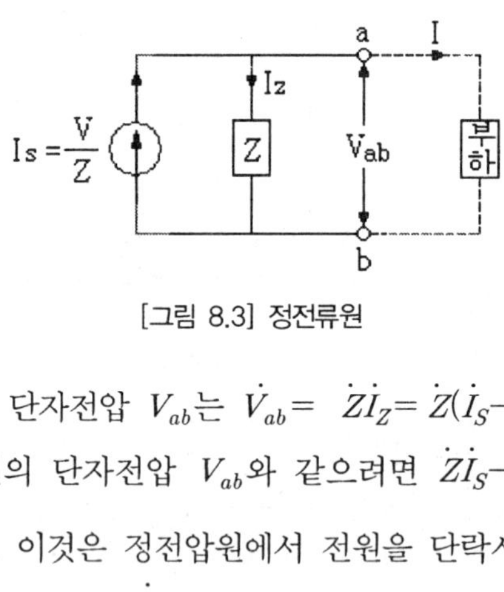


[그림 8.3] 정전류원

위 정전류원의 회로에서 단자전압 $V_{ab}$는 $\dot{V}_{ab} = \dot{Z}\dot{I}_Z = \dot{Z}(\dot{I}_S - \dot{I}) = \dot{Z}\dot{I}_S - \dot{Z}\dot{I}$ 가 되고 이 단자전압 $V_{ab}$가 정전압원의 단자전압 $V_{ab}$와 같으려면 $\dot{Z}\dot{I}_S - \dot{Z}\dot{I} = \dot{V} - \dot{I}\dot{Z}$이며 따라서 $\dot{I}_S = \dfrac{\dot{V}}{\dot{Z}}$로 변환하면 되고, 이것은 정전압원에서 전원을 단락시켰을 때 흐르는 전류, 즉 단자의 단락전류이다. 그리고 $\dot{I}_Z = \dfrac{\dot{V}_{ab}}{\dot{Z}}$로서 이것은 $\dot{V}_{ab}$인 점에 $\dot{Z}$를 접속했을 때 흐르는 전류로서 위 그림과 같이 정전압원의 회로를 정전류원의 회로로 등가변환할 수 있다.

한편 정전류원과 정전압원에 있어서 내부 임피던스를 따로 표시하고 있으므로 정전압원을 제거하는 것은 그 단자전압을 단락하는 것이고 정전류원을 제거하는 것은 그 단자를 개방하면 얻을 수 있다.

## 8.2 회로방정식을 세우는 방법

### (1) 지로해석법(branch analysis)

각 지로전류를 미지수로 하여 각 접속점에 대하여 세운 키르히호프의 전류방정식과 각 폐로에 대하여 세운 키르히호프의 전압방정식을 연립방정식으로 푸는 것을 말한다.

[그림 8.4]의 회로에 대하여 지로법을 써서 각 지로전류를 구하기로 한다. 접속점 $b$로 유입하는 전류를 각각 $\dot{I}_1$, $\dot{I}_2$, 점 $b$로부터 유출하는 전류를 $\dot{I}_3$라고 하면

$$\dot{I}_3 = \dot{I}_1 + \dot{I}_2 \tag{8.1}$$

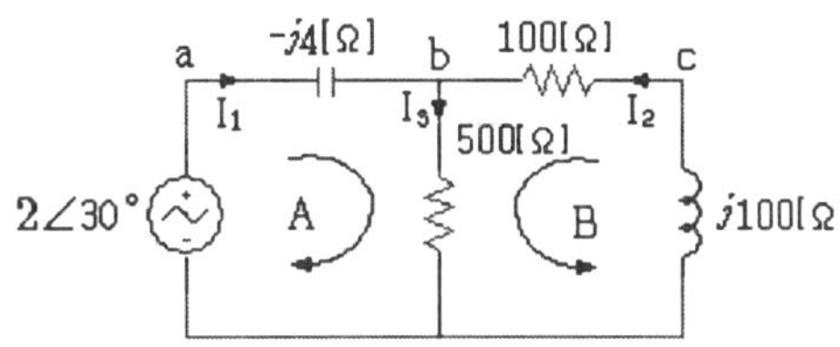


[그림 8.4] 지로해석의 예

이므로 지로법에서 우선 두 개의 미지전류 $\dot{I}_1$ 및 $\dot{I}_2$를 구하려면 독립적인 방정식 2개가 필요하다. 따라서 폐로 $A$, $B$에 대하여 각각 키르히호프의 전압법칙을 적용하면

$$-j4\dot{I}_1 + 500(\dot{I}_1 + \dot{I}_2) = 2\angle 30° \tag{8.2}$$

$$500(\dot{I}_1 + \dot{I}_2) + (100 + j100)\dot{I}_2 = 0 \tag{8.3}$$

그러므로 위의 두 식에서 $\dot{I}_1$ 및 $\dot{I}_2$의 값이 정해지고 식 (8.1)에 의하여 $\dot{I}_3$를 구하면 된다.

**예제 8.1** [그림 8.5]의 회로에 대하여 지로해석법을 이용하여 각 지로전류를 구하라. 단, $R_1 = 2[\Omega]$, $R_2 = 6[\Omega]$, $R_3 = 4[\Omega]$, $V_1 = 12[\mathrm{V}]$, $V_2 = 10[\mathrm{V}]$이다.

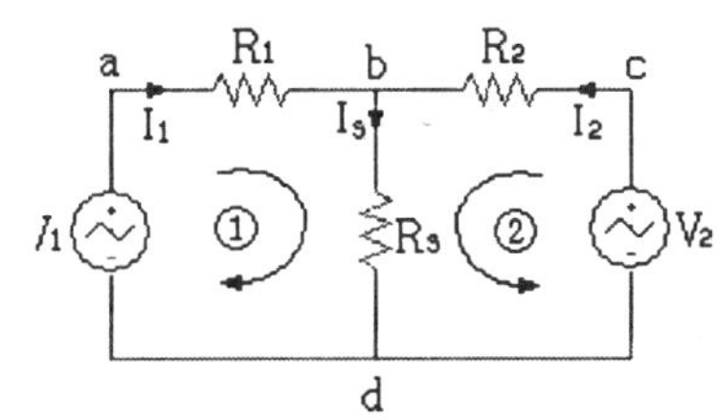


[그림 8.5] 예제 회로

**해** 폐로 ① : $R_1 I_1 + R_3 I_3 = V_1$

폐로 ②: $-R_3I_3+R_2I_2=-V_2$

지로전류 $I_3=I_1-I_2$를 위 식에 대입하고 정리하면

$(R_1+R_3)I_1-R_3I_2=V_1,\quad -R_3I_1+(R_2+R_3)I_2=-V_2$

각 소자에 값을 대입하고 행렬식을 이용해서 풀면

$I_1=1.82[\mathrm{A}],\ I_2=-0.27[\mathrm{A}]$

### (2) 폐로해석법(loop analysis)

이 방법은 지로해석법보다 방정식의 수가 적고 더 조직적으로서 루프(loop) 혹은 폐로해석(mesh analysis)을 하려면 시간영역회로를 주파수 영역회로로 고친 다음 루프 전류를 정하고 키르히호프의 전압법칙(KVL)을 적용해 방정식을 세워 해석한다.

[그림 8.6]과 같은 회로에서 $\omega=10^3$[rad/sec]이고, 루프 전류 페이저를 각각 $I_1$, $I_2$라 하고 폐로 1에 KVL를 적용하면

$$3I_1+j4(I_1-I_2)=10\angle 0^\circ,\ (3+j4)I_1-j4I_2=10 \tag{8.4}$$

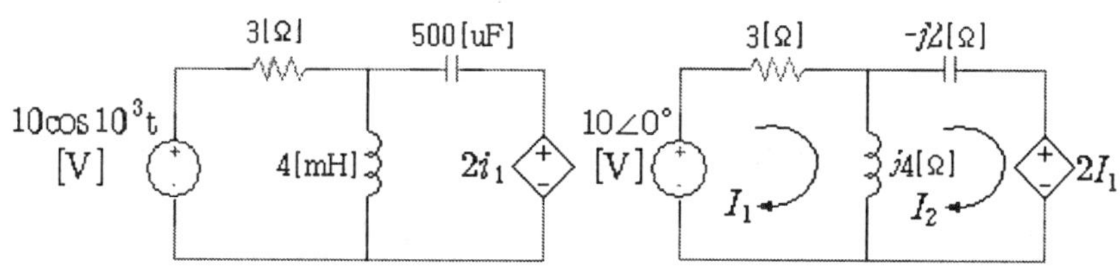


(a) 종속전원이 있는 시간영역회로 (b) 주파수 영역회로

[그림 8.6]

이고, 폐로 2에서

$$j4(I_2-I_1)-j2I_2+2I_1=0,\ (2-j4)I_1+j2I_2=0 \tag{8.5}$$

이 된다. 식 (8.4)에서 (8.5)를 행렬식으로 풀면

$$I_1=\frac{\begin{bmatrix}10 & -j4\\ 0 & j2\end{bmatrix}}{\begin{bmatrix}3+j4 & -j4\\ 2-j4 & j2\end{bmatrix}}=\frac{j20}{(3+j4)j2+j4(2-j4)}$$

$$=\frac{j20}{8+j14}=1.24\angle 29.8^\circ\ [\mathrm{A}]$$

같은 방법으로

$$I_2=\frac{-20+j40}{8+j14}=2.77\angle 56.3^\circ[\mathrm{A}]$$

이다. 이것을 시간영역으로 변환하면

$$i_1(t) = 1.24\cos(10^3 t + 29.8°)[\mathrm{A}]$$

$$i_2(t) = 2.77\cos(10^3 t + 56.3°)[\mathrm{A}]$$

이다. 주어진 루프에서 일련의 전압방정식이 아래와 같이 주어질 때 이것을 차트(chart)로 그려서 이용하면 편리하다.

$$a_{11}i_1 + a_{12}i_2 + a_{13}i_3 + ....... + a_{1n}i_n = v_1$$

$$a_{21}i_1 + a_{22}i_2 + a_{23}i_3 + ....... + a_{2n}i_n = v_2$$

$$\vdots$$

$$a_{n1}i_1 + a_{n2}i_2 + a_{n3}i_3 + ....... + a_{nn}i_n = v_n$$

상기의 방정식을 차트로 그리면 [그림 8.7]과 같다.

| Eq. | Voltage | Coefficient of | | | | | | |
|---|---|---|---|---|---|---|---|---|
| | | $i_1$ | $i_2$ | $i_3$ | $i_4$ | $i_5$ | ··· | $i_n$ |
| 1 | $v_1$ | $a_{11}$ | $a_{12}$ | $a_{13}$ | $a_{14}$ | $a_{15}$ | ··· | $a_{1n}$ |
| 2 | $v_2$ | $a_{21}$ | $a_{22}$ | $a_{23}$ | $a_{24}$ | $a_{25}$ | ··· | $a_{2n}$ |
| · | ·· | ··· | ··· | ··· | ··· | ··· | ··· | ··· |
| $n$ | $v_n$ | $a_{n1}$ | $a_{n2}$ | $a_{n3}$ | $a_{n4}$ | $a_{n5}$ | ··· | $a_{nn}$ |

[그림 8.7]

**예제 8.2** [그림 8.8]의 저항으로 구성된 회로에서 키르히호프의 전압법칙을 차트화하라.

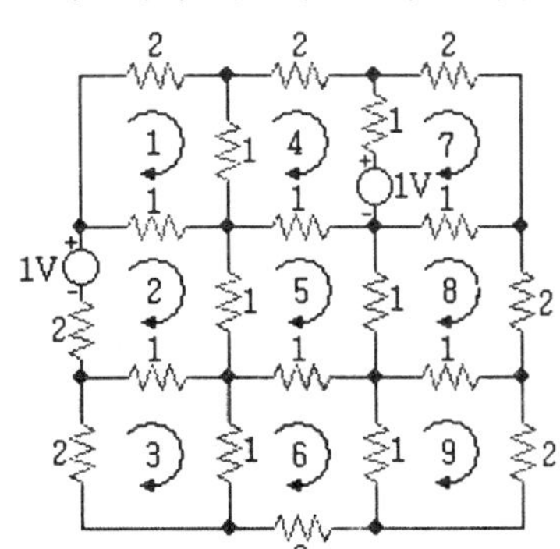


[그림 8.8] 저항회로

**해** 첫 줄은 다음 방정식과 같다.

$$0=4i_1-i_2+0i_3-i_4+0i_5+0i_6+0i_7+0i_8+0i_9$$

다음 줄도 방정식을 구하고 차트를 만들면 [그림 8.9]와 같다.

| Eq · Voltage | | | Coefficient of | | | | | | | | |
|---|---|---|---|---|---|---|---|---|---|---|---|
| | | | $i_1$ | $i_2$ | $i_3$ | $i_4$ | $i_5$ | $i_6$ | $i_8$ | $i_8$ | $i_9$ |
| 1 | 0 | = | 4 | −1 | 0 | −1 | 0 | 0 | 0 | 0 | 0 |
| 2 | 0 | = | −1 | 5 | −1 | 0 | −1 | 0 | 0 | 0 | 0 |
| 3 | 0 | = | 0 | −1 | 4 | 0 | 0 | −1 | 0 | 0 | 0 |
| 4 | −1 | = | −1 | 0 | 0 | 5 | −1 | 0 | −1 | 0 | 0 |
| 5 | 0 | = | 0 | −1 | 0 | −1 | 4 | −1 | 0 | −1 | 0 |
| 6 | 0 | = | 0 | 0 | −1 | 0 | −1 | 5 | 0 | 0 | −1 |
| 7 | 1 | = | 0 | 0 | 0 | −1 | 0 | 0 | 4 | −1 | 0 |
| 8 | 0 | = | 0 | 0 | 0 | 0 | −1 | 0 | −1 | 5 | −1 |
| 9 | 0 | = | 0 | 0 | 0 | 0 | 0 | −1 | 0 | −1 | 4 |

[그림 8.9] 완성된 차트

**예제 8.3** [그림 8.10]에서 $i, i_o, v_o$를 각각 구하라.

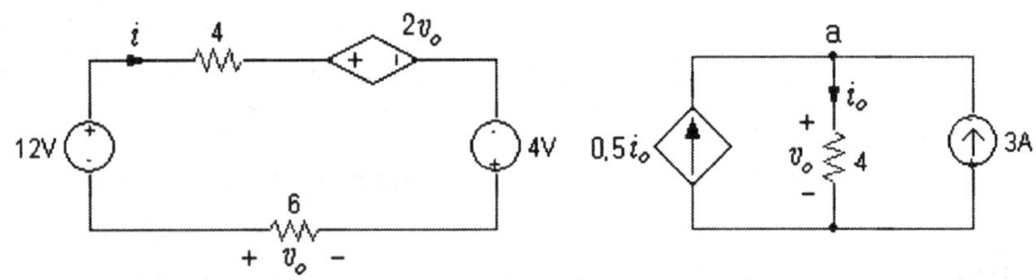


(a) (b)

[그림 8.10] 예제 회로

**해** [그림 8.9](a)에서 KVL를 적용하면

$-12+4i+2v_o-4-v_o=0$ , $-v_o=6i$

$-12+4i-12i-4+6i=0$ $\therefore i=-8$[A], $v_o=-6i=48$[V]가 된다.

또한 (b)회로의 노드 a점에서 KCL를 적용하면

$3+0.5i_o-i_o=0$ $\therefore i_o=6$[A], $v_0=4\times6=24$[V]가 된다.

시뮬레이션 결과는 [그림 8.11]과 같다.

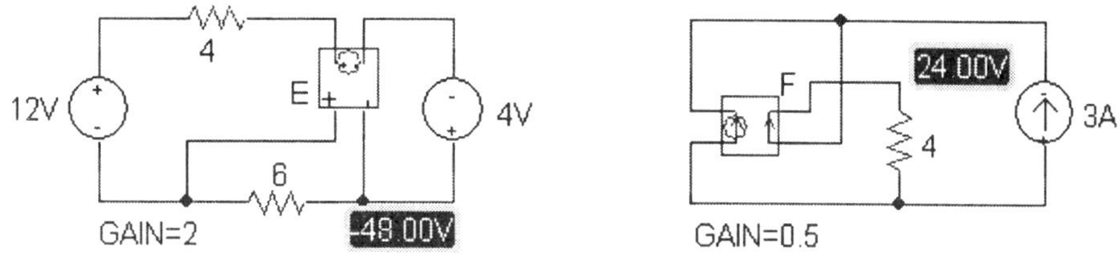


[그림 8.11] 시뮬레이션 결과

**예제 8.4** [그림 8.12]에서 지로 $b-c$간을 흐르는 전류를 폐로해석법에 의하여 계산하라.

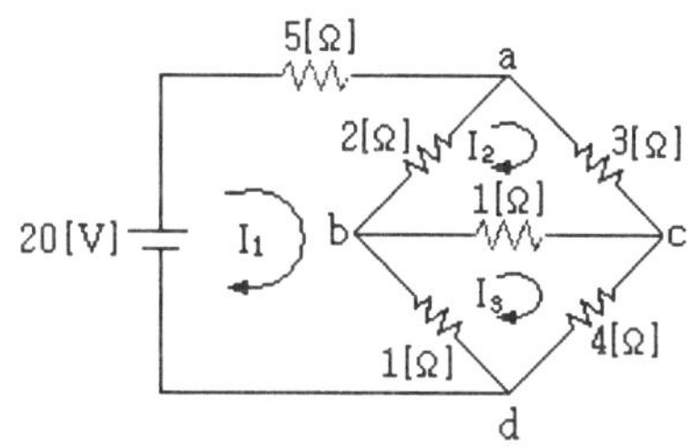


[그림 8.12] 폐로해석법

**해** 폐로전류를 $I_1$, $I_2$ 및 $I_3$라 하고 전류의 방향을 그림과 같이 정하고 각 폐로에 대하여 방정식을 세우면

$8I_1-2I_2-I_3=20$, $-2I_1+6I_2-I_3=0$, $-I_1-I_2+6I_3=0$, $I_1$, $I_2$, $I_3$를 계산하면

$I_1=2.84[A]$ , $I_2=1.06[A]$ , $I_3=0.65[A]$

$b-c$간의 전류 $I_{bc}$는

$I_{bc}=-I_2+I_3 \pm 1.06+0.65=-0.41[A]$

가 된다. 여기서 $-$부호는 가정한 전류방향과 역방향의 전류가 흐른다는 것을 의미한다. [그림 8.13]은 상기 회로의 시뮬레이션 결과이다. 그림에서도 알 수 있듯이 $I_{bc}$는 약 0.41[A]가 됨을 확인할 수 있었다.

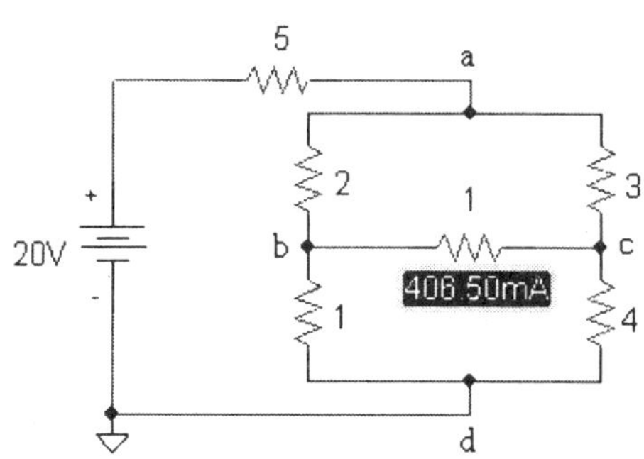


[그림 8.13] 시뮬레이션 결과

**예제 8.5** [그림 8.14]의 회로에서 전류 $i_x$를 구하라.

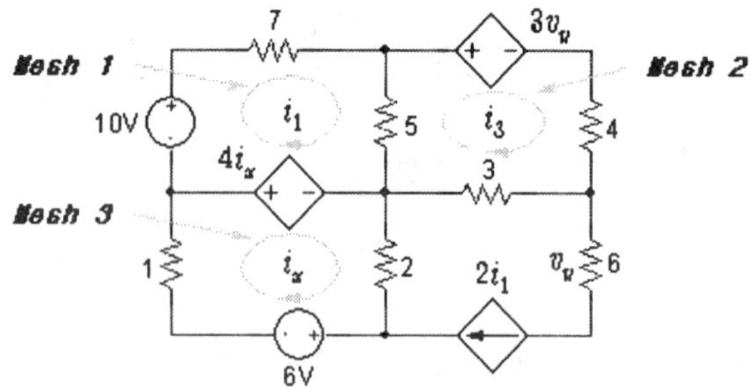


[그림 8.14] 예제 회로

**해** [그림 8.14]에서

mesh 1 : $7i_1+5(i_1-i_3)-4i_x-10=0$

mesh 2 : $4i_3+3(i_3-2i_1)+5(i_3-i_1)+3v_y=0$,  $v_y=12i_1$

mesh 3 : $4i_x+2(i_x-2i_1)+6+i_x=0$  ∴ 3개의 방정식에서 $i_x=-0.67$[A]가 된다.

**예제 8.6** [그림 8.15](a)에서 $V_{oc}$를 구하라.

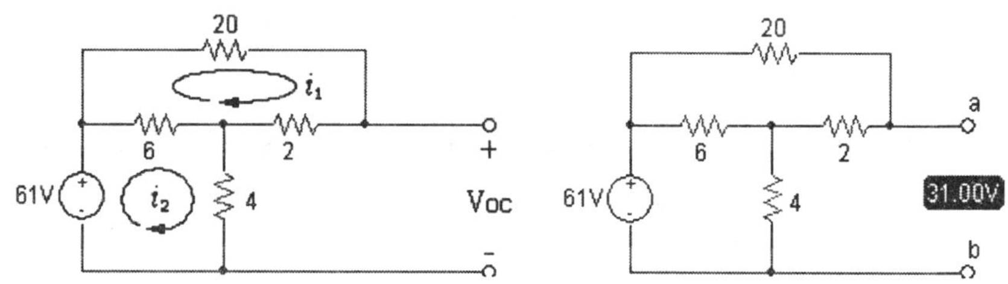


(a) (b)

[그림 8.15] 예제 회로

**해** [그림 8.15]에서 $V_{oc}=2i_1+4i_2$가 된다. 또한

mesh $i_1$ : $28i_1-6i_2=0$, mesh $i_2$ : $-6i_1+10i_2-61=0$이 된다. $i_1$과 $i_2$에 대해 풀면 $i_1=1.5$[A], $i_2=7$[A]가 된다. 따라서 $V_{oc}=3+28=31$[V]가 되고 출력결과는 그림 (b)와 같다.

**예제 8.7** 종속전원에서 발생되는 전압을 구하기 위해 [그림 8.16]의 회로에 폐로해석을 적용해서 풀어보라.

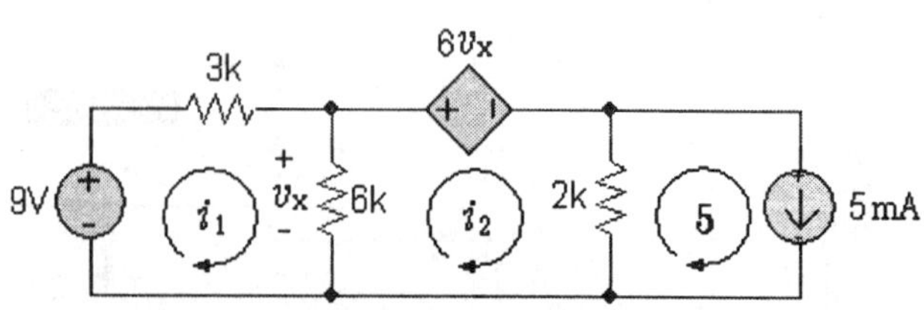


[그림 8.16] 예제 회로

**해** [그림 8.16]의 회로에 KVL를 적용하면

$$9=3i_1+6(i_1-i_2)$$

$$0=6(i_2-i_1)+6v_x+2(i_2-5)$$

여기서 $v_x=6(i_1-i_2)$을 대입하고 풀면 $i_1=8/3$[mA], $i_2=2.5$[mA], $v_x=1$[V]가 된다. 상기 회로를 PSpice를 이용하여 시뮬레이션한 결과가 [그림 8.17]이다.

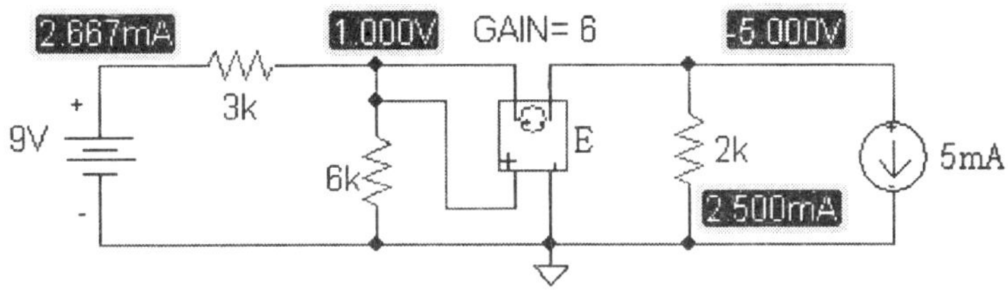


[그림 8.17] 시뮬레이션 결과

**예제 8.8** [그림 8.18](a)에서 전류계의 측정값은 얼마인가?

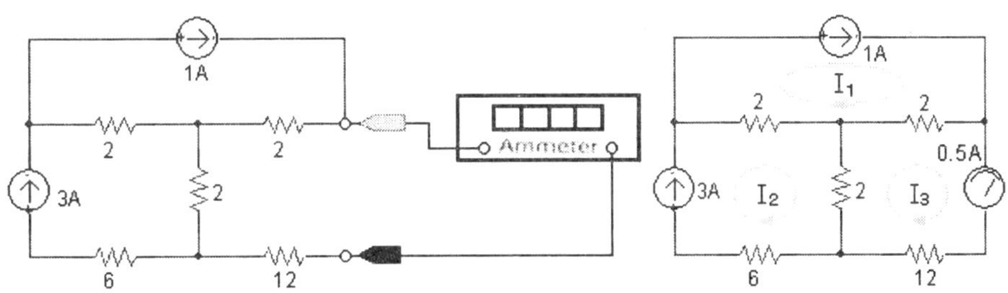


(a) (b)

[그림 8.18] 회로 및 출력결과

**해** 그림 (b)에서 $I_1=1$[A], $I_2=3$[A]이고, $I_3$에 관한 식은 $16I_3-2I_2-2I_1=0$이다. 이 식을 정리하면 $I_3=0.5$[A]가 된다. 시뮬레이션 결과도 0.5[A]가 됨을 확인할 수 있다.

**예제 8.9** [그림 8.19]에서 직류전원 $V$가 2~10[V]로 변할 때 $I_1$과 $I_2$를 구하라.

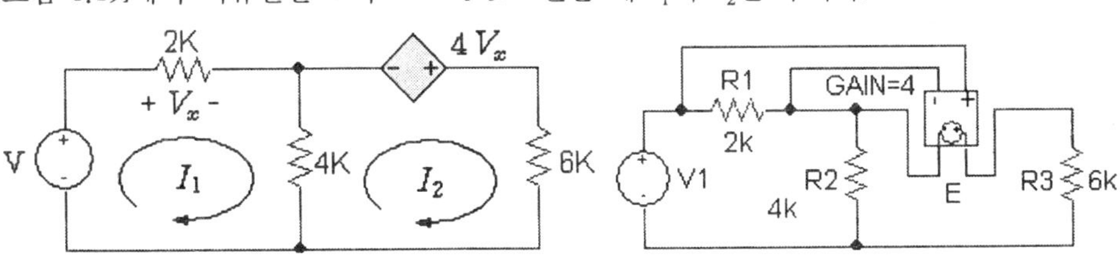


(a) (b)

[그림 8.19] 예제 그림

**해** [그림 8.19](b)처럼 회로의 schmatic을 그리고 각 속성을 적는다. 여기서는 DC Sweep을 이용해서 2, 10, 0.5를 입력한다. 상기 회로를 시뮬레이션한 결과는 [그림 8.20]이다.

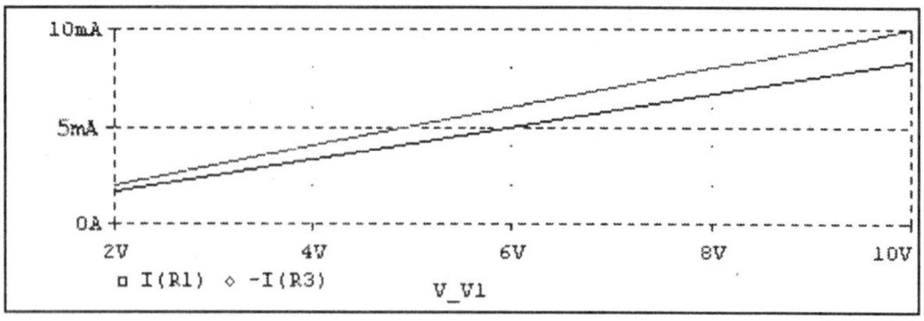


[그림 8.20] 사뮬레이션 결과

**예제 8.10** [그림 8.21](a)의 회로에서 3[Ω]에 흐르는 전류를 구하라.

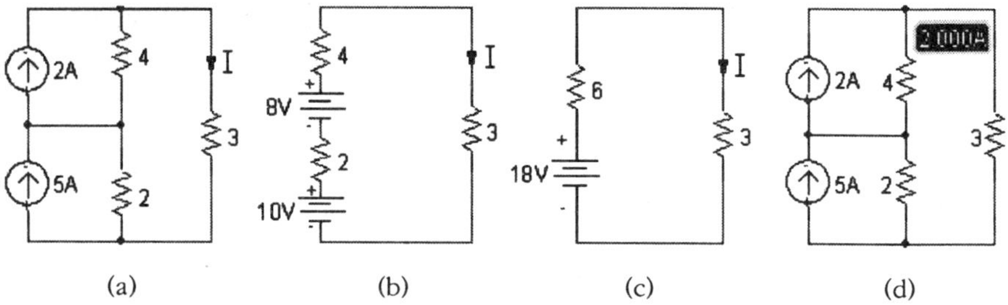


[그림 8.21] 전류원⇔전압원 변환회로

**해** 전류등가를 전압등가로 고친 것이 그림 (b)와 (c)이다. 따라서 3[Ω]에 흐르는 전류 $I=18/9=2$[A]가 된다. 출력결과는 그림 (d)이다.

**예제 8.11** [그림 8.22](a)의 회로에서 6[Ω]에 흐르는 전류를 구하라.

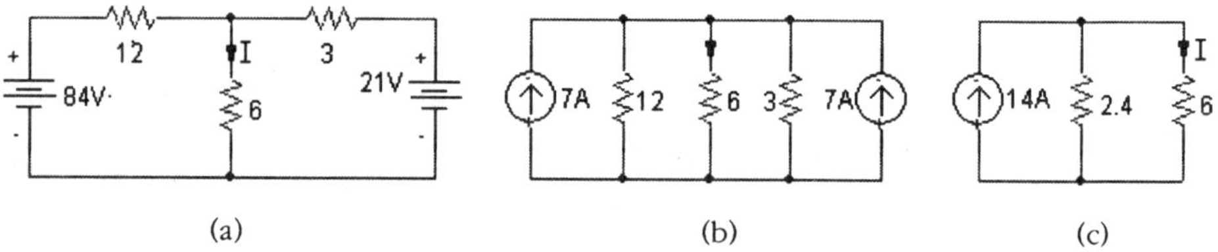


[그림 8.22] 등가 변환회로

**해** 전압등가를 전류등가로 고친 것이 그림 (b), (c)이다. 따라서 6[Ω]에 흐르는 전류

$$I=14\times\frac{2.4}{2.4+6}=4\text{[A]}$$가 된다.

**예제 8.12** [그림 8.23]에서 전류 $I_o$를 구하라.

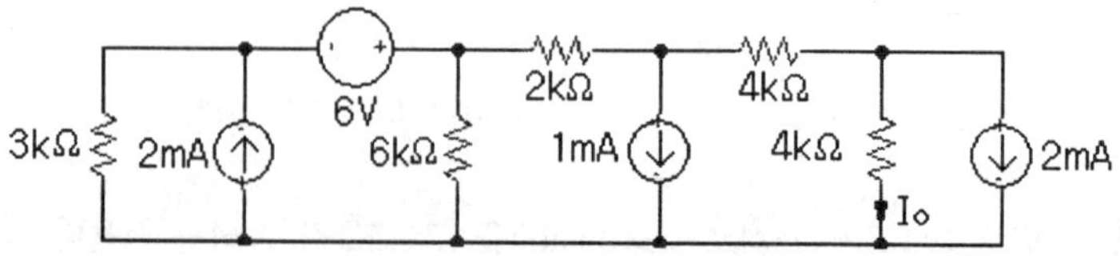


[그림 8.23] $I_o$를 구하는 회로

**해** 상기 회로를 전압 및 전류등가로 고친 것이 [그림 8.24]이다.

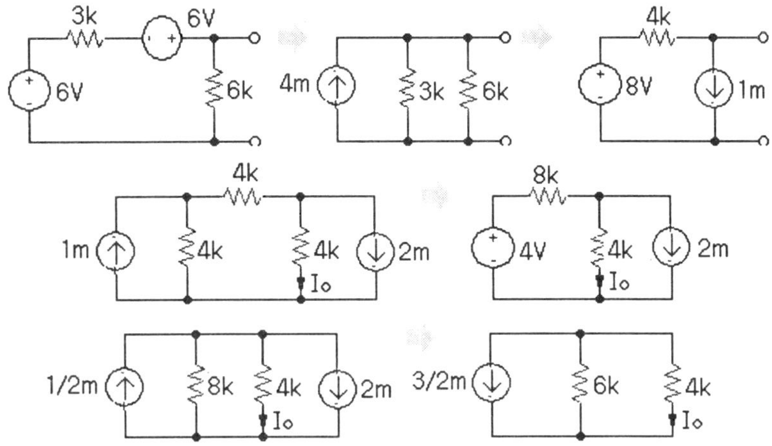

[그림 8.24] 등가 변환회로

최종 회로에서 $I_o = -3/2[\mathrm{mA}] \times \frac{8[\mathrm{k}]}{12[\mathrm{k}]} = -1[\mathrm{mA}]$가 된다. [그림 8.25]는 회로의 시뮬레이션 결과이다.

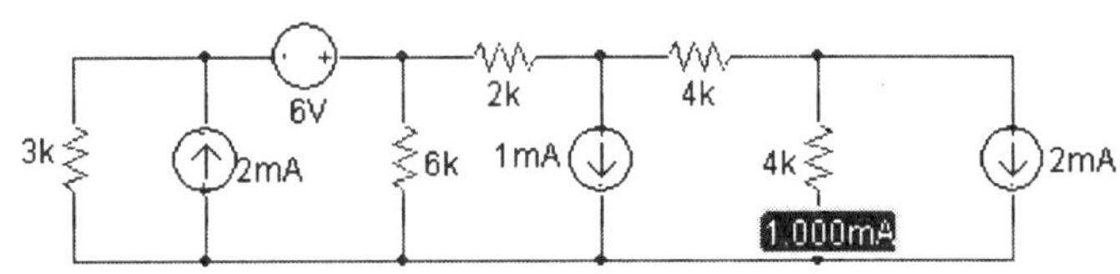

[그림 8.25]

**예제 8.13** [그림 8.26](a)에서 전류 $I_o$를 구하라.

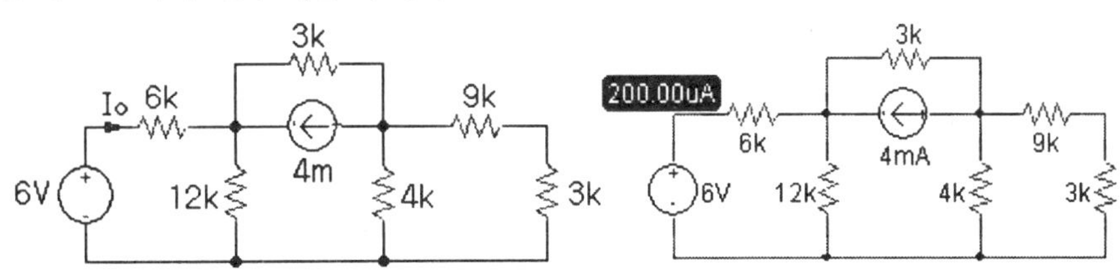

(a) (b)

[그림 8.26] 예제 회로

**해** 상기 회로를 전압 및 전류등가로 고친 것이 [그림 8.27]이다.

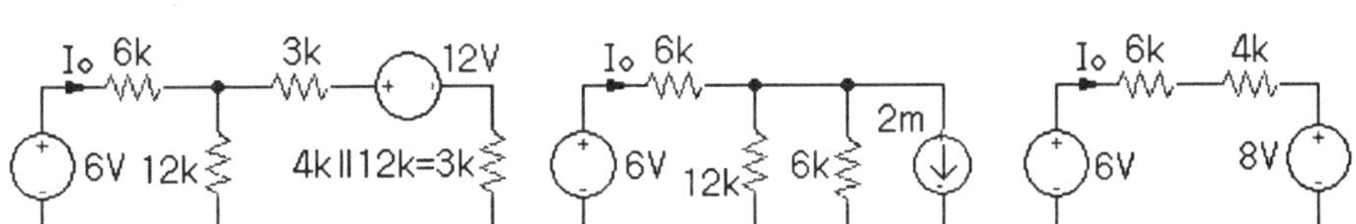

[그림 8.27] 등가 변환회로

최종 회로에서 $-6+I_o(6[k]+4[k])+8=0 \Rightarrow I_o=-0.2[mA]$가 된다. 출력결과는 [그림 8.26](b)이다.

**예제 8.14** [그림 8.28](a)에서 PSpice를 이용하여 전류 $I_o$를 구하라.

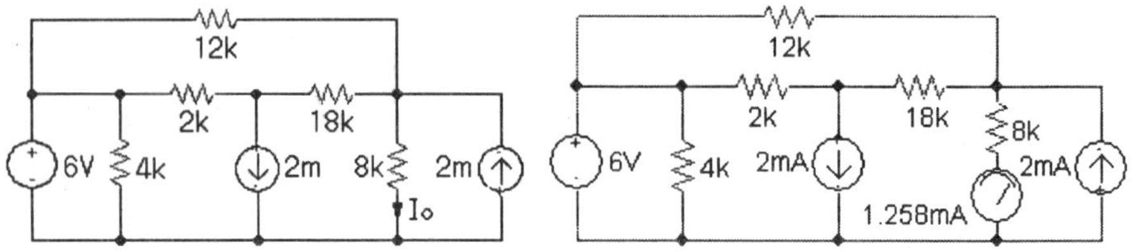


(a) (b)

[그림 8.28] 예제 회로

**해** 상기 회로를 시뮬레이션한 결과가 그림 (b)이다. 그림에서도 확인할 수 있듯이 8[kΩ]에 흐르는 전류는 1.258[mA]였다.

**예제 8.15** [그림 8.29]에서 $V_o$를 구하라.

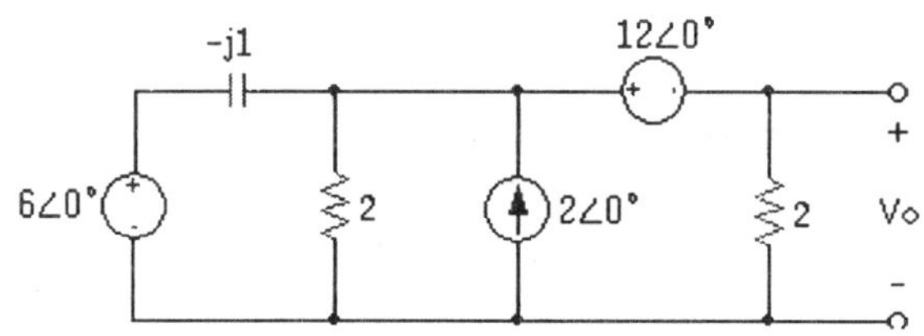


[그림 8.29] 예제 회로

**해** [그림 8.30](a)에서 임피던스 $Z=2 \parallel -j=\dfrac{-j2}{2-j1}=\dfrac{2}{1+j2}$가 된다.

그림 (b)에서 $V_{EQ}=(2+j6)(Z_{EQ})=\dfrac{2(2+j6)}{1+j2}=5.66\angle 8.13^\circ=(5.60+j0.80)$[V]이고,

따라서 $V_o=(V_{EQ}-12)\left[\dfrac{2}{2+Z_{EQ}}\right]=(-6.4+j0.8)\left[\dfrac{4}{3+j2}\right]=7.16\angle 139.18^\circ$ [V]가 된다.

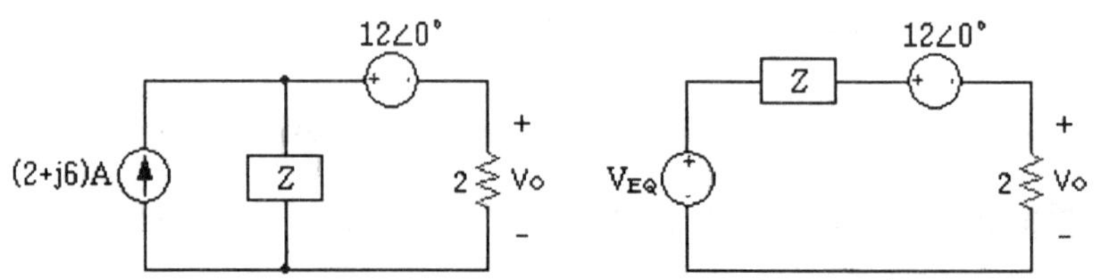


(a) (b)

[그림 8.30] 예제 풀이

**예제 8.16** [그림 8.31]에서 전류 $I_o$를 구하라.

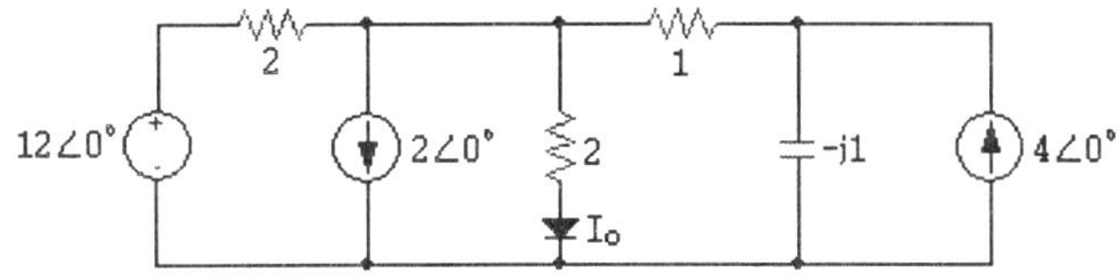


[그림 8.31] 예제 회로

**해** [그림 8.32]에서 $Z_{EQ} = 2 \parallel (1-j1) = \dfrac{2-j2}{3-j1}$, $I_{EQ} = 4 + 2\sqrt{2} \angle -45° = 6 - j2$[A]이고

$$I_o = (6-j2)\left[\frac{Z_{EQ}}{Z_{EQ}+2}\right] = (6-j2)\left[\frac{2-j2}{2-j2+6-j2}\right] = \frac{(6-j2)(2-j2)}{8-j4} = 2\angle -36.87°\text{[A]}가$$

된다.

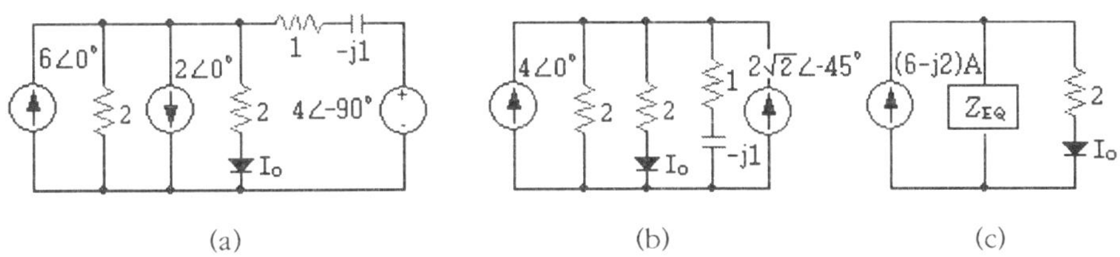


[그림 8.32] 예제 풀이

**예제 8.17** [그림 8.33]에서 전류 $V_o$를 구하라.

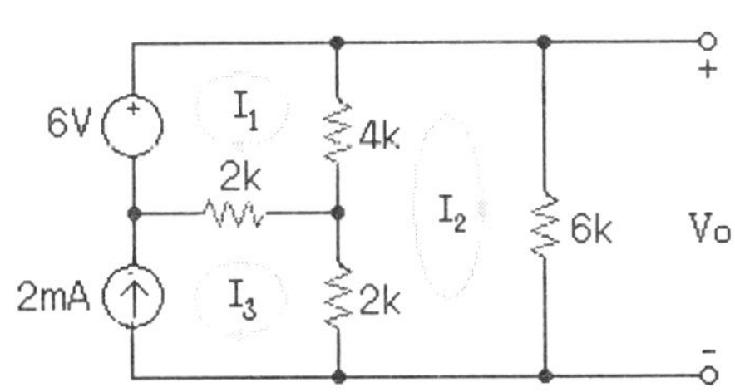


[그림 8.33] 예제 회로

**해** 상기 회로에서 폐로해석을 하면 다음과 같다.

$I_3 = 2/[k]$, $6 = 6[k]I_1 - 4[k]I_2 - 2[k]I_3$, $0 = -4[k]I_1 + 12[k]I_2 - 2[k]I_3$

$\therefore$ $I_2 = 1.14[mA]$, $V_o = 6[k]I_2 = 6.86[V]$가 된다.

**예제 8.18** [그림 8.34](a)에서 전압 $V_o$를 구하라.

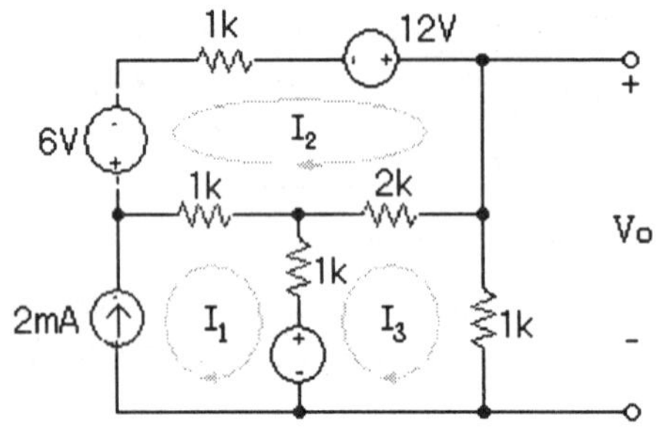

(a)

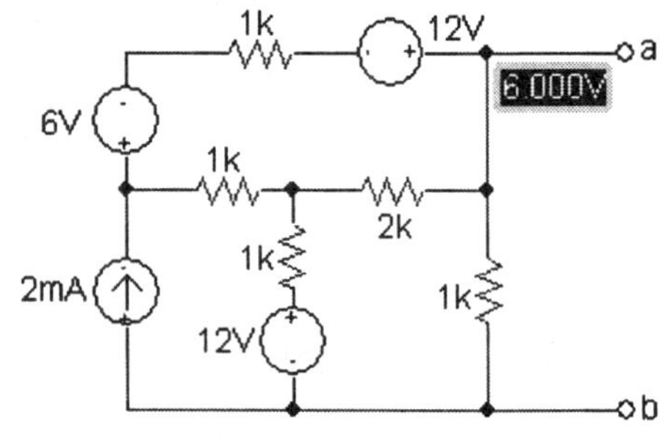

(b)

[그림 8.34] 예제 회로

**해** 상기 회로에서 폐로해석법을 적용하면 다음과 같다.

$I_1 = 2/[\mathrm{k}]$, $1[\mathrm{k}]I_2 - 6 + 2[\mathrm{k}](I_2 - I_3) + 1[\mathrm{k}](I_2 - I_1)$

$= 0$, $-12 + 1[\mathrm{k}](I_3 - I_1) + 2[\mathrm{k}](I_3 - I_2) + 1[\mathrm{k}]I_3 = 0$

$$\begin{pmatrix} 4\mathrm{k} & -2\mathrm{k} \\ -2\mathrm{k} & 4\mathrm{k} \end{pmatrix} \begin{pmatrix} I_2 \\ I_3 \end{pmatrix} = \begin{pmatrix} 8 \\ 14 \end{pmatrix} \quad 6[\mathrm{k}]I_3 = 36, \quad I_3 = 6[\mathrm{mA}], \quad \therefore V_o = 6[\mathrm{V}]$$

시뮬레이션 결과는 그림 (b)와 같다.

**예제 8.19** [그림 8.35](a)에서 전압 $V_o$를 구하라.

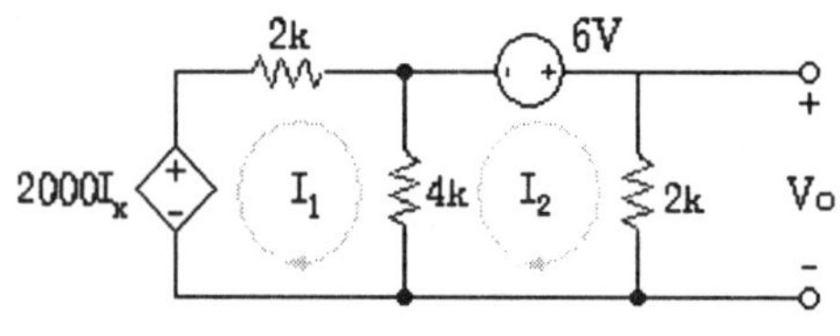

(a)

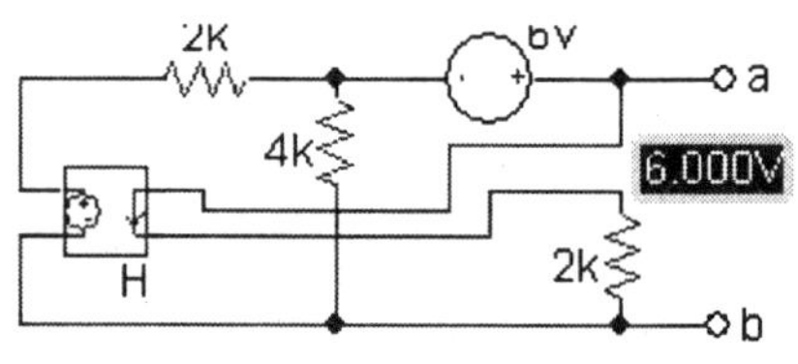

(b)

[그림 8.35] 예제 회로

**해** 상기 회로에서 폐로해석법을 적용하면 다음과 같다.

$I_2 = I_x$, $2[\mathrm{k}]I_x = 6[\mathrm{k}]I_1 - 4[\mathrm{k}]I_2$, $6 = -4[\mathrm{k}]I_1 + 6[\mathrm{k}]I_2$

$I_2 = 3[\mathrm{mA}]$, $\therefore$ $V_o = 2[\mathrm{k}]I_2 = 6[\mathrm{V}]$가 된다.

상기 회로의 시뮬레이션 결과는 그림 (b)이다.

**예제 8.20** [그림 8.36]에서 전류 $i$를 구하라.

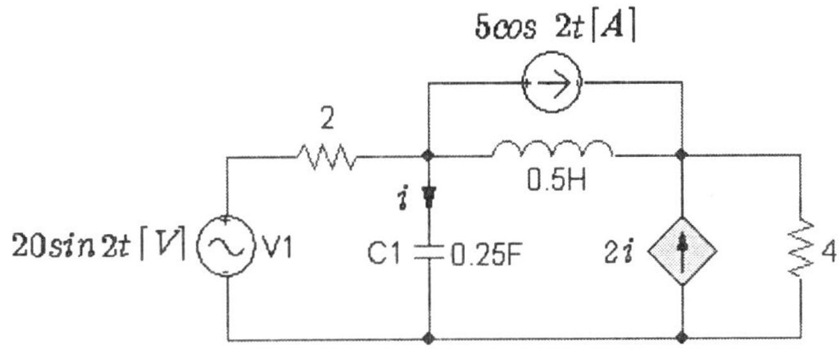


[그림 8.36] 예제 그림

**해** $20\sin 2t = 20\cos(2t + 90°)$이고 $f = 0.31831$이다. schmatic은 [그림 8.37]이다.

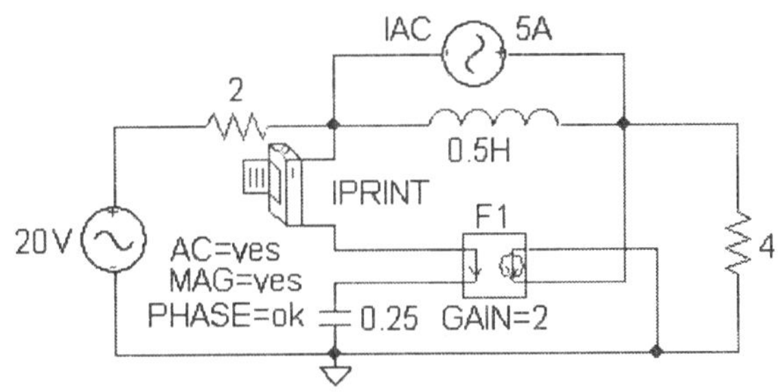


[그림 8.37] 실제 회로

V1의 속성은 ACMAG＝20, ACPHASE＝90°, IAC의 속성을 AC＝5로 입력한다. IPRINT의 속성은 AC＝yes, MAG＝yes, PHASE＝ok, REAL＝IMAG로 입력한다. 단일 주파수 교류분석이므로 Analysis/ Setup/AC Sweep을 선택하여 Total Pts＝1, Start Freq＝0.31831, Final Freq＝10을 입력한다. 시뮬레이션을 한 후 출력파일은 다음과 같다.

```
FREQ       IM(V_PRINT1) IP(V_PRINT1)IR(V_PRINT1)
3.183E-01  7.906E+00    4.349E+01   5.735E+00
```

출력파일에서 $I = 7.906\angle 43.49°$[A] 또는 $i = 7.906\cos(2t + 43.49°)$이다.

**예제 8.21** PSpice를 사용하여 [그림 8.38] 회로의 $v_o$와 $i_o$를 구하라.

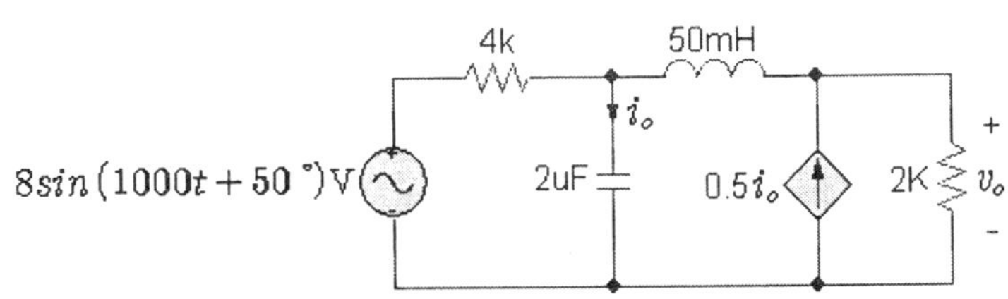


[그림 8.38] 예제 회로

**해** 우선 정현함수를 여현함수로 변환한다.

$8\sin(1000t+50°)=8\cos(1000t+50°-90°)=8\cos(1000t-40°)$

주파수 $f$는 $\omega$로부터 구할 수 있다.

$$f=\frac{\omega}{2\pi}=\frac{1000}{2\pi}=159.155[\text{Hz}]$$

회로의 구성도는 [그림 8.39]와 같다.

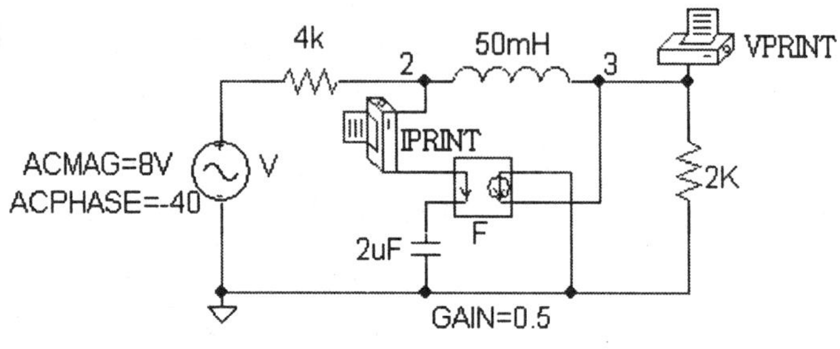


[그림 8.39] 구성도

상기 회로를 시뮬레이션한 결과 출력파일은 다음과 같다.

```
****   AC ANALYSIS   TEMPERATURE =   27.000 DEG C

  FREQ        IM(V_PRINT1)   IP(V_PRINT1)
1.592E+02     3.264E-03      1.763E+02

  FREQ        VM(3)          VP(3)
1.592E+02     1.550E+00      -9.518E+01
```

출력파일로부터 다음과 같이 구할 수 있다.

$V_o=1.55\angle-95.18°[\text{V}]$

$I_o=3.264\angle176.3°[\text{mA}]$

이들의 페이저는 다음과 같다.

$v_o=1.55\cos(1000t-95.18°)=1.55\sin(1000t-5.18°)[\text{V}]$

$i_o=3.264\cos(1000t+176.3°)[\text{A}]$

**예제 8.22** [그림 8.40](a)에서 전압계에 의한 측정값을 나타내라.

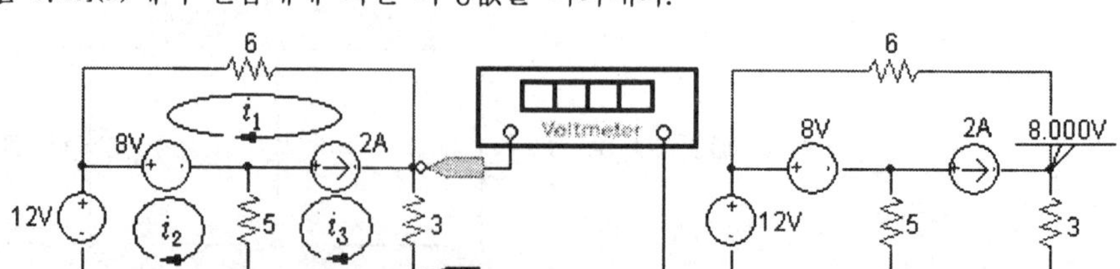


(a) 측정회로 (b) 출력결과

[그림 8.40] 측정회로 및 출력결과

**해** [그림 8.40](a)에서 $i_3 - i_1 = 2 \Rightarrow i_1 = i_3 - 2$이 되고

$6i_1 + 3i_3 - 5(i_2 - i_3) - 8 = 0 \Rightarrow 6i_1 - 5i_2 + 8i_3 = 8$

$-12 + 8 + 5(i_2 - i_3) = 0 \Rightarrow 5i_2 = 4 + 5i_3$이 된다. 3개의 식에서 $i_1$과 $i_2$를 제거하면

$6(i_3 - 2) - (4 + 5i_3) + 8i_3 = 8 \Rightarrow 9i_3 = 24 \quad \therefore 3i_3 = 3\dfrac{24}{9} = 8$[V]가 된다. 그림 (b)는 그림 (a) 회로의 시뮬레이션 결과이다.

**예제 8.23** [그림 8.41]에서 전류 $i_1$, $i_2$, $i_3$를 각각 구하라.

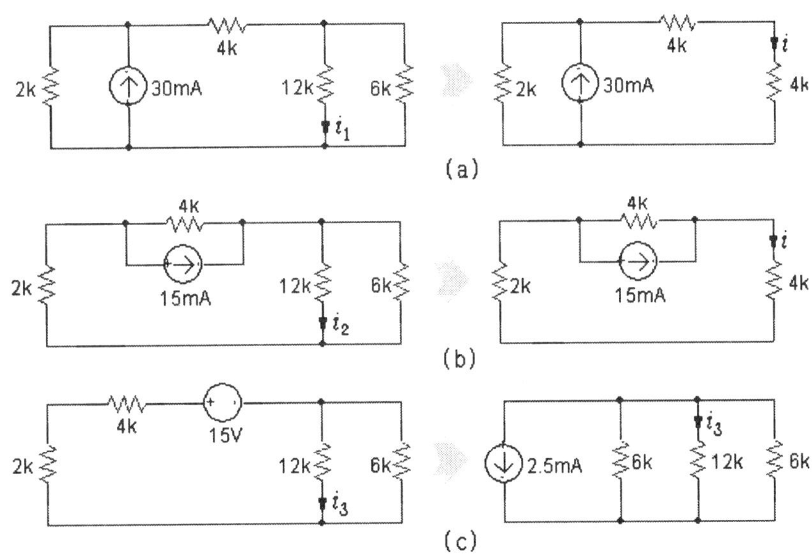


[그림 8.41] 예제 회로

**해** 상기 그림 (a)에서 $i = 30\left(\dfrac{2}{2+8}\right) = 6$[mA], $\therefore i_1 = 6\left(\dfrac{6}{6+12}\right) = 2$[mA]

그림 (b)에서 $i = 15\left(\dfrac{4}{4+6}\right) = 6$[mA], $\therefore i_2 = 6\left(\dfrac{6}{6+12}\right) = 2$[mA]

그림 (c)에서 $i_3 = -2.5\left(\dfrac{6 \parallel 6}{6 \parallel 6 + 12}\right) = -10\left(\dfrac{3}{3+12}\right) = -0.5$[mA]가 된다.

### (3) 절점해석법(node analysis)

일반적으로 전압전원을 포함하고 임피던스가 주어진 경우에는 전술한 폐로해석법이 편리하지만, 전류전원과 어드미턴스로 된 회로에 대해서는 절점해석법이 편리하다. [그림 8.42]의 회로는 전류전원 $I_1$ 및 $I_2$와 6개의 어드미턴스로 구성되어 있다. 접속점 $d$를 기준으로 한 접속점 $a$의 전압을 $V_a$, 접속점 b의 전압을 $V_b$, $c$의 전압을 $V_c$라고 하면, 접속점 $a$에서 유출하는 전류의 합은

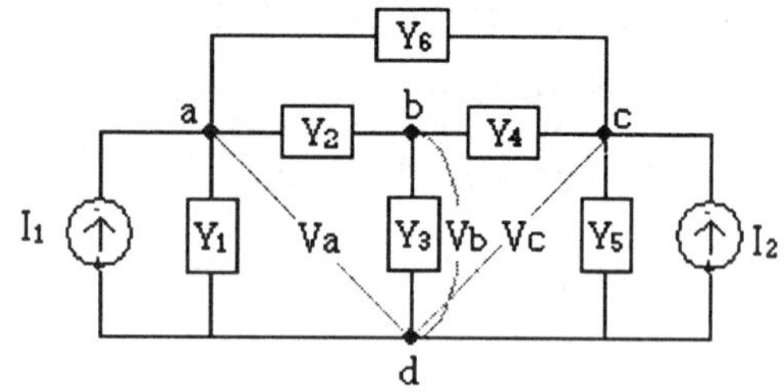


[그림 8.42] 절점해석

$$-I_1 + Y_1 V_a + Y_2(V_a - V_b) + Y_6(V_a - V_c) = 0 \tag{8.6}$$

접속점 $b$에서 유출하는 전류의 합은

$$Y_2(V_b - V_a) + Y_3 V_b + Y_4(V_b - V_c) = 0 \tag{8.7}$$

마찬가지로 접속점 c에서 유출하는 전류의 합은

$$Y_6(V_c - V_a) + Y_4(V_c - V_b) + Y_5 V_c - I_2 = 0 \tag{8.8}$$

이상 세 식을 $V_a$, $V_b$, $V_c$에 대하여 정리하면

$$\begin{aligned} Y_{11} V_a + Y_{12} V_b + Y_{13} V_c &= I_1 \\ Y_{21} V_a + Y_{22} V_b + Y_{23} V_c &= 0 \\ Y_{31} V_a + Y_{32} V_b + Y_{33} V_c &= I_2 \end{aligned} \tag{8.9}$$

단,

$$\begin{aligned} &Y_{11} = Y_1 + Y_2 + Y_6, \quad Y_{12} = -Y_2, \quad Y_{13} = -Y_6 \\ &Y_{22} = Y_2 + Y_3 + Y_4, \quad Y_{21} = -Y_2, \quad Y_{23} = -Y_4 \\ &Y_{33} = Y_4 + Y_5 + Y_6, \quad Y_{31} = -Y_6, \quad Y_{32} = -Y_4 \end{aligned}$$

여기에서 알 수 있는 바와 같이 $Y_{11}$은 접속점 $a$에 직접 접속되어 있는 어드미턴스의 합이고 $Y_{22}$, $Y_{33}$는 각각 접속점 $b$, $c$에 접속되어 있는 어드미턴스의 합이다. 이들 $Y_{11}$, $Y_{22}$, $Y_{33}$을 자기 어드미턴스(self admittance)라 한다.

한편 $Y_{12}$와 $Y_{21}$은 접속점 $a$와 $b$ 사이, $Y_{13}$과 $Y_{31}$은 접속점 $a$와 $c$ 사이, $Y_{23}$과 $Y_{32}$는 접속점 $b$와 $c$ 사이의 어드미턴스에 (−)부호를 붙인 것으로 이들을 상호 어드미턴스(mutual admittance)라 한다.

**예제 8.24** [그림 8.43]에서 절점해석법에 의하여 $R_1$ 두 끝의 전압 $V_1$을 구하라.

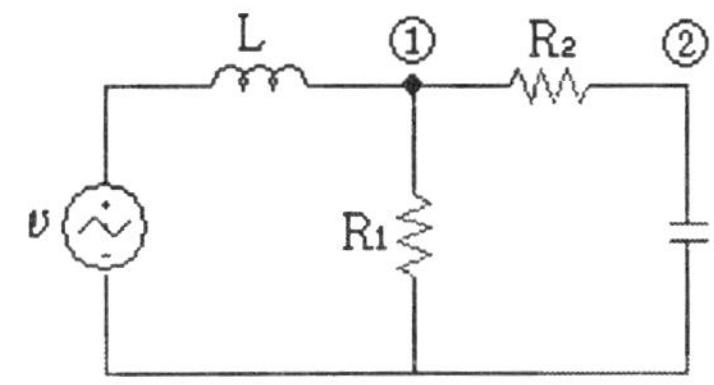


[그림 8.43] 예제 회로

$R_1 = 15[\Omega],\ \ C = 10^{-4}[\text{F}]$

$R_2 = 5[\Omega],\ \ L = 5\times 10^{-3}[\text{H}]$

$v = \sqrt{2}\cdot 10\sin(10^3 t + 30°)[\text{V}]$

**해** 3개의 절점이 있으므로 2개의 독립적인 절점방정식을 세우면 된다. 그림에서 절점 0을 기준으로 하고 다른 2절점에 관한 절점방정식을 세우기 위하여

$$Y_{11} = \frac{1}{R_1} + \frac{1}{R_2} + \frac{1}{j\omega L} = \frac{1}{15} + \frac{1}{5} + \frac{1}{j10^3\times 5\times 10^{-3}} = \frac{4}{15} - j\frac{1}{5}$$

$$Y_{22} = \frac{1}{R_2} + j\omega C = \frac{1}{5} + j10^3\times 10^{-4} = \frac{1}{5} + j\frac{1}{10}$$

$$Y_{12} = Y_{21} = -\frac{1}{R_2} = -\frac{1}{5}$$

$$I_1 = \frac{V}{j\omega L} = \frac{10\angle 30°}{j10^3\times 5\times 10^{-3}}$$

절점방정식은

$$\left(\frac{4}{15} - j\frac{1}{5}\right)V_1 - \frac{1}{5}V_2 = -j2\angle 30°$$

$$-\frac{1}{5}V_1 + \left(\frac{1}{5} + j\frac{1}{10}\right)V_2 = 0$$

에서 각각

$$(4-j3)V_1 - 3V_2 = -j30\angle 30°$$

$$-2V_1 + (2+j1)V_2 = 0$$

과 같이 된다.

$$V_1 = \frac{\begin{bmatrix} -j30\angle 30° & -3 \\ 0 & 2+j1 \end{bmatrix}}{\begin{bmatrix} 4-j3 & -3 \\ -2 & 2+j1 \end{bmatrix}} = \frac{-j30(2+j1)\angle 30°}{(4-j3)(2+j1)-6}$$

$$= \frac{30(1-j2)\angle 30°}{5-j2} = 12.4\angle -11.7°$$

[그림 8.43] 회로를 시뮬레이션한 결과가 [그림 8.44]이다.

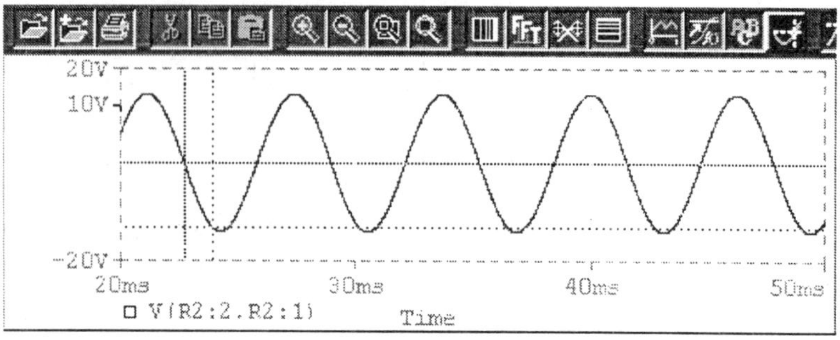


[그림 8.44] 시뮬레이션 결과

**예제 8.25** [그림 8.45]의 회로에서 PSpice를 사용하여 노드 전압 $V(1)$, $V(2)$, $V(3)$를 각각 구하라.

**해** 시뮬레이션 결과는 [그림 8.45]와 같다. 즉, $V(1) = -40[V]$, $V(2) = 57.14[V]$, $V(3) = 200[V]$가 된다.

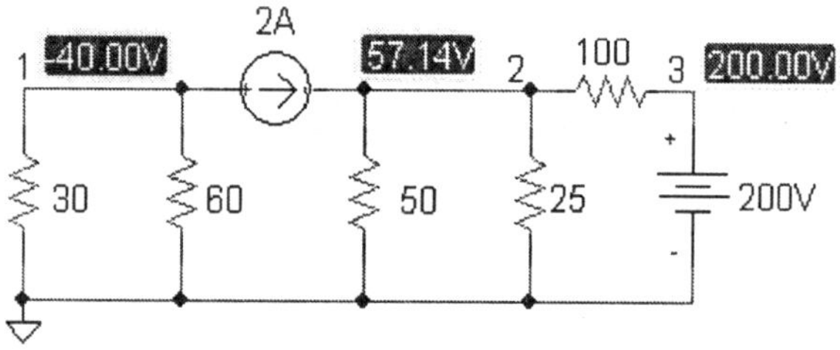


[그림 8.45] 시뮬레이션 결과

**예제 8.26** [그림 8.46]과 같은 3단계 사다리의 병렬가지에 걸리는 전압을 구하라. 단, 저항의 단위는 [kΩ]이다.

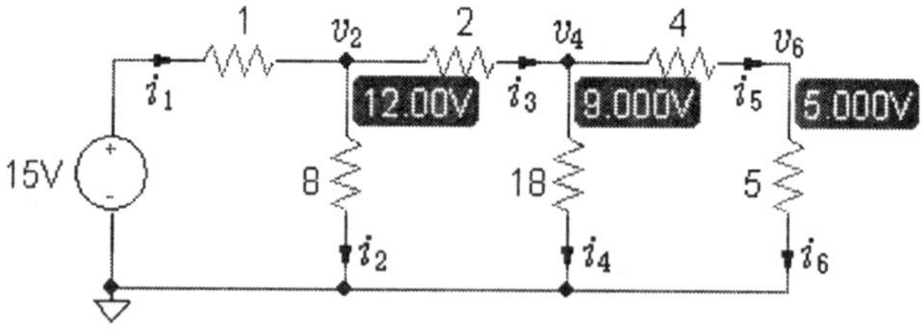


[그림 8.46] 예제 회로

**해** 상기 회로에서 계산을 하면 다음과 같다.

$i_6 = v_6/5 = 0.2v_6$, $i_5 = i_6 = 0.2v_6$ , $v_4 = 4i_5 + v_6 = 1.8v_6$

$i_4 = v_4/18 = 0.1v_6$, $i_3 = i_4 + i_5 = 0.3v_6$, $v_2 = 2i_3 + v_4 = 2.4v_6$

$i_2 = v_2/8 = 0.3v_6$, $i_1 = i_2 + i_3 = 0.6v_6$, $15 = i_1 + v_2 = 3v_6$

따라서 상기 식들을 정리하면

$v_6 = 15/3 = 5[\mathrm{V}]$, $v_4 = 9[\mathrm{V}]$, $v_2 = 12[\mathrm{V}]$가 된다.

[그림 8.44]를 시뮬레이션한 결과는 계산식과 일치함을 확인할 수 있었다.

**예제 8.27** [그림 8.47](a)에서 마디 해석법을 적용하여 마디전압 $V_3$를 구하라. 단, $V_i = 1[\mathrm{V}]$, $I_0 = 1[\mathrm{A}]$이다.

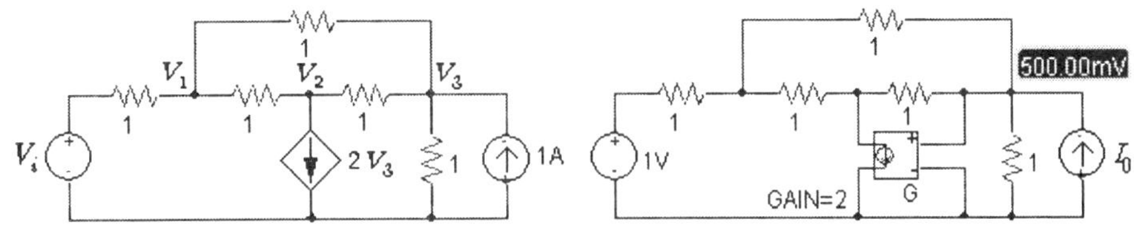


[그림 8.47] 회로 및 출력결과

**해** 마디 해석법을 적용하기 위해 전압원 $V_i$를 전류원으로 변환하면 $I_i = 1[\mathrm{A}]$이고, 각 지로전류를 [그림 8.48]과 같이 설정한다.

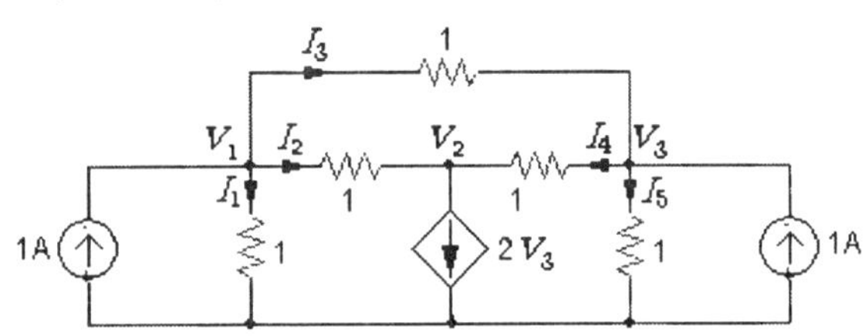


[그림 8.48] 변형된 회로

상기 그림에서 각 지로전류는

$$I_1 = V_1,\ I_2 = V_1 - V_2,\ I_3 = V_1 - V_3,\ I_4 = V_3 - V_2,\ I_5 = V_3 \quad \cdots\cdots ①$$

$$I_1 + I_2 + I_3 = I_i\ ,\ I_2 + I_4 = 2V_3,\ I_4 + I_5 = I_0 + I_3 \quad \cdots\cdots ②$$

식 ①, ②로부터 회로방정식은 다음과 같다.

$$V_1 + V_1 - V_2 + V_1 - V_3 = I_i, \quad 3V_1 - V_2 - V_3 = 1$$

$$V_1 - V_2 + V_3 - V_2 = 2V_3, \quad V_1 - 2V_2 - V_3 = 0$$

$$V_3 - V_2 + V_3 = I_0 + V_1 - V_3, \quad -V_1 - V_2 + 3V_3 = 1 \quad \cdots\cdots ③$$

식 ③에 행렬식을 적용하여 전압 $V_3$를 구하면 다음과 같다.

$$\Delta = \begin{vmatrix} 3 & -1 & -1 \\ 1 & -2 & -1 \\ -1 & -1 & 3 \end{vmatrix} = -16$$

$$V_3 = \frac{1}{\Delta}\begin{vmatrix} 3 & -1 & 1 \\ 1 & -2 & 0 \\ -1 & -1 & 1 \end{vmatrix} = \frac{-8}{-16} = 0.5[\mathrm{V}]$$

[그림 8.47](b)는 시뮬레이션 결과이다.

**예제 8.28** 절점 해석법을 이용하여 [그림 8.49](a)에서 $V_o$를 구하라.

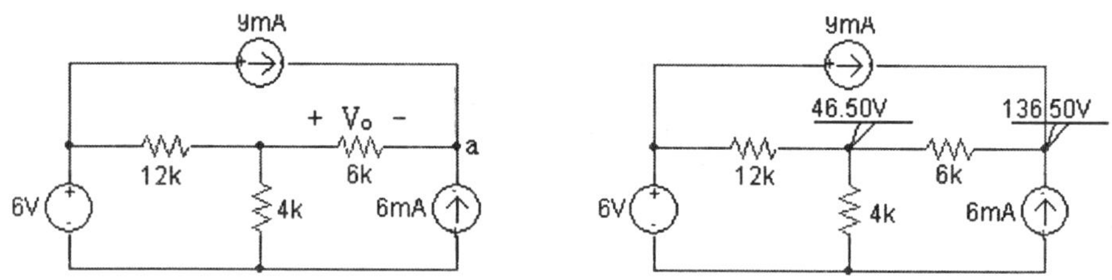


(a) (b)

[그림 8.49] 예제 회로 및 출력결과

**해** 상기 그림 (a)에서 노드 a를 기준으로 KCL를 적용하면 다음과 같다.

$\frac{9}{\mathrm{k}}+\frac{6}{\mathrm{k}}+\frac{V_o}{6\mathrm{k}}=0 \Rightarrow V_o=-90[\mathrm{V}]$가 되고 출력결과는 그림 (b)가 된다.

**예제 8.29** [그림 8.50](a)의 회로에서 미지 절점전압의 수를 최소로 하고 절점해석법으로 모든 절점전압을 구하라.

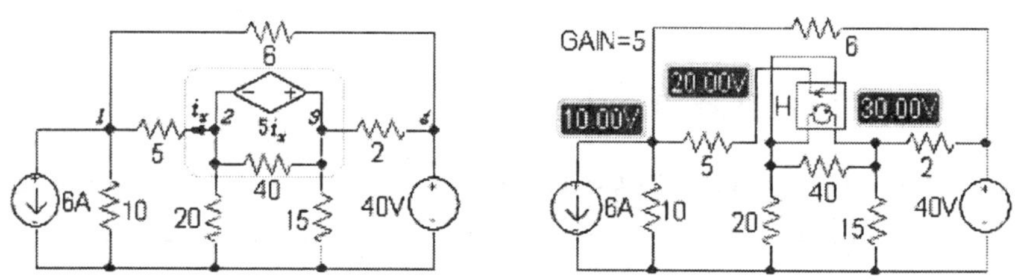


(a) (b)

[그림 8.50] 회로 및 출력결과

**해** 절점 4의 전압은 40[V], 절점 3의 전압은

$v_3 = v_2 + 5i_x = v_2 + 5\left(\frac{v_2 - v_1}{5}\right) = 2v_2 - v_1$이 된다.

그림에서 네모로 표시된 부분에 대한 KCL를 적용하면

$$\frac{v_2-v_1}{5}+\frac{v_2}{20}+\frac{2v_2-v_1}{15}+\frac{2(v_2-v_1)-40}{2}=0$$

또 절점 1에서의 KCL로부터

$$6+\frac{v_1}{10}+\frac{v_1-v_2}{5}+\frac{v_1-40}{6}=0$$

위 두 식을 정리하면

$$\left.\begin{array}{l}\frac{7}{15}v_1-\frac{1}{5}v_2=\frac{2}{3}\\ -\frac{23}{30}v_1+\frac{83}{60}v_2=20\end{array}\right]$$ 이 되고 이로부터

$v_1=10[\text{V}]$, $v_2=20[\text{V}]$이므로 $v_3=2\times 20-10=30[\text{V}]$가 된다. 이에 대한 시뮬레이션 결과는 [그림 8.50](b)가 된다.

**예제 8.30** [그림 8.51]의 회로에서 $V_o$를 구하라.

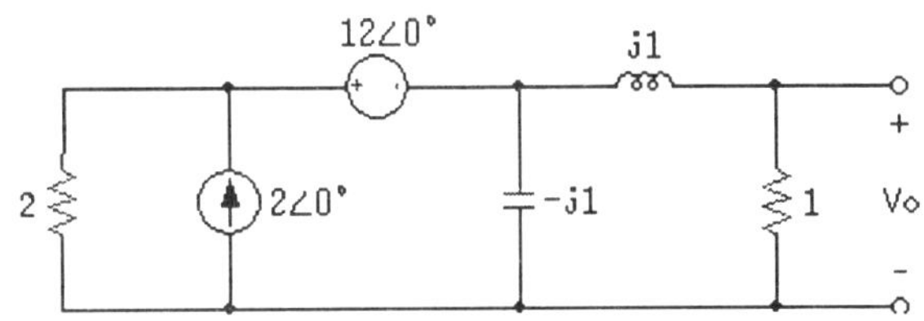


[그림 8.51] 예제 회로

**해** 상기 그림에서 $\frac{V_1-12}{2}-2+\frac{V_1}{-j1}+\frac{V_1}{1+j1}=0$, $V_1\left[\frac{1}{2}+\frac{1}{-j}+\frac{1}{1+j}\right]=8$,

$V_1=\frac{32}{4+j2}V$, $V_o=V_1\left(\frac{1}{1+j}\right)=\frac{32}{2+j6}=5.06\angle-71.6^o[\text{V}]$가 된다.

**예제 8.31** [그림 8.52]의 회로에서 $V_o$를 구하라.

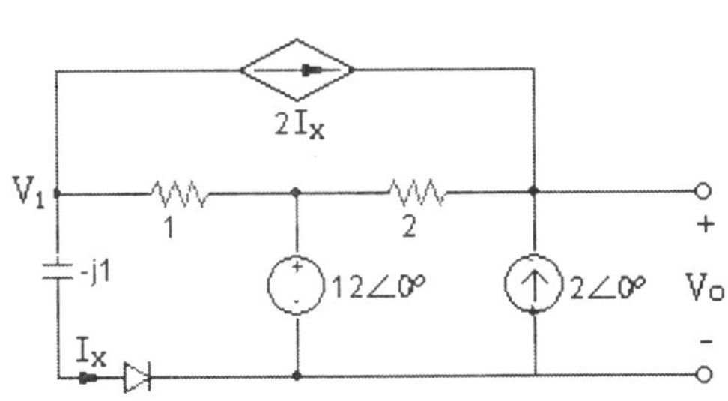


[그림 8.52] 예제 회로

**해** 상기 그림에서 $\frac{V_1}{-j}+\frac{V_1-12}{1}+2I_x=0$ , $\frac{V_o-12}{2}-2-2I_x=0$ , $I_x=\frac{V_1}{-j}$,

$V_1=\frac{12}{1+j3}\Rightarrow\frac{V_o}{2}-j2\left(\frac{12}{1+j3}\right)=8\Rightarrow V_o=\frac{304+j48}{10}=30.78\angle 8.97^\circ[\text{V}]$가 된다.

**예제 8.32** [그림 8.53](a)의 회로에서 $v_x$를 구하라.

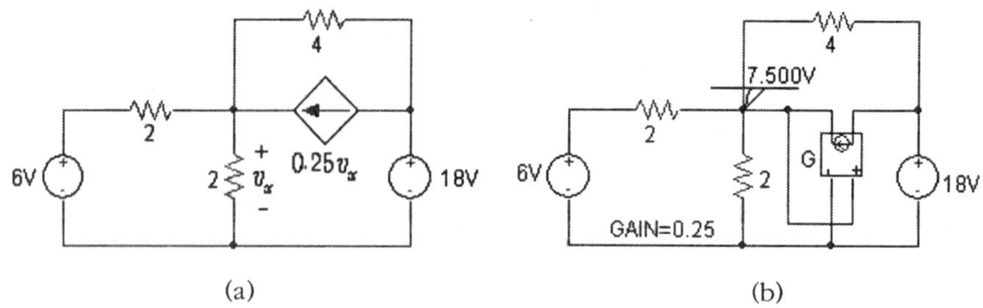


[그림 8.53] 예제 회로 및 출력결과

**해** 상기 회로에서 종속전원을 전압등가로 고친 것이 [그림 8.54](a)이다. 이때 종속전원은 $4 \cdot 0.25v_x = v_x$가 된다. 최종 등가 (c)에서 $-3+5i+v_x+18=0$, 그리고 1[Ω]에 KVL를 적용하면 $(3-v_x)/1 = i \Rightarrow v_x = 3-i$가 되므로 $15+5i+(3-i)=0 \Rightarrow i=-4.5$[A]

$\therefore v_x = 3-i = 7.5$[V]가 된다. 출력결과는 그림 (b)이다.

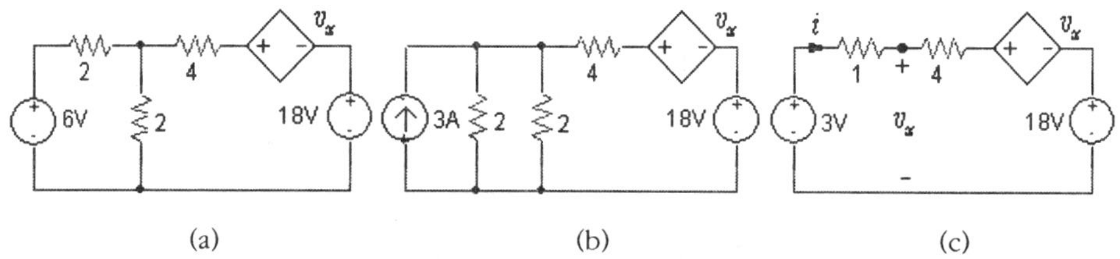


[그림 8.54] 등가변환

**예제 8.33** [그림 8.55]의 비선형 회로에서 출력전류 $i_2$ 및 출력전압 $v_2$를 구하라.

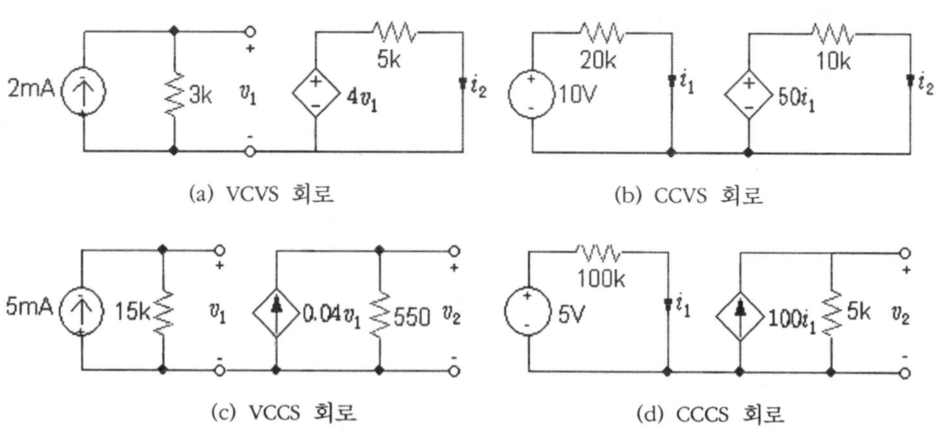


[그림 8.55] 비선형 회로

**해** (a) 그림 (a)는 전압 $v_1$에 의하여 종속전압원 $4v_1$[V]이 변화하므로 VCVS의 기본 회로로서 전압원 $v_1$은 저항 3[kΩ]에 흐르는 전류 2[mA]에 의해서 발생되고, 출력전류 $i_2$는 종속전원 $4v_1$[V]에 의해서 흐른다.

$$v_1 = 3 \times 10^3 \times 2 \times 10^{-3} = 6[\text{V}],\ i_2 = \frac{4v_1}{5 \times 10^3} = \frac{4 \times 6}{5 \times 10^3} = 4.8[\text{mA}]$$

출력결과는 [그림 8.56](a)이다.

(b) [그림 8.55](b)는 전류 $i_1$에 의하여 종속전압원 $50i_1$[V]가 변하므로 CCVS의 기본 회로로서 전류 $i_1$은 전압원 10[V]에 의해서 흐르고, 출력전류 $i_2$는 종속전압원 $50i_1$[V]에 의해서 흐른다.

$$i_1 = \frac{10}{20 \times 10^3} = 0.5[\text{mA}],\ i_2 = \frac{50i_1}{10 \times 10^3} = \frac{50 \times 0.5 \times 10^{-3}}{10^4} = 2.5[\mu\text{A}]$$

출력결과는 [그림 8.56](b)이다.

(c) [그림 8.55](c)는 전압 $v_1$에 의하여 종속전류원 $0.04v_1$[A]가 변하므로 VCCS의 기본 회로로서 전압 $v_1$은 전류 5[mA]가 저항 15[kΩ]에 흘러서 발생되고, 출력전압 $v_2$는 종속전류원 $0.04v_1$[A]에 의해서 발생된다.

$$v_1 = 15 \times 10^3 \times 5 \times 10^{-3} = 75[\text{V}],\ v_2 = 550 \times 0.04v_1 = 22 \times 75 = 1650[\text{V}]$$

출력결과는 [그림 8.56](c)이다.

(d) [그림 8.55](d)는 전류 $i_1$에 의하여 종속전류원 $100i_1$[A]가 변하므로 CCCS의 기본 회로로서 전류 $i_1$은 전압원 5[V]에 의해서 흐르고, 출력전압 $v_2$는 종속전류원 $100i_1$[A]에 의해서 발생된다.

$$i_1 = \frac{5}{100 \times 10^3} = 50[\mu\text{A}],\ v_2 = 5 \times 10^3 \times 100i_1 = 5 \times 10^3 \times 100 \times 50 \times 10^{-6} = 25[\text{V}]$$

출력결과는 [그림 8.56](d)이다.

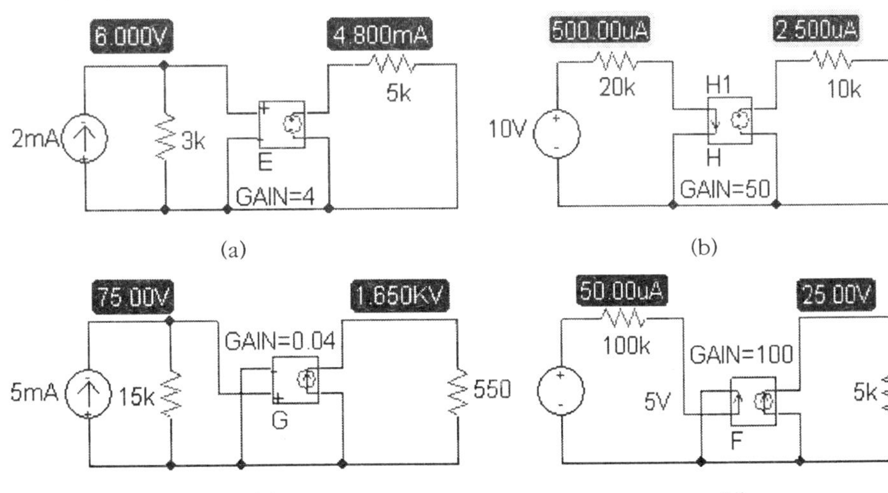


(a) (b) (c) (d)

[그림 8.56] 시뮬레이션 결과

**예제 8.34** [그림 8.57]의 브리지 회로에서 절점 $b-d$ 사이의 전류가 0이 되는 $R_x$의 값을 절점해석법에 의하여 구하라.

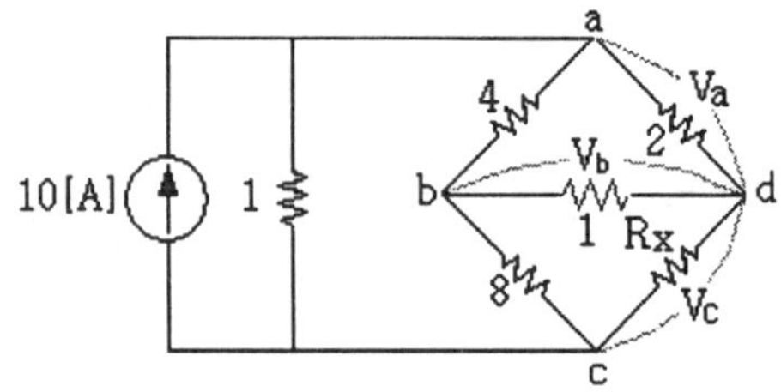


[그림 8.57] 브리지 회로

**해** 상기 그림과 같이 $d$점을 기준으로 하고 각 절점 사이의 전압을 각각 $V_a$, $V_b$ 및 $V_c$라 할 때 $V_b$를 0이 되게 하는 $R_x$를 구하면 될 것이다. 절점 $a$, $b$, $c$에서 유출되는 전류의 합은 각각

$$\left(1+\frac{1}{4}+\frac{1}{2}\right)V_a-\frac{1}{4}V_b-1V_c=10, \qquad -\frac{1}{4}V_a+\left(\frac{1}{4}+1+\frac{1}{8}\right)V_b-\frac{1}{8}V_c=0$$

$$-1V_a-\frac{1}{8}V_b+\left(1+\frac{1}{8}+\frac{1}{R_x}\right)V_c=-10$$

위 식에서 $V_b=0$이라 놓고 다시 정리하면 다음과 같다.

$$7V_a-4V_c=40, \quad 2V_a+V_c=0$$

$$-8V_a+\left(9+\frac{8}{R_x}\right)V_c=-80, \quad V_a=\frac{8}{3}, \quad V_c=-\frac{16}{3}$$

$$\therefore \ R_x=4[\Omega]$$

[그림 8.57]의 회로를 시뮬레이션한 결과가 [그림 8.58]이다. 그림에서 $R_x=4[\Omega]$일 때 $V_b$가 0임을 알 수 있었다.

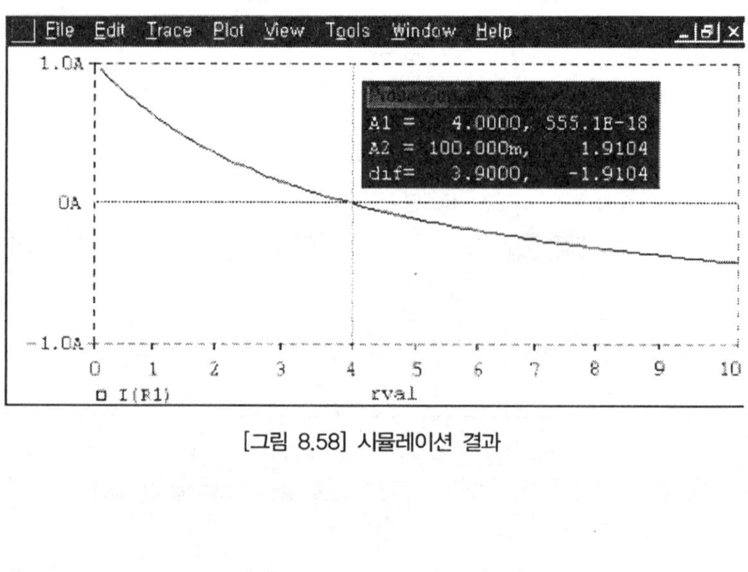


[그림 8.58] 시뮬레이션 결과

**예제 8.35** [그림 8.59]의 회로에서 절점해석을 이용하여 $V_1$과 $V_2$를 구하라.

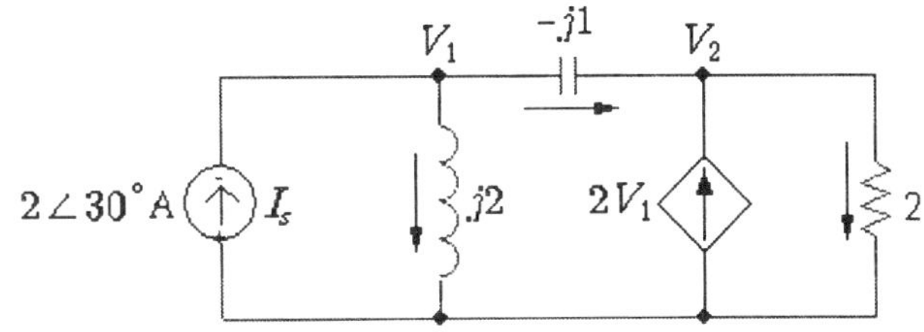


[그림 8.59] 예제 회로

**해** 상기 그림은 이미 주파수영역의 형태로 표현되어 있다. 지정된 절점들에 KCL를 적용하면 다음과 같다.

$$2\angle 30^\circ = \frac{V_1}{j2} + \frac{V_1 - V_2}{-j1}, \quad 2V_2 + \frac{V_1 - V_2}{-j1} = \frac{V_2}{2}$$

위의 방정식을 전개하고 정리하면 다음과 같다.

$$j0.5V_1 - 1 - jV_2 = 2\angle 30^\circ, \quad (2+j1)V_1 - (0.5+j1)V_2 = 0$$

위의 두 식 중 첫 번째 식에 $j$를 곱하면 다음과 같은 식이 된다.

$$-0.5V_1 + V_2 = j(2\angle 30^\circ) = 2\angle 120^\circ, \text{ 즉 } V_2 = 0.5V_1 + 2\angle 120^\circ$$

위 식을 두 번째 식에 대입하면 다음과 같다.

$$(2+j1)V_1 - (0.5+j1)(0.5V_1 + 2\angle 120^\circ) = 0$$
$$(1.75+j0.5)V_1 = (0.5+j1)(2\angle 120^\circ)$$
$$\therefore V_1 = \frac{(0.5+j1)2\angle 120^\circ}{1.75+j0.5} = 1.229\angle 167.49^\circ \text{ [V]}$$

$V_1$의 값을 $V_2 = 0.5V_1 + 2\angle 120^\circ$에 상기의 회로를 $P$에 대입하면 다음과 같다.

$$\therefore V_2 = 0.5 \times 1.229\angle 167.49^\circ + 2\angle 120^\circ = 2.457\angle 130.62^\circ \text{ [V]}$$

상기의 회로를 PSpice에 적합하도록 시간영역으로 변환한다. $f = \omega/2\pi = 0.159155$[Hz]가 되도록 $\omega = 1$로 한다. 그러면 $j\omega L = j2[\Omega]$이고 $1/j\omega C = -j[\Omega]$이므로 $\omega = 1$[rad/s]를 갖도록 $L = 2$[H]와 $C = 1$[F]를 가져야 한다. 수정회로는 [그림 8.60]이다.

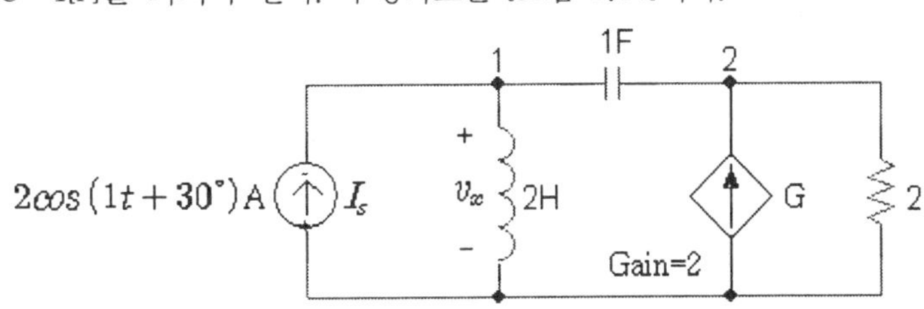


[그림 8.60] 수정회로

상기 회로를 시뮬레이션 한 뒤 출력파일은 다음과 같다.

```
****   AC ANALYSIS        TEMPERATURE =  27.000 DEG C
       FREQ        VM($N_0001) VP($N_0001)
    1.592E-01        1.229E+00  1.675E+02
       FREQ        VM($N_0002) VP($N_0002)
    1.592E-01        2.457E+00  1.306E+02
```

**예제 8.36** [그림 8.61](a)의 회로에서 $i_x$를 구하라.

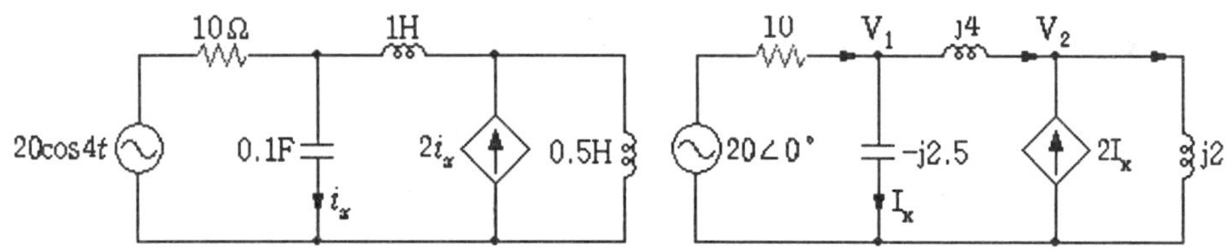


(a) 시간영역의 회로 (b) 주파수 영역의 회로

[그림 8.61] 예제 회로

**해** [그림 8.61](a)의 회로를 주파수 영역으로 바꾼 등가가 그림 (b)이다.

$20\cos 4t \rightarrow 20\angle 0^\circ$, $\omega = 4$[rad/sec]

$1[\text{H}] \rightarrow j\omega L = j4,\ 0.5[\text{H}] = j2,\ 0.1[\text{F}] \rightarrow \dfrac{1}{j\omega C} = \dfrac{1}{j(4)(0.1)} = -j2.5$

노드 $V_1$ : KCL를 적용하면 다음과 같다.

$$\frac{20 - V_1}{10} = \frac{V_1}{-j2.5} + \frac{V_1 - V_2}{j4} \quad \Rightarrow (1 + j1.5)V_1 + j2.5V_2 = 20 \ \cdots\cdots\cdots ①$$

$$\text{노드 } V_2 : 2I_x + \frac{V_1 - V_2}{j4} = \frac{V_2}{j2} \quad \left( \Leftarrow I_x = \frac{V_1}{-j2.5} \right)$$

$$\frac{2V_1}{-j2.5} + \frac{V_1 - V_2}{j4} = \frac{V_2}{j2} \quad \Rightarrow 11V_1 + 15V_2 = 0 \ \cdots\cdots\cdots ②$$

식①과 식②에서

$$\begin{bmatrix} 1+j1.5 & j2.5 \\ 1+j1.5 & 15 \end{bmatrix} \begin{bmatrix} V_1 \\ V_2 \end{bmatrix} = \begin{bmatrix} 20 \\ 0 \end{bmatrix}$$

$\Rightarrow V_1 = 18.97\angle 18.43^\circ$[V], $V_2 = 13.91\angle 198.3^\circ$[V]가 된다.

$\therefore I_x = \dfrac{V_1}{-j2.5} = \dfrac{18.97\angle 18.43^\circ}{2.5\angle -90^\circ} = 7.59\angle 108.4^\circ$ [A]가 된다. 이것을 시간영역으로 표시하면 다음과 같다.

$i_x = 7.59\cos(4t + 108.4^\circ)$[A]

예제 8.37 [그림 8.62]에서 전류 $i_1$, $i_2$ 그리고 $i_3$를 PSpice로 구하라.

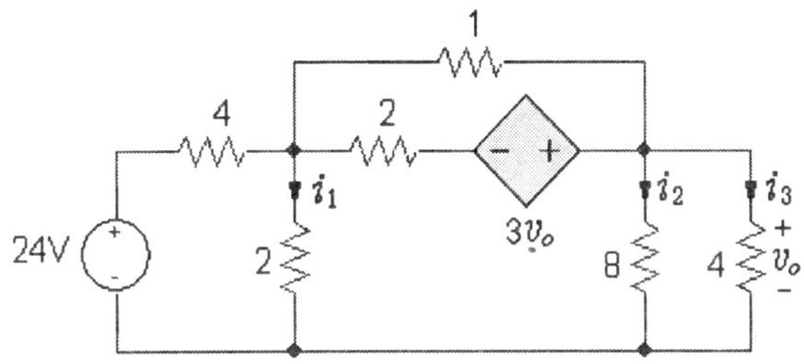


[그림 8.62] 예제 그림

해 schematic 회로는 [그림 8.63]과 같으며 원하는 전류를 나타내기 위해서는 적당한 지로에 pseudocomponent IPROBES를 삽입한다. 시뮬레이션을 한 결과 출력파일 또는 IPROBES로부터 $i_1 = i_2 = 1.333[A]$, $I_3 = 2.667[A]$가 된다.

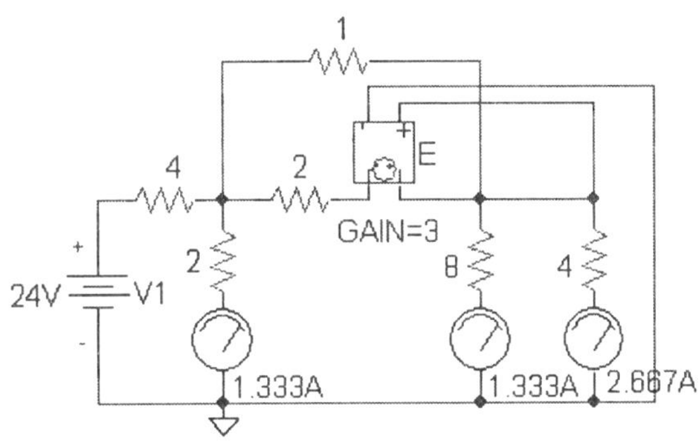


[그림 8.63] 실제 회로 및 출력결과

예제 8.38 [그림 8.64]에서 $i(0) = 10[A]$일 때 무전원응답 $i(t)$를 PSpice를 이용하여 $0 < t < 4s$까지 구하라.

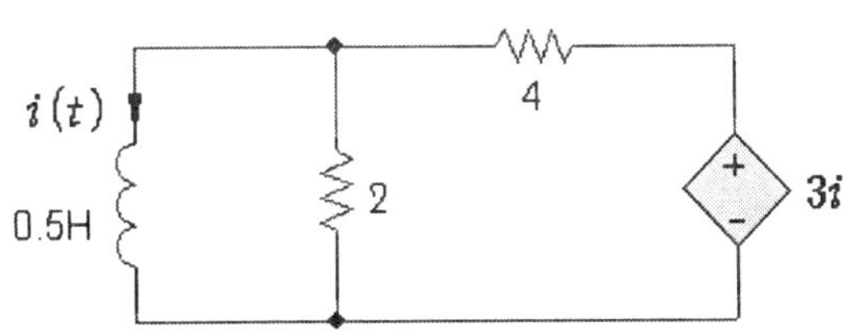


[그림 8.64] 예제 그림

**해** 시뮬레이션 결과는 [그림 8.65]와 같으며, GAIN=3, 인덕터 $L$에는 초기조건 $I_C=10$으로 하였다. 시뮬레이션 후 출력의 인덕터 전류 $i(t)$는 다음과 같다.

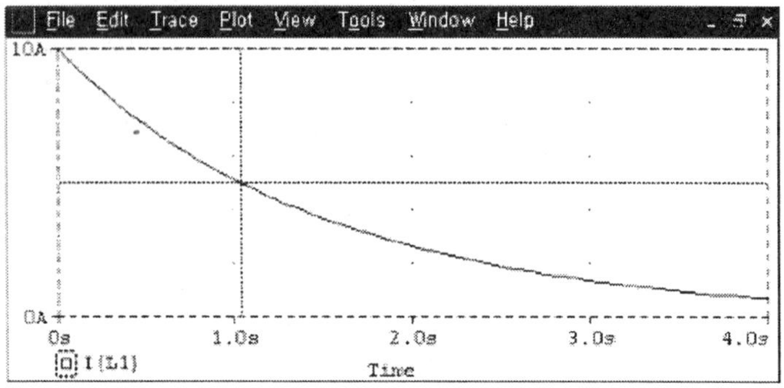


[그림 8.65] 시뮬레이션 결과

**예제 8.39** [그림 8.66]의 회로에서 $V_1$과 $V_2$를 구하라.

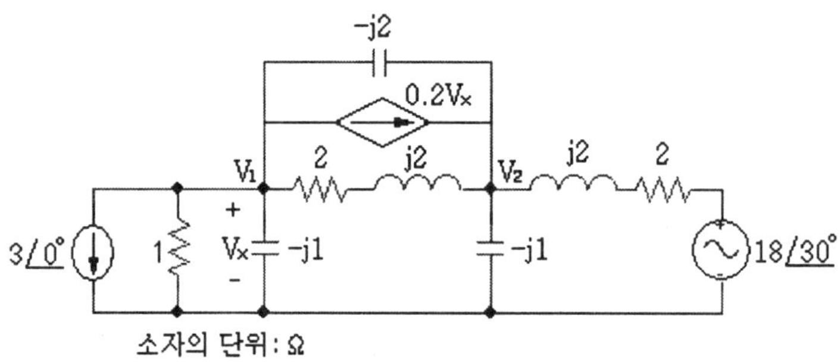


[그림 8.66] 예제 그림

**해** 회로에서 $\omega=1$[rad/sec]를 선택했다면 대응하는 주파수 $f=\omega/2\pi=0.159155$[Hz]이다. 따라서 커패시턴스와 인덕턴스의 값을 얻을 수 있다. 이러한 변환된 결과는 [그림 8.67]이다.

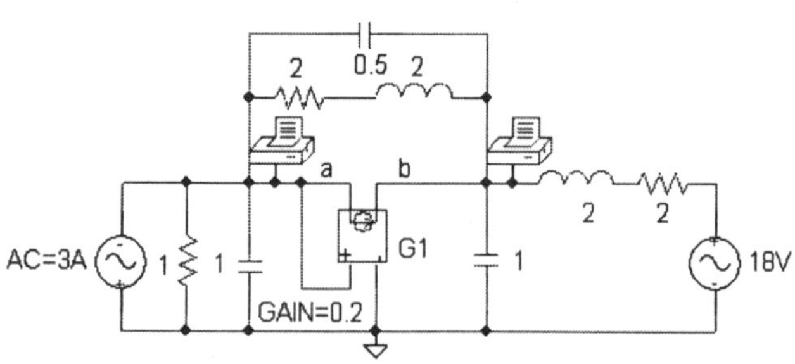


(a)

| FREQ | VM(a) | VP(a) |
|---|---|---|
| 1.592E-01 | 2.708E+00 | -5.673E+01 |

| FREQ | VM(b) | VP(b) |
|---|---|---|
| 1.592E-01 | 6.914E+00 | -8.070E+01 |

(b)

[그림 8.67] 실제 회로 및 출력결과

따라서 우리는 다음과 같은 것을 얻을 수 있다.

$V_1 = 2.708\angle -56.73°$ [V], $V_2 = 6.914\angle -80.7°$ [V]

## 8.3 쌍대회로

폐로해석법과 절점해석법은 수식에서 보듯이 매우 밀접한 유사성, 즉 쌍대성을 갖고 있다. 전기회로에 있어 전압과 전류 임피던스와 어드미턴스를 바꾸어 놓아도 성립되는 새로운 관계식을 만족하는 전기회로가 또하나 있다고 할 때 이같은 두 개의 회로를 쌍대회로(dual circuit)라 한다.

예를 들면 [그림 8.68](a)와 그림 (b)의 회로는 쌍대회로이며

| | | |
|---|---|---|
| 전압 → 전류 | 저항 → 콘덕턴스 | 인덕턴스 → 커패시턴스 |
| 임피던스 → 어드미턴스 | 직렬 → 병렬 | 정전압원 → 정전류원 |

폐로해석법 → 절점해석법 등도 모두 쌍대관계를 갖고 있고 이 관계를 써도 만족하는 전기회로를 쌍대회로라 한다.

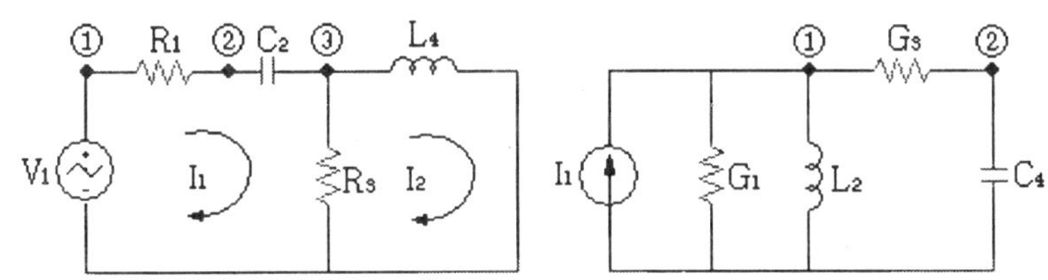


(a) (b)

[그림 8.68] 쌍대회로

그림 (a) 회로에 대한 폐로방정식은

$$R_1\dot{I}_1 + \frac{1}{j\omega C_2}\dot{I}_2 + R_3(\dot{I}_1 - \dot{I}_2) = \dot{V}_1$$

$$R_3(\dot{I}_2 - \dot{I}_1) + j\omega L_4\dot{I}_2 = 0$$

이를 정리하면

$$\left(R_1 + \frac{1}{j\omega C_2} + R_3\right)\dot{I}_1 - R_3\dot{I}_2 = \dot{V}_1$$

$$-R_3\dot{I}_1 + (R_3 + j\omega L_4)\dot{I}_2 = 0$$

그림 (b)에 대한 절점방정식은

$$(G_1+\frac{1}{j\omega L_2}+G_3)\dot{V}_1-G_3\dot{V}_2=\dot{I}_1$$

$$-G_3\dot{V}_1+(G_3+j\omega C_4)\dot{V}_2=0$$

이와 같이 위의 두 회로는 쌍대관계에 있음을 알 수 있다.

**예제 8.40** [그림 8.69]의 회로를 폐로해석법을 이용하여 $V_o$를 구하라.

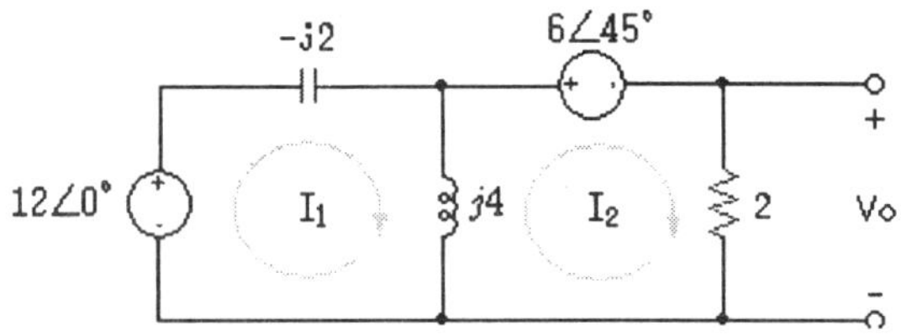


[그림 8.69] 예제 회로

**해** 상기 회로에서 $V_O=2I_2$가 되고, 회로에 폐로해석법을 적용하면 다음과 같다.

$$12=I_1(j2)+I_2(-j4) \qquad \begin{bmatrix} j2 & -j4 \\ -j4 & 2+j4 \end{bmatrix}\begin{bmatrix} I_1 \\ I_2 \end{bmatrix}=\begin{bmatrix} 12 \\ 6\underline{\left|-135^\circ\right.} \end{bmatrix}$$

$$-6\underline{\left|45^\circ\right.}=-j4I_1+I_2(2+j4)$$

따라서 $I_2$에 대해서 풀면

$$I_2=\frac{\begin{bmatrix} j2 & 12 \\ -j4 & 6\underline{\left|135^\circ\right.} \end{bmatrix}}{\begin{bmatrix} j2 & -j4 \\ -j4 & 2+j4 \end{bmatrix}}=\frac{12\underline{\left|-45^\circ\right.}+48\underline{\left|90^\circ\right.}}{j4-8+16}=4.52\underline{\left|51.3^\circ\right.}\,[\mathrm{A}]$$

$\therefore\ V_o=2I_2=9.04\angle 51.3^\circ$ [V]가 된다.

**예제 8.41** [그림 8.70]에서 출력전압 $V_o$를 구하라.

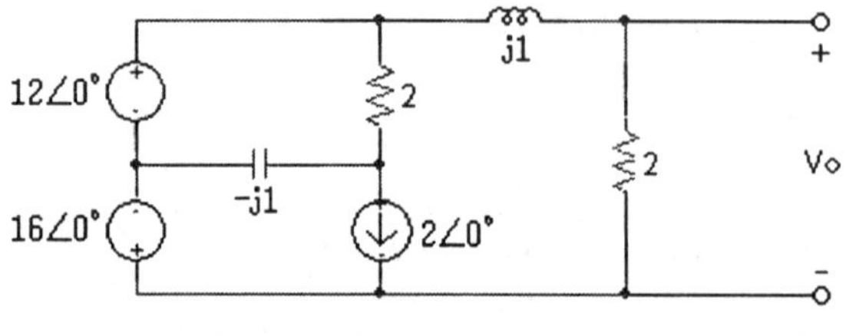


[그림 8.70] $V_o$를 구하는 예제

**해** [그림 8.70]에서 $V_{th} = 12\angle 0° - 16\angle 0° = 4\angle 180°$ [V], $Z_{th} = 0$[Ω]이 된다.

따라서 출력전압 $V_o = 4\angle 180° \left[\dfrac{2}{2+j1}\right] = 3.58\angle 153.43°$ [V]가 된다.

## 8.4 중첩의 정리

선형소자에 이상 전압전원이 가해진 경우를 생각하여 보자. 소자에 흐르는 전류가 가해진 전압의 크기에 따라 비례할 때 이 소자를 선형소자(linear elements)로 정의하므로 전압전원이 2배 증가하면 흐르는 전류도 2배로 증가하고, 전압전원이 3배로 되면 전류도 3배로 된다.

이와 같이 이상 전원과 선형 수동 소자로 구성된 회로를 선형회로(linear circuit)라고 한다.

중첩의 원리(theory of superposition)의 정의는 다음과 같다. 여러 개의 전압원과 전류원이 동시에 있는 선형 회로에서 어떤 가지에 흐르는 전류 또는 두 단자 사이의 전압은 개개의 전압원이나 전류원이 단독으로 있을 때 나타나는 2점의 전류 또는 전압의 대수합과 같다.

1개의 전원에 대하여 응답을 구할 때 나머지 전원은 제거시켜야 한다. 즉, 전압전원은 단락회로로 대치시키고 전류전원은 개방시킨다.

예를 들어 [그림 8.71]과 같은 선형회로에서 전류 $I$를 구할 때에는 연립방정식에 의한 방법 외에 중첩의 원리를 이용하는 방법이 있다. 즉, 회로가 선형이므로 $E_1$에 의하여 6[Ω]에 흐르는 전류와 $E_2$에 의하여 6[Ω]에 흐르는 전류와의 합이 $I$가 되므로 다음과 같이 $I$를 구할 수 있다.

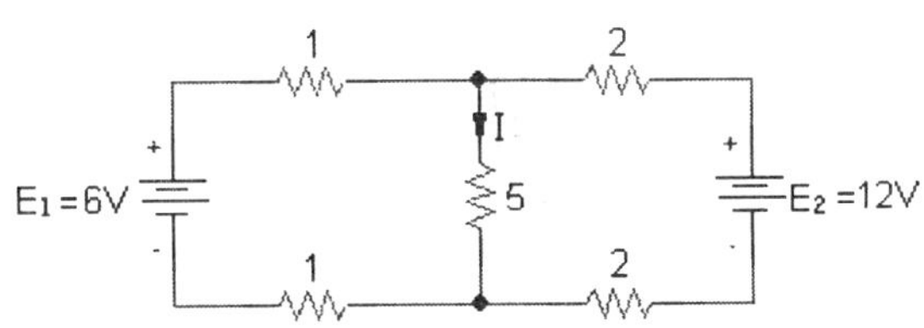


[그림 8.71] 선형 회로

먼저 $E_1$에 의한 전류를 구하기 위하여 $E_2$를 제거하면(전압전원을 단락), 2[Ω]의 저항과 1[Ω]의 저항이 직렬로 연결된 가지가 6[Ω]의 저항과 병렬로 접속된다.

$E_1$에 의한 전체 전류 $I_1$은

$$I_1 = \frac{6}{3+\dfrac{18}{9}} = \frac{6}{5}$$

6[Ω]에 흐르는 전류 $(I_6)_1$은

$$(I_6)_1 = \frac{6}{5}\times\frac{3}{9}=\frac{2}{5}$$

$E_1$을 제거하고 $E_2$만 가해졌을 때 6[Ω]에 흐르는 전류 $(I_6)_2$는 다음과 같다.

$$(I_6)_2 = \frac{12}{3+\frac{18}{9}}\times\frac{3}{9}=\frac{4}{5}$$

따라서 $E_1$과 $E_2$가 동시에 가해졌을 때에 $I$는

$$I=(I_6)_1+(I_6)_2 = 1.2[\text{A}]$$

이다. [그림 8.72]는 상기 회로의 시뮬레이션 결과이다.

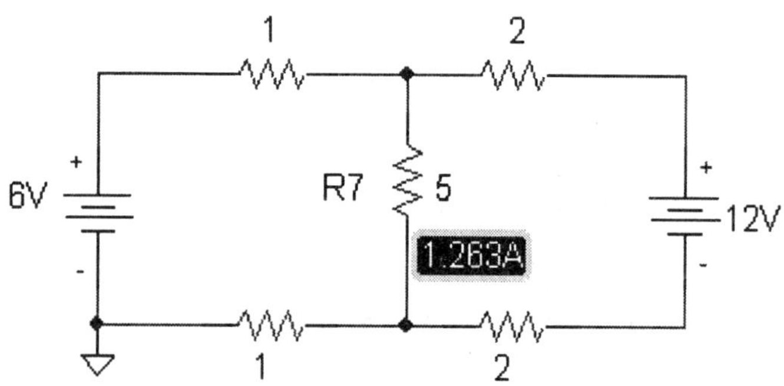


[그림 8.72] 시뮬레이션 결과

**예제 8.42** [그림 8.73]의 회로에서 정상 응답 $I$를 구하라.

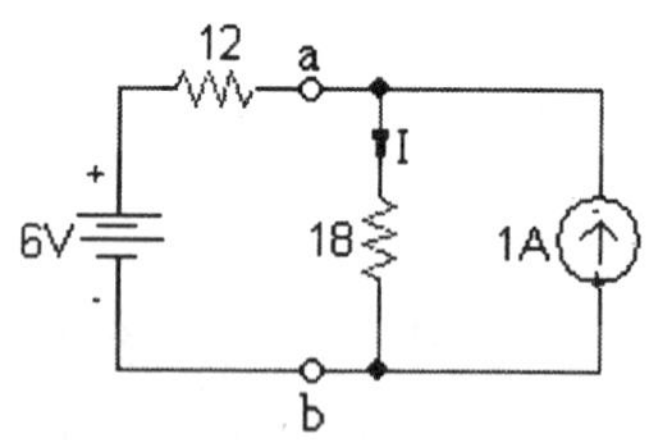


[그림 8.73] 예제 회로

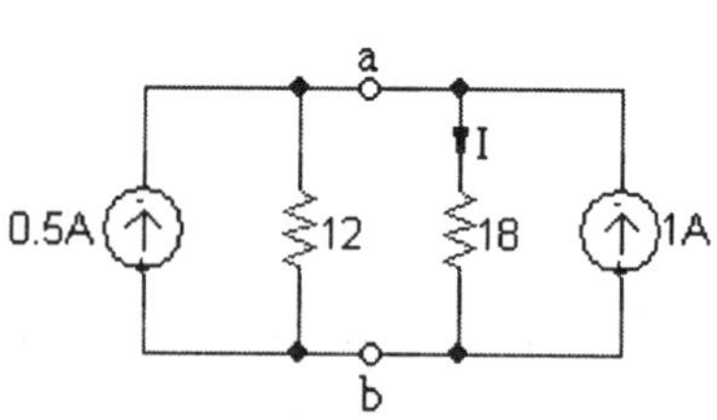


[그림 8.74] 전류변환 등가회로

**해** ① 중첩의 원리를 이용하는 방법 : 전압전원 6[V]를 제거하면 12[Ω]과 18[Ω]이 병렬로 되므로 1[A]의 전류전원에 의한 응답 $I_1$은 다음과 같다.

$$I_1 = 1\times\frac{12}{30}=0.4\ [\text{A}]$$

이번에는 전류전원을 제거하기 위하여 전류전원을 개방하면 12[Ω]과 18[Ω]이 직렬로 되어 6[V]에 의한 응답 $I_2$는

$$I_2 = \frac{6}{30} = 0.2[A]$$

따라서 $I = I_1 + I_2 = 0.6$ [A]가 된다.

② 전원변환법 : 전류전원을 등가전압 전원으로, 전압전원을 등가전류전원으로 변화시키는 방법을 이용한다. 6[V]의 건전지를 내부저항이 12[Ω]의 저항을 병렬로 접속한 전류전원으로 바꿀 수 있다. 등가회로로 고친 [그림 8.74]로부터 다시 등가회로를 만들면, 전류전원이 병렬로 접속되어 1.5[A]의 전류전원과 두 저항이 병렬 연결된다.
따라서 $I$는 다음과 같다.

$$I = 1.5 \times \frac{12}{30} = 0.6[A]$$

[그림 8.75]는 [그림 8.73]과 [그림 8.74]를 시뮬레이션한 그림이다. 18[Ω]에 흐르는 전류가 0.6[A]가 됨을 확인할 수 있었다.

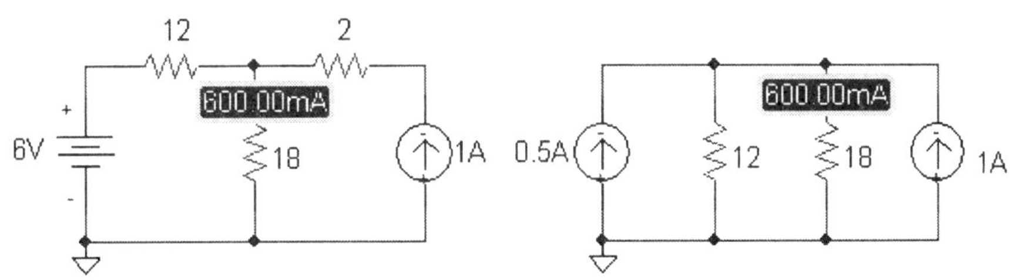


[그림 8.75] 시뮬레이션 결과

**예제 8.43** [그림 8.76](a)에서 전압계로 측정된 전압을 구하라.

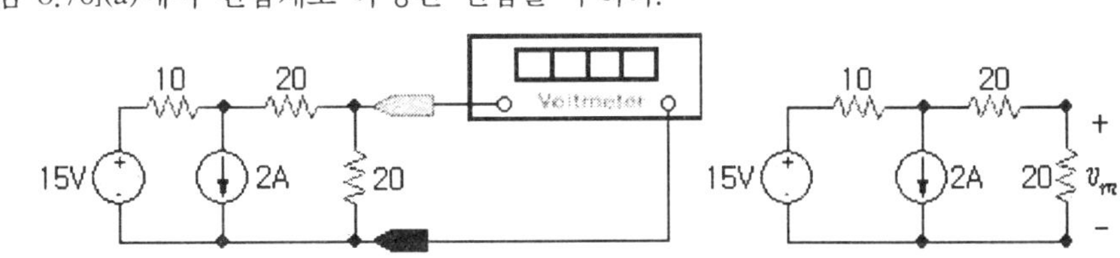


(b)

[그림 8.76] 중첩의 정리에 의한 풀이

**해** [그림 8.76](b)를 중첩의 정리를 이용해서 풀면 다음과 같다.

$$v_m = \frac{20}{10+20+20}15 + 20\left(-\frac{10}{10+(20+20)}2\right) = 6 + 20\left(-\frac{2}{5}\right) = -2[V]$$가 된다.

**예제 8.44** [그림 8.77](a)에서 전류계로 측정된 전류를 구하라.

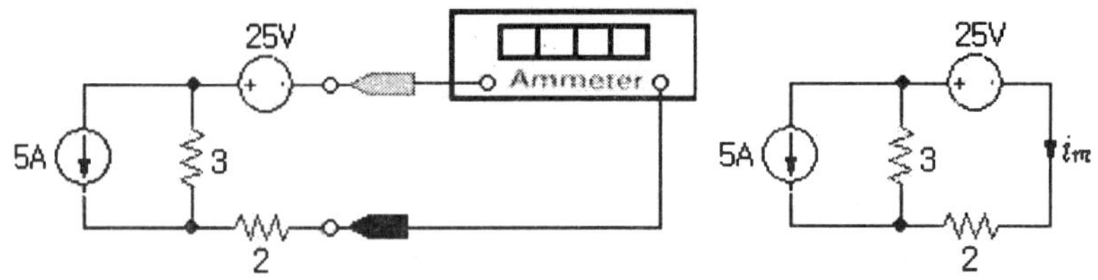


(a) (b)

[그림 8.77] 중첩의 정리에 의한 풀이

**해** 상기 그림 (b)를 중첩의 정리를 이용해서 풀면 다음과 같다.

$i_m = \frac{25}{3+2} - \frac{3}{2+3}5 = 5-3 = 2[A]$가 된다.

**예제 8.45** [그림 8.78](a)에서 전압 $v$와 3[Ω] 저항에 의해 소비되는 전력을 각각 구하라.

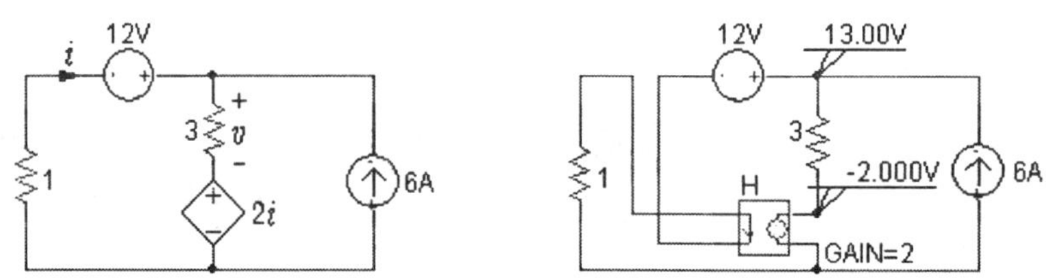


(a) (b)

[그림 8.78] 회로 및 출력결과

**해** (a) [그림 8.79](a) 회로에서

$-12+3i_1+2i_1+i_1=0 \rightarrow i_1=2[A] \Rightarrow v_1=3i_1=6[V]$

(b) 그림 (b)에서

$i_2+3(6+i_2)+2i_2=0 \rightarrow i_2=-3[A] \Rightarrow v_2=3(6+i_2)=9[V]$

$\therefore v=v_1+v_2=6+9=15[V],\ p=\frac{v^2}{R}=\frac{15^2}{3}=75[W]$가 된다.

[그림 8.78](b)는 시뮬레이션 결과이다.

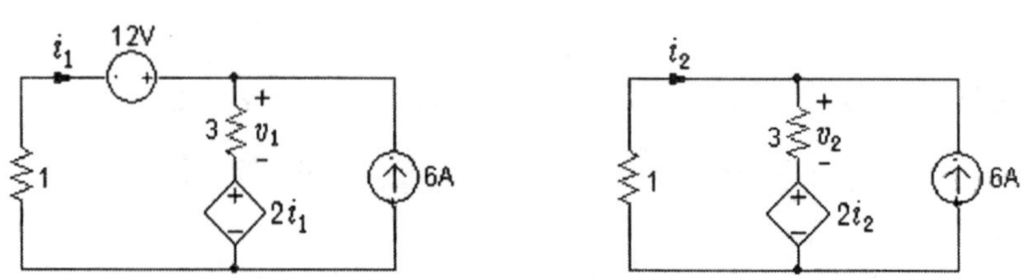


(a) (b)

[그림 8.79] 풀이 회로

**예제 8.46** [그림 8.80](a)에서 전압계로 측정된 전압을 구하라.

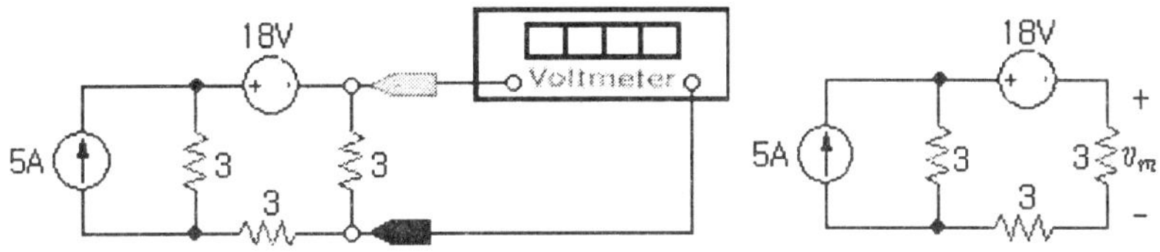


(a) (b)

[그림 8.80] 중첩의 정리에 의한 풀이

**해** 상기 그림 (b)를 중첩의 정리를 이용해서 풀면 다음과 같다.

$v_m = 3(\frac{3}{3+(3+3)}5) - \frac{3}{3+(3+3)}18 = 5-6 = -1$[V]가 된다.

**예제 8.47** [그림 8.81](a)에서 중첩의 정리를 이용해서 전류 $I$를 구하라.

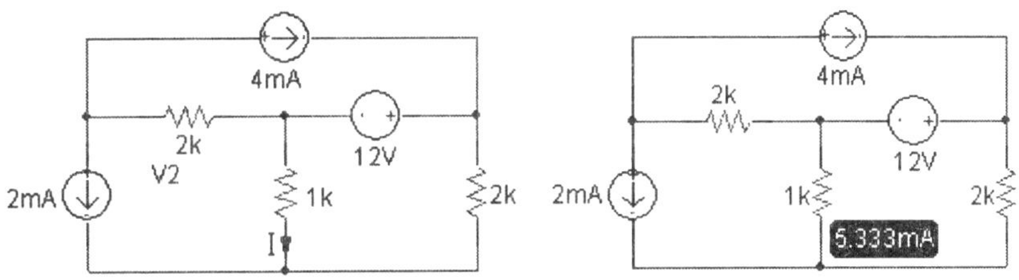


(a) (b)

[그림 8.81] 예제 회로

**해** [그림 8.82](a)에서 $I_1 = -12/3$[K]$= -4$[mA], (b)에서 $I_2 = -2$[mA]$\times 2$[k]$/(2$[k]$+1$[k]$) = -4/3$[mA]가 되고, 그림 (c)에서는 $I_3 = 0$[A]가 된다. 따라서 전류 $I = -5.333$[mA]가 된다. 시뮬레이션 결과는 그림 (b)이다.

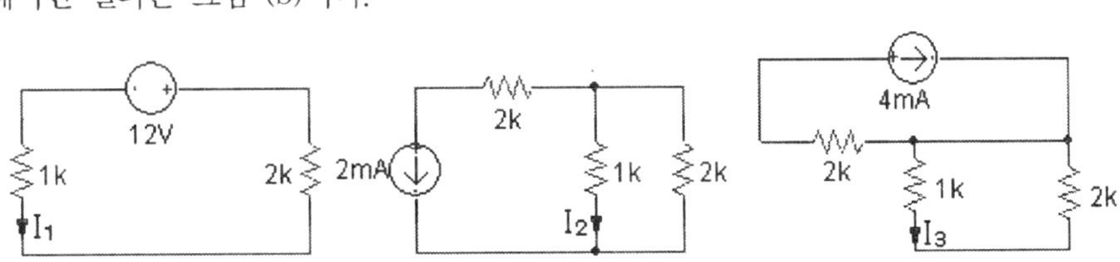


(a) (b) (c)

[그림 8.82] 중첩의 정리에 의한 풀이

**예제 8.48** [그림 8.83](a)에서 전압계의 측정값은 얼마인가?

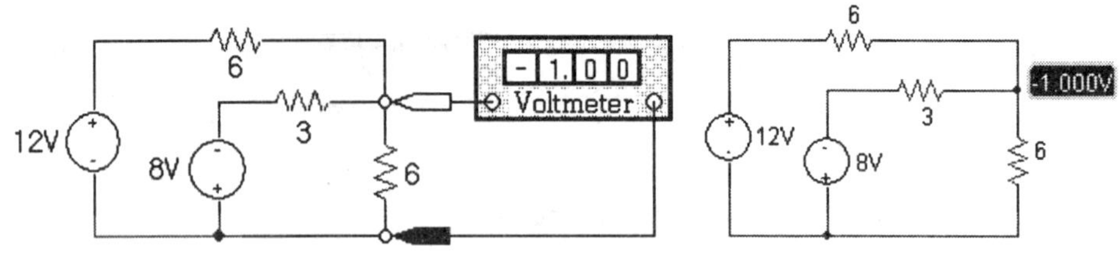


(a) (b)

[그림 8.83] 전압측정 회로

**해** 상기 회로에서 12[V]만 고려했을 때의 6[Ω]에 흐르는 전류를 $I_1$이라 하면 $I_1 = \frac{3}{3+6} \times \frac{12}{8} \times 6 = 3$[V]가 된다. 그리고 8[V]만 고려했을 때의 6[Ω]에 흐르는 전류를 $I_2$라 하면 $I_2 = -\frac{8}{6} \times \frac{1}{2} \times 6 = -4$[V]가 된다. 따라서 전압계의 측정값은 $3-4=-1$[V]가 된다. 그림 (b)는 시뮬레이션 결과이다.

**예제 8.49** [그림 8.84](a)에서 $V_o$를 구하라.

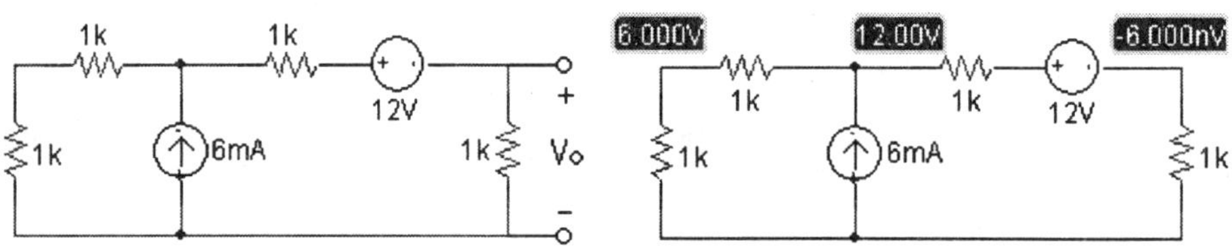


(a) (b)

[그림 8.84] 예제 회로

**해** 그림 (a)에서 전류원만 있을 때의 $V_o' = 6[\text{mA}]\left(\frac{2[\text{k}]}{2[\text{k}]+2[\text{k}]}\right)1[\text{k}] = 3$[V]이고, 전압원만 있을 때의 $V_o'' = \frac{-12}{4[\text{k}]}1[\text{k}] = -3$[V]이다. $\therefore V_o = V' + V'' = 0$[V]가 된다. 그림 (b)는 시뮬레이션 결과이다.

**예제 8.50** [그림 8.85](a)에서 중첩의 정리를 이용해서 전류 $I$를 구하라.

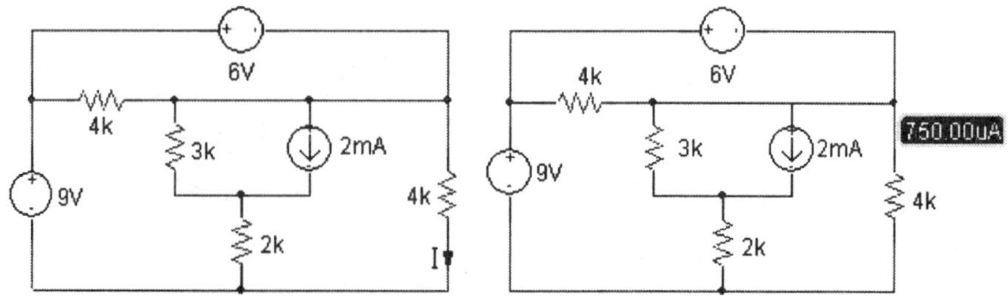


(a) (b)

[그림 8.85] 예제 회로

**해** [그림 8.86](a)에서 $I_1 = 9/4[k] = 2.25[mA]$가 되고, 그림 (b)에서 $I_2 = -6/4[k] = -1.5[mA]$가 된다. 그리고 $I_3 = 0$이므로 전류 $I = 2.25 + (-1.5) = 0.75[mA]$가 된다. 시뮬레이션 결과는 [그림 8.85](b)이다.

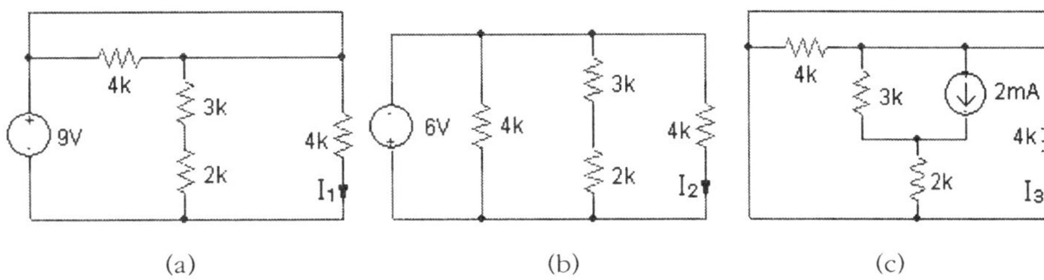


[그림 8.86] 중첩에 정리에 의한 풀이

**예제 8.51** [그림 8.87](a)에서 중첩의 정리를 이용해서 전류 $i$를 구하라.

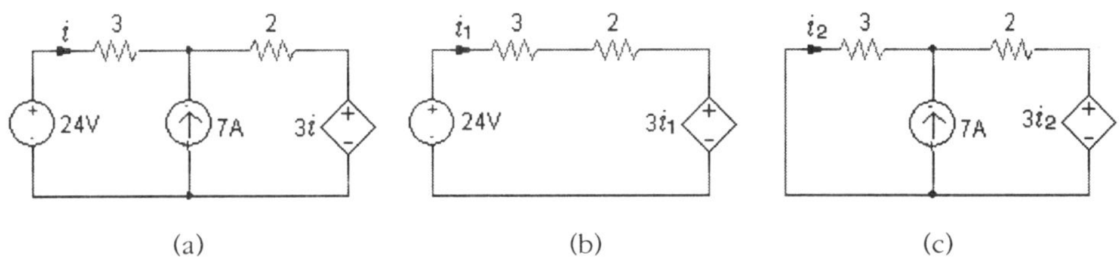


[그림 8.87] 중첩에 정리에 의한 풀이

**해** 그림 (b)에서 $-24 + (3+2)i_1 + 3i_1 = 0 \Rightarrow i_1 = 3[A]$

그림 (c)에서 $3i_2 + 2(7 + i_2) + 3i_2 = 0 \Rightarrow i_2 = -7/4[A]$, $\therefore i = i_1 + i_2 = 5/4[A]$가 된다.

**예제 8.52** [그림 8.88](a)에서 전류 $I_o$를 구하라.

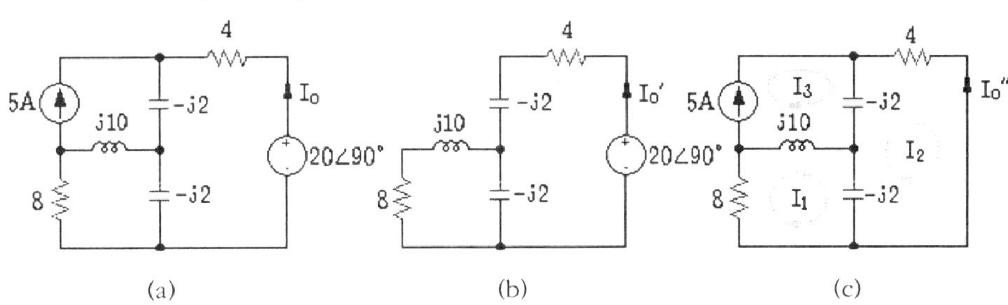


[그림 8.88] 예제 회로

**해** 중첩의 정리를 이용하여 $I_o'$를 구하면 그림 (b)와 같다.

$$8 + j10 \parallel -j2 \Rightarrow \frac{(8+j10)(-j2)}{8+j10+(-j2)} = 0.25 - j2.25$$

$$I_o' = \frac{20\angle 90^\circ}{(4-j2)+(0.25-j2.25)} = \frac{j20}{4.25-j4.25} = -2.353+j2.353$$

다음으로 $I_o''$를 구하면 그림 (c)와 같다.

$8+j10(I_1-I_3)-j2(I_1-I_2)=0$ ················· ①

$4I_2-j2(I_2-I_1)-j2(I_2-I_3)=0$ ················· ②

$I_3=5$ ················· ③

② & ③ : $(4-j4)I_2+j2I_1+j10=0 \Rightarrow j2I_1+(4-j4)I_2=-j10$

① & ③ : $(j10-j2)I_1+j2I_2=-8+j50$

$$\Rightarrow \begin{bmatrix} j2 & 4-j4 \\ -8 & j50 \end{bmatrix} \begin{bmatrix} I_1 \\ I_2 \end{bmatrix} = \begin{bmatrix} -j10 \\ -8+j50 \end{bmatrix}$$

$I_2=-I_o''=2.647-j1.176$

$\therefore I_o=I_o'+I_o''=-2.353+j2.353-2.647+j1.176=6.12\angle 144.78^\circ$ [A]

**예제 8.53** [그림 8.89](a)의 OP Amp에서 출력전압 $V_o$를 구하라.

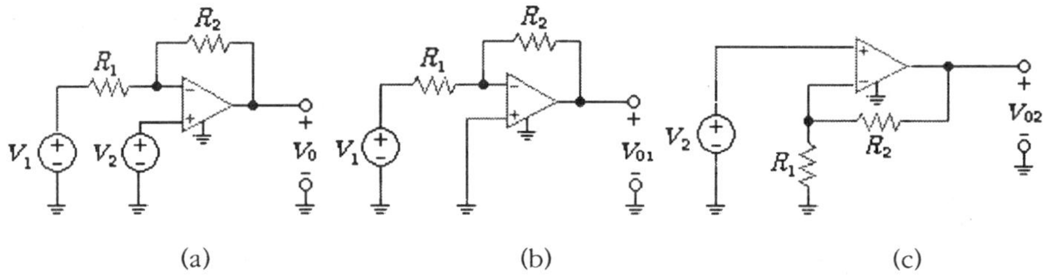


[그림 8.89] 예제 회로

**해** 상기 회로에서 중첩의 정리를 이용하면 다음과 같다.

그림 (b)에서 $\Rightarrow V_{o1}=-\left(\frac{R_2}{R_1}\right)V_1$, 그림 (c)에서 $\Rightarrow V_{o2}=-\left(1+\frac{R_2}{R_1}\right)V_2$

$$\therefore V_o=V_{o1}+V_{o2}=\left(1+\frac{R_2}{R_1}\right)V_2-\left(\frac{R_2}{R_1}\right)V_1$$

**예제 8.54** [그림 8.90](a)의 전압원을 전류원으로 변환하라.

**해** $I=\frac{E}{Z}=\frac{100\angle 0^\circ}{5\angle 53.13^\circ}=20\angle -53.13^\circ$ [A]

변환된 것은 [그림 8.90](b)과 같다.

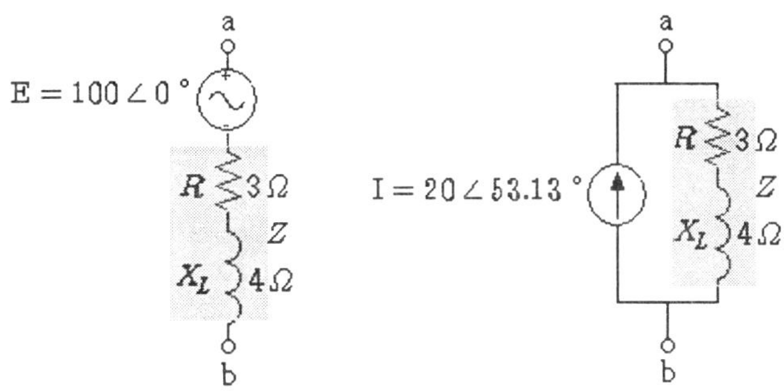


(a) (b)

[그림 8.90] 예제 회로

**예제 8.55** [그림 8.91](a)의 전류원을 전압원으로 변환하라.

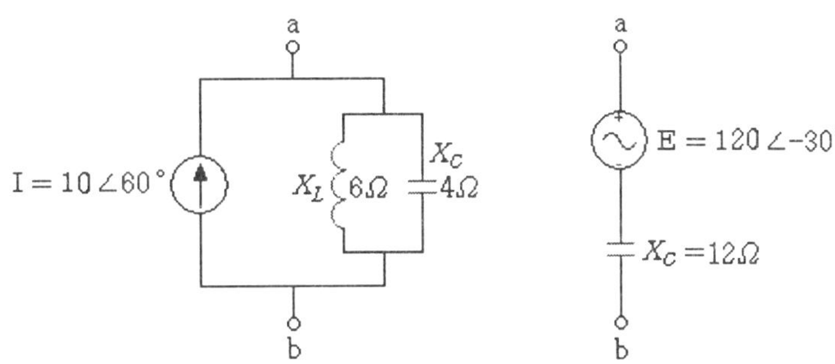


(a) (b)

[그림 8.91] 예제 회로

**해** $Z=\dfrac{X_LX_C}{X_L+X_C}=\dfrac{(4\angle-90^\circ)(6\angle 90^\circ)}{-j4+j6}=\dfrac{24\angle 0^\circ}{2\angle 90^\circ}=12\angle-90^\circ\ [\Omega]$

$E=IZ=(10\angle 60^\circ)(12\angle-90^\circ)=120\angle-30^\circ\ [\text{V}]$

따라서 전압원 등가는 [그림 8.91](b)와 같이 된다.

**예제 8.56** [그림 8.92]의 회로에 중첩의 원리를 사용하여 정상 응답 $I$를 구하라.

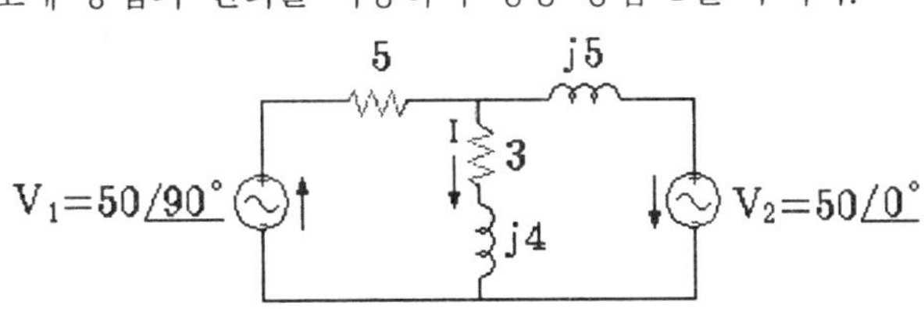


[그림 8.92] 예제 회로

**해** $V_2=0$으로 놓고 $V_1$에 의한 전류를 구한다. $V_1$의 구동점에서 본 임피던스 $Z_1$은

$$Z_1=5+\frac{(3+j4)j5}{3+j9}=5.83+j2.5=6.35\angle 23.2^\circ$$

따라서

$$I_{01}=\frac{50\angle 90°}{6.35\angle 23.2°}=7.87\angle 66.8°$$

$V_1$에 의하여 $3+j4[\Omega]$에 흐르는 전류는

$$I_1=7.87\angle 66.8°\left(\frac{j5}{3+j9}\right)=4.15\angle 85.3°$$

$V_2$의 구동점에서 본 임피던스 $Z_2$는

$$Z_2=j5+\frac{5(3+j4)}{8+j4}=6.74\angle 68.2°$$

따라서

$$I_{02}=\frac{50\angle 0°}{6.74\angle 68.2°}=7.42\angle -68.2°$$

$V_2$로 인한 $3+j4[\Omega]$의 가지 전류 $I_2$는

$$I_2=(7.42\angle -68.2°)\frac{5}{8+j4}=4.15\angle 85.3°$$

$V_1$과 $V_2$에 의한 전류 $I$는 다음과 같다.

$$I=I_1+I_2=8.30\angle 85.3°$$

**예제 8.57** [그림 8.93](a)의 회로에서 직류 노드 전압들과 전류 $i_o$를 PSpice를 이용해서 구하라.

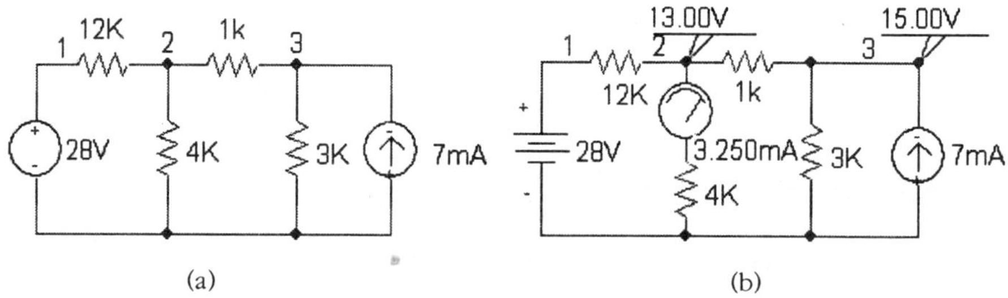


[그림 8.93] 예제 그림

**해** Schmatic를 이용하여 회로를 그린 후 이를 저장하고 Analysis/Simulate를 클릭하여 회로를 시뮬레이션한다. 그림 (b)처럼 VIEWPOINT나 IPROBE를 통해 직류분석 결과를 얻는다.

**예제 8.58** [그림 8.94](a)의 회로에서 전원변환을 통해 $V_o$를 구하라.

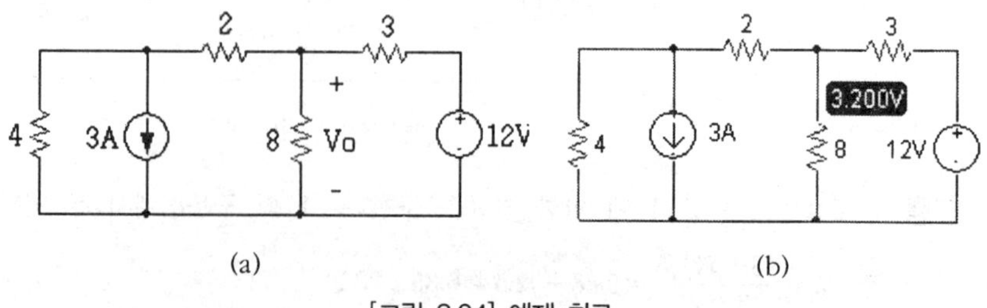


[그림 8.94] 예제 회로

**해** 전원변환을 통해서 그림을 그리면 [그림 8.95](a), (b) 및 최종 (c)와 같이 그릴 수 있다. 그림 (c)에서 8[Ω] 양단의 전압 $V_o$를 구하면 다음과 같다.

$$V_o = \frac{2}{2+8} 2 \cdot 8 = 3.2[\mathrm{V}]$$

그림 (b)는 시뮬레이션 결과이다.

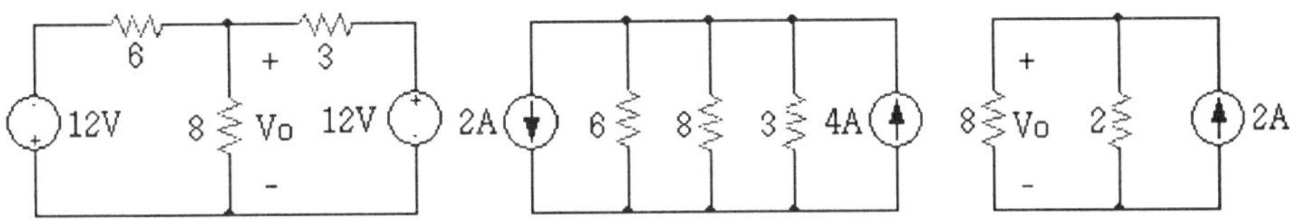


(a) (b) (c)

[그림 8.95] 예제 풀이

**예제 8.59** 전원 변환을 통해서 [그림 8.96](a)의 회로에서 $V_o$를 구하라.

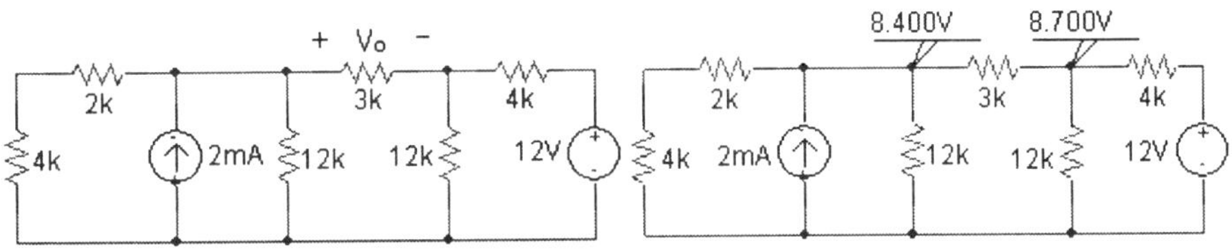


(a) (b)

[그림 8.96] 예제 회로

**해** 전원 변환을 통해서 그림을 그리면 [그림 8.97]의 (a), (b)와 같이 된다. 그림 (c)에서 $V_o = -\frac{1}{10[\mathrm{k}]} \times 3[\mathrm{k}] = -0.3[\mathrm{V}]$가 된다. 시뮬레이션 결과는 [그림 8.96](b)이다.

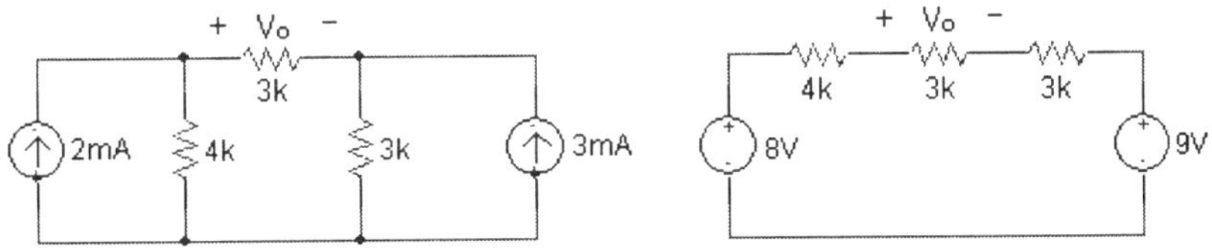


(a) (b)

[그림 8.97] 회로변환 그림

**예제 8.60** [그림 8.98](a)에서 5[Ω]에 흐르는 전류를 구하라.

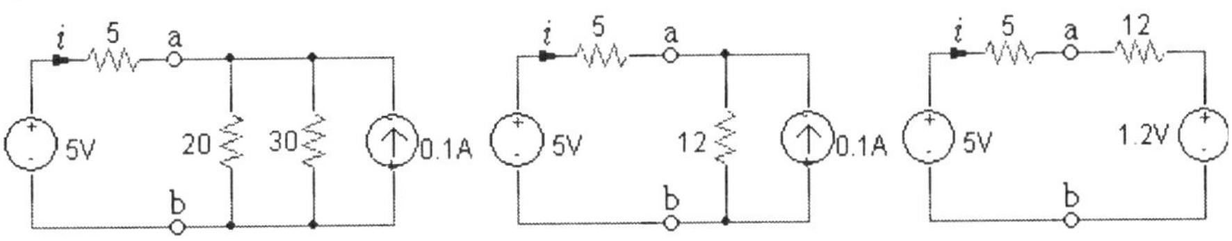


(a) (b) (c)

[그림 8.98] 예제 회로

**해** 그림 (a)에서 20 ∥ 30 = 12[Ω]가 되므로 그림 (b)가 된다. 그림 (b)에서 전류등가를 전압등가로 고치면 그림 (c)가 된다. 따라서 전류 $i$는 다음과 같다.

$i = \dfrac{5-1.2}{17} = 0.224[\mathrm{A}]$, 출력결과는 [그림 8.99]와 같다.

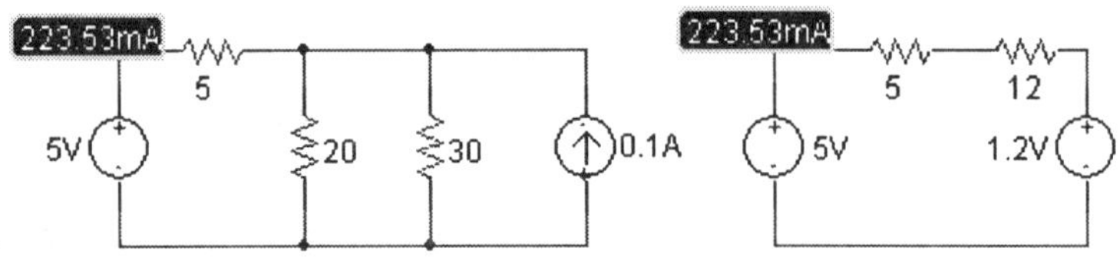


[그림 8.99] 시뮬레이션 결과

**예제 8.61** [그림 8.100](a)의 회로에서 $V_x$를 구하라.

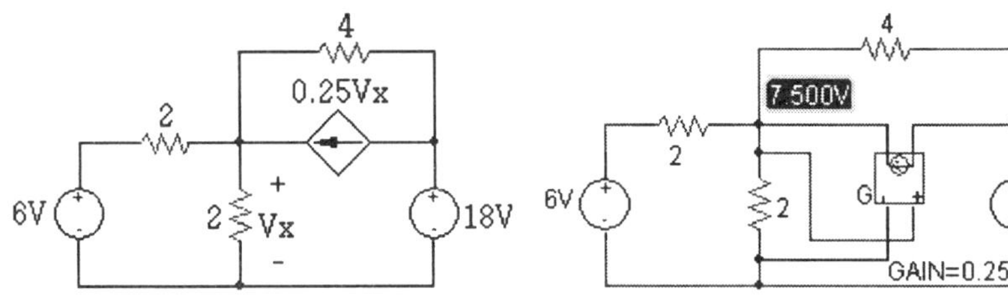


(a) (b)

[그림 8.100] 예제 회로

**해** 전원변환을 거친 그림이 [그림 8.101](a), (b), (c)이다. 그림 (c)에서 KVL를 적용하면

$-3+5i+V_x+18=0$ , $15+5i+(3-i)=0 \Rightarrow i=-4.5[\mathrm{A}]$

(단, 1[Ω] 양단에 KVL를 적용하면 $(3-V_x)/1 = i \Rightarrow V_x = 3-i$))

$\therefore V_x = 3-i = 3-(-4.5) = 7.5[\mathrm{V}]$가 된다. 출력결과는 [그림 8.100](b)이다.

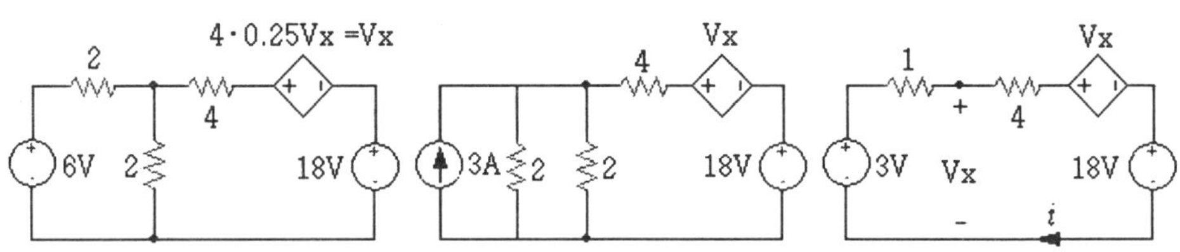


(a) (b) (c)

[그림 8.101] 예제 풀이

**예제 8.62** [그림 8.102](a)의 회로에서 $I_o$를 구하라.

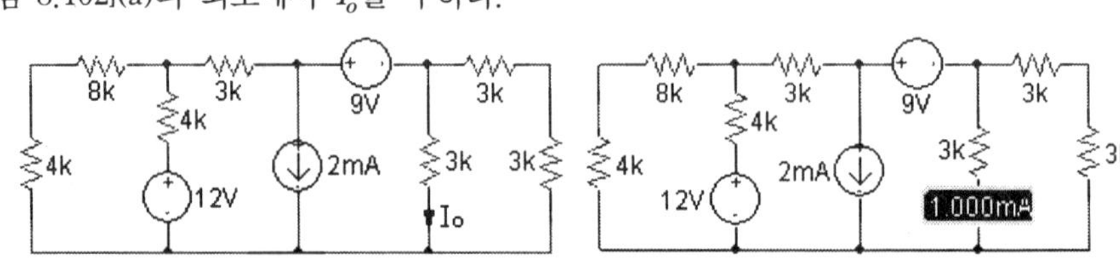


(a) (b)

[그림 8.102] 예제 회로

**해** 변환과정은 [그림 8.103]과 같다. 이 회로에서 전류 $I_o$는 다음과 같다.

$I_o = -1$[mA], 또한 시뮬레이션 결과는 [그림 8.102](b)이다.

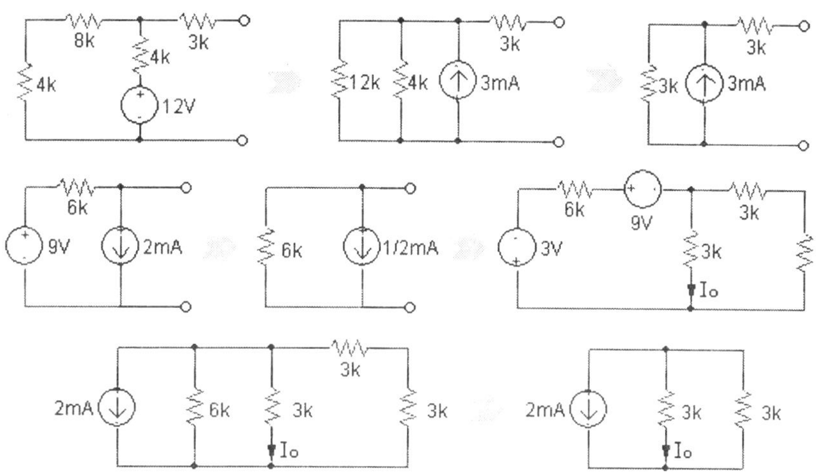


[그림 8.103] 회로 변환과정

**예제 8.63** [그림 8.104](a)의 회로에서 $I_o$를 구하라.

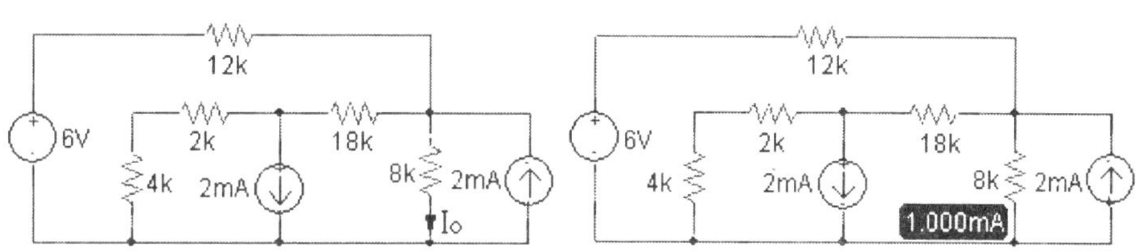


(a) (b)

[그림 8.104] 예제 회로

**해** 변환과정은 [그림 8.105]와 같다. 이 회로에서 전류 $I_o$는 다음과 같다.

$I_o = 1$[mA], 또한 시뮬레이션 결과는 [그림 8.104](b)이다.

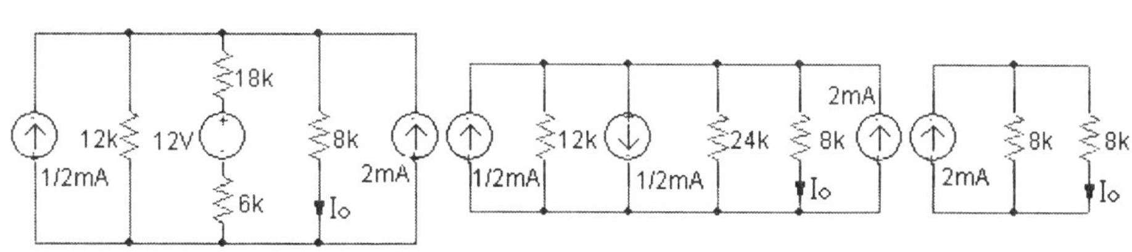


(a) (b) (c)

[그림 8.105] 회로 변환과정

**예제 8.64** [그림 8.106](a)의 회로에서 전류 $I_1$의 값을 구하라.

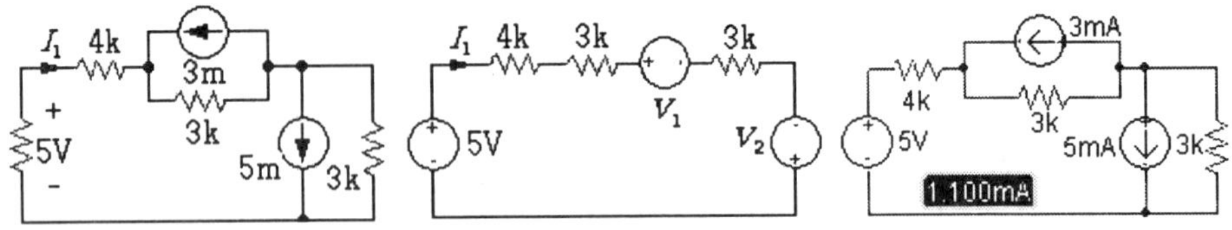


(a) (b) (c)

[그림 8.106] 예제 회로 및 출력결과

**해** 변환된 회로는 그림 (b)와 같다.

$V_1 = 3\times10^3\times3\times10^{-3} = 9[\text{V}]$, $V_2 = 3\times10^3\times5\times10^{-3} = 15[\text{V}]$

$\therefore I_1 = \dfrac{5-V_1+V_2}{(4+3+3)10^3} = 1.1[\text{mA}]$, 출력결과는 그림 (c)이다.

**예제 8.65** [그림 8.107](a)의 회로에서 저항 2[Ω]의 전압 $V_2 = 4[\text{V}]$가 되도록 하는 전류원 $I_1$의 값을 구하라.

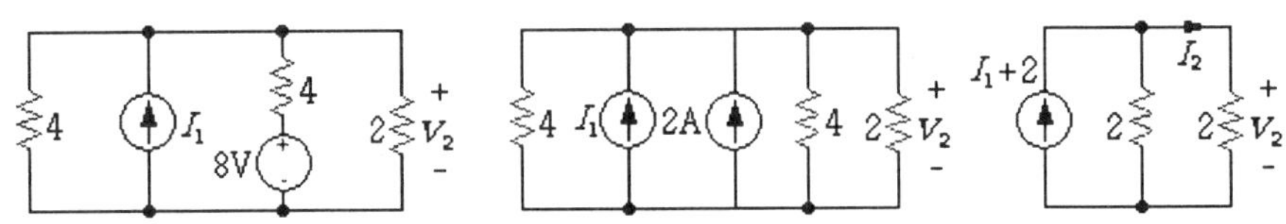


(a) (b) (c)

[그림 8.107] 예제 회로

**해** 그림 (a)의 전압원을 전류원으로 변환하면 그림 (b)가 되고 최종회로는 그림 (c)가 된다. (c)에서 $I_2 = V_2/2 = 2[\text{A}]$, $I_2 = 2(I_1+2)/(2+2) \Rightarrow \therefore I_1 = 2[\text{A}]$가 된다. 출력결과는 [그림 8.108]과 같다.

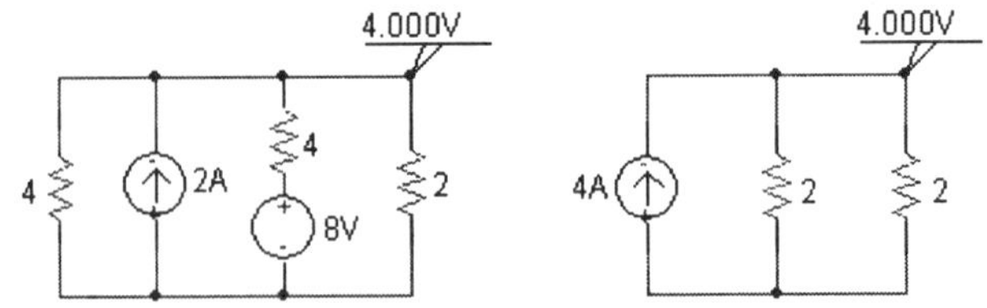


(a) (b)

[그림 8.108] 시뮬레이션 결과

## 8.5 테브난의 정리

회로를 해석하다 보면 단일 가지에 흐르는 전류 또는 전압을 구하는 경우가 많다. 한 가지의 전류 또는 전압을 구하기 위하여 루프 방정식 또는 마디 방정식을 세워 연립방정식을 푸는 것은 일반적으로 번거롭고 지루하다.

이 경우에 등가 회로에 관한 Thévenin의 정리와 Norton의 정리를 이용하면 매우 편리하다.

Thévenin의 정리란 전원을 포함하는 선형능동회로망을 출력단자 $a$, $b$ 외측에 대해서는 이것을 등가적으로 단자 $a$, $b$를 개방했을 때 나타나는 전압 $V$와 회로망내의 모든 전원을 제거하고 단자 $a$, $b$에서 본 회로망의 등가 임피던스 $Z_e$와 직렬로 연결된 단일 등가 전압원으로 대치시킬 수 있는 것이다. 임피던스 $Z_e$는 출력단자서 본 회로망의 등가 임피던스로서 출력단자를 개방하고, 회로망에 내포된 모든 전압전원을 단락, 모든 전류전원을 개방시키고 출력단자에서 본 수동 회로망의 구동점 임피던스(driving point impedance)를 말한다.

단일 등가 전압원은 출력단자를 개방하고 출력단자에서 측정한 전압의 크기와 같고, 극성은 원래의 전원에 의한 전류의 방향과 일치하도록 한다. Thévenin의 정리가 적용되기 위한 회로의 조건은 출력단자에 있는 회로 소자가 회로망 내부에 있는 회로 소자와 자기적으로 결합되어 있지 않아야 한다.

[그림 8.109](a)의 회로에서 $R_L$에 흐르는 전류 $I_L$을 구하기 위해 출력저항 $R_L$을 개방시키고 Thévenin 등가회로를 구하여 보자.

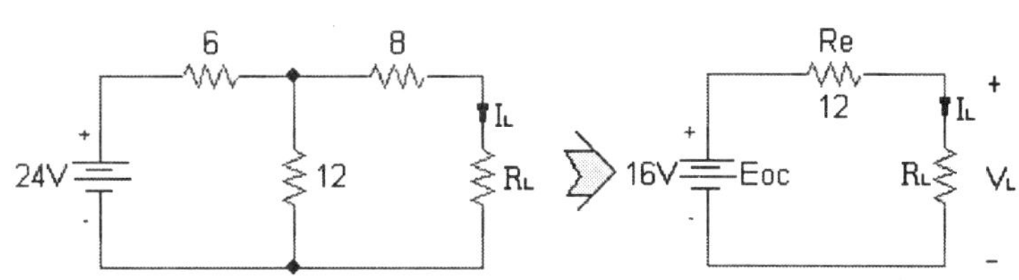


[그림 8.109] 테브난의 정리

$R_L$을 개방시키면 Thévenin 등가전원 $E_{oc}$는 12[Ω] 양단에 강하되는 전압과 같으므로,

$$E_{oc} = \left(\frac{12}{6+12}\right)24 = 16$$

이다. 등가 직렬저항 $R_e$는 전원 24[V]를 단락시키고, 개방된 출력단자에서 본 회로 전체

의 저항이므로 12[Ω]이 된다. Thévenin 등가회로는 [그림 8.109](b)와 같다. 따라서 부하 저항에 흐르는 전류 $I_L$와 전압 $V_L$ 및 부하에 공급되는 전력 $P_L$은 다음과 같다.

$$I_L = \frac{16}{12+R_L}, \quad V_L = \frac{16R_L}{12+R_L}$$

$$P_L = \left(\frac{16}{12+R_L}\right)^2 R_L$$

**예제 8.66** [그림 8.110]에서 테브난의 정리를 이용해서 $a$점과 $b$점간에 흐르는 전류를 구하라.

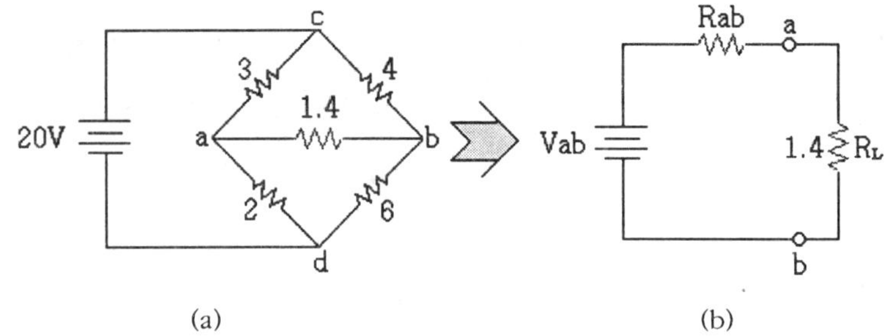


[그림 8.110] 회로 및 등가회로

**해** [그림 8.110](a)의 회로를 테브난의 등가로 고친 것이 그림 (b)이다. 부하저항 1.4[Ω]를 개방하고 $V_{ab}$를 구하면

$$V_{ab} = \frac{3\times 20}{3+2} - \frac{4\times 20}{4+6} = 4[\text{V}], \quad R_{ab} = \frac{6}{5} + \frac{2.4}{10} = 3.6[\Omega]$$

따라서 부하에 흐르는 전류는 4/5=0.8[A]가 된다.

[그림 8.111]은 상기 회로의 시뮬레이션 결과이다.

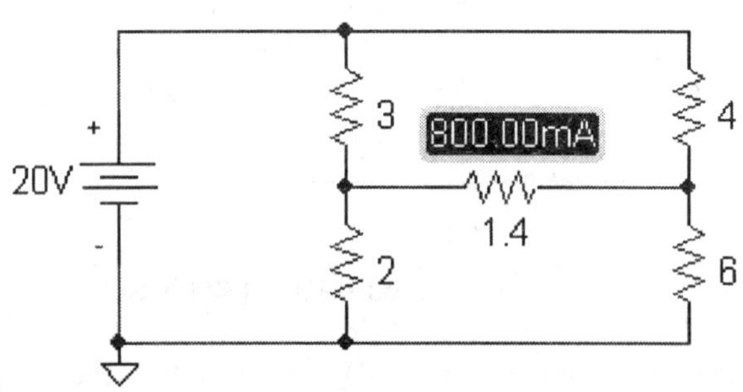


[그림 8.111] 시뮬레이션 결과

**예제 8.67** [그림 8.112]의 트랜지스터 1단 증폭기 회로에서 각 점의 전압을 구하라.

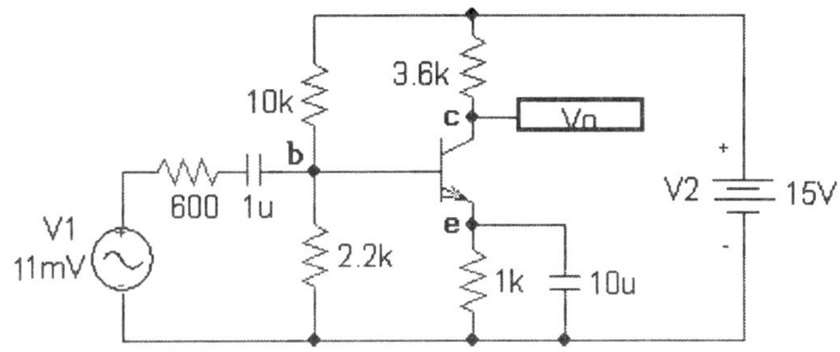


[그림 8.112] 트랜지스터 증폭기

**해** 직류 바이어스 전압 $V_b$는 테브난의 정리를 이용해서 구하면 다음과 같다.

$$V_b = \frac{2.2[k]}{10[k]+2.2[k]} \cdot 15[V] \fallingdotseq 2.7[V]$$

이미터 직류전류는

$$I_e = \frac{2[V]}{1[k]} \fallingdotseq 2[mA],\ (\text{단}\ \ V_e = 2.7[V] - 0.7[V] = \fallingdotseq 2[V])$$

가 되고, 콜렉터 출력의 직류전압은

$$V_C = 15[V] - (2[mA]) \times 3.6[k] \fallingdotseq 7.8[V]$$

이 된다. 다음으로 교류신호에 대해 알아보자. 교류 이미터 저항 $r'_e$는

$$r'_e = \frac{25[mV]}{I_e} = \frac{25[mV]}{2[mA]} = 12.5[\Omega]$$

가 되고, 전압이득 $A$는 다음과 같다.

$$A = -\frac{R_c}{r'_e} = -\frac{3.6[k]}{12.5} = -288$$

$$v_{out} = AV_{in} = -288(1[mV]) = -288[mV]$$

상기 회로를 시뮬레이션하고 직류전압을 측정한 결과가 [그림 8.113]이다.

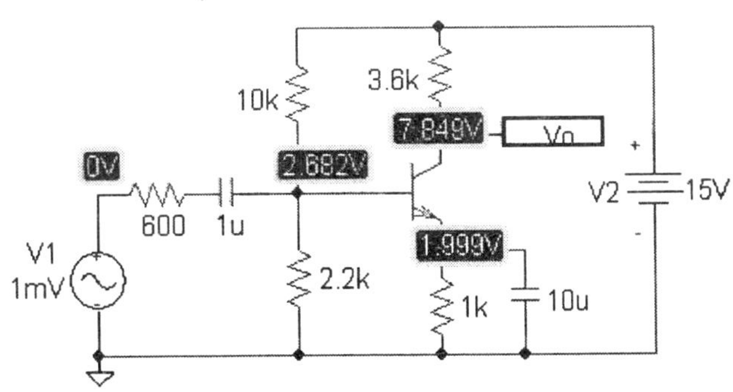


[그림 8.113] 직류전압 측정

최종 출력전압 $V_o$는 [그림 8.114]에서도 확인할 수 있듯이 직류전압 7.8[V]에 교류신호 −288[mA]가 겹쳐서 출력된다.

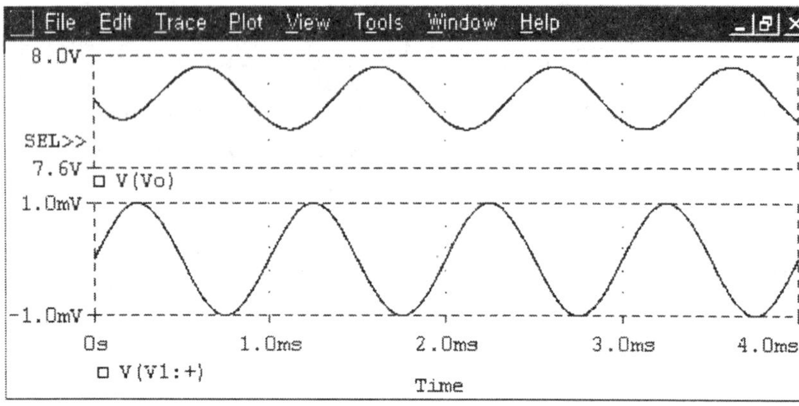


[그림 8.114] 시뮬레이션 결과

**예제 8.68** [그림 8.115](a)와 같은 1단 증폭기의 이득을 구하라. 단, 결합 콘덴서는 무시한다.

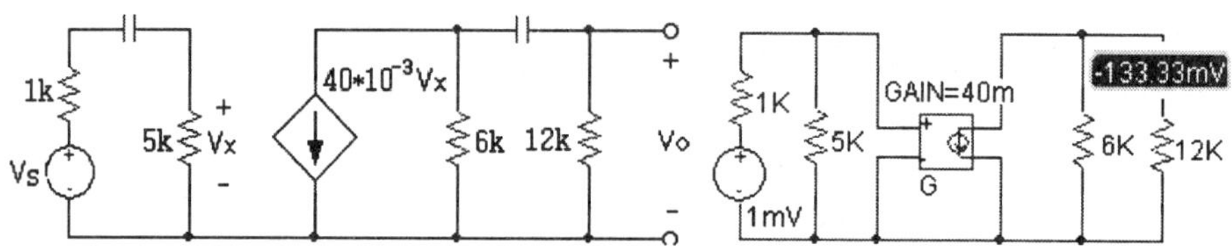


(a) (b)

[그림 8.115] 1단 증폭기의 이득계산

**해** 상기 회로에서

$$V_x = \frac{V_S(5[\text{k}])}{1[\text{k}]+5[\text{k}]} = \frac{5}{6}V_S,\ V_O = -40\times10^{-3}V_x(6[\text{k}] \parallel 12[\text{k}]) = \frac{-40}{1000}\left(\frac{5}{6}\right)(4[\text{k}])\,V_S = -133.33\,V_S$$

$\therefore \dfrac{V_o}{V_S} = -133.33$이 된다. 그림 (b)는 시뮬레이션 결과이다.

**예제 8.69** 테브난의 정리를 이용하여 [그림 8.116](a)의 회로에서 $V_o$를 구하라.

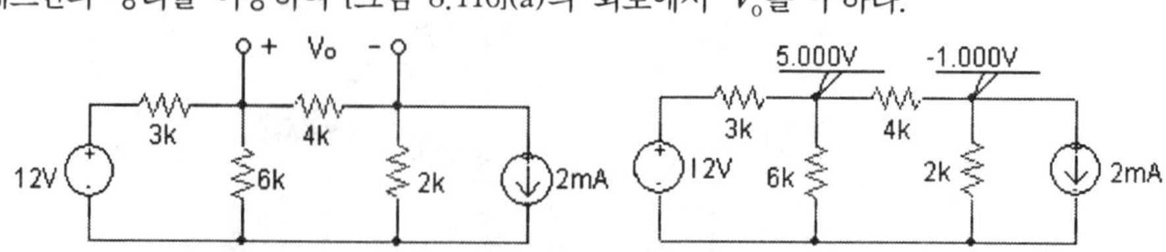


(a) (b)

[그림 8.116] 예제 회로

**해** 상기 회로를 테브난의 등가로 고친 것이 [그림 8.117]의 (c), (d), (e)이다.

$V_{oc} = \dfrac{6[k] \times 12}{9[k]} + 2[mA] \times 2[k] = 12[V]$, $R_{th} = 3[k] \parallel 6[k] + 2[k] = 4[k]$가 된다. 따라서 $V_o$는 6[V]가 된다. 시뮬레이션 결과는 그림 (b)이다.

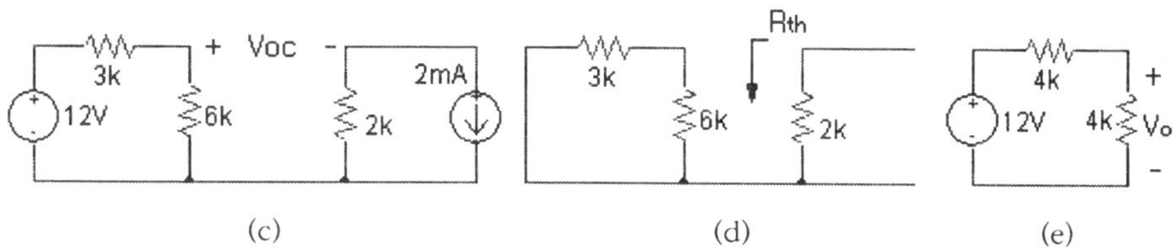


[그림 8.117] 예제 풀이

**예제 8.70** [그림 8.118](a)에서 $v_{ab}$를 구하고, 그림 (b)에서 $i_{ab}$를 각각 구하라.

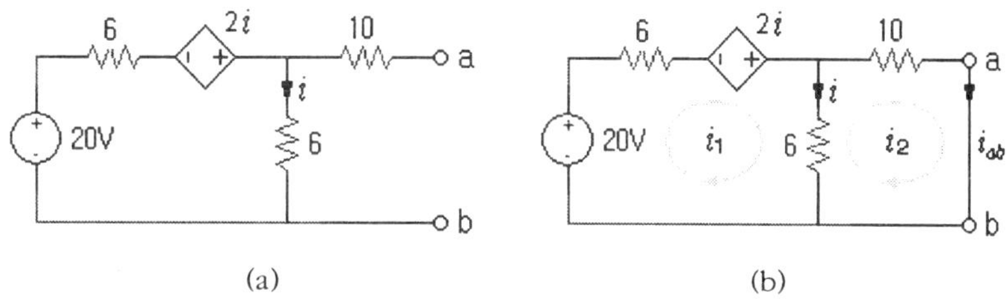


[그림 8.118] 예제 회로

**해** [그림 8.118](a)에서 $-20 + 6i - 2i + 6i = 0 \Rightarrow i = 2[A]$, $\therefore v_{ab} = 6i = 12[V]$가 된다.

그림 (b)에서 $-20 + 6i_1 - 2i + 6(i_1 - i_2) = 0$, $6(i_2 - i_1) + 10i_2 = 0$, $(i = i_1 + i_2)$이고 이 두 식에서 $\therefore i_2 = i_{ab} = 120/136[A]$가 된다. 출력결과는 [그림 8.119]와 같다.

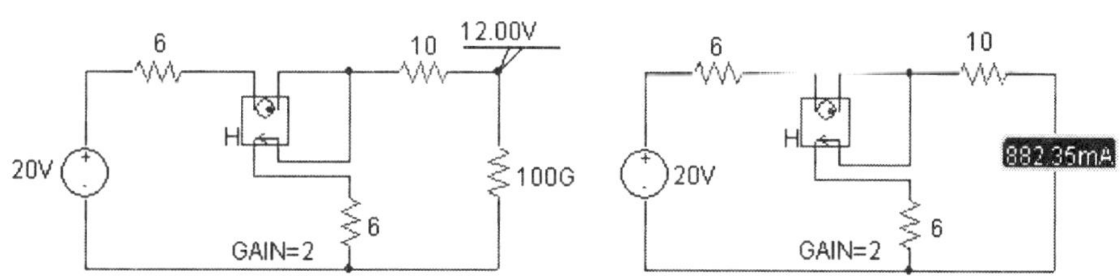


[그림 8.119] 시뮬레이션 결과

**예제 8.71** 테브난의 정리를 이용하여 [그림 8.120](a)의 회로에서 $I_o$를 구하라.

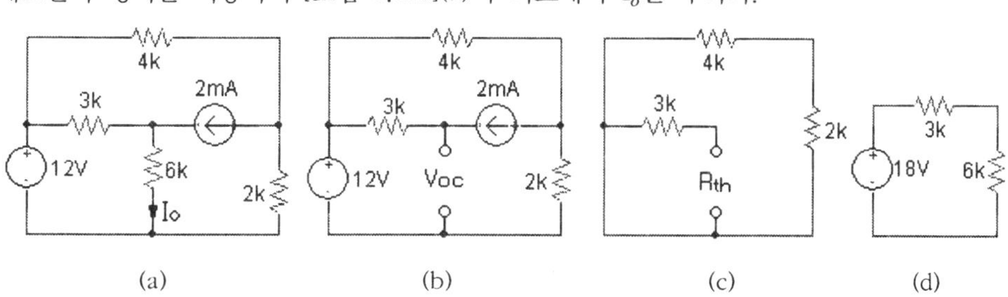


[그림 8.120] 예제 회로

**해** [그림 8.120] 회로를 테브난의 등가로 고친 것이 그림 (d)이다.
$V_{oc} = 12 + 3[k](2[mA]) = 18[V]$, $R_{th} = 3[k]$가 된다. 따라서 $I_o$는 2[mA]가 된다.

**예제 8.72** 테브난의 정리를 이용하여 [그림 8.121](a)의 회로에서 $I_o$를 구하라.

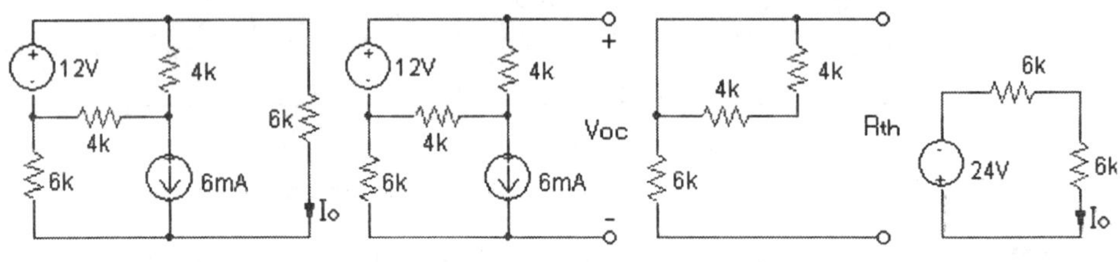


(a) (b) (c) (d)

[그림 8.121] 예제 회로

**해** 상기 회로를 테브난의 등가로 고친 것이 그림 (d)이다.
$V_{oc} = 12 - 6[k](6[mA]) = -24[V]$, $R_{th} = 6[k]$가 된다. 따라서 $I_o$는 $-2[mA]$가 된다.

**예제 8.73** [그림 8.122](a)에서 테브난의 등가를 이용하여 $I_o$를 구하고 이를 PSpice를 통해 확인하라.

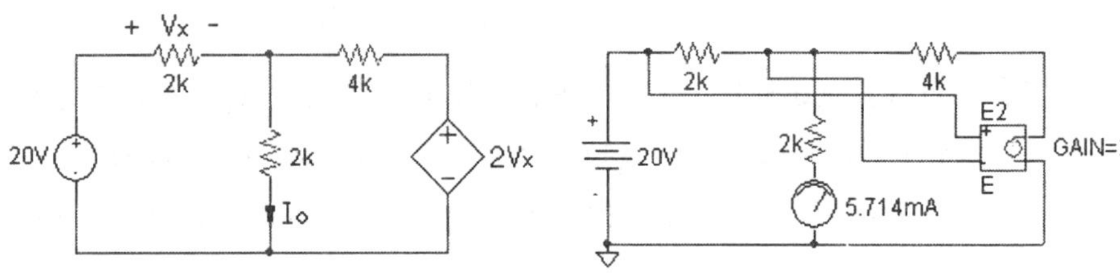


(a) (b)

[그림 8.122] $I_o$ 구하기

**해** [그림 8.123](a)에서 $-20+2[k]I+4[k]I+2V_x'=0$, $V_x'=2[k]I \Rightarrow I=2[mA]$이고 $V_{OC}=20\times$ $\times 2[mA](2[k])=16[V]$가 된다. 또한 그림 (b)에서 $V_x''=20[V]$, $I_{SC}=20/2[k]+40/4[k]$ $=20[mA] \Rightarrow R_{th}=V_{OC}/I_{SC}=4/5[k\Omega]$이 되므로 최종 테브난의 등가는 그림 (c)가 된다. 따라서 전류 $I_o=16/(2+4/5)[k]=5.71[mA]$가 되어 시뮬레이션 결과인 [그림 8.122](b)와 일치하고 있다.

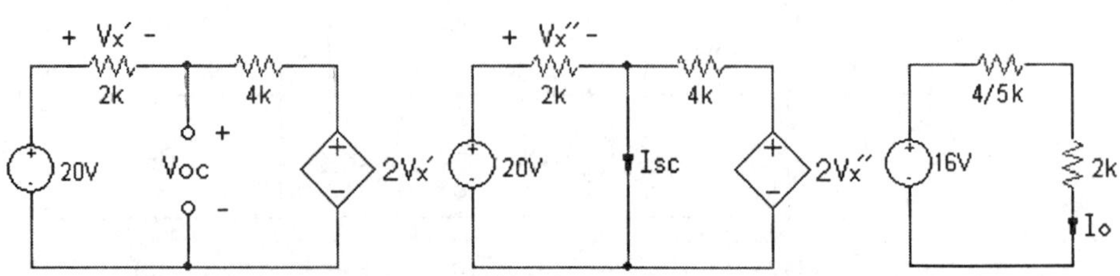


(a) (b) (c)

[그림 8.123] 예제 풀이

**예제 8.74** [그림 8.124](a)에서 테브난의 이론을 이용해서 $V_o$를 구하라.

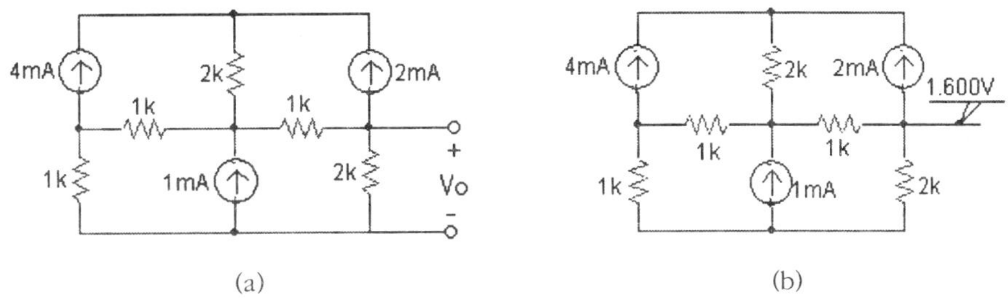


[그림 8.124] 테브난의 등가회로로 고치기

**해** [그림 8.125](a), (b)에서 $V_{OC}=1[\text{k}](-2[\text{mA}])+1[\text{k}](5[\text{mA}])+1[\text{k}](1[\text{mA}])=4[\text{V}]$가 된다. 또한 그림 (c)에서 $R_{\text{th}}=3[\text{k}\Omega]$가 된다. 따라서 테브난의 등가는 그림 (d)가 된다. $V_o=4/(3[\text{k}]+2[\text{k}])\times 2[\text{k}]=8/5[\text{V}]$가 된다. 시뮬레이션 결과는 [그림 8.124](b)이다.

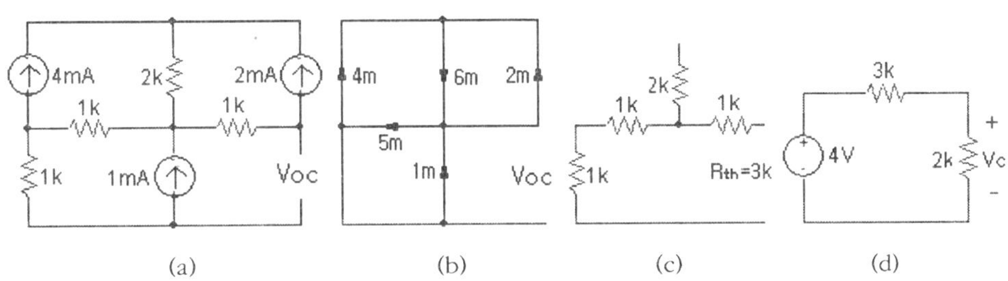


[그림 8.125] 예제 풀이

**예제 8.75** [그림 8.126]에서 테브난의 정리를 이용해서 $I_o$를 구하라.

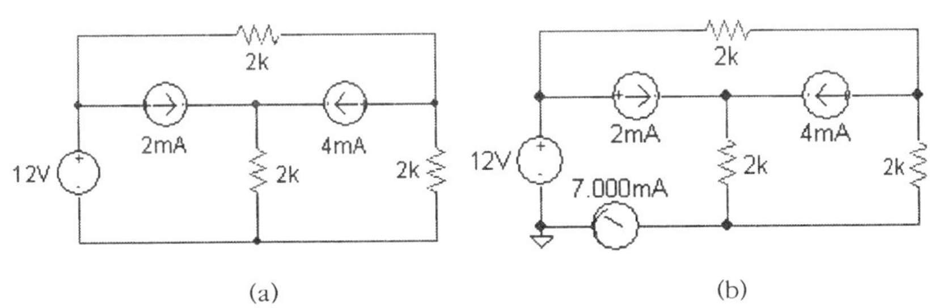


[그림 8.126] 테브난의 정리를 이용한 예제

**해** [그림 8.127](a), (b)에서 $V_{OC}=-2[\text{k}](2[\text{mA}])-2[\text{k}](6[\text{mA}])=-16[\text{V}]$가 된다. 그리고 그림 (c)에서 $R_{\text{th}}=4[\text{k}\Omega]$이 된다. 따라서 최종 등가는 그림 (d)이다. 회로에서 $I_o$는 다음과 같다. 즉, $I_o=(16+12)/4[\text{K}]=7[\text{mA}]$가 되어 상기 그림 (b)와 동일함을 확인할 수 있었다.

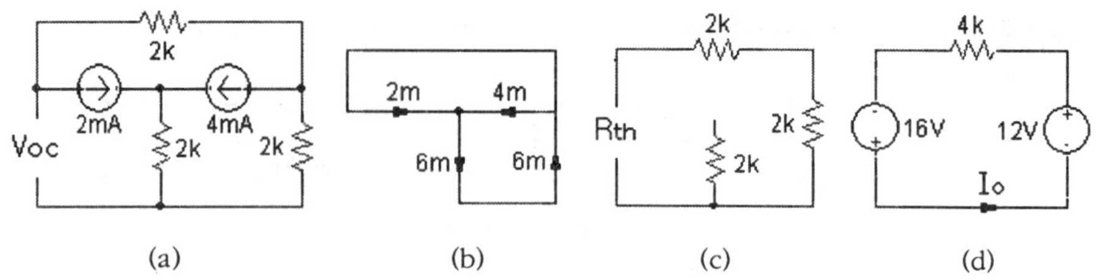


[그림 8.127] 예제 풀이

**예제 8.76** [그림 8.128](a)의 회로에서 $Z_L = 9.5 + j2.5[\Omega]$일 때 테브난의 정리를 이용하여 $Z_L$에 흐르는 전류를 구하라.

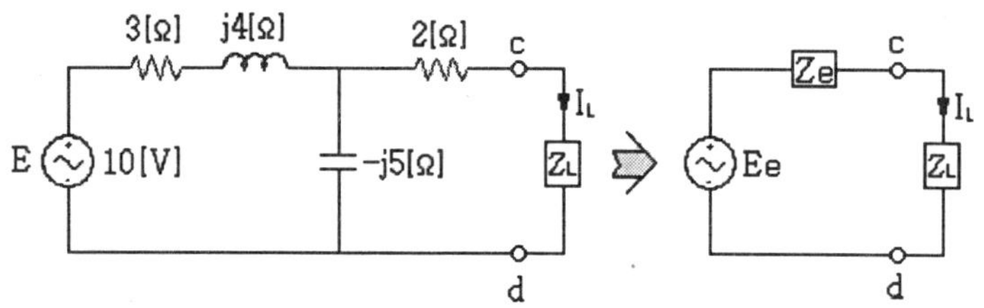


[그림 8.128] 예제 회로

**해** $Z_L$을 제거하여 출력단자 $c$, $d$를 개방한 다음, 커패시터 양단의 전압을 계산하면 등가전압전원 $E_{cd}$는 다음과 같다.

$$E_{cd} = 10\left(\frac{-j5}{3+j4-j5}\right) = 5 - j15[\text{V}]$$

전압전원을 단락시키고, 단자 $c$, $d$에서 본 임피던스 $Z_e$는

$$Z_e = 2 + \frac{-j5(3+j4)}{3+j4-j5} = 9.5 - j2.5[\Omega]$$

이므로 테브난 등가회로는 그림 (b)와 같이 단일 전압전원 $E_e$에 임피던스 $Z_e$를 직렬로 연결한 회로이므로 이 회로에 직렬로 연결된 $Z_L$에 흐르는 전류 $I_L$은 다음과 같다.

$$I_L = \frac{E_{oc}}{Z_e + Z_L} = \frac{5 - j15}{9.5 - j2.5 + 9.5 + j2.5} = 0.263 - j0.789[\text{A}]$$

**예제 8.77** [그림 8.129](a)에서 테브난의 정리를 이용해서 $V_o$를 구하라.

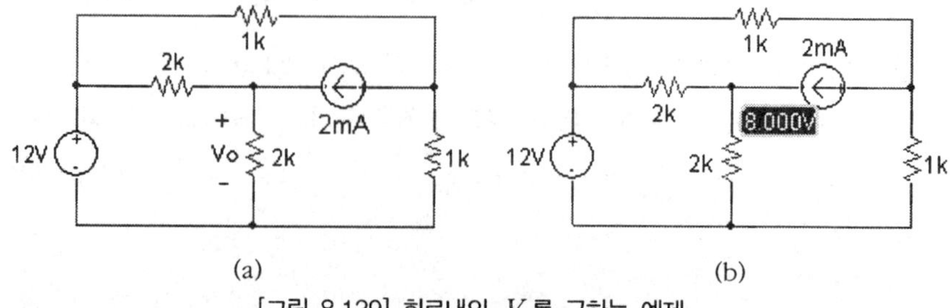


[그림 8.129] 회로내의 $V_o$를 구하는 예제

**해** [그림 8.130](a)의 회로에서 $V_{OC} = 12 + 2[k](2[mA]) = 16[V]$가 되고, 그림 (b)에서 $R_{th} = 2[k]$가 된다. 따라서 최종회로 (c)에서 $V_o = 8[V]$가 된다. 출력결과는 [그림 8.130](b)이다.

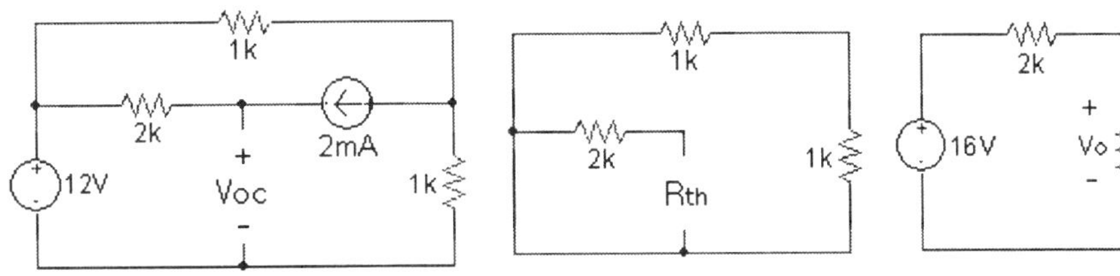


(a) (b) (c)

[그림 8.130] 예제 풀이

**예제 8.78** [그림 8.131]의 회로에서 테브난의 등가회로를 구하라.

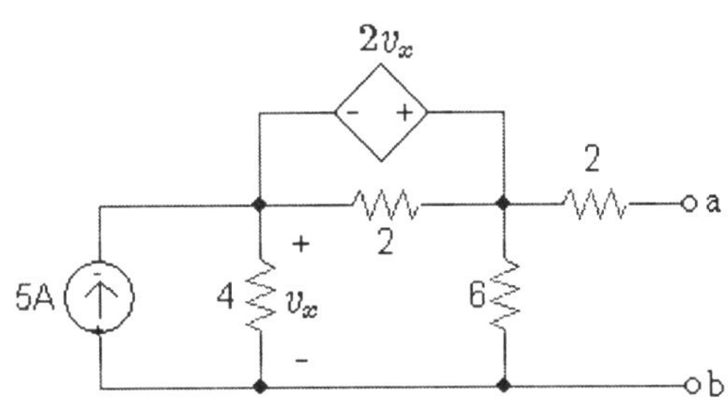


[그림 8.131] 예제 회로

**해** 이 회로는 종속전원을 가지고 있다. $R_{th}$를 구하기 위해 독립전원을 0에 맞추고 종속전원을 남겨둔다. 그리고 종속전원이 존재하기 때문에 [그림 8.132](a)와 같이 단자에 연결된 전압원 $v_o$로 여기한다. 또한 회로가 선형이기 때문에 계산을 쉽게하기 위해 $v_o = 1[V]$로 하였다.

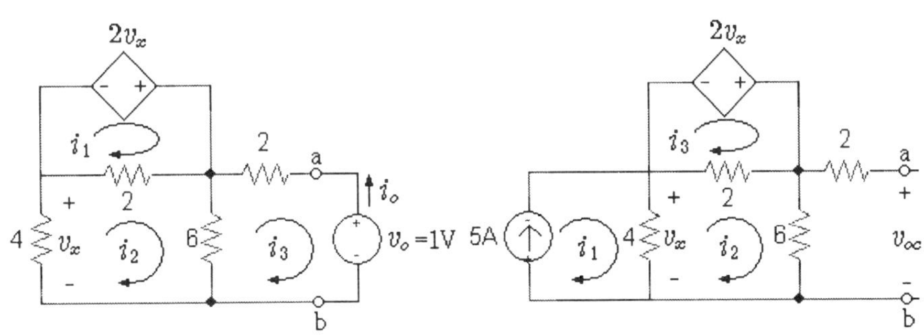


(a) (b)

[그림 8.132] 테브난의 계산 등가회로

[그림 8.132](a)의 회로에서 루프 1에 망로해석법을 적용하면

$-2v_x + 2(i_1 - i_2) = 0$ 혹은 $v_x = i_1 - i_2$

여기서 $-4i_2 = v_x = i_1 - i_2$이므로 $i_1 = -3i_2$

루프 2와 3에 KVL을 적용하면

$4i_2+2(i_2-i_1)+6(i_2-i_3)=0$

$6(i_3-i_2)+2i_3+1=0$

이 식을 풀면 $i_3=-1/6$[A]가 되고, $i_o=-i_3=1/6$[A]이므로

$R_{th}=\dfrac{1[V]}{i_o}=6[\Omega]$

이 된다. 또한 $V_{th}$를 구하기 위해 [그림 8.132](b)의 회로에서 $V_{th}$를 구한다.

$i_1=5,\ -2v_x+2(i_3-i_2)=0 \Rightarrow v_x=i_3-i_2$

$4(i_2-i_1)+2(i_2-i_3)+6i_2=0$

여기서 $4(i_1-i_2)=v_x$이다. 이 식을 풀면 $i_2=10/3$이 되므로

$V_{th}=v_{oc}=6i_2=20$[V]가 된다.

[그림 8.131]의 회로를 PSpice를 이용해서 구해보자. 회로는 [그림 8.133]과 같이 구성하였다.

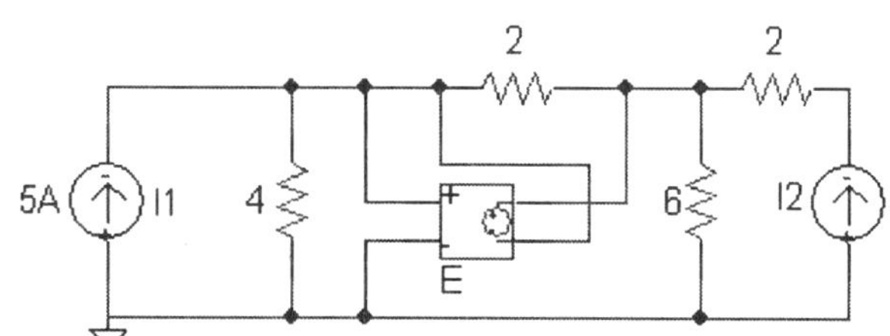


[그림 8.133] 실제 회로

이 단자에 probing 전류원 I2가 존재함을 주의하라. Analysis/Setup에서 DC Sweep을 클릭하고 Linear를 선택한다. 또한 Sweep Var.Type에 전류원을 선택하고 Name상자에 I2, Strart Value에 0, End Value에 1, Increment에 0.1을 입력한다. 시뮬레이션을 실행한 후 Probe menu로부터 V(I2:-)를 입력하고 OK를 클릭하면 [그림 8.134]와 같은 화면이 나타난다. 이 실행화면으로부터 다음을 얻을 수 있다.

$V_{th}$ =Zero intercept = 20[V], $R_{th}=\dfrac{26-20}{1}=6[\Omega]$

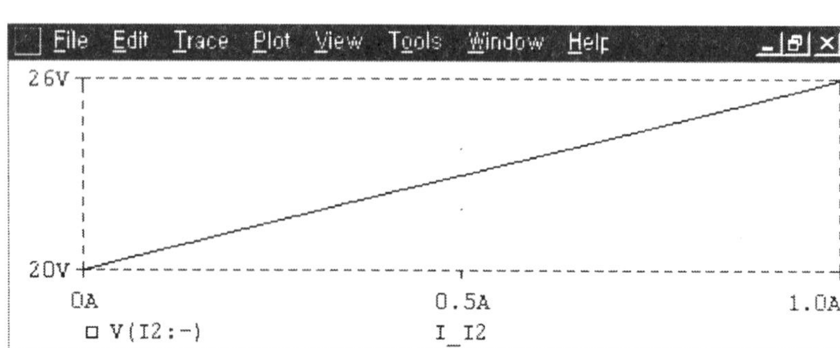


[그림 8.134] 시뮬레이션 결과

**예제 8.79** [그림 8.135]에서 $V_{th}$ 전압을 구하라.

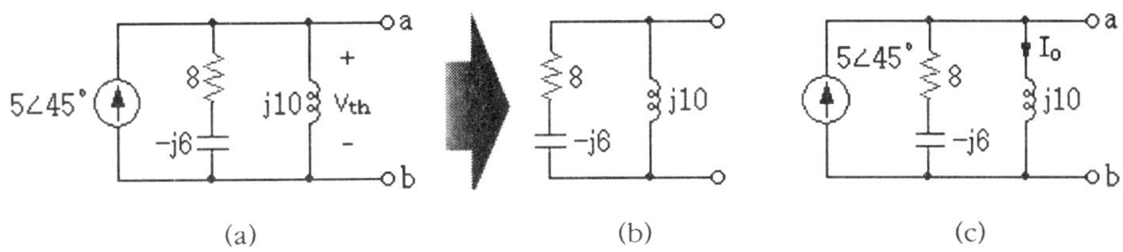


[그림 8.135] 예제 회로

**해** 상기 그림 (b)에서 $Z_{th}=j10 \parallel 8-j6=\dfrac{(j10)(8-j6)}{j10+(8-j6)}=5(2+j)=11.18\angle 26.56^\circ$ [Ω]

그림 (c)에서 $I_o=\dfrac{8-j6}{(8-j6)+j10}\times 5\angle 45^\circ=\dfrac{4-j3}{4+j2}(5\angle 45^\circ)$

$\therefore V_{th}=j10\times I_o=\dfrac{(j10)(4-j3)(5\angle 45^\circ)}{2(2+j)}=55.9\angle 71.56^\circ$ [V]가 된다.

**예제 8.80** [그림 8.136](a)의 회로를 테브난의 등가회로로 고쳐라.

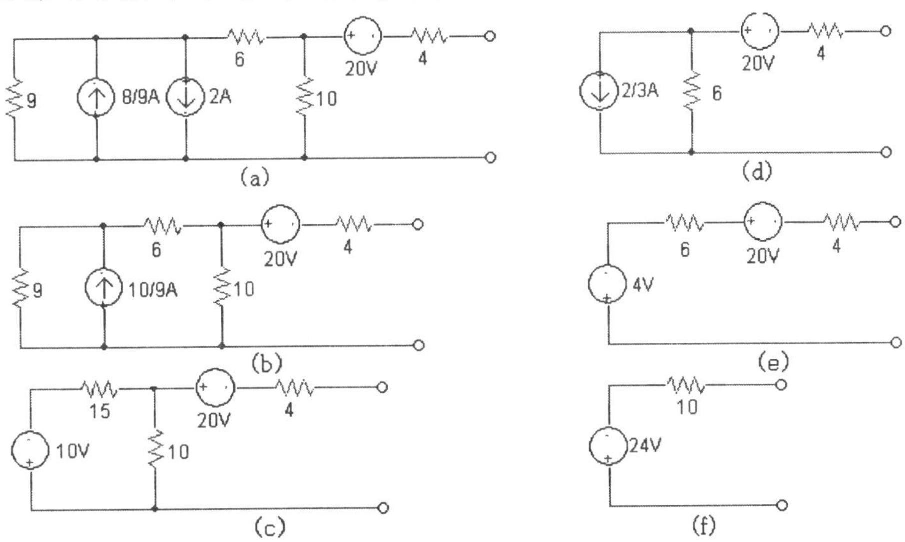


[그림 8.136] 테브난의 등가로 고치는 순서

**해** 테브난의 등가로 고치는 순서는 [그림 8.136]과 같다. 그림 (a)와 (f)가 등가임을 [그림 8.137]에서 입증하고 있다.

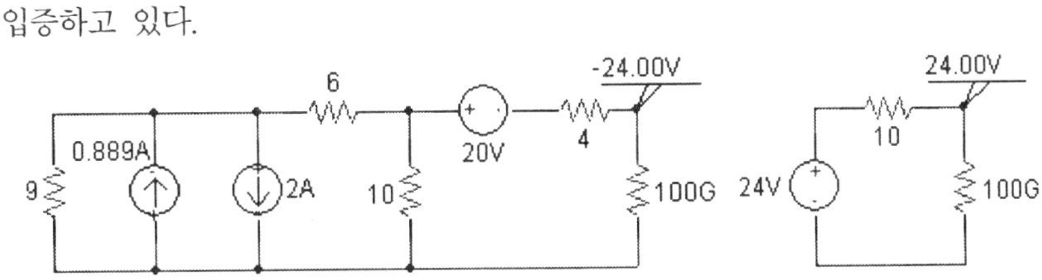


[그림 8.137] 시뮬레이션 결과

**예제 8.81** [그림 8.138](a)의 회로를 테브난의 등가회로로 고쳐라.

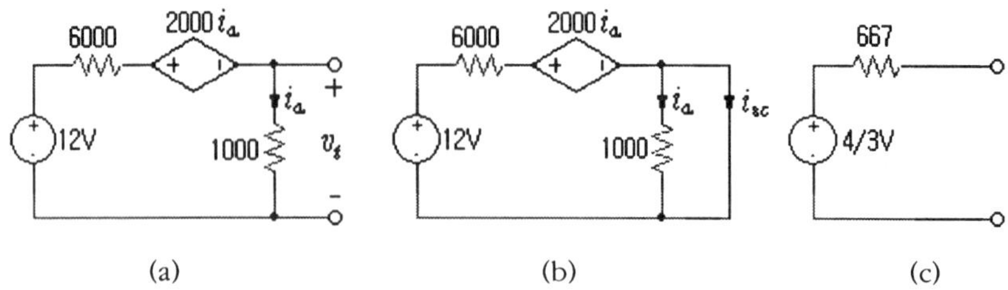


[그림 8.138] 테브난의 등가회로

**해** 그림 (a)에서 $-12+6000i_a+2000i_a+1000i_a=0 \Rightarrow i_a=4/3000[A]$, $\therefore v_t=1000i_a=4/3[V]$가 된다. 그림 (b)에서 $i_a=0/1000=0[A]$가 되고, 이 회로에서의 KVL은 $-12+6000i_{sc}=0 \Rightarrow i_{sc}=2[mA]$, $\therefore R_t=\dfrac{v_t}{i_{sc}}=\dfrac{4/3}{0.002}=667[\Omega]$가 되므로 테브난의 등가는 그림 (c)가 된다. [그림 8.139]의 시뮬레이션을 통해서 상기 그림의 (a)와 (c)가 등가임을 확인할 수 있었다.

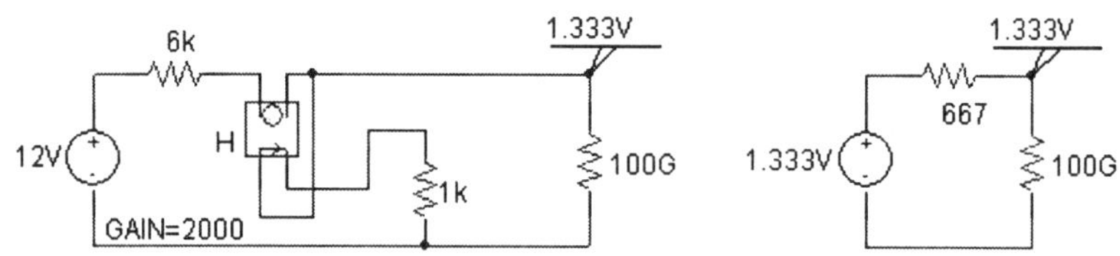


[그림 8.139] 시뮬레이션 결과

**예제 8.82** 단자 $a$, $b$에 대해 테브난의 등가를 구하기 위해 PSpice를 이용하라.

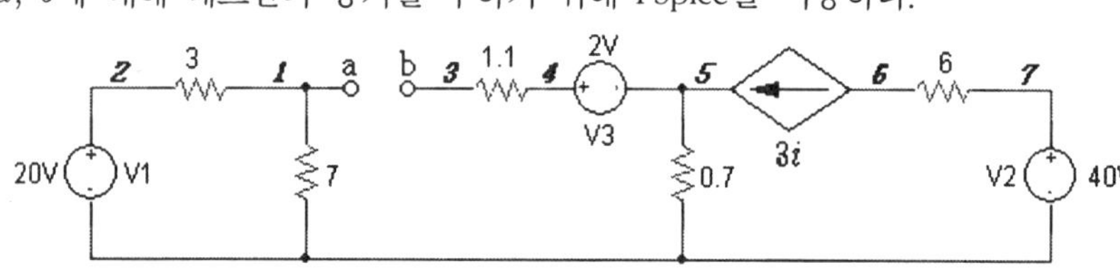


[그림 8.140] 테브난의 등가

**해** 테브난의 등가를 구하기 위해 먼저 $a$, $b$간의 단락전류를 구하기 위해 [그림 8.141]과 같이 $1[\mu\Omega]$를 연결하고 시뮬레이션을 행했다.

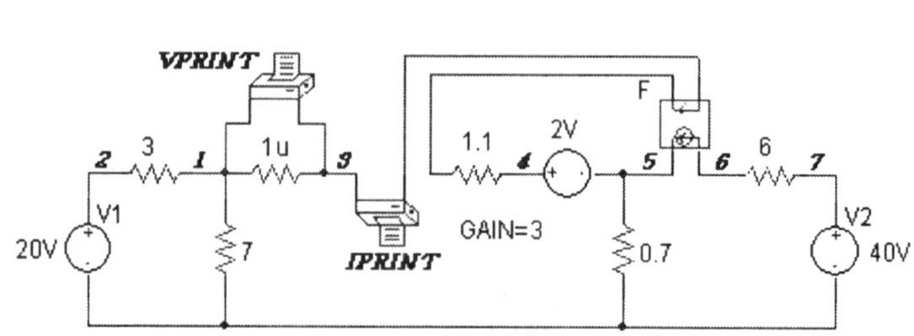


[그림 8.141] $a$, $b$간의 단락회로

다음으로 개방전압을 구하기 위해 [그림 8.142]와 같이 1[nF]의 콘덴서를 연결하고 시뮬레이션을 행했다. 콘덴서는 DC 해석에서 개방회로와 같이 작동한다.

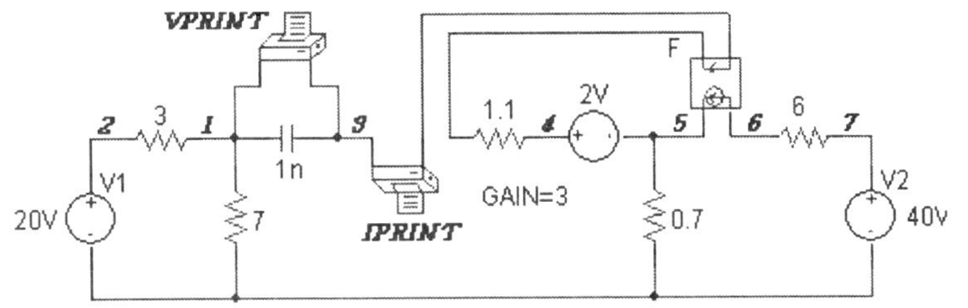


[그림 8.142] $a$, $b$간의 개방회로

그 결과 출력결과는 아래와 같다. 개방전압 $V_{ab}=12[\mathrm{V}]$, 단락전류를 $i_{sc}$라 하면

$i_{sc}=12/2=6[\Omega]$가 된다. 테브난의 등가회로를 참조하라.

```
**** 04/02/110 10:19:11 ******** NT Evaluation PSpice (July 1997) ***************
 * C:₩Documents and Settings₩bojo1₩My Documents₩Schematic1.sch
 ****     TRANSIENT ANALYSIS              TEMPERATURE =   27.000 DEG C
*********************************************************************************
   TIME          V(1,3)       I(V_PRINT4)     Circuit
 1.000E+00     1.200E+01     0.000E+00        Open
 1.000E+00     2.000E-06     2.000E+00        Short
```

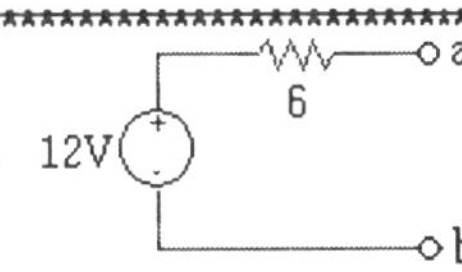


**예제 8.83** [그림 8.143](a)에서 부하저항 $R_L$에 흐르는 전류 $I_L$을 PSpice를 이용해서 구하라.

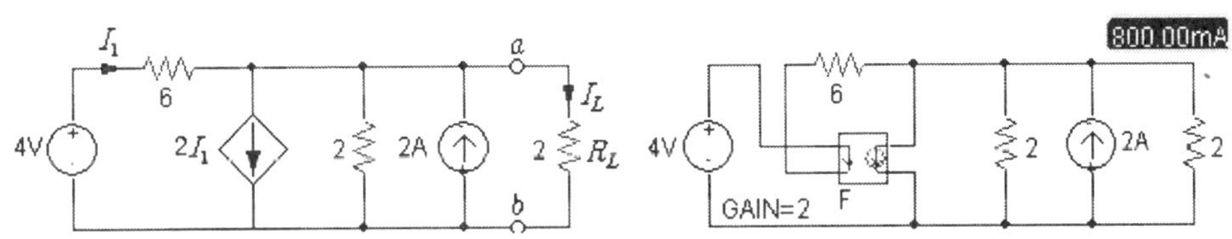


(a) (b)

[그림 8.143] 회로 및 출력결과

**해** 시뮬레이션 결과는 그림 (b)이다.

**예제 8.84** [그림 8.144](a)에서 부하($R_L$)에 공급되는 최대전력을 구하라.

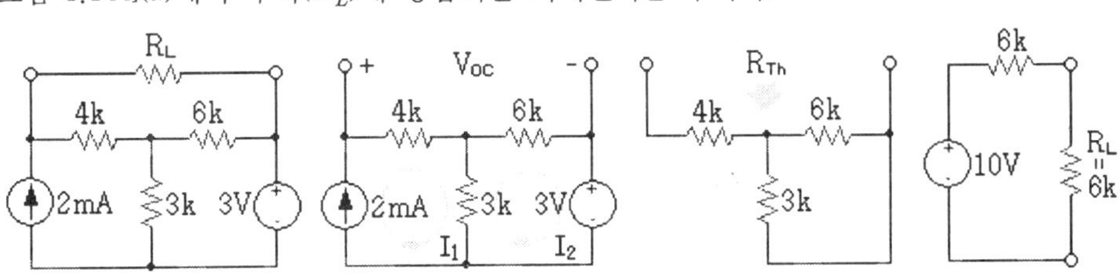


(a) (b) (c) (d)

[그림 8.144] 최대전력 전달

**해** 테브난의 등가전압 $V_{oc}$를 구하기 위해 그림 (a)를 (b)로 고친다.

$$\begin{cases} I_1 = 2\times 10^{-3} \\ 3[\mathrm{k}](I_2 - I_1) + 6[\mathrm{k}]I_2 + 3 = 0 \end{cases} \begin{matrix} \rightarrow I_2 = \dfrac{1}{3}[\mathrm{mA}] \\ \rightarrow V_{\infty} = 4[\mathrm{k}]I_1 + 6[\mathrm{k}]I_2 = 10[\mathrm{V}] \end{matrix}$$

테브난의 등가저항을 구하기 위해 그림 (c)를 그린다(모든 전원은 off).

$R_{\mathrm{th}} = 4[\mathrm{k}] + (6[\mathrm{k}] \parallel 2[\mathrm{k}]) = 6[\mathrm{k}\Omega]$

따라서 테브난의 등가는 그림 (d)가 되고, 최대전력을 구하기 위해 $R_L = 6[\mathrm{k}\Omega]$이 된다.

$$\therefore P_{L(\max)} = \frac{V_{oc}^2}{4R_L} = \frac{10^2}{4\times 6[\mathrm{k}]} = \frac{25}{6}[\mathrm{mA}]$$

**예제 8.85** [그림 8.145](a)에서 부하($R_L$)에 공급되는 최대전력을 구하라.

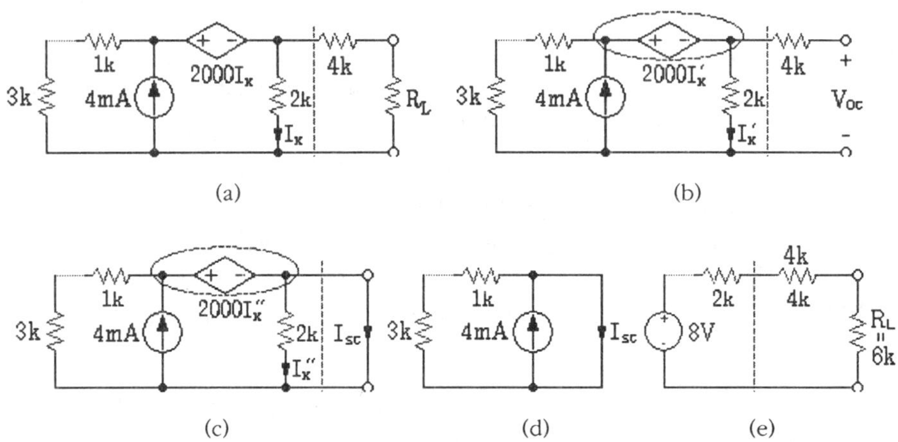


[그림 8.145] 등가전압 및 저항

**해** $V_{oc}$를 구하기 위해 $R_L$를 개방하고(그림 (b)) KCL를 적용하면 다음과 같다.

$$\frac{V_{oc} - 2000I_x'}{1[\mathrm{k}] + 3[\mathrm{k}]} + (-4\times 10^{-3})$$

다음으로 테브난의 등가저항을 구하기 위해 $R_L$를 단락하고 그린 것이 그림 (c)와 (d)이다. 따라서 $I_{sc} = 4[\mathrm{mA}] \rightarrow R_{\mathrm{th}} = \dfrac{V_{oc}}{I_{sc}} = 2[\mathrm{k}\Omega]$이 된다. 그림 (e)에서 최대전력 전달은 다음과 같다.

$$P_{L\max} = \left(\frac{8}{2[\mathrm{k}] + 4[\mathrm{k}] + 6[\mathrm{k}]}\right)^2 (6[\mathrm{k}]) = \frac{8}{3}[\mathrm{mA}]\text{가 된다.}$$

**예제 8.86** [그림 8.146](a)를 테브난의 등가로 고쳐라.

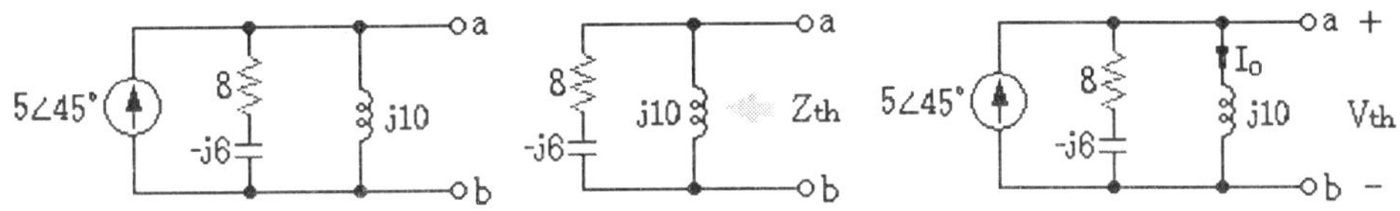


(a) (b) (c)

[그림 8.146] 테브난의 등가

**해** 먼저 그림 (b)에서 등가 임피던스 $Z_{th}$를 구해보자.

$$Z_{th} = j10 \parallel 8 - j6 = \frac{(j10)(8-j6)}{j10+(8-j6)} = 5(2+j) = 11.18\angle 26.56° \ [\Omega]$$

다음에 테브난의 등가전압 $V_{th}$를 그림 (c)에서 구해보자.

$$I_o = \frac{8-j6}{(8-j6)+j10} \times 5\angle 45° = \frac{4-j3}{4+j2}(5\angle 45°)$$

$$V_{th} = j10 \times I_o = \frac{(j10)(4-j3)(5\angle 45°)}{2(2+j)} = 55.9\angle 71.56° \ [\mathrm{V}]$$

**예제 8.87** [그림 8.147]에서 테브난의 등가를 이용하여 $V_o$를 구하라.

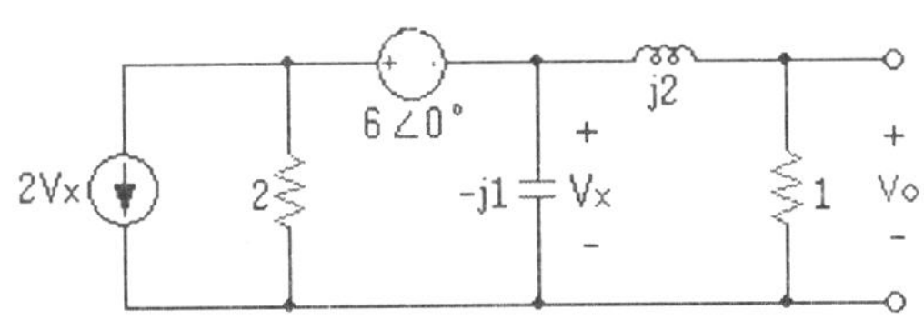


[그림 8.147] $V_o$를 구하는 예제

**해** 상기 회로에서 $V_{OC} = V_x$가 되고

$$2V_X + \frac{V_{OC}+6}{2} + \frac{V_{OC}}{-j1} = 0 \Rightarrow V_{OC} = \frac{-6}{5+j2}[\mathrm{V}],\ I_{SC} = \frac{-6}{2} = -3[\mathrm{A}]$$ 가 된다. 또한

$Z_{th} = \dfrac{V_{oc}}{I_{SC}} = \dfrac{2}{5+j2}[\Omega]$가 되므로 출력전압 $V_o$는 다음과 같다.

$$V_O = V_{OC}\left[\frac{1}{1+j2+Z_{th}}\right] = \left(\frac{-6}{5+j2}\right)\left(\frac{5+j2}{(1+j2)(5+j2)+2}\right) = \frac{-6(5+j2)}{3+j12} = 2.61\angle 125.8° \ [\mathrm{V}]$$

## 8.6 노턴의 정리

앞에서 취급한 Thévenin 등가회로는 전압전원으로 표시한 등가회로이므로 이것을 전류전원 등가회로로 고칠 수 있다. 이와 같이 전류전원으로 바꾼 등가회로를 노턴(Norton) 등가회로라고 부른다.

Norton의 정리는 전원을 포함하는 능동회로망의 단자 $a$, $b$외측에 대해서는 이것을 등가적으로 단자 $a$, $b$를 단락했을 때 여기를 흐르는 전류 $I_S$와 회로망내의 모든 전원을 제거하고 단자 $a$, $b$에서 본 회로망의 어드미턴스 $Y_O$가 병렬로 연결된 것으로 대치할 수 있다는 것이다.

병렬 임피던스는 Thévenin 등가 임피던스와 같고, 등가전류전원은 능동회로망의 출력단자를 단락시켰을 때 흐르는 전류와 같다.

[그림 8.109](a)의 회로에 Norton의 정리를 적용하여 부하전류 $I_L$을 구하여 보자. 등가저항은 24[V]의 전원을 단락시키고, 출력단자에서 본 회로 전체 저항이므로 12[Ω]이 된다. 등가전원은 출력단자를 단락시켰을 때 흐르는 전류이므로 $\frac{6}{5}$[A]가 되어 Norton의 등가회로는 [그림 8.148]과 같다.

또한 [그림 8.109](b)로부터, 즉 Thévenin 등가회로로부터 Norton의 등가회로를 구하면 [그림 8.148]이 되는 것을 알 수 있다.

이와 같이 임의의 회로에 Thévenin의 정리와 Norton의 정리를 적용한 결과는 동일하다는 것을 알았다. 그러므로 Thévenin 등가회로의 쌍대회로는 바로 Norton 등가회로가 된다.

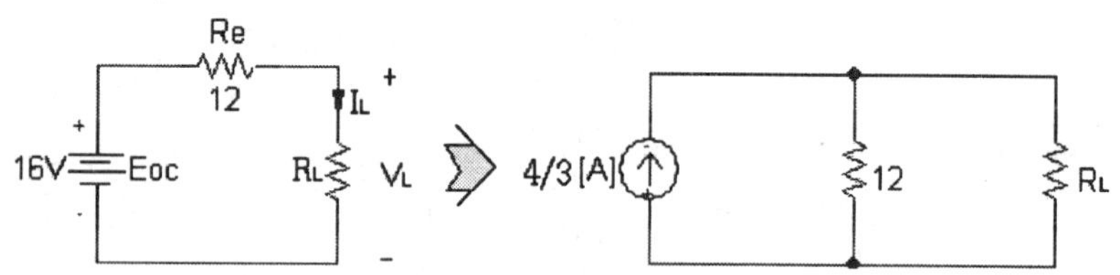


[그림 8.148]

상기 회로들을 시뮬레이션한 결과가 [그림 8.149]이다. 그림에서도 확인할 수 있듯이 그림 (a)의 테브난 회로와 (b)의 노턴 회로에서의 부하저항에 흐르는 전류는 동일함을 알 수 있다.

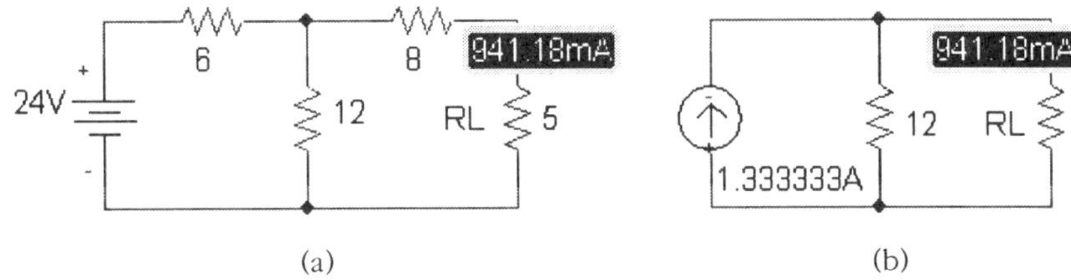


[그림 8.149] 시뮬레이션 결과

**예제 8.88** [그림 8.128](a)의 회로에서 $Z_L = 9.5 + j2.5[\Omega]$일 때 Norton의 정리를 이용하여 $Z_L$에 흐르는 전류 $I_L$을 구하라.

**해** 먼저 등가전류전원을 구하기 위하여 $Z_L$을 단락시키고, 단자 $a$, $b$에서 본 구동점 임피던스 $Z_L$은

$$Z_L = 3 + j4 + \frac{-j5(2)}{2 - j5} = 4.724 + j3.31[\Omega]$$

이면 $Z_L$을 단락시켰을 경우의 전 전류 $I$는

$$I = \frac{10 + j0}{4.724 + j3.31} = 1.421 - j0.995[\mathrm{A}]$$

이다. 따라서 등가전류전원 $I_e$는 다음과 같다.

$$I_e = (1.421 - j0.995)\frac{9.5 - j2.5}{9.5 - j2.5 + 9.5 + j2.5} = 0.263 - j0.789[\mathrm{A}]$$

**예제 8.89** [그림 8.131]의 회로를 노턴의 등가로 고치기 위해서 [그림 8.133]의 그림에서 probing 전류원을 probing 전압원 V1으로 대치한 회로가 [그림 8.149]이다.

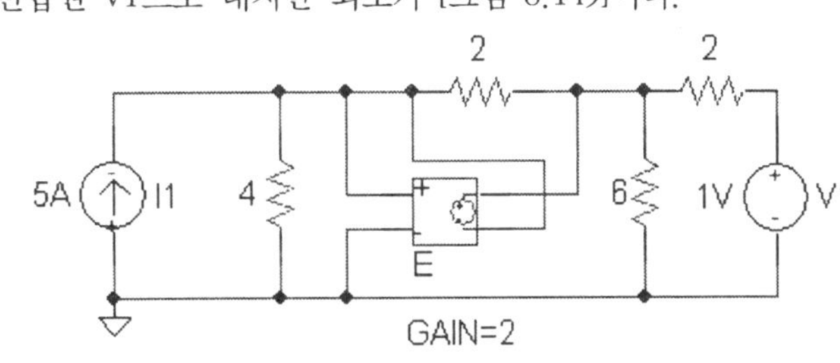


[그림 8.150] 예제 회로

DC Sweep 대화상자에서 Sweep Type에 Linear를 선택하고 Sweep Var. Type에 Voltage Source를 선택한다. Name에 V1, Start Value에 0, End value에 1, 그리고 Increment에 0.1을 입력한다. Probe가 동작중일 때 trace I(V1)을 입력하고 OK를 선택하면 [그림 8.151]과 같은 실행화면이 나타난다. 이 실행화면으로부터 다음을 얻을 수 있다.

$I_N$ = Zero intercept = 3.335[A]

$$G_N = \text{Slope} = \frac{3.335 - 3.165}{1} = 0.17[\mathrm{S}]$$

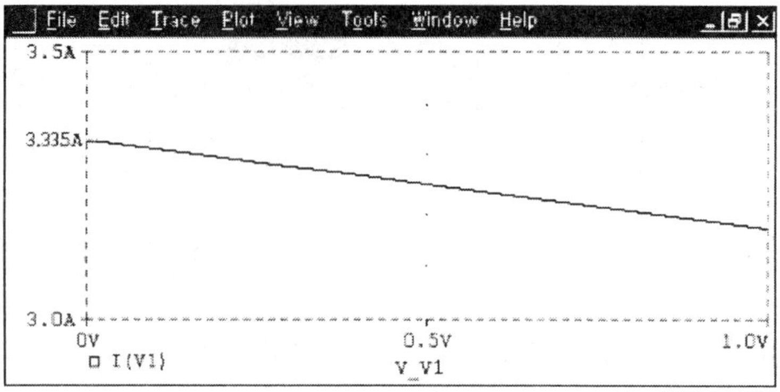


[그림 8.151] 시뮬레이션 결과

**예제 8.90** [그림 8.152]의 회로를 노턴의 등가로 고쳐라.

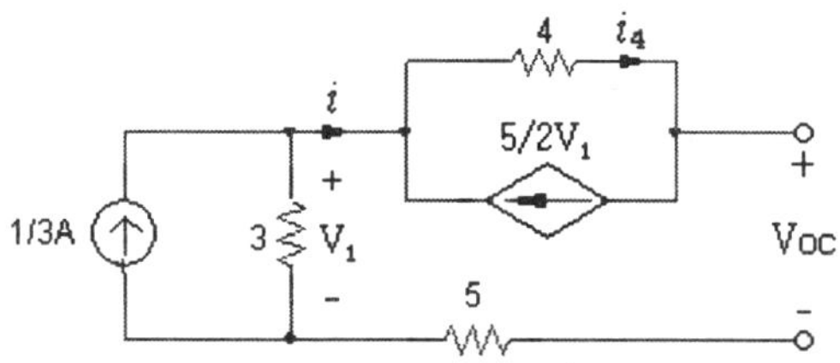


[그림 8.152] 예제 회로

**해** 상기 그림에서 $i=0$ , $i_4=5/2V_1$, $V_1=3(1/3)=1V$ , $-V_1+4i_4+V_{oc}=0 \Rightarrow V_{oc}=-9$[V]가 된다.

다음으로 [그림 8.153](a)에서 출력을 단락([그림 8.153](a))하고 $i_{sc}$를 구해보자.

$-V_1+4i_{sc}+10V_1+5i_{sc}=0 \Rightarrow 9V_1+9i_{sc}=0$이 되고, $p$점에서

$-\frac{1}{3}+\frac{V_1}{3}+i_{sc}=0 \quad \therefore i_{sc}=\frac{1}{2}$[A]가 된다.

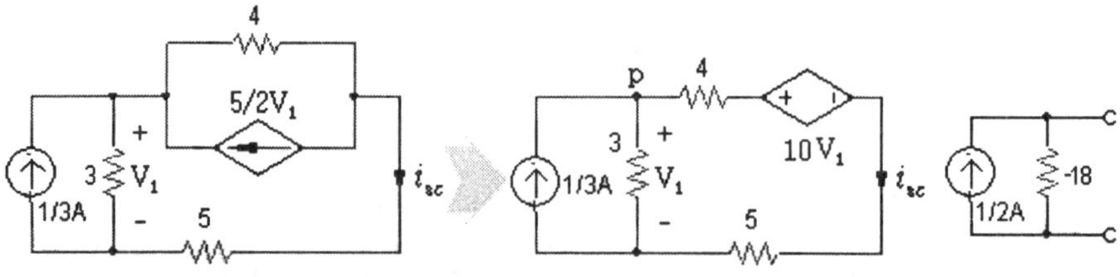


[그림 8.153] 풀이 회로

또한 노턴의 등가저항 $R_T=\frac{V_{oc}}{I_{sc}}=\frac{-9}{1/2}=-18$[Ω]가 된다. 따라서 노턴의 등가는 [그림 8.153](b)와 같다. 시뮬레이션 결과는 [그림 8.154]와 같다.

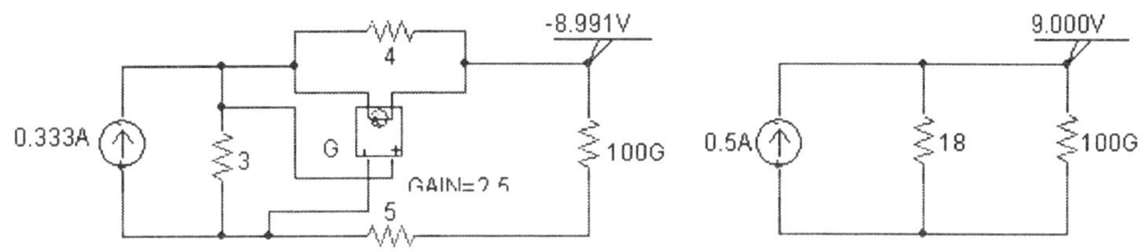


[그림 8.154] 시뮬레이션 결과

**예제 8.91** [그림 8.155](a)에서 전류 $i$가 2.5[A]일 때 $V_o$를 구하라.

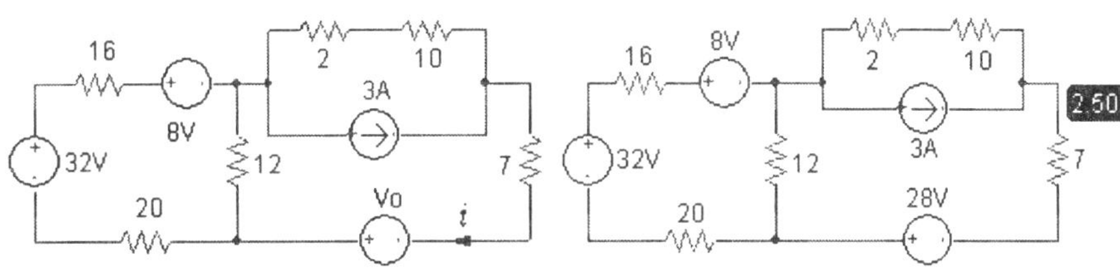


(a) (b)

[그림 8.155] 예제 회로 및 출력결과

**해** 상기 그림을 전압등가↔ 전류등가로 고치면 [그림 8.156]과 같다.

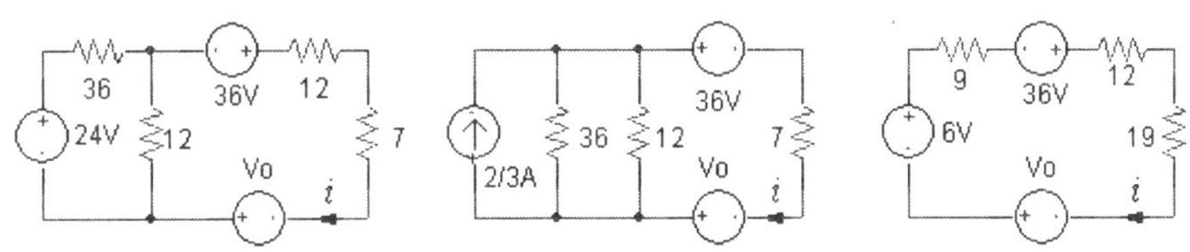


(a) (b) (c)

[그림 8.156] 전류, 전압원 등가 변환

그림 (c)에서 $-6+i(9+19)-36=0 \Rightarrow V_o=-42+28(5/2)=28$[V]가 된다. 출력결과는 (b)이다.

**예제 8.92** [그림 8.157](a)의 회로에서 전원변환을 이용해서 $i_x$를 구하라.

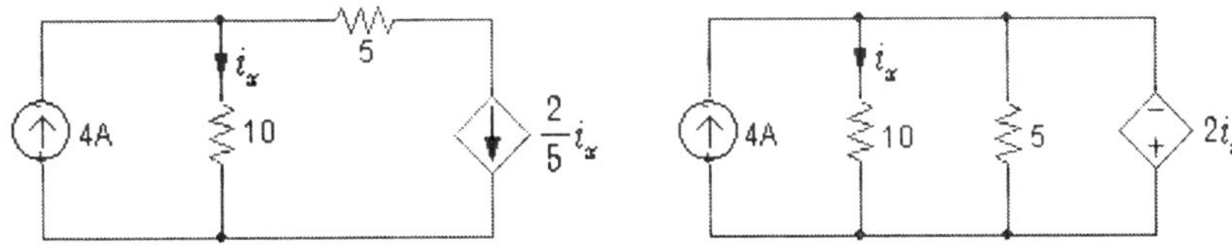


(a) (b)

[그림 8.157] 종속전원 변환

**해** [그림 8.157](a)의 종속전류원을 종속전압원으로 변경한 것이 그림 (b)이다. 그림에서

$\left(4-\frac{2}{5}i_x\right)\cdot\frac{5}{10+5}=i_x \Rightarrow i_x=20/17=1.176$[A]가 된다. 시뮬레이션 결과는 [그림 8.158]과 같다.

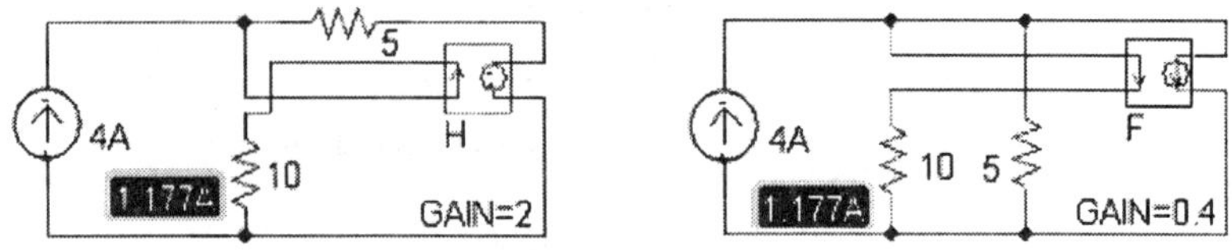


(a) (b)

[그림 8.158] 시뮬레이션 결과

**예제 8.93** [그림 8.159](a)의 회로에서 노턴의 정리를 이용하여 부하저항 $R_L$에 흐르는 전류 $I_L$을 구하라.

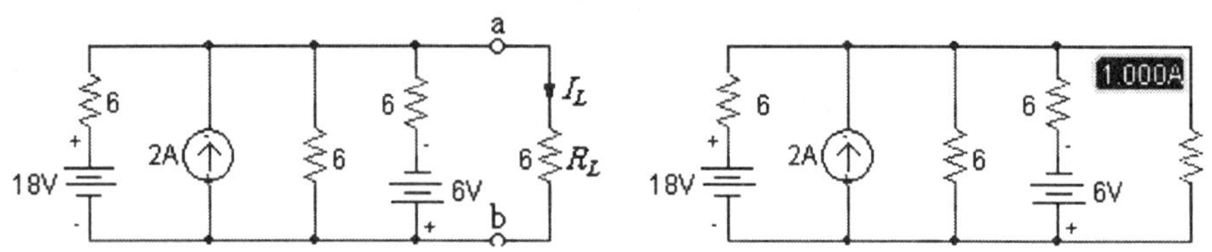


(a) (b)

[그림 8.159] 회로 및 출력결과

**해** [그림 8.159](a)의 전압원을 전류원으로 변환하고 단자 $a$, $b$를 단락하면 [그림 8.160](a), (b)가 된다. 그림에서 $I_{SC}=4$[A]가 된다. 또한 전원을 제거하고 단자 $a$, $b$에서의 합성저항 $R_{ab}$를 구하면 그림 (c)가 된다. 따라서 최종 노턴의 등가는 그림 (d)가 된다. 그림에서 부하에 흐르는 전류 $I_L=\frac{2}{2+6}\times 4=1$[A]가 된다. 출력결과는 [그림 8.159](b)이다.

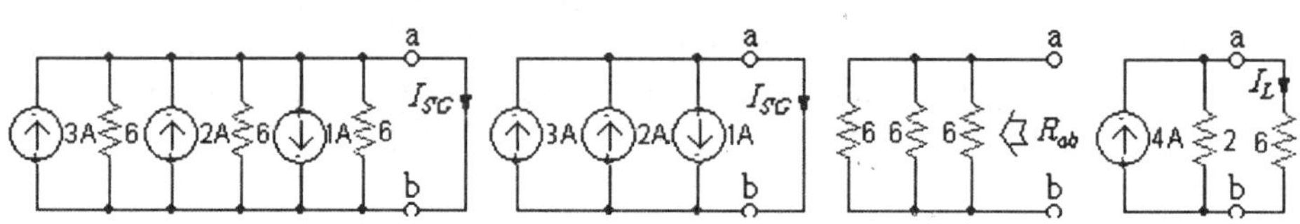


(a) (b) (c) (d)

[그림 8.160] 풀이과정

**예제 8.94** [그림 8.161](a)의 회로를 노턴의 전류등가로 고쳐라.

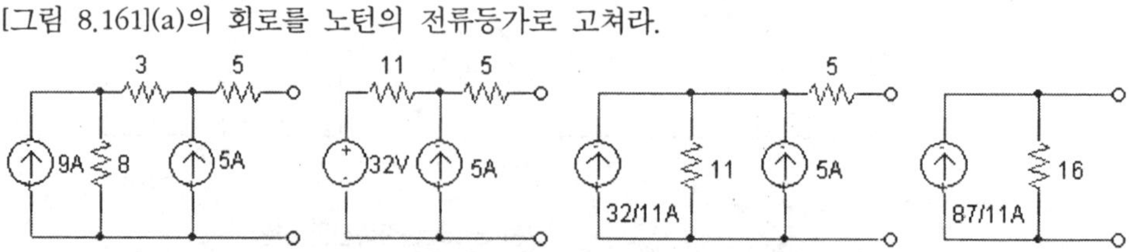


(a) (b) (c) (d)

[그림 8.161] 노턴의 등가로 고치는 그림

**해** 풀이는 [그림 8.161]의 (b), (c), (d)와 같고 출력결과는 [그림 8.162]와 같다.

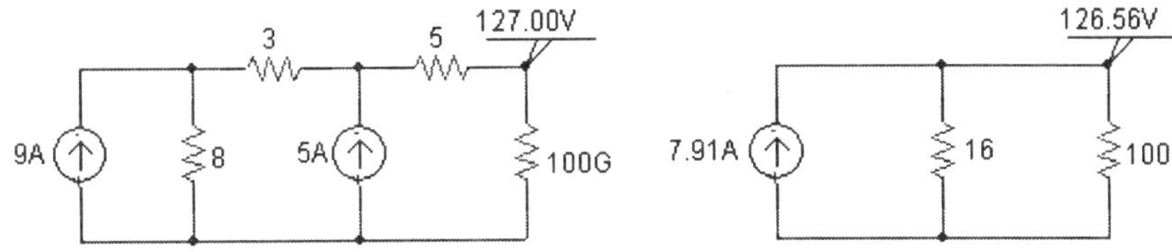


[그림 8.162] 시뮬레이션 결과

**예제 8.95** [그림 8.163](a)에서 전류 $I_o$를 구하라.

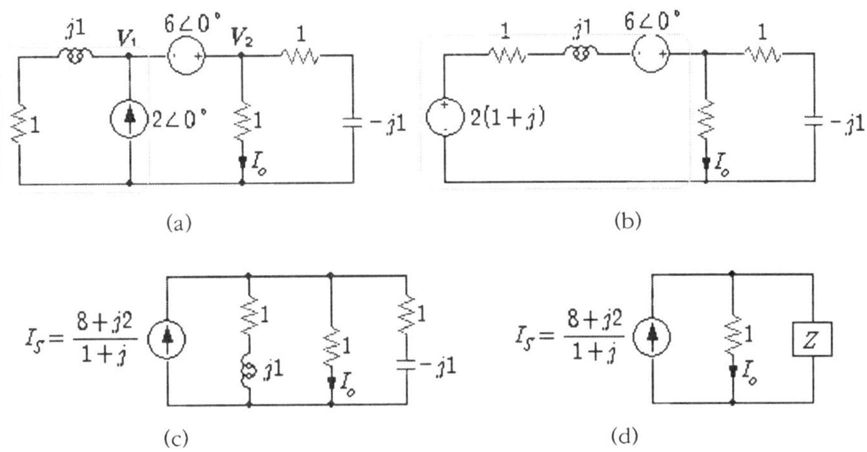

[그림 8.163] 예제 회로

**해** [그림 8.163](a)를 전압원으로 고친 그림이 (b)이고, 이것을 다시 전류원으로 고친 그림이 (c)이다. 따라서 최종 등가는 그림 (d)이다. 그리고 $I_o$는 다음과 같다.

$$Z = (1+j) \parallel (1-j) = 1[\Omega]$$

$$\therefore I_o = \frac{I_S}{2} = \frac{4+j}{1+j} = \frac{(4+j)(1-j)}{(1+j)(1-j)} = \frac{5-j3}{2} = 2.92\angle -30.96° \text{ [A]}$$

**예제 8.96** [그림 8.164]의 회로에서 복소수와 노턴의 정리를 이용하여 부하저항 $R_L$에 흐르는 전류 $I_L$를 구하라. 단, $I=2\angle 0°$[A], $V=5\angle 0°$[V]이고 각 소자값은 [Ω]이다.

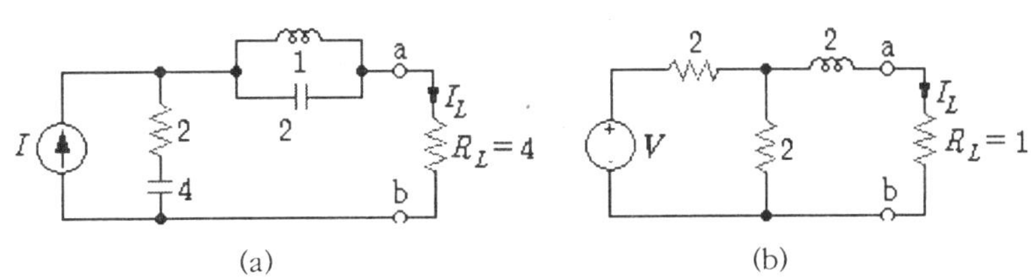

[그림 8.164] 예제 회로

**해** (a) $j$와 $-j2$의 병렬합성은 $j(-j2)/(j-j2)=j2[\Omega]$이므로 단자 $a$, $b$를 단락한 회로는 [그림 8.165](a)와 같다.

$$I_{SC}=\frac{2-j4}{2-j4+j2}I=3-j[\text{A}]$$

단자 $a$, $b$간의 합성 임피던스는 전원을 제거한 그림 (b)로부터

$Z_{ab}=2-j4+j2=2-j2[\Omega]$, $\therefore I_L=\dfrac{Z_{ab}}{Z_{ab}+R_L}I_{SC}=1-j[\text{A}]$가 된다.

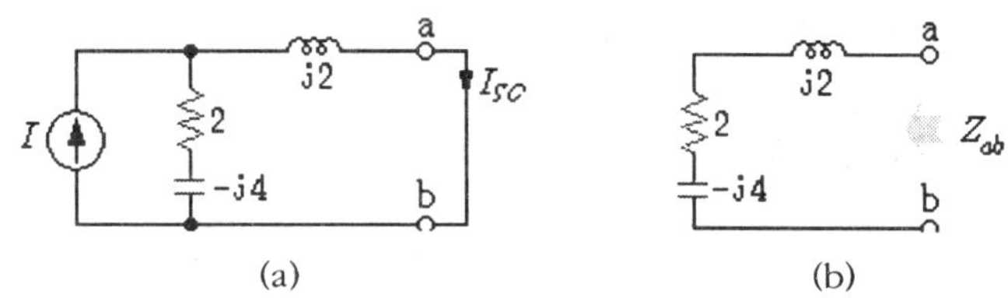


[그림 8.165] 풀이 회로

(b) [그림 8.164](b)에서 전압원 $V$를 전류원으로 변환하면 $I=5/2=2.5[\text{A}]$이고 단자 $a$, $b$를 단락하면 [그림 8.166](a)와 같다. 병렬저항 2[Ω]의 합성저항은 1[Ω]이므로 $I_{SC}=\dfrac{1}{1+j2}I$ $=\dfrac{2.5}{1+j}$가 된다. 전원을 제거하고 단자 $a$, $b$간의 합성임피던스는 그림 (b)로부터 $Z_{ab}$ $=j2+\dfrac{2}{2}=1+j2$ , $\therefore\ I_L=\dfrac{Z_{ab}}{Z_{ab}+R_L}I_{SC}=1.25-j0.625[\text{A}]$가 된다.

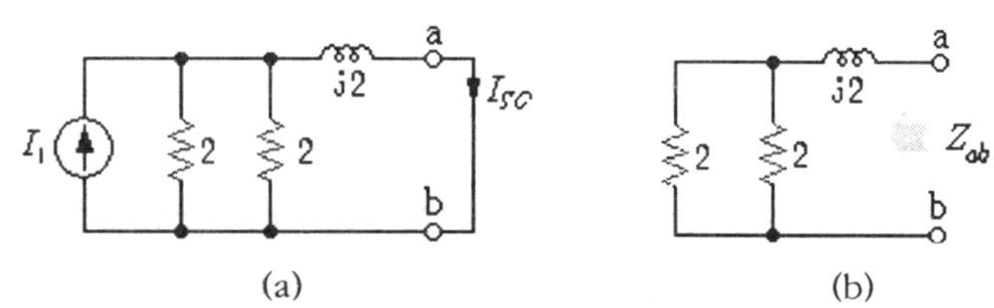


[그림 8.166] 풀이 회로

**예제 8.97** [그림 8.167](a)에서 전류 $I_o$를 구하라.

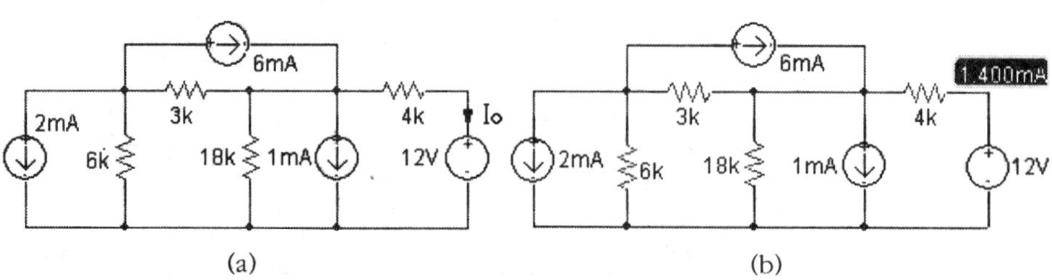


[그림 8.167] 예제 회로

**해** 풀이는 [그림 8.168]과 같다. $I_o=-14/10[\text{k}]=1.4[\text{mA}]$가 된다. 시뮬레이션 결과는 [그림 8.167](b)이다.

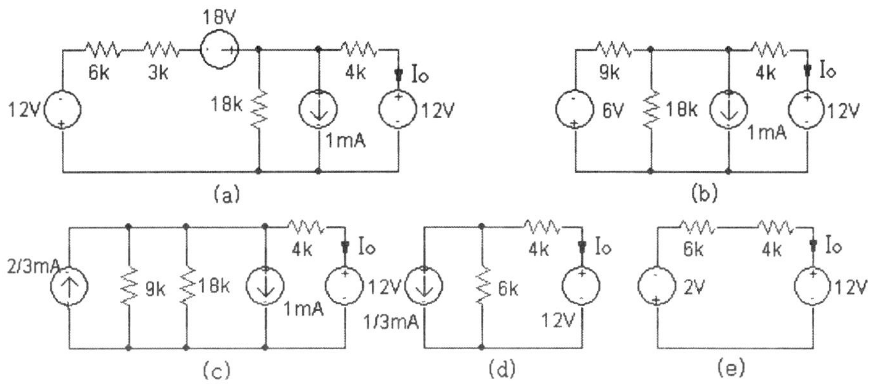


[그림 8.168] 예제 풀이

**예제 8.98** [그림 8.169](a)에서 전류 $I_o$를 구하라.

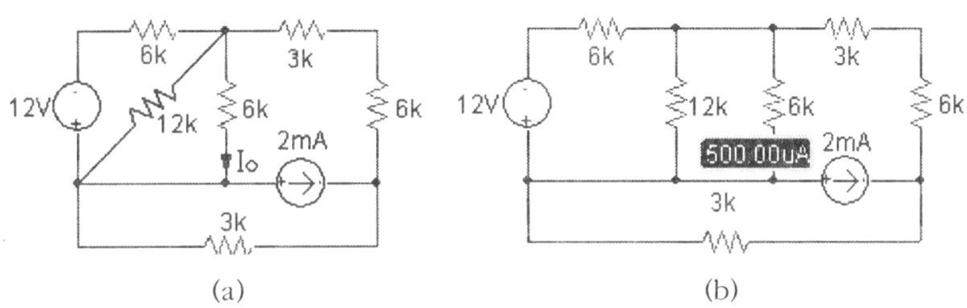


[그림 8.169] 예제 회로

**해** 풀이는 [그림 8.170]과 같다. 여기서 $I_o = -3/2[mA](3[k]/9[k]) = -0.5[mA]$가 된다. 출력결과는 [그림 8.169](b)와 같다.

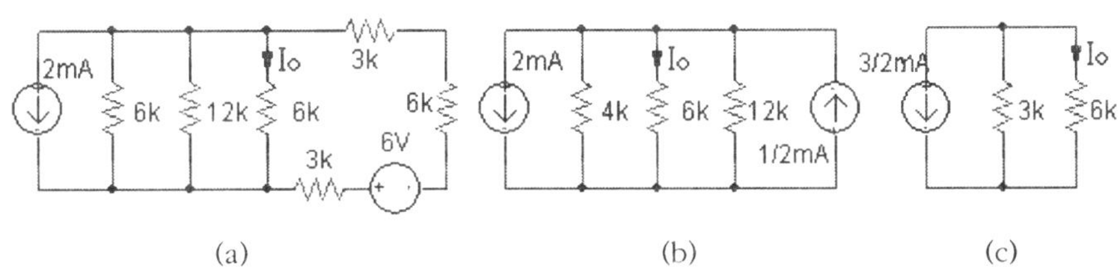


[그림 8.170] 예제 풀이

**예제 8.99** [그림 8.171]에서 $V_x$를 구하라.

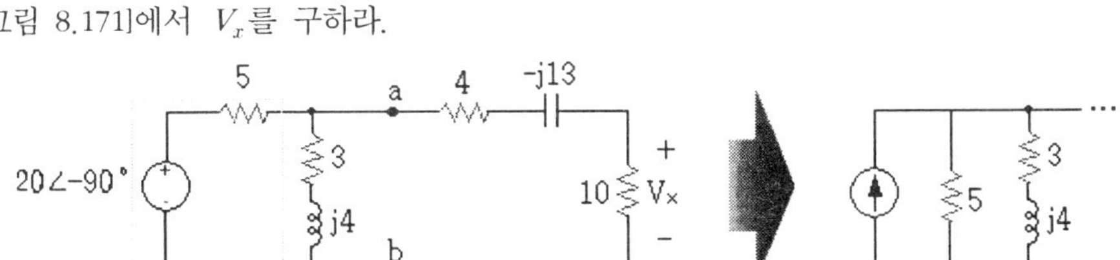


[그림 8.171] 예제 회로

**해** [그림 8.171] 회로에서 전압원을 전류원으로 고치면 다음과 같다.

$$I_s = \frac{20\angle -90^\circ}{5}[\text{A}]$$

$$Z_{ab} = 5 \parallel (3+j4) = \frac{5(3+j4)}{8+j4} = 2.5 + j1.25[\Omega]$$

$$V_s = I_s \cdot Z_{ab} = (-j4)(2.5+j1.25) = 5 - j10[\text{V}]$$

$$\therefore \quad V_x = \frac{10}{4-j13+Z+10}(5-j10) = 5.519\angle -28^\circ [\text{V}]$$

**예제 8.100** [그림 8.172](a)에서 $a$와 $b$를 단락했을 때의 전류 $i_{sc}$를 구하라.

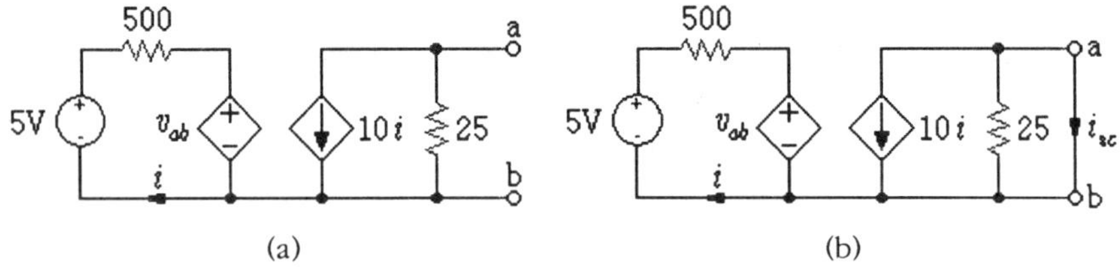


[그림 8.172] 예제 회로

**해** 그림 (b)에서 $i_{sc}$는 다음과 같다.

$i = 5/500 = 10[\text{mA}]$, $i_{sc} = -10i = -100[\text{mA}]$

**예제 8.101** [그림 8.173](a)를 노턴의 등가로 고쳐라.

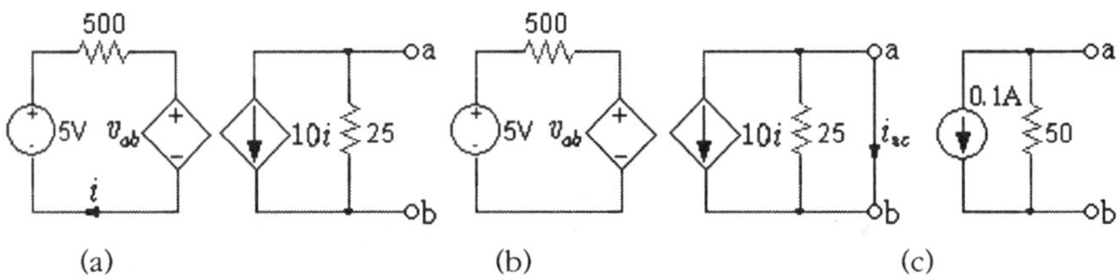


[그림 8.173] 예제 회로

**해** 그림 (a)에서 $i = 5/500 = 10[\text{mA}]$이고 그림 (b)에서 $i_{sc} = -10i = -100[\text{mA}]$가 된다.

그림 (a)에서 $-5 + 500i + v_{ab} = 0$, $v_{ab} = -25(10i) = -250i \Rightarrow i = -v_{ab}/250$, $\therefore v_{ab} = -5[\text{V}]$

$\therefore R_t = v_{ab}/i_{sc} = -5/-0.1 = 50[\Omega]$이다. 따라서 노턴의 등가는 그림 (c)이다.

**예제 8.102** [그림 8.174]의 회로를 노턴의 등가로 고쳐라.

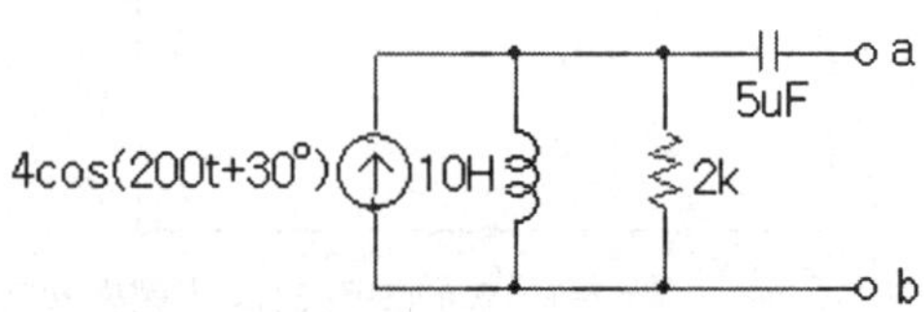


[그림 8.174] 예제 회로

**해** [그림 8.174]에서 $\omega=200$[rad/sec], $4\cos(200t+30°)\Rightarrow 4\angle 30°$ 이 된다.

여기서 $j\omega L=j200\times 10=j2$[kΩ], $1/j\omega C=1/(j200\times 5\times 10^{-6})=-j$[kΩ]가 된다. 노턴의 등가 저항을 구하기 위해 [그림 8.175](a)처럼 전원을 제거하고 $Z_{ab}$를 구해보자.

$Z_{ab}=-j+2 \parallel j2=-j+j4/(2+j2)=1$[kΩ]이 된다.

다음으로 노턴의 등가전류를 구하기 위해 그림 (b)처럼 출력을 단락하고 $I_N$을 구한다. 여기서 $j2 \parallel 2=(1+j)$[kΩ]이 되고 최종 노턴의 등가는 그림 (c)와 같다.

$$I_N=\frac{(1+j)}{(1+j)+(-j)}\times 4\angle 30°=\sqrt{2}\angle 45°\times 4\angle 30°=5.657\angle 75°$$

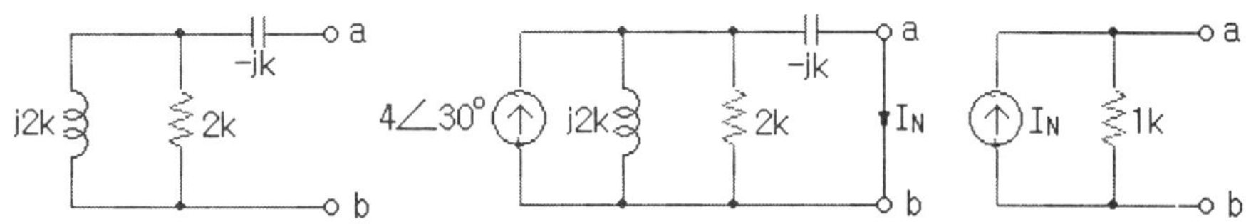

(a) (b) (c)

[그림 8.175] 노턴의 등가

**예제 8.103** [그림 8.176](a)의 회로를 노턴의 등가를 이용하여 $V_o$를 구하라.

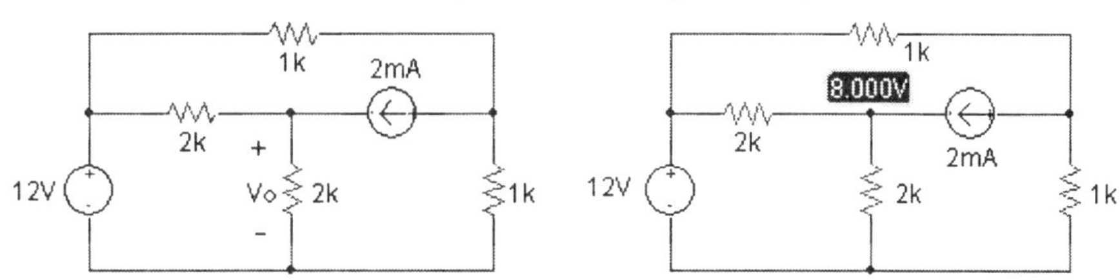

(a) (b)

[그림 8.176] 예제 회로

**해** 상기 그림에서 노턴의 등가전류 $I_{SC}$ 를 구하면 [그림 8.177](a)와 같이 된다.

$I_{SC}=12/2[k]+2/1[k]=8$[mA]가 된다.

또한 노턴의 등가저항 $R_{th}$는 그림 (b)와 같이 되며, $R_{th}=2$[kΩ]이다.

따라서 노턴의 등가는 그림 (c)와 같이 되므로 $V_O=4[mA]\times 2[k]=8$[V]가 된다. 출력결과는 [그림 8.176](b)와 같다.

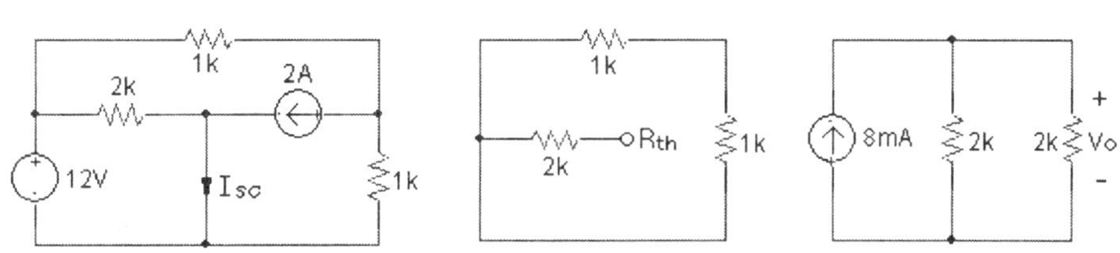

(a) (b) (c)

[그림 8.177] 노턴의 등가 변환

**예제 8.104** [그림 8.178](a)의 회로에서 $V_o$를 구하라.

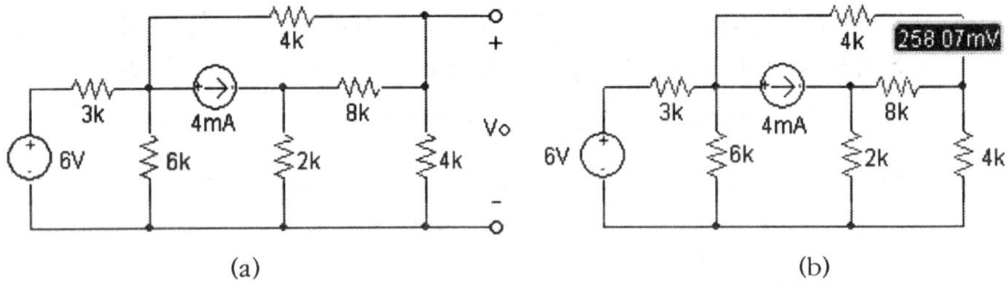


[그림 8.178] 예제 회로

**해** 상기 그림에서 노턴의 등가전류 $I_{SC}$를 구하면 [그림 8.179](b)가 된다. 그림에서
$I_1 - I_2 = 4[\mathrm{mA}]$, $2[\mathrm{k}](I_{sc} - I_1) + 8[\mathrm{k}](I_{sc} - I_2) = 0$, $4 = (2[\mathrm{k}])I_1 + (4[\mathrm{k}])I_2$
여기서 $I_{sc} = 0.1333[\mathrm{mA}]$이 되고, 등가저항을 구하면 그림 (c)가 된다. 그림에서
$R_{eq} = (8[\mathrm{k}] + 2[\mathrm{k}]) \parallel [4[\mathrm{k}] + (6[\mathrm{k}] \parallel 3[\mathrm{k}])] = 3.75[\mathrm{k}\Omega]$가 된다. 따라서 최종 등가는 그림 (d)가 된다. $\therefore V_o = I_{sc}[R_{eq} \parallel 4[\mathrm{k}]] = 258[\mathrm{mV}]$가 된다. 출력결과는 [그림 8.178](b)와 같다.

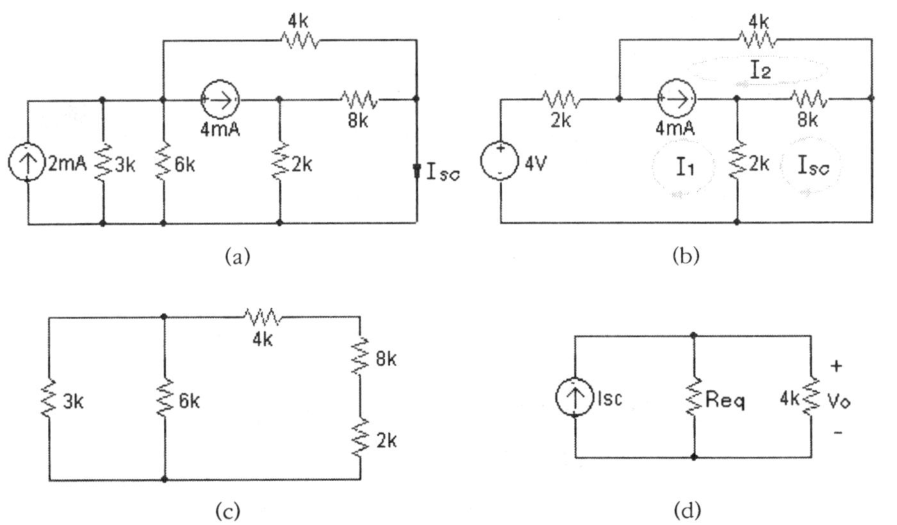


[그림 8.179] 풀이 회로

**예제 8.105** [그림 8.180]의 회로에서 노턴의 이론을 이용하여 $I_o$를 구하라.

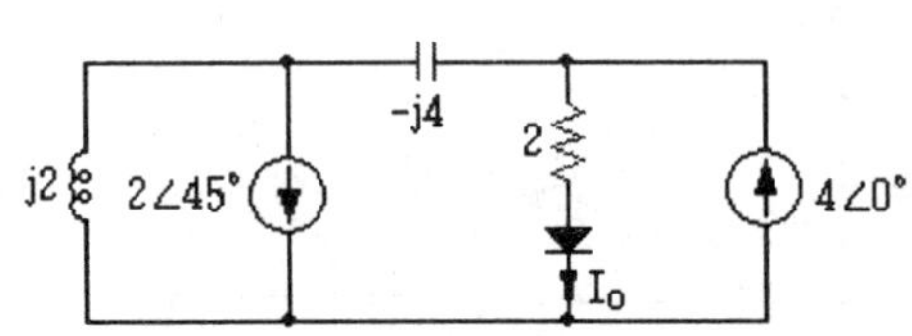


[그림 8.180] $I_o$를 구하는 예제

**해** [그림 8.180]에서

$$I_{SC}=-2\angle 45^\circ \frac{j2}{j2-j4}+4\angle 0^\circ=4+2\angle 45^\circ,\ Z_{\text{th}}=-j4+j2=j2$$

$$\therefore I_o=I_{SC}\frac{Z_{\text{th}}}{2+Z_{\text{th}}}=(5.41+j1.41)\frac{-j2}{2-j2}=4\angle -30.3^\circ \text{[A]}$$가 된다.

**예제 8.106** [그림 8.181](a)의 회로를 노턴의 등가로 고쳐라.

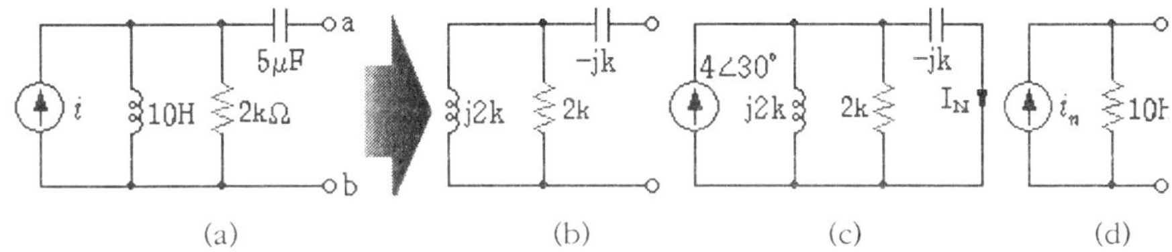


[그림 8.181] 노턴의 등가 변환

**해** 상기 그림 (a)의 전류 $i=4\cos(200t+30^\circ)$[A]이다. 그리고 $\omega=200$[rad/sec]이므로

$4\cos(200t+30^\circ)\to 4\angle 30^\circ$, $j\omega L\to j(200)(10)=j2$[k], $\frac{1}{j\omega C}\to\frac{1}{j(200)(5\times 10^{-6})}$

$=-j$[k]이 된다. 그리고 노턴의 등가 임피던스 $Z_N$는 그림 (b)와 같다.

$Z_N=-j+2\parallel j2=-j+\frac{j4}{2+j2}=1$[kΩ]이고 노턴의 등가전류 $I_N$는 그림 (c)에서

$I_N=\frac{1+j}{(1+j)+(-j)}\cdot 4\angle 30^\circ=\sqrt{2}\angle 45^\circ\cdot 4\angle 30^\circ=5.657\angle 75^\circ$[A]가 되므로 최종 노턴의 등가는 그림 (d)가 된다. 여기서 $i_n=5.657\cos(200t+75^\circ)$[A]가 된다.

## 8.7 최대전력 전달(Ⅱ)

[그림 8.182]와 같이 전원측 임피던스 $\dot{Z}_S=R_S+jX_S$, 부하 임피던스 $\dot{Z}_L=R_L+jX_L$인 회로가 있을 때 부하에 공급되는 전력을 최대로 하기 위한 조건을 알아보자.

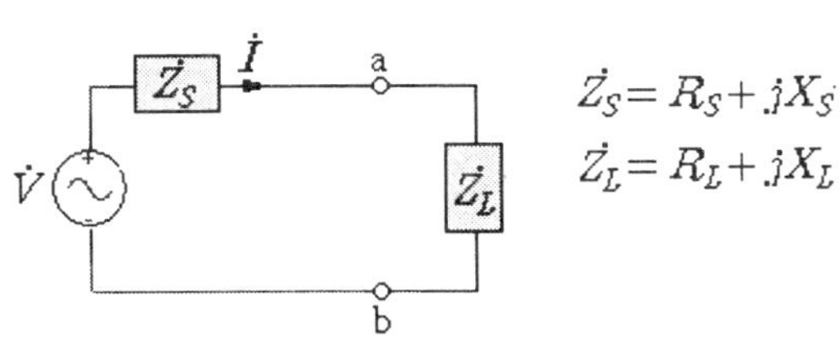


[그림 8.182] 최대전력 전달

전원전압을 $\dot{V}$라 하면 회로에 흐르는 전류 $\dot{I}$는

$$\dot{I}=\frac{\dot{V}}{\dot{Z}_S+\dot{Z}_L}=\frac{\dot{V}}{(R_S+R_L)+j(X_S+X_L)}$$

부하전력 $P_L$는

$$P_L=R_L I^2=\frac{R_L\dot{V}^2}{(R_S+R_L)^2+(X_S+X_L)^2}$$

이 되고, 이 $P_L$를 최대로 하기 위해서는 $\dot{V}$가 일정하면 윗식의 분모를 최소로 하면 된다. 먼저 저항분이 일정하다고 하면 분모의 제2항인 리액턴스분이 0이 되어야 한다. 즉 $X_S+X_L=0$, 즉 $X_S=-X_L$가 되어야 한다. 이것은 곧 직렬공진 상태이다.

다음에 리액턴스가 일정하고 부하저항 $R_L$이 변화했을 때 분모의 제1항의 최소곡선을 구하면

$$\frac{d(R_S+R_L)^2}{dR_L}=0$$

으로 될 때 $R_S=R_L$가 된다.

여기서 부하측과 전원측의 벡터 임피던스가 공액의 관계가 될 때 부하전력은 최대가 된다. 이때 부하에 공급되는 최대전력 $P_m$은 다음과 같이 된다.

$$P_m=\frac{V^2}{4R_L}[\mathrm{W}]$$

즉, 발생전력의 1/2은 전원측의 내부저항에서 소비되고 나머지 반은 부하전력에서 소비되므로 최대효율은 50[%]가 된다.

**예제 8.107** $0.5+j1[\Omega]$의 임피던스를 갖는 전압전원이 $1.5+j4[\Omega]$인 선로를 통하여 부하에 연결되어 있다.

(a) 어떤 부하에서 최대전력이 이루어지겠는가?

(b) 전원전압이 20[V]이면 최대전력 전달시 부하가 받는 전력을 구하라.

**해** (a) 전원 임피던스를 $Z_S$, 선로 임피던스를 $Z_L$, 부하 임피던스를 $Z_r$라 하면

$Z_r=(Z_S+Z_L)^*=2.0-j5[\Omega]$일 때 최대전력이 전달된다.

(b) $P_{\max}=\dfrac{20^2}{4\times 2.0}=50[\mathrm{W}]$

**예제 8.108** [그림 8.183]의 회로에서 부하저항의 값이 얼마일 때 부하에 공급되는 전력이 최대가 되겠는가를 PSpice를 이용해서 구하라.

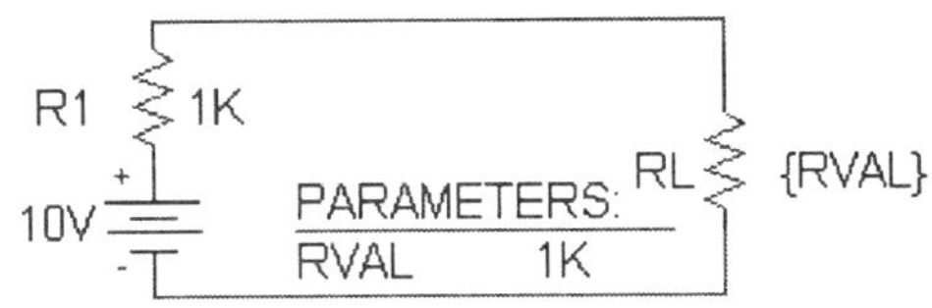


[그림 8.183] 예제 회로

**해** [그림 8.184]는 상기회로의 시뮬레이션 결과이다. 그림에서도 알 수 있듯이 부하저항이 1[kΩ]이 될 때 최대전력이 됨을 알 수 있다.

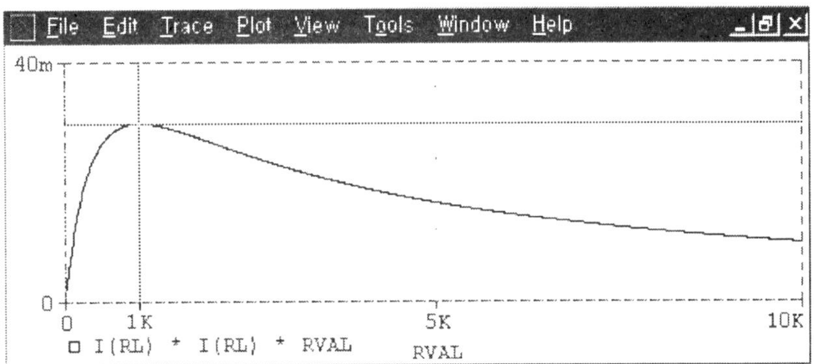


[그림 8.184] 시뮬레이션 결과

**예제 8.109** [그림 8.185](a)의 회로에서 부하 $R_L$에 전달될 수 있는 최대전력을 구하라.

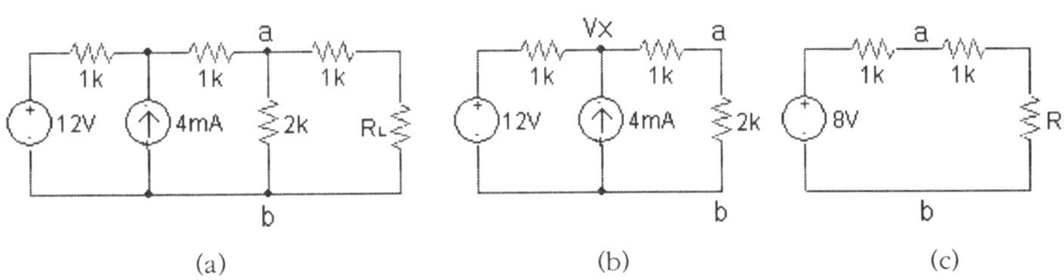


[그림 8.185] 최대전력 전달 회로

**해** 그림 (b)에서 $\dfrac{V_X-12}{1[\text{k}]}+4[\text{mA}]-\dfrac{V_X}{3[\text{k}]}=0 \Rightarrow V_X=12[\text{V}]$, $V_{ab}=V_X\dfrac{2[\text{k}]}{2[\text{k}]+1[\text{k}]}=8[\text{V}]$이다.

최종 테브난의 등가는 그림 (c)가 되고 $R_L=2[\text{k}]$가 된다.

따라서 부하에 공급되는 최대전력 $P_{RL}=\dfrac{V_{ab}^2}{4R_L}=\dfrac{64}{4\times 2[\text{k}]}=8[\text{mW}]$가 된다. [그림 8.186]은 상기 회로의 시뮬레이션 결과이다.

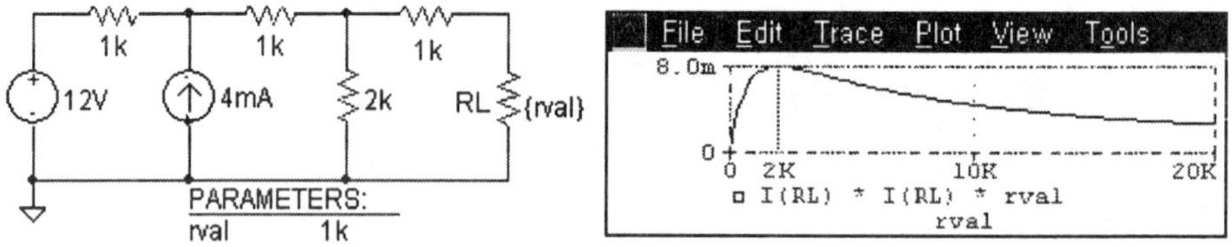


[그림 8.186] 시뮬레이션 결과

**예제 8.110** [그림 8.187]에서 부하저항 $R_L$에 최대전력이 전달되는 $R_L$의 값을 구하고, 이때 최대전력 $P_{\max}$를 구하라.

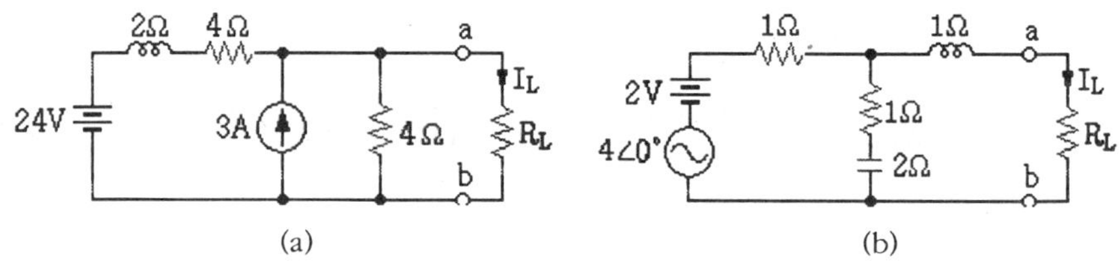


[그림 8.187] 예제 회로

**해** [그림 8.188](a)에서 테브난 등가 및 전원변환을 통해 회로를 그리면 아래와 같다. $V_{ab}=2\times 9=18$[V], $R_{ab}=2$[Ω]이므로 그림 (g)에서 $R_L=2$[Ω]가 되고, 이때 회로전류 $I_L=4.5$[A]가 된다. 따라서 최대전력 $P_{\max}=R_L I_L^2=40.5$[W]가 된다.

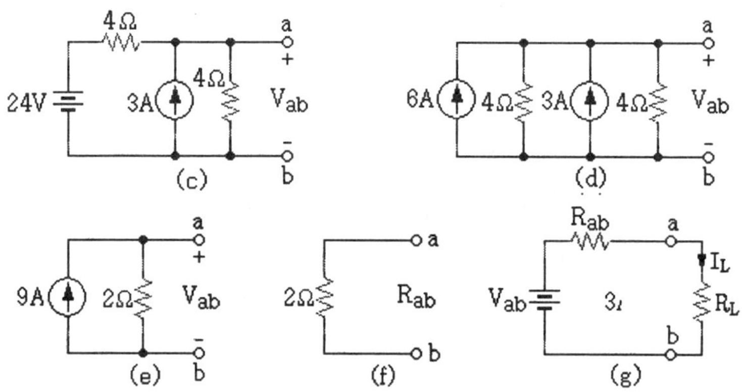


[그림 8.188] 예제(a)의 풀이

그림 (b)에서 중첩의 정리를 적용하면 [그림 8.189](i)와 (j)에서 $V_1=2$[V]가 되고, $V_2$는 $V_2=\dfrac{1-j2}{1+1-j2}\times 4=3-j$[V]가 된다. 따라서 $V_{ab}=V_1+V_2=5-j=\sqrt{26}$[V]가 된다.

또, 그림 (k)와 같이 전원을 제거하고 $Z_{ab}$를 구하면 $Z_{ab}=j+\dfrac{1(1-j2)}{1+1-j2}=\dfrac{3}{4}+j\dfrac{3}{4}$가 되고 따라서 테브난의 등가는 그림 (l)이 된다. 여기서

$$R_L = |Z_{ab}| = \sqrt{\left(\frac{3}{4}\right)^2 + \left(\frac{3}{4}\right)^2} = \frac{3}{4}\sqrt{2}\,[\Omega],$$

$$I_L = \frac{|V_{ab}|}{2R_L} = \frac{2}{3}\sqrt{13}\ ,\ \ \therefore P_{\max} = R_L I_L^2 = \frac{13}{3}\sqrt{2} = 6.13[\mathrm{W}]$$가 된다.

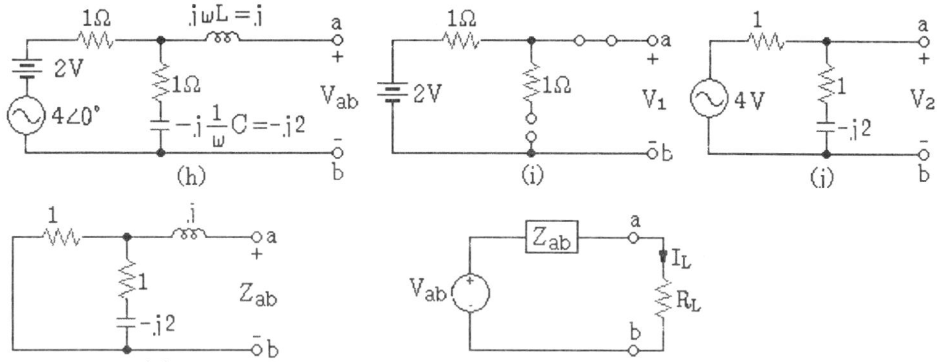


[그림 8.189] 예제(b)의 풀이

**예제 8.111** [그림 8.190]의 회로에서 최대전력 전달을 위한 $RL$의 값을 구하고, 또한 최대전력을 구하라.

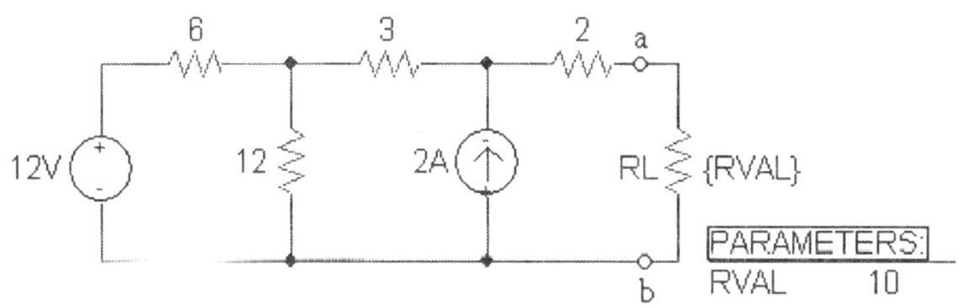


[그림 8.190] 예제 회로

**해** 테브난 저항 $R_{\text{th}}$와 양단자 $a$, $b$의 테브난 전압 $V_{\text{th}}$를 구하기 위해 [그림 8.191](a)의 회로를 이용하여 다음식을 얻는다.

$R_{\text{th}} = 2+3+6 \parallel 12 = 9[\Omega]$

$V_{\text{th}}$를 구하기 위해 [그림 8.190](b)의 회로에 망로 해석을 적용하면

$-12+18i_1-12i_2=0, \quad i_2=-2[\mathrm{A}]$

$i_1$을 풀면 $i_1=-2/3[\mathrm{A}]$가 된다. $a$, $b$양단의 전압 $V_{\text{th}}$를 구하기 위해 외곽 루프에 KVL를 적용하면 $-12+6i_1+3i_2+2(0)+V_{th}=0 \ \Rightarrow V_{\text{th}}=22[\mathrm{V}]$

따라서 최대전력은 다음과 같다.

$$P_{\max} = \frac{V_{\text{th}}^2}{4R_L} = \frac{22^2}{4\times 9} = 13.44[\mathrm{W}]$$

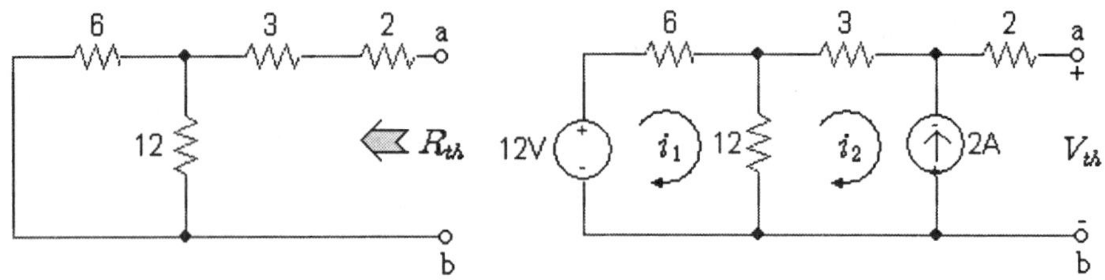


(a) (b)

[그림 8.191] 테브난의 등가

[그림 8.190]의 회로를 PSpice를 통해 시뮬레이션한 결과가 [그림 8.192]이다. 결과는 이론값과 일치함을 확인할 수 있었다.

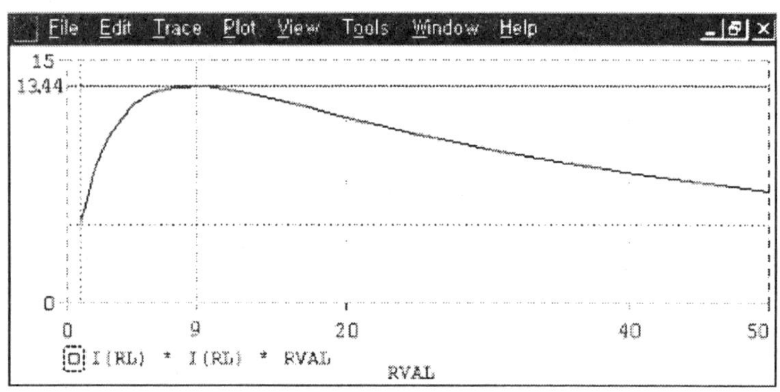


[그림 8.192] 시뮬레이션 결과

**예제 8.112** [그림 8.193](a)의 회로에서 회로에 전달될 수 있는 최대전력 전송을 위한 부하저항 $R_L$을 구하고, 그 때의 최대전력을 구하라.

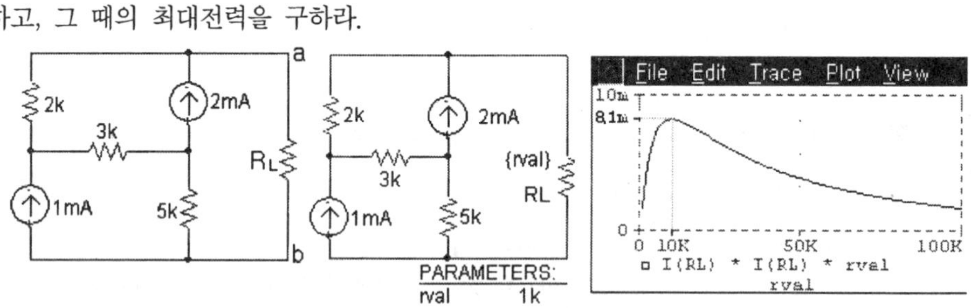


(a) (b) (c)

[그림 8.193] 최대전력 구하기

**해** 상기 회로에서 부하에 최대전력을 공급하기 위한 부하저항 $R_L$을 구하면 [그림 8.194](a)에서 다음과 같다. $R_{ab} = 2[k] + 3[k] + 5[k] = 10[k\Omega]$이 된다. 다음 부하저항에 흐르는 전류를 구하기 위해 그림 (b)를 이용하면 다음과 같다.

$I_3 - I_1 = 2[mA]$, $I_2 = 1[mA]$, $(2[k])I_1 + (10[k])\,I_3 + 5[k](I_3 - I_2) + 3[k](I_1 - I_2) = 0$

따라서 $I_3 = 0.9[\text{mA}] \Rightarrow \therefore P_L = I_3^2 R_{ab} = 8.1[\text{mW}]$가 된다.

상기 회로의 시뮬레이션 결과는 [그림 8.193](c)와 같다.

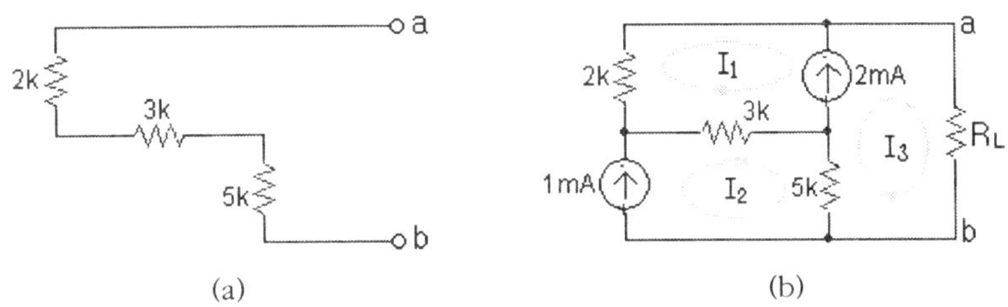


[그림 8.194] 문제 풀이

**예제 8.113** [그림 8.195](a)의 회로에서 $R_L$에 공급되는 전력이 최대가 되기 위한 $R_L$의 값을 구하고, 그 때의 최대전력을 구하라.

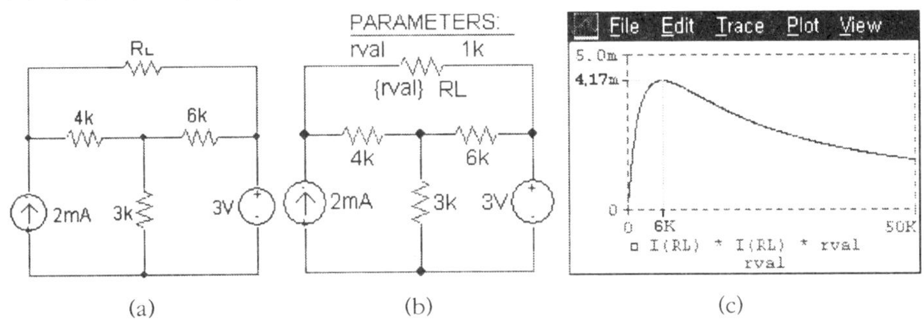


[그림 8.195] 최대전력 구하기

**해** 상기 회로에서 부하에 최대전력을 공급하기 위한 부하저항 $R_L$을 구하면 [그림 8.196](a)에서 다음과 같다. $R_{ab} = 4[\text{k}] + 3[\text{k}] \parallel 6[\text{k}] = 6[\text{k}\Omega]$이 된다. 다음 $V_{ab}$를 구하기 위해 그림 (b)에서 $I_1, I_2$를 구하면 다음과 같다.

$I_1 = 2[\text{mA}]$, $3[\text{k}](I_2 - I_1) + 6[\text{k}]I_2 + 3 = 0 \Rightarrow I_2 = 1/3[\text{mA}]$가 된다. 따라서 테브난의 등가로 고친 것이 그림 (c)이다.

그림에서 $V_o = 5[\text{V}]$, $\therefore P_L = V_o^2 / R_L = 25/6[\text{mW}]$가 된다. 출력결과는 [그림 8.194](c)이다.

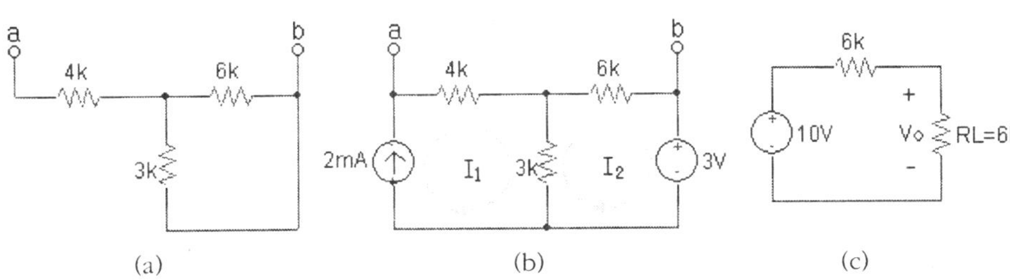


[그림 8.196] 예제 풀이

**예제 8.113** [그림 8.197](a)의 회로에서 $R_L$에 공급되는 전력이 최대가 되기 위한 $R_L$의 값을 구하고 그 때의 최대전력을 구하라.

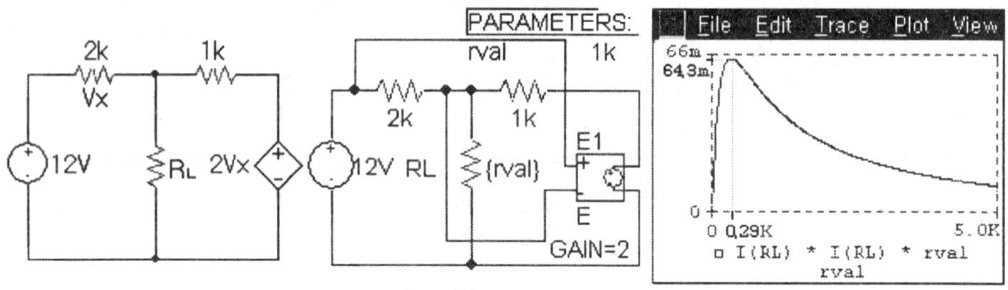


(a) (b) (c)

[그림 8.197] 예제 회로

**해** [그림 8.198](a)의 회로에서 $-12+2kI+1kI+2Vx'=0$, $Vx'=2kI$

$V_{OC}=12-2kI=60/7$[V]이다. 그림 (b)에서 $I_{SC}=12/2[k]+24/1[k]=30$[mA]가 된다. 따라서 $R_{th}=V_{OC}/I_{SC}=2/7$[k]가 된다.

그림 (c)에서 부하에 공급되는 최대전력 $P_{R_L}=V_{OC}^2/4R_L=\dfrac{(60/7)^2}{4\times 2/7[k]}=64.3$[mW]가 된다.

시뮬레이션 결과는 [그림 8.197](c)이다.

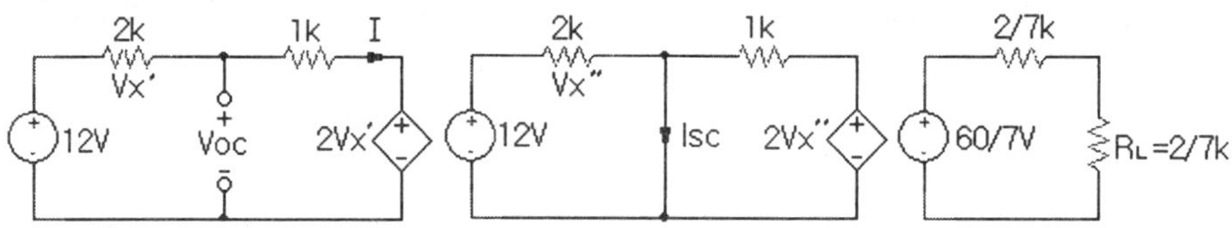


(a) (b) (c)

[그림 8.198] 예제 회로

**예제 8.115** [그림 8.199](a)에서 부하에 공급되는 최대전력을 구하라.

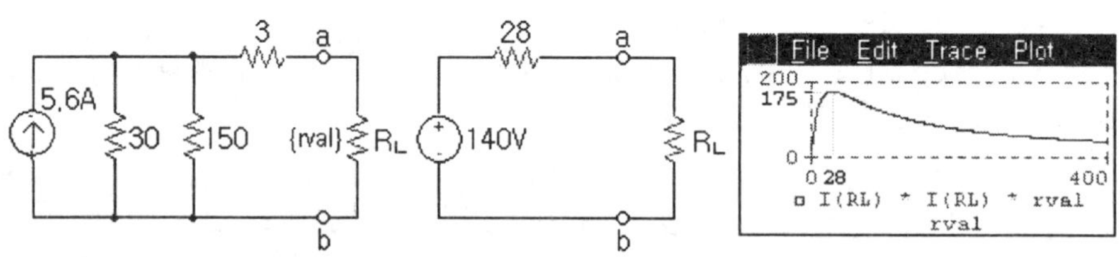


(a) (b) (c)

[그림 8.199] 예제 회로

**해** 그림 (a)를 테브난의 등가로 고친 그림이 그림 (b)이다.

$V_{ab}=\dfrac{30}{180}\times 5.6\times 150=140$[V], $R_{ab}=3+\dfrac{30\times 150}{30+150}=28$[Ω]

$P_{L\max} = \dfrac{V_{ab}^2}{4R_L} = \dfrac{140^2}{4\times 28} = 175[\mathrm{W}]$가 된다. 출력결과는 그림 (c)이다.

**예제 8.116** [그림 8.200](a)의 부하에 최대전력을 전달하기 위한 $R_L$의 값을 구하라.

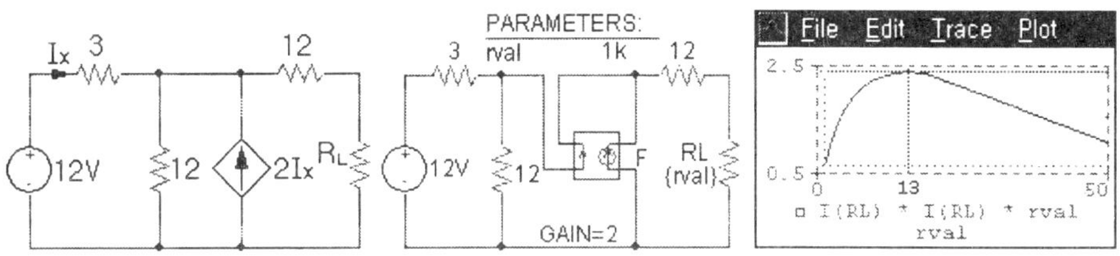


(a) (b) (c)

[그림 8.200] 최대전력 전달

**해** [그림 8.201](a)에서 $V_{OC}$를 구하면 다음과 같다.

$(V_{OC}-12)/3 + V_{OC}/12 - 2I_X' = 0,\quad I_X' = (12-V_{OC})/3 \Rightarrow V_{OC} = 144/13[\mathrm{V}]$

다음 그림 (b)에서 $I_{SC}$를 구하면 아래와 같다.

$I_X'' = 12/3[\mathrm{mA}] = 4[\mathrm{mA}] \quad\Rightarrow I_{SC} = I_X'' + 2I_X'' = 12[\mathrm{A}]$

따라서 $R_{th} = V_{OC}/I_{SC} = (144/13)/12 = 12/13[\Omega]$,

$\therefore R_L = 12 + 12/13 = 12.92[\Omega]$가 된다.

[그림 8.200](b)는 실제 회로이고 출력결과는 그림 (c)이다.

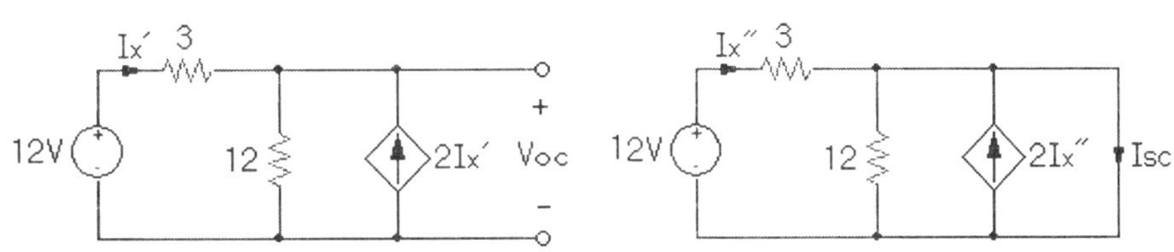


(a) (b)

[그림 8.201] 예제 풀이

**예제 8.117** [그림 8.202](a)의 회로에서 부하 $R_L$에 최대전력을 전달하기 위한 부하저항값을 구하고, 그 때의 최대전력을 구하라.

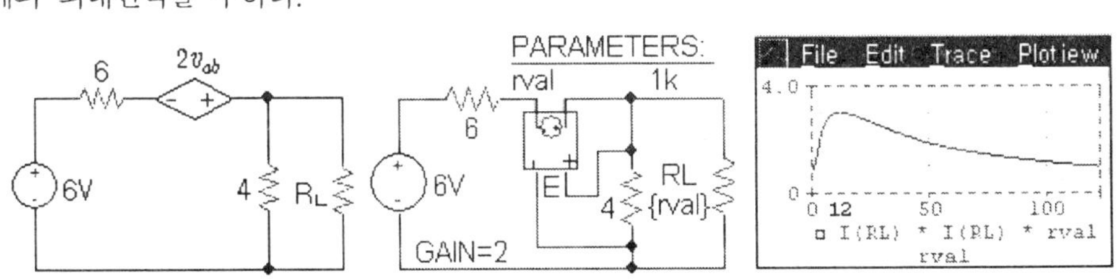


(a) (b) (c)

[그림 8.202] 예제 회로

**해** [그림 8.203](a)에서 $-6+10i-2v_{ab}=0$ , $v_{ab}=v_{oc}=4i \Rightarrow i=3$[A], $v_{oc}=4i=12$[V], 그림 (b)에서 $-6+6i_{sc}=0 \Rightarrow i_{sc}=1$[A], $R_t=v_{oc}/i_{sc}=12[\Omega]$으로 최종 등가는 그림 (c)가 된다. 따라서 최대전력은

$P_{\max}=\dfrac{v_{oc}^2}{4R_L}=\dfrac{12^2}{4(12)}=3$[W]가 된다. [그림 8.202](b)는 실제 회로이고, 출력결과는 그림 (c)이다.

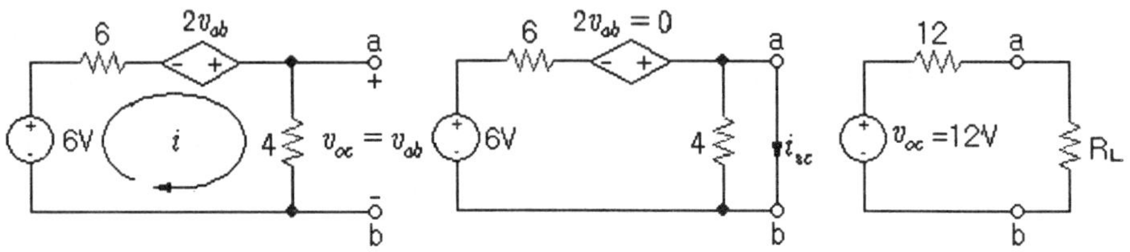


(a) (b) (c)

[그림 8.203] 예제 풀이

참고로 상기 회로를 시뮬레이션하는 과정에서 Analysis Setup시의 DC Sweep는 다음과 같다.

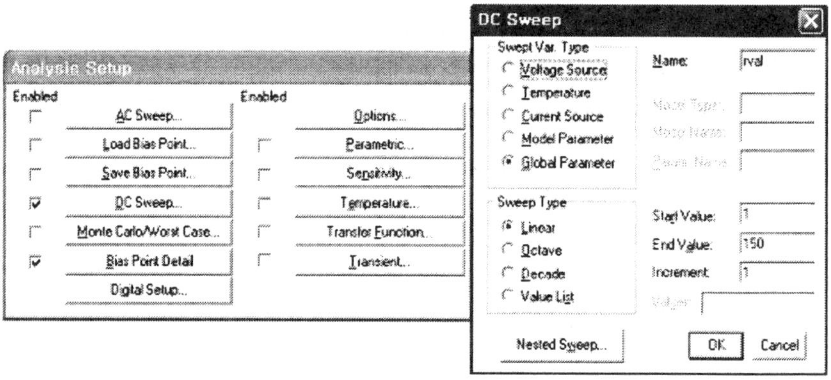


[그림 8.204]

## 8.8 밀만의 정리

회로 내에 주파수가 같은 여러 개의 전압전원이 병렬로 접속되어 있는 경우에 하나의 등가전압전원으로 전환시키기 위하여 Millman의 정리를 사용한다.

내부 임피던스 $Z_1$, $Z_2$, ⋯⋯, $Z_n$에 각각 직렬로 연결된 전압전원 $e_1$, $e_2$, ⋯⋯, $e_n$이 병렬로 연결된 능동회로는 단일 등가 임피던스

$$Z_e=\frac{1}{Y_e}=\frac{1}{\sum_{i=1}^{n} Y_i}$$

$Z_e$와 직렬로 접속된 등가전압전원

$$e_e = \frac{\sum_{i=1}^{n} I_i}{Y_e} = \frac{\sum_{i=1}^{n} (e_i Y_i)}{\sum_{i=1}^{n} Y_i}$$

$e_e$로 변환시킬 수 있다. 여기서 전압전원 $e_k$가 역극성으로 접속되었을 때에는 (−)가 된다.

[그림 8.205](a)의 $E_1$을 전류전원으로 바꾸면 $I_1 = E_1 Y_1$의 전원에 $Y_1 = 1/Z_1$을 병렬로 접속한 회로가 되므로 등가회로는 [그림 8.205](b)와 같다. 그림 (b)는 전류전원이 병렬로 연결되었기 때문에 그림 (c)와 같이 된다. 따라서 전류전원을 전압전원으로 바꾸면, 그림 (d)와 같이 등가 임피던스

$$Z' = \frac{1}{Y_1 + Y_2 + Y_3}$$

이 되고, $Z'$와 직렬로 연결된 전압전원은

$$E' = \frac{E_1 Y_1 + E_2 Y_2 + E_3 Y_3}{Y_1 + Y_2 + Y_3}$$

로서 $E'$로 변환시킬 수 있으며 이 관계를 밀만(Millman)의 정리라 한다.

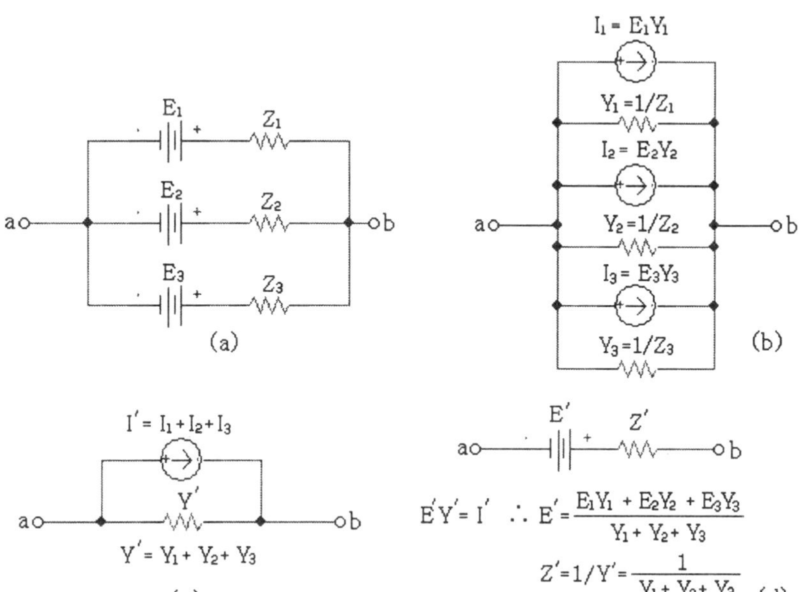


[그림 8.205] 밀만의 정리

**예제 8.118** [그림 8.206](a)의 회로에서 100[Ω]에 흐르는 전류 $I$를 구하라.

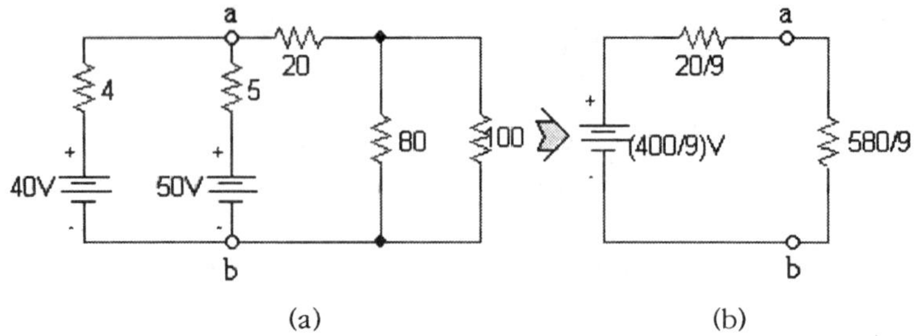


[그림 8.206] 예제 회로

**해** Millman의 정리에 의하여 전압전원 $E_1$과 $E_2$의 등가전원을 구한다. 임피던스를 어드미턴스로 바꾸면

$$Y_1 = \frac{1}{Z_1} = \frac{1}{4},\quad Y_2 = \frac{1}{Z_3} = \frac{1}{5}$$

이므로, 등가전원 $E'$은

$$E' = \frac{E_1 Y_1 + E_2 Y_2}{Y_1 + Y_2} = \frac{40\left(\frac{1}{4}\right) + 50\left(\frac{1}{5}\right)}{\frac{1}{4} + \frac{1}{5}} = \frac{400}{9}[\text{V}]$$

이고, 등가 직렬 임피던스 $Z'$는

$$Z' = 20 + \frac{(80)(100)}{80 + 100} = \frac{580}{9}$$

이므로 [그림 8.206](a)의 등가회로는 그림 (b)와 같다. 이 회로에 흐르는 전류 $I_r$는

$$I_r = \frac{E'}{Z' + Z_e} = \frac{2}{3}[\text{A}]$$

이므로, 100[Ω]에 흐르는 전류 $I$는 다음과 같다.

$$I = I_r \times \frac{80}{100 + 80} = \frac{8}{27}[\text{A}]$$

상기 회로를 시뮬레이션한 결과가 [그림 8.207]이다.

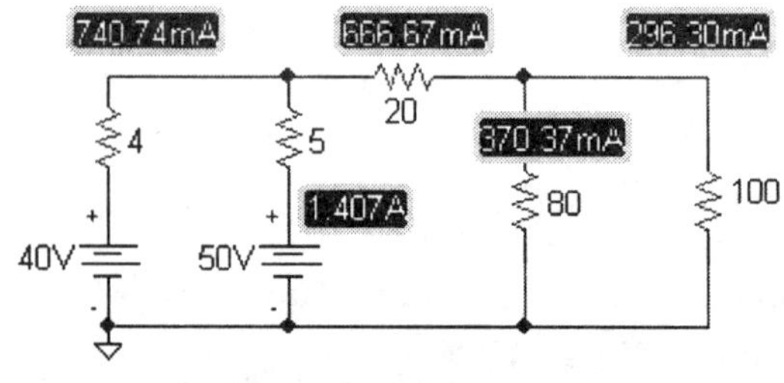


[그림 8.207] 시뮬레이션 결과

**예제 8.119** [그림 8.208](a)의 회로를 밀만의 등가로 표시하라.

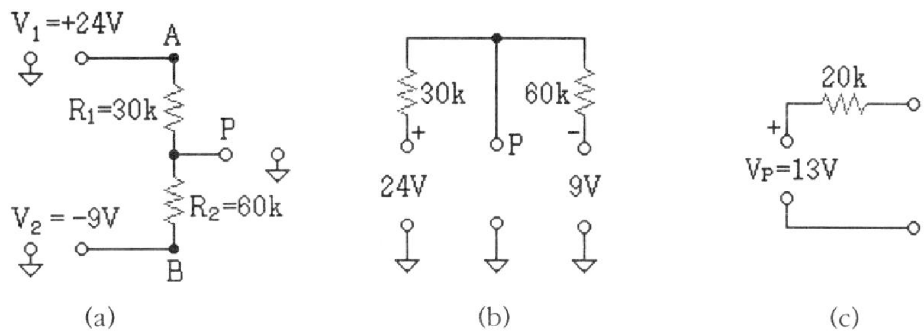


[그림 8.208] 밀만의 등가

**해** [그림 8.208](a)의 회로를 정리하면 그림 (b)가 된다.

$$V_P = \frac{24[\mathrm{V}]/30[\mathrm{k}] - 9[\mathrm{V}]/60[\mathrm{k}]}{(1/30[\mathrm{k}]) + (1/60[\mathrm{k}])} = \frac{0.8[\mathrm{mA}] - 0.15[\mathrm{mA}]}{3/60[\mathrm{k}]} = 0.65 \times \frac{60}{3} = 13[\mathrm{V}]$$

$R_P = \dfrac{30[\mathrm{k}] \times 60[\mathrm{k}]}{30[\mathrm{k}] + 60[\mathrm{k}]} = 20[\mathrm{k\Omega}]$가 된다. 따라서 등가는 그림 (c)가 된다.

**예제 8.120** [그림 8.209](a)에서 교차점 노드에 걸리는 전압 $V_{ref}$를 구하라.

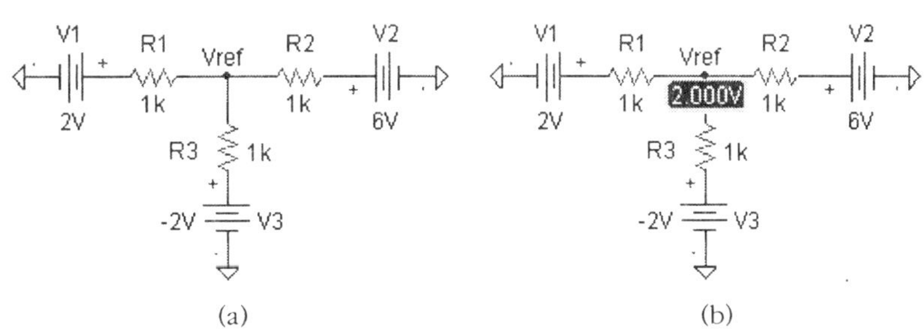


[그림 8.209] 노드 전압 구하기

**해** [그림 8.209]에서 $V_{ref}$를 구해보자.

$V_{ref} = \dfrac{2[\mathrm{V}]/1[\mathrm{k}] + 6[\mathrm{V}]/1[\mathrm{k}] - 2[\mathrm{V}]/1[\mathrm{k}]}{1/1[\mathrm{k}] + 1/1[\mathrm{k}] + 1/1[\mathrm{k}]} = \dfrac{6[\mathrm{V}]}{3} = 2[\mathrm{V}]$가 되고, 시뮬레이션 결과는 그림 (b)이다.

밀만의 두 번째 정리는 [그림 8.210]과 같이 직류전류원의 합성이다. 여기서 $I_{eq}$와 $R_{eq}$를 구하면 다음과 같다.

$$I_{eq} = \frac{\pm I_1R_1 \pm I_2R_2 \pm I_3R_3}{R_1 + R_2 + R_3}, \quad R_{eq} = R_1 + R_2 + R_3$$

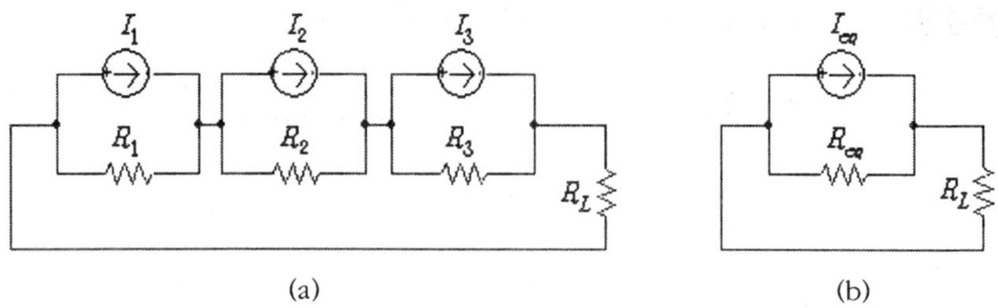


[그림 8.210] 밀만의 정리

**예제 8.121** [그림 8.211](a)에서 부하저항 $R_L = 4[\Omega]$에 흐르는 전류를 구하라.

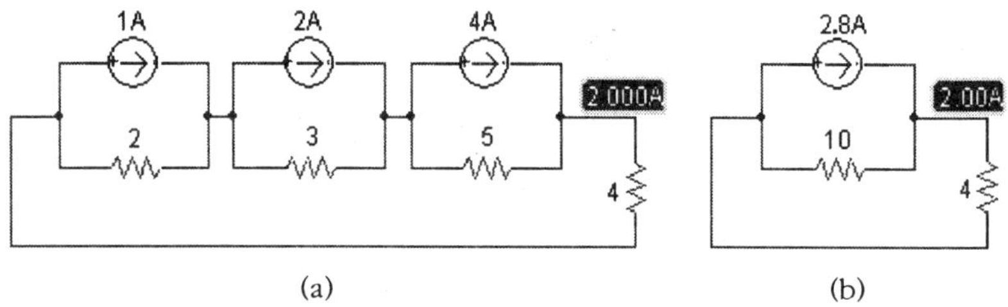


[그림 8.211] 예제 회로

**해** $I_{eq} = \dfrac{1\times2+2\times3+4\times5}{2+3+5} = \dfrac{28}{10} = 2.8[A]$, $R_{eq} = 2+3+5 = 10[\Omega]$

$\therefore I_{RL} = \dfrac{10}{10+4}\times2.8 = 2[A]$이 되고 출력결과는 [그림 8.211]과 같다.

**예제 8.122** [그림 8.212](a)에서 12[Ω]에 흐르는 전류를 구하라.

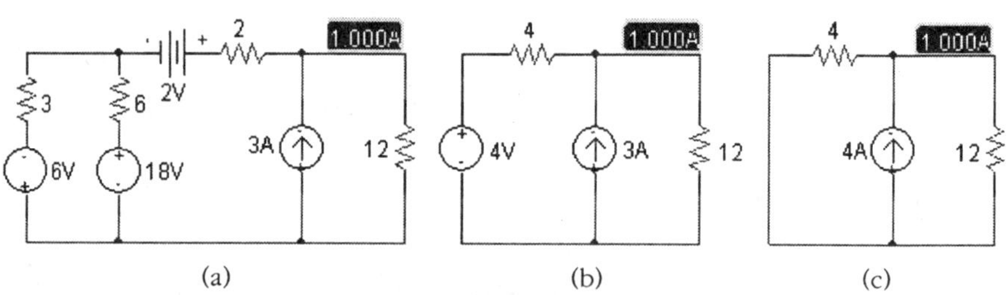


[그림 8.212] 회로도 및 출력결과

**해** [그림 8.211](a)에서 6[V]와 18[V]를 밀만의 정리로 계산하면 그림 (b)가 된다. 그리고 테브난의 등가를 노턴의 등가로 치환하면 그림 (c)가 된다. 따라서 12[Ω]에 흐르는 전류를 구하면 $I = \dfrac{4}{4+12}\times4 = 1[A]$가 된다.

## 8.9 가역의 정리

흔히 물리계에서 입출력단자를 바꾸어 입력을 가해도 그 출력이 동일한 것을 볼 수 있다. 이러한 물리계의 예로 정전계, 역학계 및 음향계 등을 들 수 있다. 그러므로 회로에서 이러한 현상을 취급하는 것은 무리가 아닐 것이다. 입출력단자를 바꾸어도 동일한 출력을 얻을 수 있다는 사실은 회로를 해석하고 설계하는데 있어서 뿐만 아니라 측정 기술에 있어서도 매우 중요한 것이다.

가역정리(reciprocity theorem)란 선형 수동회로의 어떤 단자(입력단자)간에 이상전원 $V$를 가할 때 다른 단자(출력단자)에 응답이 $I$로 나타났다면, 전원 $V$를 옮겨 출력단자에 가하였을 때 입력단자에 나타난 응답도 $I$가 된다. [그림 8.213]에서

$$V_1 = V_2 \text{이면 } I_1 = I_2$$

가 된다.

만약 $V_k' = V_1$이라면 $I_k = I_1'$로 되어 이때는 선형회로망의 제1지로에 전원 $V$를 가했을 때 제$k$지로에 흐르는 전류는 제$k$지로에 $V$를 가했을 때 제1지로에 흐르는 전류와 같다.

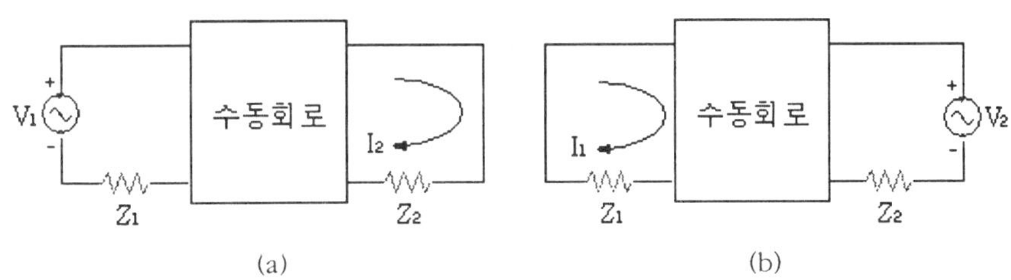


[그림 8.213] 가역정리에 대한 설명

가역정리를 이용하면 양 방향 선로에서 측정 대상의 단자에 대한 전류의 측정시 같은 전압을 측정대상의 단자에 연결하고 교환기 등의 출력단에서 전류를 측정해도 되기 때문에 측정이 어려운 곳에 대한 전류의 측정시에 가역정리를 적용하면 편리하게 결과값을 얻을 수 있다.

**예제 8.123** [그림 8.214](a)의 전압 $V_a$와 그림 (b)의 전압 $V_b$를 각각 구하고 같음을 증명하라.

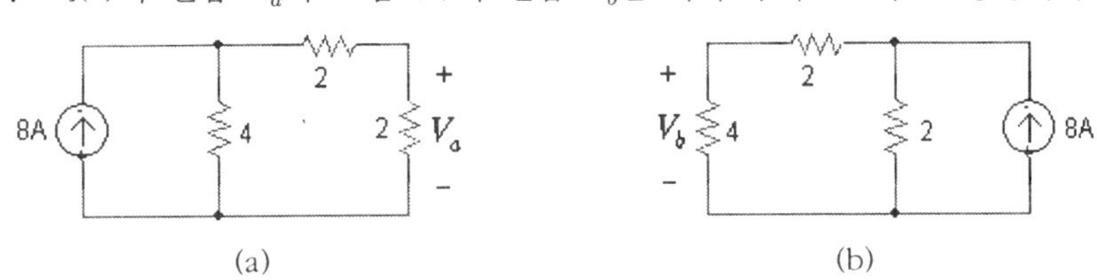


[그림 8.214] 예제 회로

**해** [그림 8.214](a)로부터 전압 $V_a$는 $V_a = \frac{4\times 8}{4+2+2}\times 2 = 8$[V]이 되고, 그림 (b)로부터 $V_b = \frac{2\times 8}{2+2+4}\times 4 = 8$[V]로서 서로 같음을 확인할 수 있다. [그림 8.215]는 상기 회로의 시뮬레이션 결과이다.

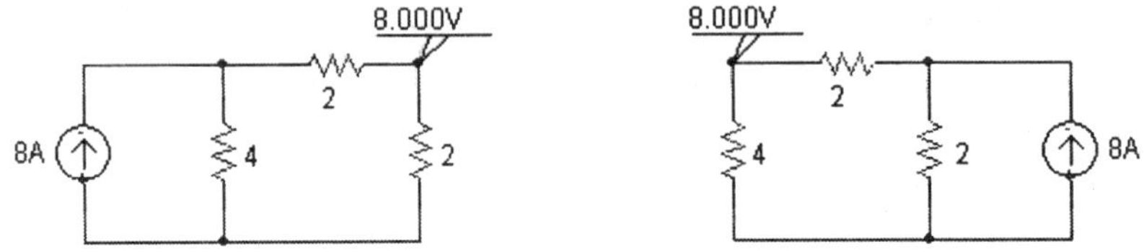


[그림 8.215] 출력결과

**예제 8.124** [그림 8.216]의 전류값과 그림 (b)의 전류값이 같음을 증명하라.

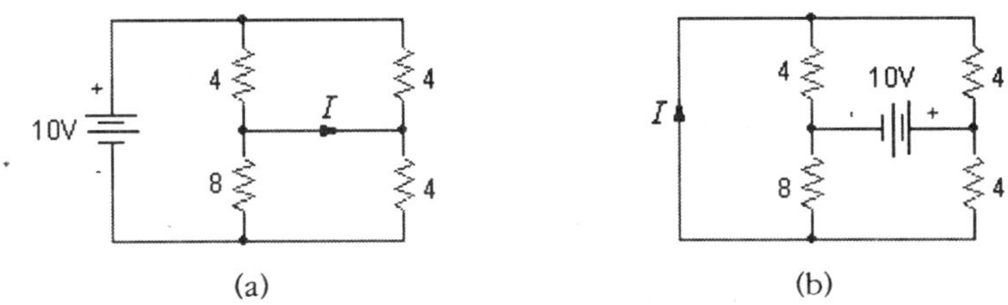


[그림 8.216] 예제 회로

**해** [그림 8.216](a)의 전류값 $I$는 4[Ω] 저항으로 흐르는 전류에서 8[Ω] 저항으로 흐르는 전류를 빼면 된다. 즉

$I_{\text{total}} = \frac{V_S}{R_{\text{total}}} = \frac{10}{4 \parallel 4 + 8 \parallel 4} = 2.143[\text{A}]$이므로

$I = I_{4[\Omega]} - I_{8[\Omega]} = I_{\text{total}} \times \frac{4}{4+4} - I_{\text{total}} \times \frac{4}{8+4} = 0.357[\text{A}]$이 된다.

한편, 그림 (b)로부터 전원부 전류 $I_{10[\text{V}]}$는 두 병렬회로로부터 $I_{10[\text{V}]} = \frac{V_S}{4 \parallel 8 + 4 \parallel 4} = 2.143[\text{A}]$이고, 구하고자 하는 전류 $I$는 아래 방향의 4[Ω] 저항으로 흐르는 전류에서 저항으로 흘러 올라가는 전류성분을 빼면 된다. 즉

$I = I_{10[\text{V}]} \times \frac{4}{4+4} - I_{10[\text{V}]} \times \frac{4}{8+4} = 0.357[\text{A}]$로서 그림 (a)의 결과와 일치한다. [그림 8.217]은 상기 회로의 시뮬레이션 결과이다.

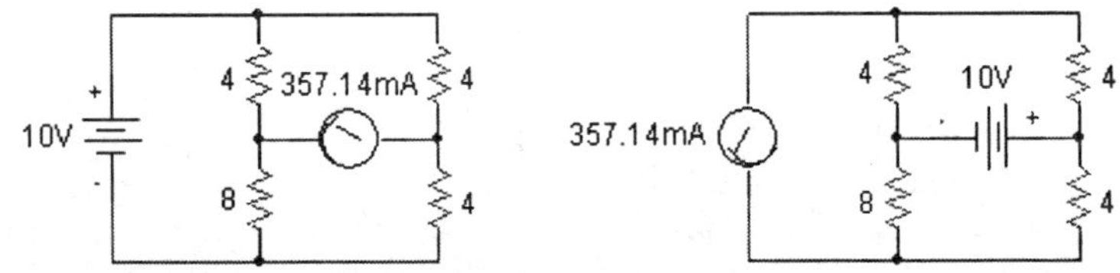


[그림 8.217] 시뮬레이션 결과

**예제 8.125** [그림 8.218](a)의 회로에서 I를 계산하고, 가역정리를 사용하여 그림 (b)에서와 같이 $I$를 구하여 비교하여라.

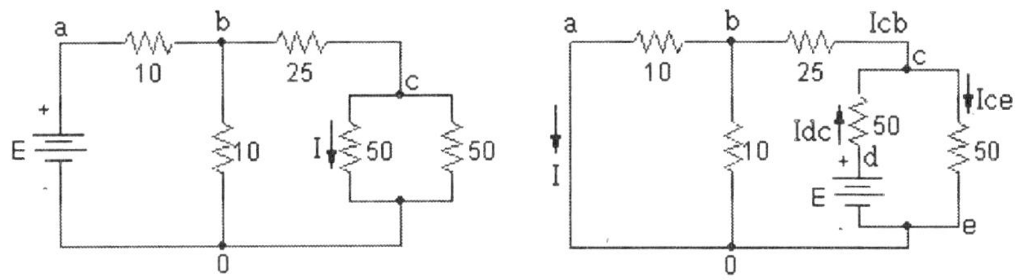


(a) (b)

[그림 8.218] 예제 회로

**해** [그림 8.218](a)로부터 $I$를 구하면 다음과 같다.

$E_{co} = 50I,\ I_{bc} = 2I,\ E_{bo} = 100I$

$I_{bo} = \dfrac{100}{10}I = 10I,\ I_{ab} = I_{bc} + I_{bo} = 12I$

$E_{ao} = 10(12I) + 100I = E$

$I = \dfrac{E}{220}$

[그림 8.218](b)와 같이 전류계로 $I$를 측정할 단자에 전원 $E$를 접속하고 전원이 있던 단자 $a$, $b$에 전류계를 연결하였을 때 $I$를 계산하면 다음과 같다.

$E_{ba} = 10I = E_{b0},\ I_{b0} = I,\ I_{cb} = 2I$

$E_{c0} = E_{ba} + E_{cb} = 60I,\ I_{ce} = E_{co}/50 = 1.2I,\ I_{dc} = I_{ce} + I_{cb} = 3.2I$

$I = \dfrac{E}{220}$

[그림 8.218]을 시뮬레이션한 결과는 [그림 8.219]이다.

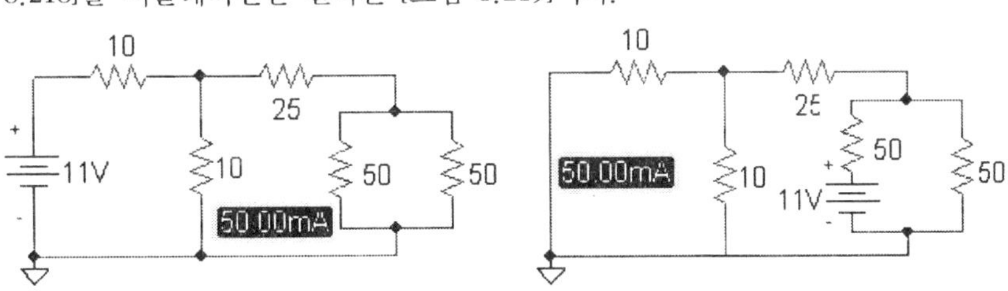


[그림 8.219] 시뮬레이션 결과

**예제 8.126** [그림 8.220](a)의 회로와 그림 (b)의 회로가 서로 상반(가역)됨을 확인해 보라.

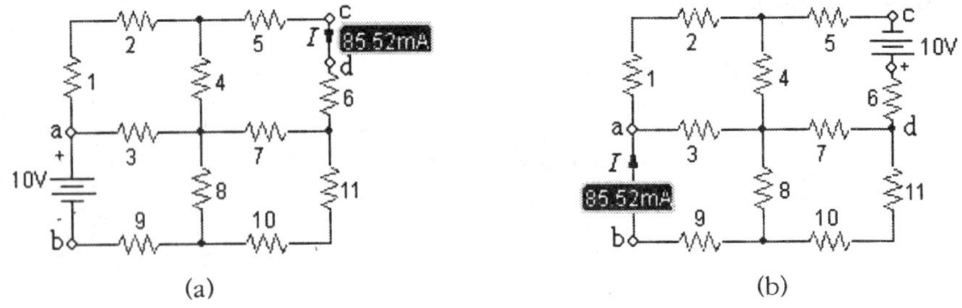

[그림 8.220] 상반회로 증명

**해** PSpice를 이용해서 시뮬레이션한 결과 [그림 8.221](a)의 $c-d$간 전류가 85.52[mA]이고, 그림 (b)에서의 $a-b$간의 전류가 85.52[mA]로서 서로 상반정리가 성립됨을 확인할 수 있었다.

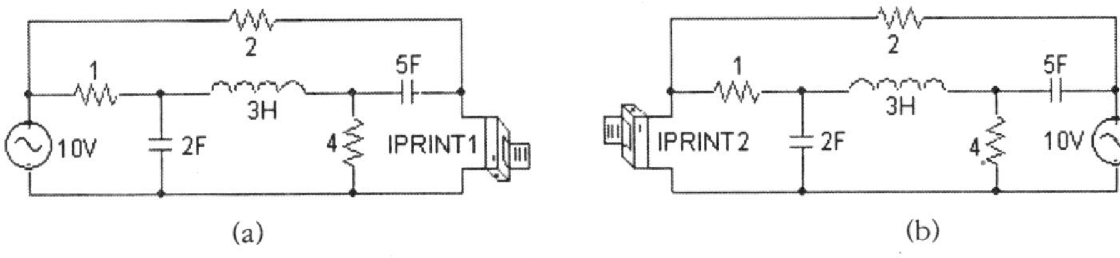

[그림 8.221] 예제 회로

**예제 8.127** [그림 8.221](a), (b)회로를 PSpice를 이용해서 서로 상반됨을 확인해보라.

**해** PSpice를 이용해서 시뮬레이션한 결과 출력은 다음과 같다.

```
**** 02/23/110 11:23:16 ******** NT Evaluation PSpice (July 1997) ************
****    AC ANALYSIS              TEMPERATURE =   27.000 DEG C
******************************************************************************
              FREQ        IM(V_PRINT1)     IP(V_PRINT1)
           1.000E+03      5.000E+00         2.026E-16
              FREQ        IM(V_PRINT2)     IP(V_PRINT2)
           1.000E+03      5.000E+00        -1.800E+02
```

## 8.10 치환과 보상의 정리

해석의 편의상 등가회로를 이용하면 해석이 편리해지는 것을 자주 본다. 등가회로란 어떠한 소자나 전원을 대치하여도 해석 대상으로 하는 외부의 단자에 영향을 주지 않는 것을 말한다. 이와 같이 전체의 회로해석에 영향을 주지 않고 다른 소자나 전원으로 대치시키는 것을 치환이라고 하며 전원전압이나 전류 혹은 주파수 등이 변하면 치환값은 달라진다.

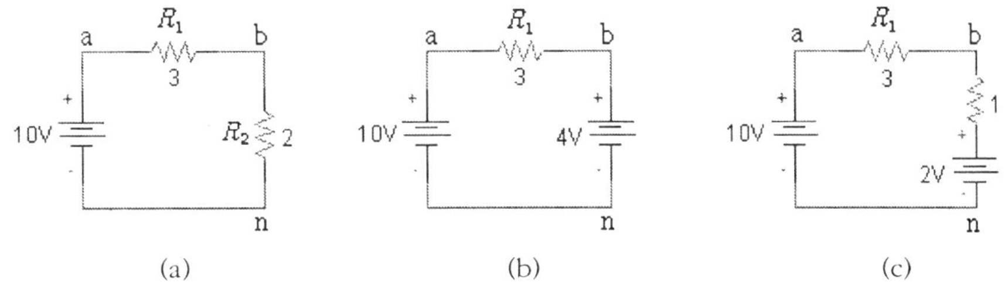


[그림 8.222] 치환의 예

치환정리(substitution theorem)는 등가전원으로 대체하면 회로의 해석이 매우 간단해지는 점이 있으며 측정시에는 측정기기의 임피던스 등에 따른 회로변화를 보상하기 위한 기초이론으로 적용된다. 치환의 정리를 설명하는 예를 [그림 8.222]에 나타낸다.

[그림 8.222]에서 저항 $R_2$단의 가지 $b-n$가 외부회로에 등가회로가 되려면 외부회로에 대해 전압이나 전류의 영향이 없어야 한다. $V_{bn}$가 4[V], $I_{bn}$이 2[A]이므로 [그림 8.222](b)와 같이 전압원으로 대체하거나 그림 (c)와 같이 1[Ω]의 저항과 2[V]의 전압원으로 대체해도 회로에는 영향이 없다.

**예제 8.128** [그림 8.222](a)의 회로에서 단자 $b-n$에 4[Ω]의 저항과 전압원으로 치환하고자 한다. 전압원의 전압을 구하라.

**해** [그림 8.223]에서 $V_{cn}$ 전압은 $V_{cn}=10-(3+4)\times 2=-4$[V]로서 4[V]의 전압원을 극성을 바꾸어 연결한다.

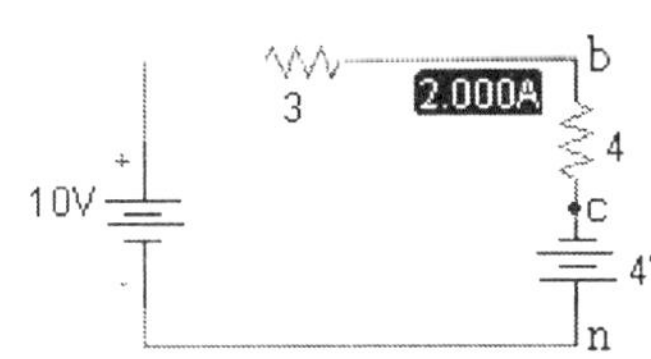


[그림 8.223]

치환정리는 그 자체보다는 각종 측정시에 오차를 없애기 위한 해석의 한 방법으로 많이 이용된다. 예를 들어 [그림 8.221]과 같은 회로에서 전류를 측정하기 위해 내부저항 $r$[Ω]을 가지는 전류계를 직렬로 연결하면 측정전류는 회로의 실제 전류보다 적게 나타날 것이다. 그러므로 측정에 의한 값을 실제의 전류값으로 교정할 필요가 있다. 이와 같이 어떤 측정계기를 회로에 연결했을 때 회로에 미치는 영향을 보정하는 기술이 보상정리(compensation theorem)이다.

[그림 8.224](b)에서 내부저항 $r$[Ω]를 가지는 전류계를 연결하면 측정전류 $I_M$은 $I_M=\dfrac{V}{R+r}$가 된다. 그러므로 저항증가분에 따른 전압강하를 상쇄시키기 위해 전압강하분 $\Delta V$를 구하면 다음과 같다.

$\Delta V = I \cdot r$

이 전압 강하분만큼 [그림 8.224](c)처럼 극성을 바꾸어 연결하면 $I \cdot r - \Delta V = 0$이 되므로 전류는 본래의 실제전류 $V/R$가 되어 보상의 개념이 될 것이다. 다음으로 실제전류와 측정전류의 관계를 구하기 위해 그림 (b)와 같이 측정시의 전류증가분 $\Delta I$를 구해보자. 즉, $I_M = I + \Delta I(\Delta I < 0)$이므로 $\Delta I = I_M - I = \frac{V}{R+r} - \frac{V}{R} = \frac{-rV}{(R+r)R} = \frac{-rI}{R+r} = \frac{-\Delta V}{R+r}$가 된다. 전류계의 내부저항을 알고 있을 때 실제의 전류를 측정전류로부터 구하면 다음과 같다.

$$I_M = I + \Delta I = I - \frac{rI}{R+r} = I\frac{R}{R+r} \quad \therefore I = I_M \frac{R+r}{R} = I_M\left(1 + \frac{r}{R}\right)$$

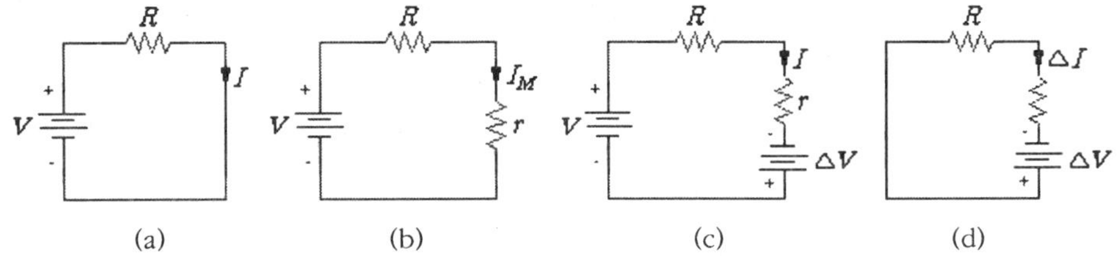

[그림 8.224] 보상의 정리 설명 회로

**예제 8.129** [그림 8.225](a)의 회로를 전원 및 저항으로 치환해 보라.

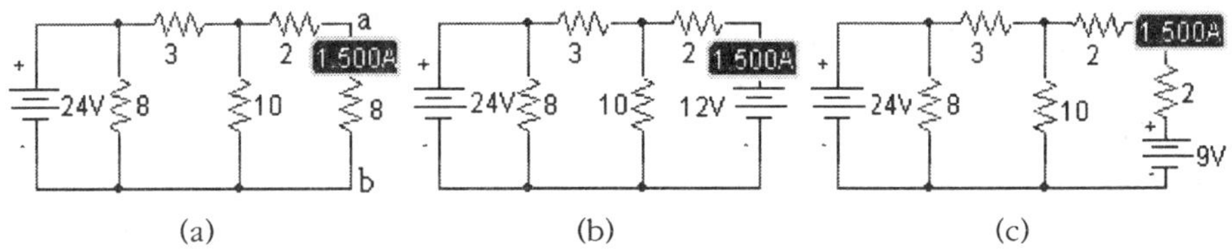

[그림 8.225] 예제 회로

**해** 그림 8.225(a)에서 $V_{ab} = 1.5 \times 8 = 12$[V]이다. 따라서 그림 (b) 및 (c)로 치환할 수 있다.

**예제 8.130** [그림 8.226](a)에서 내부저항이 30[Ω]인 전류계를 이용하여 전류를 측정했을 때 측정전류가 9.7[mA]였다. 실제의 전류를 구하라.

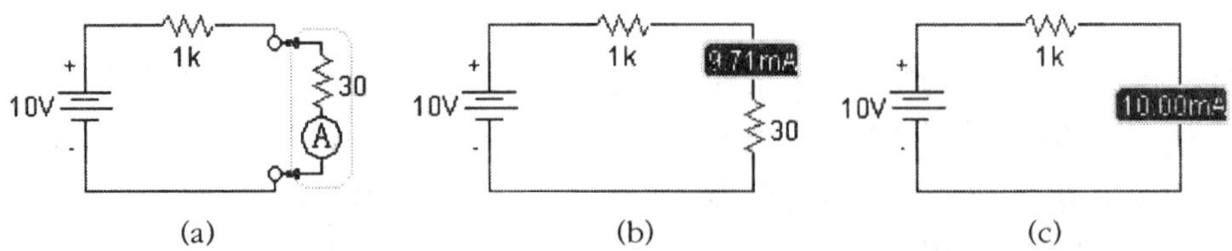

[그림 8.226] 회로 및 출력결과

**해** 이상적인 전류계일 경우의 전류는 $I=\frac{V}{R}$이고 내부저항 $r$인 전류계에 의한 측정전류는 $I_M=\frac{V}{R+r}$이므로 위의 두 식으로부터 $V$를 소거하면 $IR=I_M(R+r)$이 된다. 그러므로 실제 전류는 다음과 같다.

$I=I_M\times\frac{R+r}{R}=9.71\times\left(1+\frac{30}{1000}\right)=10[\text{mA}]$, 그림 (b), (c)는 출력결과이다.

## 8.11 Y-Δ변환(T-π 변환)

회로해석에 있어서는 지금까지 공부한 바와 같이 주어진 회로를 간단하고 이해하기 쉬운 등가회로로 치환함으로써 해석을 용이하게 할 수 있다.

직렬회로에서는 수 개의 직렬 임피던스를 하나의 등가 임피던스로 대치하고 병렬 어드미턴스를 하나의 어드미턴스로 대치함으로써 회로를 간단히 해석할 수 있으나, 어떠한 회로도 이와 같은 방법만으로는 해결되지 않는다. 이런 경우 Y-Δ 변환에 의해 쉽게 해석할 수 있다.

Y-Δ변환을 Y형으로 결합된 3개의 임피던스를 Δ형으로, Δ형으로 결합된 3개의 임피던스를 Y형으로 변환시킨다.

[그림 8.227](a)(b)는 각각 Y형, Δ형 회로이다. 그림 (c)와 (d)의 회로를 각각 T형, π형이라고 부르나 T형은 Y형과 π형은 Δ형과 같음을 알 수 있다.

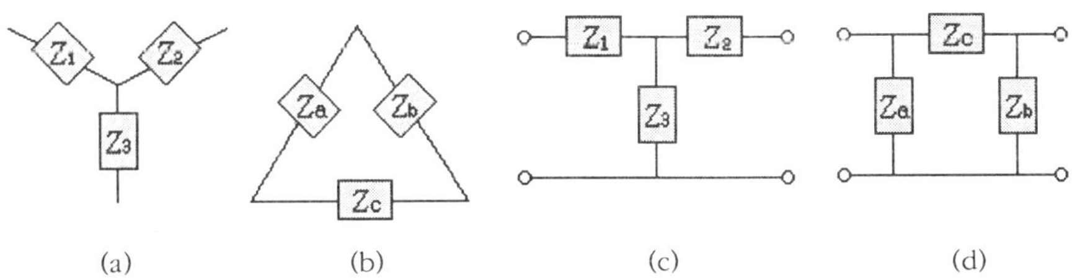


[그림 8.227] Y, Δ, T 및 π형 회로

지금 Y형 회로가 임의의 복잡한 회로의 일부일 때 이를 Δ형 회로를 대치해도 3단자 외부에 어떠한 변화도 일으키지 않는다면 이들 회로는 상호 등가이다. 그러면 이들 회로가 서로 등가되는 조건에 대하여 고찰하기로 하자.

[그림 8.228]의 $Y$ 및 $\Delta$회로가 상호 등가라면 대응하는 각각의 단자인 임피던스의 크기는 같아야 할 것이다.

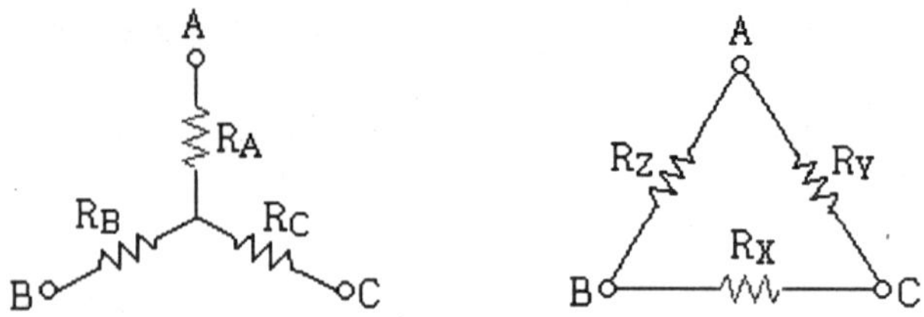

(a) Y 회로망 (b) Δ 회로망

[그림 8.228] Y 및 Δ회로

지금 단자 $A$, $B$간의 임피던스의 크기를 $Z_{AB}$라고 하면 Y형 회로에서는 $Z_A$과 $Z_B$가 직렬로 연결되어 있고, $\Delta$형 회로에서는 $Z_Z$와 $(Z_X+Z_Y)$가 병렬로 연결되어 있는 셈이 된다.

Y형에서는 $Z_{AB}=Z_A+Z_B$

$\Delta$형에서는 $Z_{AB}=\dfrac{Z_Z(Z_X+Z_Y)}{(Z_X+Z_Y)+Z_Z}$

따라서

$$Z_{AB}=Z_A+Z_B=\frac{Z_Z(Z_X+Z_Y)}{(Z_X+Z_Y)+Z_Z} \tag{8.10}$$

같은 방법으로

$$Z_{BC}=Z_B+Z_C=\frac{Z_X(Z_Y+Z_Z)}{(Z_Y+Z_Z)+Z_X} \tag{8.11}$$

$$Z_{CA}=Z_C+Z_A=\frac{Z_Y(Z_Z+Z_X)}{(Z_X+Z_X)+Z_Y} \tag{8.12}$$

식 (8.10)~(8.12)에서 {(8.10)−(8.11)+(8.12)}/2 등으로 하여 $Z_1$, $Z_2$ 및 $Z_3$를 구하면

$$Z_A=\frac{Z_YZ_Z}{Z_X+Z_Y+Z_Z} \tag{8.13}$$

$$Z_B=\frac{Z_ZZ_X}{Z_X+Z_Y+Z_Z} \tag{8.14}$$

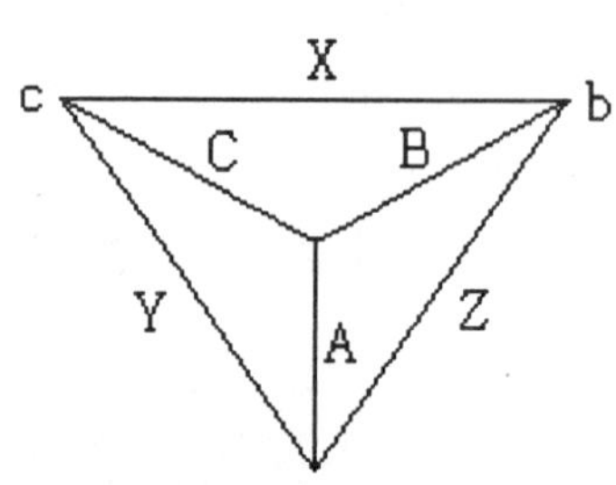

[그림 8.229] 변환관계를 기억하기 위한 그림

$$Z_C = \frac{Z_X Z_Y}{Z_X + Z_Y + Z_Z} \tag{8.15}$$

식 (8.13)~(8.15)를 각각 $Z_a$, $Z_b$ 및 $Z_c$에 대해 풀면 그 결과는

$$Z_X = \frac{Z_A Z_B + Z_B Z_C + Z_C Z_A}{Z_A} \tag{8.16}$$

$$Z_Y = \frac{Z_A Z_B + Z_B Z_C + Z_C Z_A}{Z_B} \tag{8.17}$$

$$Z_Z = \frac{Z_A Z_B + Z_B Z_C + Z_C Z_A}{Z_C} \tag{8.18}$$

[그림 8.229]는 Y－Δ 등가 변환관계를 기억하는데 편리한 그림이다.
위 식의 결과를 [그림 8.229]에 대응시켜 다음과 같이 기억하면 편리하다.

$$\Delta \rightarrow \text{Y 변환에서 } Z_A = \frac{\text{인접}Z\text{의 적}}{\sum Z} \tag{8.19}$$

$$\text{Y} \rightarrow \Delta \text{ 변환에서 } Z_X = \frac{\sum ZZ}{\text{건너편}Z} \tag{8.20}$$

**예제 8.131** [그림 8.230]의 회로에서 단자 $a$, $b$간의 합성저항 $R_{ab}$를 구하라.

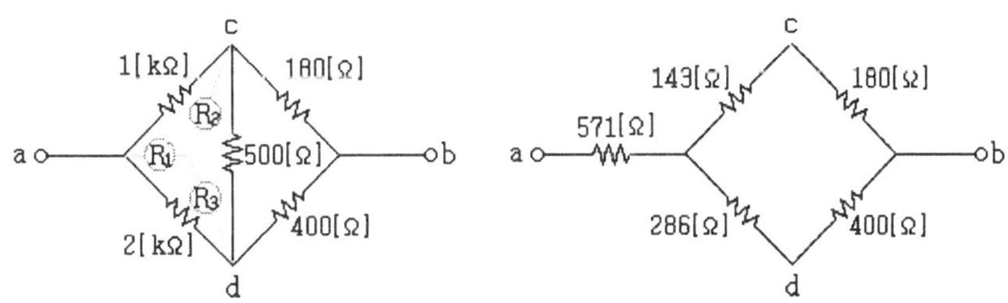


[그림 8.230] Δ→Y 변환

**해** 이 회로는 직병렬회로가 아니며 $acd$ 및 $bcd$가 각각 Δ형으로 되어 있다. 따라서 2개의 Δ형 회로 중 어느 하나를 등가 Y형으로 변환하면 된다. 그러므로 좌측의 Δ형 회로를 등가인 Y형으로 변환했을 때의 저항의 크기를 각각 $R_1$, $R_2$ 및 $R_3$라고 하면

$$R_1 = \frac{1000 \times 2000}{1000 + 2000 + 500} = 571[\Omega], \quad R_2 = \frac{1000 \times 500}{100 + 2000 + 500} = 143[\Omega]$$

$$R_3 = \frac{2000 \times 500}{100 + 2000 + 500} = 286[\Omega]$$

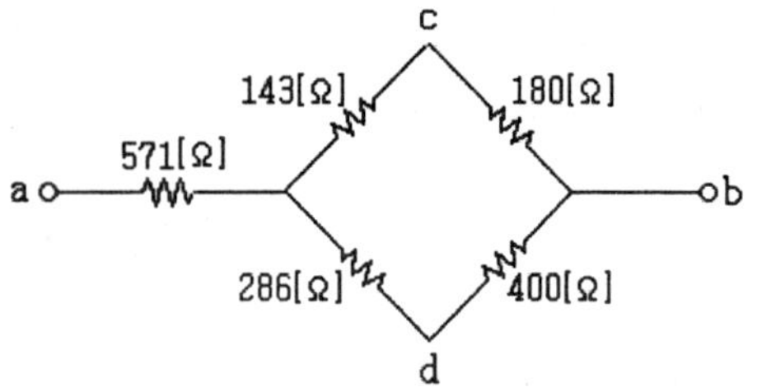


[그림 8.231]

[그림 8.231]는 $\Delta$형 회로($acd$)를 Y형으로 등가변환한 것이다. 이 회로에서 $R_{oc}$와 $R_{cb}$ 및 $R_{db}$는 각각 직렬로 되어 있으므로

$R_{ocb}=143+180=323[\Omega]$, $R_{odb}=286+400=686[\Omega]$

이며, $R_{ocb}$와 $R_{odb}$는 병렬이므로 합성저항 $R_{ob}$는 다음과 같다.

$R_{ob}=\dfrac{323\times 686}{323+686}=200[\Omega]$, $R_{ab}=571+220=791[\Omega]$

상기 회로를 시뮬레이션한 결과는 [그림 8.232]와 같다. 그림에서 합성저항 $R_{ab}$는 $R_{ob}=10/12.64[\text{mA}]\fallingdotseq 791[\Omega]$가 됨을 확인할 수 있었다.

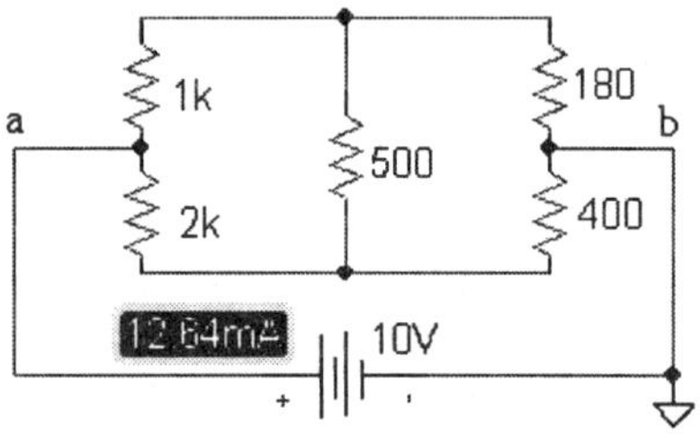


[그림 8.232] 시뮬레이션 결과

**예제 8.131** [그림 8.233]과 같은 휘스톤 브리지에서 Y－$\Delta$변환을 이용하여 전원에 흐르는 전류 $I$를 구하라.

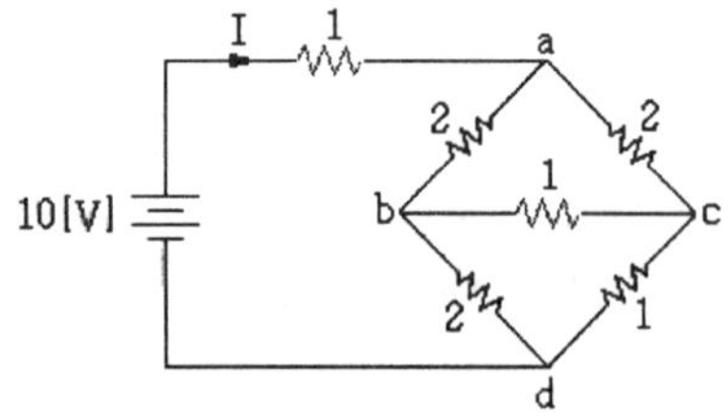


[그림 8.233] 예제 회로

**해** 상기 $\Delta$회로를 Y회로로 변환하면 [그림 8.234]와 같다. 합성저항 $R_T$는

$R_T=1.8+\dfrac{2.4\times 1.4}{2.4+1.4}=2.684[\Omega]$, 따라서 전 전류 $I$는 3.726[A]가 된다. 시뮬레이션 결과는 [그림 8.235]과 같다.

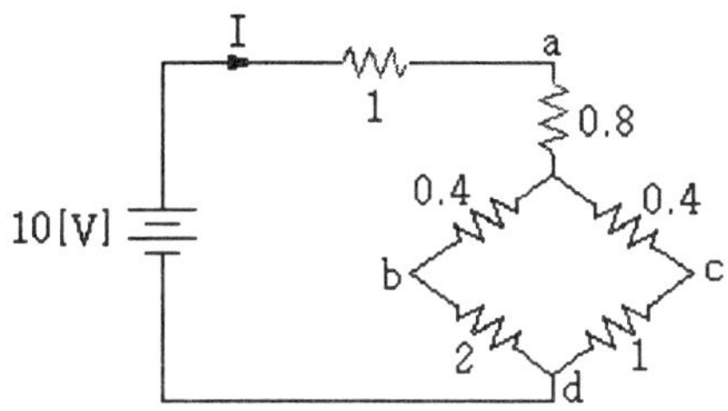


[그림 8.234]

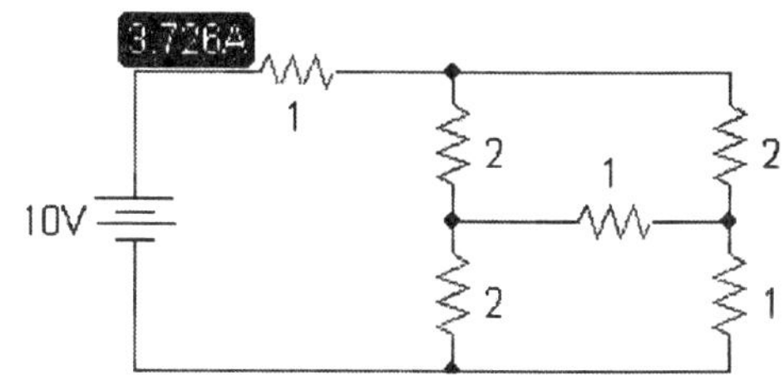


[그림 8.235] 시뮬레이션 결과

**예제 8.133** [그림 8.236](a)의 회로에서 전 전류를 구하라.

**해** 평형회로이므로 그림 (b)와 같이 그릴 수 있다. 따라서 전 전류 $I$는 3[A]가 된다.

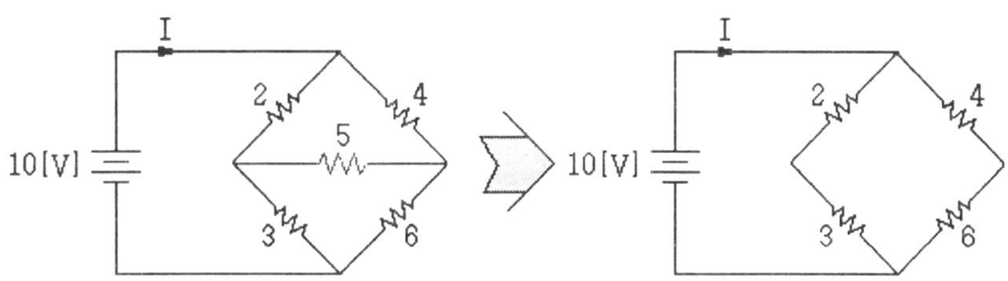


(a) (b)

[그림 8.236] 예제 회로

상기 회로를 시뮬레이션한 결과는 [그림 8.237]이다. 그림에서도 알 수 있듯이 5[Ω]에 흐르는 전류는 0이 됨을 확인할 수 있었다.

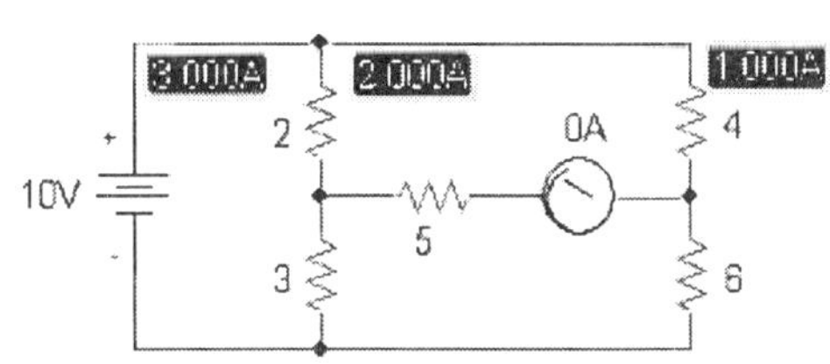


[그림 8.237] 시뮬레이션 결과

**예제 8.134** [그림 8.238](a)의 전류값과 그림 (b)의 전류값이 같음을 증명하라.

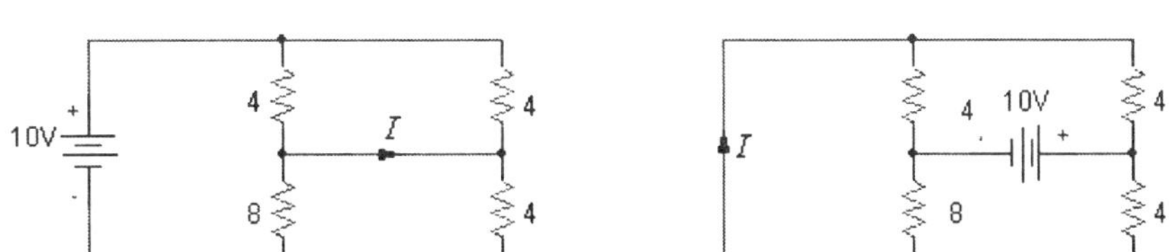


(a) (b)

[그림 8.238] 예제 회로

**해** [그림 8.238](a)의 전류값 $I$는 4[Ω] 저항으로 흐르는 전류에서 8[Ω] 저항으로 흐르는 전류를 빼면 된다. 즉

$I_{\text{total}} = \dfrac{V_S}{R_{\text{total}}} = \dfrac{10}{4 \parallel 4 + 8 \parallel 4} = 2.143[\text{A}]$ 이므로

$I = I_{4[\Omega]} - I_{8[\Omega]} = I_{\text{total}} \times \dfrac{4}{4+4} - I_{\text{total}} \times \dfrac{4}{8+4} = 0.357[\text{A}]$

한편 그림 (b)에서 전원부 전류 $I_{10[\text{V}]}$는 두 병렬 회로로부터

$I_{10[\text{V}]} = \dfrac{V_S}{R_1 \parallel R_8 + R_4 \parallel R_4} = \dfrac{10}{4 \parallel 8 + 4 \parallel 4} = 2.143[\text{A}]$이 되고 구하고자 하는 전류 $I$는 아래 방향의 4[Ω] 저항으로 흐르는 전류에서 저항으로 흘러 들어가는 전류성분을 빼면 된다. 즉 $I = I_{10[\text{V}]} \times \dfrac{4}{4+4} - I_{10[\text{V}]} \times \dfrac{4}{8+4} = 0.357[\text{A}]$로서 그림 (a)의 결과와 일치한다. [그림 8.239]는 상기 회로의 시뮬레이션 결과이다.

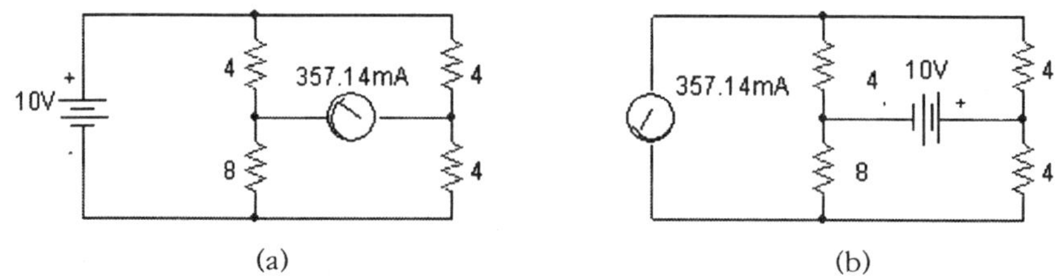


[그림 8.239] 시뮬레이션 결과

**예제 8.135** [그림 8.240](a)의 회로에서 소비되는 전력을 구하라.

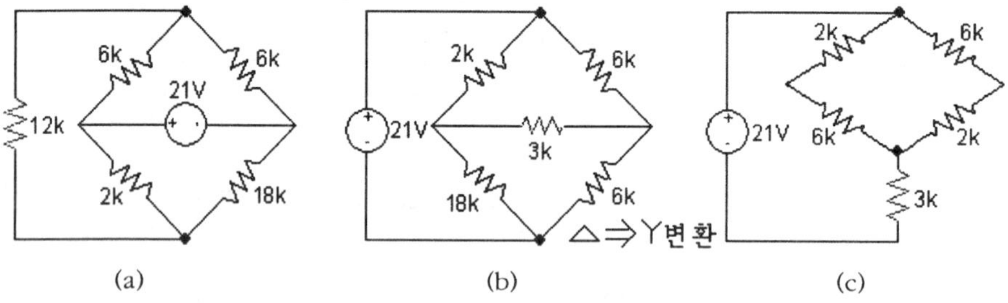


[그림 8.240] 예제 회로

**해** 그림 (c)에서 합성저항 $R_T = [(2[\text{k}]+6[\text{k}]) \parallel (6[\text{k}]+2[\text{k}])] + 3[\text{k}] = 7[\text{k}\Omega]$이므로

$P = \dfrac{(21[\text{V}])^2}{R_T} = \dfrac{441}{7[\text{k}]} = 63[\text{mA}]$가 된다.

**예제 8.135** [그림 8.241](a)의 회로에서 $I_o$를 구하라.

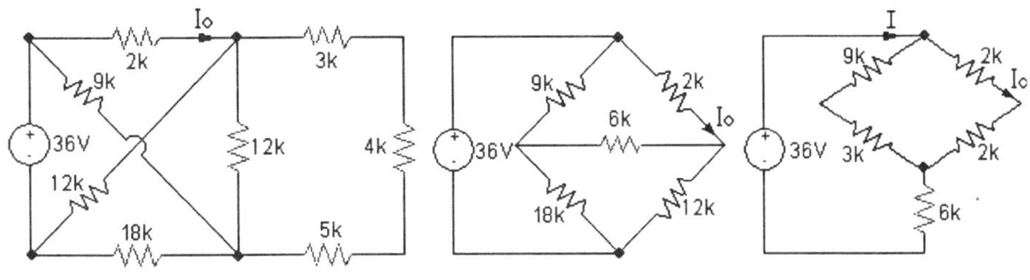


(a) (b) (c)

[그림 8.241] 예제 회로

**해** 그림 (a)에서 (12[k]) ∥ (3[k]+4[k]+5[k])=6[k]이므로 그림 (b)와 같이 그릴 수 있고, Δ→Y로 고치면 그림 (c)처럼 그릴수 있다.

$$I=\frac{36[\mathrm{V}]}{[(9[\mathrm{k}]+3[\mathrm{k}])\parallel(2[\mathrm{k}]+2[\mathrm{k}])]+6[\mathrm{k}]}=4[\mathrm{mA}],$$

$$I_o=\left[\frac{(9[\mathrm{k}]+3[\mathrm{k}])}{(9[\mathrm{k}]+3[\mathrm{k}])+(2[\mathrm{k}]+2[\mathrm{k}])}\right]I=3[\mathrm{mA}]\text{가 된다.}$$

**예제 8.137** [그림 8.242](a)의 회로에서 $V_o$를 구하라.

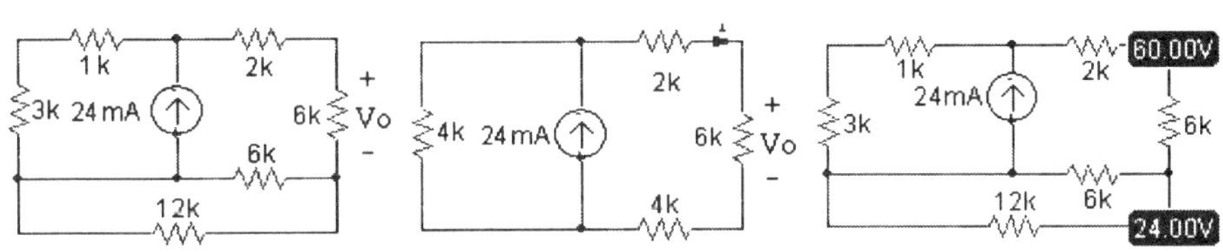


(a) (b) (c)

[그림 8.242] 예제 회로

**해** [그림 8.242](a)는 그림 (b)처럼 그릴 수 있다.

$I=\left[\frac{4[\mathrm{k}]}{4[\mathrm{k}]+(2[\mathrm{k}]+6[\mathrm{k}]+4[\mathrm{k}])}\right]\times 24[\mathrm{mA}]=6[\mathrm{mA}]$, $\therefore V_o=(6[\mathrm{k}])I=36[\mathrm{V}]$가 되고 출력결과는 그림 (c)이다.

**예제 8.138** [그림 8.243](a)는 전압분계기의 출력을 측정하기 위한 전압계 연결을 보여준다. 여기서 $v_S=15[\mathrm{V}]$, $R_1=10[\mathrm{k\Omega}]$, $R_2=20[\mathrm{k\Omega}]$이라 하자.

(a) 이상적인 전압값(무부하시)을 구하라.

(b) 입력저항 $R_i=1[\mathrm{M\Omega}]$인 실제 전압계에 의해 측정될 값을 계산하라.

(C) 부하현상에 따른 백분율 오차를 구하라.

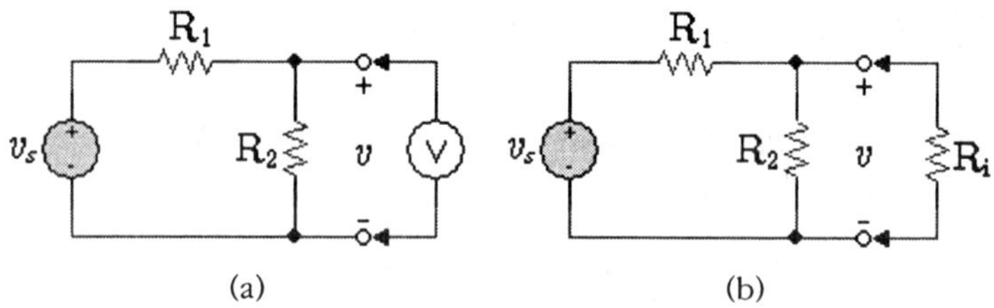


[그림 8.243] 예제 회로

**해** (a) 이상적으로 무부하시 측정값은 다음과 같다.

$$v = \frac{R_2}{R_1 + R_2} v_s = \frac{20}{10+20} \times 15 = 10[V]$$

(b) 전압계를 연결했을 때의 측정값은 다음과 같다.

$$v = \frac{R_2 \parallel R_i}{R_1 + R_2 \parallel R_i} v_s = \frac{20 \parallel 1000}{10 + 20 \parallel 1000} \times 15 = 9.934[V]$$

따라서 회로에 계기를 연결함으로써 출력전압이 10[V]에서 9.934[V]로 떨어진다.

(c) 부하현상에 의한 백분율 오차 ε는 다음과 같다.

$$\varepsilon = \frac{\text{부하시} - \text{무부하시}}{\text{부하시}} \times 100 = \frac{9.934 - 10}{10} \times 100 = -0.66[\%]$$

**예제 8.139** 내부저항 $R_s = 10[k\Omega]$ 전원 $v_s = 2[V]$가 $R_1 = 30[k\Omega]$고 $R_2 = 120[k\Omega]$인 반전증폭기에 연결되어 그의 무부하이득이 $A = -120/30 = -4$이다. 입력 측의 부하걸림과 출력전압 $v_o$를 구하라.

**해** 이 회로를 [그림 8.244]에 보였다. $v_o$를 구해보면 다음과 같다.

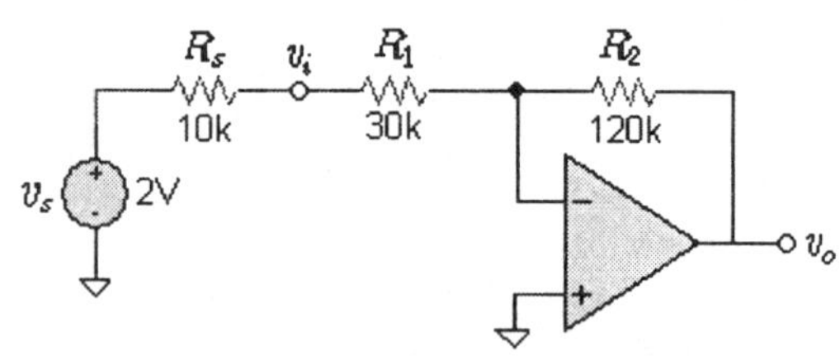


[그림 8.244] 예제 회로

$$v_o = -\frac{R_2}{R+s+R_1} v_s = -\frac{120}{10+30} 2 = -6[V]$$

입력 측의 부하걸림 양을 구하기 위해 $R_s$와 $R_1$이 전압분배기를 구성하고 있으므로

$$v_i = \frac{R_1}{R_s + R_1} v_s = \frac{30}{10+30} 2 = 1.5[V]$$

이는 부하걸림으로 인해 25[%]의 신호손실을 의미한다. 상기 회로의 시뮬레이션 결과는 [그림 8.245]이다.

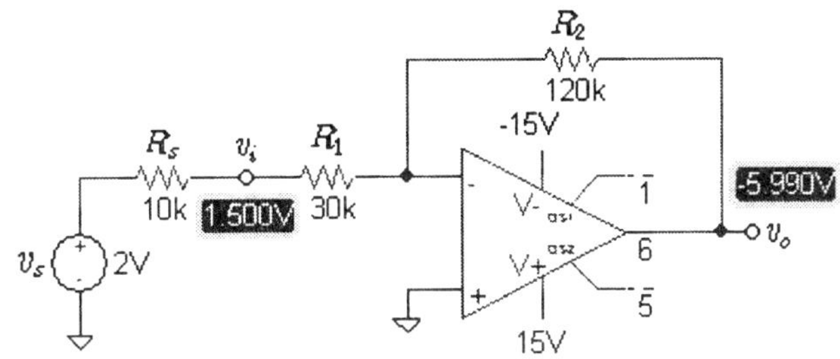


[그림 8.245] 시뮬레이션 결과

만일 전원이 $R_s=0$이면 부하걸림이 없어져 $v_o = Av_i = Av_s = -4\times2 = -8$[V]가 된다. 그러나 부하걸림으로 인해 $v_o = Av_i = -4\times1.5 = -6$[V]로 된다.

**예제 8.140** 1단 트랜지스터 증폭기의 등가회로를 [그림 8.246](a)와 같이 나타내었다. 부하저항 $R_L$에 흐르는 전류를 구하라.

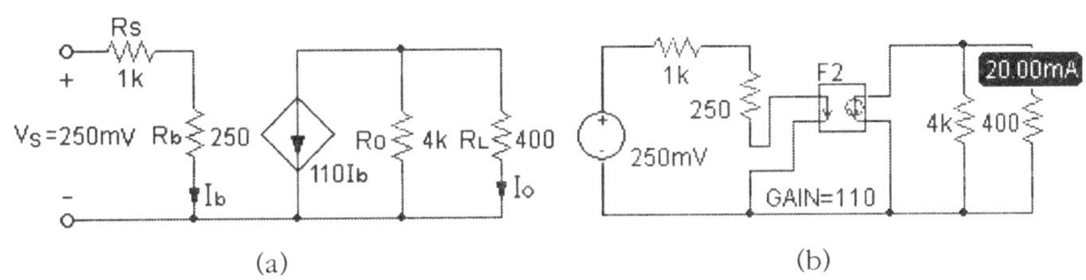


[그림 8.246] 트랜지스터의 등가회로 및 출력결과

**해** $I_b = \dfrac{V_s}{R_s+R_b} = \dfrac{0.25}{1000+250} - 0.2$[mA]가 되고

$I_O = -\left(\dfrac{4000}{4000+400}\right)(110I_b) = -100I_b = -20$[mA]가 된다. 출력결과는 그림 (b)이다.

**예제 8.141** [그림 8.247](a)는 전형적인 트랜지스터의 등가회로이다. 출력전압 $V_o$를 구하라.

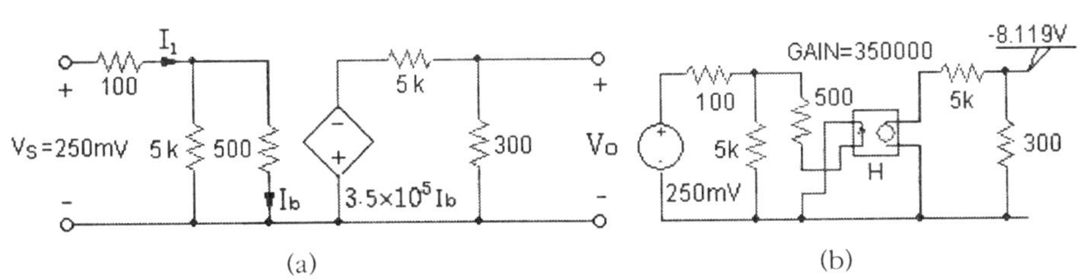


[그림 8.247] 트랜지스터의 등가회로 및 출력결과

**해** [그림 8.247]에서

$$I_1 = \frac{V_s}{100 + (5[k] \parallel 500)} = \frac{0.25}{554.3} = 451[\mu A],\ I_b = \left(\frac{5000}{5000+500}\right) I_1 = 409.8[\mu A]\text{이고,}$$

$$V_o = \left(\frac{300}{300+5000}\right)[(-3.5\times 10^3)\ I_b] = -8.12[V]\text{가 된다. 출력결과는 그림 (b)이다.}$$

**예제 8.142** [그림 8.248](a)에서 전류 $I_o$를 구하라.

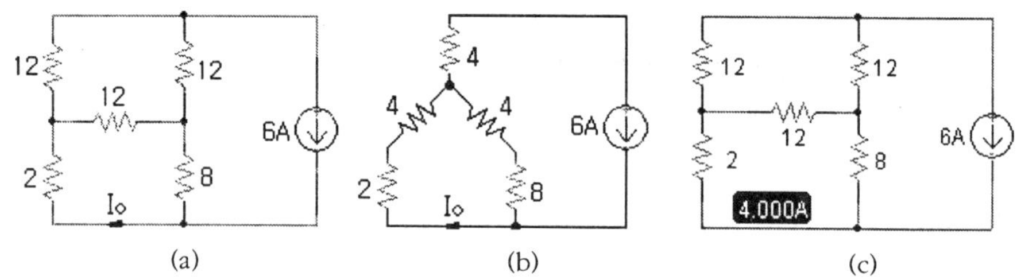

[그림 8.248] 예제 회로

**해** [그림 8.248](a)를 $\Delta \Rightarrow Y$로 고친 그림이 그림 (b)이다. 여기서 $I_o$는 다음과 같다.

$$I_o = \left[\frac{4+8}{(4+2)+(4+8)}\right] \times 6[A] = 4[A]\text{이고, 출력결과는 그림 (c)이다.}$$

**예제 8.143** [그림 8.249](a)에서 전류 $I_o$를 구하라.

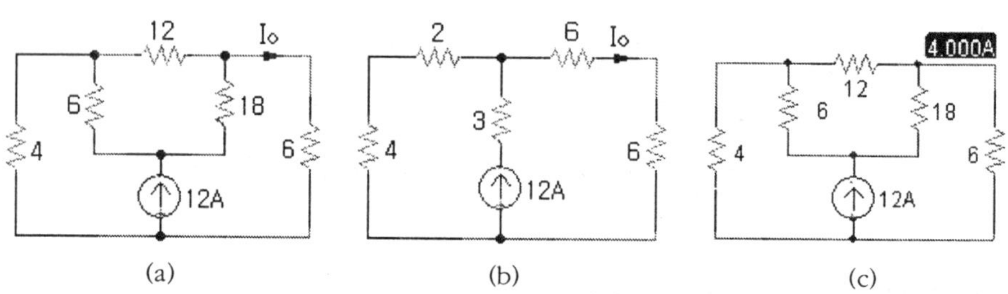

[그림 8.249] 예제 회로

**해** [그림 8.249](a)를 $\Delta \Rightarrow Y$로 고친 그림이 그림 (b)이다. 여기서 $I_o$는 다음과 같다.

$$I_o = \left[\frac{2+4}{(2+4)+(6+6)}\right] \times 12[A] = 4[A]\text{이고, 시뮬레이션 결과는 그림 (c)이다.}$$

**예제 8.144** [그림 8.250](a)에서 전류 $I_o$를 구하라.

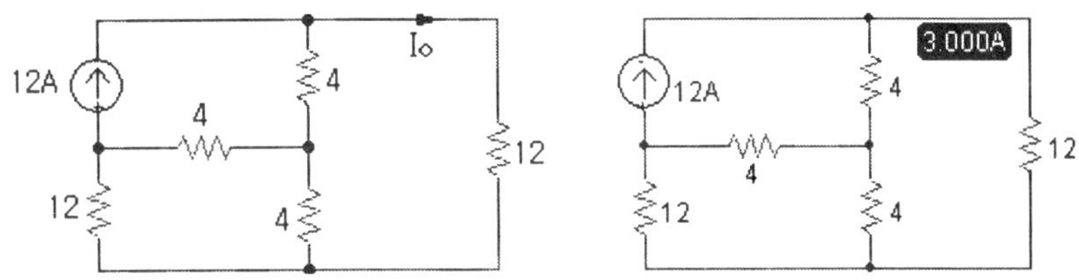


(a) (b)

[그림 8.250] 예제 회로

**해** [그림 8.250]을 $\Delta \rightarrow Y$로 고친 것이 [그림 8.251](a)이고, 정리한 것이 그림 (b), (c)이다. 그림 (c)에서 $I = 12[A]/2 = 6[A]$이고, 따라서 $I_o = I/2 = 3[A]$가 된다.

시뮬레이션 결과는 [그림 8.250](b)이다.

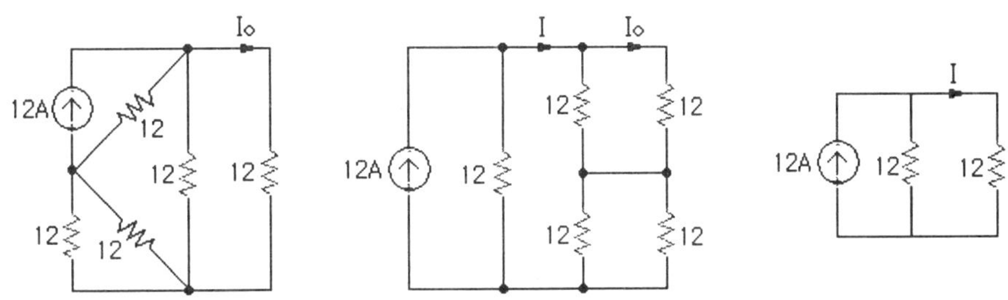


(a) (b) (c)

[그림 8.251] 등가 변환

# 9장

# 4단자 회로망

# 9장 4단자 회로망

회로해석은 [그림 9.1](a)와 같이 입력단자만으로 구성된 2단자 회로가 있고, 그림 (b)와 같이 입력단자와 출력단자로 구성된 회로가 있다.

전자시스템, 통신시스템, 자동제어시스템 및 전송시스템 등의 회로망에서는 전기적 신호 또는 에너지에 대해서 한 쌍의 입력단자에는 전원을, 또 다른 한 쌍의 출력단자에는 부하를 접속한다. 이러한 두 쌍의 단자를 통해서 회로를 취급할 때 이것을 4단자 회로망(four terminal network) 또는 2단자쌍 회로망(two port network)이라고 한다. 이에 반해 그림 (a)의 회로망을 2단자 회로망 또는 1단자쌍 회로망이라 한다.

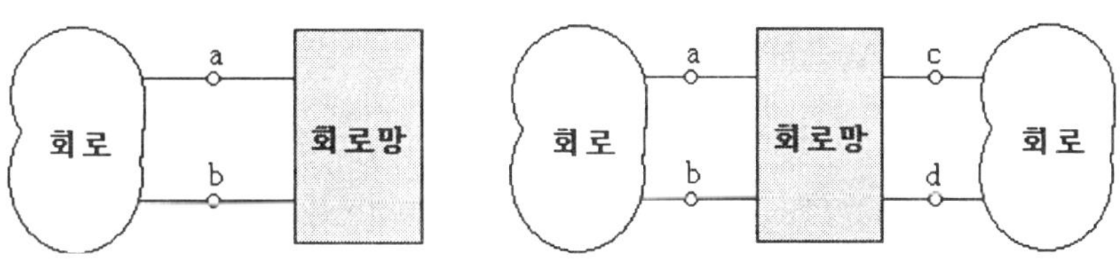


(a) 2단자망　　　　b) 4단자망

[그림 9.1] 각종 단자망

2단자망에서는 한 쌍의 단자에서의 전압·전류관계가 문제되었다. 그러나 통신회로나 제어회로에서는 한 쌍의 단자에 신호가 가해지고 다른쌍의 단자에서 그것을 받는 경우가 많은데, 이 경우에는 두 쌍의 단자에서의 전압·전류관계를 가지게 된다.

2단자 회로에서는 입력 임피던스 또는 입력 어드미턴스만으로써 그 단자에서의 특성이 규정되었으나, 4단자 회로에서는 두 쌍에서의 전압·전류관계를 규정하려면 4개의 파라미터, 즉 임피던스 파라미터, 어드미턴스 파라미터, 하이브리드 파라미터, 전송 파라미터 등이 필요하게 된다.

## 9.1 임피던스 파라미터

### (1) 정의와 기초 방정식

4단자 회로의 입력전압 $V_1$, 입력전류 $I_1$, 출력전압 $V_2$, 출력전류 $I_2$를 [그림 9.2]와 같이 표시하면 이 4변수의 관계식을 쓸 수 있다.

$\dot{Z}_{11}$, $\dot{Z}_{22}$를 구동점 임피던스(driving point impedance) $Z_{12}$, $Z_{21}$을 전달 임피던스(transfer impedance)라고 하면 회로망 내부에는 전원이 없으므로

$$V_1 = Z_{11}I_1 + Z_{12}I_2 \tag{9.1}$$

$$V_2 = Z_{21}I_1 + Z_{22}I_2 \tag{9.2}$$

이다. 이것을 행렬을 써서 다시 쓰면

$$\begin{bmatrix} V_1 \\ V_2 \end{bmatrix} = \begin{bmatrix} Z_{11} & Z_{12} \\ Z_{21} & Z_{22} \end{bmatrix} \begin{bmatrix} I_1 \\ I_2 \end{bmatrix} \tag{9.3}$$

이 된다.

식 (9.3)에서 $Z_{11}$, $Z_{12}$, $Z_{21}$, $Z_{22}$를 4단자 회로의 임피던스 파라미터(impedance parameter, Z-parameter)라 한다.

즉, 식 (9.3)은 임피던스 파라미터를 사용한 4단자 회로의 기초방정식이 된다. 식 (9.1) 및 (9.2)에서 $Z_{11}$, $Z_{22}$, $Z_{21}$, $Z_{12}$의 정의 및 그 물리적 의미는 다음과 같다.

$$Z_{11} = \frac{V_1}{I_1} \Big|_{I_2=0} \text{ : 단자 1-1'에서의 개방 구동점 임피던스} \tag{9.4}$$

$$Z_{21} = \frac{V_2}{I_1} \Big|_{I_2=0} \text{ : 개방 순방향 전달 임피던스} \tag{9.5}$$

$$Z_{12} = \frac{V_1}{I_2} \Big|_{I_1=0} \text{ : 개방 역방향 전달 임피던스} \tag{9.6}$$

$$Z_{22} = \frac{V_2}{I_2} \Big|_{I_1=0} \text{ : 단자 2-2'에서의 개방 구동점 임피던스} \tag{9.7}$$

를 얻을 수 있는데, 식 (9.4)와 식 (9.5)는 2차 단자의 개방상태이고, 식 (9.6)과 식 (9.7)은 1차 단자의 개방상태이다.

상반 회로망이면 $Z_{12} = Z_{21}$이 되며, 특히 $Z_{11} = Z_{22}$인 경우를 대칭이라 한다.

[그림 9.2]는 일반적인 4단자망의 그림이다.

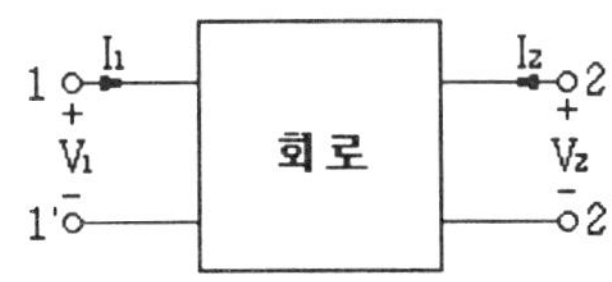


[그림 9.2] 2단자쌍 회로망

**예제 9.1** [그림 9.3]에서 내부 임피던스가 $1+j0[\Omega]$인 12[V] 전압원에서 $Z$ 파라미터를 구하고, 4[Ω]에 흐르는 전류를 구하라.

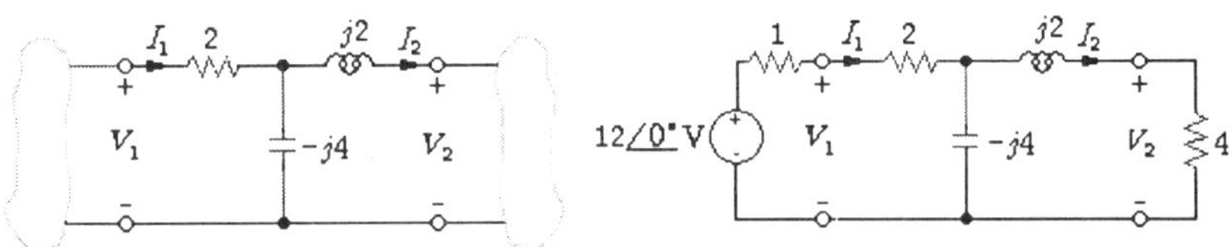


(a) (b)

[그림 9.3] 4단자 회로망

**해** (a) $\begin{cases} z_{11} = 2 - jd, \ z_{12} = -jd \\ z_{21} = -j4, \ z_{22} = -j4 + j2 \end{cases} \Rightarrow \begin{cases} V_1 = (2-j4)I_1 - j4I_2 \\ V_2 = -j4I_1 - j2I_2 \end{cases}$

(b) $\begin{cases} V_1 = 12\angle 0^\circ - I_1 \\ V_2 = -4I_2 \end{cases} \Rightarrow \begin{cases} 12\angle 0^\circ = (3-j4)I_1 - j4I_2 \\ 0 = -j4I_1 + (4-j2)I_2 \end{cases}$

$\therefore I_2 = 1.61\angle 137.73^\circ$ [A]

## (2) 4단자 회로의 직렬접속

[그림 9.4]와 같이 4단자 회로 $N_1$, $N_2$를 접속하여 새로운 4단자 회로 $N$을 만드는 방식을 직렬접속이라 한다. 4단자 회로 $N_1$에 대해서는

$$\begin{bmatrix} V_1' \\ V_2' \end{bmatrix} = \begin{bmatrix} Z_{11}' & Z_{12}' \\ Z_{21}' & Z_{22}' \end{bmatrix} \begin{bmatrix} I_1' \\ I_2' \end{bmatrix} \tag{9.8}$$

4단자 회로 $N_2$에 대해서는

$$\begin{bmatrix} V_1'' \\ V_2'' \end{bmatrix} = \begin{bmatrix} Z_{11}'' & Z_{12}'' \\ Z_{21}'' & Z_{22}'' \end{bmatrix} \begin{bmatrix} I_1'' \\ I_2'' \end{bmatrix} \tag{9.9}$$

또, 직렬접속일 때에는

$$V_1 = V_1' + V_1'', \quad V_2 = V_2' + V_2''$$

$$I_1 = I_1' = I_1'', \qquad I_2 = I_2' = I_2''$$

그러므로,

$$\begin{bmatrix} V_1 \\ V_2 \end{bmatrix} = \left( \begin{bmatrix} Z_{11}' & Z_{12}' \\ Z_{21}' & Z_{22}' \end{bmatrix} + \begin{bmatrix} Z_{11}'' & Z_{12}'' \\ Z_{21}'' & Z_{22}'' \end{bmatrix} \right) \begin{bmatrix} I_1 \\ I_2 \end{bmatrix} \tag{9.10}$$

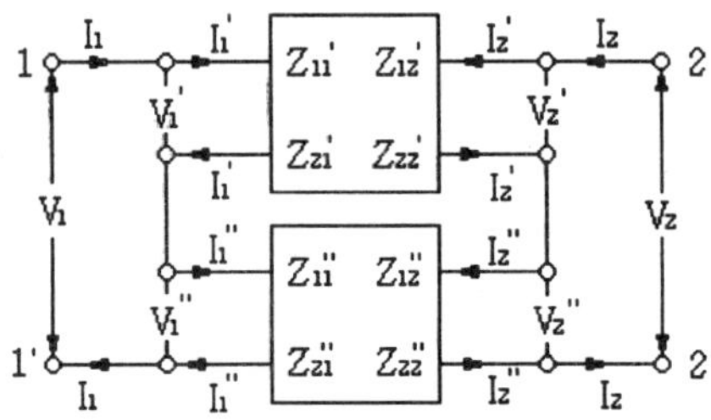

[그림 9.4] 직렬접속

새로 만들어지는 4단자 회로 $N$에 대해서는

$$\begin{bmatrix} V_1 \\ V_2 \end{bmatrix} = \begin{bmatrix} Z_{11} & Z_{12} \\ Z_{21} & Z_{22} \end{bmatrix} \begin{bmatrix} I_1 \\ I_2 \end{bmatrix} \tag{9.11}$$

여기서

$$Z_{11} = Z_{11}' + Z_{11}'', \quad Z_{12} = Z_{12}' + Z_{12}'', \; Z_{21} = Z_{21}' + Z_{21}''$$

**예제 9.2** [그림 9.5]와 같은 $T$ 회로의 임피던스 파라미터를 구하라. 단, 저항의 단위는 [Ω]이다.

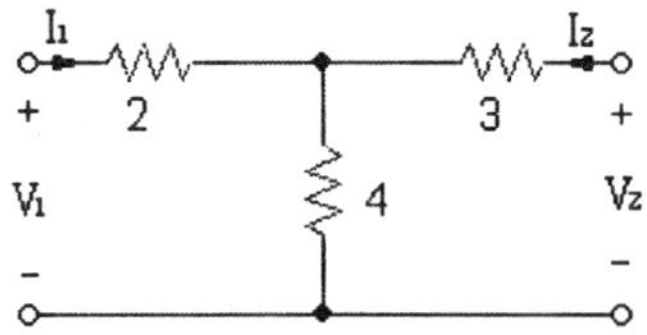

[그림 9.5] T회로의 임피던스 파라미터

**해** 출력단자를 개방하면 2[Ω], 4[Ω]이 직렬로 만드는 $Z_{11} = 6[\Omega]$, 또 이때 $V_2 = 4I_1$이므로 $Z_{21} = 4[\Omega]$, 마찬가지로 입력단자를 개방하고 생각하면

$Z_{22} = 7[\Omega]$, $Z_{12} = 4[\Omega]$

혹은 관찰에 의하여 직접 기초방정식을 써 내리면

$V_1 = 2I_1 + 4(I_1 + I_2) = 6I_1 + 4I_2$

$V_2 = 3I_2 + 4(I_1 + I_2) = 4I_1 + 7I_2$

이상으로 $T$ 회로의 임피던스 파라미터는

$Z_{11}=6[\Omega]$, $Z_{22}=7[\Omega]$, $Z_{12}=Z_{21}=4[\Omega]$

상기 회로를 시뮬레이션한 결과는 [그림 9.6]이다.

여기서 단자 1 또는 단자 2가 개방되었을 때 $I_1$ 또는 $I_2$를 1[A]로 놓고 임피던스 파라미터를 구하면 된다.

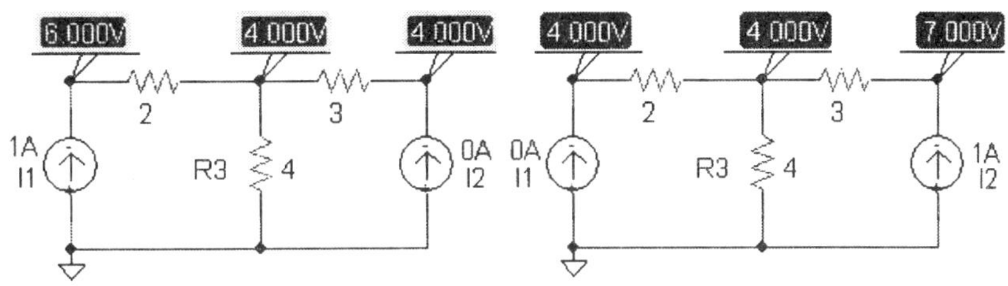


(a) $Z_{11}$, $Z_{21}$를 구하는 회로 (b) $Z_{12}$, $Z_{21}$를 구하는 회로

[그림 9.6] 시뮬레이션 결과

회로 시뮬레이션은 Analysis Setup에서 DC Sweep를 선택하고 I1 1 1 1을 기입한 뒤 시뮬레이션을 실행하면 된다.

**예제 9.3** [그림 9.7]의 두 회로의 직렬연결에서 $Z$ 파라미터를 구하라.

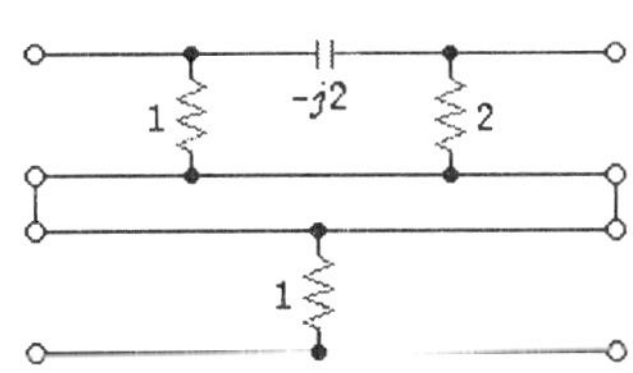


[그림 9.7] 두 회로의 직렬회로

**해** 상기 예제의 해는 아래와 같다.

$$N_a \Rightarrow \begin{cases} Z_{11a}=\dfrac{2-j2}{3-j2}, & Z12a=\dfrac{2}{3-j2} \\ Z_{21a}-\dfrac{2}{3-j2,} & Z_{22a}=\dfrac{2-j4}{3-j2,} \end{cases} \qquad N_a \Rightarrow \{Z_{11b}=Z_{12b}=Z_{21b}=Z_{22b}=1\}$$

$$\therefore\ Z_{11}=\frac{5-j4}{3-j2},\quad Z_{12}=\frac{5-j2}{3-j2}$$

$$Z_{21}=\frac{5-j2}{3-j2},\quad Z_{22}=\frac{5-j6}{3-j2}$$

**예제 9.4** [그림 9.8](a)의 회로에서 $Z$를 구하라.

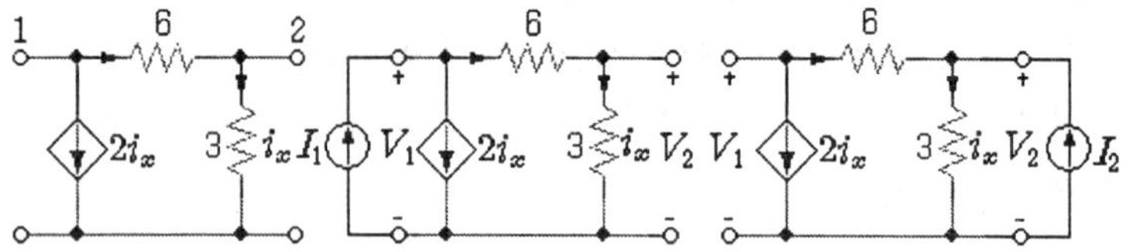


(a) (b) (c)

[그림 9.8] 예제 회로

**해** $Z_{11}$과 $Z_{21}$을 구하기 위해서 [그림 9.8](b)와 같이 구성하고 회로의 마디 방정식을 구한다.

$$I_1 = 2I_x + \frac{V_1 - V_1}{6} = 2\frac{V_x}{3} + \frac{V_1 - V_2}{6}$$

$$\frac{V_1 - V_2}{6} = I_x = \frac{V_2}{3} \Rightarrow V_1 = 3I_1,\ \ V_2 = 1I_1$$

$$\therefore\ Z_{11} = 3[\Omega],\ \ Z_{21} = 1[\Omega]$$

$Z_{12}$과 $Z_{22}$을 구하기 위해서 [그림 9.8](c)와 같이 구성하고 회로의 마디 방정식을 구한다.

$$I_2 = I_x + \frac{V_2 - V_1}{6} = \frac{V_2}{3} + \frac{V_2 - V_1}{6}$$

$$\frac{V_2 - V_1}{6} = 2I_x = 2\frac{V_2}{3} \ \Rightarrow\ V_1 = -3I_2,\ \ V_2 = 1I_2$$

$$\therefore\ Z_{12} = -3[\Omega],\ \ Z_{22} = 1[\Omega]$$

PSpice를 하기 위해 회로를 [그림 9.9]와 같이 그리고 시뮬레이션을 행하였다.

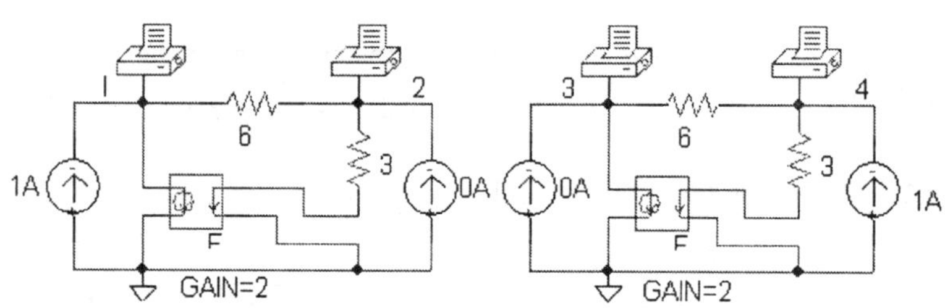


(a) $Z_{11}$, $Z_{21}$를 구하는 회로 (b) $Z_{12}$, $Z_{22}$를 구하는 회로

[그림 9.9] 회로구성

출력파일은 다음과 같다.

```
****   SMALL SIGNAL BIAS SOLUTION     TEMPERATURE =  27.000 DEG C
NODE  VOLTAGE    NODE  VOLTAGE    NODE  VOLTAGE    NODE  VOLTAGE
(  1)  3.0000    (  2)  1.0000    (  3)  -3.0000   (  4)  1.0000
```

**예제 9.5** [그림 9.10] 회로의 $\omega = 10^6$[rad/sec]에서의 $Z$파라미터를 구하라.

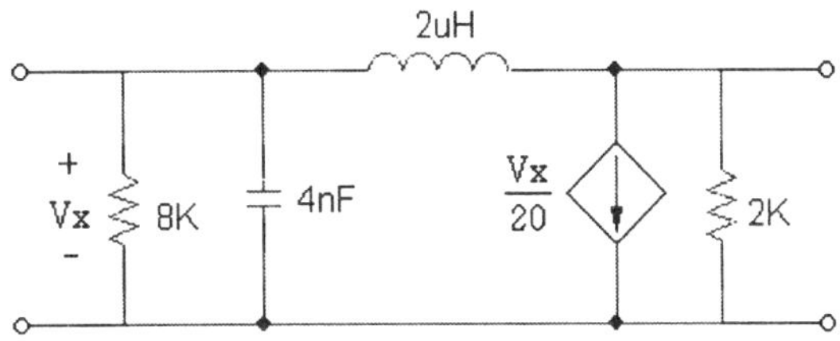


[그림 9.10] 예제 회로

**해** $Z_{11}$과 $Z_{21}$을 구하기 위해서 [그림 9.11]과 같이 회로를 구성하고 시뮬레이션을 실시하였다. 이때 주파수 $f = \omega/2\pi = 0.1519$[MHz]에서 AC Analysis를 하였다. 1[A] 교류전류원 IAC를 입력단자에 삽입하고 $V_1$과 $V_2$를 얻기 위해 VPRINT1 두 개를 연결한다. 전압의 크기와 위상을 프린트하기 위해 VPRINT1 속성으로서 AC=yes, MAG=yes, PHASE=yes를 선택한다.

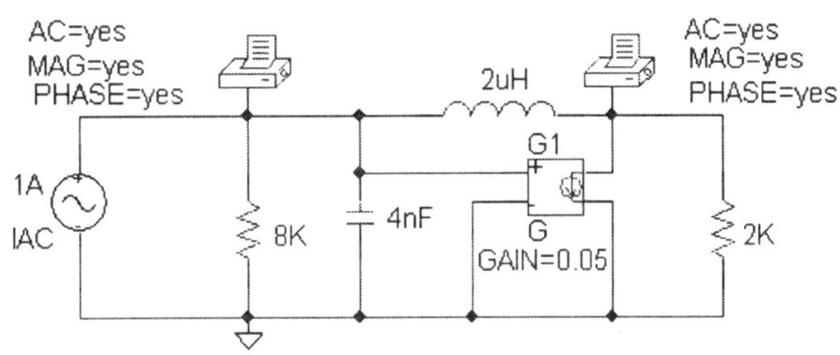


(a) $Z_{11}$, $Z_{21}$을 구하기 위한 회로

```
FREQ        VM(1)       VP(1)
  1.519E+05  1.970E+01  1.757E+02
FREQ        VM(2)       VP(2)
  1.519E+05  1.979E+01  1.702E+02
```

(b) 출력결과

[그림 9.11] 회로 및 출력결과

따라서 상기의 결과에서 $Z_{11} = 19.70 \angle 175.7^\circ$ [Ω], $Z_{21} = 19.79 \angle 170.2^\circ$ [Ω]가 된다.

다음에 $Z_{12}$와 $Z_{22}$를 구하기 위해 회로를 [그림 9.12]와 같이 구성하고 시뮬레이션을 실시하였다.

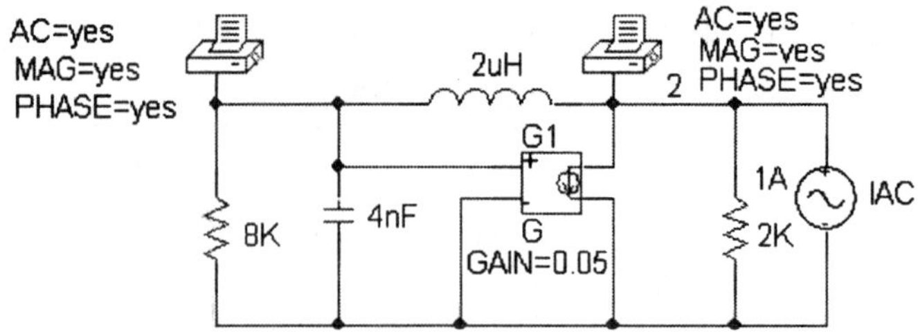


(a) $Z_{12}$, $Z_{22}$를 구하기 위한 회로

```
FREQ        VM($N_0001) VP($N_0001)
 1.519E+05  1.970E+01  1.757E+02
FREQ        VM(2)      VP(2)
 1.519E+05  1.956E+01  1.757E+02
```

(b) 출력결과

[그림 9.12] 회로 및 출력결과

상기 그림에서 $Z_{12} = 19.70 \angle 175.7°[\Omega]$, $Z_{22} = 19.56 \angle 175.7°[\Omega]$가 된다.

## 9.2 어드미턴스 파라미터

### (1) 정의와 기초방정식

임피던스 행렬을 구해서 다음과 같이 두자.

$$\begin{bmatrix} Z_{11} & Z_{12} \\ Z_{21} & Z_{22} \end{bmatrix}^{-1} = \begin{bmatrix} y_{11} & y_{12} \\ y_{21} & y_{22} \end{bmatrix} \tag{9.12}$$

그러면 식 (9.3)에서 $I_1, I_2$는 다음과 같다.

$$\begin{bmatrix} I_1 \\ I_2 \end{bmatrix} = \begin{bmatrix} y_{11} & y_{12} \\ y_{21} & y_{22} \end{bmatrix} \begin{bmatrix} V_1 \\ V_2 \end{bmatrix} \tag{9.13}$$

$y_{11}$, $y_{12}$, $y_{21}$, $y_{22}$를 어드미턴스 파라미터(admittance parameter, $y$-parameter)라 한다.

$$y_{11} = \frac{Z_{22}}{\Delta_z}, \quad y_{12} = \frac{-Z_{21}}{\Delta_z}, \quad y_{21} = -\frac{Z_{12}}{\Delta_z}, \quad y_{22} = \frac{Z_{11}}{\Delta_z}$$

$$\text{단, } \Delta_z = \begin{bmatrix} Z_{11} & Z_{12} \\ Z_{21} & Z_{22} \end{bmatrix} \tag{9.14}$$

식 (9.13)을 다시 쓰면

$$I_1 = y_{11} V_1 + y_{12} V_2$$
$$I_2 = y_{21} V_1 + y_{22} V_2 \qquad (9.15)$$

$$y_{11} = \frac{I_1}{V_1} \Big|_{V_2=0} \text{ : 단자 1-1}'\text{에서의 구동점 어드미턴스} \qquad (9.16)$$

$$y_{21} = \frac{I_2}{V_1} \Big|_{V_2=0} \text{ : 단락 순방향 전달 어드미턴스} \qquad (9.17)$$

$$y_{12} = \frac{I_1}{V_2} \Big|_{V_1=0} \text{ : 단락 역방향 전달 어드미턴스} \qquad (9.18)$$

$$y_{22} = \frac{I_2}{V_2} \Big|_{V_1=0} \text{ : 단자 2-2}'\text{에서의 구동점 어드미턴스} \qquad (9.19)$$

식 (9.16)과 식 (9.17)은 2차측의 단락상태이며, 식 (9.18)과 (9.19)는 1차측의 단락상태가 된다.

특히, 4단자 회로가 상반회로이면 $y_{12} = y_{21}$이 되며, 대칭인 경우 $y_{11} = y_{22}$가 된다. 회로에 대해 어드미턴스 파라미터를 구한 시뮬레이션 결과는 [그림 9.13]과 같다.

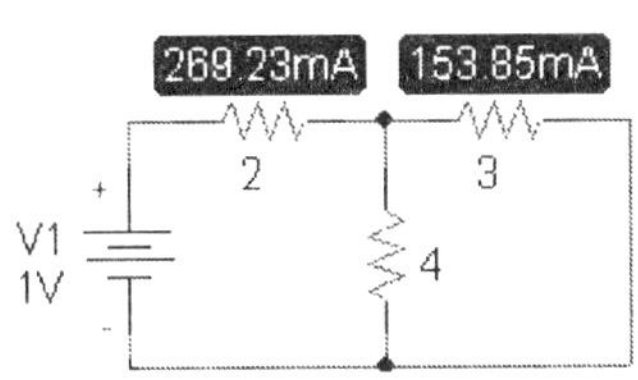


(a) $y_{11}$, $y_{21}$을 구하는 회로

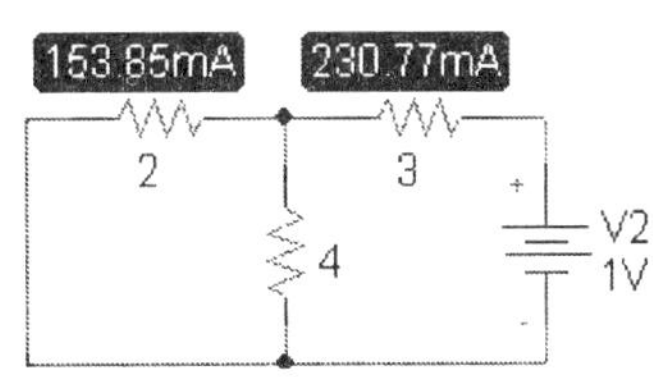


(b) $y_{12}$, $y_{22}$를 구하는 회로

[그림 9.13] 시뮬레이션 결과

즉, 그림에서 $y_{11} = 269.23[\text{m℧}]$, $y_{12} = 153.846[\text{m℧}]$, $y_{21} = 153.846[\text{m℧}]$, $y_{22} = 230.77[\text{m℧}]$이다.

**예제 9.6** [그림 9.14](a)에서 4[Ω]에 흐르는 전류를 구하라.

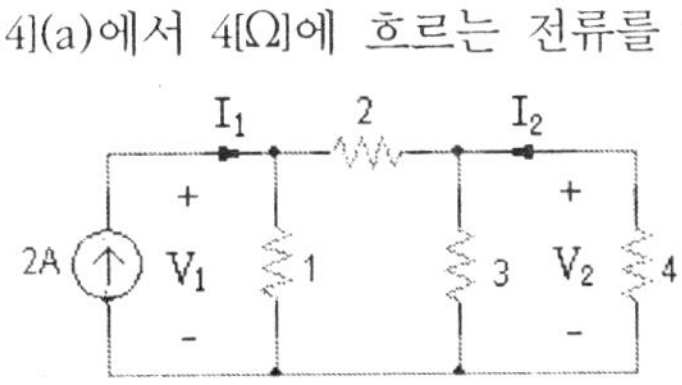


(a)

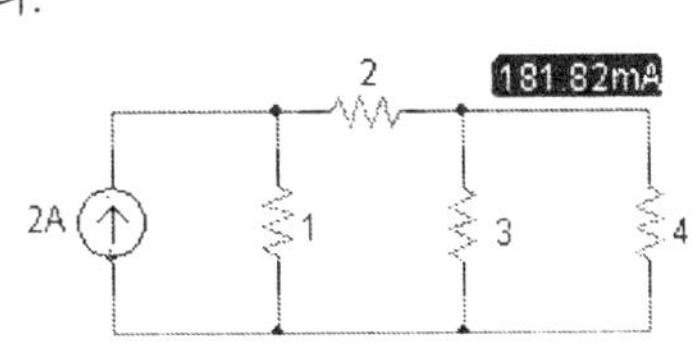


(b)

[그림 9.14] 회로 및 출력결과

**해** [그림 9.14]에서 $y$파라미터를 구하고 전류방정식을 세우면 다음과 같다.

$$\left.\begin{aligned} I_1 &= \frac{3}{2}V_1 - \frac{1}{2}V_2 \\ I_2 &= -\frac{1}{2}V_1 + \frac{5}{6}V_2 \end{aligned}\right\} \implies \left\{\begin{aligned} 2 &= \frac{3}{2}V_1 - \frac{1}{2}V_2 \\ 0 &= -\frac{1}{2}V_1 + \frac{13}{12}V_2 \end{aligned}\right.$$

여기서 $I_1 = 2[\mathrm{A}]$, $I_2 = -\frac{1}{4}V_2$를 이용하였다.

$\therefore \ \frac{33}{12}V_2 = 2 \ \Rightarrow \ I_2 = -\frac{1}{4}V_2 = -\frac{2}{11}[\mathrm{A}]$가 된다. 그림 (b)는 출력결과이다.

**예제 9.7** [그림 9.15](a) 회로의 $y$파라미터를 구하라.

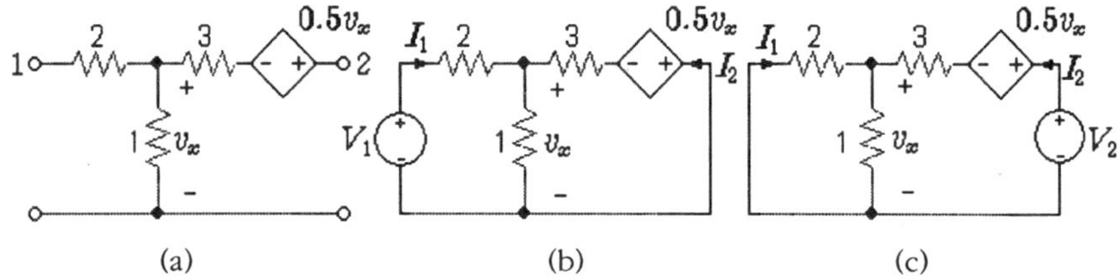

[그림 9.15] 예제 회로

**해** $y_{11}$과 $y_{21}$을 구하기 위해 [그림 9.15](b)와 같이 포트 1에는 전압 $V_1$을 인가하고 포트 2를 단락시킨다. 루프 방정식을 이용하면

$V_1 = 2I_1 + 1(I_1 + I_2)$, $0 = 0.5V_x + 3I_2 + 1(I_1 + I_2)$

$V_x = 1(I_1 + I_2)$를 이용해서 풀면 다음과 같다.

$I_1 = (3/8)V_1$, $I_2 = (-1/8)V_1$에서 $y_{11} = 3/8[\Omega]^{-1}$, $y_{21} = -1/8[\Omega]^{-1}$이 된다.

$y_{12}$와 $y_{22}$를 구하기 위해 [그림 9.15](c)와 같이 포트 2에 전압 $V_2$를 인가하고 포트 1을 단락시킨다. 루프 방정식을 이용하면

$V_2 = 0.5V_x + 3I_2 + 1(I_1 + I_2)$, $0 = 2I_1 + 1(I_1 + I_2)$

$V_x = 1(I_1 + I_2)$를 이용해서 풀면 다음과 같다.

$I_1 = (-1/12)V_2$, $I_2 = (1/4)V_2$에서 $y_{12} = -1/12[\Omega]^{-1}$, $y_{22} = -1/4[\Omega]^{-1}$이 된다.

PSpice를 하기 위해 [그림 9.16]과 같이 구성하고 시뮬레이션을 행하였다.

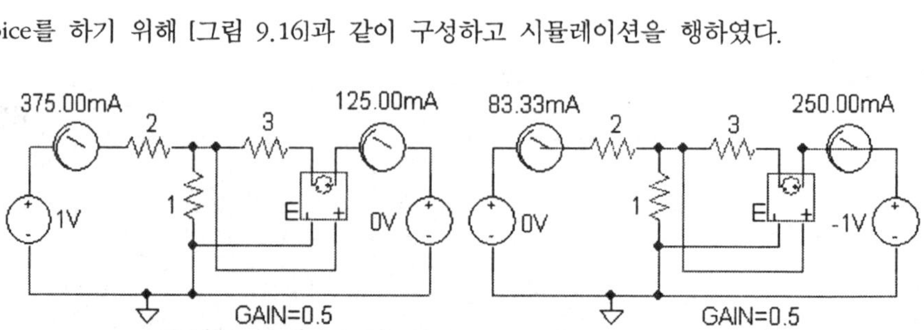


[그림 9.16] 회로 구성

### (2) 4단자 회로의 병렬접속

[그림 9.17]과 같이 $N_1$ 및 $N_2$의 4단자 회로의 입력과 출력단자를 병렬로 접속하여 새로운 4단자 회로를 만드는 접속을 병렬접속이라 한다.

4단자 회로 $N_1$에서는

$$\begin{bmatrix} I_1' \\ I_2' \end{bmatrix} = \begin{bmatrix} y_{11}' & y_{12}' \\ y_{21}' & y_{22}' \end{bmatrix} \begin{bmatrix} V_1' \\ V_2' \end{bmatrix} \tag{9.20}$$

4단자 회로 $N_2$에서는

$$\begin{bmatrix} I_1'' \\ I_2'' \end{bmatrix} = \begin{bmatrix} y_{11}'' & y_{12}'' \\ y_{21}'' & y_{22}'' \end{bmatrix} \begin{bmatrix} V_1'' \\ V_2'' \end{bmatrix} \tag{9.21}$$

새로운 4단자 회로 $N$에서는

$$\begin{bmatrix} I_1 \\ I_2 \end{bmatrix} = \begin{bmatrix} y_{11} & y_{12} \\ y_{21} & y_{22} \end{bmatrix} \begin{bmatrix} V_1 \\ V_2 \end{bmatrix} \tag{9.22}$$

또, 병렬접속에서는 다음과 같은 관계가 있다.

$$I_1 = I_1' + I_1'',\ I_2 = I_2' + I_2'',\ V_1 = V_1' + V_1'',\ V_2 = V_2' + V_2'' \tag{9.23}$$

그러므로

$$\begin{bmatrix} I_1 \\ I_2 \end{bmatrix} = \begin{bmatrix} I_1' \\ I_2' \end{bmatrix} + \begin{bmatrix} I_1'' \\ I_2'' \end{bmatrix} = \begin{bmatrix} y_{11}' & y_{12}' \\ y_{21}' & y_{22}' \end{bmatrix} + \begin{bmatrix} y_{11}'' & y_{12}'' \\ y_{21}'' & y_{22}'' \end{bmatrix} \begin{bmatrix} V_1 \\ V_2 \end{bmatrix}$$

$$= \begin{bmatrix} y_{11}' + y_{11}'' & y_{12}' + y_{12}'' \\ y_{21}' + y_{21}'' & y_{22}' + y_{22}'' \end{bmatrix} \begin{bmatrix} V_1 \\ V_2 \end{bmatrix}$$

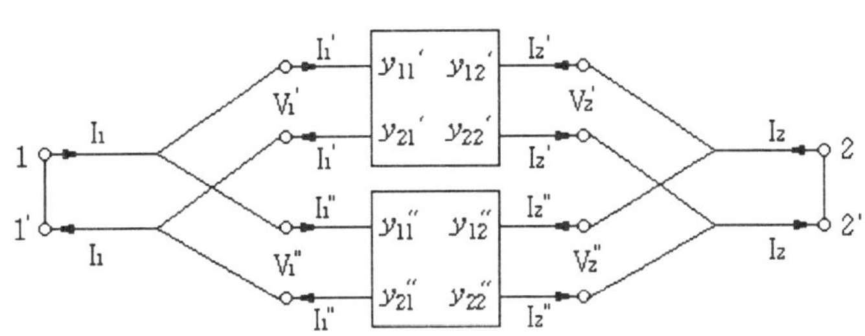

[그림 9.17] 병렬접속

따라서

$$y_{11} = y_{11}' + y_{11}'' \qquad y_{12} = y_{12}' + y_{12}''$$
$$y_{21} = y_{21}' + y_{21}'' \qquad y_{22} = y_{22}' + y_{22}'' \tag{9.24}$$

**예제 9.8** [그림 9.18](a)에서 어드미턴스 파라미터를 구하라.

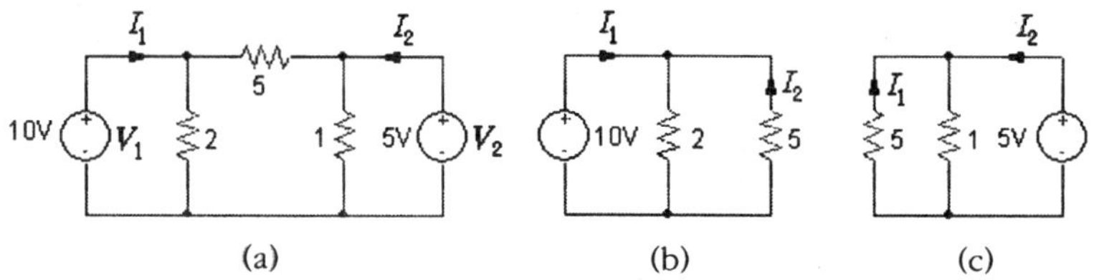


[그림 9.18] 어드미턴스 파라미터 구하기

**해** [그림 9.18](a)에서 $V_1=0$ 및 $V_2=0$으로 하면 그림 (b), (c)가 된다. 그림 (b)로부터 $V_1=\dfrac{2\times5}{2+5}I_1=\dfrac{10}{7}I_1$, $V_1=-5I_2$이므로 $y_{11}$, $y_{21}$는 다음과 같다.

$$y_{11}=\left.\frac{I_1}{V_1}\right|_{V_2=0}=\frac{7}{10}=0.7[℧]$$

$y_{21}=\left.\dfrac{I_2}{V_1}\right|_{V_2=0}=-\dfrac{1}{5}=0.2[℧]$가 되고 시뮬레이션 결과는 [그림 9.19](a)이다.

[그림 9.18](c)로부터

$V_2=5\times\dfrac{1}{5+1}I_2=\dfrac{5}{6}I_2$ , $V_2=-5I_1$이므로 $y_{12}$, $y_{22}$는 다음과 같다.

$$y_{12}=\left.\frac{I_1}{V_2}\right|_{V_1=0}=-\frac{1}{5}=-0.2[℧]$$

$y_{22}=\left.\dfrac{I_2}{V_2}\right|_{V_1=0}=\dfrac{5}{6}=1.2[℧]$가 되고 시뮬레이션 결과는 [그림 9.19](b)이다.

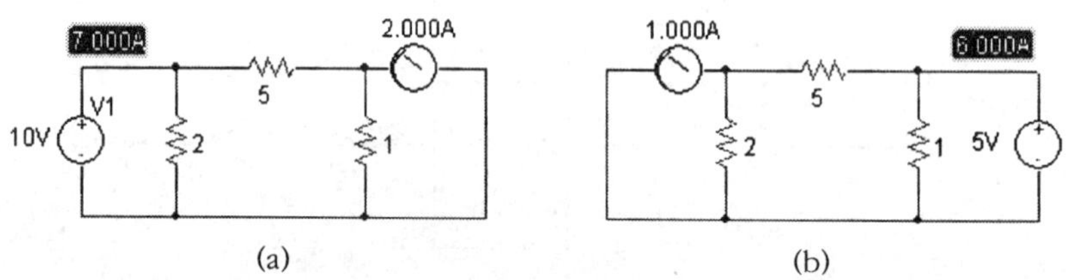


[그림 9.19] 시뮬레이션 결과

**예제 9.9** [그림 9.20](a)와 같은 $\pi$ 회로의 어드미턴스 파라미터를 구하라.

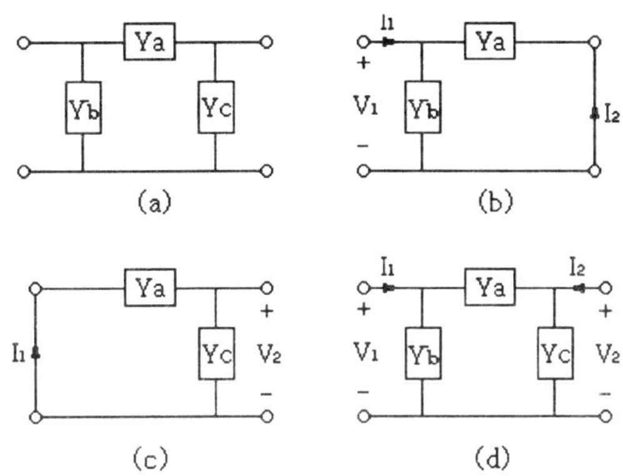


[그림 9.20] $\pi$회로의 어드미턴스 파라미터

**해** 출력단자를 단락하면 [그림 9.20](b) $Y_a, Y_b$가 병렬로 되므로 $y_{11} = Y_a + Y_b$ 또 이때 $I_2 =- Y_a V_1$이므로 $y_{21} =- Y_a$ 다음에 입력단자를 단락하면 [그림 9.20](c) $Y_a$와 $Y_b$가 병렬로 되므로 $y_{22} = Y_a + Y_c$ , 또 이때 $I_1 =- Y_a V_2$이므로 $y_{12} =- Y_a$, 간단한 회로의 어드미턴스 파라미터를 구하는 또 한 가지 방법은 관찰에 의하여 직접 4단자망 본 방정식을 써내리는 것이다. 즉 [그림 9.20](d)에서 $I_1$은 $Y_b$와 $Y_a$를 흐르는 전류의 합이므로

$I_1 = Y_b V_1 + Y_a (V_1 - V_2) = (Y_a + Y_b) V_1 - Y_a V_2$

또 $I_2$는 $Y_c$를 흐르는 전류와 $Y_a$를 흐르는 전류의 합이므로

$I_2 = Y_c V_2 + Y_a (V_2 - V_1) =- Y_a V_1 + (Y_a + Y_c) V_2$

이상으로 $\pi$ 회로의 어드미턴스 파라미터는 다음과 같다.

$y_{11} = Y_a + Y_b,\quad y_{22} = Y_a + Y_c,\quad y_{12} = y_{21} =- Y_a$

**예제 9.10** [그림 9.21]의 회로에서 어드미턴스 파라미터 중에서 $y_{11} = 0.5 + j0.5$[℧]일 때 전원주파수 $\omega$의 값을 구하라.

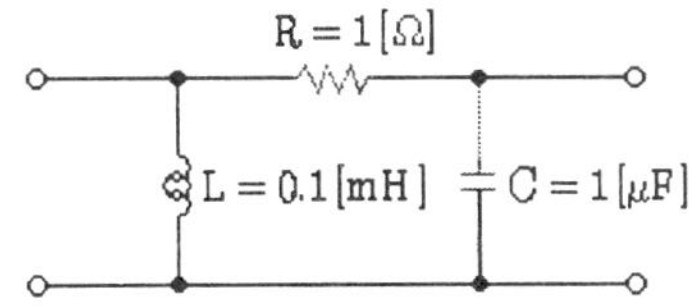


[그림 9.21]

**해** [그림 9.21]에서 $y_{11}$이 주어져 있으므로 [그림 9.23](a)에서 $y_{11} = \left.\frac{I_1}{V_1}\right|_{V_2=0}$ 을 적용하기 위하여 그림 (b)와 같이 출력단을 단락시키면 그림 (c)가 된다. 그림에서

$y_{11} = \frac{j\omega LR}{R + j\omega L} = \frac{(\omega L)^2 R}{R^2 + (\omega L)^2} + j\frac{\omega L R^2}{R^2 + (\omega L)^2} = 0.5 + j0.5 \;\Rightarrow\; \frac{(\omega L)^2 R}{R^2 + (\omega L)^2} = 0.5$이므로

$\therefore (\omega L)^2 = 1 \Rightarrow \omega = \dfrac{1}{L} = 10^4$[rad/sec]가 된다.

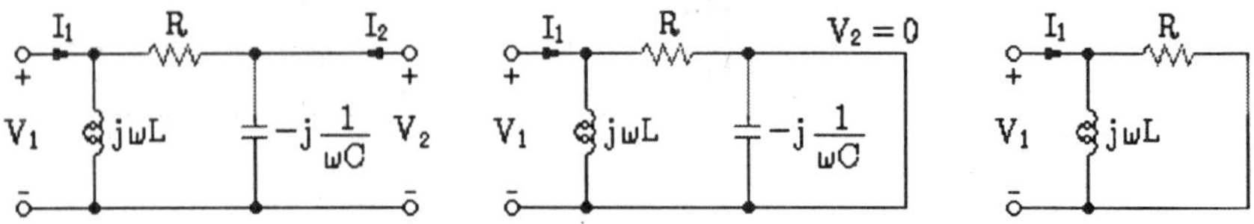


(a) (b) (c)

[그림 9.22] 예제 풀이

**예제 9.11** [그림 9.23]에서 전원주파수 $\omega = 10^4$[rad/sec]를 가할 때 임피던스 파라미터 $Z_{11} = j20[\Omega]$이다. 커패시터 $C$의 값을 구하라.

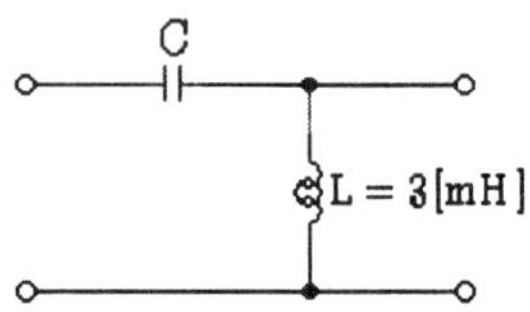


[그림 9.23]

**해** [그림 9.23]에서 $Z_{11}$을 구하면 $Z_{11} = j\omega L - j\dfrac{1}{\omega C} = j\left(\omega L - \dfrac{1}{\omega C}\right) = j20$이 되므로, 따라서

$\omega L - \dfrac{1}{\omega C} = 20 \Rightarrow \quad \therefore \ C = \dfrac{1}{\omega(\omega L - 20)} = 10[\mu F]$가 된다.

**예제 9.12** [그림 9.24]는 트랜지스터 증폭기의 모델이다. 이 회로에서 $y$파라미터를 구하라.

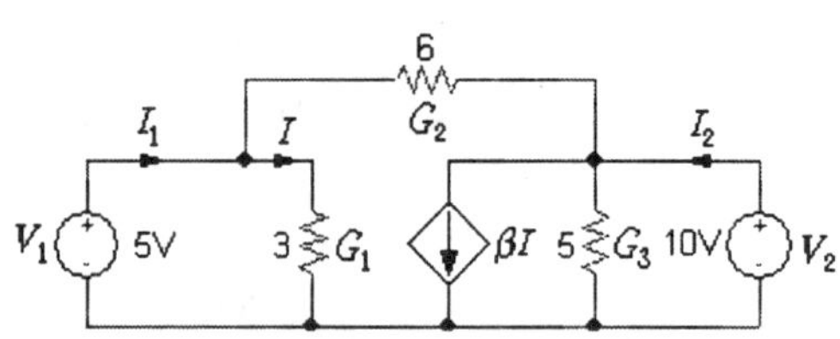


[그림 9.24] $y$ 파라미터 구하기

**해** [그림 9.24]에서 $I_1$, $I_2$를 직접 $V_1$, $V_2$의 함수로 표시해 보자.

$$I_1 = G_1 V_1 + G_2(V_1 - V_2) = (G_1 + G_2)V_1 - G_2 V_2$$

$$I_2 = G_3 V_2 + G_2(V_2 - V_1) + \beta(G_1 V_1) = (\beta G_1 - G_2)V_1 + (G_2 + G_3)V_2$$

$$\therefore y_{11} = G_1 + G_2,\ y_{12} = -G_2,\ y_{21} = \beta G_1 - G_2,\ y_{22} = G_2 + G_3$$

상기 회로의 시뮬레이션 결과는 [그림 9.25]와 같다.

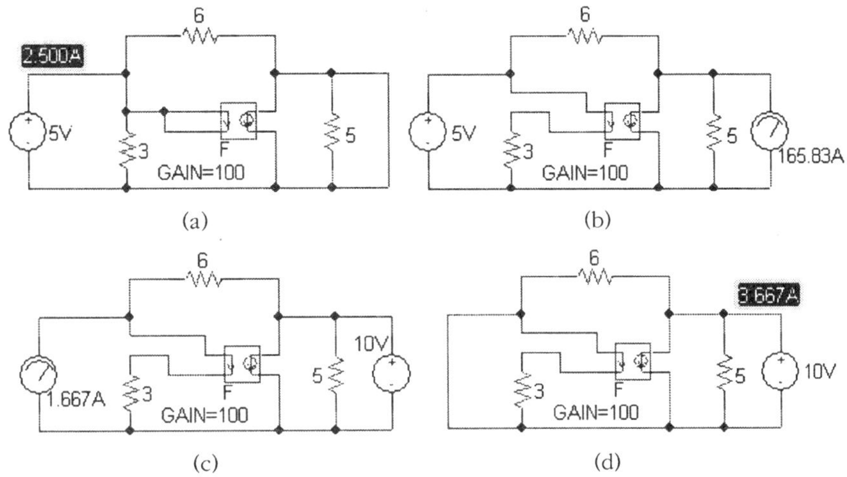


[그림 9.25] 시뮬레이션 결과

**예제 9.13** [그림 9.26](a)의 회로에서 $y$파라미터를 구하라.

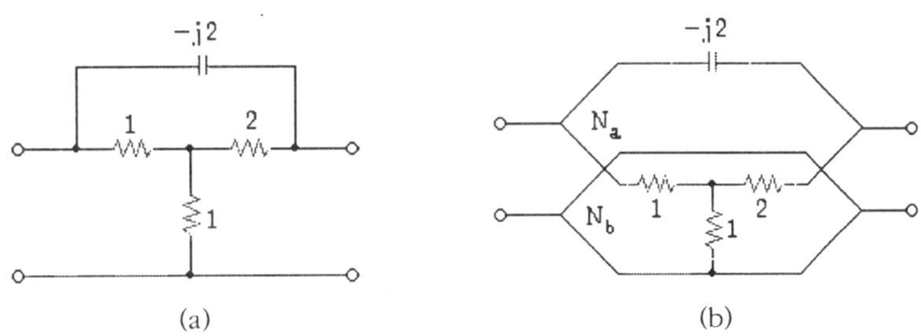


[그림 9.26] 병렬접속

**해** 그림 (b)와 같이 구분해서 생각한다.

$$N_a \begin{cases} y_{11}=j\frac{1}{2} \quad y_{12}=-j\frac{1}{2} \\ y_{21}=-j\frac{1}{2} \quad y_{22}=j\frac{1}{2} \end{cases} \qquad N_b \begin{cases} y_{11}=\frac{3}{5} \quad y_{12}=-\frac{1}{5} \\ y_{21}=-\frac{1}{5} \quad y_{22}=\frac{2}{5} \end{cases}$$

$$\therefore \begin{cases} y_{11}=\left(\frac{3}{5}+j\frac{1}{2}\right) \quad y_{12}=-\left(\frac{1}{5}+j\frac{1}{2}\right) \\ y_{21}=-\left(\frac{1}{5}+j\frac{1}{2}\right) \quad y_{22}=\left(\frac{2}{5}+j\frac{1}{2}\right) \end{cases}$$

## 9.3 하이브리드 파라미터

### (1) 정의와 기초방정식

4단자 회로에서 $V_1$, $I_2$를 $I_1$, $V_2$로 나타낼 때 $h$파라미터(하이브리드 파라미터)로 표시하며, 전자회로에 많이 사용된다.

$$\begin{vmatrix} V_1 \\ I_2 \end{vmatrix} = \begin{bmatrix} h_{11} & h_{12} \\ h_{21} & h_{22} \end{bmatrix} \begin{bmatrix} I_1 \\ V_2 \end{bmatrix} \tag{9.25}$$

$$h_{11} = \frac{V_1}{I_1}\bigg|_{V_2=0} = \frac{\Delta_z}{Z_{22}} = \frac{1}{y_{11}} \text{ : 단락 입력 임피던스} \tag{9.26}$$

$$h_{12} = \frac{V_1}{V_2}\bigg|_{I_1=0} = \frac{Z_{12}}{Z_{22}} = -\frac{y_{12}}{y_{11}} \text{ : 개방 역방향 전압이득} \tag{9.27}$$

$$h_{21} = \frac{I_2}{I_1}\bigg|_{V_2=0} = \frac{-Z_{21}}{Z_{22}} = \frac{y_{21}}{y_{11}} \text{ : 단락 순방향 전류이득} \tag{9.28}$$

$$h_{22} = \frac{I_2}{V_2}\bigg|_{I_1=0} = \frac{1}{Z_{22}} = \frac{y_z}{y_{11}} \text{ : 개방 출력 어드미턴스} \tag{9.29}$$

상기에서 언급한 각 $h$파라미터의 등가는 [그림 9.27]과 같다.

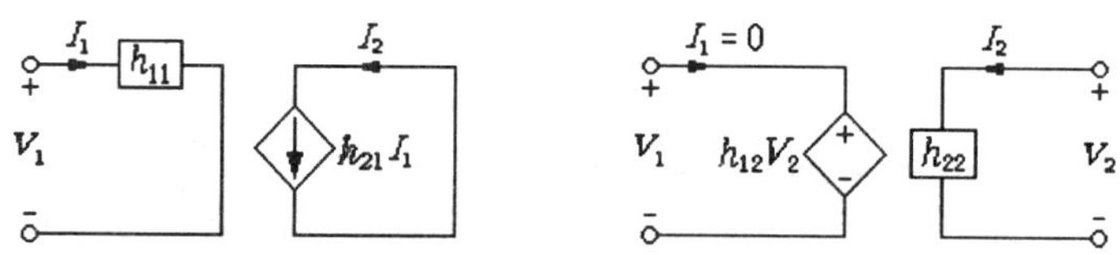


(a) $h_{11}$, $h_{21}$ (b) $h_{12}$, $h_{22}$

[그림 9.27] $h$ 파라미터의 등가

[그림 9.28]의 트랜지스터 등가회로를 $h$파라미터로 표시하면 다음과 같다.

$$V_1 = h_{11}I_1 + h_{12}V_2\,,\quad I_2 = h_{21}I_1 + h_{22}V_2$$

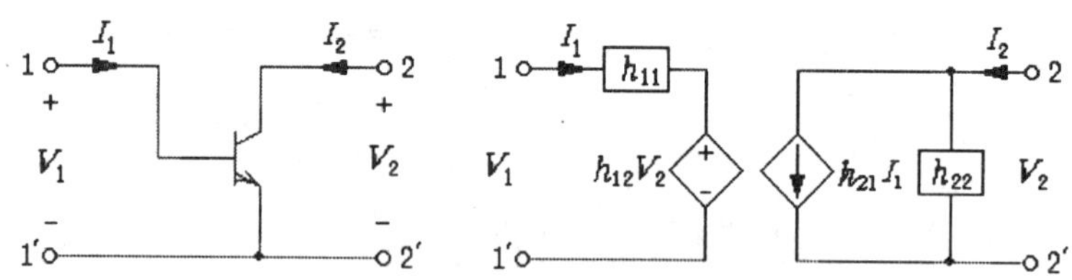


[그림 9.28] 트랜지스터의 등가회로

**예제 9.14** 트랜지스터의 파라미터 값이 아래와 같고, 부하저항 $R_L = 2[\mathrm{k\Omega}]$일 때 전압과 전류이득 $A_v$, $A_i$를 각각 구하라.

$h_i = 10,\quad h_r = 4\times10^{-4},\quad h_o = 25\times10^{-6},\quad h_f = 50$

**해** $V_1 = h_iI_1 + h_rV_2 = 10I_1 + 4\times10^{-4}V_2,\quad I_2 = h_oV_2 + h_fI_1 = 25\times10^{-6}V_2 + 50I_1$ 부하저항에서

$V_2 = R_L I_2 = 2\times 10^3 I_2$가 되고, 상기 식으로부터 $50I_1 = (5-25\times 10^{-2})V_2$

$\therefore A_v = \dfrac{V_2}{V_1} = 101$, $A_i = \dfrac{I_2}{I_1} = 52.63$가 된다.

**예제 9.15** [그림 9.29]에서 $h$파라미터를 구하라.

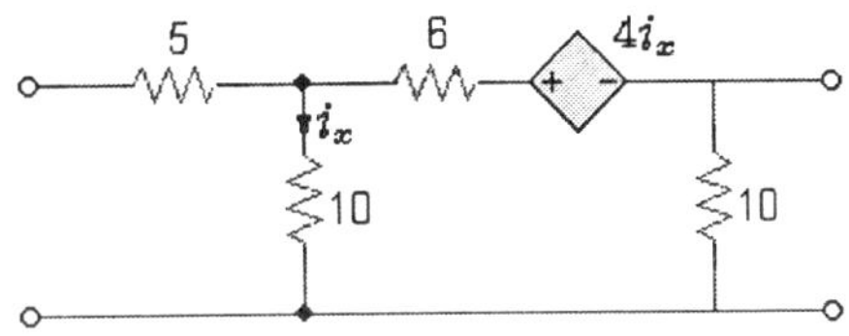


[그림 9.29] 예제 회로

**해** [그림 9.30](a)처럼 $I_1 = 1[A]$로 놓으면 $h_{11}$은 $V_1$이 되고, $h_{21}$는 $I_2$가 된다. 따라서 $h_{11} = 10[\Omega]$, $h_{21} = 0.5$를 얻을 수 있다. 그림 (b)처럼 $I_1$은 0으로 하고 $V_2$를 1[V]로 놓으면 $h_{12}$는 0.8333이 되고, $h_{22}$는 0.1833이 된다. 시뮬레이션 결과는 다음과 같다.

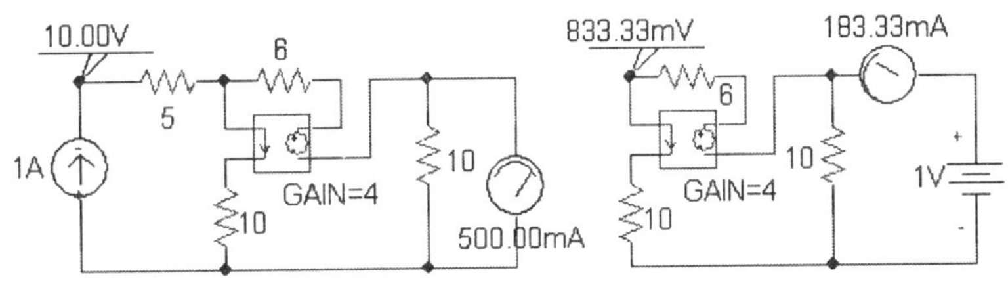


(a) (b)

[그림 9.30] 시뮬레이션 결과

**예제 9.16** 하이브리드 모델인 [그림 9.31](a)의 회로에서 $v_g$는 입력저항 $r_s$를 갖고 구동하는 전압원이다. 출력측에 부하저항 $R_L = 4[k\Omega]$을 연결할 때 전류이득 $A_i$와 전압이득 $A_v$를 구하라. 단, $h_{11} = 3.5[k\Omega]$, $h_{12} = 1.3\times 10^{-4}$, $h_{21} = 120$, $h_{22} = 8.5[\mu℧]$이다.

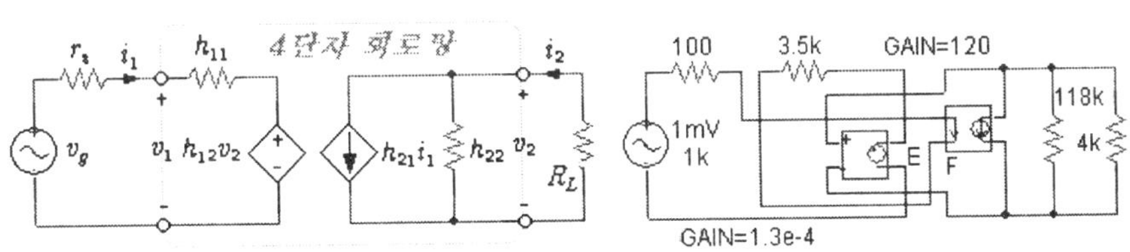


(a) (b)

[그림 9.31] 하이브리드 모델 및 회로

**해** (a) 전류이득 $A_i = \dfrac{i_2}{i_1}$이고, 하이브리드 파라미터의 기본 공식에서 전류 $i_2$는

$i_2 = h_{21}i_1 + h_{22}v_2 \Rightarrow \quad A_i = \dfrac{1}{i_1}(h_{21}i_1 + h_{22}v_2) = h_{21} + h_{22}\dfrac{1}{i_1}v_2$ (여기서 $v_2 = -R_L i_2$이므로)

$$A_i = h_{21} - h_{22}\frac{1}{i_1}(-R_L i_2) = h_{21} - h_{22}R_L\frac{i_2}{i_1} = h_{21} - h_{22}R_L A_i$$

따라서 전류이득은 다음과 같다.

$$A_i = \frac{h_{21}}{1 + h_{22}R_L} = \frac{120}{1 + 8.5\times10^{-6}\times4\times10^3} = 116$$

[그림 9.32](a)의 시뮬레이션 결과 입력전류 대 출력전류의 비는 $32.744\mu/282.469\text{n} = 115.9 \approx 116$로서 위의 결과와 일치함을 확인할 수 있다.

(b) 전압이득 $A_v = \frac{v_2}{v_1}$이고, 하이브리드 기본공식에서 $v_1 = h_{11}i_1 + h_{12}v_2$이므로

$$A_v = \frac{v_2}{h_{11}i_1 + h_{12}v_2} = \frac{-R_L i_2}{h_{11}i_1 + h_{12}(-R_L i_2)} = \frac{-R_L(i_2/i_1)}{h_{11} - h_{12}R_L(i_2/i_1)} = \frac{-R_L A_i}{h_{11} - h_{12}R_L A_i}$$

$$= \frac{-4\times10^3\times116}{3.5\times10^3 - 1.3\times10^{-4}\times4\times10^3\times116} = -135$$

[그림 9.32](b)의 시뮬레이션 결과 입력전압 대 출력전압의 비는 $-131.021\text{m}/971.704\text{u} = 134.8 \approx 135$로서 위의 결과와 일치함을 확인할 수 있다.

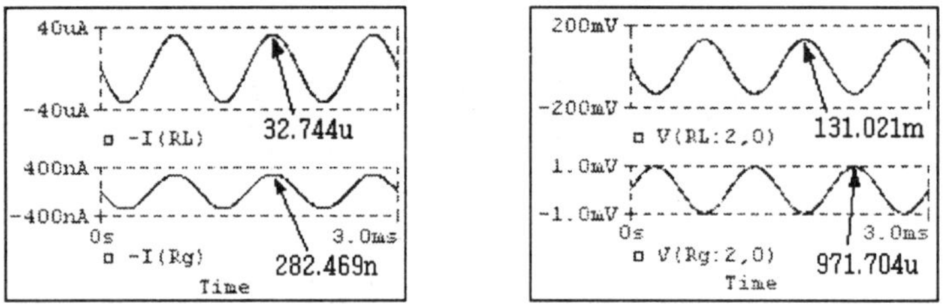


(a) (b)

[그림 9.32] 시뮬레이션 결과

## (2) 4단자 회로의 직 · 병렬접속

4단자 회로 $N_1$, $N_2$를 [그림 9.33]과 같이 접속하여 새로운 4단자 회로 $N$을 만드는 방식을 직 · 병렬접속이라 한다. 이때, 4단자 회로 $N_1$에서는

$$\begin{bmatrix} V_1' \\ I_2' \end{bmatrix} = \begin{bmatrix} h_{11}' & h_{12}' \\ h_{21}' & h_{22}' \end{bmatrix} \begin{bmatrix} I_1' \\ V_2' \end{bmatrix} \quad (9.30)$$

$N_2$에서는

$$\begin{bmatrix} V_1'' \\ I_2'' \end{bmatrix} = \begin{bmatrix} h_{11}'' & h_{12}'' \\ h_{21}'' & h_{22}'' \end{bmatrix} \begin{bmatrix} I_1'' \\ V_2'' \end{bmatrix}$$

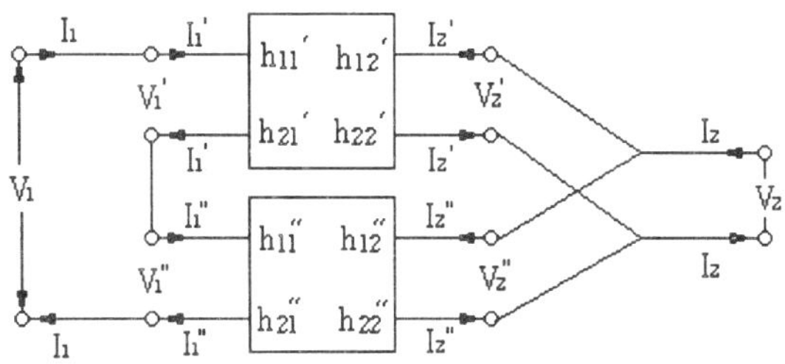


[그림 9.33] 직 · 병렬접속

또한, 4단자 회로 $N$ 에서는

$$V_1 = V_1{}' + V_1{}'',\ \ V_2 = V_2{}' = V_2{}'',\ \ I_2 = I_2{}' + I_2{}'' \ \ ,\ \ I_1 = I_1{}' = I_1{}''$$

가 성립하므로

$$\begin{bmatrix} V_1 \\ I_2 \end{bmatrix} = \begin{bmatrix} V_1{}' \\ I_2{}' \end{bmatrix} + \begin{bmatrix} V_1{}'' \\ I_2{}'' \end{bmatrix} = \begin{bmatrix} h_{11}{}' + h_{11}{}'' & h_{12}{}' + h_{12}{}'' \\ h_{21}{}' + h_{21}{}'' & h_{22}{}' + h_{22}{}'' \end{bmatrix} \begin{bmatrix} I_1 \\ V_2 \end{bmatrix} \tag{9.31}$$

$$\therefore\ h_{11} = h_{11}{}' + h_{11}{}'',\qquad h_{12} = h_{12}{}' + h_{12}{}''$$

$$h_{21} = h_{21}{}' + h_{21}{}'',\qquad h_{22} = h_{22}{}' + h_{22}{}''$$

**예제 9.17** [그림 9.34](a)에서 $h$파라미터를 구하라.

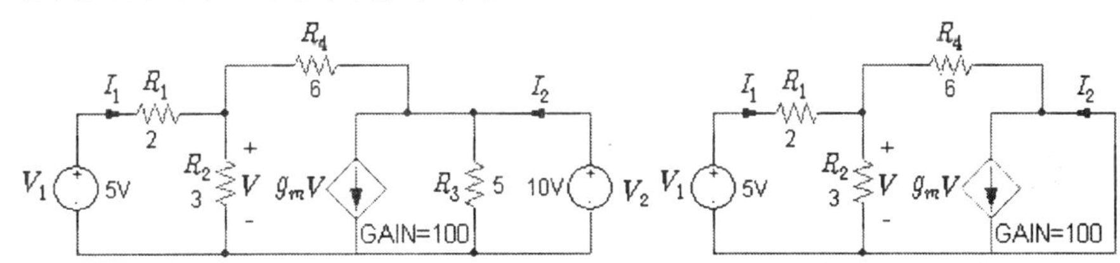


(a) (b)

[그림 9.34] $h$파라미터 계산

**해** [그림 9.35](a)에서 $h_{11}$은

$h_{11} = \dfrac{V_1}{I_1} = R_1 + (R_2 \parallel R_4) = 4[\Omega]$가 된다. 이때 [그림 9.34](b)에서

$I_2 = g_m V - \dfrac{V}{R_4} = \left(g_m - \dfrac{1}{R_4}\right) V_1 \times \dfrac{R_2 \parallel R_4}{R_1 + R_2 \parallel R_4}$ 가 되므로 [그림 9.35](b)에서

$h_{21} = \dfrac{I_2}{I_1} = \dfrac{I_2}{V_1}\dfrac{V_1}{I_1} = \left(g_m - \dfrac{1}{R_4}\right)(R_2 \parallel R_4) = \dfrac{(g_m R_4 - 1)R_2}{R_2 + R_4} = 199.67$가 된다.

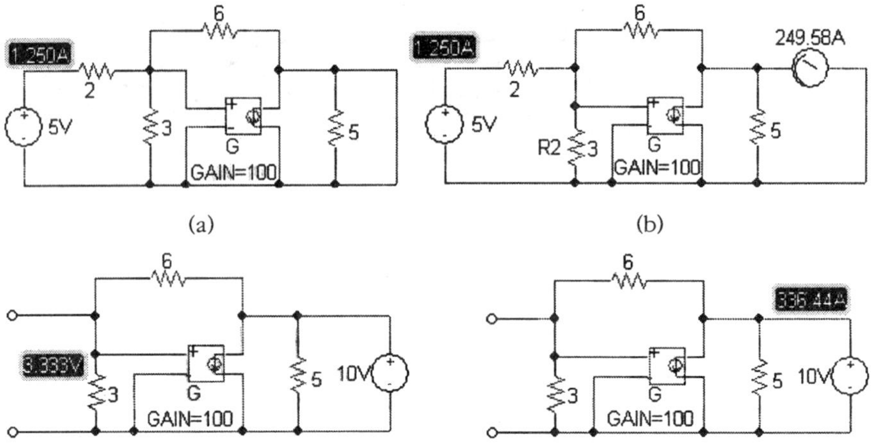


[그림 9.35] 시뮬레이션 결과

다음에 입력단자를 개방했을 때 [그림 9.35](c)에서 $V=V_2\dfrac{R_2}{R_2+R_4}$ 이므로

$h_{12}=\dfrac{V_1}{V_2}=\dfrac{V}{V_1}=\dfrac{R_2}{R_2+R_4}=0.333$이 된다. 이때

$I_2=\dfrac{V_2}{R_3}+g_m V+\dfrac{V}{R_2}=\dfrac{V_2}{R_3}+\left(g_m+\dfrac{1}{R_2}\right)\dfrac{R_2}{R_2+R_4}V_2$가 되므로 [그림 9.35](d)에서

$h_{22}=\dfrac{I_2}{V_2}=\dfrac{1}{R_3}+\dfrac{g_m R_2+1}{R_2+R_4}=33.64[℧]$가 된다.

## 9.4 $g$파라미터

### (1) 정의와 기초방정식

4단자 회로에서 $I_1, V_2$를 $V_1$, $I_2$로 나타낼 때 $g$파라미터가 사용된다.

$$\begin{bmatrix} I_1 \\ V_2 \end{bmatrix}=\begin{bmatrix} g_{11} & g_{12} \\ g_{21} & g_{22} \end{bmatrix}\begin{bmatrix} V_1 \\ I_2 \end{bmatrix} \tag{9.32}$$

$g_{11}$, $g_{12}$, $g_{21}$, $g_{22}$를 $g$파라미터(g-parameter)라 한다.

$$g_{11}=\frac{I_1}{V_1}\bigg|_{I_2=0}=\frac{1}{Z_{11}}=\frac{\Delta y}{y_{22}} \tag{9.33}$$

$$g_{12} = \frac{I_1}{I_2} \mid _{V_1=0} = \frac{-Z_{12}}{Z_{11}} = \frac{y_{12}}{y_{22}} \tag{9.34}$$

$$g_{21} = \frac{V_2}{V_1} \mid _{I_2=0} = \frac{Z_{21}}{Z_{11}} = \frac{-y_{21}}{y_{22}} \tag{9.35}$$

$$g_{22} = \frac{V_2}{I_2} \mid _{V_1=0} = \frac{\Delta Z}{Z_{11}} = \frac{1}{y_{22}} \tag{9.36}$$

### (2) 4단자 회로의 병 · 직렬회로

[그림 9.36]과 같은 접속을 병 · 직렬접속이라 하며, 4단자 회로 $N_1$, $N_2$ 및 새로운 4단자 $N$ 사이에는 다음과 같은 관계가 있다.

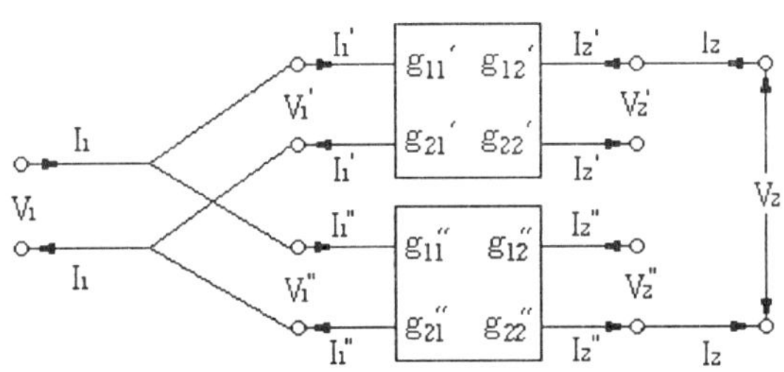

[그림 9.36] 병 · 직렬회로

$$\begin{bmatrix} I_1{}' \\ V_2{}' \end{bmatrix} = \begin{bmatrix} g_{11}{}' & g_{12}{}' \\ g_{21}{}' & g_{22}{}' \end{bmatrix} \begin{bmatrix} V_1{}' \\ I_2{}' \end{bmatrix} \tag{9.37}$$

$$\begin{bmatrix} I_1{}'' \\ V_2{}'' \end{bmatrix} = \begin{bmatrix} g_{11}{}'' & g_{12}{}'' \\ g_{21}{}'' & g_{22}{}'' \end{bmatrix} \begin{bmatrix} V_1{}'' \\ I_2{}'' \end{bmatrix} \tag{9.38}$$

$$I_1 = I_1{}' + I_1{}'', \qquad V_2 = V_2{}' + V_2{}''$$

$$V_1 = V_1{}' + V_1{}'', \qquad I_2 = I_2{}' + I_2{}''$$

$$\begin{bmatrix} I_2 \\ V_2 \end{bmatrix} = \begin{bmatrix} I_1{}' \\ V_2{}' \end{bmatrix} + \begin{bmatrix} I_2{}'' \\ V_2{}'' \end{bmatrix}$$

$$= \begin{bmatrix} g_{11}{}' + g_{11}{}'' & g_{12}{}' + g_{12}{}'' \\ g_{21}{}' + g_{21}{}'' & g_{22}{}' + g_{22}{}'' \end{bmatrix} \begin{bmatrix} V_1 \\ I_2 \end{bmatrix} \tag{9.39}$$

$$\begin{bmatrix} I_1 \\ V_2 \end{bmatrix} = \begin{bmatrix} g_{11} & g_{12} \\ g_{21} & g_{22} \end{bmatrix} \begin{bmatrix} V_1 \\ I_2 \end{bmatrix}$$

$$\therefore\ g_{11} = g_{11}{'} + g_{11}{''}, \qquad g_{12} = g_{12}{'} + g_{12}{''}$$

$$g_{21} = g_{21}{'} + g_{21}{''}, \qquad g_{22} = g_{22}{'} + g_{22}{''}$$

## 9.5 4단자 정수

### (1) 정의와 기초방정식

입력측의 전압 $V_1$, 전류 $I_1$, 출력측의 전압 $V_2$, 전류 $I_2$라 하고, [그림 9.37]과 같이 입력측의 전압, 전류를 출력측의 전압과 전류로 나타내 보자.

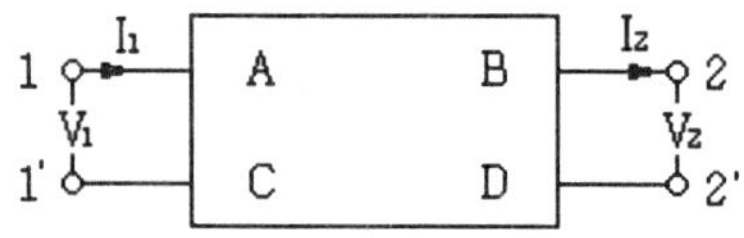


[그림 9.37] 4단자 정수

여기서 주의할 것은 출력측 전류의 방향을 위에서 설명한 전류의 방향과 반대로 생각한다. 식 (9.13)에서

$$\begin{bmatrix} V_1 \\ V_2 \end{bmatrix} = \begin{bmatrix} Z_{11} & Z_{12} \\ Z_{21} & Z_{22} \end{bmatrix} \begin{bmatrix} I_1 \\ -I_2 \end{bmatrix} \tag{9.40}$$

$$V_1 = \frac{Z_{11}}{Z_{21}} V_2 + \frac{Z_{11}Z_{22} - Z_{12}Z_{21}}{Z_{21}} I_2$$

$$I_1 = \frac{1}{Z_{21}} V_2 + \frac{Z_{22}}{Z_{21}} I_2$$

$$A = \frac{Z_{11}}{Z_{21}}, \quad B = \frac{Z_{11}Z_{22} - Z_{12}Z_{21}}{Z_{21}}$$

$$C = \frac{1}{Z_{21}}, \quad D = \frac{Z_{22}}{Z_{21}}$$

여기서

$$\begin{bmatrix} V_1 \\ I_1 \end{bmatrix} = \begin{bmatrix} A & B \\ C & D \end{bmatrix} \begin{bmatrix} V_2 \\ I_2 \end{bmatrix} \tag{9.41}$$

이 $A$, $B$, $C$, $D$를 4단자 정수(constants of four terminal network)라 한다.

## (2) 4단자정수의 의미

### 1) 4단자 정수

식 (9.41)에서

$$V_1 = A V_2 + BI_2 \tag{9.42}$$
$$I_1 = CV_2 + DI_2$$

가 되며, 식 (9.42)에서

$$A = \frac{V_1}{V_2}\bigg|_{I_2=0} \tag{9.43}$$

식 (9.43)은 출력측을 개방시켰을 때의 $V_1$과 $V_2$의 비가 된다.

$$B = \frac{V_1}{I_2}\bigg|_{V_2=0} = \frac{1}{y_{21}} \tag{9.44}$$

$B$는 출력측을 단락시켰을 때 $V_1$과 $I_2$의 비로서 단락전달 임피던스가 된다.

$$C = \frac{I_1}{V_2}\bigg|_{I_2=0} = \frac{1}{Z_{21}} \tag{9.45}$$

$C$는 출력측을 개방시켰을 때 $I_1$과 $V_2$의 비로서 개방전달 어드미턴스가 된다.

$$D = \frac{I_1}{I_2}\bigg|_{V_2=0}$$

$D$는 출력측을 단락시켰을 때의 $I_1$과 $I_2$의 비가 된다.

식 (9.44), (9.46)에서

$$\frac{A}{C} = \left(\frac{V_1}{I_1}\right)_{I_2=0} = Z_{11} \tag{9.46}$$

식 (9.46)은 출력측을 개방시켰을 때 입력측에서 본 구동점 임피던스 $Z_{11}$과 같다. 그리고 식 (9.44), (9.46)에서

$$\frac{B}{D} = \left(\frac{V_1}{I_1}\right)_{V_2=0} = \frac{1}{y_{11}} \tag{9.47}$$

식 (9.47)은 출력측을 단락시켰을 때 입력측에서 본 구동점 임피던스 $\frac{1}{y_{11}}$과 같다.

$$\begin{bmatrix} Z_{11} & Z_{12} \\ Z_{21} & Z_{22} \end{bmatrix} = \begin{bmatrix} \frac{A}{C} & \frac{\Delta F}{C} \\ \frac{1}{C} & \frac{D}{C} \end{bmatrix}$$

$$\begin{bmatrix} y_{11} & y_{12} \\ y_{21} & y_{22} \end{bmatrix} = \begin{bmatrix} \frac{D}{B} & -\frac{\Delta F}{B} \\ -\frac{1}{B} & \frac{A}{B} \end{bmatrix} \tag{9.48}$$

단,

$$\Delta F = \begin{vmatrix} A & C \\ B & D \end{vmatrix} = \frac{Z_{11}Z_{22} - Z_{11}Z_{22} + Z_{12}Z_{21}}{Z_{21}^2} = \frac{Z_{12}}{Z_{21}} = \frac{y_{12}}{y_{21}} \tag{9.49}$$

상반 4단자 회로에서는 $Z_{12} = Z_{21}(y_{12} = y_{21})$이므로 $AD - BC = 1$의 관계가 성립하며 또한 4단자 회로가 대칭이면 $Z_{11} = Z_{22}(y_{11} = y_{22})$이므로 $A = D$가 된다.

**예제 9.18** [그림 9.38]의 T형 회로에서 4단자 정수를 구하라.

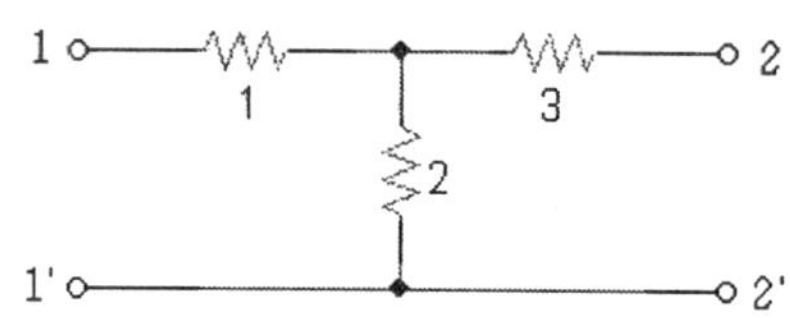


[그림 9.38] T형 회로

**해** 4단자 정수값 $A$, $B$, $C$, $D$의 값을 구하기 위해 상기 회로를 시뮬레이션하면 [그림 9.39]와 같다. 여기서 단자 2가 단락 또는 개방되었을 때 $V_2 = 0$[V], $I_2 = 0$[A]로 놓고 전송 파라미터를 구했다.

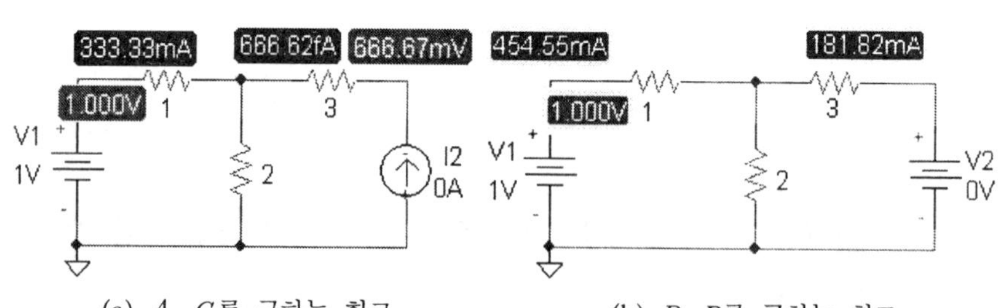


(a) $A$, $C$를 구하는 회로 (b) $B$, $D$를 구하는 회로

[그림 9.39] 시뮬레이션 결과

시뮬레이션을 통해 전송 파라미터의 값을 구해보니 $A = 1.5$, $B = 5.5$, $C = 0.5$, $D = 2.5$가 되었다.

## 2) 4단자 회로의 종속접속

2개의 4단자 회로 $N_1$과 $N_2$를 [그림 9.40]과 같이 접속하는 방식을 종속접속(cascade connection)이라 한다.

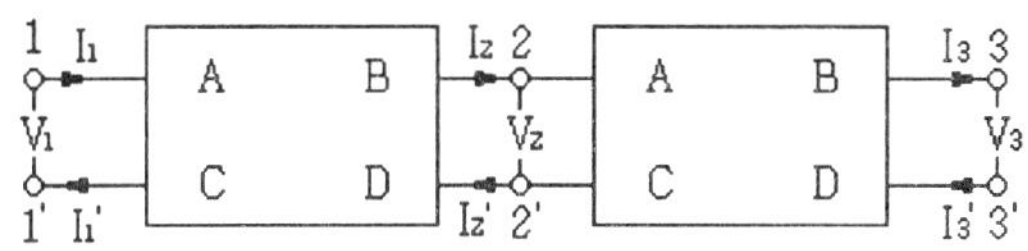


[그림 9.40] 종속접속

4단자 회로 $N_1$, $N_2$에서는

$$\begin{bmatrix} V_1 \\ I_1 \end{bmatrix} = \begin{bmatrix} A' & B' \\ C' & D' \end{bmatrix} \begin{bmatrix} V_2 \\ I_2 \end{bmatrix} \tag{9.50}$$

$$\begin{bmatrix} V_2 \\ I_2 \end{bmatrix} = \begin{bmatrix} A'' & B'' \\ C'' & D'' \end{bmatrix} \begin{bmatrix} V_3 \\ I_3 \end{bmatrix} \tag{9.51}$$

식 (9.47)과 식 (9.48)에서

$$\begin{bmatrix} V_1 \\ I_1 \end{bmatrix} = \begin{bmatrix} A' & B' \\ C' & D' \end{bmatrix} \begin{bmatrix} A'' & B'' \\ C'' & D'' \end{bmatrix} \begin{bmatrix} V_3 \\ I_3 \end{bmatrix} \tag{9.52}$$

합성 4단자 회로에서는

$$\begin{bmatrix} V_1 \\ I_1 \end{bmatrix} = \begin{bmatrix} A & B \\ C & D \end{bmatrix} \begin{bmatrix} V_3 \\ I_3 \end{bmatrix} \tag{9.53}$$

여기서

$$\begin{bmatrix} A & B \\ C & D \end{bmatrix} = \begin{bmatrix} A' & B' \\ C' & D' \end{bmatrix} \begin{bmatrix} A'' & B' \\ C' & D' \end{bmatrix} \tag{9.54}$$

이므로

$$\begin{bmatrix} A & B \\ C & D \end{bmatrix} = \begin{bmatrix} A'A'' + B'C'' & A'B'' + B'D'' \\ C'A'' + D'C'' & C'B'' + D'D'' \end{bmatrix} \tag{9.55}$$

**예제 9.19** [그림 9.41]에서 4단자 정수를 구하라.

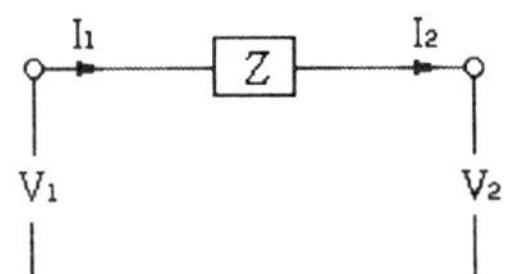


[그림 9.41]

**해** 식 (9.43), (9.45)에서

$$A=\left(\frac{V_1}{V_2}\right)_{I_2=0}=1, \quad B=\left(\frac{V_1}{I_2}\right)_{V_2=0}=Z$$

$$C=\left(\frac{I_1}{V_2}\right)_{I_2=0}=0, \quad D=\left(\frac{I_1}{I_2}\right)_{V_2=0}=1$$

그러므로

$$\begin{bmatrix} A & B \\ C & D \end{bmatrix}=\begin{bmatrix} 1 & Z \\ 0 & 1 \end{bmatrix}$$

상기 그림을 시뮬레이션한 결과는 [그림 9.42]와 같다.

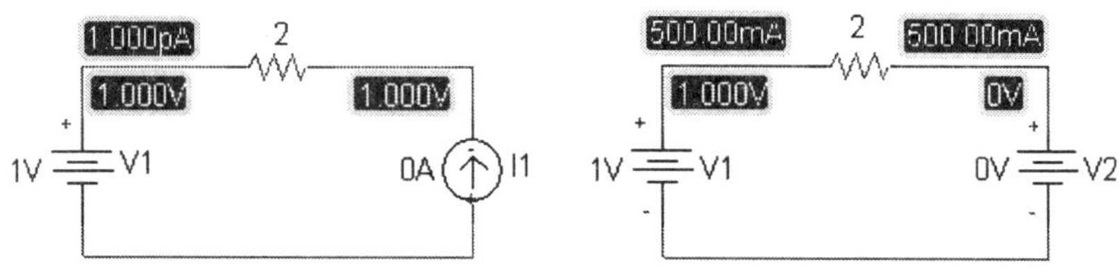


(a) $A$, $C$를 구하는 회로 (b) $B$, $D$를 구하는 회로

[그림 9.42] 시뮬레이션 결과

**예제 9.20** [그림 9.43]과 같은 4단자 회로의 4단자 정수 $A$, $B$, $C$, $D$를 구하라.

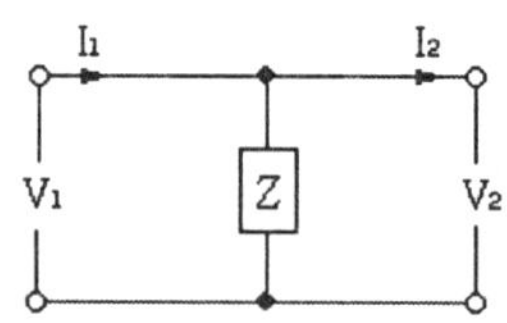


[그림 9.43]

**해** $V_1 = V_2$, $I_1 = \dfrac{V_2}{Z}+I_2$에서

$$\begin{bmatrix} A & B \\ C & D \end{bmatrix}=\begin{bmatrix} 1 & 0 \\ \dfrac{1}{Z} & 1 \end{bmatrix}$$

위의 회로를 시뮬레이션한 결과는 [그림 9.44]와 같다.

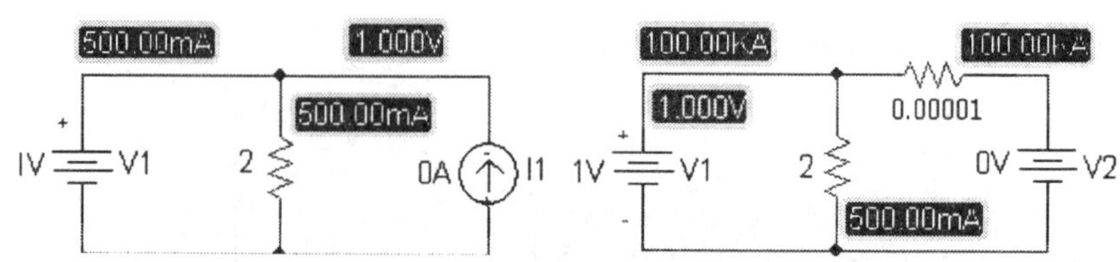


(a) $A$, $C$를 구하는 회로 (b) $B$, $D$를 구하는 회로

[그림 9.44] 시뮬레이션 결과

[그림 9.44](b)에서 저항 0.00001을 삽입한 것은 Voltage source and/or inductor loop involving V V2의 에러를 방지하기 위해 삽입한 것이다.

**예제 9.21** [그림 9.45]와 같은 $L$형 회로의 4단자 정수를 구하라.

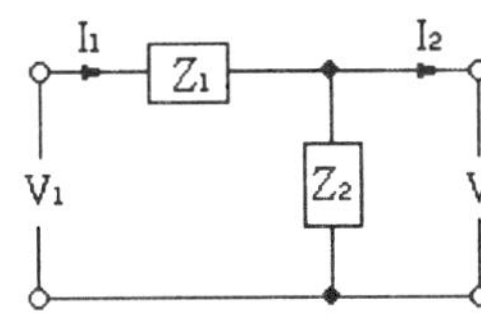


[그림 9.45] 예제 회로

**해** [그림 9.45]는 [그림 9.41]과 [그림 9.43]의 종속접속으로 생각하면 된다.

$$\begin{bmatrix} A & B \\ C & D \end{bmatrix} = \begin{bmatrix} 1 & Z_1 \\ 0 & 1 \end{bmatrix} \begin{bmatrix} 1 & 0 \\ \dfrac{1}{Z_2} & 1 \end{bmatrix} = \begin{bmatrix} 1+\dfrac{Z_1}{Z_2} & Z_1 \\ \dfrac{1}{Z_2} & 1 \end{bmatrix} = \begin{bmatrix} 1 & Z_2 \\ \dfrac{1}{Z_1} & \dfrac{1}{1+\dfrac{Z_2}{Z_1}} \end{bmatrix}$$

상기 회로를 시뮬레이션한 결과는 [그림 9.46]과 같다.

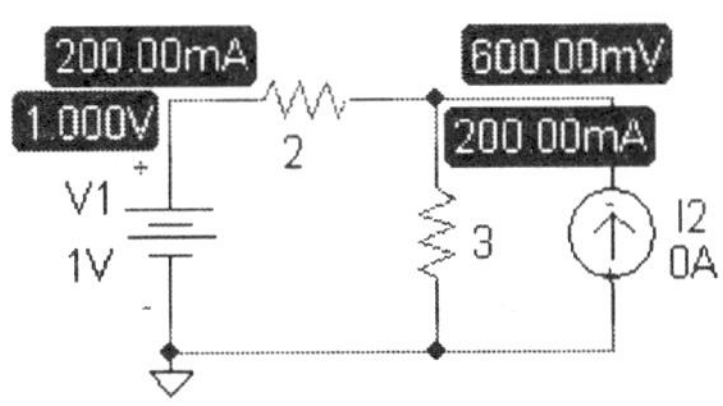


(a) $A$, $C$를 구하는 회로

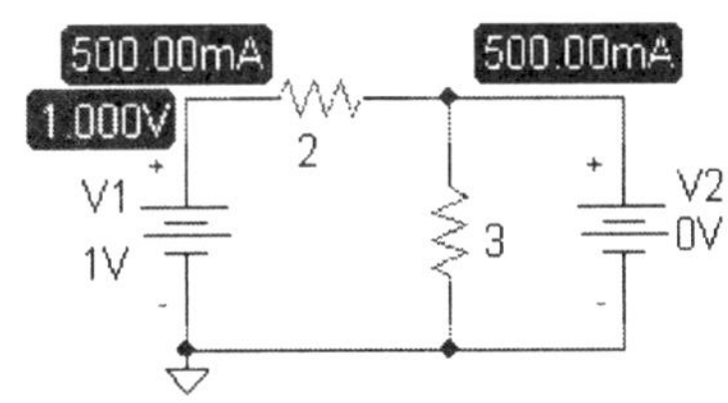


(b) $B$, $D$를 구하는 회로

[그림 9.46] 시뮬레이션 결과

**예제 9.22** [그림 9.47]의 4단자 정수를 구하라.

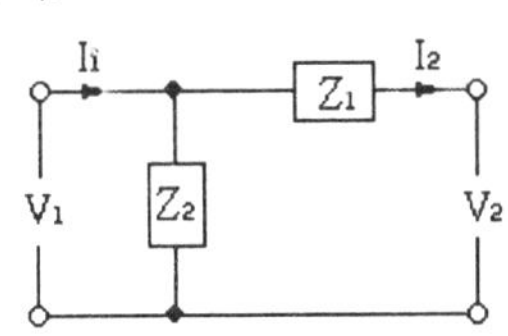


[그림 9.47]

**해** [그림 9.47]은 [그림 9.41], [그림 9.43]의 종속으로 생각하면 된다.

$$\begin{bmatrix} A & B \\ C & D \end{bmatrix} = \begin{bmatrix} 1 & 0 \\ \dfrac{1}{Z_2} & 1 \end{bmatrix} \begin{bmatrix} 1 & Z_1 \\ 0 & 1 \end{bmatrix} = \begin{bmatrix} 1 & Z_1 \\ \dfrac{1}{Z_2} & \dfrac{1}{1+\dfrac{Z_1}{Z_2}} \end{bmatrix}$$

**예제 9.23** [그림 9.48]과 같은 $T$형 회로의 4단자 정수를 구하라.

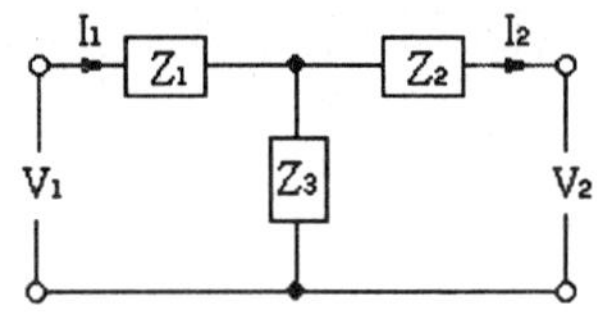


[그림 9.48]

**해** [그림 9.48]은 [그림 9.41], [그림 9.47]의 종속접속으로 생각하면 된다.

$$\begin{bmatrix} A & B \\ C & D \end{bmatrix} = \begin{bmatrix} 1 & Z_1 \\ 0 & 1 \end{bmatrix} \begin{bmatrix} 1 & Z_2 \\ \dfrac{1}{Z_3} & 1+\dfrac{Z_2}{Z_3} \end{bmatrix} = \begin{bmatrix} 1+\dfrac{Z_1}{Z_3} & Z_1+Z_2+\dfrac{Z_1Z_2}{Z_3} \\ \dfrac{1}{Z_3} & 1+\dfrac{Z_2}{Z_3} \end{bmatrix}$$

$$= \begin{bmatrix} 1+\dfrac{Z_1}{Z_3} & \dfrac{Z_1Z_3+Z_3Z_2+Z_2Z_1}{Z_3} \\ \dfrac{1}{Z_3} & 1+\dfrac{Z_2}{Z_3} \end{bmatrix}$$

[그림 9.49]는 상기 회로를 시뮬레이션한 그림이다.

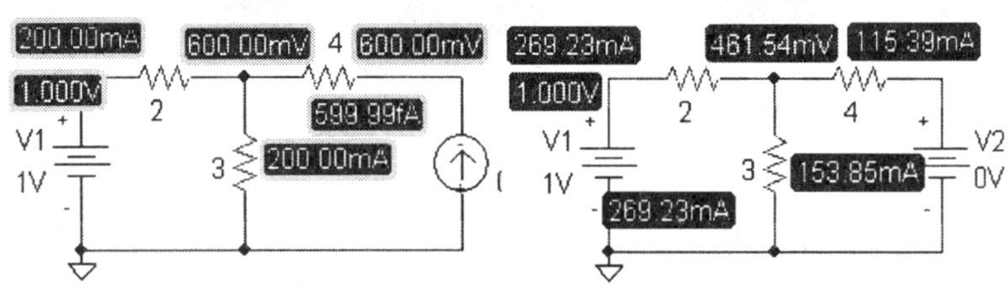


(a) $A$, $C$를 구하는 회로 (b) $B$, $D$를 구하는 회로

[그림 9.49] 시뮬레이션 결과

**예제 9.24** 두 회로가 [그림 9.50]에서와 같이 병렬로 연결되었을 때의 ABCD 파라미터를 구하라.

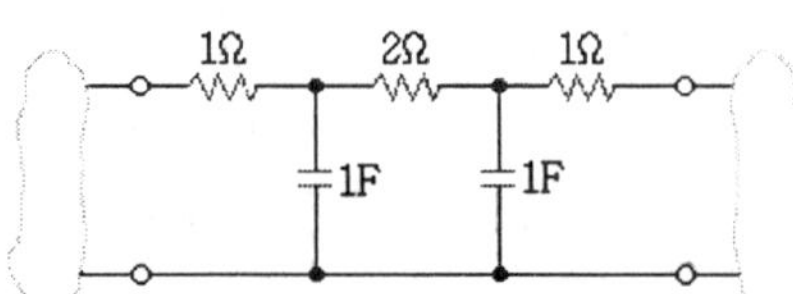


[그림 9.50] 두 회로의 병렬접속

**해** 상기 회로를 [그림 9.51]과 같이 그릴 수 있다.

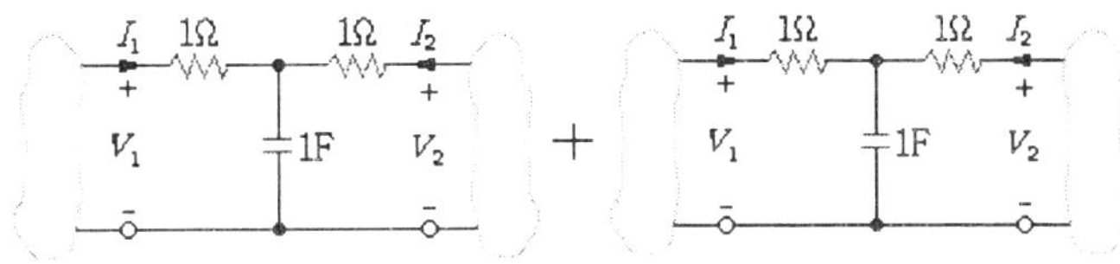

[그림 9.51] 각각 분리된 회로

상기 회로에서 *ABCD* 파라미터는 다음과 같다.

$$\begin{bmatrix} A & B \\ C & D \end{bmatrix} = \begin{bmatrix} 1+J\omega & 2+j\omega \\ j\omega & 1+j\omega \end{bmatrix} = \begin{bmatrix} 1+j\omega & 2+j\omega \\ j\omega & 1+j\omega \end{bmatrix} = \begin{bmatrix} 1+4j\omega-2\omega^2 & 2+6j\omega-2\omega^2 \\ 2j\omega-2\omega^2 & 1+4j\omega-2\omega^2 \end{bmatrix}$$

**예제 9.25** [그림 9.52]와 같은 $\pi$형 회로의 4단자 정수를 구하라.

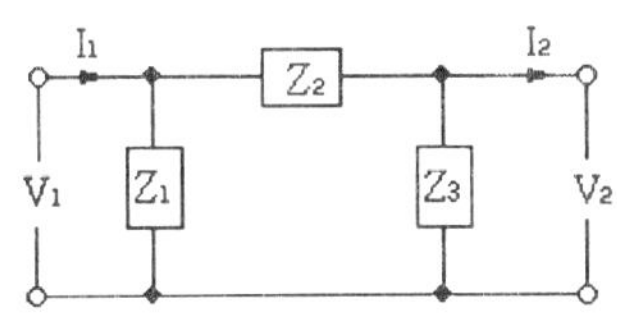

[그림 9.52]

**해** [그림 9.52]는 [그림 9.43], [그림 9.45]의 종속접속으로 생각하면 된다.

$$\begin{bmatrix} A & B \\ C & D \end{bmatrix} = \begin{bmatrix} 1 & 0 \\ \frac{1}{Z_1} & 1 \end{bmatrix} \begin{bmatrix} 1 & Z_2 \\ 0 & 1 \end{bmatrix} \begin{bmatrix} 1 & 0 \\ \frac{1}{Z_3} & 1 \end{bmatrix} = \begin{bmatrix} 1+\frac{Z_2}{Z_3} & Z_2 \\ \frac{Z_1+Z_2+Z_3}{Z_1Z_3} & 1+\frac{Z_2}{Z_1} \end{bmatrix}$$

**예제 9.26** [그림 9.53]의 회로에서 전송 파라미터 중에서 $A=0.5$이다. 회로에 입력된 주파수 $\omega$의 값을 구하라. 단, $L=0.05$[mH], $C=1$[$\mu$F]이다.

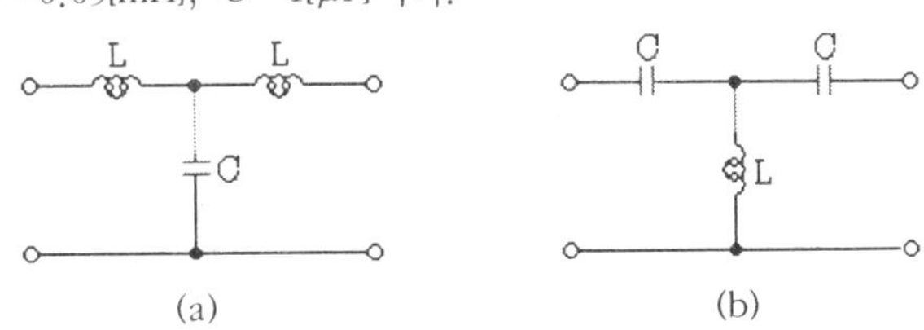

[그림 9.53] 예제 회로

**해** [그림 9.53](a)에서

$$[T] = \begin{bmatrix} 1 & j\omega L \\ 0 & 1 \end{bmatrix} \begin{bmatrix} 1 & 0 \\ j\omega C & 1 \end{bmatrix} \begin{bmatrix} 1 & j\omega L \\ 0 & 1 \end{bmatrix} = \begin{bmatrix} 1-\omega^2 LC & j\omega L(2-\omega^2 LC) \\ j\omega C & 1-\omega^2 LC \end{bmatrix}$$

$A = 1-\omega^2 LC \Rightarrow \therefore \omega = \sqrt{\dfrac{A}{LC}} = 10^5$ [rad/sec]가 된다

[그림 9.53](b)에서

$$[T]=\begin{bmatrix}1 & \frac{1}{j\omega C}\\ 0 & 1\end{bmatrix}\begin{bmatrix}1 & 0\\ \frac{1}{j\omega L} & 1\end{bmatrix}\begin{bmatrix}1 & \frac{1}{j\omega C}\\ 0 & 1\end{bmatrix}=\begin{bmatrix}1-\frac{1}{\omega^2 LC} & \frac{1}{j\omega C}(2-\frac{1}{\omega^2 LC})\\ \frac{1}{j\omega L} & 1-\frac{1}{\omega^2 LC}\end{bmatrix}$$

$A=1-\dfrac{1}{\omega^2 LC}\Rightarrow \therefore\ \omega=\dfrac{1}{\sqrt{LC(1-A)}}=200$ [krad/sec]가 된다.

**예제 9.27** [그림 9.54]의 비선형 회로에서 전송 파라미터 $[T]$를 구하라.

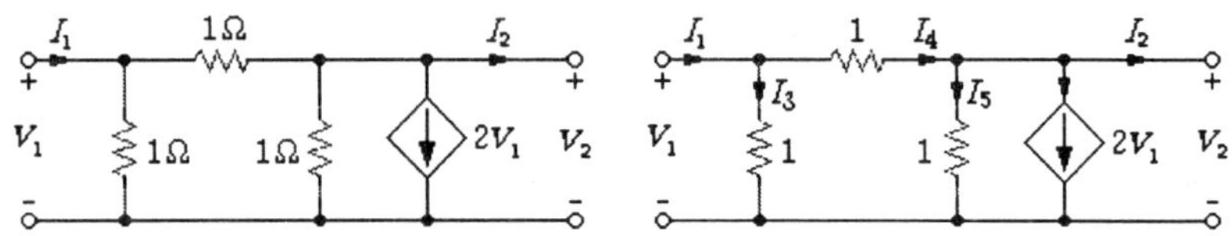

(a) (b)

[그림 9.54] 예제 회로

**해** [그림 9.54](a)에서 지로전류를 그림 (b)와 같이 설정하면

$I_1=I_3+I_4,\ I_4=I_5+I_2+2V_1$ ································· ①

$I_3=V_1,\ I_4=V_1-V_2\ ,\ I_5=V_1$ ································· ②

식 ①, ②로부터 $V_1=-2V_2-I_2$ ································· ③

$I_1=2V_1-V_2$ ································· ④

식 ③을 ④에 대입하면 $I_1=-5V_2-2I_2$ ································· ⑤

식 ③, ⑤를 기본 공식과 비교하면 다음과 같다.

$$[T]=\begin{bmatrix}A & B\\ C & D\end{bmatrix}\begin{bmatrix}-2 & -1\\ -5 & -2\end{bmatrix}$$

**예제 9.28** [그림 9.55]와 같은 격자형 회로(lattice type network)의 4단자 정수를 구하라.

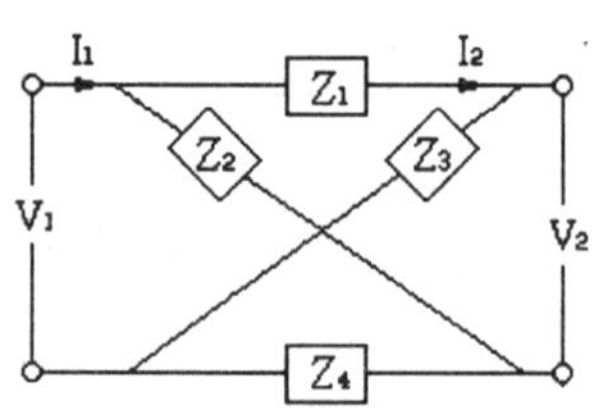

[그림 9.55]

**해** 예제 9.27에서와 같이 출력측을 개방 또는 단락시킴으로써

$$A=\frac{(Z_1+Z_3)(Z_2+Z_4)}{Z_2Z_3-Z_1Z_4},\quad B=\frac{Z_1Z_2(Z_3+Z_4)+Z_3Z_4(Z_1+Z_2)}{Z_2Z_3-Z_1Z_4}$$

$$C = \frac{Z_1 + Z_2 + Z_3 + Z_4}{Z_2 Z_3 - Z_1 Z_4}, \qquad D = \frac{(Z_1 + Z_2)(Z_3 + Z_4)}{Z_2 Z_3 - Z_1 Z_4}$$

[그림 9.55]를 시뮬레이션한 결과가 [그림 9.56]이다.

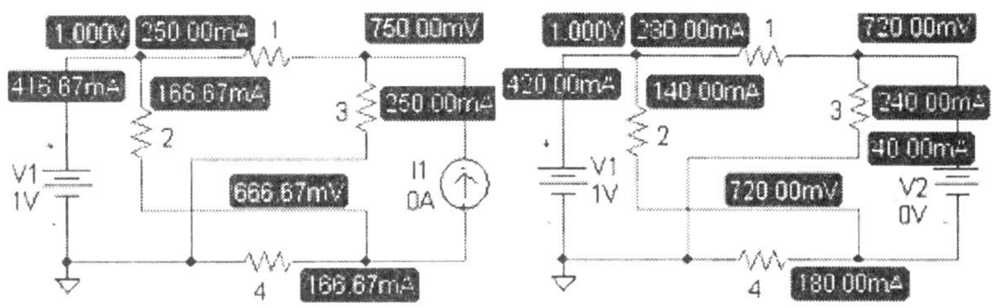


(a) $A$, $C$를 구하는 회로 (b) $B$, $D$를 구하는 회로

[그림 9.56] 시뮬레이션 결과

## (3) 입력단자와 출력단자를 바꾼 $K$파라미터

4단자 회로망에서 입력단자와 출력단자를 바꾸어 생각하면 $V_1$과 $V_2$는

$$\begin{bmatrix} V_2 \\ I_2 \end{bmatrix} = \begin{bmatrix} A & B \\ C & D \end{bmatrix}^{-1} \begin{bmatrix} V_1 \\ I_1 \end{bmatrix} = \begin{bmatrix} K_{11} & K_{12} \\ K_{21} & K_{22} \end{bmatrix} \begin{bmatrix} V_1 \\ I_1 \end{bmatrix} \tag{9.56}$$

이 되고, 따라서 $K$파라미터는

$$K_{11} = \frac{D}{\Delta F}, \quad K_{12} = -\frac{B}{\Delta F}, \quad K_{21} = -\frac{C}{\Delta F}, \quad K_{22} = \frac{A}{\Delta F} \tag{9.57}$$

로 정의된다. 특히 상반회로에서는 $\Delta F = 1$이므로 [그림 9.57](a)에서 그림 (b)로 바꾸면 $I_1$, $I_2$의 방향은 거꾸로 되어 다음과 같이 된다.

$$\begin{bmatrix} V_2 \\ I_2 \end{bmatrix} = \begin{bmatrix} D & B \\ C & A \end{bmatrix} \begin{bmatrix} V_1 \\ I_1 \end{bmatrix} \tag{9.58}$$

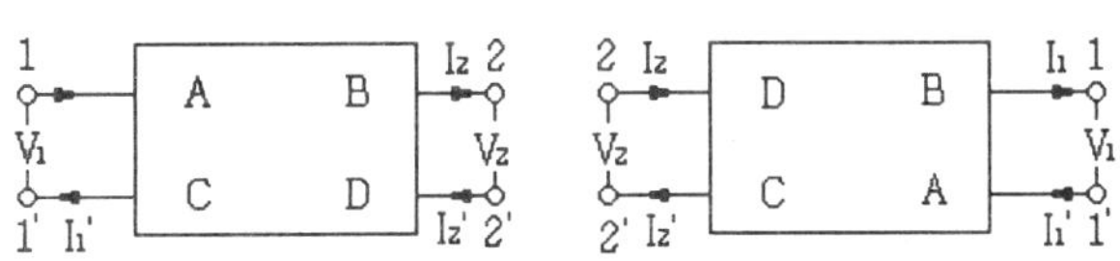


(a) (b)

[그림 9.57]

**예제 9.29** [그림 9.58]과 같이 종속전원이 포함된 비선형회로에서 전송 파라미터 $[T]$를 구하라.

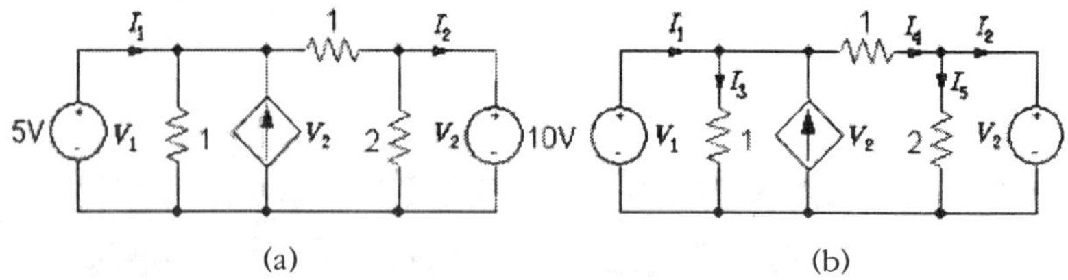


[그림 9.58] 전송 파라미터 구하기

**해** [그림 9.58](b)와 같이 전류를 설정하고 KCL를 적용하면 다음과 같다.

$I_1 + V_2 = I_3 + I_4$ , $I_4 = I_2 + I_5 (I_3 = V_1,\ I_4 = V_1 - V_2,\ I_5 = 1/2\,V_2)$

$V_1 - V_2 = I_2 + 1/2\,V_2,\ \ V_1 = 3/2\,V_2 + I_2 = 1.5\,V_2 + I_2$ ·················· ①

$I_1 + V_2 = V_1 + V_1 - V_2,\ \ I_1 = 2V_1 - 2V_2$

$I_1 = 2(3/2\,V_2 + I_2) - 2V_2 = V_2 + 2I_2$ ··········································· ②

$\therefore\ |T| = \begin{bmatrix} A\,B \\ C\,D \end{bmatrix} = \begin{bmatrix} 1.5 & 1 \\ 1 & 2 \end{bmatrix}$

가 된다. 시뮬레이션 결과는 [그림 9.59]와 같다.

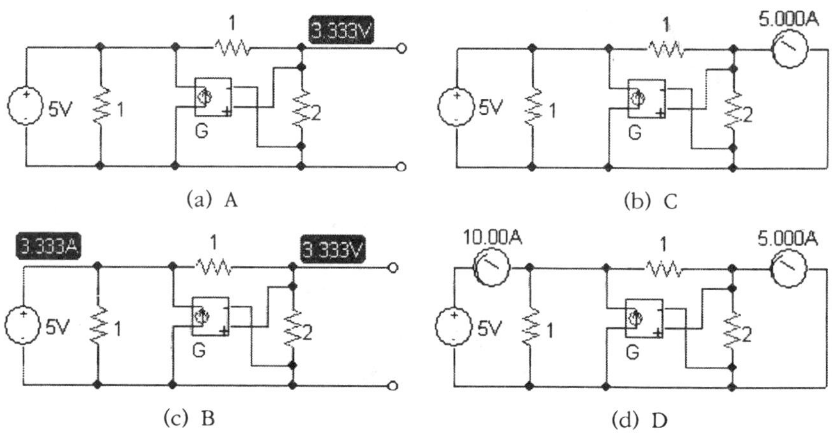


[그림 9.59] 시뮬레이션 결과

**예제 9.30** [그림 9.60]과 같이 종속전원이 포함된 회로에서 PSpice를 이용해서 각 파라미터를 구하라.

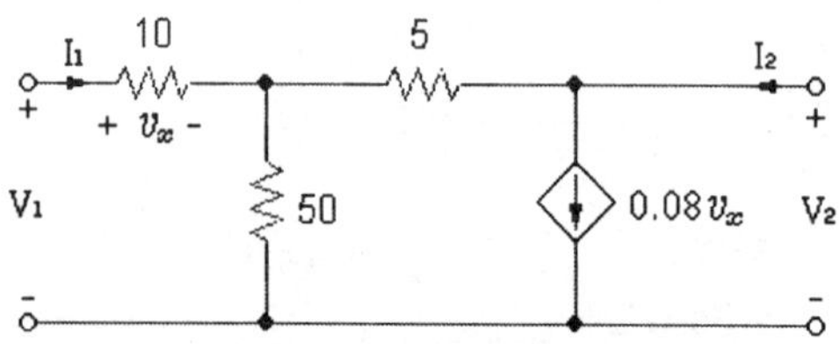


[그림 9.60] 종속전원이 포함된 회로

**해** 먼저 임피던스 파라미터를 구해보자.

여기서 단자 1 또는 단자 2가 개방되었을 때 $I_1$ 또는 $I_2$를 1[A]로 놓으면 쉽게 임피던스 파라미터를 구할 수 있다. [그림 9.61]이 시뮬레이션 결과이다.

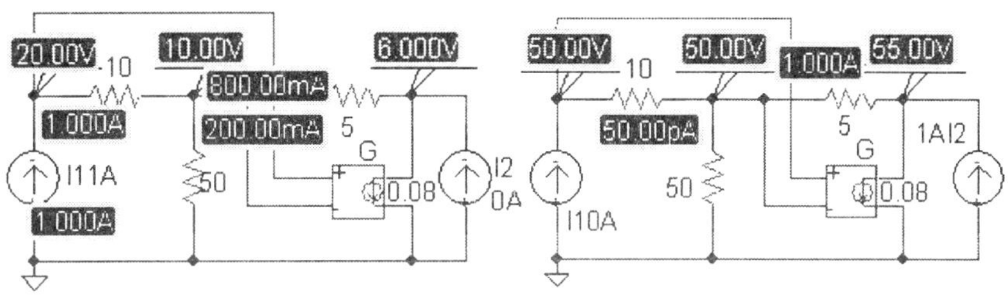


(a) $Z_{11}$, $Z_{21}$을 구하는 회로 (b) $Z_{12}$, $Z_{22}$를 구하는 회로

[그림 9.61] 시뮬레이션 결과

그림에서 $Z_{11}=20$, $Z_{12}=50$, $Z_{21}=6$, $Z_{22}=55$가 됨을 확인할 수 있었다.

다음으로 [그림 9.60]에서 어드미턴스 파라미터를 구해보자. 여기서, 단자 1 또는 단자 2가 단락되었을 때 $V_1$ 또는 $V_2$를 1[V]로 놓으면 쉽게 어드미턴스 파라미터를 구할 수 있다. [그림 9.62]가 시뮬레이션 결과이다.

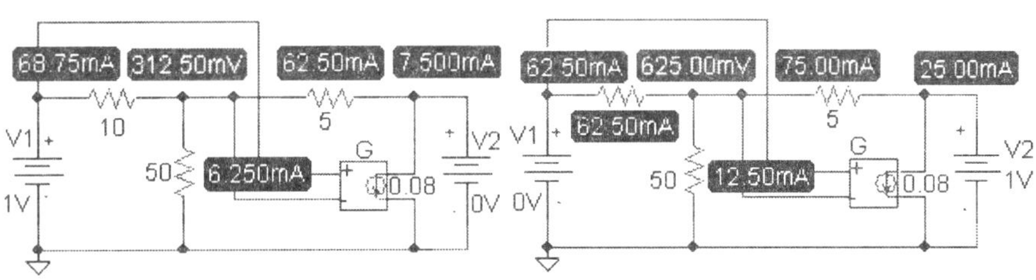


(a) $Y_{11}$, $Y_{21}$을 구하는 회로 (b) $Y_{12}$, $Y_{22}$를 구하는 회로

[그림 9.62] 시뮬레이션 결과

그림에서 $Y_{11}=68.75\times10^{-3}$, $Y_{12}=-62.5\times10^{-3}$, $Y_{21}=-7.5\times10^{-3}$, $Y_{22}=25\times10^{-3}$가 됨을 확인할 수 있었다.

다음으로 하이브리드 파라미터를 구해보자. 여기서, 단자 1이 개방되거나 단자 2가 단락되었을 때 $I_1=0$[A], $V_2=0$[V]로 놓으면 쉽게 하이브리드 파라미터를 구할 수 있다. [그림 9.63]이 시뮬레이션 결과이다.

시뮬레이션 그림에서 $h_{11}=14.55$, $h_{12}=0.9091$, $h_{21}=-0.1091$, $h_{22}=0.01818$이 됨을 확인할 수 있었다.

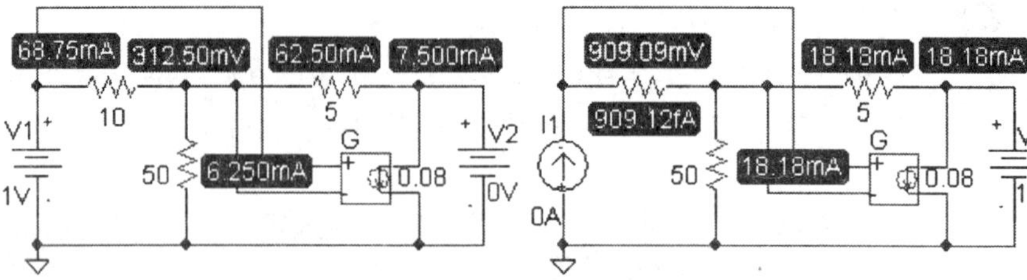


(a) $h_{11}, h_{21}$을 구하는 회로 (b) $h_{12}, h_{22}$를 구하는 회로

[그림 9.63] 시뮬레이션 결과

다음으로 전송 파라미터를 구해보자. 여기서, 단자 2가 단락 또는 개방되었을 때 $I_2=0$[A], $V_2=0$[V]로 놓으면 쉽게 전송 파라미터를 구할 수 있다. [그림 9.41]이 시뮬레이션 결과이다. 시뮬레이션 그림에서 $A=1/3$, $B=133.376$, $C=1/6$, $D=9.1667$이 됨을 확인할 수 있었다.

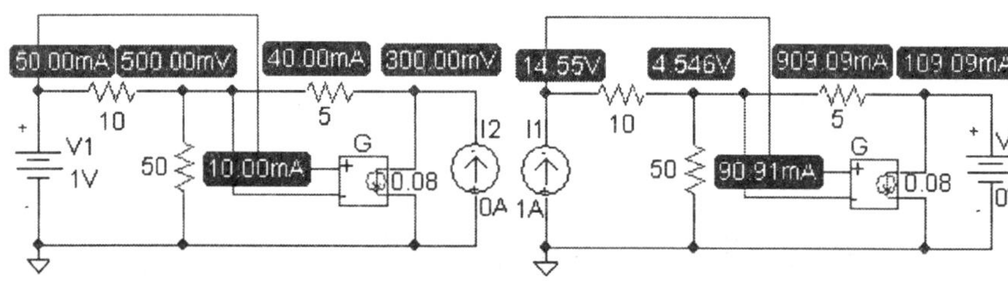


(a) $A$, $C$를 구하는 회로 (b) $B$, $D$를 구하는 회로

[그림 9.64] 시뮬레이션 결과

**예제 9.31** [그림 9.65](a)의 비선형 회로에서 전송 파라미터 $[T]$를 구하라.

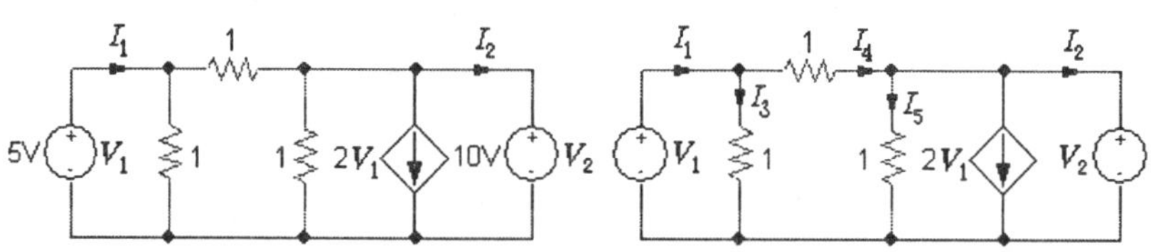


(a) (b)

[그림 9.65] 전송 파라미터 구하기

**해** 그림 (b)처럼 각 지로전류를 설정하면

$I_1=I_3+I_4,\ I_4=I_5+I_2+2V_1$ ············ ①

$I_3=V_1,\ I_4=V_1-V_2,\ I_5=V_2$ ············ ②

식 ①, ②로부터 $V_1=-2V_2-I_2$ ············ ③

$I_1=2V_1-V_2$ ············ ④

식 ③을 ④에 대입하면

$I_1 = -5V_2 - 2I_2$ ······················································ ⑤

$\therefore |T| = \begin{bmatrix} A\,B \\ C\,D \end{bmatrix} = \begin{bmatrix} -2-1 \\ -5-2 \end{bmatrix}$가 된다. 시뮬레이션 결과는 [그림 9.66]과 같다.

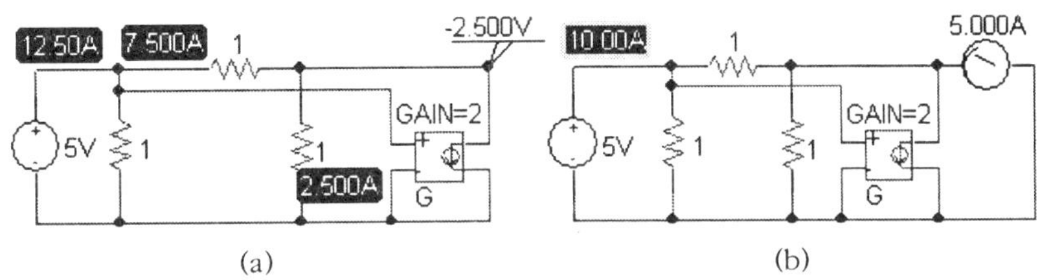


[그림 9.66] 시뮬레이션 결과

## 9.6 영상 파라미터

### (1) 임피던스 정합 및 영상 임피던스

주어진 회로에 최대전력을 얻기 위해 부하 임피던스 $Z_L$을 전원의 내부 임피던스 $Z_g$에 맞도록 조절해야 된다. 즉, 부하 임피던스 $Z_L$을 조정할 수 있는 경우에는

$$|Z_L| = |Z_g| = Z_L = Z_g[\Omega]$$

가 되도록 한다. 그러나 실제로는 부하가 조정될 수 없도록 고정되어 있는 경우가 대부분이므로 이 경우에는 전원과 부하 사이에 4단자 회로망을 삽입함으로써 입력단자 1-1′에서 부하측을 본 임피던스가 $Z_g$가 되도록 할 수 있다. 그러면 전원에서 최대전력이 얻어져서 4단자 회로망을 통하여 부하에 전달된다. 이와 같은 목적의 4단자 회로망을 임피던스 정합회로망(impedance maching netwook)이라고 한다.

[그림 9.67]과 같이 정수 $A$, $B$, $C$, $D$를 가진 4단자 회로의 입력단자 1-1′에 임피던스 $Z_{01}$을 접속하고 출력단자 2-2′에 임피던스 $Z_{02}$를 연결한 경우 1-1′ 단자에서 우측으로 본 임피던스나 좌측으로 본 임피던스가 $Z_{01}$이 되고, 2-2′ 단자에서 우측 및 좌측으로 본 임피던스가 $Z_{02}$가 된다고 하면 1-1′, 2-2′ 단자에서는 거울의 영상과 같은 관계가 있으므로, 이들을 영상 임피던스(image impedance)라 한다.

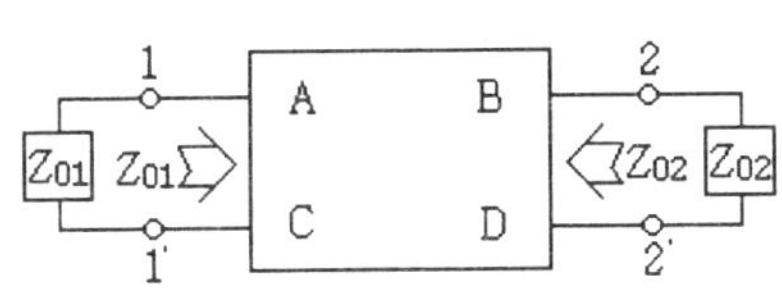


[그림 9.67] 영상 임피던스

### (2) 영상 임피던스와 4단자 정수의 관계

$$V_1 = AV_2 + BI_2, \quad I_1 = CV_2 + DI_2 \text{에서}$$

$$Z_{01} = \frac{V_1}{I_1} = \frac{AV_2 + BI_2}{CV_2 + DI_2}, \quad V_2 = Z_{02}I_2 \text{ 이므로}$$

$$Z_{01} = \frac{AZ_{02} + B}{CZ_{02} + D} \tag{9.59}$$

다음에 4단자 회로에서 이 회로의 입출력단자를 거꾸로 생각해서 $V_2 = DV_1 + BI_1$ , $I_2 = CV_1 + AI_1$에 $V_1 = Z_{01}I_1$을 대입하면

$$Z_{02} = \frac{V_2}{I_2} = \frac{DZ_{01} + B}{CZ_{01} + A} \tag{9.60}$$

식 (9.59), (9.60)에서

$$CZ_{01}Z_{02} + DZ_{01} - AZ_{02} - B = 0$$

$$CZ_{01}Z_{02} - DZ_{01} + AZ_{02} - B = 0 \tag{9.61}$$

식 (9.61)에서

$$Z_{01}Z_{02} = \frac{B}{C} \tag{9.62}$$

$$\frac{Z_{01}}{Z_{02}} = \frac{A}{D} \tag{9.63}$$

를 식 (9.62)와 (9.63)에서

$$Z_{01} = \sqrt{\frac{AB}{CD}}, \quad Z_{02} = \sqrt{\frac{DB}{CA}} \tag{9.64}$$

4단자 회로가 대칭이면 $A = D$이므로

$$Z_{01} = Z_{02} = Z_0 = \sqrt{\frac{B}{C}} \tag{9.65}$$

### (3) 영상 임피던스와 단락 어드미턴스 및 개방 임피던스와의 관계

식 (9.48)에서 $\dfrac{D}{B} = y_{11}$, $\dfrac{A}{B} = y_{22}$, $\dfrac{A}{C} = Z_{11}$, $\dfrac{D}{C} = Z_{22}$이므로

$$Z_{01} = \sqrt{\frac{Z_{11}}{y_{11}}} \quad Z_{02} = \sqrt{\frac{Z_{22}}{y_{22}}} \tag{9.66}$$

**예제 9.32** [그림 9.68](a)의 회로에서 영상 임피던스 $Z_{i1} = 20[\Omega]$이 되기 위한 전원주파수 $\omega$의 값을 구하라.

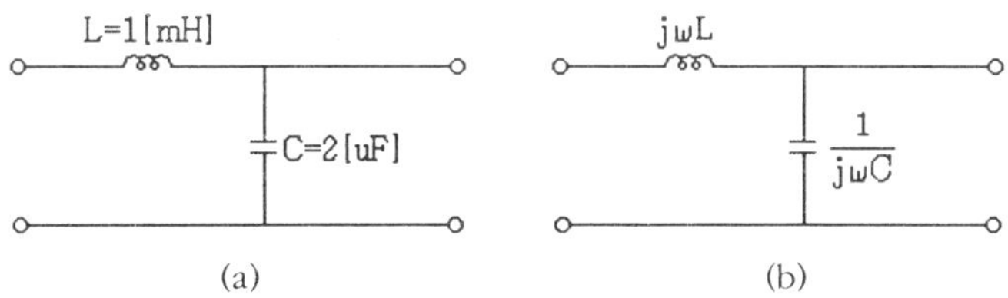


[그림 9.68] 예제 회로

**해** [그림 9.68](b)에서

$$|T| = \begin{bmatrix} 1 & j\omega L \\ 0 & 1 \end{bmatrix} = \begin{bmatrix} 1 & 0 \\ j\omega C & 1 \end{bmatrix} \begin{bmatrix} 1-\omega^2 LC & j\omega L \\ j\omega C & 1 \end{bmatrix}$$

$$Z_{i1} = \sqrt{\frac{(1-\omega^2 LC)j\omega L}{j\omega C}} = \sqrt{\frac{(1-\omega^2 LC)L}{C}} = 20$$

$\therefore \omega = \sqrt{\dfrac{1}{LC} - \dfrac{400}{L^2}} = 10^4$ [rad/sec]가 된다.

**예제 9.33** [그림 9.69]의 4단자 회로에서 출력단에 부하저항 $R_L = 1[\text{k}\Omega]$를 연결할 때 정합이 이루어지는 전원의 내부저항 $R_1$의 값을 구하라.

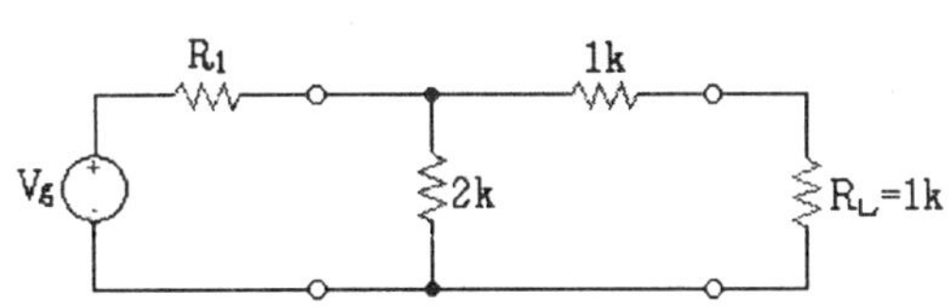


[그림 9.69] 정합회로

**해** 상기 그림에서 전송 파라미터를 구한다.

$$T = \begin{bmatrix} A & B \\ C & D \end{bmatrix} = \begin{bmatrix} 1 & R_1 \\ 0 & 1 \end{bmatrix} \begin{bmatrix} 1 & 0 \\ \dfrac{1}{2\times 10^3} & 1 \end{bmatrix} \begin{bmatrix} 1 & 10^3 \\ 0 & 1 \end{bmatrix} = \begin{bmatrix} 1+\dfrac{R1}{2\times 10^3} & \dfrac{3}{2}R_1 \\ \dfrac{1}{2\times 10^3} & \dfrac{3}{2} \end{bmatrix}$$

상기 그림에서 부하저항 $R_L = 1[\text{k}\Omega]$에 정합이 이루어지려면 $R_1$의 값은 다음과 같다.

$$Z_{i2} = R_L = \sqrt{\frac{DB}{CA}} = \sqrt{\frac{\frac{3}{2}R_1 \times \frac{3}{2}}{\left(1+\frac{R_1}{2\times 10^3}\right)\frac{1}{2\times 10^3}}} = \sqrt{\frac{9\times 10^6 R_1}{2\times 10^3 + R_1}} = R_L - 10^3$$

$$\frac{9\times 10^6 R_1}{2\times 10^3 + R_1} = 10^6, \quad 9R_1 = 2\times 10^3 + R_1, \quad \therefore R_1 = 250$$

**예제 9.34** [그림 9.70](a)에서 $R_g = 50[\Omega]$, $R_L = 100[\Omega]$, $C$=0.04[$\mu$F] 및 $L$=0.2[mH]일 때 회로망이 정합되기 위한 전원주파수 $\omega$의 값을 구하라.

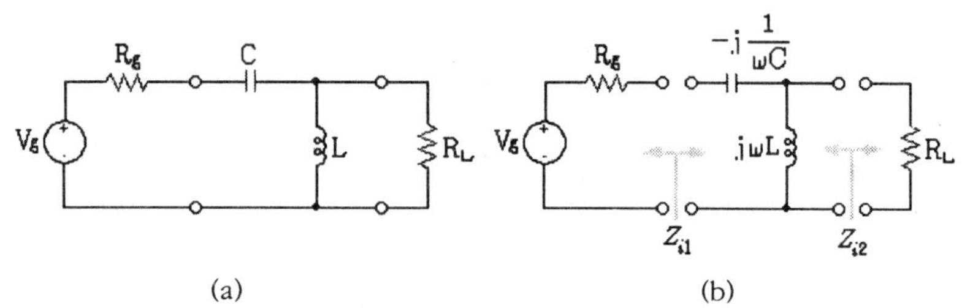


[그림 9.70] 예제 회로

**해** [그림 9.70](a)에서 전송 파라미터를 구하면 다음과 같다.

$$|T| = \begin{bmatrix} 1 & \frac{1}{j\omega C} \\ 0 & 1 \end{bmatrix}\begin{bmatrix} 1 & 0 \\ \frac{1}{j\omega L} & 1 \end{bmatrix} = \begin{bmatrix} 1-\frac{1}{\omega^2 LC} & \frac{1}{j\,\omega C} \\ \frac{1}{j\omega L} & 1 \end{bmatrix}$$

$$Z_{i2} = \sqrt{\frac{1/j\omega C}{\frac{1}{j\omega L}\left(1-\frac{1}{\omega^2 LC}\right)}} = \sqrt{\frac{L}{\left(C-\frac{1}{\omega^2 L}\right)}} = 100$$

$$\therefore \omega = \frac{1}{\sqrt{LC-10^{-4}L^2}} = 500[\text{krad/sec}]$$

### (4) 전달정수 $\theta$의 정의

입력측과 출력측에 각각 영상 임피던스 $Z_{01}$과 $Z_{02}$과 접속되어 있을 때

$$e^{\theta} = \sqrt{\frac{V_1 I_1}{V_2 I_2}} \tag{9.67}$$

으로 정의되는 $\theta$를 영상 전달정수 혹은 간단히 전달정수(transfer constant)라 한다. 4단자망의 관계식 (9.41)에서

$$V_1 = AV_2 + BI_2, \quad I_1 = CV_2 + DI_2$$

이고, 여기에 $V_1 = Z_{01}I_1$, $V_2 = Z_{02}I_2$의 관계를 이용하면

$$\frac{V_1}{V_2} = A + \frac{B}{Z_{02}} = A + B\sqrt{\frac{AC}{BD}} = \sqrt{\frac{A}{D}}(\sqrt{AD} + \sqrt{BC})$$

$$\frac{I_1}{I_2} = CZ_{02} + D = C\sqrt{\frac{BD}{AC}} + D = \sqrt{\frac{D}{A}}(\sqrt{AD} + \sqrt{BC}) \qquad (9.68)$$

를 얻는다. 따라서

$$e^{\theta} = \sqrt{\frac{V_1 I_1}{V_2 I_2}} = \sqrt{\left(\frac{V_1}{V_2}\right) \cdot \left(\frac{I_1}{I_2}\right)} = \sqrt{AD} + \sqrt{BC} \qquad (9.69)$$

을 얻는다. 또 $AD - BC = 1$이므로

$$e^{-\theta} = \sqrt{\frac{V_2 I_2}{V_1 I_1}} = \frac{1}{\sqrt{AD} + \sqrt{BC}} = \frac{\sqrt{AD} - \sqrt{BC}}{AD - BC} = \sqrt{AD} - \sqrt{BC}$$

가 된다.

이들을 정리하면 전달정수 $\theta$는 다음과 같이 여러 형태로 표현된다.

$$e^{\theta} = \sqrt{AD} + \sqrt{BC}$$

$$\theta = \log_e(\sqrt{AD} + \sqrt{BC}) \qquad (9.70)$$

$$\cosh\theta = \sqrt{AD}$$

$$\sinh\theta = \sqrt{BC}$$

$$\tanh\theta = \sqrt{\frac{BC}{AD}} \qquad (9.71)$$

### (5) 4단자 정수와 영상 파라미터의 관계

4단자 정수 $A$, $B$, $C$, $D$를 식 (9.62), (9.63), (9.64)의 영상 파라미터로써 나타내면,

$$A = \sqrt{\frac{Z_{01}}{Z_{02}}}\cosh\theta$$

$$B = \sqrt{Z_{01}Z_{02}}\sinh\theta$$

$$C = \frac{1}{\sqrt{Z_{01}Z_{02}}}\sinh\theta$$

$$D = \sqrt{\frac{Z_{02}}{Z_{01}}} \cosh\theta \tag{9.72}$$

### (6) 영상 파라미터에 의한 4단자 회로의 기초방정식

식 (9.42)에 식 (9.72)를 대입하면

$$V_1 = \sqrt{\frac{Z_{01}}{Z_{02}}} (V_2 \cosh\theta + I_2 Z_{02} \sinh\theta)$$

$$I_1 = \sqrt{\frac{Z_{02}}{Z_{01}}} \left( \frac{V_2}{Z_{02}} \sin h\theta + I_2 \cosh\theta \right) \tag{9.73}$$

대칭 4단자 회로의 경우는 $Z_{01} = Z_{02} = Z_0$이므로

$$V_1 = V_2 \cosh\theta + I_2 Z_0 \sinh\theta$$

$$I_1 = \frac{V_2}{Z_0} \sinh\theta + I_2 \cosh\theta \tag{9.74}$$

### (7) 영상 파라미터의 종속접속

영상 임피던스가 각각 $Z_{01}$, $Z_{02}$, $Z_{03}$,……, $Z_{0n}$, $Z_{0(n+1)}$이고, 전달정수가 $\theta_1$, $\theta_2$, …, $\theta_n$인 $n$개의 4단자 회로를 [그림 9.71]과 같이 접속하고 그 최종단에 $Z_{0(n+1)}$을 접속한 경우, 제 $n$번째의 4단자 회로망의 입력측 단자 $n-n$에서 우측으로 본 임피던스 $Z_{0n}$이고, 단자 $(n-1)-(n-1)'$에서 우측으로 본 임피던스는 $Z_{0(n-1)}$이다.

위와 같이 하여 단자 1-1'에서 우측으로 본 임피던스는 $Z_{01}$이다. 그러므로

$$\frac{V_1}{V_2} = \sqrt{\frac{Z_{01}}{Z_{02}}} e^{\theta_1}, \quad \frac{V_2}{V_3} = \sqrt{\frac{Z_{02}}{Z_{03}}} e^{\theta_2} \cdots\cdots, \quad \frac{V_n}{V_{n+1}} = \sqrt{\frac{Z_{on}}{Z_{0(n+1)}}} e^{\theta_n} \tag{9.75}$$

따라서,

$$\frac{V_1}{V_{(n+1)}} = \sqrt{\frac{Z_{01}}{Z_{0(n+1)}}} e^{\theta_1 + \theta_2 + \ldots \theta_n}$$

한편, 전류도 똑같은 방법으로

$$\frac{I_1}{I_2}=\sqrt{\frac{Z_{02}}{Z_{01}}}\,e^{\theta_1},\quad \frac{I_2}{I_3}=\sqrt{\frac{Z_{03}}{Z_{02}}}\,e^{\theta_2},\quad \frac{I_3}{I_4}=\sqrt{\frac{Z_{04}}{Z_{03}}}\,e^{\theta_3},\ \cdots\cdots,$$

$$\frac{I_n}{I_{n+1}}=\sqrt{\frac{Z_{0(n+1)}}{Z_{0n}}}\,e^{\theta_n} \tag{9.76}$$

따라서

$$\frac{I_1}{I_{n+1}}=\sqrt{\frac{Z_{0(n+1)}}{Z_{01}}}\,e^{\theta_1+\theta_2+\ldots\theta_n} \tag{9.77}$$

즉, $n$개의 4단자망을 접속한 합성 4단자망의 영상 임피던스는 $Z_{01}$, $Z_{0(n+1)}$과 같고, 전달정수 $\theta$는 개개의 전달정수의 합 $\theta_1+\theta_2+\ldots+\theta_n$과 같다.

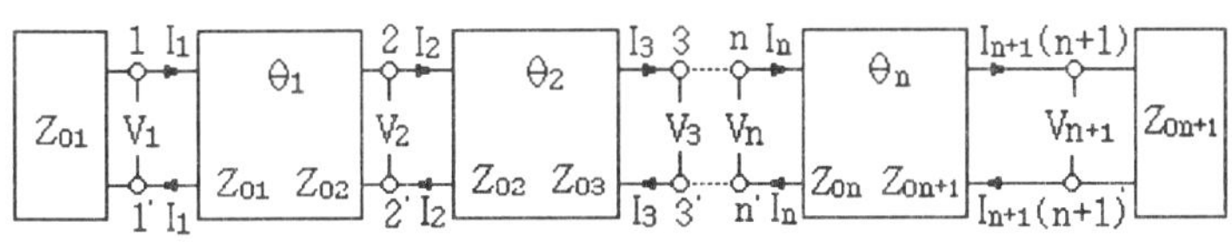

[그림 9.71] 영상 파라미터의 종속접속

## 9.7 반복 파라미터

### (1) 반복 임피던스

[그림 9.72]와 같이 $ab$단자에서 시작하여 오른쪽으로 무한개의 같은 4단자망을 종속으로 접속한 경우 1, 2 등의 단자에서 우측으로 본 임피던스는 4단자의 우측으로 무한개의 단위가 접속되어 있으므로 어느 단자에서나 우측으로 본 임피던스는 동일하다.

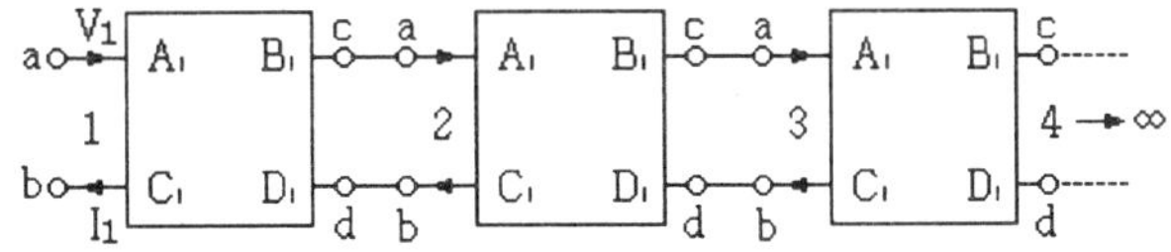

[그림 9.72]

이와 같은 임피던스를 반복 임피던스(iterative impedance)라고 한다. 또한, [그림 9.73]과 같이 단자 $2-2'$에 $Z_{K1}$의 임피던스가 접속되었을 때 단자 $1-1'$에서 본 임피던스가 $Z_{K1}$이라면, $Z_{K1}$를 반복 임피던스라 한다.

마찬가지로 $1-1'$에 $Z_{K2}$의 임피던스를 접속했을 때 단자 $2-2'$에서 본 임피던스가 $Z_{K2}$라면 $Z_{K2}$도 반복 임피던스가 된다.

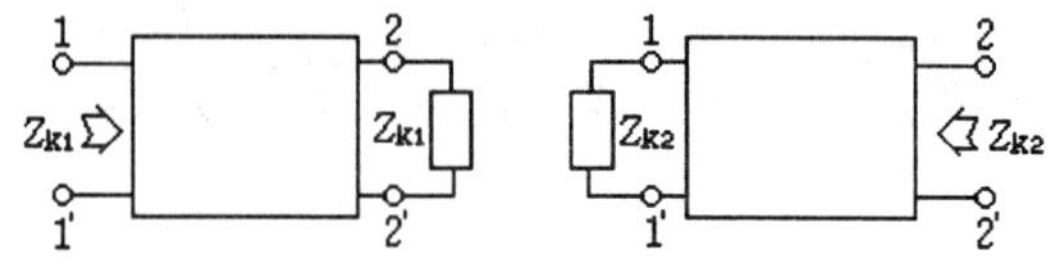


[그림 9.73]

### (2) 반복 임피던스와 4단자 정수의 관계

$V_1 = AV_2 + BI_2$, $I_1 = CV_2 + DI_2$에서

$$Z_{K1} = \frac{V_1}{I_1} = \frac{AV_2 + BI_2}{CV_2 + DI_2} = \frac{A\left(\frac{V_2}{I_2}\right) + B}{C\left(\frac{V_2}{I_2}\right) + D} \text{이고 } \frac{V_2}{I_2} = Z_{K1} \text{이므로}$$

$$Z_{K1} = \frac{AZ_{K1} + B}{CZ_{K1} + D} \tag{9.78}$$

식 (9.78)에서

$CZ + (D - A)Z_{K1} - B = 0K1$

$$Z_{K1} = \frac{1}{2C}\{A - D \pm \sqrt{(D-A)^2 + 4BC}\} \tag{9.79}$$

마찬가지로 $Z_{K2}$는

$$Z_{K2} = \frac{1}{2C}\{D - A \pm \sqrt{(D-A)^2 + 4BC}\} \tag{9.80}$$

가 된다.

### (3) 3전파 정수와 4단자 정수의 관계

이러한 반복 임피던스를 종속으로 접속하면

$$\frac{V_1}{I_1} = \frac{V_2}{I_2} = Z_{K1}$$

따라서, $V_1 = AV_2 + BI_2 = \left(A + B\frac{1}{Z_{K1}}\right) = V_2$이므로

$$\frac{V_1}{V_2} = A + \frac{B}{Z_{K1}} = e^{\gamma_1} \tag{9.81}$$

으로 표시할 수 있다.

그런데, 식 (9.78)에서 $A+\dfrac{B}{Z_{K1}}=CZ_{K1}+D$이므로

$$\frac{V_1}{V_2}=\frac{I_1}{I_2}=CZ_{K1}+D=e^{\gamma_1} \tag{9.82}$$

이것을 식 (9.79)에 대입하면 다음과 같이 된다.

$$\begin{aligned} e^{\gamma_1} &= CZ_{K1}+D=\frac{1}{2}\{A+D\sqrt{(A-D)^2+4BC}\} \\ &= \frac{A+D}{2}+\sqrt{\left(\frac{A+D}{2}\right)^2-1} \end{aligned} \tag{9.83}$$

이 $\gamma_1$을 이 회로망의 전파정수(propagation constant)라 하며, 전압과 전류의 전파정수는 서로 같다. 이것을 쌍곡선 함수로 나타내면

$$\cosh\gamma_1=\frac{1}{2}(A+D) \tag{9.84}$$

전파정수 $\gamma_2$는 $\gamma_1$의 경우에서 $A$와 $D$를 바꾸어 놓은 결과가 되므로,

$$\gamma_2=\gamma_1=\cosh^{-1}\frac{A+D}{2}=\gamma$$

이러한 반복 임피던스 $Z_{K1}$, $Z_{K2}$와 전파정수 $\gamma$를 반복 파라미터(iterative parameter)라 한다.

### (4) 반복 파라미터에 의한 4단자 회로의 종속접속

[그림 9.74]와 같이 반복 임피던스 $Z_{K1}, Z_{K2}$를 가지고 전파정수가 $\gamma_1$, $\gamma_2$, $\gamma_3$, …… , $\gamma_n$인 4단자망을 $n$개 종속으로 접속하고, 최종 단자에 $Z_{K1}$을 연결한 경우를 생각하자.

$$\frac{V_1}{V_2}=e^{\gamma_1},\quad \frac{V_2}{V_3}=e^{\gamma_2},\ \cdots\cdots,\ \frac{V_n}{V_{n+1}}=e^{\gamma_n} \tag{9.85}$$

그러므로

$$\frac{V_1}{V_{n+1}}=e^{\gamma_1+\gamma_2+\cdots\gamma_n} \tag{9.86}$$

마찬가지로,

$$\frac{I_1}{I_{n+1}} = e^{\gamma_1 + \gamma_2 \cdots \gamma_n} \tag{9.87}$$

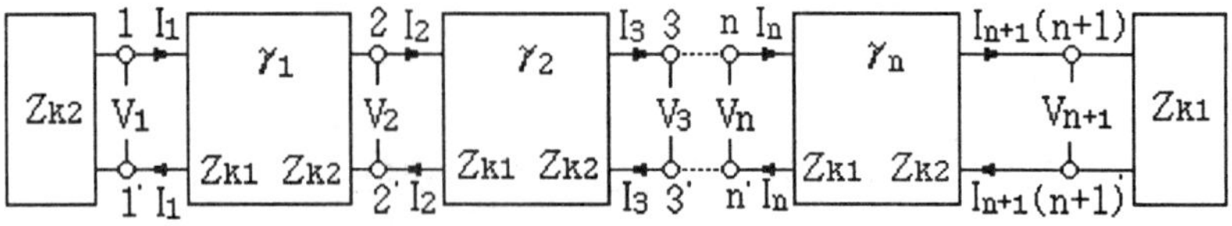


[그림 9.74] 반복 파라미터

그러므로 회로 전체, 즉 $1-1'$단자를 입력단자로 하고 $(n+1)-(n+1)'$ 단자를 출력단자로 하는 4단자 회로망을 생각하면, 그 반복 임피던스는 $Z_{K1}$, $Z_{K2}$이고 그 전파정수 $\gamma$은 다음과 같다.

$$\gamma = \gamma_1 + \gamma_2 + \cdots + \gamma_n \tag{9.88}$$

### (5) 대칭 4단자 회로의 반복 파라미터

4단자 회로가 대칭이면 $A=D$이므로 식 (9.61), (9.78), (9.79)에서

$$Z_{K1} = Z_{K2} = \frac{\sqrt{B}}{\sqrt{C}} = Z_{01} = Z_{02} \tag{9.89}$$

$$\gamma = \cosh^{-1} A = \theta \tag{9.90}$$

가 되어 영상 임피던스와 반복 임피던스가 같고, 전달정수와 전파정수도 같게 된다.

**예제 9.35** [그림 9.75]에 나타난 대칭 T형 회로의 영상 임피던스 $Z_{0T}$와 전달정수 $\theta$를 구하라.

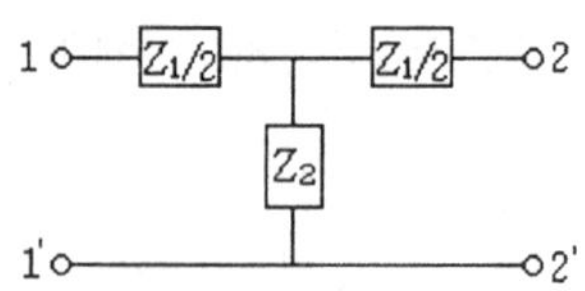


[그림 9.75]

**해** 먼저 그림에서 4단자 정수는

$$A = 1 + \frac{Z_1}{2Z_2} = D, \quad B = Z_1 + \frac{Z_1^2}{4Z_2}, \quad C = \frac{1}{Z_2}$$

이고, 식 (9.89)와 (9.90)에서 다음과 같다.

$$Z_{0T}=\frac{\sqrt{B}}{\sqrt{C}}=\sqrt{Z_1Z_2\left(1+\frac{Z_1}{4Z_2}\right)}$$

$$\theta=\cosh^{-1}A=\cosh^{-1}\left(1+\frac{Z_1}{2Z_2}\right)$$

**예제 9.36** [그림 9.76]과 같은 대칭 $\pi$형 회로의 영상 임피던스 $Z_{0\pi}$, 전달정수 $\theta$를 구하라.

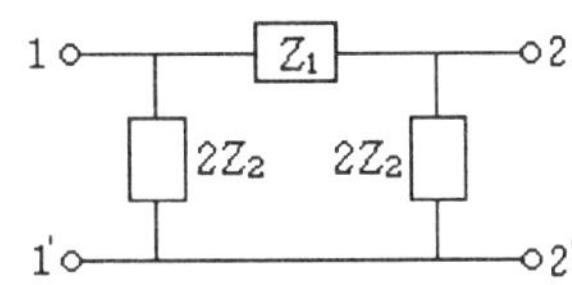


[그림 9.76]

**해** 4단자 정수는

$$A=D=1+\frac{Z_1}{2Z_2},\quad B=Z_1,\quad C=\frac{1}{Z_2}\left(1+\frac{Z_1}{4Z_2}\right)$$

또한, 식 (9.89)에서

$$Z_{0\pi}=\frac{\sqrt{B}}{\sqrt{C}}=\sqrt{\frac{Z_1Z_2}{1+\frac{Z_1}{4Z_2}}}$$

$$\theta=\cosh^{-1}A=\cosh^{-1}\left(1+\frac{Z_1}{2Z_2}\right)$$

**예제 9.37** [그림 9.77]의 대칭 격자회로의 영상 임피던스 $Z_{0X}$, 전달정수 $\theta$를 구하라.

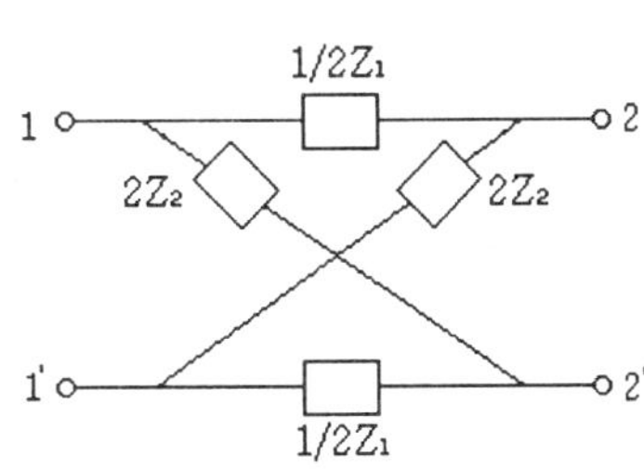


[그림 9.77]

**해** [그림 9.77]에서 4단자 정수는

$$A=D=\frac{Z_1+4Z_2}{4Z_2-Z_1},\quad B=\frac{4Z_1Z_2}{4Z_2-Z_1},\quad C=\frac{4}{4Z_2-Z_1}\text{ 이고}$$

$$Z_0=\sqrt{\frac{B}{C}}=\sqrt{Z_1Z_2}$$

$$\theta = \cosh^{-1}A = \cosh^{-1}\frac{4Z_2+Z_1}{4Z_2-Z_1} = 2\tanh^{-1}\frac{1}{2}\sqrt{\frac{Z_1}{Z_2}}$$

**예제 9.38** [그림 9.78]의 회로에서 영상 임피던스 및 전달정수를 구하라.

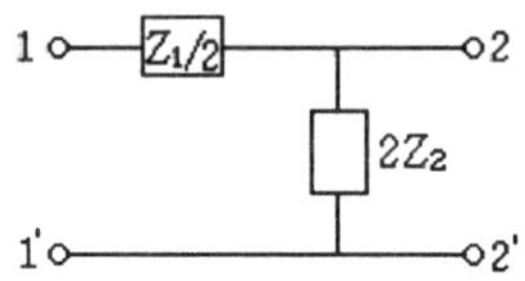


[그림 9.78]

**해** 이 4단자 회로는 비대칭이므로 영상 임피던스 $Z_{01} \neq Z_{02}$이다. 4단자 정수는

$$A = 1+\frac{Z_1}{4Z_2},\quad B = \frac{Z_1}{2},\quad C = \frac{1}{2Z_2},\quad D = 1$$

여기서 $Z_{01}$, $Z_{02}$, $\theta$를 구하면 식 (9.63)에서

$$Z_{01} = \sqrt{\frac{AB}{CD}} = \sqrt{Z_1Z_2\left(1+\frac{Z_1}{4Z_2}\right)},\quad Z_{02} = \sqrt{\frac{DB}{CA}} = \sqrt{\frac{Z_1Z_2}{1+\frac{Z_1}{4Z_2}}}$$

식 (9.69)에서

$$\theta = \cosh^{-1}\sqrt{AD} = \cosh^{-1}\sqrt{1+\frac{Z_1}{4Z_2}} = \sinh^{-1}\sqrt{BC} = \sinh^{-1}\sqrt{\frac{Z_1}{4Z_2}}$$

이 $Z_{01}$도 T형 회로의 영상 임피던스와 같고, $Z_{02}$는 $\pi$형 회로의 영상 임피던스와 같다.

$\cosh 2\theta = 2\cosh^2\theta - 1$이므로

$$\cosh 2\theta = 2+\frac{Z_1}{2Z_2}-1 = 1+\frac{Z_1}{2Z_2}$$

## 9.8 여파기

### (1) 정 K형 여파기

여파기(filter)의 기본 회로로서 [그림 9.79]와 같은 회로를 생각한다. $Z_1$, $Z_2$가 역회로, 즉

$$Z_1Z_2 = K^2 \tag{9.91}$$

의 관계에 있을 때, 이것을 정 K형 여파기(constant-K type filter)라 한다. 그리고 필터에

는 $K$를 공칭 임피던스(nominal impedance)라 한다.

### (2) 정 K형 여파기의 감쇠정수와 위상정수

[그림 9.79]와 같은 4단자 회로에서는 예제 9.38에서 보는 바와 같이

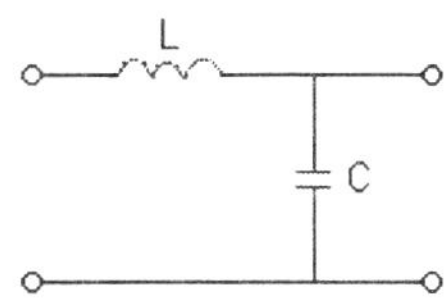


[그림 9.79]

$\sinh\theta = \sqrt{\dfrac{Z_1}{4Z_2}}$ 이므로 이것을 식 (9.99)에 대입하면

$$\sinh\theta = \frac{Z_1}{2K} \tag{9.92}$$

$Z_1$은 리액턴스 회로이므로 허수 $jX_1(\omega)$로 표시된다. 그리고 $\theta$는 일반적으로 복소수이므로

$$\theta = \alpha + j\beta \tag{9.93}$$

라 놓는데, $\alpha$를 감쇠정수(attenuation constant)라 하고 단위로는 네퍼(neper) 또는 데시벨(decibell, dB)을 사용한다. 또 $\beta$는 위상정수(phase constant)라 하며 단위로는 라디안(radian) 또는 도(degree)를 사용한다.

식 (9.93)을 식 (9.92)에 대입하면

$$\sinh(\alpha + j\beta) = j\frac{X_1(\omega)}{2K}$$

또는 $\sinh\alpha\cos\beta + j\cos h\alpha\sin\beta = j\dfrac{X_1(\omega)}{2K}$

그러므로

$$\sinh\alpha\cos\beta = 0$$

$$\cosh\alpha\sin\beta = \frac{X_1(\omega)}{2K} \tag{9.94}$$

식 (9.95)가 성립하기 위해서는 다음 세 가지 경우를 생각할 수 있다.

① $-1 \leqq \dfrac{X_1(\omega)}{2K} \leqq 1$이면

$$\alpha=0,\ \beta=\sin^{-1}\frac{X_1(\omega)}{2K} \tag{9.95}$$

② $\dfrac{X_1(\omega)}{2K} \geqq 1$이면

$$\alpha=\cosh^{-1}\frac{X_1(\omega)}{2K},\quad \beta=\frac{\pi}{2} \tag{9.96}$$

③ $\dfrac{X_1(\omega)}{2K} \leqq -1$이면

$$\alpha=\cosh^{-1}\left(-\frac{X_1(\omega)}{2K}\right),\ \beta=-\frac{\pi}{2} \tag{9.97}$$

$\alpha=0$, 즉 감쇠정수가 0인 주파수 범위를 통과역(transmission band)이라 하고, 그렇지 않은 범위를 감쇠역(attenuation band)이라 한다. 그 경계가 되는 주파수를 차단주파수(cut-off frequency)라 한다.

그러므로 식 (9.95), (9.96), (9.97)에서 보는 바와 같이

$$\frac{X_1(\omega)}{2K}=\pm\ 1 \tag{9.98}$$

을 만족시키는 주파수가 차단주파수이다.

여기서 감쇠기에 대해 알아보자. 감쇠기(attenuator)는 임피던스 레벨을 일정하게 유지하면서 입력에 대하여 출력을 주파수와 무관하게 소요량만큼 감쇠시키는 4단자 회로망이다. 가장 많이 사용되는 감쇠기의 구조는 L형, 대칭 T형 및 사다리형으로, 감쇠량이 일정한 것과 가변인 것이 있는데 측정용은 대개 가변형이다.

### 1) L형 감쇠기

[그림 9.80](a)는 L형 감쇠기로서 2개의 설계조건이 필요하다. 그림 (b)와 같이 전원과 부하사이에 감쇠기를 삽입할 때 다음의 두 조건을 만족해야 한다.

① 감쇠기의 입력단자에서 부하측을 본 임피던스가 부하저항 $R_L$과 같아야 한다.

② 감쇠기의 입력전압 또는 입력전류에 대하여 출력전압 또는 출력전류가 소요의 감쇠를 갖도록 저항 $R_1$과 $R_2$를 결정한다.

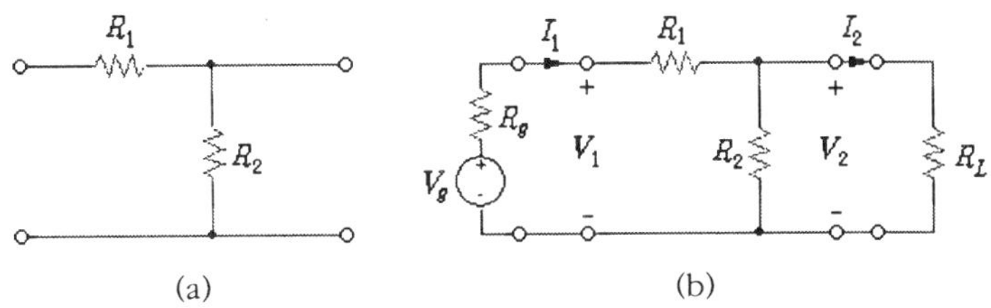


[그림 9.80] L형 감쇠기

[그림 9.80]에서 위의 두 설계조건에 의해 저항 $R_1$과 $R_2$를 결정하는 방법은 다음과 같다. 조건 ①과 [그림 9.80](b)에서 전류분배법칙을 적용하면

$$R_1 + \frac{R_2 R_L}{R_1 + R_L} = R_L,\ \ I_2 = \frac{R_2}{R_2 + R_L} I_1$$

이고, 조건 ②로부터 소요의 감쇠비 $\alpha$는

$$\alpha = \frac{V_2}{V_1} = \frac{R_L I_2}{R_L I_1} = \frac{I_2}{I_1} = \frac{R_2}{R_2 + R_L},\ \ \alpha < 1$$

이다. 앞의 식으로부터 $R_1$과 $R_2$를 구하면 다음과 같다.

$$R_1 = (1-\alpha)R_L[\Omega]\ ,\ \ R_2 = \frac{\alpha}{1-\alpha} R_L[\Omega]$$

일반적으로 감쇠량은 다음과 같이 [dB]로 표시한다.

$$n[\text{dB}] = 20\log\alpha = 20\log\frac{V_2}{V_1} = 20\log\frac{I_2}{I_1}[\text{dB}]$$

**예제 9.39** [그림 9.80](b)에서 부하저항 $R_L = 500[\Omega]$에 작용하여 15[dB]의 감쇠를 주는 [그림 9.80](a)와 같은 $L$형 감쇠기를 설계하라.

**해** 감쇠량 $\alpha$는

$$20\log\alpha = 20\log\frac{V_2}{V_1} = 20\log\frac{I_2}{I_1} = -15[\text{dB}],\ \alpha = 10^{-15/20} = 0.2778$$

이므로 L형 감쇠기의 설계는 다음과 같다.

$$R_1 = (1-\alpha)R_L = (1-0.2778)500 = 361.1[\Omega]$$

$$R_2 = \frac{\alpha}{1-\alpha}R_L = \frac{0.2778\times 500}{1-0.2778} = 192.34[\Omega]$$

## 2) T형 감쇠기

T형 감쇠기는 [그림 9.81](a)와 같이 대칭형으로 구성되며, 부하저항으로 종단시켜서 사용한다. 따라서 입력단자 및 출력단자에서 좌우를 본 임피던스는 부하저항과 같다.

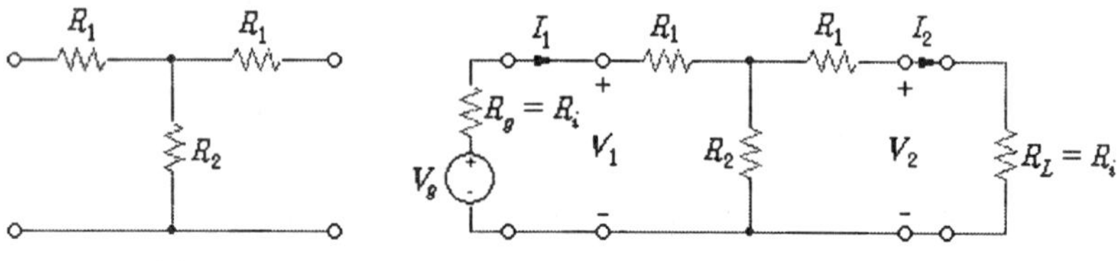


[그림 9.81] T형 감쇠기

[그림 9.81](b)의 입력단에서 출력측을 본 합성저항이 부하저항 $R_L = R_i$와 같아야 하고, 전류분배법칙으로부터

$$R_1 + \frac{(R_1 + R_i)R_2}{R_1 + R_2 + R_i} = R_i,\ \ I_2 = \frac{R_2}{R_1 + R_2 + R_i} I_1$$

전압과 전류의 감쇠량 $\alpha$는

$\alpha = \dfrac{V_2}{V_1} = \dfrac{I_2}{I_1} = \dfrac{R_2}{R_1 + R_2 + R_i}$, $\alpha < 1$이고, 감쇠기의 저항 $R_1$과 $R_2$는 다음과 같다.

$$R_1 = \frac{1-\alpha}{1+\alpha} R_L[\Omega],\ \ R_2 = \frac{2\alpha}{1-\alpha^2} R_L[\Omega]$$

**예제 9.40** [그림 9.81]에서 1차 전압 $V_1 = 10[\mathrm{V}]$일 때 2차 전압 $V_2 = 8[\mathrm{V}]$로 되는 감쇠기를 설계하려고 한다. 저항 $R_1$과 $R_2$의 값을 결정하라. 단, 2차 전류 $I_2 = 10[\mathrm{mA}]$이다.

**해** 부하저항과 감쇠량은

$$R_L = R_i = \frac{V_2}{I_2} = \frac{8}{0.01} = 800[\Omega],\ \ \alpha = \frac{V_2}{V_1} = \frac{8}{10} = 0.8$$

이므로 감쇠기의 저항 $R_1$과 $R_2$는 다음과 같다.

$$R_1 = \frac{1-\alpha}{1+\alpha} R_L = \frac{1-0.8}{1+0.8} \times 800 = 88.9[\Omega]$$

$$R_2 = \frac{2\alpha}{1-\alpha^2} R_L = 2 \times \frac{0.8}{1-(0.8)^2} \times 800 = 3555.6[\Omega]$$

전류가 서로 다른 주파수 성분을 가지는 경우 특정한 주파수나 주파수 대역을 선택하거나 제거할 필요가 있다. 전기적인 필터(filter)는 더 높거나 낮은 주파수를 분리하는데 사용된다. [그림 9.82](a)에서 고역통과 필터는 출력으로 10[kHz]를 통과시키는 반면 100[Hz]의 낮은 주파수는 감쇠시키거나 제거한다. 그림 (b)에서의 필터링 동작은 반대로 100[Hz]의 낮은 주파수를 통과시키고 10[kHz]를 감쇠시킨다.

라디오 주파수와 오디오 주파수가 섞여있는 경우 저역통과 필터는 출력에 오디오 주파수를 통과시킨다. 반면에 고역통과 필터는 라디오 주파수를 통과시킨다.

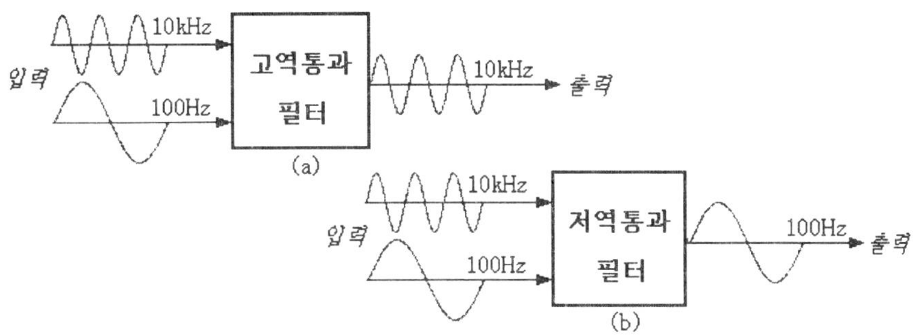


[그림 9.82] 필터 회로

### (3) 정 K형 저역여파기

지금 $Z_1$을 인덕턴스 $L$의 임피던스라 하면 $Z_1 = j\omega L$ , $Z_2$는 역회로이므로

$$Z_2 = \frac{1}{j\omega C}, \quad \frac{L}{C} = K^2 \tag{9.99}$$

으로 놓을 수 있어 [그림 9.83]과 같은 정 K형 여파기를 생각할 수 있다.

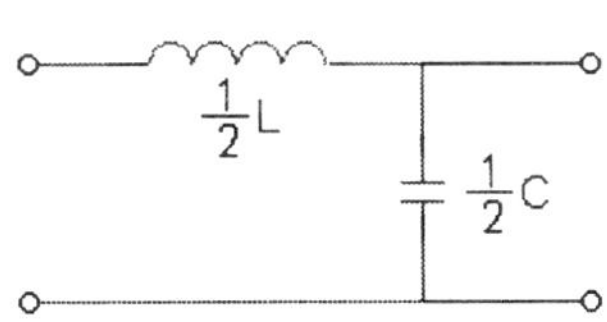


[그림 9.83] 저역필터

그러면

$$\frac{X_1(\omega)}{2K} = \frac{\omega L}{2K} \tag{9.100}$$

에서 $\omega$가 0에서 $\infty$까지 변화할 때 식 (9.100)은 항상 양이므로 $0 \leq \dfrac{\omega L}{2K} < 1$을 만족시키는 주파수영역이 통과역이고, 차단주파수 $f_1$은 다음 식에서 구해진다.

$$\frac{\omega_1 L}{2K} = \frac{2\pi f_1 L}{2L} = 1, \quad \text{즉} \quad f_1 = \frac{K}{\pi L} \quad \text{또는} \quad \omega_1 = \frac{2K}{L} \tag{9.101}$$

① $0 \leqq \omega \leqq \omega_1$일 때

$$\alpha = 0,\ \beta = \sin^{-1}\frac{\omega L}{2K} = \sin^{-1}\frac{\omega}{\omega_1}$$

② $\omega \geqq \omega_1$일 때

$$\alpha = \cosh^{-1}\frac{\omega L}{2K} = \cosh^{-1}\frac{\omega}{\omega_1},\quad \beta = \frac{\pi}{2}$$

이때의 $\alpha$와 $\beta$의 주파수 특성은 [그림 9.84]와 같다. 이와 같이 어떤 주파수 이하를 통과시키는 여파기를 저역여파기(low-pass filter)라 한다.

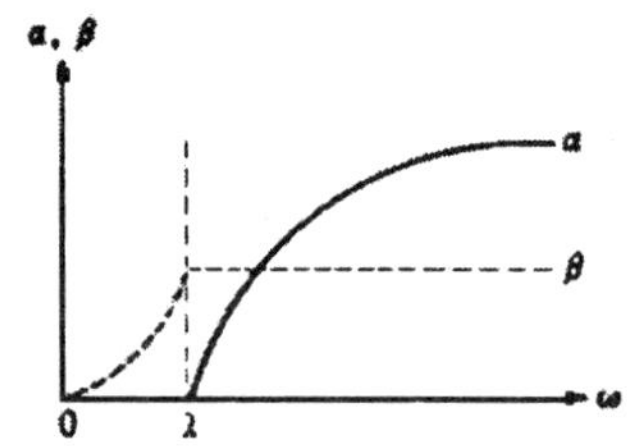


[그림 9.84]

차단주파기 $f_1$과 공칭 임피던스 $K$를 주면 $L$, $C$는 식 (9.91), (9.99)로부터 다음과 같이 된다.

$$L = \frac{K}{\pi f_1},\quad C = \frac{1}{\pi f_1 K} \tag{9.102}$$

**예제 9.41** [그림 9.85]와 같은 정 K형 저역여파기에서 공칭 임피던스가 500[Ω]이고, 차단주파수가 10[kHz]일 때 $L$ 및 $C$의 값을 구하라.

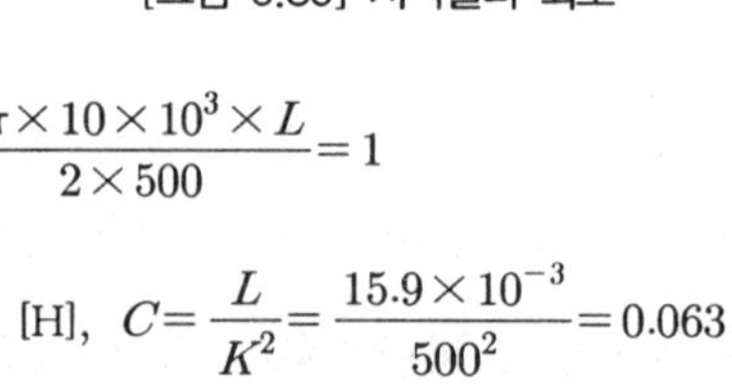


[그림 9.85] 저역필터 회로

**해** $K = \sqrt{\frac{L}{C}} = 500,\ \frac{\omega L}{2K} = \frac{2\pi \times 10 \times 10^3 \times L}{2 \times 500} = 1$

$$L = \frac{2 \times 500}{2\pi \times 10^4} = 15.9 \times 10^{-3}\ [\text{H}],\ C = \frac{L}{K^2} = \frac{15.9 \times 10^{-3}}{500^2} = 0.063 \times 10^{-6}[\text{F}]$$

[그림 9.86]은 상기 회로를 시뮬레이션한 결과이다.

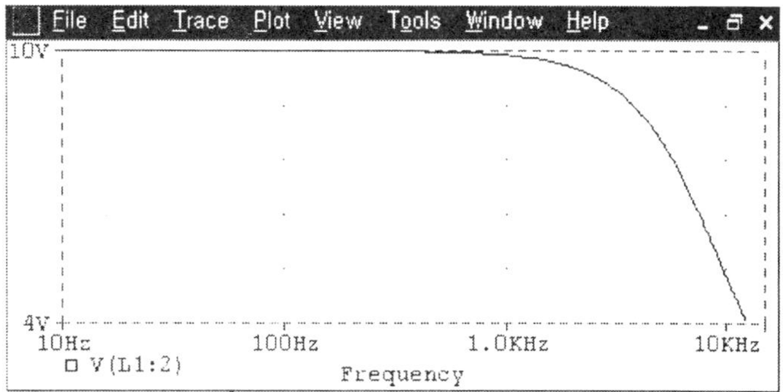


[그림 9.86] 시뮬레이션 결과

## (4) 정 K형 고역여파기

[그림 9.87]과 같이 $Z_1 = \dfrac{1}{j\omega C}$, $Z_2 = j\omega L$이라 하면 정 K형 여파기가 되고 공칭 임피던스는

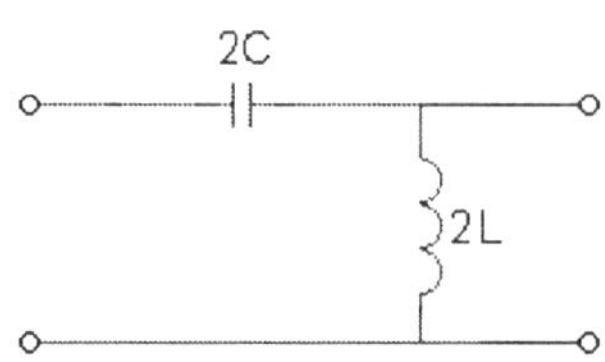


[그림 9.87] 고역필터

$$K^2 = \frac{L}{C} \tag{9.103}$$

$$\frac{X_1(\omega)}{2K} = \frac{-1}{2K\omega C} \tag{9.104}$$

$\omega$가 0에서 $\infty$까지 변할 때 식 (9.104)은 $-\infty$에서 0까지 변화하고 항상 부이다. 여기서 차단주파수는 $X_1(\omega)/2K = -1$에 의하여 정해진다. 즉, 다음 ①, ②와 같다.

$$\omega_1 = \frac{1}{2KC}, \quad f_1 = \frac{1}{4\pi KC} \tag{9.105}$$

① $0 \leqq \omega \leqq \omega_1$일 때 $\dfrac{X_1}{2K} \leqq -1$이 되므로

$$\alpha = \cosh^{-1}\frac{1}{2K\omega C} = \cosh^{-1}\frac{\omega_1}{\omega}, \quad \beta = -\frac{\pi}{2}$$

② $\omega \geqq \omega_1$일 때 $0 \geqq \dfrac{X_1}{2K} \geqq -1$이 되므로

$$\alpha = 0, \quad \beta = -\sin\left(\frac{\omega_1}{\omega}\right)$$

이때의 $\alpha$ 및 $\beta$의 주파수 특성은 [그림 9.88]과 같다.

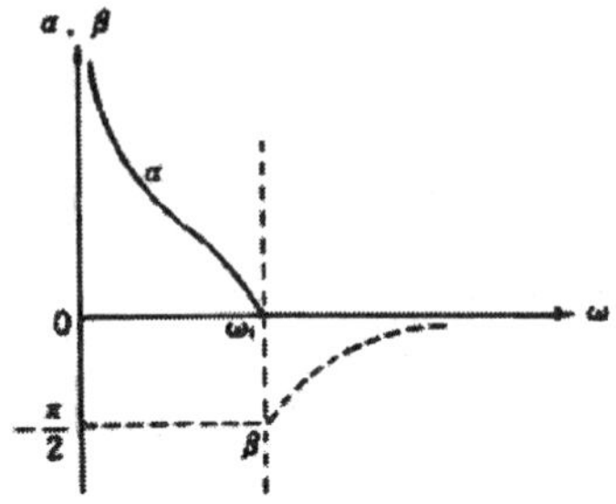

[그림 9.88]

이와 같이 어떤 주파수 이상을 통과시키는 필터를 고역여파기(high pass filter)라 한다. $K$ 및 $f_1$을 주면 $C$, $L$은 다음 식으로 구해진다.

$$C = \frac{1}{4\pi f_1 K}, \quad L = \frac{K}{4\pi f_1} \tag{9.106}$$

**예제 9.42** [그림 9.89]의 정 K형 고역여파기에서 공칭 임피던스가 500[Ω], 차단주파수가 20[kHz]가 되도록 $L$과 $C$를 설계하라.

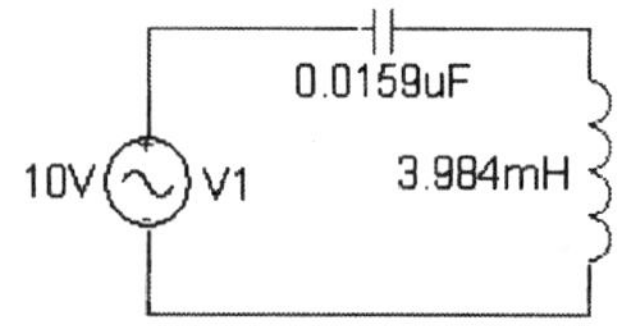


[그림 9.89] 고역필터

**해** $K = \sqrt{\dfrac{L}{C}} = 500$

$$\frac{1}{2K\omega C} = \frac{1}{2 \times 500 \times 2\pi \times 20 \times 10^3 \times C} = 1$$

$$C = \frac{1}{40\pi \times 10^6} = 0.00796 \times 10^{-6} \text{ [F]}$$

$$L = CK^2 = 500^2 \times 0.00796 \times 10^{-6} = 1.992 \times 10^{-3} \text{ [H]}$$

[그림 9.90]은 상기 회로의 시뮬레이션 결과이다.

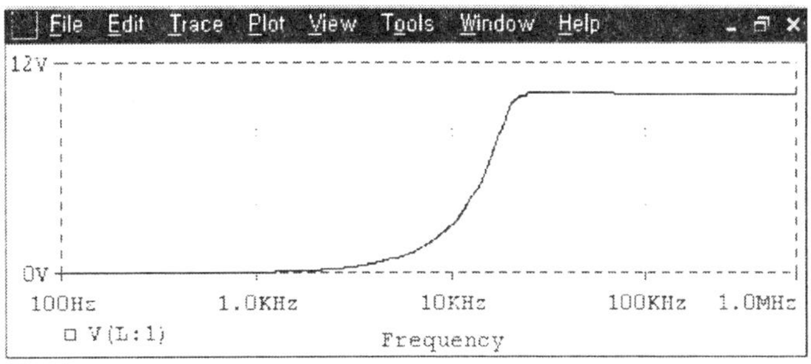


[그림 9.90] 시뮬레이션 결과

**예제 9.43** 지금까지 배운 필터를 PSpice에서 제공하는 라이브러리를 통해 시뮬레이션을 해보자.

**해** [그림 9.91]은 PSpice에서 제공하는 저역여파기인 "LOPASS" 라이브러리이다.

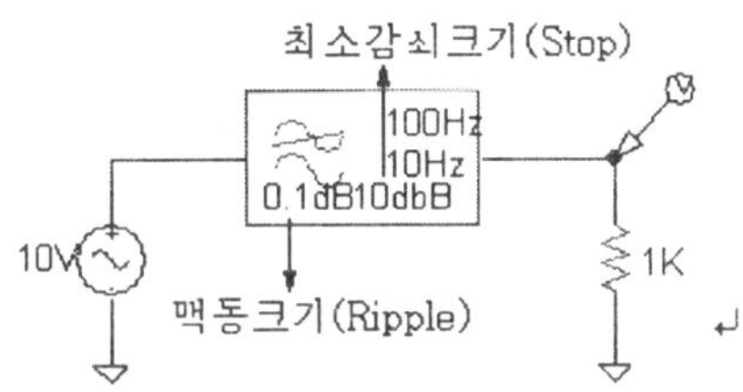


[그림 9.91] 저역여파기

시뮬레이션한 결과는 [그림 9.92]와 같다.

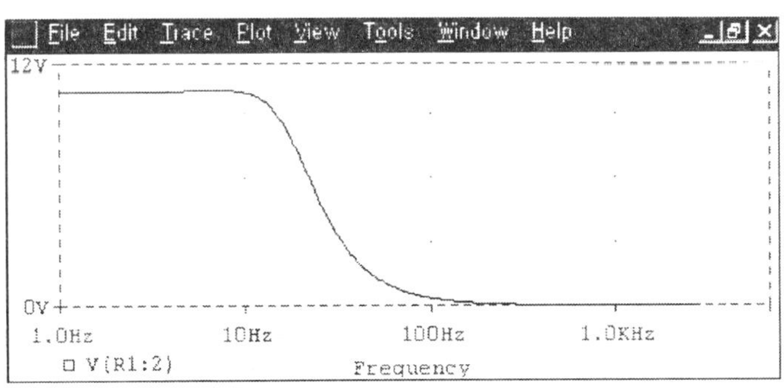


[그림 9.92] 시뮬레이션 결과

**해** [그림 9.93]은 PSpice에서 제공하는 고역여파기인 "HIPASS" 라이브러리이다.

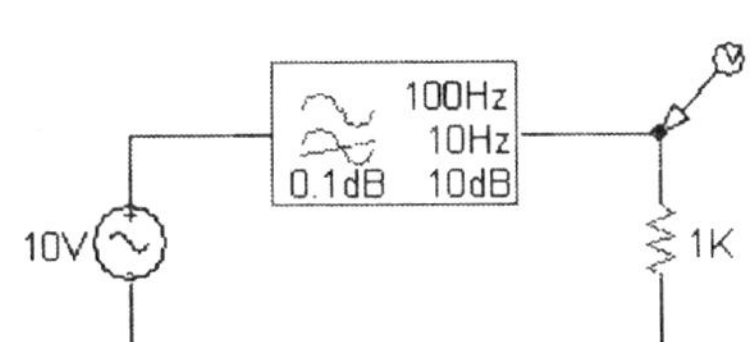


[그림 9.93] 고역여파기

시뮬레이션한 결과는 [그림 9.94]와 같다.

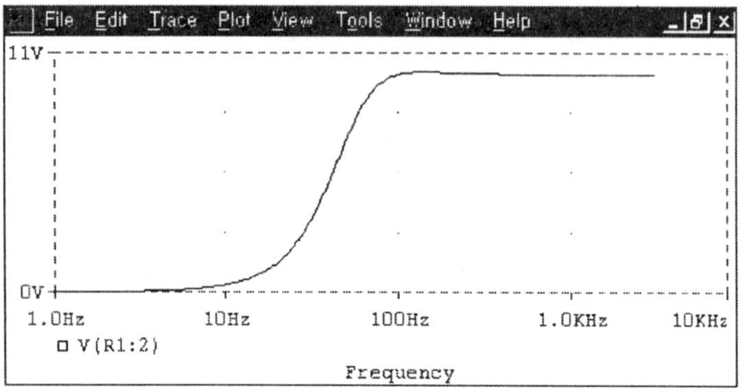


[그림 9.94] 시뮬레이션 결과

**해** [그림 9.95]는 PSpice에서 제공하는 대역통과 필터인 "BANDPASS" 라이브러리이다.

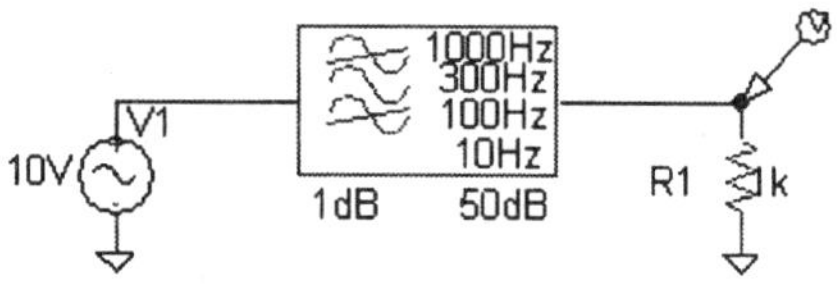


[그림 9.95] 대역통과 필터

시뮬레이션한 결과는 [그림 9.96]과 같다.

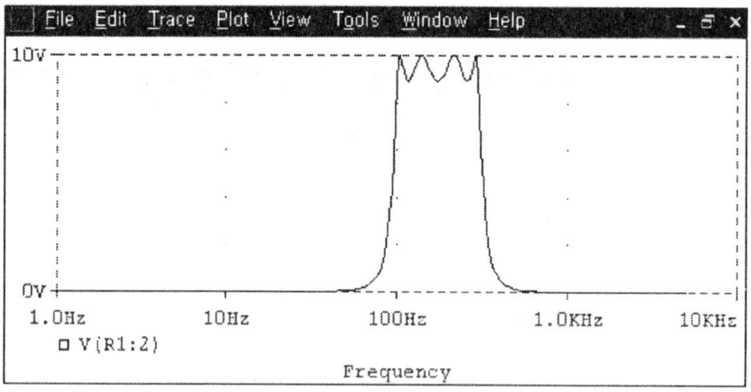


[그림 9.96] 시뮬레이션 결과

**해** [그림 9.97]은 PSpice에서 제공하는 대역통과 저지필터인 "BANDREJ" 라이브러리이다.

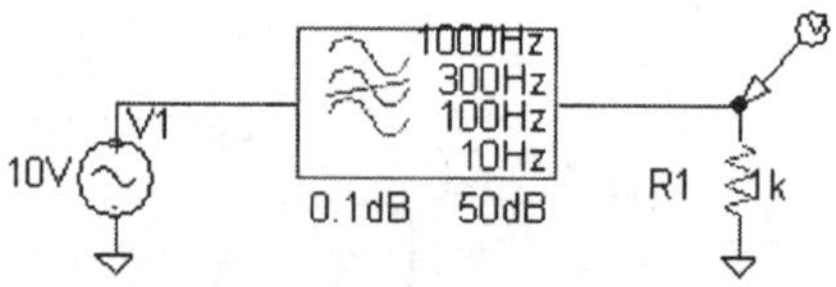


[그림 9.97] 대역저지 필터

시뮬레이션한 결과는 [그림 9.98]과 같다.

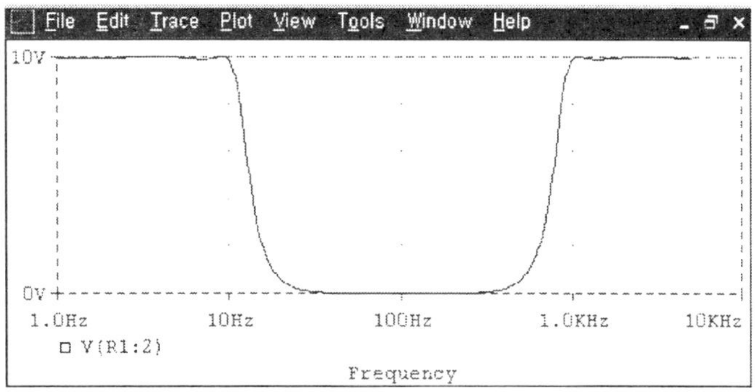


[그림 9.98] 시뮬레이션 결과

### (5) $R$과 $L$ 및 $R$과 $C$ 필터

$L-C$ 회로와 마찬가지로 $L-R$ 직렬회로도 주파수 선택성을 갖고 있으므로 필터로서 사용할 수 있다. [그림 9.99]는 $L-R$ 직렬회로 구성된 저역필터 회로이다. 그림 (a)에서 입력신호는 직류이므로 출력전압은 입력전압과 같다. 그림 (b)는 주파수가 1[kHz]이므로 유도성 리액턴스는 62.83[Ω]이 되고 그 때의 출력전압은 약 8.47[V]가 된다. 마찬가지로 그림 (c)는 출력전압이 약 1.57[V], 그림 (d)는 0.79[V]로서 주파수가 증가할수록 출력전압은 0에 가까워진다.

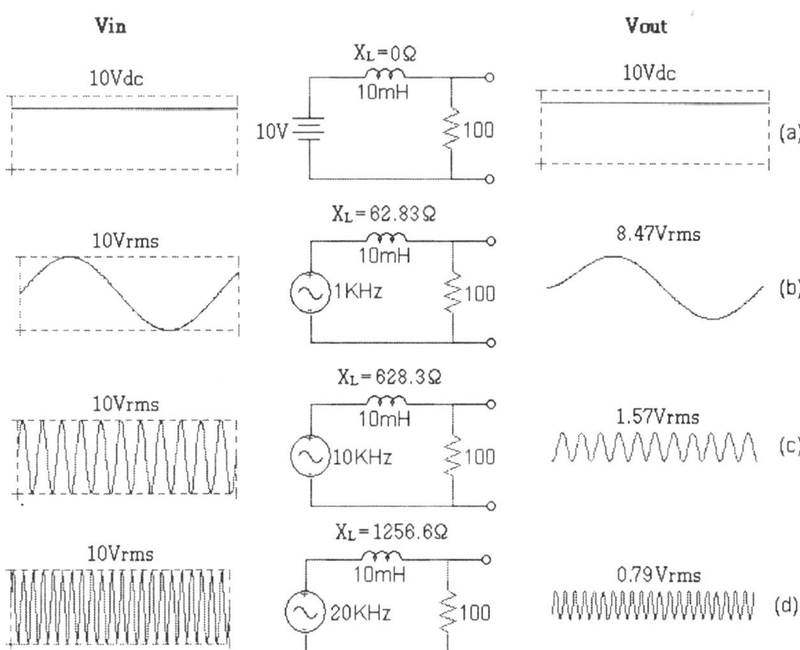


[그림 9.99] $R-L$ 저역필터

[그림 9.100]은 저역필터의 주파수 응답곡선을 보여주고 있다.

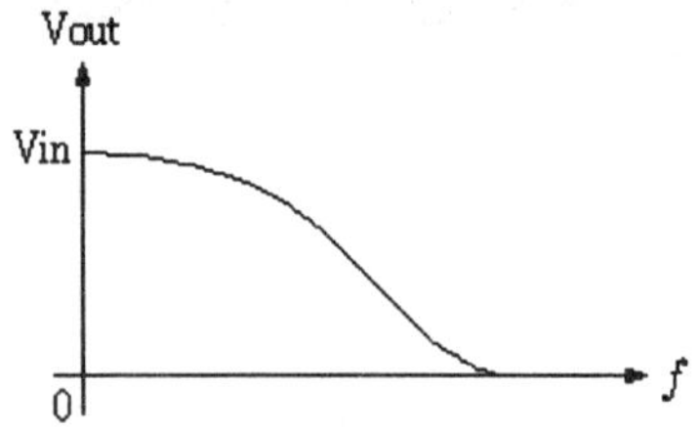


[그림 9.100] 주파수 응답곡선

[그림 9.101]은 고역필터의 역할을 하는 $R-L$ 직렬회로로 인덕터 양단의 전압이 출력전압으로 되어 있다. 그림 (a)는 출력전압이 0[V]가 되고 그림 (b)는 약 0.63[V], 그림 (c)는 약 5.32[V], 그림 (d)는 입력전압의 대부분이 인덕터 양단에 걸리게 된다.

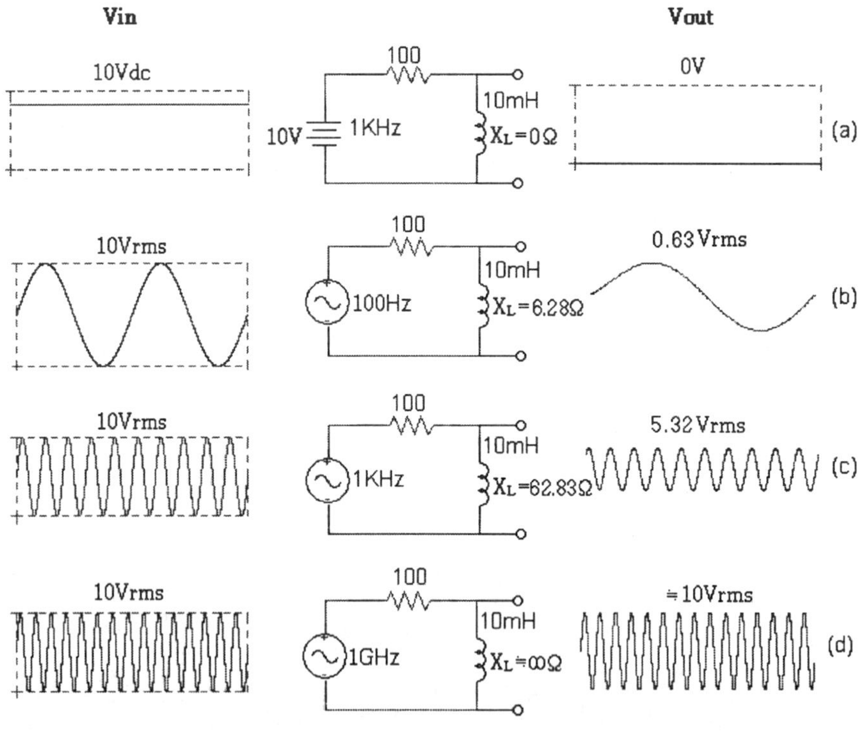


[그림 9.101] $L-R$ 고역필터

[그림 9.102]는 주파수 응답곡선이다. 주파수가 증가함에 따라 출력도 증가하며 출력이 입력전압의 크기에 접근함에 따라 곡선의 기울기가 완만해짐을 알 수 있다.

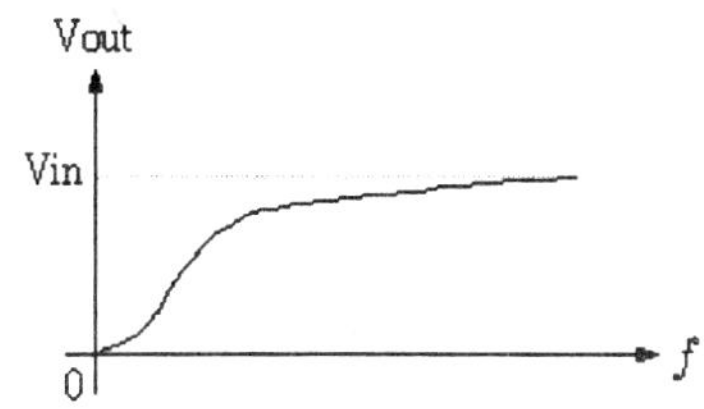


[그림 9.102] 주파수 응답곡선

**예제 9.44** [그림 9.103]은 $L-R$ 저역필터의 그림이다. $V_1$과 $V_2$는 각각 정현파 전압으로 1[V], 1[kHz]와 0.1[V], 30[kHz]이다. $V(L1)$과 $V(2)$를 구하라.

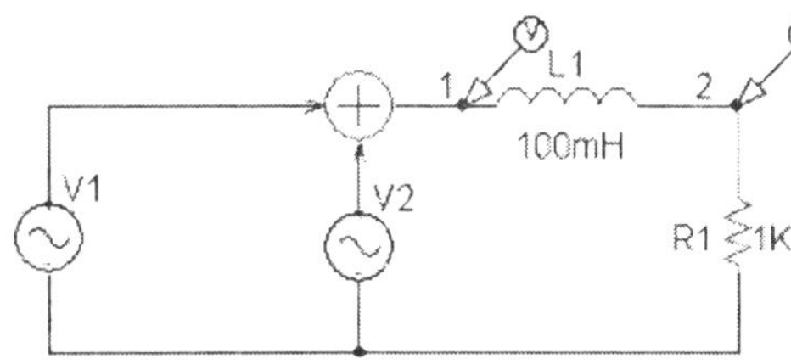


[그림 9.103] $L-R$ 저역필터

**해** [그림 9.104]는 상기 회로를 시뮬레이션 결과이다. $V_1$과 $V_2$가 합쳐진 비정현파 전압 $V(L1:1)$이 $L-R$ 저역필터를 통과하니 $V(2)$와 같이 잡음이 제거됨을 확인할 수 있었다.

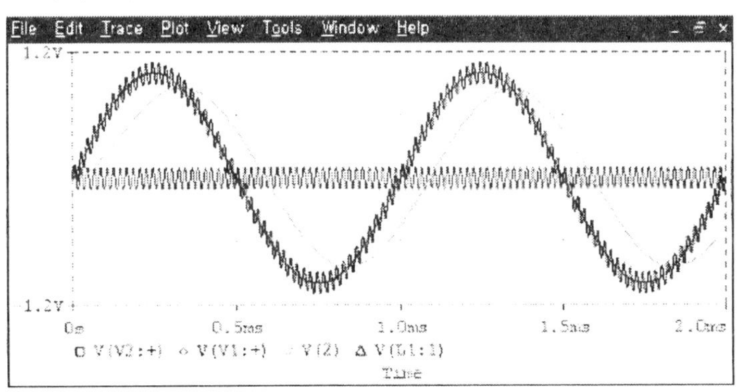


[그림 9.104] 시뮬레이션 결과

**예제 9.45** [그림 9.105](a)와 같은 $R-C$ 저역 필터에서 차단주파수 $f_c$ 및 $f_c$에서 $V_{out}$, $\theta$를 각각 구하라(단, $V_{in}=10$[V]라 가정한다).

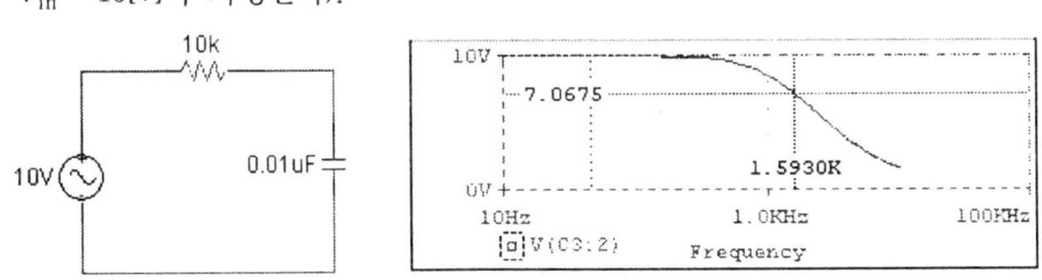


(a) (b)

[그림 9.105] 회로 및 출력결과

**해** $f_c=\dfrac{1}{2\pi RC}=\dfrac{1}{2\times\pi\times10[\mathrm{k}]\times0.01\times10^{-6}}=1.592[\mathrm{kHz}]$

$$X_C=\frac{1}{2\times\pi\times f_c C}=\frac{1}{2\times3.14\times1.592[\mathrm{k}]\times0.01\times10^{-6}}=10[\mathrm{k}\Omega]$$

$$Z_T=\sqrt{R_2+X_C^2}=\sqrt{10[\mathrm{k}]^2+10[\mathrm{k}]^2}=14.14[\mathrm{k}\Omega]$$

$$V_{\mathrm{out}}=\frac{X_C}{Z_T}\times V_{\mathrm{in}}=\frac{10[\mathrm{k}]}{14.14[\mathrm{k}]}\times10[\mathrm{V}]=7.07[\mathrm{V}]$$

$\theta=\tan^{-1}\left(-\dfrac{R}{X_C}\right)=\tan^{-1}\left(-\dfrac{10[\mathrm{k}]}{10[\mathrm{k}]}\right)=\tan^{-1}(-1)=-45^\circ$, 즉 차단주파수 $f_c$에서 $V_{\mathrm{out}}$가 $V_{\mathrm{in}}$보다 45° 뒤진다는 것을 알려준다. 그림 (b)는 시뮬레이션 결과이다.

**예제 9.46** [그림 9.106](a)는 AC Sweep과 Parametric을 이용해서 저역필터를 설계한 그림이다. PSpice를 이용해서 출력해 보라.

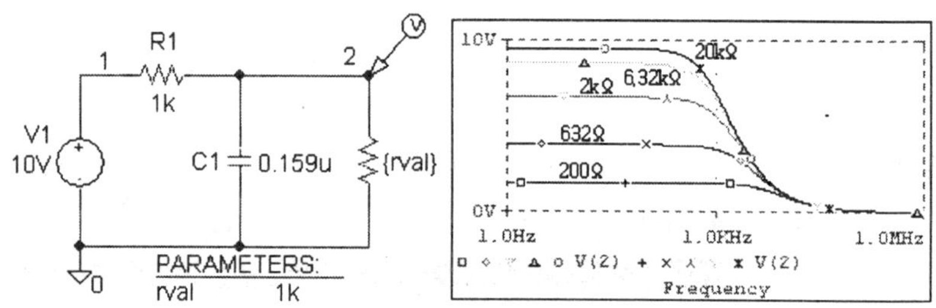


(a) (b)

[그림 9.106] 주파수와 부하저항을 각각 가변한 LPF

**해** AC Sweep와 Parametric를 아래와 같이 설정하고 시뮬레이션을 한 결과가 [그림 9.106](b)이다. 즉, 부하저항이 작을수록 부하에 걸리는 전압이 작으므로 필터단의 효율 또한 작아지고, 컷오프 주파수는 높아진다.

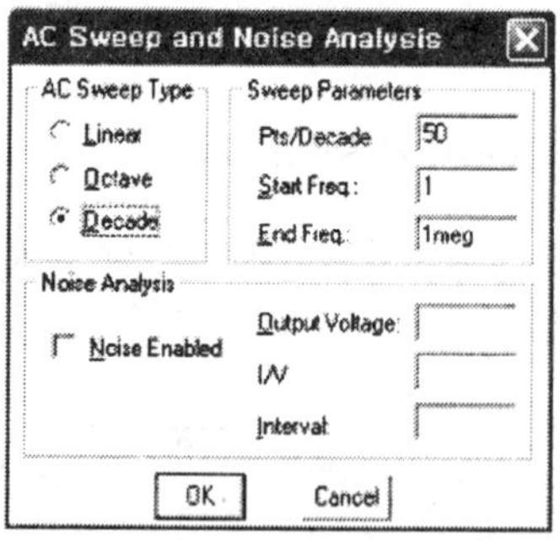


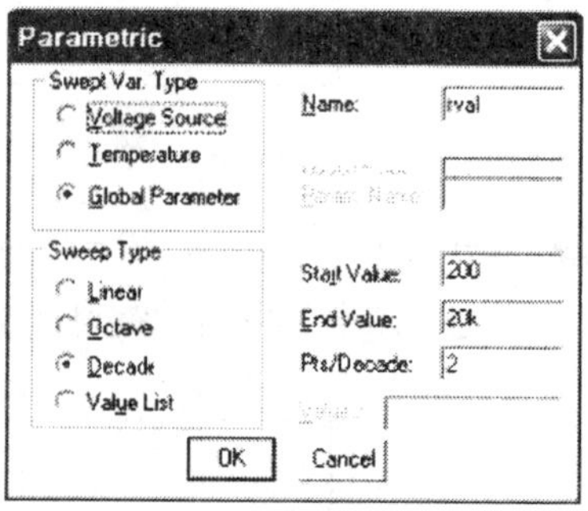

**예제 9.47** [그림 9.107](a)와 같은 $R-L$ 저역 필터에서 차단주파수 $f_c$ 및 1[kHz]에서 $V_{out}$, $\theta$를 각각 구하라(단, $V_{in}=10$[V]라 가정한다).

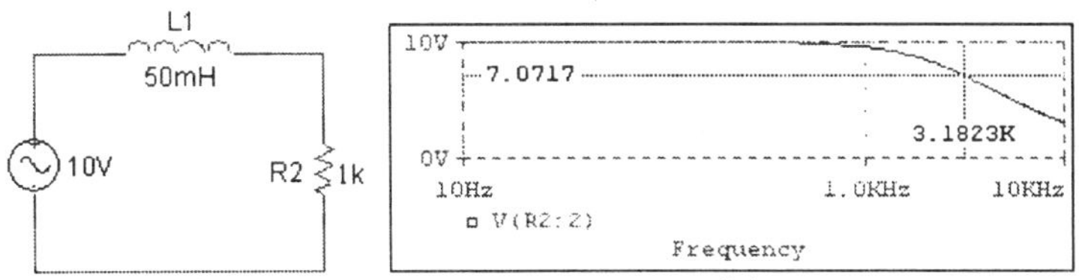


(a) (b)

[그림 9.107] 회로 및 출력결과

**해** $f_c=\dfrac{R}{2\pi L}=\dfrac{1[k]}{2\times\pi\times 50\times 10^{-3}}=3.183[kHz]$

$$X_L=2\pi fL=2\times 3.14\times 1[k]\times 50\times 10^{-3}=314[\Omega]$$

$$Z_T=\sqrt{R_2+X_L^2}=\sqrt{1k^2+314^2}=1.05[k\Omega]$$

$$V_{out}=\frac{R}{Z_T}\times V_{in}=\frac{1[k]}{1.05[k]}\times 10[V]=9.52[V]$$

$\theta=\tan^{-1}\left(-\dfrac{X_L}{R}\right)=\tan^{-1}\left(-\dfrac{314}{1[k]}\right)=\tan^{-1}(-0.314)=-17.4^{\circ}$, 즉 $V_{out}$가 $V_{in}$보다 주파수 1[kHz]에서 17.4° 뒤진다는 것을 알려준다. 그림 (b)는 시뮬레이션 결과이다.

**예제 9.48** [그림 9.106](a)에서 다음 주파수에서 감쇠(dB)를 계산하라(단, 모든 주파수에 대해 $V_{in}=10$[V]라 가정한다).

(a) 0[Hz] (b) 1.592[kHz] (c) 15.92[kIIz]

**해** (a) 0[Hz]에서는 커패시터가 개방된 것으로 볼 수 있으므로 $V_{out}=V_{in}=10$[V]이다. 따라서

$$N_{dB}=20\log\frac{V_{out}}{V_{in}}=20\log\frac{10}{10}=20\log 1=20\log\times 0=0[dB]$$

(b) 1.592[kHz]는 차단주파수이기 때문에 $V_{out}$는 $0.707\times V_{in}=7.07$[V]이다. 따라서

$$N_{dB}=20\log\frac{V_{out}}{V_{in}}=20\log\frac{0.707}{10}=20\log 0.707=20\log\times(-0.15)=-3[dB]$$

(c) 15.92[kHz]에서 $N_{dB}$를 구하려면 $X_C$와 $Z_T$를 먼저 구하여야 한다.

$$X_C=\frac{1}{2\pi fC}=\frac{1}{2\pi\times 15.92[k]\times 0.01\times 10^{-6}}=1[k\Omega]$$

$Z_T=\sqrt{R^2+X_C^2}=\sqrt{10[k]^2+1[k]^2}=10.05[k\Omega]$, 따라서

$$N_{dB}=20\log\frac{X_C}{Z_T}=20\log\frac{1[k]}{10.05[k]}=20\log 0.0995=20(-1)=-20[dB]$$

**예제 9.49** [그림 9.108]과 같은 Lossy Transmission Lines에서 $R$, $L$, $C$, $G$의 값들이 다음과 같을 때의 출력파형을 PSpice를 이용해서 출력하라.

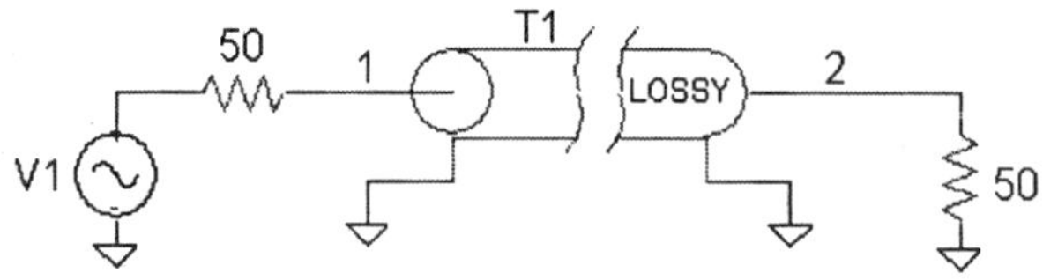


[그림 9.108] 전송선로

**해** (a) $R=300[\Omega]$, $L=0.5[\text{mH}]$, $C=150[\mu\text{F}]$, $G=90[℧]$일 때 $300\times150\times10^{-6}=0.5\times10^{-3}\times90$, 즉 $RC=LG$ 조건이 성립되므로 무왜형 조건이 된다. 따라서 [그림 9.109]와 같이 출력신호는 파형의 찌그러짐이 없이 출력으로 전송된다.

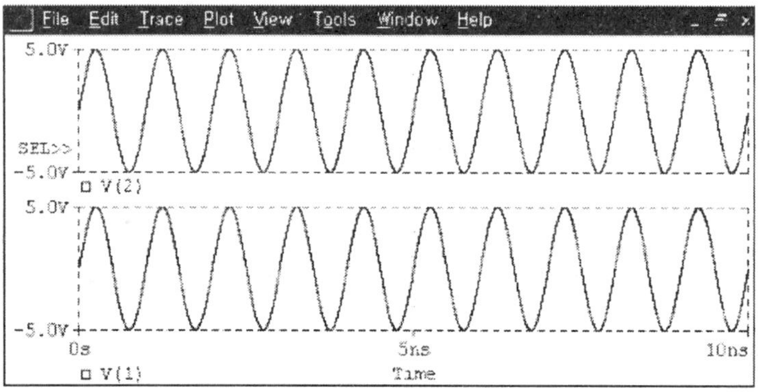


[그림 9.109] 시뮬레이션 결과

(b) $R=6[\Omega]$, $L=2[\text{H}]$, $C=9[\text{F}]$, $G=1[℧]$일 때 $6\times9\neq2\times1$, 즉 $RC\neq LG$ 조건이 성립되므로 왜형 조건이 된다. 따라서 [그림 9.110]과 같이 출력신호는 파형이 왜곡되어서 출력으로 전송된다.

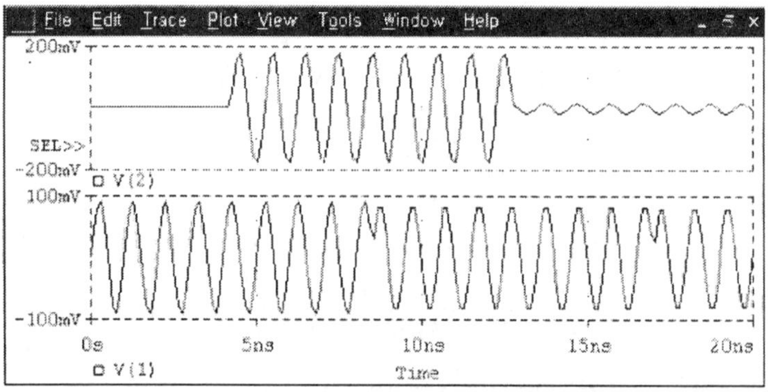


[그림 9.110] 시뮬레이션 결과

**예제 9.50** [그림 9.111]과 같이 특성 임피던스가 50[Ω], 파장(NL)이 0.5, 전송지연이 2[ns]인 선로의 입 · 출력 파형을 PSpice로 나타내보라.

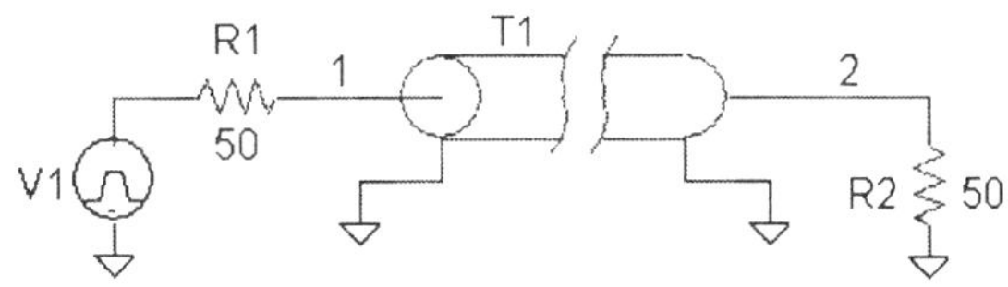


[그림 9.111] 전송선로

**해** 앞의 그림의 출력결과는 [그림 9.112]와 같다.

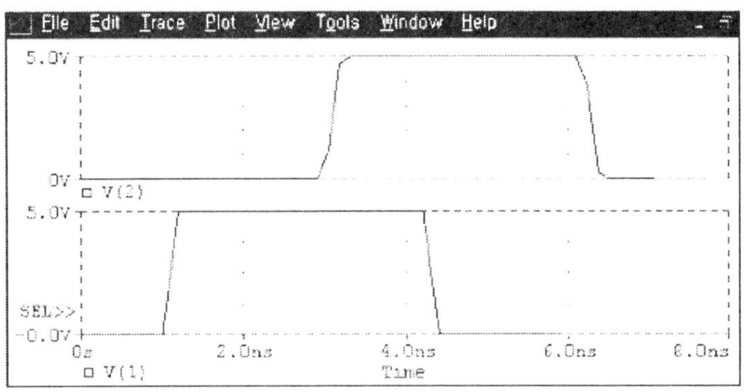


[그림 9.112] 시뮬레이션 결과

**예제 9.51** [그림 9.113](a)와 같이 Matching 선로에 대한 출력을 구하라(단, VPULSE값은 (0 5 0 0 5n)으로 하였다).

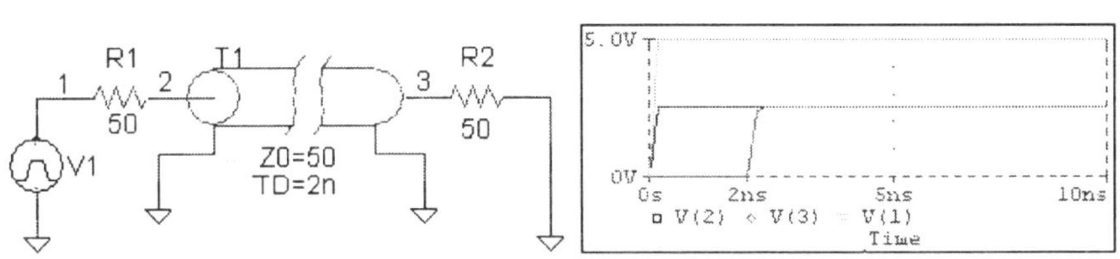


(a) (b)

[그림 9.113] Matching 선로

**해** [그림 9.113]의 출력결과는 [그림 9.113](b)와 같다.

**예제 9.52** [그림 9.114](a)와 같이 Mismatching 선로에 대한 출력을 구하라. 단, VPULSE값은 (0 5 0 0 5n)으로 하였다.

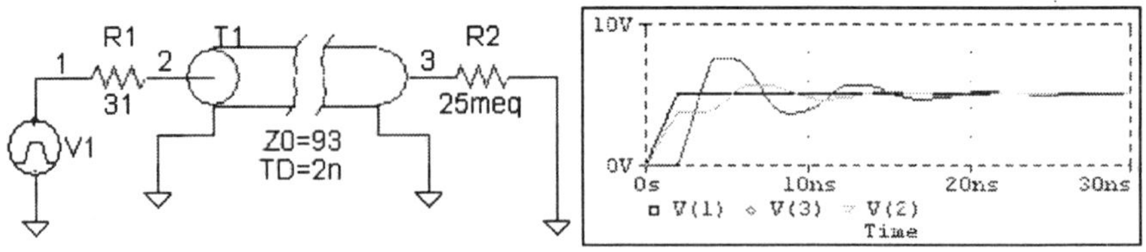


(a) (b)

[그림 9.114] Mismatching 선로

**해** [그림 9.114]의 출력결과는 [그림 9.114](b)와 같다.

**예제 9.53** [그림 9.115]와 같이 전송로 T1의 $Z_o=50$, $f=1$[MHz], $NL=1.0$이고 T2의 $Z_o=75$, $f=1$[MHz], $NL=0.5$인 경우 직렬로 전송로를 연결했을 때의 각 파형을 구하라.

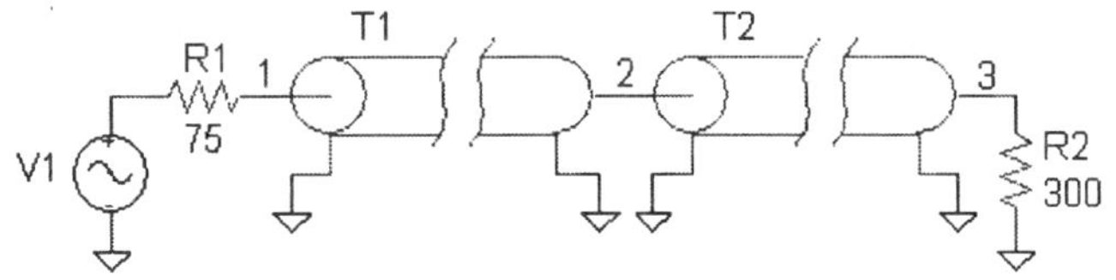


[그림 9.115] 직렬 전송로

**해** [그림 9.115]의 출력결과는 [그림 9.116]과 같다. 그림에서와 같이 전송로를 따라 신호가 지연됨을 확인할 수 있었다.

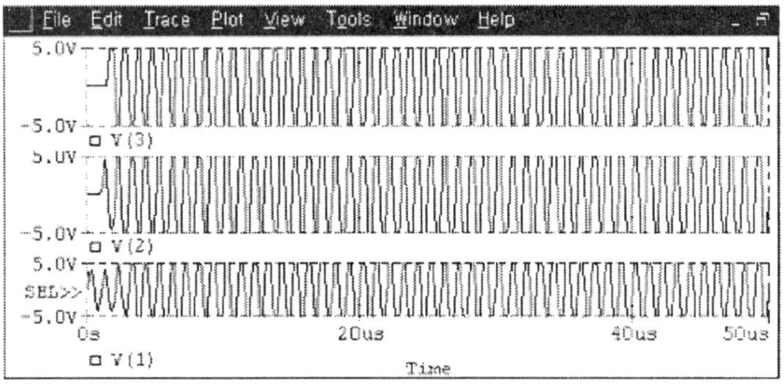


[그림 9.116] 시뮬레이션 결과

**예제 9.54** 통신시에 신호를 그대로 전송하면 편리하겠으나 신호의 주파수 영역과 전송로의 주파수 영역을 맞추기 위한 방법 등으로 반송파를 신호로 변조한다.그 결과 전송로의 통신용량을 최대로 활용할 수 있으며 착오나 잡음이 없는 양질의 전송을 할 수 있다. PSpice를 이용하여 변조파를 만들어 보라.

**해** PSpice의 라이브러리인 ABM의 MULT를 이용하여 [그림 9.117]을 구성하였다.

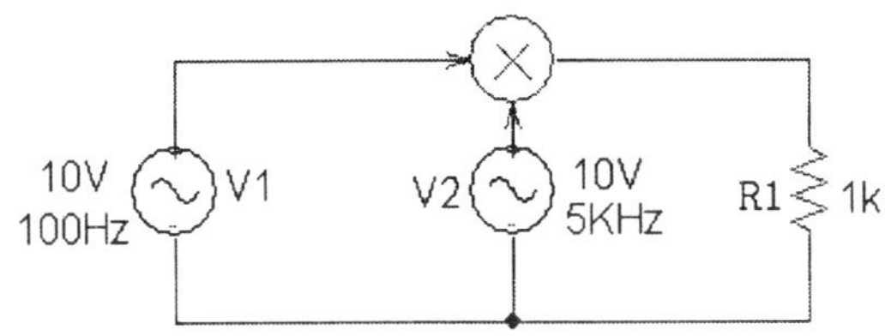


[그림 9.117] 회로 구성

[그림 9.117]을 시뮬레이션한 결과가 [그림 9.118]이다.

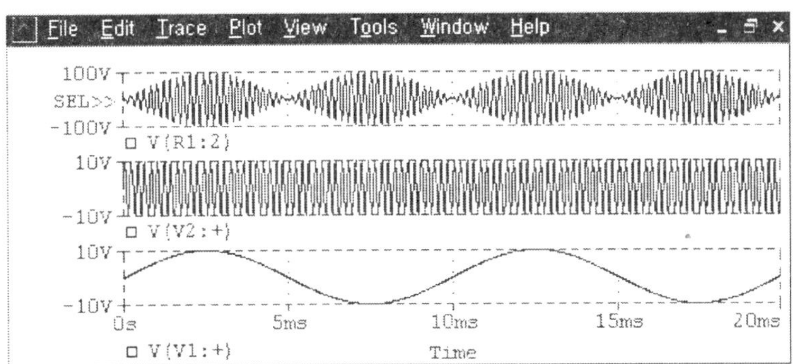


[그림 9.118] 시뮬레이션 결과

**예제 9.55** 무손실 전송선로인 경우 한 실례를 들고 PSpice를 이용해서 해석해 보아라.

**해** 정 K형 필터는 무손실 전송선로의 모델로서 응용할 수 있다. [그림 9.119]는 전송선로의 직렬 인덕턴스 $L=2[\text{mH}]$, 병렬 커패시턴스 $C=50[\text{nF}]$인 길이 1[m]의 전송선로 모델이다. 이때 입력신호의 크기는 1[V], 주파수는 10[kHz]이다.

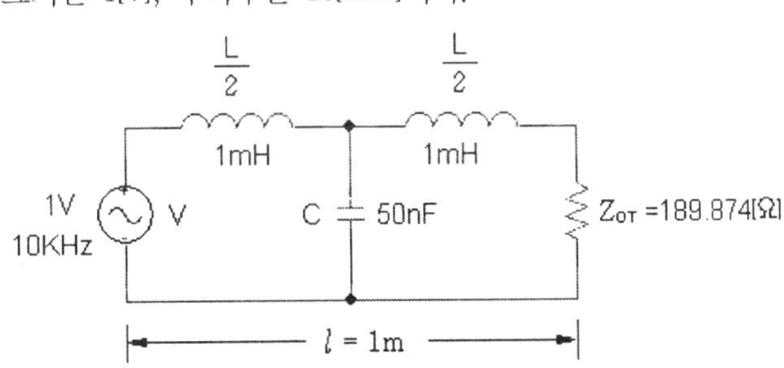


[그림 9.119] 정 K형 필터

선로의 특성 임피던스 $Z_{OT}=\sqrt{Z_1 \cdot Z_2+\dfrac{Z_1^2}{4}}=189.874[\Omega]$, 차단주파수 $f_c=\dfrac{1}{\pi\sqrt{LC}}=$ 31.83[kHz]이고 위상전이 $\beta=36.62°/\text{m}$된다.

여기서, $Z_1 = j\omega L = 125.664$, $Z_2 = \frac{1}{j\omega C} = -318.31$, $2\ \tan^{-1}\left(\frac{\sqrt{A}}{\sqrt{(1-A)}}\right)$이다.

상기 회로를 시뮬레이션한 결과는 [그림 9.120]과 같다. 전송선로의 파장 $\lambda = 360° / \beta =$ 9.83[m]가 되고 이때 속도 $v = f\lambda = 98.3$[km/s]가 된다. 선로의 10[$\mu$s]시간은 0.983[m]에 해당된다. 그림에서 입력파와 출력파의 지연시간은 10[$\mu$s]가 됨을 확인할 수 있었다.

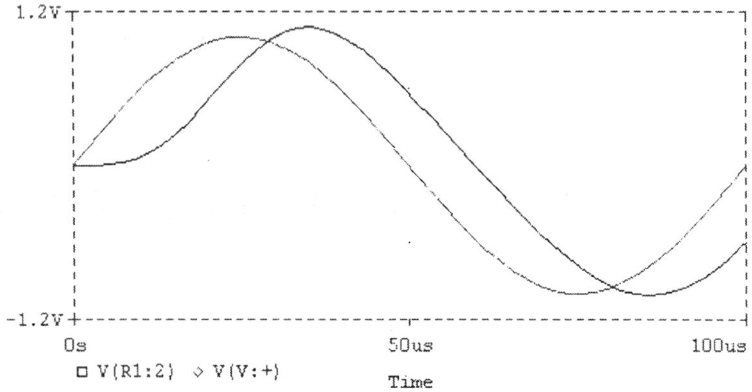


[그림 9.120] 시뮬레이션 결과

다음으로 [그림 9.119]와 같은 정 K형 필터를 5개 추가한 전송선로의 그림이 [그림 9.121]이다.

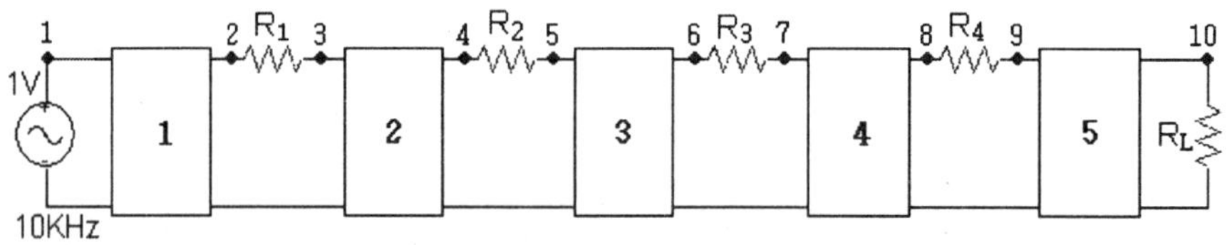


[그림 9.121] 5개 추가한 전송선로

상기 회로를 시뮬레이션한 결과가 [그림 9.122]이다. 입력신호와 최종 출력신호의 지연시간은 50[$\mu$s]가 됨을 확인할 수 있었다.

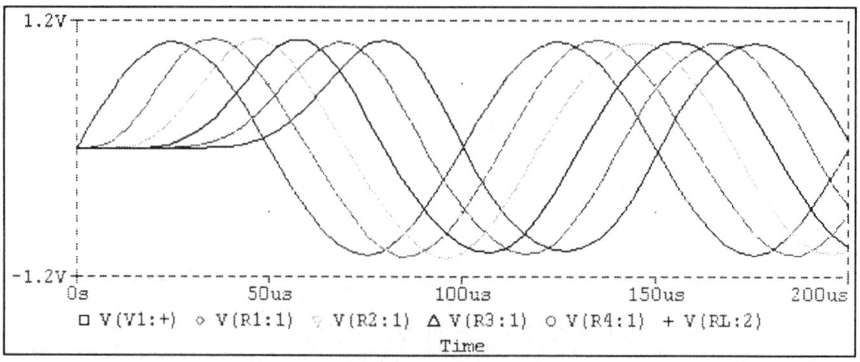


[그림 9.122] 시뮬레이션 결과

# 10장

# 비정현파



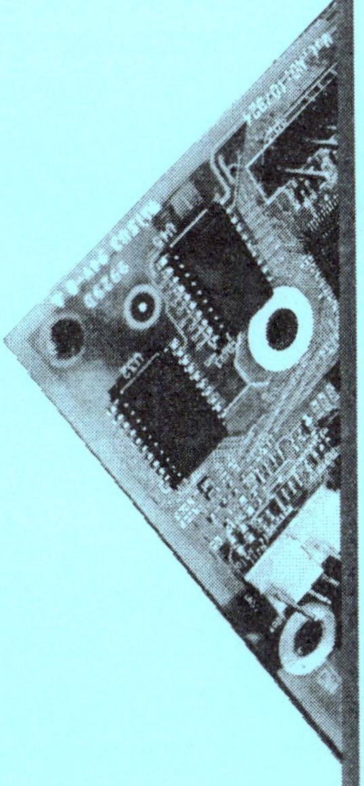

# 10장 비정현파

이제까지의 선형회로 해석에서 우리는 주로 정현적으로 변하는 주기파를 취급하였다. 여기에는 몇 가지 이유가 있었다.

첫째, 정현파는 해석상 취급이 용이하다. 예컨대 선형회로에 정현전압이 인가될 때 정상상태에서 회로 내의 모든 전압, 전류는 인가전압과 동일한 주파수의 정현파가 되므로 이것들을 페이저로서 표시하고 복소 임피던스, 복소 어드미턴스의 개념을 이용하면 회로 해석이 직류회로와 동등하게 간소화됨을 우리는 이미 알고 있다.

둘째, 공학적으로 부딪치는 전압, 전류의 파형이 정현파에 가까운 것이 많다. 가령 60[Hz] 발전기의 전압이나 공진회로를 갖는 전자발전기의 전압은 대개의 경우 정현파라고 간주해도 무방하다.

셋째, 어떠한 파형의 주기파라도 이것을 상이한 주파수를 갖는 여러 개의 정현파의 합으로써 표시할 수 있다는데 있다.

이 장의 목적은 비정현주기파를 여러 개의 정현파의 합으로써 표시하는 방법(이것을 푸리에 분석(Fourie analysis이라 함)과 비정현파에 대한 선형회로의 응답을 구하는 데 있다.

## 10.1 비정현 주기파

2개 또는 그 이상의 상이한 주파수의 정현파를 합하면 비정현파가 생긴다. 특히 어떤 주파수의 정현파 $f_1(t)$와 그 정수부의 주파수를 갖는 정현파 $f_i(t)$ ( $i=2,\ 3,\ 4,\ \cdots$)들을 합하면 $f_1(t)$와 같은 주기를 갖는 비정현파가 얻어진다. 이때 $f_1(t)$를 기본파(fundamental wave), $f_i(t)$를 고조파(harmonics)라고 부른다.

[그림 10.1](a), (b)에는 각각 기본파와 제2고조파, 기본파와 제3고조파를 합해서 비정현 주기파가 얻어짐을 보였다. 이것으로부터 여러 가지 진폭, 위상관계를 갖는 많은 고조파를 합함으로써 실로 다양한 파형의 비정현 주기파가 얻어짐을 알 수 있다.

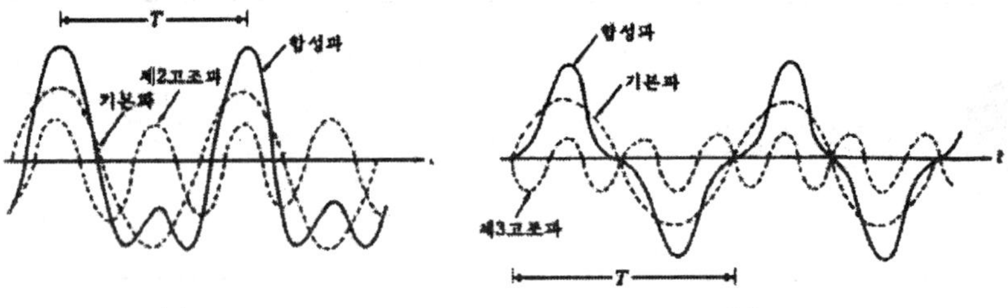


(a) (b)

[그림 10.1] 기본파와 고조파의 합

반대로 임의의 비정현 주기파는 이와 동일한 주기를 갖는 기본파와 그 정수부의 주파수(정수분의 1의 주기)를 갖는 고조파들과의 합으로써 나타낼 수 있음을 짐작할 수 있다.

정현파가 비선형 소자(다이오드, 과구동되는 트랜지스터 또는 철심변압기 등)에 인가되면 비정현파가 생기고 또 실험실에서 쓰는 function generator는 각종 비정현주기파를 발생시킨다.

## 10.2 비정현파의 푸리에 급수에 의한 전개

일반적으로 주기 $T$인 비정현파를 $f(t)$라 하면

$$f(t) = f(t+T)$$

이고, 이것은 다음과 같은 푸리에 급수(Fourier series)로 전개할 수 있다.

$$f(t) = a_0 + a_1\cos\omega_0 t + a_2\cos 2\omega_0 t + \cdots\cdots + a_n\cos n\omega_0 t + \cdots\cdots$$
$$+ b_1\sin\omega_0 t + b_2\sin 2\omega_0 t + \cdots\cdots + b_n\sin n\omega_0 t + \cdots\cdots$$

또는

$$f(t) = a_0 + \sum_{n=1}^{\infty} a_n\cos n\omega_0 t + \sum_{n=1}^{\infty} b_n\sin n\omega_0 t \tag{10.1}$$

여기서 $\omega_0$는 비정현파의 주기 $T$ 및 $f$와 다음 관계를 갖는다.

$$\omega_0 = \frac{2\pi}{T} = 2\pi f \tag{10.2}$$

### (1) $a_0$의 결정

식 (10.1)의 양변을 0에서 $T$까지 적분하면 우변의 적분에서는 상수항만 남으므로

$$\int_0^T f(t)dt = \int_0^T a_0 dt$$

$$\therefore \ a_0 = \frac{1}{T}\int_0^T f(t)dt = \frac{1}{2\pi}\int_0^{2\pi} f(\omega_0 t)d(\omega_0 t) \tag{10.3}$$

이 최종의 형식은 적분변수를 $t$에서 $\omega_0 t$로 고치고 따라서 적분의 한계도 고친 다음 식 (10.2)의 관계를 이용하여 얻은 것이다.

위 식을 보면 $a_0$는 주기함수의 1주기간의 평균값임을 알 수 있다. 따라서 이것을 보통 직류성분이라고 부른다. 이 일정항 $a_0$는 파형의 관찰로부터 곧 구할 수 있는 경우가 많다.

### (2) $a_n$(n≠0)의 결정

식 (10.1)의 양변에 $\cos m\omega_0 t$를 곱하고, 이것을 0에서 $T$까지 적분하면

$$\int_0^T f(t)\cos m\omega_0 t dt = a_o\int_0^T \cos m\omega_0 t dt + \sum_{n=1}^{\infty} a_n \int_0^T \cos n\omega_0 t \cdot \cos m\omega_0 t dt$$
$$+ \sum_{n=1}^{\infty} b_n \int_0^T \sin n\omega_0 t \cdot \cos m\omega_0 t dt \tag{10.4}$$

우변의 제 1항은 명백히 0이고, 제2, 제3항은

$$\int_0^T \cos n\omega_0 t \cdot \cos m\omega_0 dt = \frac{1}{2}\int_0^T [\cos(m+n)\omega_0 t + \cos(m-n)\omega_0 t]dt$$
$$= 0: \ m \neq n\text{일 때} \tag{10.5}$$
$$\frac{T}{2}: \ m = n\text{일 때}$$

$$\int_0^T \sin n\omega_0 t \cdot \cos m\omega_0 t dt = \frac{1}{2}\int_0^T [\sin(m+n)\omega_0 t - \sin(m-n)\omega_0 t]dt = 0 \tag{10.6}$$

그러므로 식 (10.4)의 우변은 제2항 중 $m=n$인 항만 남고 $a_n T/2$가 된다. 따라서

$$a_n = \frac{2}{T}\int_0^T f(t)\cos n\omega_0 t dt = \frac{1}{\pi}\int_0^{2\pi} f(\omega_0 t)\cos n\omega_0 t d(\omega_0 t)$$
$$(n = 1, \ 2, \ 3, \ \cdots) \tag{10.7}$$

### (3) $b_n$의 결정

식 (10.1)의 양변에 $\sin m\omega_0 t$를 곱하고 이것을 0에서 $T$까지 적분하면

$$\int_0^T f(t)\sin m\omega_0 t dt = a_0\int_0^T \sin m\omega_0 t dt + \sum_{n=1}^{\infty} a_n \int_0^T \cos n\omega_0 t \cdot \sin m\omega_0 t dt$$
$$+ \sum_{n=1}^{\infty} b_n \int_0^T \sin n\omega_0 t \cdot \sin m\omega_0 t dt \tag{10.8}$$

전과 마찬가지로 우변의 제1, 제2항은 0이고 제3항은

$$\int_0^T \sin n\omega_0 t \cdot \sin m\omega_0 t dt = \frac{1}{2}\int_0^T [\cos(m-n)\omega_0 t - \cos(m+n)\omega_0 t]dt$$
$$= 0 \ : m \neq n \text{일 때}$$
$$\frac{T}{2} : m = n \text{일 때} \tag{10.9}$$

따라서 $$b_n = \frac{2}{T}\int_0^T f(t)\sin n\omega_0 t dt = \frac{1}{\pi}\int_0^{2\pi} f(\omega_0 t)\sin n\omega_0 t d(\omega_0 t) \tag{10.10}$$

$(n=1,\ 2,\ 3,\ \cdots)$

Fourier 급수 식 (10.1)에 있어서 동일 주파수의 cos항과 sin항을 결합하면 sin항만으로 표시할 수 있다. [그림 10.2]를 참고로

$$a_n\cos n\omega_0 t + b_n \sin n\omega_0 t = \sqrt{a_n^2+b_n^2}\left(\frac{a_n}{\sqrt{a_n^2+b_n^2}}\cos n\omega_0 t + \frac{b_n}{\sqrt{a_n^2+b_n^2}}\sin \omega_0 t\right)$$
$$= \sqrt{a_n^2+b_n^2}$$
$$(\sin\theta_n \cdot \cos n\omega_0 t + \cos\theta_n \cdot \sin n\omega_0 t) = c_n \sin(n\omega_0 t + \theta_n)$$

단, $$c_n = \sqrt{a^2 + b_n^2 n} \quad (n=1,\ 2,\ 3,\cdots) \tag{10.11}$$

$$\theta_n = \tan^{-1}\frac{a_n}{b_n}(n=1,\ 2,\ 3,\ \cdots) \tag{10.12}$$

그러므로 식 (10.11)은

$$f(t) = a_0 + \sum_{n=1}^{\infty} c_n \sin(n\omega_0 t + \theta_n) \tag{10.13}$$

와 같이 쓸 수 있다. 식 (10.12)에서 $\theta_n$은 $a_n$, $b_n$의 부호를 고려하여 결정하여야 한다. 예를 들면 $a_n$, $b_n$이 다 부일 때에는 $\theta_n$은 제3상한내의 각이다.

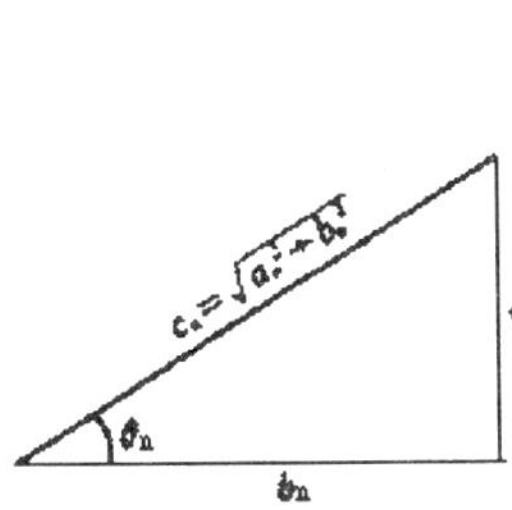

[그림 10.2]

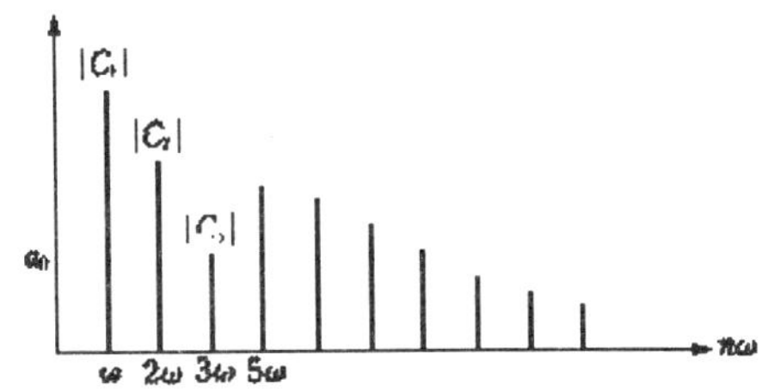

[그림 10.3] 진폭 스펙트럼

식 (10.13)으로부터 명백히 알 수 있는 바와 같이 Dirichlet 조건을 만족하는 임의의 주기함수는 그 평균값(즉, DC 성분), 주기함수와 동일주파수를 갖는 정현파(즉, 고조파)로 분해할 수 있다. 이와 같이 분해하는 것을 Fourier 분석(Fourier analysis) 또는 고조파분석(harmonic analysis)이라고 부른다.

각 성분파의 진폭과 위상은 각각 식 (10.11), (10.12)로 주어진다.

$c_n$의 크기와 $\theta_n$을 $n\omega_0$에 대하여 그린 그래프를 각각 진폭 스펙트럼(amplitude spectrum), 위상 스펙트럼(phase spectrum)이라고 부르며, 양자를 병합하여 주파수 스펙트럼(frequency spectrum)이라고 한다. 이 그래프들이 선으로 될 것은 명백하다. [그림 10.3]은 진폭 스펙트럼의 일예이다. $\omega_0=0$에 대한 것은 DC 성분이다. 위상 스펙트럼은 보통 그다지 중요하지 않다. 주기함수의 주기 $T$가 증가할수록(즉, $\omega_0$가 감소할수록) 스펙트럼 간격이 좁아진다.

식 (10.13)에서 $\theta_n=90°-\phi_n$이라 하면

$$f(t)=a_0+\sum_{n=1}^{\infty}c_n\cos(n\omega_0 t-\phi_n) \tag{10.14}$$

가 된다. [그림 10.2]를 참고로 하면

$$\phi_n=\tan^{-1}\frac{b_n}{a_n} \tag{10.15}$$

임을 알 수 있다.

**예제 10.1** [그림 10.4](a)에 표시된 구형파를 푸리에 급수로 전개하여라.

**해** 먼저 주어진 파형에 대한 1주기간($0<t<T$)의 표시식을 쓴다.

$$f(t)=\begin{bmatrix} A,\ 0<t\le T/2 \\ 0,\ T/2<t\le T \end{bmatrix}$$

DC 성분은 식 (10.13)에 의하여

$$a_0 = \frac{1}{T}\int_0^{T/2} f(t)dt = \frac{1}{T}\int_0^{T/2} Adt = \frac{A}{2}$$

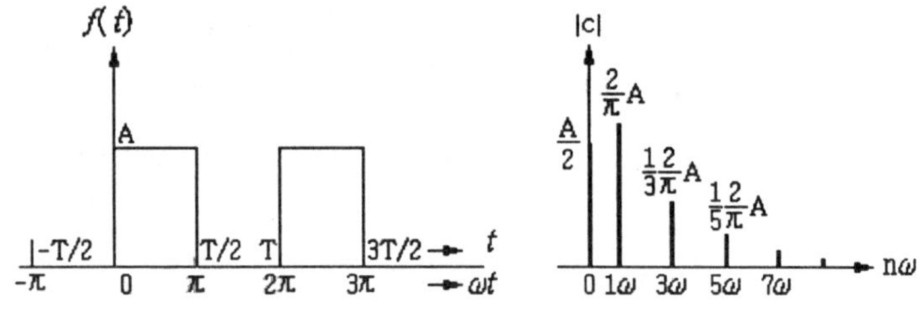


(a) (b)

[그림 10.4] 구형파와 그 진폭 스펙트럼

평균값이 $A/2$가 된다는 것은 파형을 관찰함으로써도 곧 알 수 있을 것이다. 다음에 cos항의 계수 $a_n$은 식 (10.7)에 의하여

$$a_n = \frac{2}{T}\int_0^{T} f(t)\cos n\omega_0 t dt = \frac{2}{T}\int_0^{T/2} A\cos n\omega_0 t dt$$

$$= \frac{2A}{n\omega_0 T}[\sin n\omega_0 t]^{T/2} = \frac{A}{n\pi} n\pi = 0$$

따라서 cos항은 없다. 마지막으로 sin항의 계수 $b_n$은 식 (10.10)에 의하여

$$b_n = \frac{2}{T}\int_0^{T} \sin n\omega_0 t dt = \frac{2}{T}\int_0^{T/2} A\sin n\omega_0 t dt = \frac{2A}{n\omega_0 t}\left[-\cos n\omega_0 t\right]_0^{T/2}$$

$$= \frac{A}{n\pi}(1-\cos n\pi) = \begin{cases} 0 & : n = 2,\ 4,\ 6, \cdots \\ \dfrac{2A}{n\pi} & : n = 1,\ 3,\ 5, \cdots \end{cases}$$

그러므로

$$f(t) = \frac{A}{2} + \frac{2A}{\pi}\left(\sin\omega_0 t + \frac{1}{3}\sin 3\omega_0 t + \frac{1}{5}\sin 5\omega_0 t + \cdots + \frac{1}{2n+1}\sin(2\pi+1)\omega_0 t + \cdots\right) \tag{10.16}$$

여기서 $\omega_0$는 정구형파의 주기 $T$와 $\omega_0 = 2\pi/T$의 관계가 있다. 이 파의 진폭 스펙트럼은 [그림 10.4](b)와 같다.

**예제 10.2** PSpice를 사용하여 [그림 10.5] 회로에서 전압 $V(1)$의 푸리에 계수를 구하라.

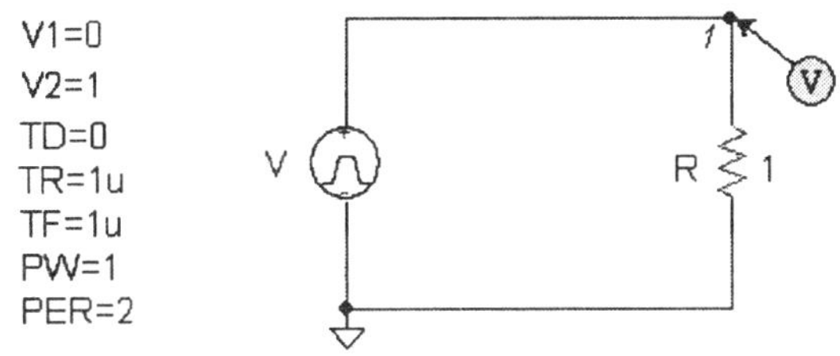


[그림 10.5] 예제 회로

**해** 윈도우용 PSpice에서는 두 가지 형태의 푸리에 해석이 제공된다. PSpice 프로그램에 의해 수행된 Discrete Fourier Transform(DET)와 Probe 프로그램에 의해 수행된 Fast Fourier Transform(FFT)이다. DFT는 지수형 푸리에 급수의 일부항을 제시하며, FFT는 DFT의 빠르고 효율적인 계산을 위한 알고리즘이다.

푸리에 계수를 구하기 위해서 Final Time=12[s], Print Step=0.01[s], Step Celing=10[ms], Center Frequency=0.5[Hz], 그리고 출력은 $V(1)$으로 선택하고 PSpice를 이용해서 시뮬레이션을 실행하여. Probe창에 [그림 10.6](a)를 얻는다. Probe 메뉴에 있는 FET 아이콘을 더블클릭하여 X축을 0에서 10[Hz]로 세팅하여 변경하고 그림 (b)에 나타낸 바와 같이 V(1)의 FET를 얻는다. 발생된 FET 그래프는 그림 (c)와 같은 DFT의 표와 같다.

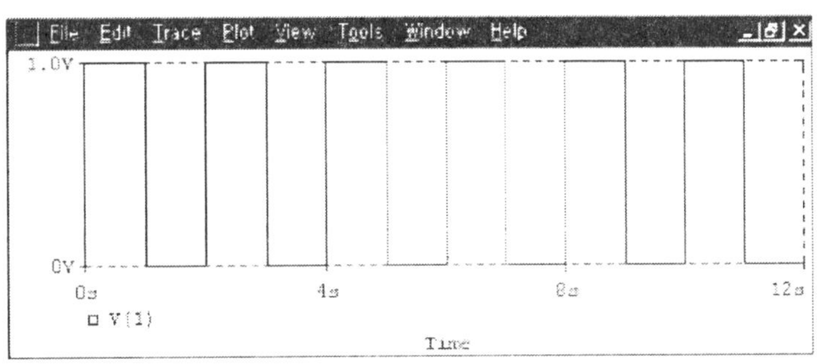


(a)

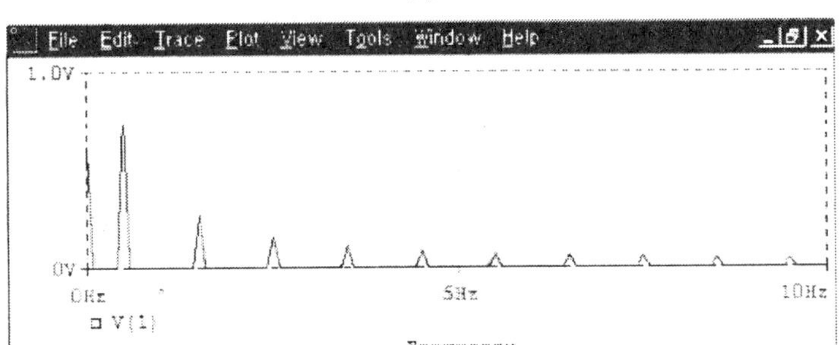


(b)

FOURIER COMPONENTS OF TRANSIENT RESPONSE V(1)

DC COMPONENT = 5.014999E-01

| HARMONIC NO | FREQUENCY (HZ) | FOURIER COMPONENT | NORMALIZED COMPONENT | PHASE (DEG) | NORMALIZED PHASE (DEG) |
|---|---|---|---|---|---|
| 1 | 5.000E-01 | 6.366E-01 | 1.000E+00 | -6.300E-01 | 0.000E+00 |
| 2 | 1.000E+00 | 3.000E-03 | 4.712E-03 | 9.000E+01 | 9.063E+01 |
| 3 | 1.500E+00 | 2.122E-01 | 3.333E-01 | -1.891E+00 | -1.261E+00 |
| 4 | 2.000E+00 | 3.000E-03 | 4.712E-03 | 9.000E+01 | 9.063E+01 |
| 5 | 2.500E+00 | 1.273E-01 | 1.999E-01 | -3.153E+00 | -2.523E+00 |
| 6 | 3.000E+00 | 3.000E-03 | 4.712E-03 | 9.000E+01 | 9.063E+01 |
| 7 | 3.500E+00 | 9.085E-02 | 1.427E-01 | -4.419E+00 | -3.789E+00 |
| 8 | 4.000E+00 | 3.000E-03 | 4.712E-03 | 9.000E+01 | 9.063E+01 |
| 9 | 4.500E+00 | 7.061E-02 | 1.109E-01 | -5.689E+00 | -5.059E+00 |

(c)

[그림 10.6] FET 및 DFT

이 결과를 예제 10.1과 비교하면 매우 근접하고 있음을 알 수 있다. 예제에서 직류성분은 0.5, PSpice에서는 5.01499이다. 역시 신호는 위상이 90° 의 홀수 고조파만을 갖고, PSpice에서는 크기는 작지만 짝수 고조파를 가지고 있는 것처럼 나타난다.

**예제 10.3** 진폭 4[A], 주파수 2[kHz] 의 정현파 전류원이 [그림 10.7]의 회로에 인가된다. PSpice를 이용하여 $v(t)$를 구하라.

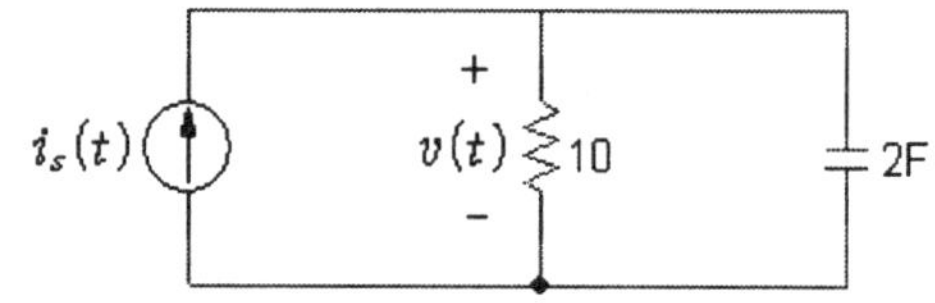


[그림 10.7] 예제 회로

**해** 상기 그림을 시뮬레이션하고 DFT의 표를 구한 것이 [그림 10.8]이다.

FOURIER COMPONENTS OF TRANSIENT RESPONSE V(1)
DC COMPONENT = -1.561707E-04

| HARMONIC NO | FREQUENCY (HZ) | FOURIER COMPONENT | NORMALIZED COMPONENT | PHASE (DEG) | NORMALIZED PHASE (DEG) |
|---|---|---|---|---|---|
| 1 | 2.000E+03 | 1.529E-04 | 1.000E+00 | 9.000E+01 | 0.000E+00 |
| 2 | 4.000E+03 | 4.017E-07 | 2.627E-03 | 9.022E+01 | 2.185E-01 |
| 3 | 6.000E+03 | 3.801E-07 | 2.485E-03 | 9.004E+01 | 3.790E-02 |
| 4 | 8.000E+03 | 3.671E-07 | 2.400E-03 | 9.084E+01 | 8.423E-01 |
| 5 | 1.000E+04 | 3.565E-07 | 2.331E-03 | 9.265E+01 | 2.651E+00 |

[그림 10.8] 출력파일

이들 푸리에 계수에 의해 $v(t)$의 푸리에 급수는 다음과 같다.

$v(t) = -156.17 + 152.9\sin(4\pi \cdot 10^3 t + 90°) + 401.7s(8\pi \cdot 10^3 t + 90.2°) + \cdots$ [$\mu$A]

## 10.3 대칭성

주어진 주기함수가 어떤 대칭성을 가질 때에는 그 푸리에 계수 중 어떤 것이 0이 된다. 그런데 이러한 대칭성은 파형을 관찰함으로써 쉽게 알 수 있으므로 Fourier 분석에 앞서 어떤 계수들이 0이 된다 하는 것을 미리 알 수 있다. 그러므로 그러한 계수들에 관해서는 계산할 필요가 없게 된다. 파형의 대칭성에는 여러 가지가 있으나 그 중 다음 세 가지가 가장 중요하다.

(1) 우함수
(2) 기함수
(3) 반파대칭

먼저 우함수(even function)와 기함수(odd function)에 관하여 설명하겠다. 일반적으로 $t$의 함수 $f(t)$가

$$f(t)=f(-t) \tag{10.17}$$

이라는 조건을 만족하는 경우 $f(t)$는 우함수라고 한다. [그림 10.9](a)는 우함수의 일예이다. 또 $t^2$, $\cos\omega_0 t$ 등도 우함수이다.

다음에 $f(t)$가

$$f(t)=-f(-t) \tag{10.18}$$

이라는 조건을 만족하는 경우 $f(t)$를 기함수라고 한다. [그림 10.9](b)는 기함수의 일예이다. 또 $t$, $\sin\omega_0 t$ 등도 기함수이다.

다음과 같은 관계가 성립함은 파형을 관찰함으로써 또는 약간의 고려로써 명백하다. 간단을 위하여 우함수, 기함수를 각각 (우), (기)라고 표시하면

$$\int_{-t_1}^{t_1}(\text{우})dt=2\int_{0}^{t_1}(\text{우})dt \quad (t_1 : \text{임의}) \tag{10.19}$$

$$\int_{-t_1}^{t_1}(\text{기})dt=0 \tag{10.20}$$

$$(\text{우})\pm(\text{우})=(\text{우}),\ (\text{기})\pm(\text{기})=(\text{기}) \tag{10.21}$$

$$(\text{우})\times(\text{우})=(\text{우}),\ (\text{우})\times(\text{기})=(\text{기}),\ (\text{기})\times(\text{기})=(\text{우}) \tag{10.22}$$

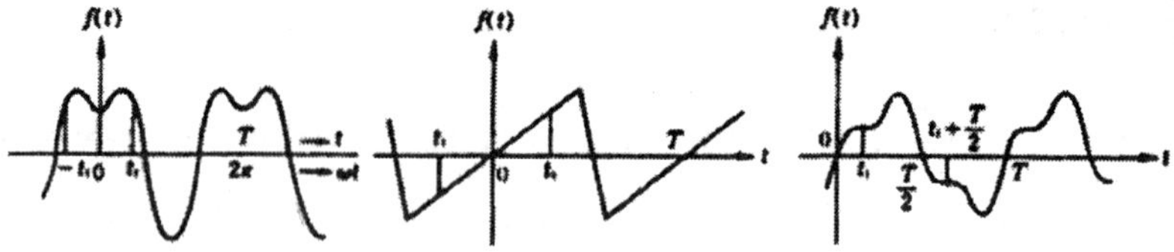
(a) 우함수 (b) 기함수 (c) 반파대칭

[그림 10.9] 파형의 대칭성

Fourier 급수를 두 부분으로 나누어 생각하면 $a_0 + \sum a_n \cos n\omega_0 t$는 우함수, $a_0 + \sum b_n \sin n\omega_0 t$는 기함수가 된다.

### (1) 우함수의 경우

주기 $T$인 비정현파 $f(t)$가 우함수인 경우 파형은 원점($t=0$)을 지나는 수직선에 관해서 뿐만 아니라, $t = nT(n = \pm 1, \pm 2, \cdots\cdots)$를 지나는 모든 수직선에 관해서 대칭이다. 왜냐하면 $f(t) = f(t+nT)$이기 때문이다.

지금 Fourier 계수를 구하는 식 (10.3), (10.7) 및 (10.13)에 있어서 적분한계를 $-T/2$에서 $T/2$까지로 취해도 좋으므로 $f(t)$가 우함수인 경우에는

$$a_0 = \frac{1}{T}\int_{-T/2}^{T/2} f(t)dt = \frac{2}{T}\int_{0}^{T/2} f(t)dt \tag{10.23}$$

$$a_n = \frac{2}{T}\int_{-T/2}^{T/2} f(t)\cos n\omega_0 t dt = \frac{4}{T}\int_{0}^{T/2} f(t)\cos n\omega_0 t dt \tag{10.24}$$

$$b_n = \frac{2}{T}\int_{-T/2}^{T/2} f(t)\sin n\omega_0 t dt = 0 \quad (n = 1,\ 2,\ 3, \cdots) \tag{10.25}$$

식 (10.24)에서는 $f(t)$, $\cos n\omega_0 t$가 둘 다 우함수라는 사실을, 또 식 (10.25)에서 $f(t)$는 우함수, $\sin n\omega_0 t$는 기함수라는 사실을 이용했다.

이상으로 비정현파가 우함수인 경우에는 그 푸리에 급수에서 sin항들은 없어지며 또 cos항의 계수들을 구할 때에는 반주기간만 적분하여 2배하면 된다. sin항들은 모두 기함수이므로 그 어느 항만 있더라도 원함수는 우함수가 될 수 없을 것이다.

### (2) 기함수의 경우

주기 $T$인 비정현파 $f(t)$가 기함수인 경우 파형은 $t = nT(n = 0, \pm 1, \pm 2, \cdots)$인 모든 점에 관하여 대칭이다. 위에서와 마찬가지로 고찰하면

$$a_0 = 0,\ a_n = 0\ \ (n = 1,\ 2,\ 3,\ \cdots\ ) \tag{10.26}$$

$$b_n = \frac{4}{T}\int_{-T/2}^{T/2} f(t)\sin n\omega_0 t dt \tag{10.27}$$

그러므로 비정현파가 기함수인 경우에는 그 Fourier 급수에서 일정항 및 cos항은 없어지며 또 sin항의 계수들을 구할 때에는 반주기간만 적분하여 2배하면 된다. cos항들은 모두 우함수이므로 그 어느 한 항만 있더라도 원함수는 기함수가 될 수 없을 것이다.

## (3) 반파대칭

주기 $T$인 비정현파가

$$f(t) = -f\left(t \pm \frac{T}{2}\right) \tag{10.28}$$

이라는 조건을 만족하는 경우를 반파대칭(half-wave symmetry)이라고 한다. 그림 10.9(c)는 반파대칭파의 일예이다. 반주기마다 동일한 파형이 반복되나 부호가 바뀐다. 보통 교류기에서 발생되는 파형은 비정현파일지라도 반파대칭성을 가진다.

이와 같은 파에서는 파형의 관찰로부터 명백히 $a_0 = 0$이고, 또

$$a_n = \frac{2}{T}\int_{-T/2}^{T/2} f(t)\cos n\omega_0 t dt = \frac{2}{T}\left[\int_{-T/2}^{0} f(t)\cos n\omega_0 t dt + \int_{0}^{T/2} f(t)\cos n\omega_0 t dt\right]$$

첫째 적분에서 $t$ 대신에 $t + \dfrac{T}{2}$라고 놓으면

$$\int_{-T/2}^{0} f(t)\cos n\omega_0 t dt = \int_{0}^{T/2} f\left(t + \frac{T}{2}\right) dt = -\cos n\pi \int_{0}^{T/2} f(t)\cos n\omega_0 t dt$$

위에서 식 (10.28) 및 $\cos(x + n\pi) = \cos x \cdot \cos n - \sin x \cdot \sin n\pi = \cos x \cdot \cos n\pi = 0$의 관계를 이용했다. 위 식을 그 앞의 식에 대입하면

$$a_n = \frac{2}{T}(1 - \cos n\pi)\int_{0}^{T/2} f(t)\cos n\omega_0 t dt$$

그러므로

$$a_n = \begin{cases} 0: & n = 2,\ 4,\ 6 \cdots \text{ 일 때} \\ \dfrac{4}{T}\displaystyle\int_{T/2}^{0} f(t)\cos n\omega_0 t dt: & n = 1,\ 3,\ 5 \cdots \text{ 일 때} \end{cases} \tag{10.29}$$

마찬가지로

$$b_n = \begin{cases} 0 : & n=2,\ 4,\ 6, \cdots \text{ 일 때} \\ \dfrac{4}{T}\displaystyle\int_{T/2}^{0} f(t)\sin n\omega_0 t dt : & n=1,\ 3,\ 5, \cdots \text{ 일 때} \end{cases} \tag{10.30}$$

이상으로 반파대칭인 비정현파에서는 DC 성분은 없고 cos항에서나 sin항에서 우수의 고주파항은 없어지고, 또 나머지 기수항의 계수를 구할 때에는 반주기간만 적분하여 2배 하여 주면 된다. 이상의 결과를 요약하면 〈표 10.1〉과 같다. 이 표에 관련하여 몇 가지 부언할 것이 있다.

〈표 10.1〉 대칭파의 성질

| 종 류 | 대칭조건 | Fourier 계수 | Fourier 계수의 적분형식 |
|---|---|---|---|
| 우 함 수 | $f(t)=f(-t)$ | sin항 없음 | 반주기간 적분하여 2배한 것, 즉 |
| 기 함 수 | $f(t)=-f(-t)$ | sin항만 있음 | $\dfrac{4}{T}\displaystyle\int_0^{T/2}(\quad)dt$ 또는 |
| 반파대칭 | $f(t)=-f(t\pm\dfrac{T}{2})$ | 기수고조파만 있음 | $\dfrac{2}{\pi}\displaystyle\int_0^{\pi}(\quad)d(\omega t)$ |

① 좌표축을 상하로 이동하면 평균값이 달라질 뿐 $a_n$, $b_n(n=1,\ 2,\ 3,\ \cdots)$에는 변화가 없다.

② 좌표축을 좌우로 이동하면 평균값은 불변이나 $a_n$, $b_n(n=1,\ 2,\ 3,\ \cdots)$은 변한다.

③ 좌표축을 여하히 평행 이동하더라도 기본파 및 고조파의 진폭 스펙트럼은 변하지 않는다.

주어진 파형이 대칭성을 가지지 않더라도 좌표축을 상하, 좌우로 이동시켜 대칭성을 찾을 수 있으며 계산의 간단을 위하여 이때의 Fourier 급수를 먼저 구하고 앞의 3가지 사실을 이용하여 변경시키면 된다. 예컨대 [그림 10.4]의 정구형파는 좌표축을 우측으로 $T/4$만큼 또 위로 $A/2$만큼 이동시키면 반파대칭, 우함수가 되므로 기함고주파 cos항만 있게 된다. 따라서 이 결과에 $A/2$를 합하고 cos를 sin으로 바꾸면 된다.

$[\because\ n\omega_0 t \to n\omega_0\left(t+\dfrac{T}{4}\right)=n\omega_0 t + n\dfrac{\pi}{2}\,(n=\text{기수})]$

**예제 10.4** [그림 10.10](a)와 같은 삼각파를 푸리에 급수로 전개하라.

**해** 관찰에 의하여 이 주기파는 기함수인 동시에 반파대칭성을 가짐을 알 수 있다. 따라서 그

Fourier 급수의 전개식은 $n$이 기수인 $b_n$항만 포함한다. 그리고 그 계수를 구하는 적분식에서 1/4주기에 걸쳐서 적분하고 4배하여 주면 된다. 즉

$$b_n = \frac{8}{T}\int_0^{T/4} f(t)\sin n\omega_0 t dt (n=1,\ 3,\ 5,\ \cdots)$$

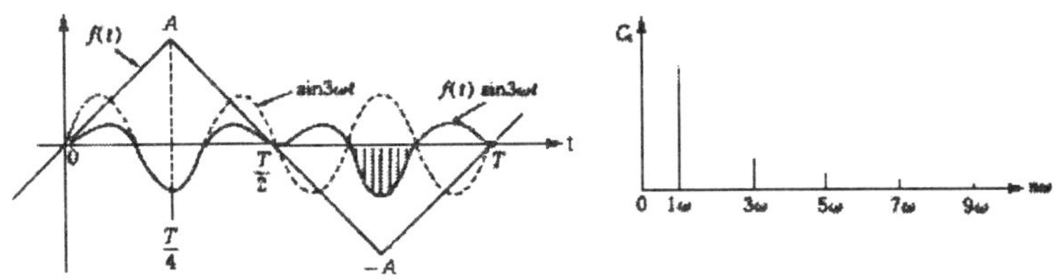


(a) (b)

[그림 10.10] 삼각파 및 그 진폭 스펙트럼

적분한계를 이와 같이 하여도 무방한 것은 가령 $n=3$에 대하여 $f(t)\sin 3\omega_0 t$의 그래프를 그려보면 [그림 10.10](a)에서 보는 바와 같이 0~T/4 사이의 파형이 반복되기 때문이다.

$$f(t) = \frac{4A}{T}t, \quad 0 \le t \le T/4$$

이므로

$$b_n = \frac{32A}{T^2}\int_0^{T/4} t\sin n\omega_0 t dt = \frac{32A}{T^2}\left[\frac{1}{n^2\omega_0 \sin n\omega_0 t} - \frac{1}{n\omega_0}t\cos n\omega_0 t\right]_0^{T/4}$$

$$= \begin{bmatrix} \dfrac{8A}{n^2\pi^2} : n=1,\ 5,\ 9,\ \cdots \\ \\ -\dfrac{8A}{n^2\pi^2} : n=3,\ 7,\ 11,\ \cdots \end{bmatrix}$$

그러므로

$$f(t) = \frac{8A}{\pi^2}\left(\sin\omega_0 t - \frac{1}{3^2}\sin 3\omega_0 t + \frac{1}{5^2}\sin 5\omega_0 t - \cdots\cdots + \frac{(-1)^{n-1}}{(2n-1)^2}\sin(2n-1)\omega_0 t + \cdots\right) \tag{10.31}$$

[그림 10.10](b)는 이 삼각형파에 대한 진폭 스펙트럼이다.

**예제 10.5** [그림 10.11](a)의 반파 정류파를 Fourier 계수로 전개하라.

**해** 우함수이므로 $b_n=0$이고 또 적분식에서는 $0 \sim \pi$ 사이만 고려하면 된다.

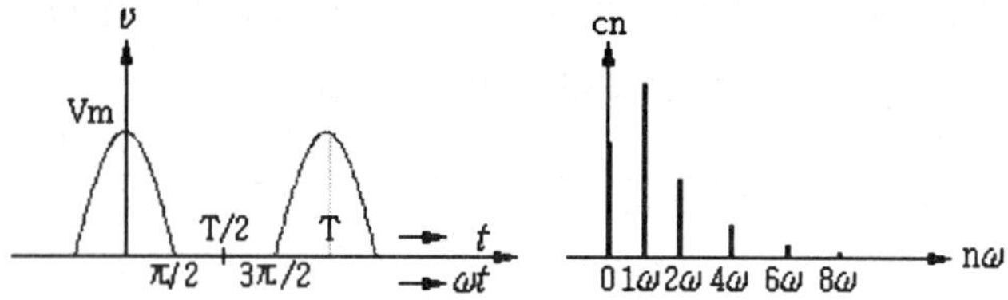


[그림 10.11] 반파정류파 및 그 진폭 스펙트럼

이 사이에는

$$v \begin{cases} V_m \cos\omega_0 t, & 0 \le \omega_0 t \le \dfrac{\pi}{2} \\ 0, & \dfrac{\pi}{2} \le \omega_0 t \le \pi \end{cases}$$

그러므로

$$a_0 = \frac{1}{\pi}\int_0^{\pi} f(\omega_0 t) d(\omega_0 t) = \frac{1}{\pi}\int_0^{\pi/2} V_m \cos\omega_0 t d(\omega_0 t)$$

$$= \frac{V_m}{\pi}[\sin\omega_0 t]_0^{\pi/2} = \frac{V_m}{\pi}$$

$$a_n = \frac{2}{\pi}\int_0^{\pi} f(\omega_0 t)\cos n\omega_0 t d(\omega_0 t) = \frac{2}{\pi}\int_0^{\pi/2} V_m \cos\omega_0 t \cos n\omega_0 t d(\omega_0 t)$$

$$= \frac{V_m}{\pi}\int_0^{\pi/2}[\cos(n+1)\omega_0 t + \cos(n-1)\omega_0 t] d(\omega_0 t)$$

$$= \frac{V_m}{\pi}\left[\frac{\sin(n+1)\pi/2}{n+1}, \ \frac{\sin(n-1)\pi/2}{n-1}\right]$$

① $n=1$일 때 우변의 제1항은 0, 제2항은 $\frac{\pi}{2}$가 된다$\left(\because \lim_{x\to 0}\frac{\sin x}{x}=1\right)$.

$$\therefore \ a_1 = \frac{V_m}{2}$$

② $n \ne 1$인 모든 기수에 대해서는 $a_n = 0$

③ $n=2, 6, 10, \cdots$ 일 때

$$a_n = \frac{V_m}{\pi}\left[\frac{-1}{n+1} + \frac{1}{n-1}\right] = \frac{V_m}{\pi} \cdot \frac{2}{n^2-1}$$

④ $n=4, 8, 12, \cdots$일 때

$$a_n = \frac{V_m}{\pi}\left[\frac{1}{n+1} + \frac{-1}{n-1}\right] = \frac{V_m}{\pi} \cdot \frac{2}{n^2-1}$$

이상으로

$$v(t)=\frac{V_m}{\pi}+\frac{V_m}{2}\cos\omega_0 t+\frac{2V_m}{\pi}\left[\frac{1}{3}\cos 2\omega_0 t-\frac{1}{15}\cos 4\omega_0 t+\frac{1}{35}\cos 6\omega_0 t-\cdots\cdots\right.$$

$$\left.+\frac{(-1)^{n-1}}{4n^2-1}\cos 2n\omega_0 t+\cdots\cdots\right] \tag{10.32}$$

이 식에서 $\omega_0$는 반파정류파의 주기 $T$와 $\omega_0=2\pi/T$의 관계가 있다. 이 파의 진폭 스펙트럼은 [그림 10.11](b)와 같다.

**예제 10.6** 앞의 예제의 결과를 이용하여 [그림 10.12]의 전파정류파에 대한 푸리에 급수를 구하라.

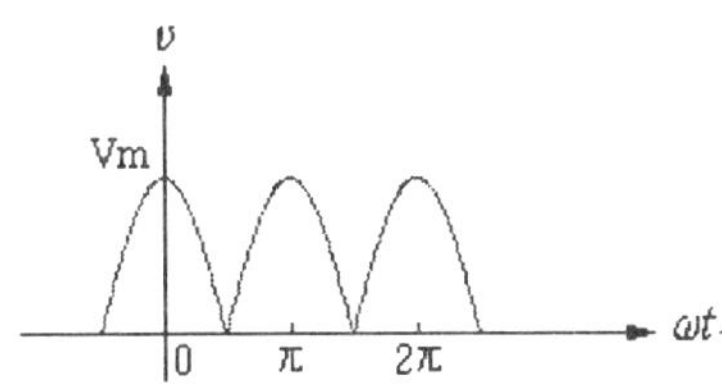


[그림 10.12]

**해** 이 전파 정류파는 [그림 10.11](a)의 반파 정류파와 그것을 좌측으로 각 $\pi$만큼 추이시킨 파를 합한 것이다. 이 후자의 파를 $v'$라 하면 $v'$는 식 (10.32)에서 $\omega_0 t$ 대신에 $\omega_0 t-\pi$를 대입한 것과 같다(또는 $t$ 대신에 $t-T/2$를 대입한 것과 같다). 그러므로

$$v'=\frac{V_m}{\pi}+\frac{V_m}{2}\cos(\omega_0 t-\pi)+\frac{2V_m}{\pi}\left[\frac{1}{3}\cos 2(\omega_0 t-\pi)-\frac{1}{15}\cos 4(\omega_0 t-\pi)+\cdots\right]$$

$$=\frac{V_m}{\pi}-\frac{V_m}{2}\cos\omega_0 t+\frac{2V_m}{\pi}\left[\frac{1}{3}\cos 2\omega_0 t-\frac{1}{15}\cos 4\omega_0 t+\cdots\right]$$

이것과 식 (10.32)를 합하면 전파정류파에 대한 Fourier 급수가 얻어진다. 즉

$$\left[v'=\frac{2V_m}{\pi}+\frac{4V_m}{\pi}\right]+\frac{(-1)^{n-1}}{4n^2-1}\cos 2n\omega_0 t+\cdots] \tag{10.33}$$

직류성분은 당연히 반파 정류파의 2배가 되고 있다. 또 교류성분은 모두 $2\omega_0$의 정수부의 각 주파수를 가지고 있다. 이것은 전파 정류파가 실질적으로는 $\pi$의 주기(시간으로 말하면 $T/2$의 주기)를 가지고 있기 때문이다.

이 절을 끝마침에 앞서 비정현파에 포함된 고조파성분의 다소에 관하여 언급하겠다. 고조파의 진폭은 $n$의 증가에 따라 처음에는 증감이 있더라도 결국은 계속적으로 감소하기 마련이다. 극히 상식적으로 말해서 파가 급격히 변화할수록 고조파의 감소율이 적고 반대로 완만한 변화를 하는 비정현파에서는 고조파의 감소율이 크다. 이것은 낮은 주파수일수록 서서히 변동하고 반대로 높은 주파수일수록 급격히 변동한다는 사실을 생각하면 당연하다 하겠다.

**예제 10.7** [그림 10.13]의 회로에서 신호원의 진폭이 12[V], 주파수 100[Hz]의 정현파를 인가했을 때 코일에 흐르는 전류의 푸리에 계수를 구하라.

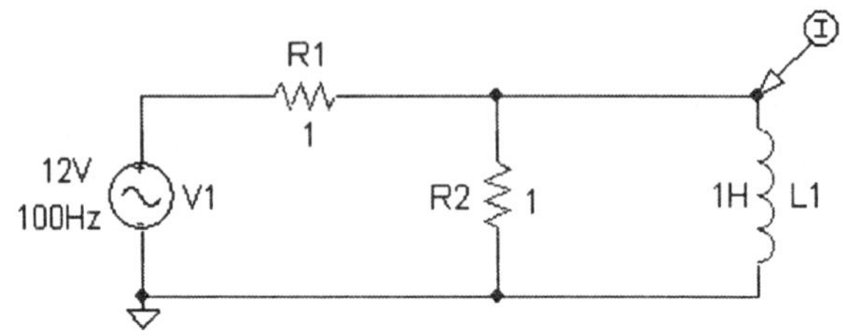


[그림 10.13] 예제 회로

**해** Print Step = 0.1[m], Final Time = 100[ms], Center Frequency = 100[Hz], Number of harmonics = 4, 그리고 Output Vars는 I(L1)으로 선택하고 시뮬레이션을 한 결과 [그림 10.14]와 같이 나타난다.

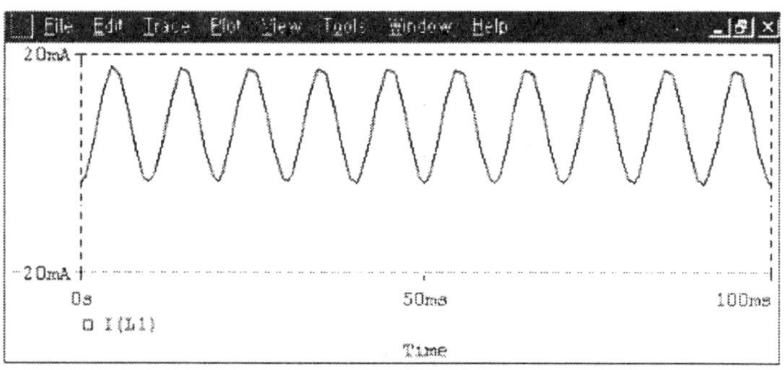


(a)

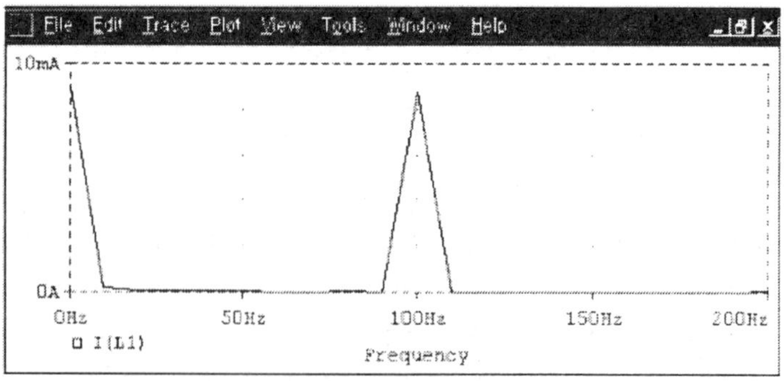


[그림 10.14] 시뮬레이션 결과

발생된 FET에서 직류성분과 첫 번째 고조파를 볼 수 있다. 보다 높은 차수의 고조파는 무시할 수 있을 정도로 작다. 회로를 시뮬레이션한 후 출력파일은 [그림 10.15]와 같다.

```
FOURIER COMPONENTS OF TRANSIENT RESPONSE I(L_L1)
DC COMPONENT =  8.583269E-03
HARMONIC  FREQUENCY  FOURIER   NORMALIZED  PHASE   NORMALIZED
  NO        (HZ)     COMPONENT COMPONENT   (DEG)   PHASE (DEG)

  1   1.000E+02  8.730E-03  1.000E+00  -8.984E+01  0.000E+00
  2   2.000E+02  1.017E-04  1.165E-02  -8.306E+01  6.783E+00
  3   3.000E+02  6.811E-05  7.802E-03  -8.235E+01  7.490E+00
  4   4.000E+02  4.403E-05  5.044E-03  -8.943E+01  4.054E-01
```

[그림 10.15] 출력결과

따라서 전류 $i(t)$의 푸리에 급수는 다음과 같다.

$$i(t) = 8.5833 + 8.73\sin(2\pi \cdot 100t - 89.84^\circ) + 0.1017\sin(2\pi \cdot 200t - 83.06^\circ)$$
$$+ 0.068\sin(2\pi \cdot 300t - 82.35^\circ) + \cdots\cdots \ \text{[mA]}$$

**예제 10.8** PSpice를 이용하여 [그림 10.16](a)의 $R-C$ 회로에 그림 (b)의 직사각형파 $V(1)$을 인가할 때의 입력 스펙트럼과 출력 스펙트럼을 구하라.

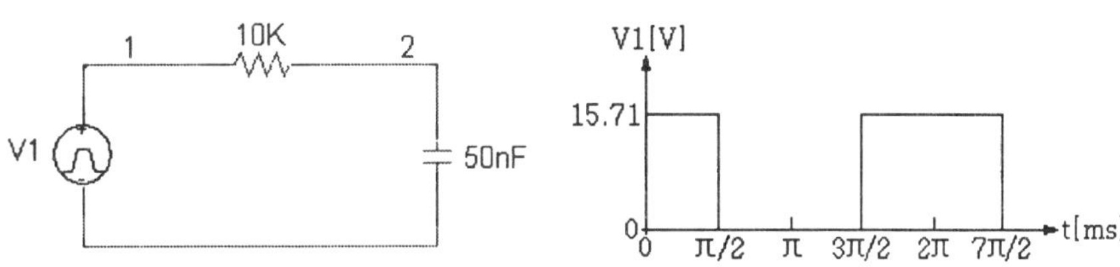


(a) (b)

[그림 10.16] 예제 회로

**해** 상기 그림을 시뮬레이션한 결과는 [그림 10.17]과 같다.

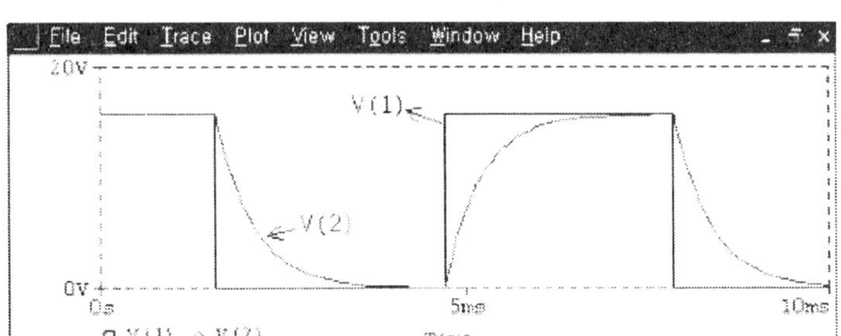


[그림 10.17] 시뮬레이션 결과

시뮬레이션한 후 발생된 출력결과는 [그림 10.18]과 같다.

```
* Schematics Netlist *
C_C1      0 2  50nF
R_R1      1 2  10K
V_V1      1 0
+PULSE 15.708V 0 1.5708M 1N 1N 3.1416M 6.2832M

FOURIER COMPONENTS OF TRANSIENT RESPONSE V(1)
DC COMPONENT =   7.916832E+00
HARMONIC FREQUENCY  FOURIER   NORMALIZED  PHASE      NORMALIZED
   NO      (HZ)     COMPONENT COMPONENT   (DEG)      PHASE (DEG)
   1    1.592E+02  1.000E+01  1.000E+00  -5.688E+01   0.000E+00
   2    3.183E+02  1.257E-01  1.257E-02  -2.376E+01   3.312E+01
   3    4.775E+02  3.334E+00  3.334E-01  -1.706E+02  -1.138E+02
   4    6.366E+02  1.258E-01  1.258E-02  -1.375E+02  -8.064E+01
   5    7.958E+02  2.001E+00  2.001E-01   7.560E+01   1.325E+02
   6    9.549E+02  1.260E-01  1.260E-02   1.087E+02   1.656E+02
   7    1.114E+03  1.430E+00  1.430E-01  -3.816E+01   1.872E+01
   8    1.273E+03  1.263E-01  1.263E-02  -5.040E+00   5.184E+01
   9    1.432E+03  1.113E+00  1.113E-01  -1.519E+02  -9.504E+01

  TOTAL HARMONIC DISTORTION =   4.297682E+01 PERCENT
FOURIER COMPONENTS OF TRANSIENT RESPONSE V(2)
DC COMPONENT =   7.852455E+00
HARMONIC FREQUENCY  FOURIER   NORMALIZED  PHASE      NORMALIZED
   NO      (HZ)     COMPONENT COMPONENT   (DEG)      PHASE (DEG)
   1    1.592E+02  8.959E+00  1.000E+00  -8.368E+01   0.000E+00
   2    3.183E+02  1.082E-03  1.207E-04   1.322E+02   2.159E+02
   3    4.775E+02  1.849E+00  2.064E-01   1.320E+02   2.156E+02
   4    6.366E+02  1.392E-03  1.554E-04  -5.572E+01   2.795E+01
   5    7.958E+02  7.348E-01  8.201E-02   5.590E+00   8.927E+01
   6    9.549E+02  1.321E-03  1.475E-04  -1.152E+02  -3.151E+01
   7    1.114E+03  3.844E-01  4.291E-02  -1.141E+02  -3.043E+01
   8    1.273E+03  7.920E-04  8.840E-05  -1.454E+02  -6.175E+01
   9    1.432E+03  2.334E-01  2.605E-02   1.291E+02   2.128E+02
  TOTAL HARMONIC DISTORTION =   2.276615E+01 PERCENT
```

[그림 10.18] 출력결과

## 10.4 조파합성

이때까지는 비정현파를 고조파로 분석하는 방법을 생각하였으나, 분석된 각 조파수를 순차적으로 합하여 가면 원래의 파형에 점점 더 가까운 것을 얻을 수 있을 것이다. [그림 10.19]는 이 모양을 나타낸 것이다. 이 둘을 비교하여 보면 같은 항수만큼 취하여 합성하는 경우 고조파의 감소율이 빠른 삼각파 쪽이 더 빨리 원파형에 가까워지는 것을 잘 알 수 있다.

조파합성에 있어서 각 고조파의 크기가 달라지든지 또는 위상이 달라지면 합성된 파도 달라질 것이다. 일예로 [그림 10.20]은 기본파와 제3고조파만으로 된 비정현파에서 각 성분파의 크기를 그대로 두고 상대적 위상을 달리할 때 합성파가 여전히 달라지는가를 나타낸 것이다. 지금 이 비정현파를

$$v(t) = V_{m1}\sin(\omega_0 t + \theta_1) + V_{m3}\sin(3\omega_0 t + \theta_3)$$

라 표시할 때 [그림 10.20](a)는 $\theta_1 = \theta_3 = 0$인 경우에 해당하고, 그림 (b)는 $\theta_1 = \theta_3 = \pi/2$인 경우에 해당한다. 즉 각 경우에 있어서 두 성분파의 위상각이 같음에도 불구하고 합성파는 달라진다. 그러면 $\theta_1$과 $\theta_3$ 사이에 어떤 관계가 있으면 원래의 파형 (a)가 유지될 것인가. 명백히 각 성분파가 시간축상을 같은 시간 간격만큼 추이되어야만 합성파의 파형이 원래대로 유지된다. 지금 각 성분파가 $t_1$만큼 정방향으로 추이한 [그림 10.20](c)에 있어서 합성파의 표시식은

$$\begin{aligned} v(t) &= V_{m1}\sin[\omega_0(t - t_1)] + V_{m3}\sin[3\omega_0(t - t_1)] \\ &= V_{m1}\sin(\omega_0 t - \omega_0 t_1) + V_{m3}\sin(3\omega_0 t - 3\omega_0 t_1) \end{aligned} \tag{10.34}$$

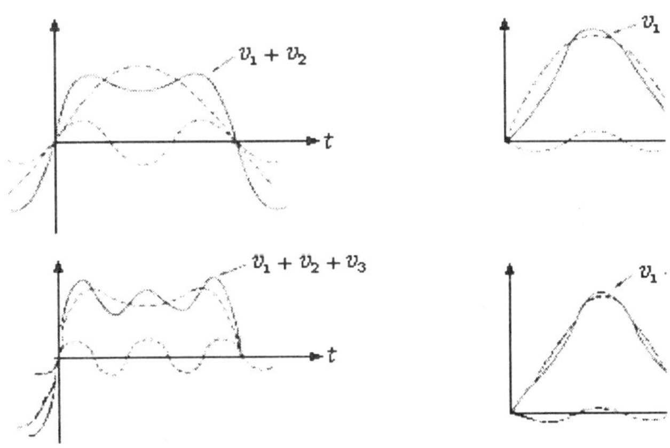


(a) 지형파　　(b) 삼각파

[그림 10.19] 조파합성

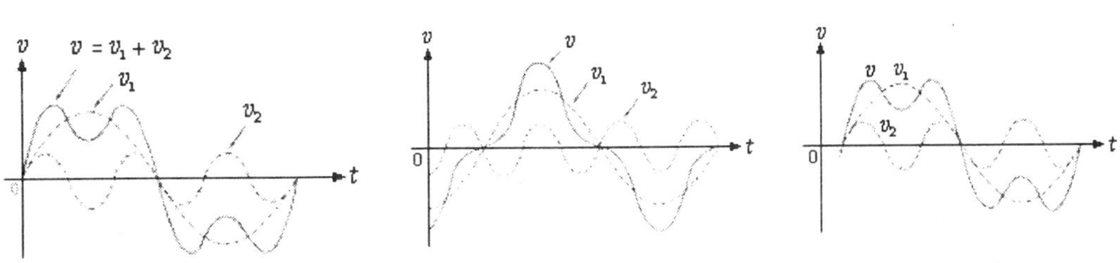


(a) $\theta_1 = \theta_3 = 0$의 경우　(b) $\theta_1 = \theta_3 = -\frac{\pi}{2}$의 경우　(c) $\theta_3 = 3\theta_1 = \omega t_1$의 경우

[그림 10.20] 조파의 위상 영향

이때 각 파의 위상각은 $\theta_1 = -\omega_0 t_1$, $\theta_3 = -3\omega_0 t_1$이므로 $\theta_3 = 3\theta_1$이다. 즉 제3고조파의 위상차가 기본파의 위상차의 3배가 될 때에는 원파형이 그대로 유지된다(단, 진폭은 일정하게 유지함). 일반적으로 비정현파에 있어서 각 고조파가 그 주파수에 비례하는 위상각만큼 달라지면 파형은 그대로 유지된다. 이것은 신호전송에 있어서 매우 중요한 사실이다.

**예제 10.9** $i = 2 + 5\sin(100t + 30°) + 10\sin(200t - 10°) - 5\cos(400t + 10°)$의 파형이 동일하나 기본파의 위상이 20°늦은 비정현파 전류파의 순시값 표시식을 써라.

**해** 기본파($\omega_0 = 100$[rad/sec])의 위상이 20° 늦으면 제2, 제4고조파의 위상은 각각 20°×2, 20°×4 늦어야 파형이 같아진다. 그러므로 이 파를 $i'$라 하면 다음과 같이 된다.

$i' = 2 + 5\sin(100t + 10°) + 10\sin(200t - 50°) - 5\cos(400t - 70°)$

**예제 10.10** [그림 10.21]은 기본파와 제3고조파를 합성하여 출력하는 회로이다. PSpice를 이용하여 출력 파형을 나타내고, FET를 이용하여 주파수 스펙트럼을 출력하라.

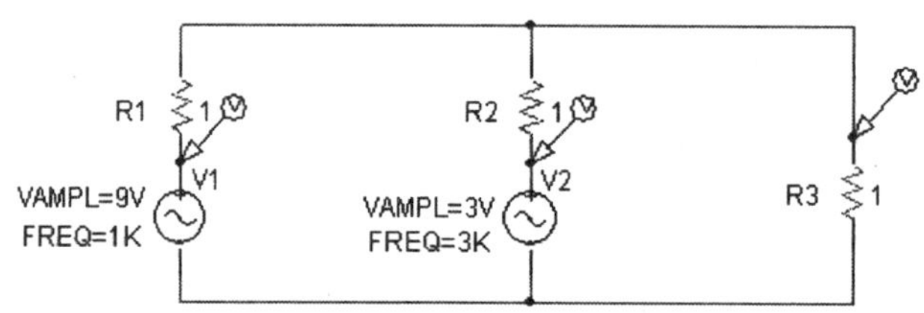


[그림 10.21] 푸리에 해석 그림

**해** 상기 회로를 시뮬레이션한 결과 출력파형 및 진폭 스펙트럼은 각각 [그림 10.22]와 같다.

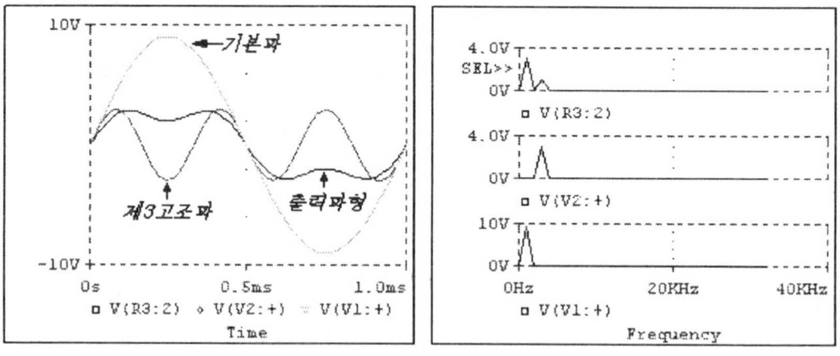


(a) (b)

[그림 10.22] 출력 및 FET 파형

PSpice에서 제공하는 주파수분석 기능은 FET(Fast Fourier Transform)와 푸리에 해석이 있다. FET는 Probe상에서 출력 데이터를 가지고 FET 알고리즘으로 계산하는 것으로 Probe 화면에 주파수 스펙트럼을 출력하는 기능을 수행하고, 푸리에 해석은 결과 데이터를 푸리에 적분하여 결과를 얻는다. 따라서 FET 결과에서는 단지 크기만이 제공되지만 푸리에 해석을 수행하는 경우에는 크기, 위상, 직류분 등에 대한 결과를 output 파일에 출력하므로 평균값, 기본파 실효값, 역률, 평균값, 실효값, THD 등을 계산할 수 있는 장점이 있다. 따라서 푸리에 해석은 다음 그림과 같이 실행하고 Examine Output에서 결과를 축출하면 다음과 같다.

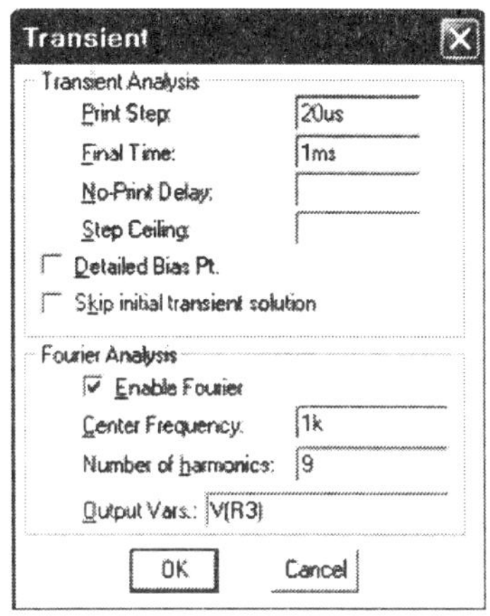


```
****    FOURIER ANALYSIS              TEMPERATURE =   27.000 DEG C
******************************************************************************
FOURIER COMPONENTS OF TRANSIENT RESPONSE V(R_R3)
DC COMPONENT = -2.422907E-04
HARMONIC  FREQUENCY  FOURIER    NORMALIZED  PHASE      NORMALIZED
  NO        (HZ)     COMPONENT  COMPONENT   (DEG)      PHASE (DEG)
  1     1.000E+03  2.996E+00   1.000E+00   1.800E+02   0.000E+00
  2     2.000E+03  1.094E-03   3.651E-04  -1.844E+01  -1.984E+02
  3     3.000E+03  9.883E-01   3.299E-01  -1.800E+02  -3.600E+02
  4     4.000E+03  9.188E-04   3.067E-04   1.914E+01  -1.609E+02
  5     5.000E+03  3.375E-04   1.126E-04  -1.328E+02  -3.128E+02
  6     6.000E+03  3.977E-05   1.328E-05   9.058E+01  -8.142E+01
  7     7.000E+03  1.452E-04   4.847E-05  -1.173E+02  -2.973E+02
  8     8.000E+03  8.317E-05   2.776E-05  -1.715E+02  -3.514E+02
  9     9.000E+03  9.184E-05   3.065E-05  -1.269E+02  -3.069E+02
TOTAL HARMONIC DISTORTION =   3.298563E+01 PERCENT
```

**예제 10.11** [그림 10.23]에서 A=10[V], T=1[ms]되는 톱니 전압파형을 PSpice를 사용하여 푸리에 합성을 하라. 단, 푸리에 전계 중에 처음 여섯 개 고조파를 사용하라.

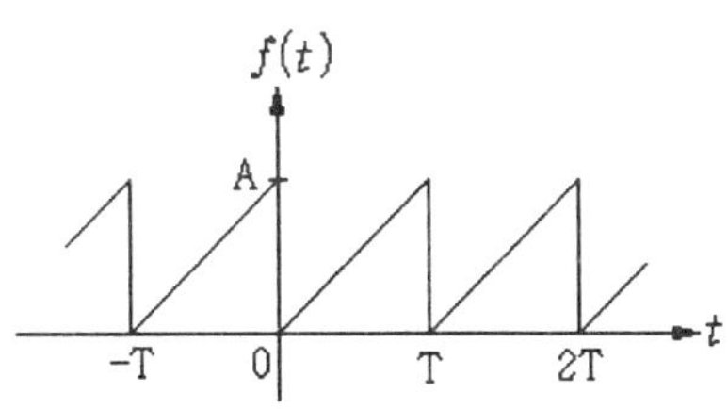


[그림 10.23] 예제 회로

**해** $t_0=0$으로 하면 $0 \le t \le T$에 대해서

$$f(t)=\frac{A}{T}t$$

식 (10.3)을 이용하면

$$a_0=\frac{1}{T}\int_0^T \frac{A}{T}tdt=\frac{A}{2}$$

식 (10.7)을 사용하면

$$a_n=\frac{2}{T}\int_0^T \frac{A}{T}t\cos n\omega_0 tdt=\frac{2A}{T^2}\left(\frac{\cos n\omega_0 t}{(n\omega_0)^2}+\frac{t\sin n\omega_0 t}{n\omega_0}\ \Big|_0^T\right)$$

$$=\frac{2A}{T^2}\left(\frac{\cos 2n\pi-1}{(n\omega_0)^2}+\frac{T\sin 2n\pi-0}{n\omega_0}\right)=0$$

이 파형은 cos항이 모두 0임을 알 수 있다. 식 (10.10)을 사용하면

$$b_n=\frac{2}{T}\int_0^T \frac{A}{T}t\sin n\omega_0 tdt=\frac{2A}{T^2}\left(\frac{\sin n\omega_0 t}{(n\omega_0)^2}+\frac{t\cos n\omega_0 t}{n\omega_0}\ \Big|_0^T\right)$$

$$=\frac{2A}{T^2}\left(\frac{\sin 2n\pi-0}{(n\omega_0)^2}-\frac{T\cos 2n\pi-0}{n\omega_0}\right)=\frac{2A}{T^2}\left(-\frac{T}{n\omega_0}\right)=-\frac{A}{n\pi}$$

가 된다. 따라서 PSpice를 이용해서 [그림 10.24]와 같이 6개의 전원에 데이터를 입력하고 시뮬레이션한 결과가 [그림 10.25]이다.

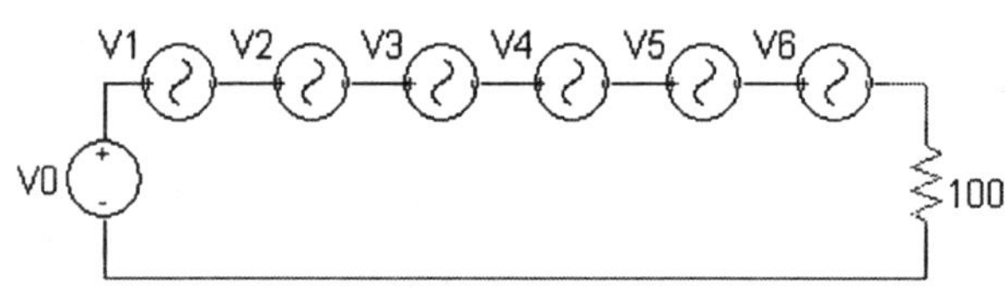


[그림 10.24] 예제 회로

```
****    CIRCUIT DESCRIPTION
R_R1      0 $N_0001 100
V_V0      $N_0002 0 DC 5V
V_V1      $N_0002 $N_0003 +SIN 0 3.1831 1k 0 0 0
V_V2      $N_0003 $N_0004 +SIN 0 1.5915 2k 0 0 0
V_V3      $N_0004 $N_0005 +SIN 0 1.0610 3k 0 0 0
V_V4      $N_0005 $N_0006 +SIN 0 0.7958 4k 0 0 0
V_V5      $N_0006 $N_0007 +SIN 0 0.6366 5k 0 0 0
V_V6      $N_0007 $N_0001 +SIN 0 0.5305 6k 0 0 0
.tran 0.05m 2m
.OP
```

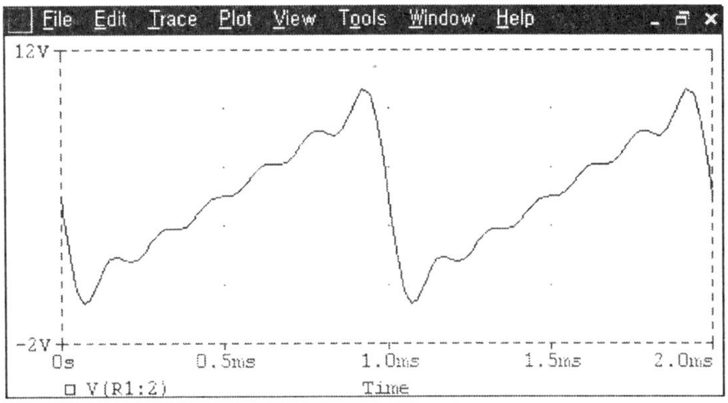


[그림 10.25] 시뮬레이션 결과

## 10.5 비정현파의 실효값

주기적으로 변하는 전류의 실효값은 그것이 정현파이건 비정현파이건 저항을 통할 때 소비되는 평균전력과 동일한 전력손실을 주는 불변 직류값으로써 정의한다. 이것을 수식으로 표시하면

$$I_s = \sqrt{\frac{1}{T}\int_0^T i^2 dt} \tag{10.35}$$

와 같다. 지금 전류가 식 (10.13)과 같이 표시되는 비정현파인 경우에는

$$i^2 = [I_0 + I_{m1}\sin(\omega_0 t + \theta_1) + I_{m2}\sin(2\omega_0 t + \theta_2) + \cdots]^2 \tag{10.36}$$

여기서 $I_0$는 DC 성분이고 $I_{m1}$, $I_{m2}$, $\cdots$ 들은 기본파 및 각 고조파의 진폭이며, 또 $\theta_1$, $\theta_2$,$\cdots$ 들은 그 위상각이다. 이 식을 전개하면 다음 네 가지 항이 포함됨을 알 수 있다.

① $I_0^2$의 항

② 정현파의 제곱의 항

③ $I_0$와 정현파와의 곱의 항

④ 주파수가 다른 두 정현파의 곱의 항

따라서 $I_{rms}$를 식 (10.35)에 의하여 계산함에 있어서 위의 각 항의 평균값을 계산할 필요가 있다. 그런데 ①의 평균값은 그대로 $I_0^2$이고, 또 ③의 평균값은 0이다. ②에 대해서는

$$\frac{1}{T}\int_0^T I_{mm}{}^2 \sin^2(n\omega_0 t+\theta_n)dt = \frac{I_{mn}{}^2}{2T}\int_0^T [1-\cos(2n\omega_0 t+2\theta_n)]dt$$

$$=\frac{I_{mn}{}^2}{2}=I_n{}^2 \tag{10.37}$$

여기서 $n=1,\ 2,\ 3,\ \cdots$이고, $I_n$은 제 $n$고조파 전류의 실효값이다. 또 ④에 대해서는

$$\frac{1}{T}\int_0^T I_{mn}I_{mk}\sin(n\omega_0 t+\theta_n)\sin(k\omega_0 t+\theta_k)dt \quad (n\neq k) \tag{10.38}$$

을 계산해야 하겠는데 삼각공식

$$\sin x \sin y = \frac{1}{2}[\cos(x-y)-\cos(x+y)] \tag{10.39}$$

을 써서 피적분함수를 전개한 다음 적분하면 0이 됨을 알 수 있다.

이상으로 식 (10.35)는

$$I_{rms}=I=\sqrt{I_0{}^2+I_1{}^2+I_2{}^2\ldots} \tag{10.40}$$

즉, 비정현 주기전류의 실효값은 직류성분 및 각 고조파의 실효값의 제곱의 합과 제곱근과 같다. 마찬가지로 비정현파의 전압의 실효값은

$$I_{rms}=V=\sqrt{V_0{}^2+VI_1{}^2+V_2{}^2+\cdots} \tag{10.41}$$

여기서 $V_0,\ V_1,\ V_2,\cdots$등은 전압파의 DC 성분 및 각 고조파의 실효값이다. 보통의 교류전압계, 전류계는 파형이 정현파이건 비정현파이건 그 실효값을 지시한다. 비정현파에서 기본파에 비해 고조파 성분이 어느 정도 포함되어 있는가 하는 것은 다음 식으로 정의되는 왜율(distortion factor)로써 평가한다.

$$\text{왜율}=\frac{\text{전 고조파의 실효값}}{\text{기본파의 실효값}}=\frac{\sqrt{I_2{}^2+I_3{}^2+\cdots}}{I_1} \tag{10.42}$$

**예제 10.12** $R-L$ 직렬회로에 다음 전압을 인가할 때 제3고조파 전류의 실효값을 구하라. 단, $R=40$ [Ω], $\omega_o L=10$[Ω]이다.

$v(t)=20+100\sqrt{2}\sin\omega_o t+40\sqrt{2}\sin(3\omega_o t+60°)+70\sqrt{2}\sin5\omega_o t$ [V]

**해** 제3고조파일 때의 임피던스 절대값은 다음과 같다.

$$Z_3 = \sqrt{R^2 + (3\omega_o L)^2} = \sqrt{40^2 + 30^2} = 50[\Omega]$$

제3고조파일 때의 전압 $V_{m3} = 40\sqrt{2}$[V]이므로

$I_{m3} = \dfrac{V_{m3}}{Z_3} = 0.8\sqrt{2}$[A]가 된다.

**예제 10.13** 저항이 2[Ω]이고 인덕터가 1[mH]인 코일에 다음과 같은 전압을 가할 때 회로에 흐르는 전류 $i(t)$를 구하라. 단, $\omega_o = 10^3$[rad/sec]이다.

$$v(t) = 10 + 40\ \sin\omega_o t + 30\ \sin(3\omega_o t + 45°) + 50\ \sin(5\omega_o t + 30°)$$

**해** 직류성분에 대한 임피던스 및 위상각은 다음과 같다.

$$Z_o = \sqrt{R^2 + (\omega_o L)^2} = \sqrt{2^2 + (0)^2} = 2[\Omega]$$

$$\theta_o = \tan^{-1}\frac{\omega_o L}{R} = \tan^{-1}\frac{0}{2} = 0°,\quad I_o = \frac{V_o}{Z_o} = \frac{10}{2} = 5[\text{A}]$$

기본파 $\omega_o$에 대한 임피던스, 위상각 및 전류의 최대값은 다음과 같다.

$$Z_1 = \sqrt{R^2 + (\omega_o L)^2} = \sqrt{2^2 + (10^3 \times 10^{-3})^2} = \sqrt{5}[\Omega]$$

$$\theta_1 = \tan^{-1}\frac{\omega_o L}{R} = \tan^{-1}\frac{10^3 \times 10^{-3}}{2} = 26.6°,\quad I_{m1} = \frac{V_{m1}}{Z_1} = \frac{40}{\sqrt{5}} = 24.1[\text{A}]$$

제3고파 $3\omega_o$에 대한 임피던스, 위상각 및 전류의 최대값은 다음과 같다.

$$Z_3 = \sqrt{R^2 + (3\omega_o L)^2} = \sqrt{2^2 + (3 \times 10^3 \times 10^{-3})^2} = \sqrt{13}[\Omega]$$

$$\theta_3 = \tan^{-1}\frac{3\omega_o L}{R} = \tan^{-1}\frac{3 \times 10^3 \times 10^{-3}}{2} = 56.3°,\quad I_{m3} = \frac{V_{m3}}{Z_3} = \frac{30}{\sqrt{13}} = 8.32[\text{A}]$$

제5고파 $5\omega_o$에 대한 임피던스, 위상각 및 전류의 최대값은 다음과 같다.

$$Z_5 = \sqrt{R^2 + (5\omega_o L)^2} = \sqrt{2^2 + (5 \times 10^3 \times 10^{-3})^2} = \sqrt{29}[\Omega]$$

$$\theta_5 = \tan^{-1}\frac{5\omega_o L}{R} = \tan^{-1}\frac{5 \times 10^3 \times 10^{-3}}{2} = 68.2°,\quad I_{m5} = \frac{V_{m5}}{Z_5} = \frac{50}{\sqrt{29}} = 9.28[\text{A}]$$

따라서 $R-L$ 직렬회로에서 전류는 전압보다 위상이 뒤지므로 전류 $i(t)$는 다음과 같다.

$$\begin{aligned} i(t) &= 5 + 24.1\sin(1000t + 26.6°) + 8.32\sin(3000t + 45° - 56.3°) \\ &\quad + 9.28\sin(5000t + 30° - 68.2°) \\ &= 5 + 24.1°\sin(1000t + 26.6°) + 8.32\sin(3000t - 11.3°) + 9.28\sin(5000t - 38.2°)[\text{A}] \end{aligned}$$

**예제 10.14** $R-C$ 직렬회로에 다음의 전압을 인가할 때 제2고조파 전류의 실효값을 구하라. 단, $R=4[\Omega]$, $\frac{1}{\omega_o C}=6[\Omega]$, $v(t)=4+10\sqrt{2}\sin 2\omega_o t+20\sqrt{2}\sin 4\omega_o t[V]$이다.

**해** 제2고조파일 때의 임피던스 절대값은 다음과 같다.

$$Z_2=\sqrt{R^2+(\frac{1}{2\omega_o C})^2}=5[\Omega]$$

제2고조파일 때의 전압의 실효값 $V_2=\frac{V_{m2}}{\sqrt{2}}=10[V]$이므로 $I_2=\frac{V_2}{Z_2}=2[A]$가 된다.

**예제 10.15** $R-C$ 직렬회로에 $v(t)=12+10\sin 2t[V]$ 전압을 가할 때 회로에 흐르는 전류 $i(t)$를 구하라. 단, $R=3[\Omega]$, $C=0.125[F]$이다.

**해** 직류전압 12[V]에 대해서 $v_c(t)$가 최종값(정상상태) 12[V]에 도달하기 때문에 직류에서는 개방회로가 되므로 $I_o=0$, $V_{Ro}=RI_o=0[V]$, $V_{Co}=12[V]$가 된다.

또한 교류성분에 대해서 기본주파수가 $\omega_o=2[rad/sec]$이므로

$$X_C=-\frac{1}{\omega_o C}=-\frac{1}{2\times 0.125}=-4[\Omega],\ Z_1=\sqrt{3^2+4^2}=5[\Omega]$$

$$I_{m1}=\frac{V_{m1}}{Z_1}=\frac{10}{5}=2[A],\ \theta_1=\tan^{-1}\frac{3}{4}=53.13°$$

$R-C$ 회로에서는 전압보다 전류가 위상이 앞서므로 전류 $i(t)$는 다음과 같다.

$i(t)=0+2\sin(2t+53.13°)=2\sin(2t+53.13°)[A]$

**예제 10.16** 다음의 Fourier 급수 전계식에서 전압과 전류의 실효값을 구하라.

(a) $v(t)=40+60\cos 100t+80\sin 100t+40\cos 300t+30\sin 300t$ [V]

(b) $i(t)=2+4\cos 100t+3\sqrt{2}\cos 200t+2\sqrt{2}\cos 300t$ [A]

**해** Fourier 급수 전개식

$v(t)=a_o+a_1\cos\omega_o t+b_1\sin\omega_o t+a_2\cos 2\omega_o t+b_2\sin 2\omega_o t+a_3\cos 3\omega_o t+b_3\sin 3\omega_o t+\cdots\cdots$

(a) 상기 식에서 전압의 최대값은 다음과 같다.

$V_o=a_o,\ V_{m1}=\sqrt{a_1^2+b_1^2},\ V_{m2}=\sqrt{a_2^2+b_2^2},\ V_{m3}=\sqrt{a_3^2+b_3^2},\ \cdots\cdots$

따라서 상기 식을 원식에 적용하면 다음과 같다.

$V_o=40,\ V_{m1}=\sqrt{60^2+80^2}=100,\ V_{m3}=\sqrt{40^2+30^2}=50$

$$\therefore V=\sqrt{V_o^2+\left(\frac{1}{\sqrt{2}}V_{m1}\right)^2+\left(\frac{1}{\sqrt{2}}V_{m3}\right)^2}=\sqrt{7860}=88.6\ [V]$$

(b) $I_o=2$ , $I_{m1}=4$, $I_{m2}=3\sqrt{2}$ , $I_{m3}=2\sqrt{2}$ 이므로

$$\therefore I=\sqrt{I_o^2+\left(\frac{1}{\sqrt{2}}I_{m1}\right)^2+\left(\frac{1}{\sqrt{2}}I_{m2}\right)^2+\left(\frac{1}{\sqrt{2}}I_{m3}\right)^2}=\sqrt{25}=5[\text{A}]\text{가 된다.}$$

**예제 10.17** $R-L$ 직렬회로에 다음의 전압을 인가할 때 회로에 흐르는 전류 $i(t)$와 인덕터의 전압 $v_L(t)$를 구하라. 단, $R=12[\Omega]$, $L=0.02[\text{H}]$이고 전압은 다음과 같다.

$v(t)=18+30\sin 400t+10\sin 800t[\text{V}]$

**해** $R-L$ 직렬회로이므로 전류는 전압보다 위상이 뒤진다.

$i(t)=I_o+I_{m1}\sin(400t-\theta_1)+I_{m2}\sin(800t-\theta_2)$ [A]

$k$ 고조파의 임피던스 $Z_k=R+jk\omega_oL[\Omega]$이고, 직류성분에서 $Z_0=R=12[\Omega]$, $I_o=\dfrac{V_o}{Z_o}=1.5[\text{A}]$가 된다.

기본파 $\omega_o=400[\text{rad/sec}]$일 때

$V_{m1}=30[\text{V}]$, $Z_1=R+j\omega_oL=12+j8=\sqrt{12^2+8^2}=14.42[\Omega]$, $\theta_1=\tan^{-1}8/12=33.7°$

$I_{m1}=\dfrac{V_{m1}}{Z_1}=2.08$ [A]가 된다.

제2고조파 $2\omega_o=800[\text{rad/sec}]$일 때 $V_{m2}=10[\text{V}]$이고, $Z_2=R+j2\omega_oL=12+j16[\Omega]$,

$\theta_2=\tan^{-1}16/12=36.87°$ , $Z_2=\sqrt{12^2+16^2}=20[\Omega]$, $I_{m2}=\dfrac{V_{m2}}{Z_2}=0.5[\text{A}]$가 된다.

따라서 회로에 흐르는 전류 $i(t)$는 다음과 같다.

$i(t)=1.5+2.08\sin(400t-33.7°)+0.5\sin(800t-36.87°)[\text{A}]$

인덕터의 전압 $v_L(t)=L\dfrac{di}{dt}$ 이므로

$$\begin{aligned} v_L(t)&=0.02\frac{d}{dt}[1.5+2.08\sin(400t-33.7°)+0.5\sin(800t-36.87°)]\\ &=16.64\cos(400t-33.7°)+8\cos(800t-36.87°)\\ &=16.64\sin(400t-33.7°+90°)+8\sin(800t-36.87°+90°)\\ &=16.64\sin(400t+56.3°)+8\sin(800t+53.13°)\ [\text{V}]\text{가 된다.}\end{aligned}$$

**예제 10.18** $R-C$ 직렬회로에 다음의 전압을 인가할 때 회로에 흐르는 전류 $i(t)$를 구하라. 단, $R=3[\Omega]$, $C=250[\mu\text{F}]$이고 전압은 $v(t)=12+10\sin 1000t+4\sin 2000t[\text{V}]$이다.

**해** $R-C$ 직렬회로이므로 전류는 전압보다 위상이 앞선다.

$i(t)=I_o+I_{m1}\sin(1000t+\theta_1)+I_{m2}\sin(2000t+\theta_2)[\text{A}]$

$k$ 고조파의 임피던스 $Z_k=R-j\dfrac{1}{k\omega_oC}[\Omega]$이고, 직류성분에서는 $\omega=0$이므로 임피던스 $Z$가 무한대가 되어 $Z_o=R-j\dfrac{1}{\omega}=R-j\infty$로서 회로는 개방상태이므로 $I_o=0$가 된다.

기본파 $\omega_o=1000[\text{rad/sec}]$일 때 $V_{m1}=10[\text{V}]$가 되고

$Z_1 = R - j\frac{1}{\omega_o C} = 3 - j4 = \sqrt{3^2+4^2} = 5[\Omega]$, $\theta_1 = \tan^{-1}4/3 = 53.1°$ 이 된다. 또한

$I_{m1} = \frac{V_{m1}}{Z_1} = 2[A]$가 된다.

제2고조파 $2\omega_o = 2000[rad/sec]$일 때 $V_{m2} = 4[V]$이고,

$Z_2 = R - j\frac{1}{2\omega_o C} = 3 - j2 = \sqrt{3^2+2^2} = \sqrt{13}[\Omega]$, $\theta_2 = \tan^{-1}2/3 = 33.69°$ 가 된다.

또한 $I_{m2} = \frac{V_{m2}}{Z_2} = \frac{4}{\sqrt{13}} = 1.109$ [A]가 된다.

따라서 회로에 흐르는 전류 $i(t)$는 다음과 같다.

$i(t) = 2\sin(1000t + 53.1°) + 1.109\sin(2000t + 33.69°)[A]$

## 10.6 비정현파에 의한 전력

2단자망의 단자전압과 단자전류가 각각

$$v(t) = V_0 + V_{m1}\sin(\omega_0 t + \alpha_1) + V_{m2}(2\omega_0 t + \alpha_2) + \cdots$$
$$i(t) = I_0 + I_{m1}\sin(\omega_0 t + \beta_1) + I_{m2}(2\omega_0 t + \beta_2) + \cdots \tag{10.43}$$

와 같이 표시되는 비정현파일 때(단, $i$의 정방향으로 생기는 전압강하를 $v$라고 함) 회로에 공급되는 순시전력은 $vi$이고 평균전력은

$$P = \frac{1}{T}\int_0^T vi dt \tag{10.44}$$

이다. 그런데 식 (10.43)의 두 식을 곱하여 보면 다음 네 가지 항을 포함함을 알 수 있다.

① $V_0 I_0$
② 일정값과 정현파와의 곱
③ 주파수가 같은 두 정현파의 곱의 항
④ 주파수가 다른 두 정현파의 곱의 항

이 각 항의 평균값을 계산해야 하겠는데 ①의 평균값은 $V_0 I_0$, ② 및 ④의 평균치는 앞 절에서와 마찬가지로 0이다. 나머지 ③에 대해서는

$$\frac{1}{T}\int_0^T V_{mn} I_{mn}\sin(n\omega_0 t + \alpha_n)\sin(n\omega_0 t + \beta_n)dt$$

$$= \frac{V_{mn}I_{mn}}{T}\int_0^T \sin(n\omega_0 t+\alpha_n)\sin(n\omega_0 t+\alpha_n-\theta_n)dt \qquad (n=1,\ 2,\ 3,\ \cdots)$$

단, $\theta_n = \alpha_n - \beta_n =$ 제$n$고조파의 전압, 전류의 상차

여기서 식 (10.39)를 이용하여 피적분함수를 전개한 다음 적분하면 그 결과는

$$\frac{1}{2}V_{mn}I_{mn}\cos\theta_n = V_n I_n \cos\theta_n$$

과 같게 된다. 이상으로 평균전력은

$$P = V_0 I_0 + V_1 I_1 \cos\theta_1 + V_2 I_2 \cos\theta_2 + \cdots = P_0 + P_1 + P_2 + \cdots \qquad (10.45)$$

즉, 비정현 주기파에 의하여 회로에 공급되는 평균전력은 각 고조파가 단독적으로 공급하는 평균전력의 합과 같다. 보통의 교류전력계는 파형이 정현파이건 비정현파이건 평균전력을 지시한다.

비정현파의 피상전력은 정현파에 있어서와 마찬가지로 전압, 전류의 실효값의 곱으로써 정의되며, 또 역률은 피상전력에 대한 유효전력( =평균전력)의 비로써 정의한다. 즉,

$$\text{역률} = \frac{\text{유효전력}}{\text{피상전력}} = \frac{P}{VI} \qquad (10.46)$$

식 (10.45)는 각 고조파별로 전력을 따질 수 있음을 말하여 준다. 그러므로 가령 비정현파가 주파수 선택회로를 통할 때 통과영역에 속하는 고조파의 전력은 비교적 크게 전달되고 이에 속하지 않는 고조파의 전력은 크게 저지된다고 말할 수 있다. 이와같이 어떤 주파수 범위에 속하는 전력을 운운할 수 있다는 것은 결국은 Fourier 급수의 덕택이다.

**예제 10.19** 어떤 회로의 단자전압이 $v=100\sin\omega_0 t+40\sin 2\omega_0 t+30\sin(3\omega_0 t+60°)$이고, 전압강하의 방향으로 흐르는 전류가 $i=10\sin(\omega_0 t-60°)+2\sin(3\omega_0 t+135°)$일 때 다음을 구하라.

(a) 전압파의 왜율

(b) 회로에 공급되는 평균전력

(c) 역률

**해** (a) $V_1 = \frac{100}{\sqrt{2}},\quad V_2 = \frac{40}{\sqrt{2}},\quad V_2 = \frac{30}{\sqrt{2}}$ 이므로

$$\text{왜율} = \frac{\sqrt{40^2+30^2}}{100} = \frac{1}{2}\times 100 = 50[\%]$$

(b) $P_1 = \frac{100}{\sqrt{2}}\times\frac{10}{\sqrt{2}}\cos(60°) = 250[\text{W}]$, $P_2 = \frac{40}{\sqrt{2}}\times 0 = 0$

$P_3 = \frac{30}{\sqrt{2}}\times\frac{2}{\sqrt{2}}\cos(60° - 135°) = 7.8[\text{W}]$

그러므로 평균전력$=250 + 7.8 = 257.8[\text{W}]$

(c) $V = \sqrt{\frac{100^2+40^2+30^2}{2}} = 79[\text{V}]$, $I = \sqrt{\frac{10^2+2^2}{2}} = 7.2[\text{A}]$

$\therefore\ p.f = \frac{257.8}{79\times 7.2} = 0.45$

**예제 10.20** 5[Ω]의 저항을 흐르는 전류가 $i = 5 + 14.14\sin 100t + 7.07\sin 200t$일 때 저항에서 소비되는 평균전력을 구하라.

**해** 각 고조파에 의하여 공급되는(따라서 소비되는) 전력은

$P_0 = 5\times 5^2 = 125[\text{W}]$, $P_1 = 5\times\left(\frac{14.14}{\sqrt{2}}\right)^2 = 500[\text{W}]$

$P_3 = 5\times\left(\frac{7.07}{\sqrt{2}}\right)^2 = 125[\text{W}]$

그러므로 평균전력$=125 + 500 + 125 = 750[\text{W}]$ 혹은

$I = \sqrt{I_0^{\,2} + I_1^{\,2} + I_3^{\,2}} = \sqrt{5^2 + 10^2 + 5^2} = \sqrt{150}$

$\therefore\ P = RI^2 = 5\times 150 = 750[\text{W}]$

**예제 10.21** [그림 10.26]의 회로에서 입력전압 $e = 12 + 10\sin 2t[\text{V}]$일 때 전류 $i$, 전압 $v_R$, $v_c$ 및 회로에 전달된 전력을 구하라.

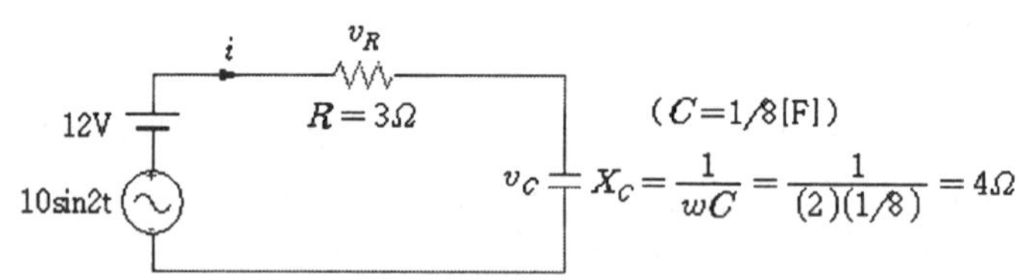


[그림 10.26] 예제 회로

**해** 중첩의 원리를 적용하자.

(a) 먼저 12[V]의 전원에 대해서 $v_C$가 최종값(정상상태)에 도달했기 때문에 직류에는 개방회로이므로 $I=0$이 된다. 그러므로 $V_R = IR = 0[\text{V}]$, $V_C = 12[\text{V}]$가 된다.

(b) 교류전원에 대해서 $Z = 3 - j4 = 5\angle -53.13°$이 되고

$$I=\frac{E}{Z}=\frac{(10/\sqrt{(2)}\angle 0^\circ}{5\angle -53.13^\circ}=\frac{2}{\sqrt{2}}\angle 53.13^\circ\,[\mathrm{A}]$$

$$V_R=IR=(2/\sqrt{2}\angle 53.13^\circ)(3\angle 0^\circ)=6/\sqrt{2}\angle 53.13^\circ\,[\mathrm{V}]$$

$$V_C=IX_C=(2/\sqrt{2}\angle 53.13^\circ)(4\angle -90^\circ)=8/\sqrt{2}\angle -36.87^\circ\,[\mathrm{V}]$$

이 된다. 시간영역에 대해서

$$i=0+2\sin(2t+53.13^\circ)[\mathrm{A}]$$

$$v_R=0+6\sin(2t+53.13^\circ)[\mathrm{V}]$$

$$v_C=12+8\sin(2t-36.87^\circ)[\mathrm{V}]$$

가 된다. 그리고 회로에 전달된 전력은 다음과 같다.

$$P=I^2R=(2/\sqrt{2})^2\times 3=6[\mathrm{W}]$$

**예제 10.22** [그림 10.27]의 평균전력을 구하라. 단, 공급전류 $i(t)$는 다음과 같다.

$$i(t)=2+10\cos(t+10^\circ)+6\cos(3t+35^\circ)$$

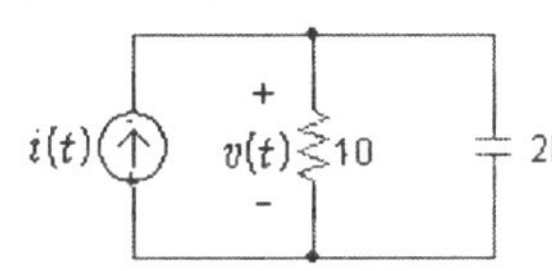


[그림 10.27]

**해** $Z=10\parallel\frac{1}{j2\omega}=\frac{10}{1+j20\omega}$, $V=IZ=\frac{10I}{\sqrt{1+400\omega^2}\angle\tan^{-1}20\omega}[\mathrm{V}]$

(a) dc, $\omega=0$, $I=2A\rightarrow V=10(2)=20[\mathrm{V}]$

(b) $\omega=1[\mathrm{rad/s}]$, $I=10\angle 10^\circ\rightarrow V=\frac{10(10\angle 10^\circ)}{\sqrt{1+400}\angle\tan^{-1}20}=5\angle -77.14^\circ\,[\mathrm{A}]$

(c) $\omega=3[\mathrm{rad/s}]$, $I=6\angle 35^\circ\rightarrow V=\frac{10(6\angle 35^\circ)}{\sqrt{1+3600}\angle\tan^{-1}60}=1\angle -54.04^\circ\,[\mathrm{A}]$

$$P=V_{dc}I_{dc}+\frac{1}{2}\sum_{n=1}^{\infty}V_nI_n\cos(\theta_n-\phi_n)=20(2)+\frac{1}{2}(5)(10)\cos(-77.14^\circ-10^\circ)$$

$$+\frac{1}{2}(1)(6)\cos(-54.04^\circ-35^\circ)=40+1.247+0.05=41.3[\mathrm{W}]$$

**예제 10.23** 다음과 같은 입력에 대해 [그림 10.28]의 회로에 대한 응답을 구하라.

$$e=0.318E_m+0.500E_m\sin\omega t-0.212E_m\cos 2\omega t-0.0424E_m\cos 4\omega t+\cdots$$

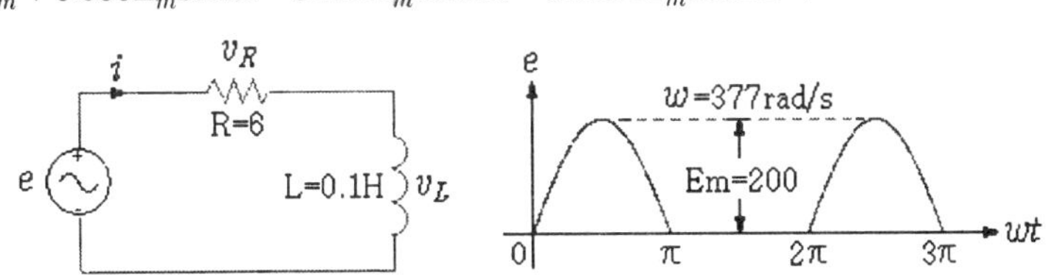


(a) (b)

[그림 10.28] 예제 회로

**해** 입력신호 중에서 오직 처음의 세 항만이 $e$의 파형을 나타내는데 쓰였다. cos항을 sin항으로 변환하고, $E_m$을 대입하면 다음과 같이 된다.

$e = 63.60 + 100.0\sin\omega t - 42.40\sin(2\omega t + 90°)$

페이저 개념을 이용하면 원래의 회로는 [그림 10.29]와 같이 된다. 중첩의 원리를 이용하면

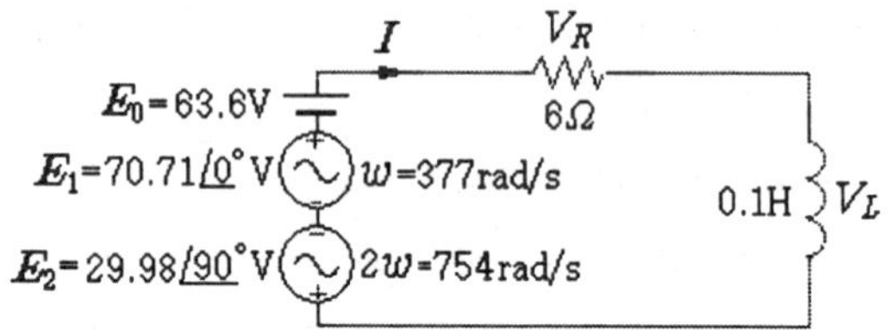


[그림 10.29]

직류항에 대해서($E_0 = 63.6$[V]) 먼저 풀어본다.

$X_L = 0,\ Z_T = 6\angle 0° = R,\ I_0 = E_0/R = 63.6/6 = 10.60$[A]

$V_{R0} = I_0 R = E_0 = 63.60$[V], $V_{L0} = 0$[V]

평균전력은 다음과 같다.

$P_0 = I_0^2 R = (10.60)^2(6) = 674.2$[W]

기본항에 대해서($E_1 = 70.71\angle 0°$ [V], $\omega = 377$)는 다음과 같다.

$X_{L1} = \omega L = 377 \times 0.1 = 37.7[\Omega],\ Z_{T1} = 6 + j37.7 = 38.17\angle 80.96°\ [\Omega]$

$I_1 = E_1/Z_{T1} = \dfrac{70.71\angle 0°}{38.17\angle 80.96°} = 1.85\angle -80.96°$ [A]

$V_{R1} = I_1 R = (1.85\angle -80.96°)(6\angle 0°) = 11.10\angle -80.96°$ [V]

$V_{L1} = I_1 X_L = (1.85\angle -80.96°)(37.7\angle 90°) = 69.75\angle 9.04°$ [V]

평균전력은 다음과 같다.

$P_1 = I_1^2 R = (1.85)^2 \times 6 = 20.54$[W]

두 번째 고조파항에 대해서($E_2 = 29.98\angle -90°$ [V], $\omega = 754$) 풀어본다.

$X_{L2} = \omega L = 754 \times 0.1 = 75.4[\Omega],\ Z_{T2} = 6 + j75.4 = 75.64\angle 85.45°\ [\Omega]$

$I_2 = E_2/Z_{T2} = \dfrac{29.98\angle -90°}{75.64\angle 85.45°} = 0.396\angle -174.45°$ [A]

$V_{R2} = I_2 R = (0.396\angle -174.45°)(6\angle 0°) = 2.38\angle -174.45°$ [V]

$V_{L2} = I_2 X_L = (0.396\angle -174.45°)(75.4\angle 90°) = 29.9\angle -84.45°$ [V]

평균전력은 다음과 같다.

$P_2 = I_2^2 R = (0.396)^2 \times 6 = 0.941$[W]

$i$에 대한 푸리에 급수의 확장은 다음과 같다.

$i = 10.6 + \sqrt{2}(1.85)\sin(377t - 80.96°) + \sqrt{2}(0.396)\sin(754t - 174.45°)$[A]

그리고

$I_{\text{eff}} = \sqrt{(10.6)^2 + (1.85)^2 + (0.396)^2} = 10.77[\text{A}]$

$v_R$에 대한 푸리에 급수의 확장은 다음과 같다.

$v_R = 63.6 + \sqrt{2}(11.10)\sin(377t - 80.96^\circ) + \sqrt{2}(0.396)\sin(754t - 174.45^\circ)[\text{V}]$

그리고

$v_{R_{\text{eff}}} = \sqrt{(63.6)^2 + (11.10)^2 + (2.38)^2} = 64.61[\text{V}]$

$v_L$에 대한 푸리에 급수의 확장은 다음과 같다.

$v_L = \sqrt{2}(69.75)\sin(377t + 9.04^\circ) + \sqrt{2}(29.93)\sin(754t - 84.45^\circ)$

그리고

$v_{L_{\text{eff}}} = \sqrt{(69.75)^2 + (29.93)^2} = 75.90[\text{V}]$

전체 평균전력은 다음과 같다.

$P_T = I_{\text{eff}}^2 R = (10.77)^2 \times 6 = 695.96[\text{W}] \Rightarrow (P_0 + P_1 + P_2)$

# 부록

## OP Amp



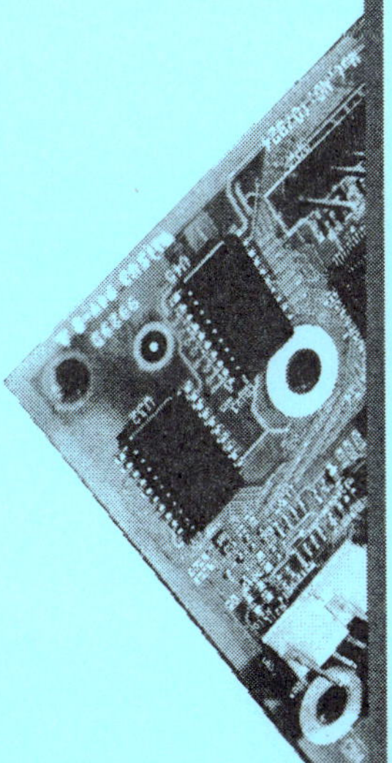

연산증폭기(Operational Amplifier)는 전자공학에서 가장 널리 사용되는 아날로그 신호를 증폭하기 위한 IC이며, 높은 임피던스, 낮은 출력 임피던스, 높은 전압이득이라는 이상적인 전압증폭기에 가까운 특성을 지니고 있다. 이 연산증폭기는 두 개의 차동 입력 핀과 하나의 출력 핀, 그리고 2개의 전원공급용 핀이 있다. 연산증폭기와 디지털 IC를 조합시키면 A/D 변환기 등의 다양한 응용이 가능해진다. [그림 1]은 연산증폭기의 그림이다.

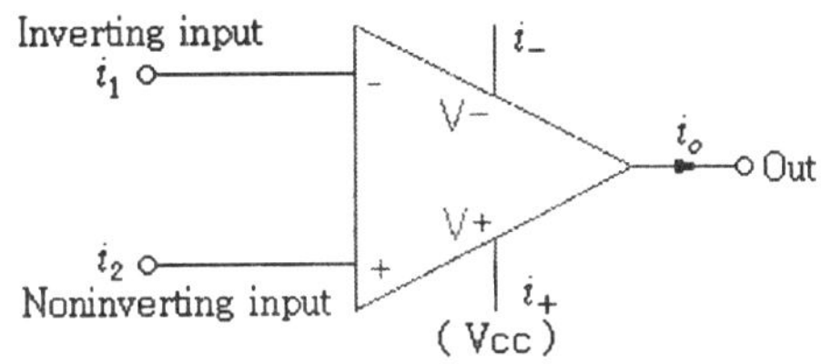


[그림 1] 연산증폭기

[그림 1]에서 $i_o = i_1 + i_2 + i_+ + i_-$이다. 이 그림은 종속전원인 VCVS로 대치할 수 있다. [그림 2]는 OP Amp의 등가회로이다.

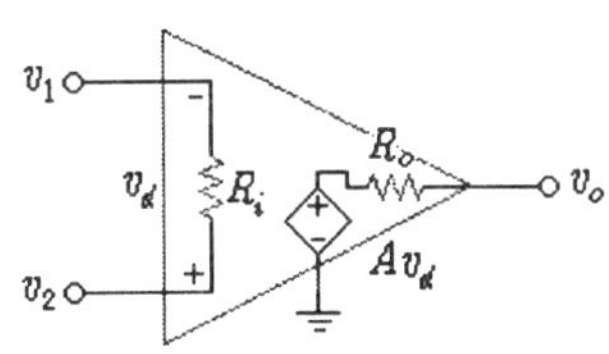


[그림 2]

$v_d = v_2 - v_1$

$v_o - Av_d - A(v_2 - v_1)$

$A$는 Open-loop gain으로 이상적인 OP Amp의 조건은 다음과 같다.

① 무한대의 Open-loop gain : $A \simeq \infty$

② 무한대의 입력저항 : $R_i \simeq \infty$

③ 제로 출력저항 : $R_o \simeq 0$

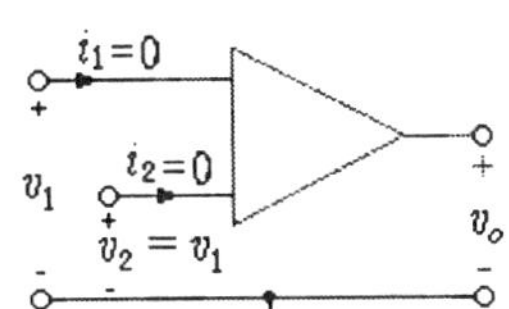


[그림 3]

[그림 3]에서

① 입력전류는 0이다($i_1 = i_2 = 0$).

② $v_1 = v_2$이다.

[그림 4]는 시중에 많이 시판되고 있는 OP Amp의 사진들이다.

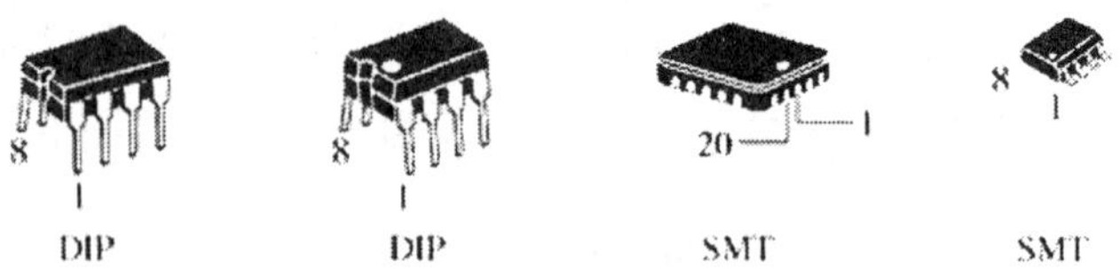


Typical packages. Pin 1 is indicated by a notch or dot on dual-in-line (DIP) and surface-mount technology (SMT) packages, as shown

[그림 4] OP Amp의 사진

## 1 반전증폭기(inverting amplifier)

[그림 4]에서 $i_1 = i_2$, 노드 $v_1$에서 $\dfrac{v_i - v_1}{R_i} = \dfrac{v_1 - v_o}{R_f}$, 여기서 $v_1 = v_2 = 0$이므로

$\therefore \dfrac{v_i}{R_i} = -\dfrac{v_o}{R_f} \Rightarrow v_o = -\dfrac{R_f}{R_i} v_i$이다.

[그림 5]의 등가회로는 [그림 6]과 같다.

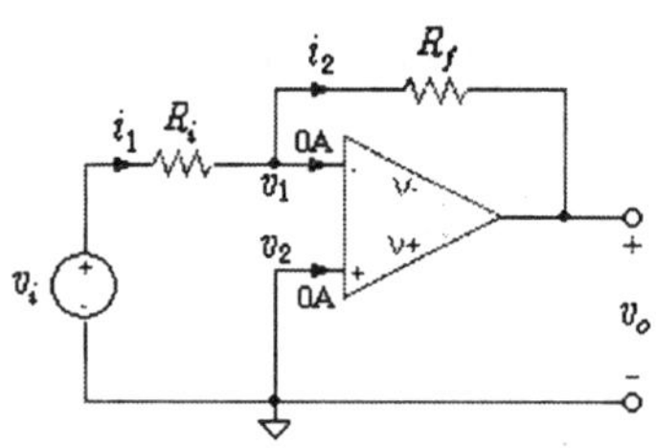


[그림 5]

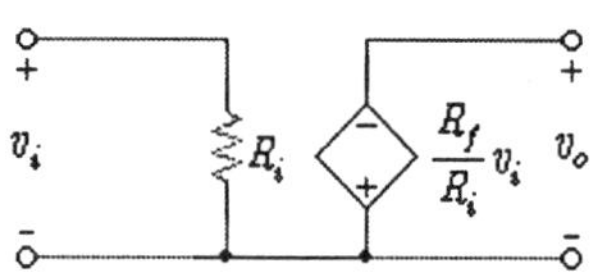


[그림 6]

**예제 1** [그림 5]에서 $v_i = 1[\text{mV}]$, $R_i = 10[\text{k}\Omega]$, $R_f = 250[\text{k}\Omega]$일 때 $v_o$와 $i_1$을 구하라.

**해** $v_o = -\dfrac{R_f}{Ri} v_i = -\dfrac{25}{10} 1[\text{mV}] = -2.5[\text{mV}]$, $i_1 = \dfrac{v_i - v_1}{R_i} = \dfrac{(1-0)\times 10^{-3}}{10 \times 10^3} = 0.1[\mu\text{A}] = 100[\mu\text{A}]$

[그림 7]은 예제 1의 시뮬레이션 결과이다.

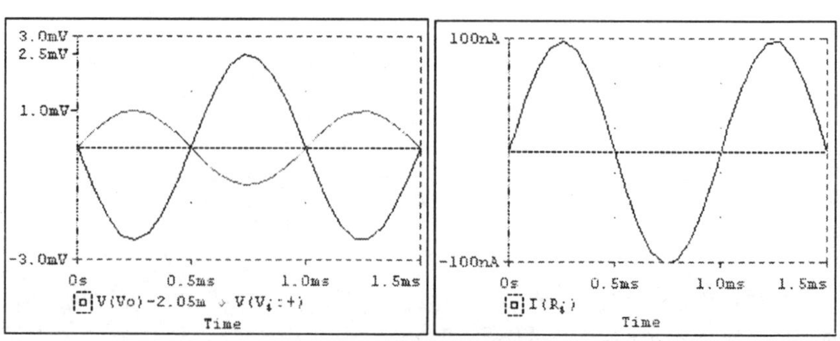


[그림 7] 시뮬레이션 결과

**예제 2** [그림 8]에서 출력전압 $v_o$을 구하라.

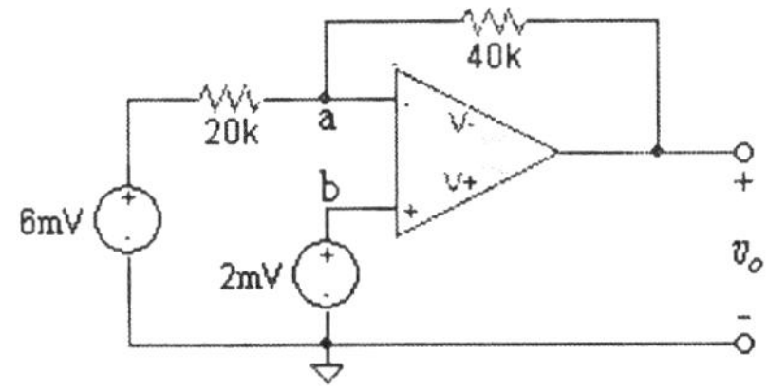


[그림 8]

**해** 노드 $a$점에서 $\dfrac{v_a - v_b}{40\times 10^3} = \dfrac{6\text{m} - v_a}{20\times 10^3}$

$v_a - v_o = 12\text{m} - 2v_a$

$v_0 = 3v_a - 12\text{m}\,(v_a = v_b = 2[\text{mV}])$

$\therefore v_o = -6[\text{mV}]$

만약 $v_v = 0(=v_a)$, $v_o = -(40/20)v_i = -12[\text{mV}]$

[그림 9]는 상기 회로의 시뮬레이션 결과이다.

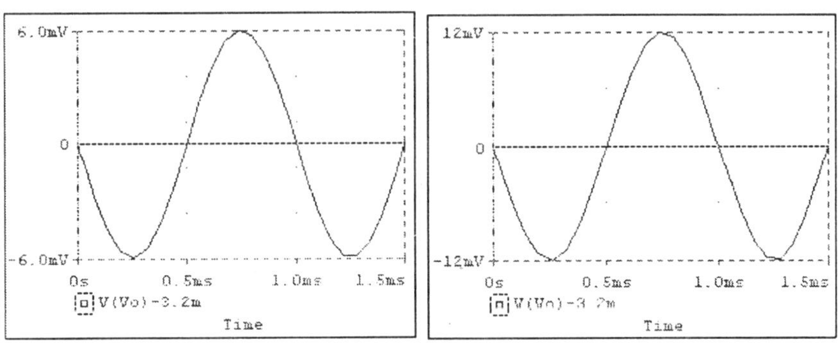


[그림 9]

## 2 비반전증폭기(noninverting amplifier)

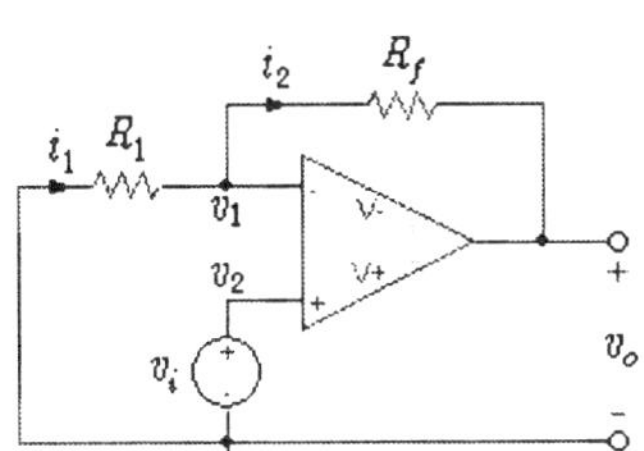


[그림 10]

[그림 10]에서

$$i_1 = i_2 \Rightarrow \frac{0 - v_1}{R_1} = \frac{v_1 - v_o}{R_f}\,(v_1 = v_2 = v_i) - \frac{v_i}{R_i} = \frac{v_i - v_o}{R_f}$$

$$\therefore v_o = \left(1 + \frac{R_f}{R_1}\right) v_i = A v_i$$

(만약 $R_f = 0$ or $R_1 = \infty$ 이면 $v_o = v_i$ : Voltage follow 혹은 Buffer)

**예제 3** [그림 11](a)에서 출력전압 $v_o$를 구하라.

**해** 중첩의 정리를 이용 ; $v_o = v_{o1} + v_{o2}$

$v_{o1}$(inverting amp) $= -\dfrac{R_f}{R_1} v_i = -\dfrac{10}{4} 6[\text{mV}] = -15[\text{mV}]$

$v_{o2}$(noninverting amp) $= \left(1 + \dfrac{10}{4}\right) 4[\text{mV}] = 14[\text{mV}]$

$\therefore v_o = v_{o1} + v_{o2} = -15 + 14 = 1[\text{mV}]$, 그림 (b)는 시뮬레이션 결과이다.

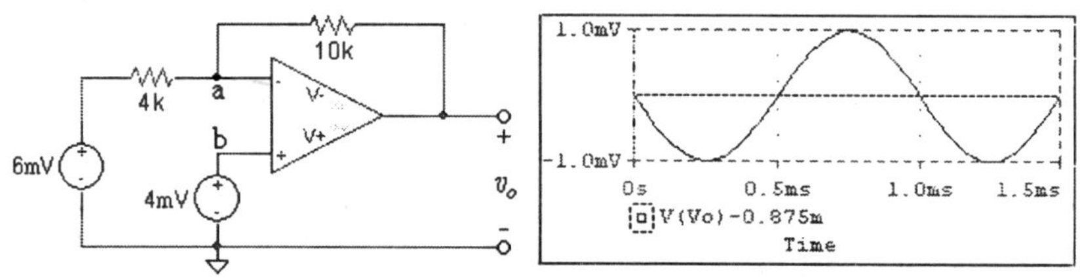


(a) (b)

[그림 11]

## 3 가산증폭기(summing amplifier)

[그림 12]은 가산 증폭기이다.

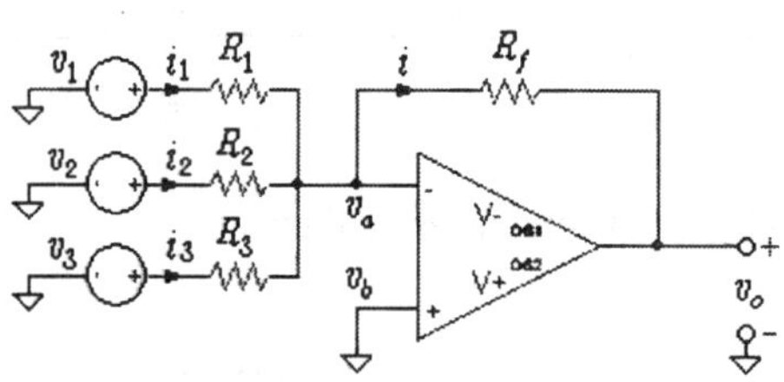


[그림 12]

$$i = i_1 + i_2 + i_3$$

$$i_1 = \frac{v_1 - v_a}{R_1}, \quad i_2 = \frac{v_2 - v_a}{R_2}, \quad i_3 = \frac{v_3 - v_a}{R_3}, \quad i = \frac{v_a - v_o}{R_f}$$

그리고 $v_a = v_b = 0$이므로 $\therefore v_o = -\left(\dfrac{R_f}{R_1} v_a + \dfrac{R_f}{R_2} v_b + \dfrac{R_f}{R_3} v_c\right)$이 된다.

**예제 4** [그림 13](a)에서 $v_o$와 $i_o$를 구하라.

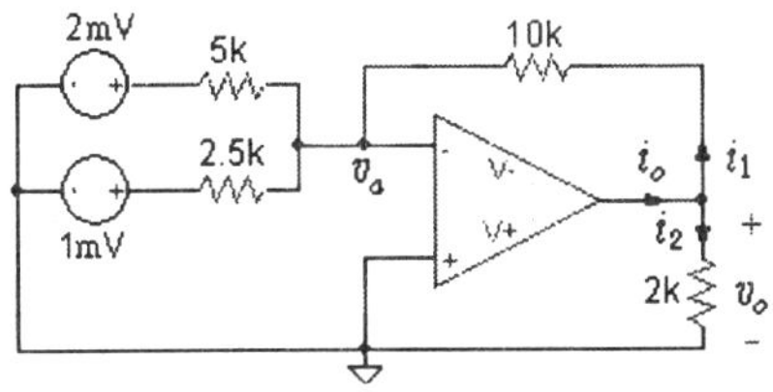

(a)

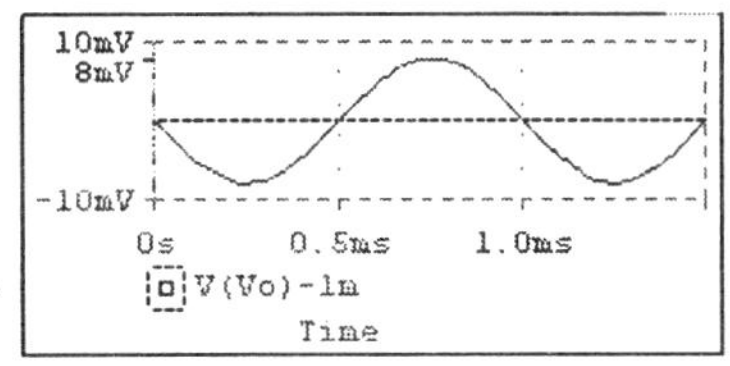


(b)

[그림 13]

**해** $v_o = -\left[\frac{1}{5}(2) + \frac{10}{2.5}(1)\right] = -8[\text{mV}]$, $i_o = i_1 + i_2$, $i_1 = \frac{v_o - v_a}{10 \times 10^3}$, $i_2 = \frac{v_o}{2 \times 10^3}$, $v_a = 0$

$$= \frac{v_o}{10 \times 10^3} + \frac{v_o}{2 \times 10^3} = \frac{-8 \times 10^{-3}}{10 \times 10^3} - \frac{8 \times 10^{-3}}{2 \times 10^3} = (-0.8 - 4)[\mu\text{A}] = -4.8[\mu\text{A}]$$

[그림 13](b)는 그림 (a)의 시뮬레이션 결과이다.

## 4 감산증폭기(differential amplifier)

[그림 14](a)는 감산증폭기의 그림이다. 노드 $a$점에서 KCL를 적용하면 $\frac{v_1 - v_a}{R_1} = \frac{v_a - v_o}{R_2} \Rightarrow v_o = \left(\frac{R_2}{R_1} + 1\right)v_a - \frac{R_2}{R_1}v_1$가 되고 노드 $b$점에서 KCL를 적용하면 다음과 같이 된다.

$$\frac{v_2 - v_b}{R_3} = \frac{v_b}{R_4} \Rightarrow v_b = \left(\frac{R_4}{R_3 + R_4}\right)v_2$$

여기서 $v_a = v_b$이므로 $\therefore v_o = \frac{R_2(1 + R_1/R_2)}{R_1(1 + R_3/R_4)}v_2 - \frac{R_2}{R_1}v_1$

만약, $\frac{R_1}{R_2} = \frac{R_3}{R_4} \Rightarrow v_o = \frac{R_2}{R_1}(v_2 - v_1)$이 된다.

**예제 5** [그림 14](a)에서 $R_1 = 5[\text{k}]$, $R_2 = 10[\text{k}]$, $R_3 = 2.5[\text{k}]$, $R_4 = 5[\text{k}]$, $v_1 = 2[\text{mV}]$, $v_2 = 1[\text{mV}]$이라면 그 때 출력전압 $v_o$는 얼마인가?

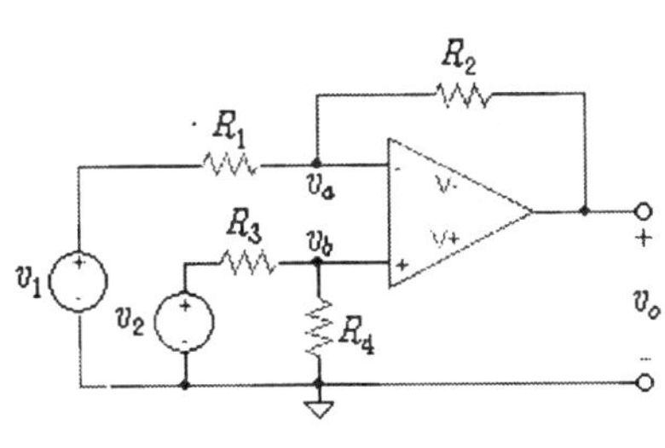

(a)

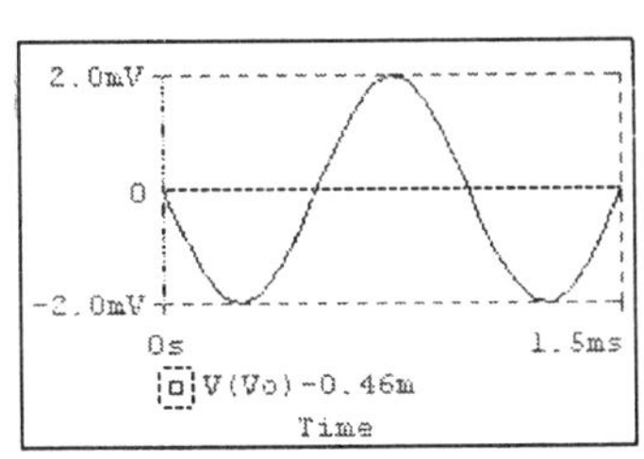


(b)

[그림 14]

**해** $\frac{R_1}{R_2}=\frac{R_3}{R_4} \Rightarrow v_o=\frac{R_2}{R_1}(v_2-v_1)$이므로

$v_o=\frac{10[k]}{5[k]}(2[mV]-1[mV])=2[mV]$가 되고, 출력결과는 그림 (b)이다.

**예제 6** 아래 식을 나타내는 OP Amp를 설계하라.

$v_o=-5v_1+3v_2$

**해** [그림 14](a)의 감산회로에서 $v_o=\frac{R_2(1+R_1/R_2)}{R_1(1+R_3/R_4)}v_2-\frac{R_2}{R_1}v_1=-5v_1+3v_2$

여기서 $\frac{R_2}{R_1}=5$이면 $5 \cdot \frac{1+1/5}{1+R_3/R_4}=3 \Rightarrow \frac{R_3}{R_4}=1$

(따라서 $R_1=10[k]$, $R_3=20[k]$, $R_2=50[k]$, $R_4=20[k]$, $v_1=2[mV]$, $v_2=1[mV]$이면)

$\therefore v_o=\frac{R_2(1+R_1/R_2)}{R_1(1+R_3/R_4)}v_2-\frac{R_2}{R_1}v_1=5 \cdot \frac{1+1/5}{1+1}v_2-5v_1 = -7[mV]$가 된다. 이 회로의 시뮬레이션 결과는 [그림 15]와 같다.

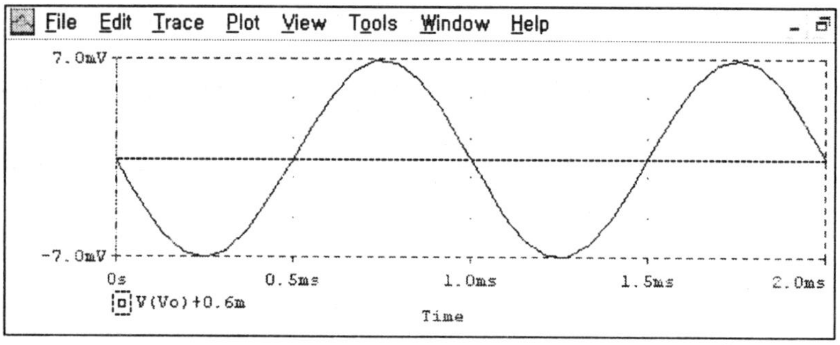


[그림 15]

**예제 7** 예제 6의 식을 만족하는 회로를 반전회로와 가감회로를 조합해서 설계하라.

**해** 회로설계는 [그림 16]과 같이 구성하였다.

(a) 회로 후반의 가산회로에서 $v_o=-5v_1-v_a$

(b) 회로 전반부의 반전회로에서 $v_a=-3v_2$

$\therefore v_o=-(3v_2-5v_1)=-(-3\times 1[mV]-5\times[2mV])=-13[mV]$가 된다.

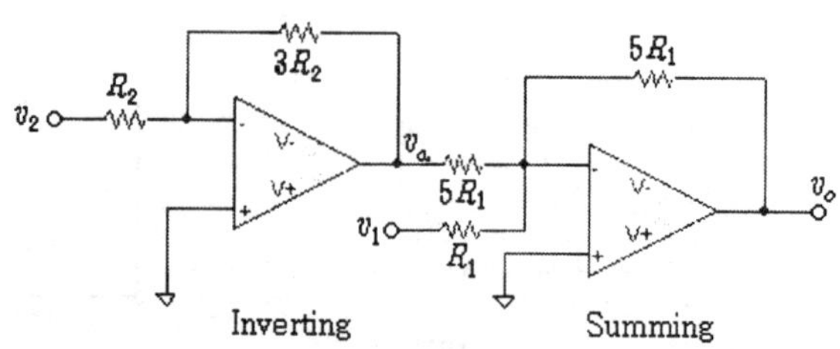


[그림 16]

실제 회로와 시뮬레이션 결과는 [그림 17]과 같다.

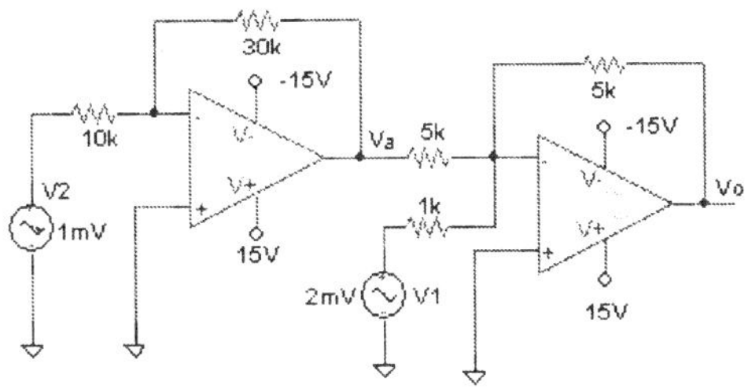


(a)

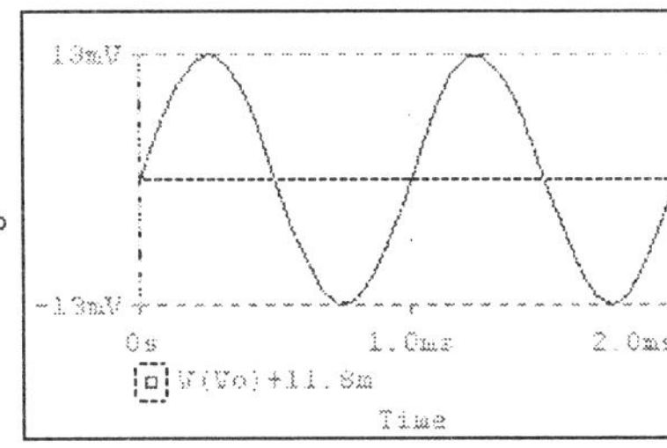

(b)

[그림 17]

## 5 비교기

두 개의 입력신호를 비교하여 출력에 높은 전압과 낮은 전압을 나타내 주는 회로를 설계해 보자. 회로는 [그림 17](a)처럼 구성하였다. 즉, (+)입력단에 가해주는 신호가 (−)입력신호보다 클 때는 양전압(+12[V])으로 나오고, 반대일 때는 음전압(−12[V])으로 나온다. 출력결과는 그림 (b)와 같다.

**예제 8** [그림 18](a)의 회로에서 출력파형을 구하라.

**해** [그림 18](a) 회로는 OP Amp를 이용한 비교기 회로이다. $V_{in} > V- = 0$[V]이면 출력은 +5[V]이고, $V_{in} < V- = 0$[V]이면 −5[V]가 된다. 그리고 Vnoise에 0[V] 대신 1[V]를 인가하면 출력은 원신호 60[Hz]에 1[V], 2.5[kHz]가 가해져 원래의 깨끗한 구형파 출력에 리플이 포함된 출력파형이 나온다. 그림 (b)는 시뮬레이션 결과이다.

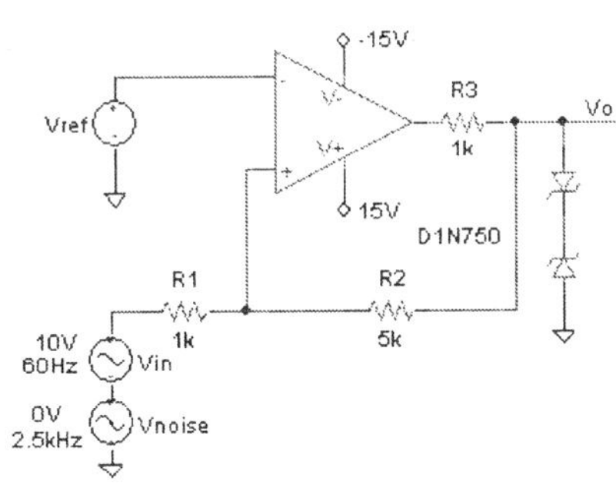


(a)

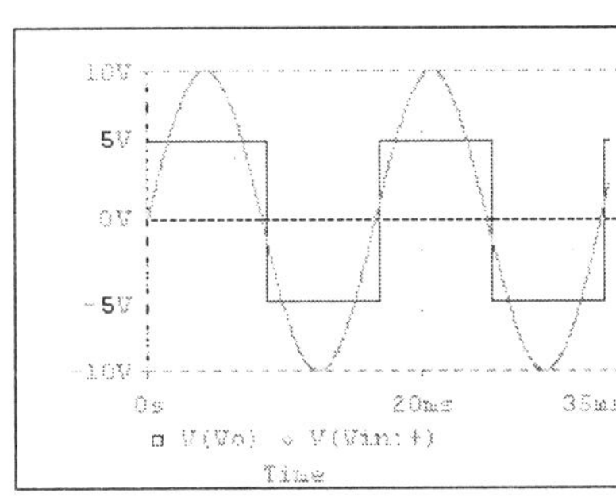


(b)

[그림 18]

## 6 적분기

[그림 19]의 회로에서 피드백 커패시터 $C$양단의 스위치를 $t=0$에서 open하면(초기전압 $v_o=0$) 그때부터의 출력전압 $v_o$는 다음에서 보듯이 입력전압 $v_S$를 적분(integrate)한 값에

비례하면서 변한다. 입력전류 $i = i_S / R$는 그대로 $C$에 유입하므로

$$v_o = -\frac{1}{C}\int idt = -\frac{1}{RC}\int v_s dt$$

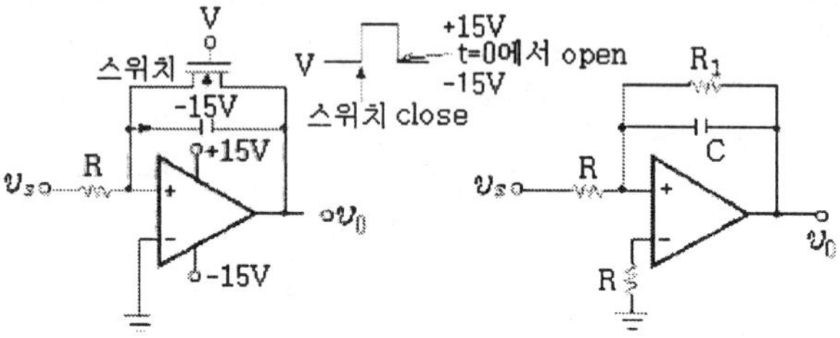

[그림 19]

이 된다. 실제의 적분기에서는 그림 (b)와 같이 오프셋(offset) 전류의 영향을 줄이기 위해서 +단자는 저항 $R$을 거쳐서 접지시키고, 또한 DC 오프셋 전압의 영향을 줄이기 위해서는 $C$양단에 큰 저항 $R_1 (\geq 10R)$을 단다. $\omega > 1/R_1 C$에서는 $R_1$이 큰 영향을 주지 않는다. 예를 들면 $R = 1[\text{k}\Omega]$, $R_1 = 20[\text{k}\Omega]$, $C = 10[\mu\text{F}]$일 때에는

$$f > \frac{1}{2 \times 3.14 \times 20 \times 10^3 \times 10 \times 10^{-6}}$$

이 된다. 즉 약 1.5[Hz] 이상의 주파수에 대해서 적분이 충실히 이루어진다.

[그림 20]은 적분기의 실제 회로도이다. 적분기가 동작하기 위해서는 $R_4 \gg 10 \times R_1$, $R_1 \times C_1 (A+1) > 10\,T$라는 조건이 만족되어야 한다. 입력 오프셋 영향을 줄이기 위해서 커패시터와 병렬로 저항 $R_4$를 삽입하였다. [그림 21]은 적분기 회로의 시뮬레이션 결과이다. 출력된 램프(lamp)함수는 입력전압의 (+)반주기 동안에는 감소하는 램프함수가 되고 (−)반주기 동안에는 증가하는 램프함수가 된다.

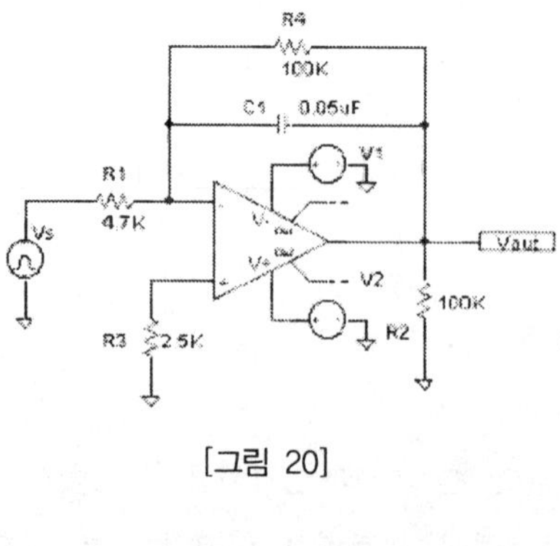

[그림 20]

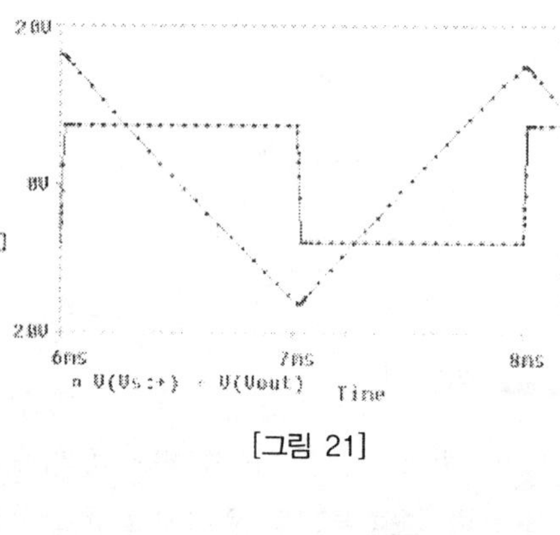

[그림 21]

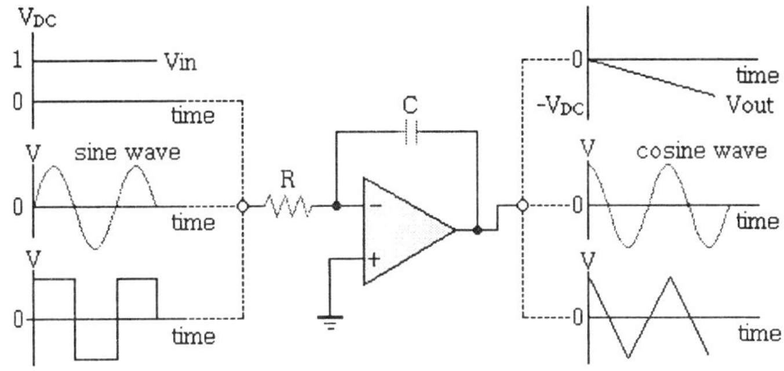


[그림 22]

[그림 22]는 각종 입력전압 파형에 대한 적분기의 출력전압 파형을 나타낸다.

## 7 미분기

이 회로는 능동 적분기 회로에서 $R$과 $C$를 서로 맞바꾸면 된다. 가상 접지 때문에 커패시터 전류는 피드백 저항을 통해 흐르고 이때 전류는 다음과 같이 입력전압의 경사에 비례한다.

$$i = C\frac{dv}{dt}$$

그러나 연산증폭 미분기는 상태가 안 좋을 때는 발진할 우려가 있다. 이것을 피하기 위해 아래 [그림 23]과 같이 커패시터에 직렬로 저항을 연결한다.

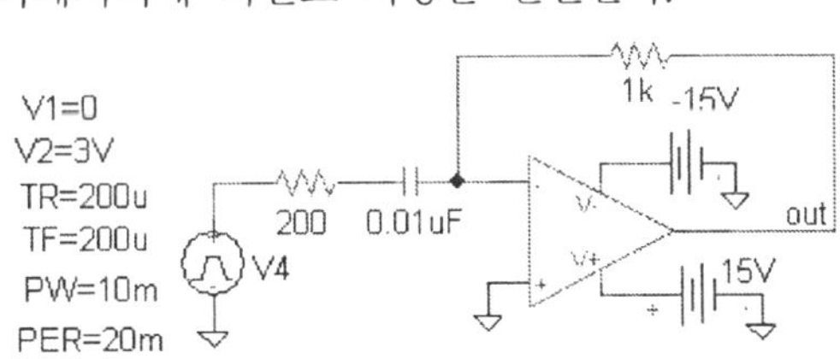


[그림 23]

상기 회로를 시뮬레이션한 결과가 [그림 24]이다.

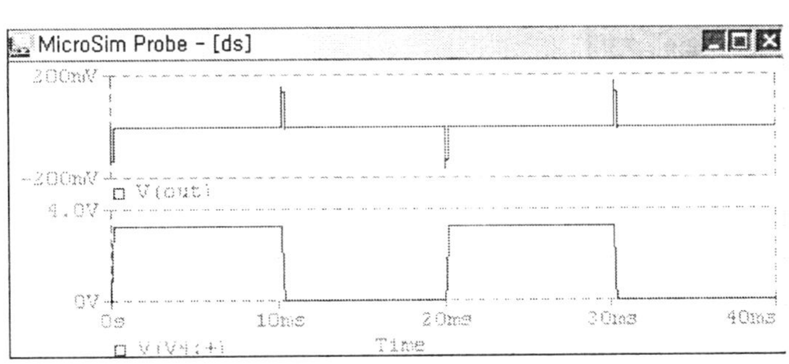


[그림 24]

미분기에 대한 각종 입력전압 파형에 대한 출력전압 파형은 [그림 25]와 같다.

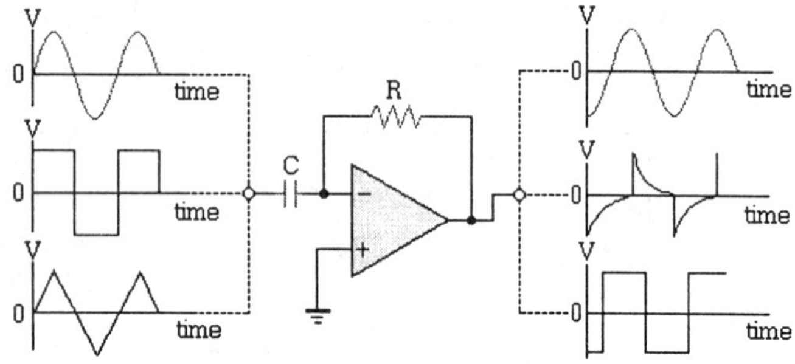


[그림 25]

이상의 OP Amp들을 정리하면 [그림 26]과 같다.

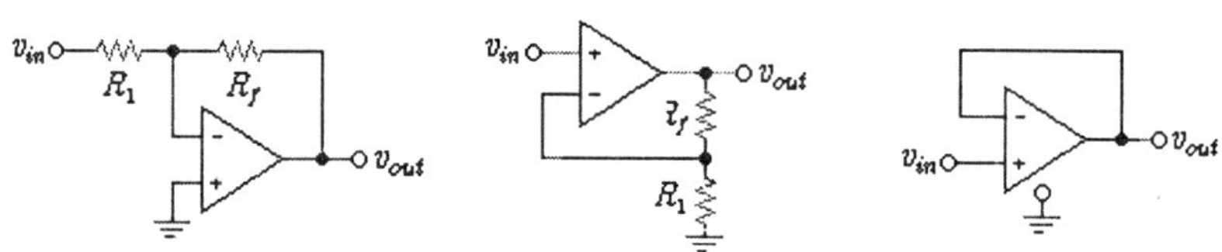

$v_{out} = -\frac{R_f}{R_1} v_{in}$ (a) Inverting amplifier

$v_{out} = \left(1 + \frac{R_f}{R_1}\right) v_{in}$ (b) Noninverting amplifier

$v_{out} = v_{in}$ (c) Voltage follower (buffer amplifier)

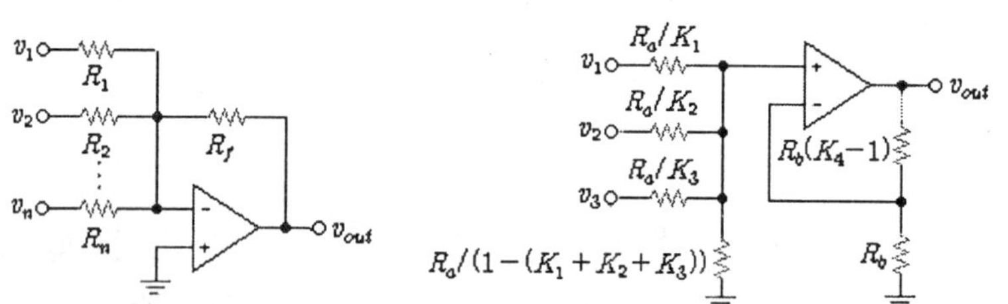

$v_{out} = -\left(\frac{R_f}{R_1} v_1 + \frac{R_f}{R_2} v_2 + \cdots + \frac{R_f}{R_n} v_n\right)$ (d) Summing amplifier

$v_{out} = K_4 (K_1 v_1 + K_2 v_2 + K_3 v_3)$ (e) Noninverting summing amplifier

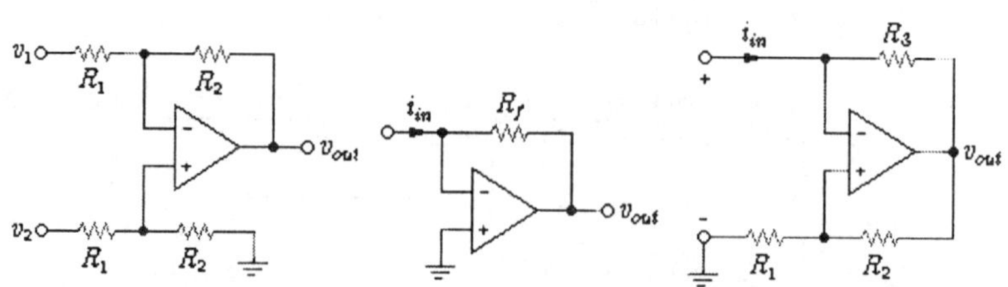

$v_{out} = \frac{R_2}{R_1}(v_1 - v_2)$ (f) Difference amplifier

$v_{out} = -R_f i_{in}$ (g) Current-to-voltage converter

$v_{out} = \frac{-R_1 R_3}{R_2} i_{in}$ (h) Negative resistance converter

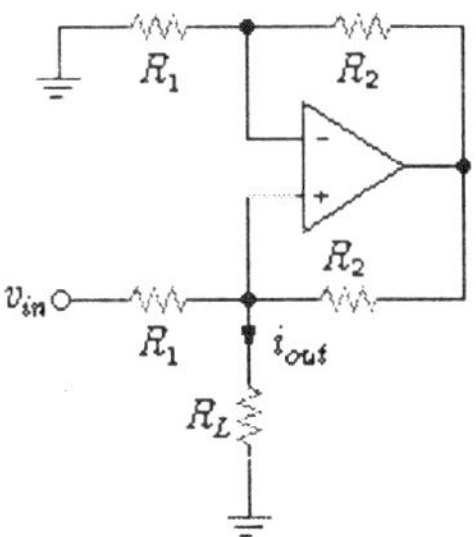

$$i_{out} = \frac{v_{in}}{R_1}$$

(i) Voltage controlled current source(VCCS)

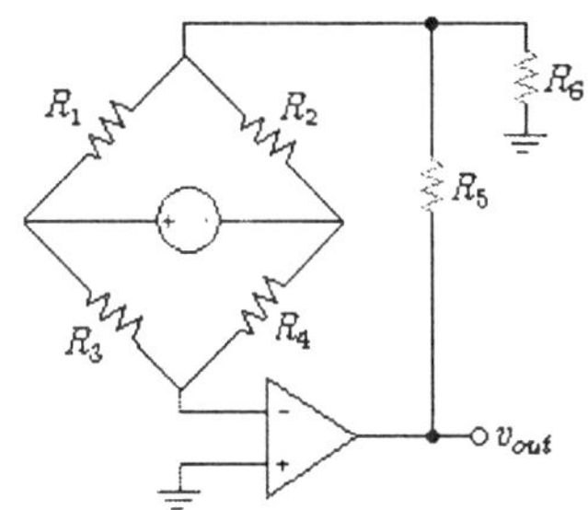

$$v_{out} = (1+\frac{R_5}{R_6})(\frac{R_2}{R_1+R_2} - \frac{R_4}{R_3+R_4})V_5$$

(j) Bridge amplifier

[그림 26]

**예제 9** [그림 27](a)의 OP Amp회로에서 출력 $v_o = Kv_{in}$이다. 그림 (b)~(e)에서 증폭률 $K$를 각각 구하라.

**해** [그림 27]에서 (b) $K$=5, (c) $K$=5, (d) $K$=1, (e) $K$=0.8이다. 그리고 (b)′~(e)′는 이 회로의 시뮬레이션 결과이다.

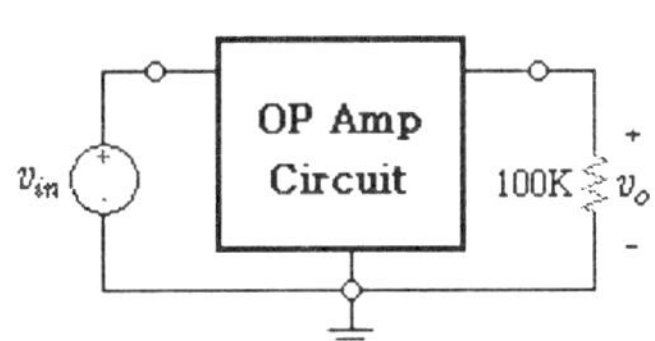


(a)

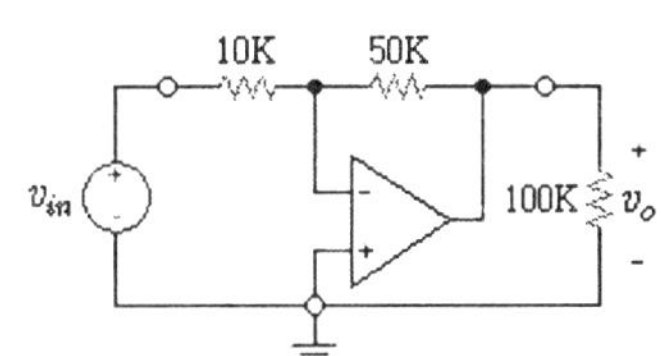


(b)

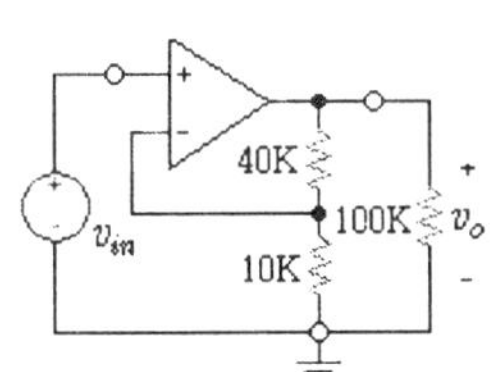


(c)

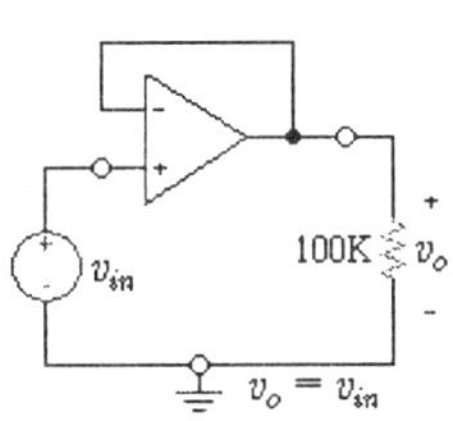


(d)

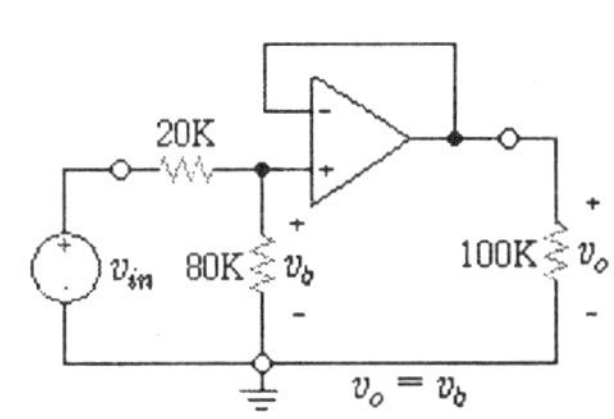


(e)

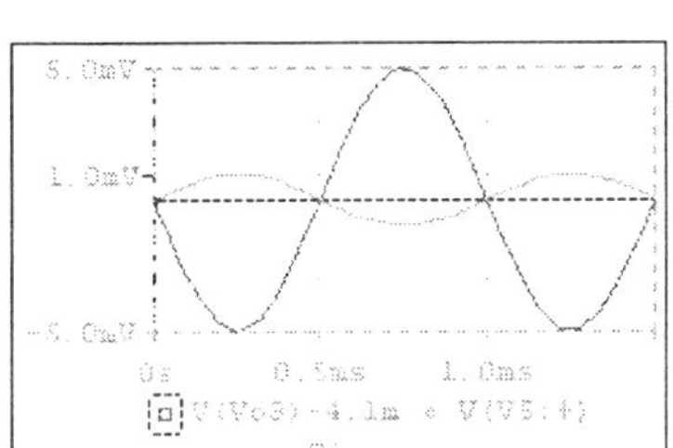

(b)′

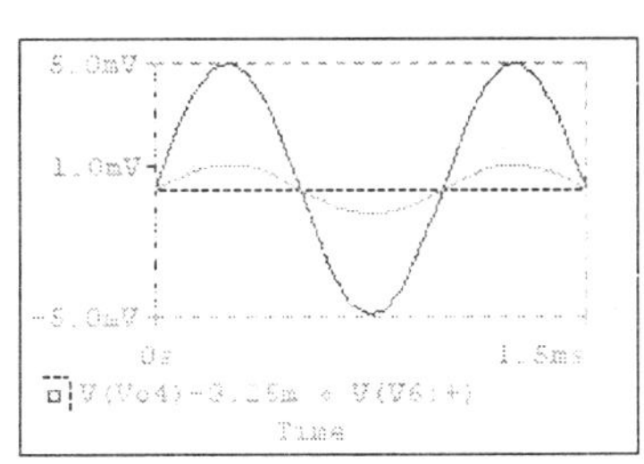

(c)′

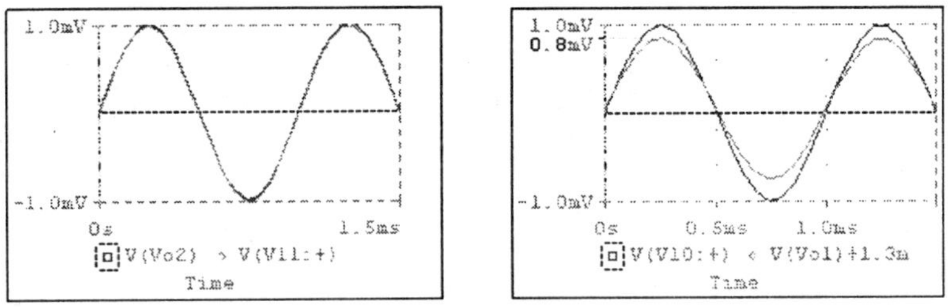


(d)′ (e)′

[그림 27]

## 8 발진기

[그림 28](a)는 OP Amp를 이용한 발진회로이다. 이 회로는 120[ms]까지는 발진이 일어나지 않다가 그 이후에 $R-C$에 의해 발진이 일어남을 확인할 수 있다. 그림 (b)는 출력결과이다.

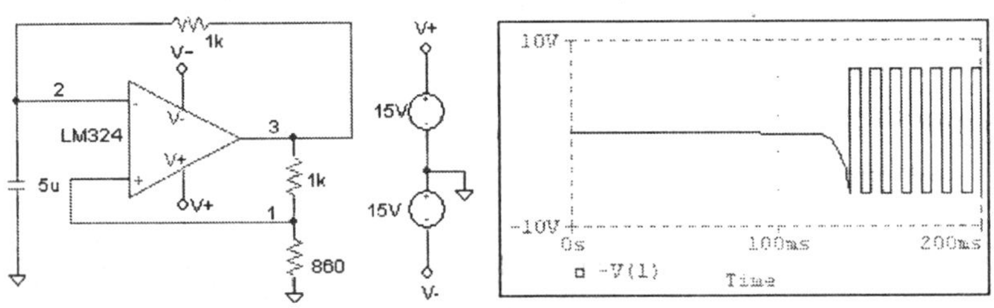


(a) (b)

[그림 28]

**예제 10** [그림 29](a)의 회로에서 연산증폭기 파라미터 $R_i = 200[\text{k}\Omega]$, $A = 10^4$, $R_o = 5[\text{k}\Omega]$이다.

(a) PSpice를 이용하여 $V_g$가 1[V]일 때 $V_i$와 $V_o$를 구하라.

(b) [그림 29](a)의 회로에서 $V_i$와 $V_o$를 계산해서 시뮬레이션 결과와 비교하라.

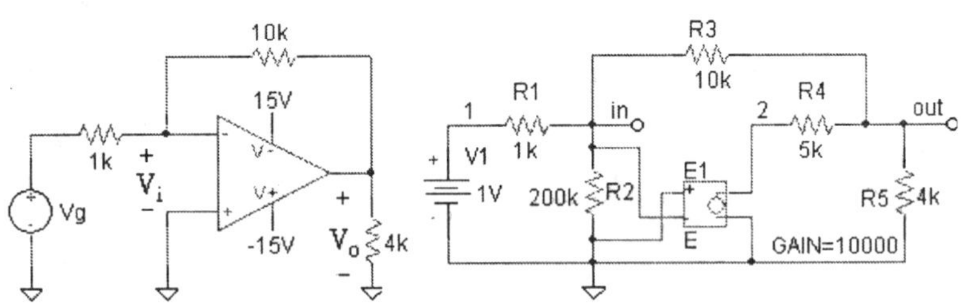


(a) (b)

[그림 29]

**해** (a) [그림 29](b)의 등가회로를 시뮬레이션한 결과가 다음과 같다.

```
****   SMALL SIGNAL BIAS SOLUTION      TEMPERATURE =  27.000 DEG C
******************************************************************************

NODE   VOLTAGE     NODE   VOLTAGE     NODE   VOLTAGE     NODE   VOLTAGE
(  1)   1.0000     (  2)  -27.4180    ( in)   .0027      ( out)  -9.9697
```

$V_{(in)} = 0.0027[V] = V_i,\ \ V_{(out)} = -9.969[V] = V_o$

2) $\dfrac{V_i - 1}{1000} + \dfrac{V_i}{200{,}000} + \dfrac{V_i - V_o}{10{,}000} = 0, \quad \dfrac{V_o - V_i}{10{,}000} + \dfrac{V_o + 10^4 V_i}{5{,}000} + \dfrac{V_o}{4{,}000} = 0$

이 두 식에서 $V_i = 2.742[mV],\ V_o = -9.970[V]$가 된다.

## 9 Cascaded OP Amp

[그림 30]과 같은 병렬 OP Amp에서

$v_2 = Av_1,\ v_3 = Av_2,\ v_o = Av_2 \quad \therefore\ v_o = A_1A_2A_3v_1$이 된다.

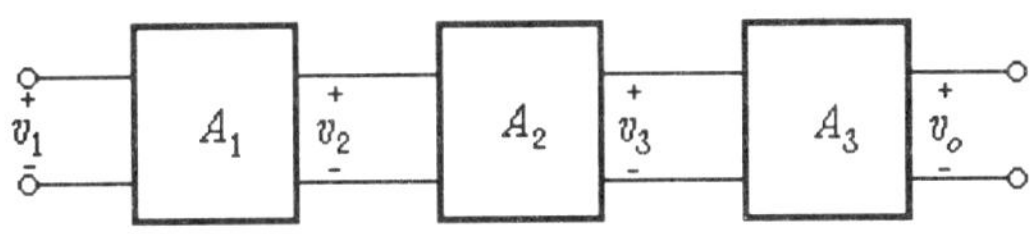


[그림 30]

**예제 11** [그림 31](a)에서 $v_o$와 $i_o$를 구하라.

**해** 1st에서 $v_a = \left(1 + \dfrac{12}{3}\right)20 = 100[mV] \quad (v_a = v_b = 100[mV])$

2st에서 $v_o = \left(1 + \dfrac{10}{4}\right)100 = 350[mV],\ i_o = \dfrac{v_o - v_b}{10}[mA] = \dfrac{350 - 100}{10} \cdot 10^{-6} = 25[\mu A]$가 되고, 이것의 실제 회로와 시뮬레이션 결과는 그림 (b)와 같다.

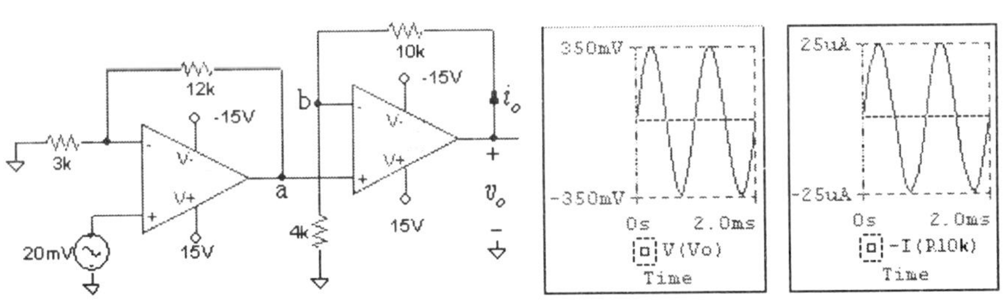


(a) (b)

[그림 31]

**예제 12** [그림 32](a)에서 $v_1 = 1[\mathrm{mV}]$, $v_2 = 2[\mathrm{mV}]$일 때 $v_o$를 구하라.

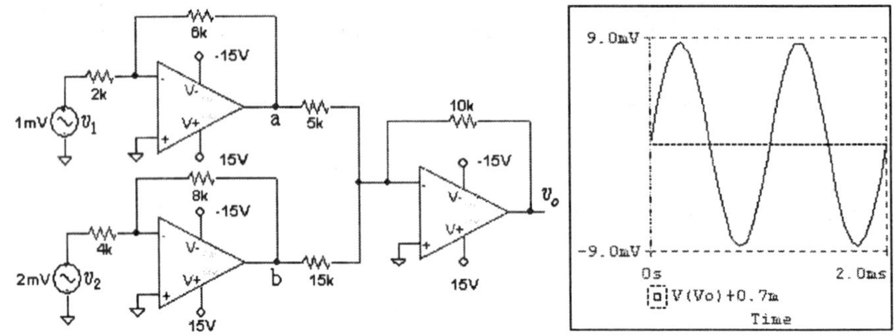

(a) (b)

[그림 32]

**해** $v_a = -\dfrac{6}{2}v_1 = -3(1) = -3[\mathrm{mV}]$, $v_b = -\dfrac{8}{4}v_2 = -2(2) = -4[\mathrm{mV}]$

$$\therefore v_o = -\left(\frac{10}{5}v_a + \frac{10}{15}v_b\right) = -\left(2(-3) + \frac{2}{3}(-4)\right) = 8.33[\mathrm{V}]$$

[그림 32](a)의 시뮬레이션 결과는 그림 (b)와 같다.

## 10 연산증폭기의 주파수 특성

실제 OP앰프의 개방 루프이득 $\alpha$는 낮은 주파수에 대해서는 일정값을 유지하지만 주파수가 높아지면 계속 떨어진다. [그림 33]에는 $|\alpha(j\omega)|$의 주파수 특성과 비반전 증폭기의 전체 이득 $|A_v(j\omega)|$의 주파수 특성을 대수척도로서 그렸다.

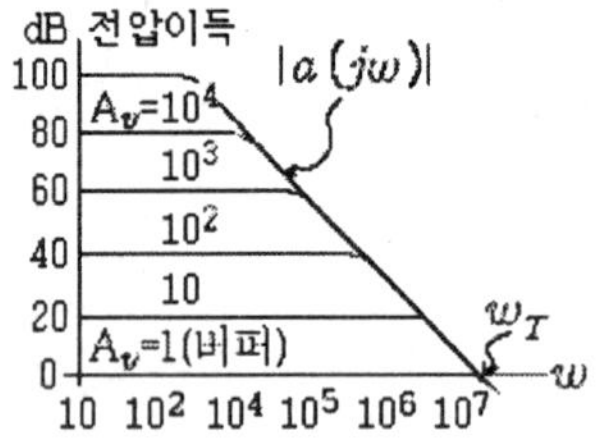

[그림 33]

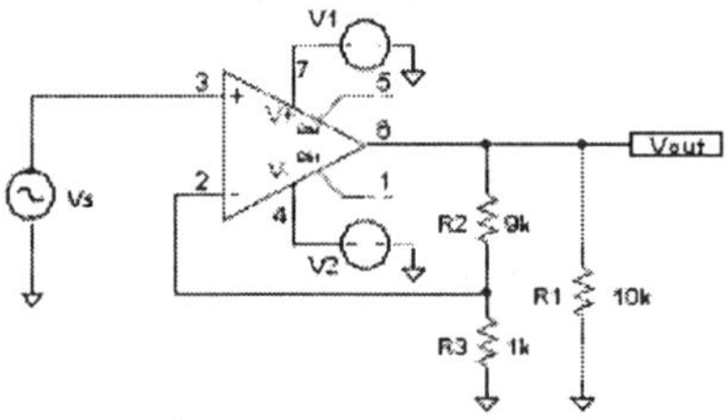

[그림 34]

증폭기 전압이득을 낮출수록 이득의 평탄한 대폭이 넓어짐을 볼 수 있다. 특히 버퍼($A_v =$ 1인 경우)는 가장 넓은 대폭을 갖는다. 증폭기를 높은 주파수에서(고속으로) 동작시키려면 이득을 너무 크게 해서는 안됨을 알 수 있다. 이것은 비반전 증폭기에도 마찬가지다. [그림 34]는 uA 741의 주파수 대역폭을 확인하기 위한 회로이다.

연산증폭기 741의 gain-bandwidth product, 즉 $f_{\mathrm{UNITY}} = 1[\mathrm{MHz}]$이다. 회로도에서 feedback fraction $B = R3/(R2+R3) = 1/10$이고, 폐루프 전압이득 $A_f = 1/B = 10$이 된다.

그러므로 gain-bandwidth product는 $A_f f_2 = f_{\mathrm{UNITY}}$이므로 폐루프의 주파수 대역폭 $f_2 =$

1[MHz]/10 = 100[kHz]이다. [그림 35]는 [그림 34]의 시뮬레이션한 결과이다. 폐루프 주파수 대역폭이 100[kHz]임을 확인할 수 있었다.

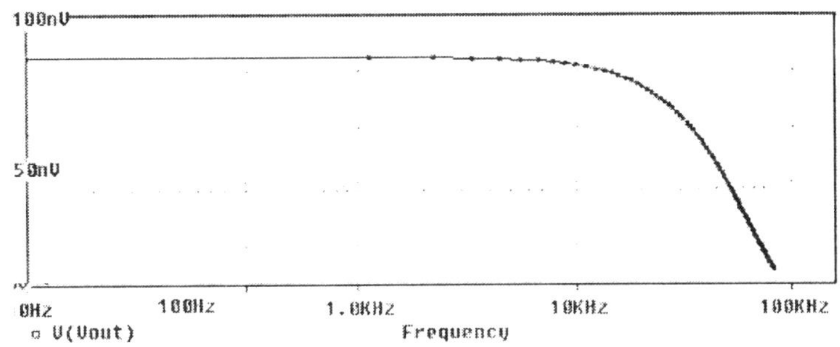


[그림 35]

[그림 36]은 폐루프 반전 연산증폭기에서 전압이득은 불변하면서 주파수 대역폭만 가변할 필요가 있다. 반전 입역단과 접지 사이에 저항 $R3$를 삽입하고 저항값을 1[K]에서 5[K]까지 1[K]씩 증가하면서 가변하면 전압이득은 변하지 않는 상태에서 주파수 대역폭만 가변할 수 있게 된다.

$$\text{feedback fraction } B = \frac{R1 \parallel R3}{R1 \parallel R3 + R2}$$

가 되며, 저항 $R3$를 가변함으로써 B값도 바뀌게 된다. B가 바뀌면 폐루프 대역폭도 그에 비례해서 바뀌게 된다.

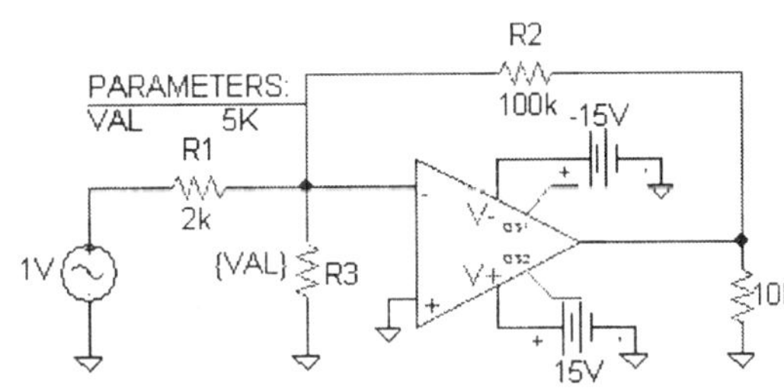


[그림 36]

[그림 37]은 상기 회로의 시뮬레이션 결과이다. R3가 1~5[K]까지 1[K]씩 증가하면서 대역폭이 바뀜을 확인할 수 있다.

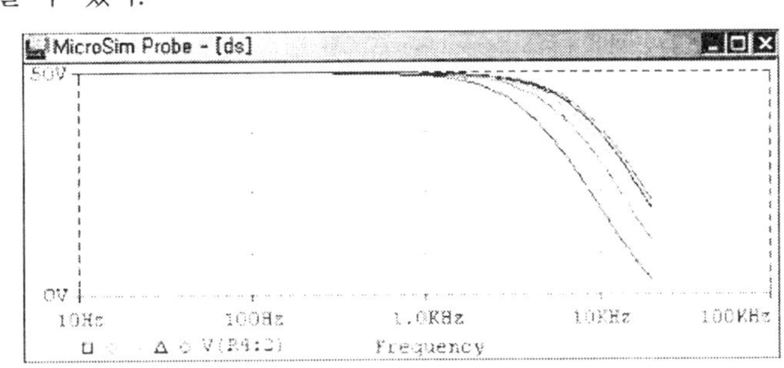


[그림 37]

**예제 13** [그림 38](a)의 Multiple OP Amp 회로에서 최종출력 $V_{o3}$를 구하라.

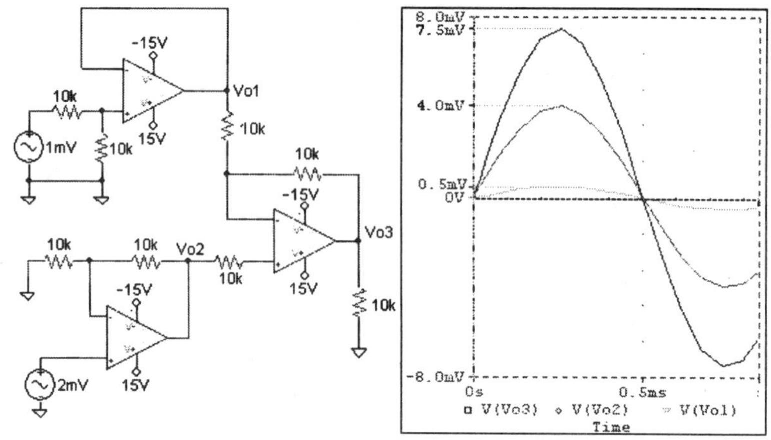


(a) (b)

[그림 38]

**해** 상기 회로에서 $V_{o1} = 1[\text{mV}] \times 10[\text{K}]/(10[\text{K}]+10[\text{K}]) = 0.5[\text{mV}]$, $V_{o2} = 2[\text{mV}] \times (1+10[\text{K}]/10[\text{K}])$
$= 4[\text{mV}]$,

$\therefore\ V_{o3} = -V_{o1} + (1+10[\text{K}]/10[\text{K}])\,V_{o2} = 7.5[\text{mV}]$가 되고, 시뮬레이션 결과는 그림 (b)이다.

**예제 14** 정현파 입력을 넣으면 일정 주기마다 샘플링하여 정해진 시간동안 홀드하는 회로를 구현해 보라.

**해** 구현한 회로는 [그림 39]와 같다.

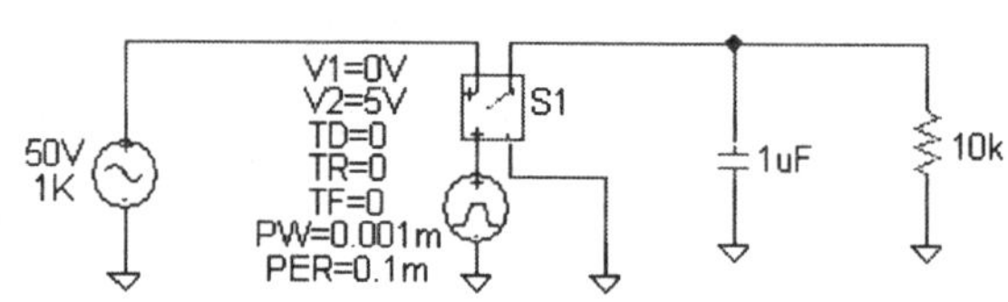


[그림 39]

상기 회로를 시뮬레이션한 결과가 [그림 40]이다.

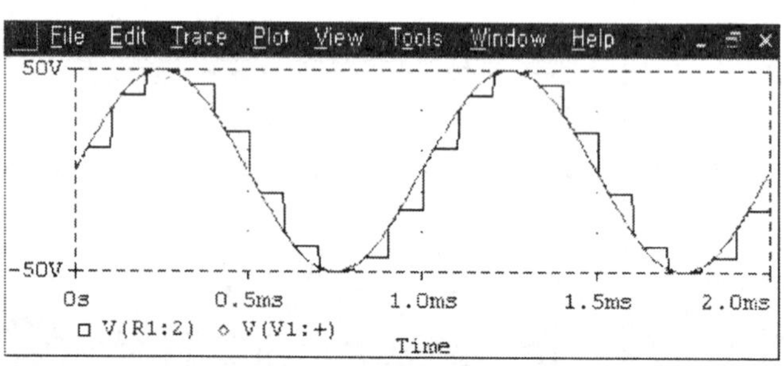


[그림 40]

## 11 디지털-아날로그(DA) 변환기

### 1) 가중 $R$을 이용한 DA 변환기

[그림 41]은 4비트의 2진수에 비례하는 아날로그 전압을 얻는 한 가지 방법으로 2진적으로 가중된 저항 $R_0$, $2R_0$, $4R_0$, $8R_0$를 통하여 흐르는 전류를 가산기로 합하고 있다. 각 스위치는 입력 2진수의 각 비트에 제어되어서 ON, OFF된다. 예를 들어 2진수 데이터 $D_3D_2D_1D_0$가 $1101(13_{10})$일 때 그림에서 $S_1$만 OFF되어 접지되고 기타는 ON되어 기준전압 $V_R$에 연결된다.

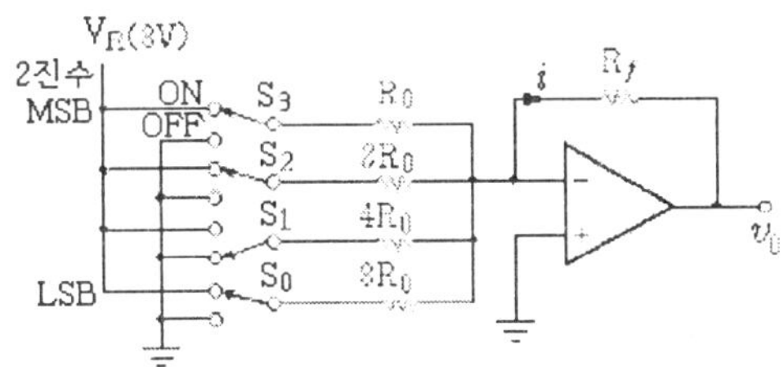


[그림 41]

따라서 출력전압 $v_o$는

$$v_o = -R_f i = -R_f\left(\frac{V_R}{R_0}D_3 + \frac{V_R}{2R_0}D_2 + \frac{V_R}{4R_0}D_1 + \frac{V_R}{8R_0}D_0\right)$$

$$= -V_R\frac{R_f}{8R_o}(8D_3 + 4D_2 + 2D_1 + D_0)$$

$$= 8[\mathrm{V}] \times 10[\mathrm{k\Omega}]/8(100[\mathrm{k\Omega}])(8\times1 + 4\times1 + 2\times0 + 1\times1)$$

$$= -1.3[\mathrm{V}]$$(단, $R_o = 100[\mathrm{k\Omega}]$, $R_f = 10[\mathrm{k\Omega}]$)이 된다.

이 방식의 DA변환기는 비트수가 많아지면 저항값에 가중치를 부여하는 것이 곤란하므로 8비트 정도까지의 DA변환이 한도이다.

[그림 42]는 가중 $R$을 이용한 DA 변환기 회로이다. 디지털 입력 $A$, $B$, $C$, $D$의 값은 각각 0.5[ms], 1[ms], 2[ms], 4[ms]로 세트했다.

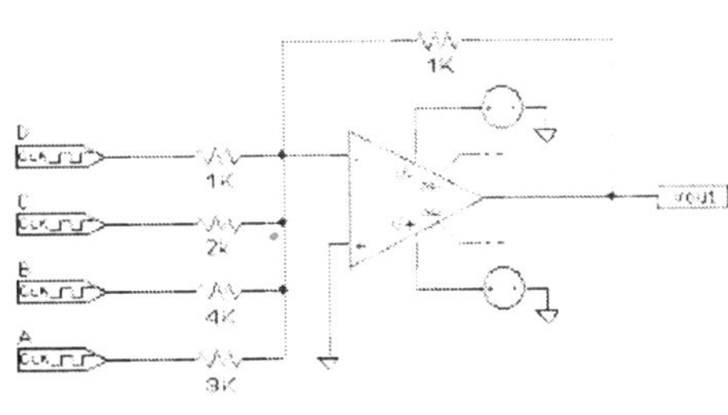


[그림 42]

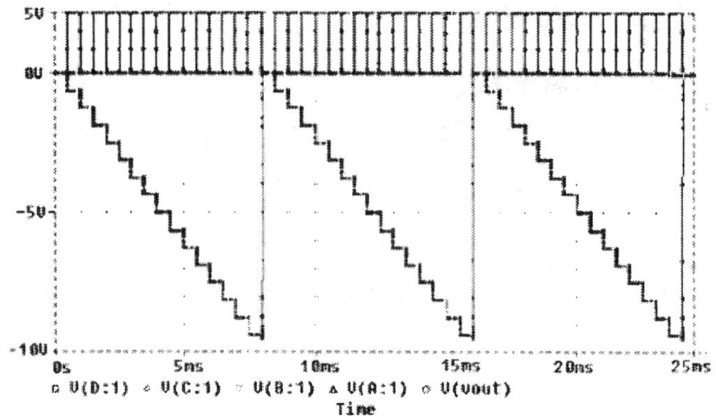


[그림 43]

[그림 43]은 가중 $R$을 이용한 DA변환기의 시뮬레이션 결과이다.

[그림 44]는 디지털 신호원의 0~5[V] 사이를 정확히 발생하지 못하므로 정밀도를 높이기 위해 PSpice의 Library인 Sbreak를 이용한 그림이다. Sbreak는 전압제어 스위치이다.

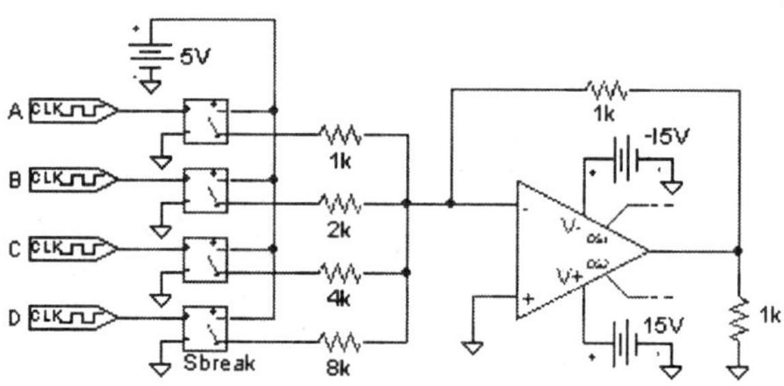


[그림 44]

[그림 45]는 상기 회로의 시뮬레이션 결과이다.

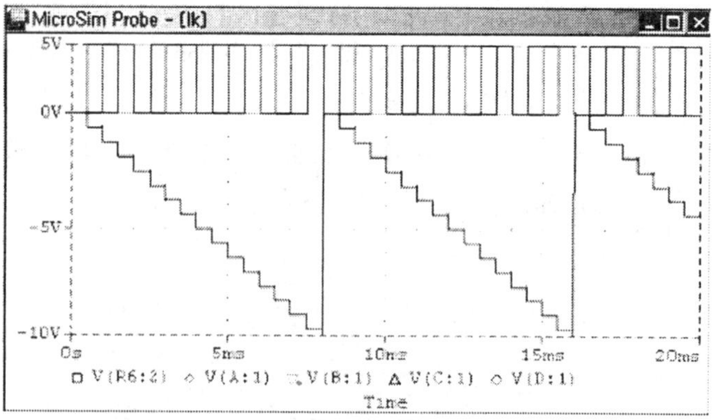


[그림 45]

2) $R-2R$ 사다리꼴 DA 변환기

앞에서 설명한 가중 $R$을 이용한 DA변환기는 간단하지만 비트수가 많아지면 저항값의 범위가 넓어지게 되어 실현하기 어려운 점이 있다. 예를 들면 12비트의 DA변환기를 만드는 데에는 MSB의 저항값을 2[kΩ]으로 하면 LSB의 저항값은 $2[k\Omega]\times 2^{11}=4.098[M\Omega]$이 된다. 즉, 이러한 넓은 범위의 정밀한 저항값을 얻는다는 것은 매우 어려운 일이고, 또한 LSB의 저항값에 흐르는 전류가 과소하게 되어 노이즈의 영향을 받기 쉽다.

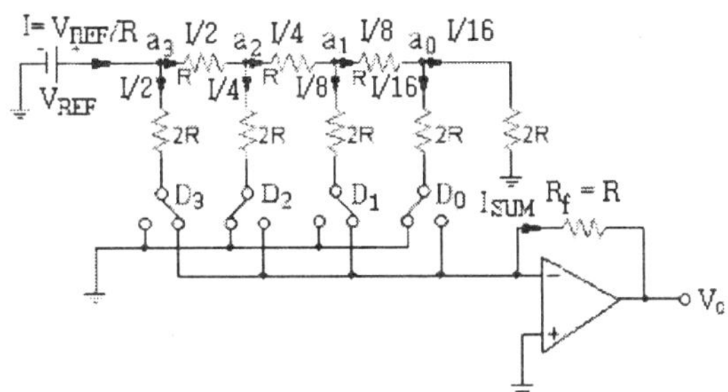


[그림 46]

그래서 고안해 낸 것이 사다리형 회로이다. 이것은 [그림 46]과 같이 $R$과 $2R$의 2가지 저항들을 사다리꼴로 연결한 것으로서 다수 비트의 DA변환기를 만드는 데에는 매우 용이하다.

상기 회로에서 아날로그 출력전압 $V_o$는

$$V_o = R_f I_{\mathrm{SUM}} = -\left(\frac{V_{\mathrm{REF}}}{R}\right)\frac{1}{2^4}(2^3D_3+2^2D_2+2D_1+D_0)$$

$$=\frac{V_{\mathrm{REF}}}{2^4}(2^3D_3+2^2D_2+2D_1+D_0)$$가 된다.

[그림 47]은 전류 구동형 $R-2R$ 사다리형 DA변환기의 실제 회로도이다. 이 회로는 디지털 신호원의 0～5[V] 사이를 정확히 발생하지 못하므로 정밀도를 높이기 위해서 Sbreak를 사용하였다.

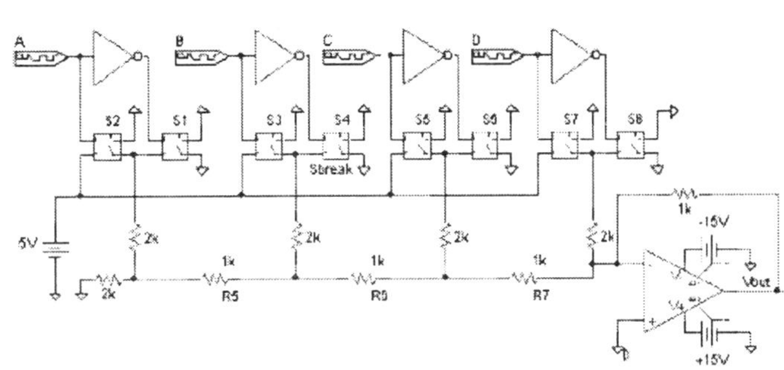


[그림 47]

[그림 48]은 $R-2R$ 사다리형 DA변환기의 실제 회로도의 시뮬레이션 결과이다. 가중 $R$을 이용한 DA변환기에서는 데이터를 16비트로 처리한다면 LSB의 저항값을 1[kΩ]이라 하더라도 MSB의 저항값은 무려 $2^{16}\times1$[kΩ]=65,536[kΩ]이 된다. 이렇게 하면 LSB와 MSB의 저항값의 차이가 너무 지나쳐서 high-resolution에 문제가 또한 IC의 제작공정에서 광범위 저항을 만든다는 것은 매우 어려우므로 이를 극복하는 방법 중에 하나가 $R-2R$ 사다리형 DA변환기이다.

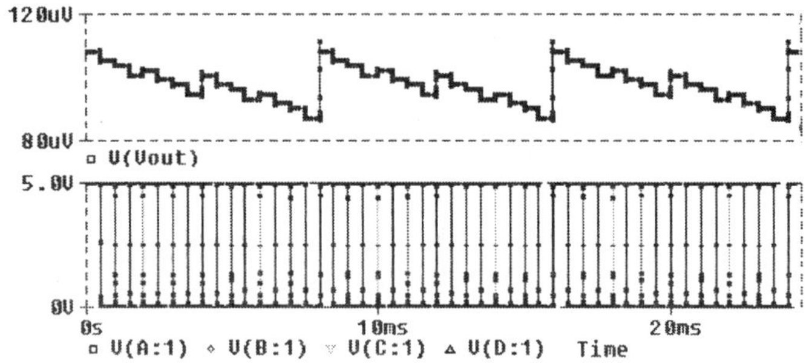


[그림 48]

[그림 49]는 74163 4bit 동기 카운터를 입력으로 사용한 DAC회로이다. 이 변환기는 741 OP Amp의 출력에 아날로그 전압을 발생하는 $R-2R$ 사다리형 DA변환기이다.

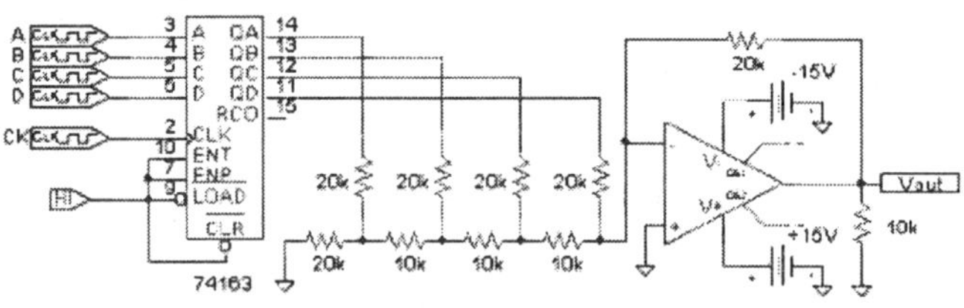


[그림 49]

[그림 50]은 상기 회로의 시뮬레이션한 결과이다. 여기서 Digital Setup은 모든 플립플롭이 low로 초기화 되도록 지정하였다. 화면의 아날로그 부분은 OP Amp의 출력을 보여주는데, 특히 계단화된 전압은 디지털 카운터의 0000에서 1111까지에 해당한다.

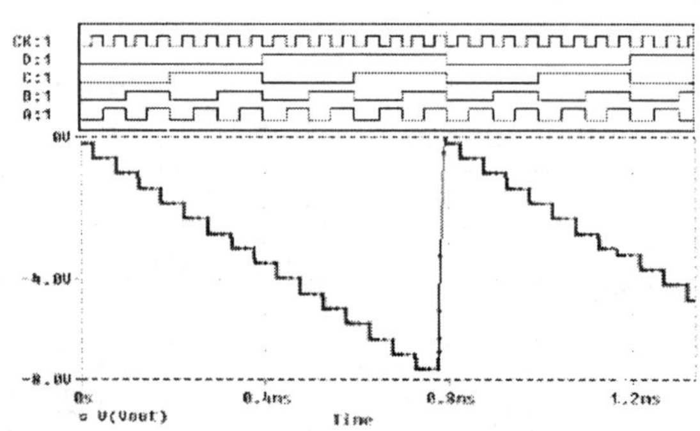


[그림 50]

[그림 51]은 PSpice의 DAC 라이브러리인 DAC8break, DAC10break, DAC12break 중에서 DAC8break를 사용하여 DAC를 수행한 것으로, CK이 8개, 즉 전체 1~128까지의 디지털 신호를 아날로그로 변환하는 회로이다.

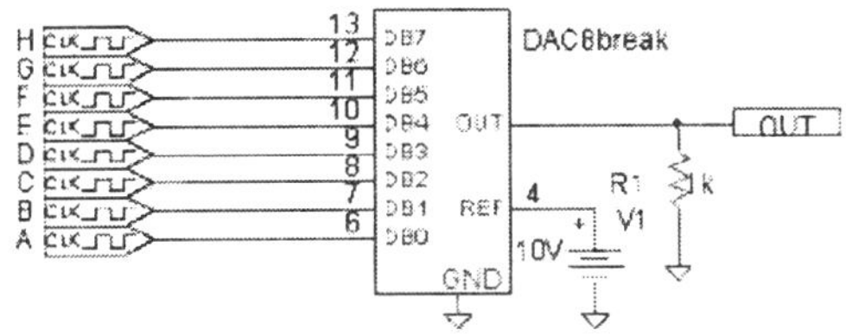


[그림 51]

[그림 52]는 상기 회로의 시뮬레이션 결과이다. DAC8break를 이용한 DA변환기로서 REF 전압을 10[V]로 주었기 때문에 출력은 10[V]까지 카운터 하다가 다시 리셋된다.

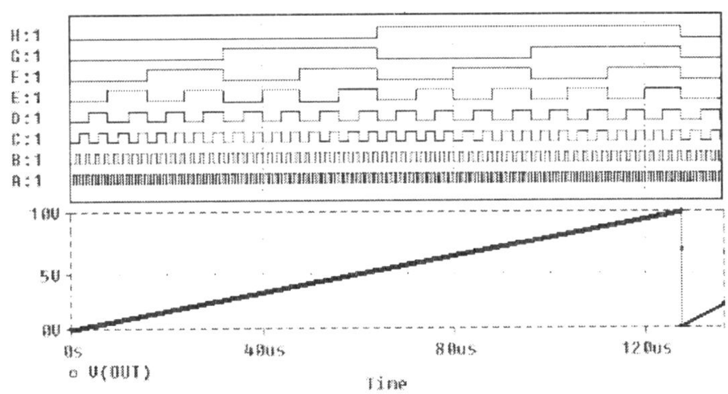


[그림 52]

# □ 찾아보기 □

이 교재는 원고 집필 후 관련 산업체의
협조로 실무와의 연관성을 검토한 후 출판되었습니다.

(주)동일하이빌/CS팀
삼성탈레스/기술연구소
(주)세안아이씨/설계견적팀
(주)아트로닉스
(주)위두솔루션

도움을 주신 산업체에 감사드립니다.


# 회로이론

2012년 2월 25일 1판 2쇄 발행

저 자 이 윤 희
발행인 남 승 우

발행처 도서출판 상尙 학學 당堂
서울시 동작구 사당로9가길 6(사당동 220-43)
TEL : 02) 595-1692~4
FAX : 02) 595-1394
E-mail : namdoo6@unitel.co.kr
신고 : 2-155호 (1968. 11. 29)

정가 29,000원

ISBN 978-89-6587-015-9 93560




영진전문대학 주문식교육 교재